구조역학

박연수 · 박선준 · 강대흥 공저

STRUCTURAL MECHANICS

도서출판
구미서관

저자소개

박연수

Kyoto Univ. 대학원 토목공학과, 공학박사(박사학위논문 : Damage Process of Steel Members under Very-Low-Cycle Loading)
한국과학기술원(KAIST) 토목공학과, 공학석사(석사학위논문 : 다지지 구조계의 지진해석)
한양대학교 공과대학 토목공학과, 공학사
Imperial College, London, Visiting Prof.
Univ. of California, Irvine, Visiting Prof.
NTU, Singapore, Visiting Prof.
전남대학교 공과대학 토목공학과, 교수
한양대학교 초대형구조시스템연구센터, 연구조교수
한국도로공사 도로교통연구원, 책임연구원
일본 京都大學防災硏究所, 공동연구원
구조물의 내진성능향상연구회 한국과학재단지정중점과제연구회, 회장
국토교통부 교량터널 안전진단 심사위원회, 심사위원
국토교통부 익산지방국토관리청 설계자문위원회, 심사위원
안전행정부 국립방재연구소 재해원인분석조사단, 조사위원
한국도시철도 품질환경안전위원회, 자문위원
서울특별시 지하철 기술자문위원회, 자문위원
한국가스안전공사 가스안전평가 심의위원회, 심의위원
한국수자원공사 일반기술심의위원회, 심의위원

박선준

전남대학교 대학원 토목공학과, 공학박사(박사학위논문 : A Study on Isolation of Gas Pipeline Structures subjected to Construction Vibrations)
Marquis Who's who in Science and Engineering 2011-2012 등재
IBC(International Biographical Centre, Cambridge, England) 2000 Outstanding Intellectuals of the 21st Century-2010 등재
ABI(American Biographical Institute) 2010 등재
Reviewer of the Journal of Structural Engineering(American Society of Civil Engineering ; ASCE)
동신대학교 공과대학 토목공학과, 교수
인사혁신처, 서울특별시, 경기도 공무원시험, 출제 및 심사위원
국토교통부 익산지방국토관리청 설계자문위원회, 심의위원
광주광역시 지방건설기술심의위원회, 심의위원
전라남도 지방건설기술심의위원회, 심의위원

강대흥

University of Colorado at Boulder 대학원 토목공학과, 공학박사(박사학위논문: An Optimized Computational Environment for Real-Time Hybrid Simulation)
특허청, 국토환경심사과, 심사관
한국철도기술연구원, Post-Doc

머 리 말

구조역학은 토목, 건축공학 분야에서 가장 중요한 과목 중의 하나이다. 이 교재는 구조역학을 처음 접하는 학생들에게 구조역학의 원리와 개념을 명확히 이해시키는데 많은 노력을 기울였다. 또한, 이 교재는 구조공학에 대한 철저한 개념정리와 기출문제 등을 체계적으로 분석・기술하였고, 실제 구조설계에 적용할 수 있도록 서술되었기 때문에 기사시험과 구조기술사 시험은 물론 행정고등고시 기술직 2차 시험 그리고 공무원 시험 준비용으로 많은 도움이 되리라고 판단된다.

이 교재의 구성을 보면 먼저, 구조역학의 1학기의 강의 분량에 해당하는 1장에서 5장까지는 정정구조물의 해석과 영향선에 대하여 기본원리를 명확히 이해할 수 있도록 자세한 설명을 아끼지 않았으며, 원리를 이해하는데 도움이 될 수 있는 예제와 연습문제를 수록하였다. 다음으로, 2학기의 강의 분량에 해당하는 6장에서 11장까지는 처짐과 부정정구조물의 해석에 대하여 기본원리를 명확히 이해할 수 있도록 자세한 설명과 예제들을 수록하였다. 마지막으로, 12장에서는 21세기의 컴퓨터와 정보통신기술(IT)의 급속한 발전과 더불어 구조해석 시 꼭 필요한 매트릭스구조해석법의 기초개념과 예제풀이를 소개하였다.

이 교재에서는 학생들에게 구조역학의 공학적 기본개념과 깊이 있는 이해에 다소나마 도움이 되었으면 하여 모든 연습문제의 해답(자세한 풀이집은 강의하시는 교수님에게만 배포함)을 부록에 수록하였다. 책을 집필하면서 많은 노력을 기울이긴 했지만 보완이 필요하리라고 생각된다. 이 교재의 내용 중 미비한 부분에 대해서는 지속적으로 수정・보완을 하여 간결하면서 최고의 구조역학 교재가 될 수 있도록 한다는 원칙을 약속드린다.

끝으로, 출판에 많은 지원을 아끼지 않으신 구미서관 임해진 사장님을 비롯한 편집부 관계자 여러분의 노고에 깊이 감사드린다.

2017년 7월

저자 박연수・박선준・강대홍

Structural Mechanics

for Students Construction
Engineering Disciplines

PART

01

정정구조물의 해석과 영향선

CHAPTER

01

구조역학을 위한 준비

1.1 구조역학과 구조물설계

1.1.1 구조역학이란 무엇인가?

구조역학(structural mechanics)이란 자중을 포함한 하중 등의 외력(external load)이 구조물 또는 물체에 작용했을 때 발생하는 내력(internal force) 및 변형(deformation) 등을 평가하는 응용역학(applied mechanics)의 한 부분이다. 여기서 구조물(structure)은 교량, 댐, 도로 및 철도, 철탑, 수조, 원자력발전소, 항만 및 해양 구조물, 상하수도 및 지하구조물, 압력용기, 터미널, 각종 스타디움, 건물, 항공기 및 인공위성, 우주 정거장 등을 말한다.

대상으로 하는 구조물 또는 물체의 운동 여부에 따라 정지하고 있는 상태를 대상으로 한 정역학(statics)과 운동하고 있는 상태를 대상으로 하고 있는 동역학(dynamics)으로 나눌 수 있으며, 구조역학은 보통 구조물이 운동하지 않도록 외력을 적재한 상태, 즉 외력을 정적으로 작용시켜 구조물을 해석한다. 따라서 구조역학은 정역학의 한 분야에 속한다. 이 교재에서는 정하중을 받는 구조물을 취급하며 구조물의 크기에 비해 변형이 작은 미소변형이론(small deflection theory)를 적용하고 있고, 재료는 균질하고 등방성이며 외력을 받을 때 구조물이 탄성적으로 거동한다는 선형해석(linear analysis) 이론을 사용하고 있다.

구조물을 해석한다는 관점에서 보면 구조역학은 구조해석학(structural analysis)이라고도 부른다. 이러한 구조역학 또는 구조해석학은 구조재료의 성질과 용도를 배우는 재료역학(material mechanics), 구조설계 및 제작 프로세스를 배우는 구조공학(structural engineering)과 구조설계학(structural design), 교량의 설계 · 시공 · 유지관리에 대해 배우는 교량공학(bridge engineering), 강구조(steel structure), 콘크리트구조(concrete structure), 강재와 콘크리트의 역학적 특성을 결합한 합성구조(composite structure)에 직접 응용되거나 사용된다. 따라서 유능한 건설기술자가 되기 위해서는 구조역학을 마스터하는 것이 필수 불가결하다.

1.1.2 구조물설계란 무엇인가?

구조물설계 · 구조설계는 구조물이 안전(safety)하고 경제(economy)적인 동시에 미관

(aesthetics)과 성능(기능)을 발휘할 수 있도록 하는 것이다. 여기서 성능(performance)은 구조물이 본래의 사용목적에 맞게 이용될 수 있게 되는 것을 말한다. 또한, 구조물설계 시 초기시공비뿐만 아니라 구조물의 공용수명동안 유지보수, 손상 파손 시 기대손실, 파괴 시의 인명재산 피해 등을 고려한 구조물의 수명동안 총비용(life cycle cost)을 고려한 최적(optimal) 구조설계가 이뤄져야 한다.

구체적인 교량의 구조설계 절차는 다음과 같다.

(1) 타당성 조사와 개념설계 단계인 기본계획(basic planning)을 수행한다.

(2) 기본설계(basic design)를 수행한다.

- 여러 대안을 비교·검토하여 최적 교량의 형태와 배치를 결정한다.
- 도로교설계기준 등의 설계정보를 참고하여 사용 재료선택 및 가장 불리하게 작용하는 하중조합을 선택하고 그것을 설계하중으로 한다.
- 주 단면을 가정하고 구조해석을 실시하여 최적 주 단면을 설계한다.

(3) 실시설계(detail design)를 수행한다.

- 부재 및 연결부 등에 대한 상세 치수와 형상을 그린다.
- 상세부를 고려한 엄밀 구조해석을 실시하고 도로교설계기준 등의 설계규준에 따라 최적 상세단면을 설계한다.

(4) 시공(construction) 단계에 관한 설계를 수행한다.

(5) 유지관리(maintenance) 단계에 관한 설계를 수행한다.

1.2 구조물의 종류와 하중

1.2.1 구조물의 종류

구조역학에서 취급하는 구조물에는 규모가 크고 공공적인 것이 많다. 그림 1.1은 주요한 구조물의 형식을 보여주고 있다.

(a) **보(beam)** : 수평방향으로 길게 걸쳐 놓은 휨부재로 구조물 중에서 가장 간단한 형식이다. 거더교에서 거더(girder, 큰보), 가로보(cross beam), 세로보(stringer)

(b) **기둥(column)** : 연직방향의 압축력을 지지하는 부재

(c) **트러스(truss)** : 삼각형을 기본으로 하여 구성된 구조로, 인장력과 압축력에 효율적으로

저항한다(철탑, 철도교).

(a) 보, 등산로의 보도교

(b) 기둥, 나일강가의 갈대인 파피루스를 형상화한 룩소신전의 기둥

(c) 트러스, 그리스 고린도 운하 위 멀리 상로 트러스 철도교가 보임

(d) 아치, 프랑스에 있는 로마시대의 아치 수로교

(e) 케이블, 여수와 광양을 연결하는 이순신대교(주경간장 1545m)의 주탑 위에서 내려다본 현수선과 행어 케이블

(f) 라멘, 일본 요코하마 사장교의 라멘주탑

(g) 쉘, 터키 보스포러스해협 현수교 근처 사원의 돔 지붕

(h) 구체, 제작중인 광양항 안벽 케이슨 기초

(i) 조적, 5000년 전에 만들어진 이집트 피라미드

그림 1.1 구조물의 형식

(d) **아치(arch)** : 포물선, 반원, 원호 등으로 구성된 구조로, 휨모멘트나 전단력은 아주 작은데 비하여 압축력과 지점의 수평반력이 매우 크다(아치 댐, 도로교).

(e) **케이블(cable)** : 케이블의 인장력에 의해서만 외력에 저항하는 구조로, 구조효율 측면에서 가장 효과적인 구조이다(사장교, 현수교).

(f) **라멘(Rahmen)** : 라멘교 또는 건물골조와 같이 강절(rigid)된 보와 기둥으로 구성된 뼈대(frame) 골조시스템으로, 휨모멘트, 전단력, 축력의 세 가지 부재력(내력)이 존재한다. 교량의 덱(deck)구조가 주형(main girder), 가로보, 세로보로 강절된 격자형 골조시스템을 구성하면 격자형(grid) 뼈대가 된다(라멘교각, 철도의 연속고가교).

(g) **평판(plate) 및 쉘(shell)** : 평면(평판)과 곡면(쉘)으로 구성되어 있으며 형상, 재료, 변위, 단면력 등이 3차원적으로 상호작용하는 입체구조이다(바닥판(slab), 돔(dome),

스타디움, 압력용기).

(h) **구체(solid body)** : 기하학적으로 3차원 구조체인 거대한 콘크리트 구체구조물 등을 말한다(중력식 댐, 중력식 교각이나 옹벽, 안벽 케이슨).

(i) **조적(masonry)** : 벽돌 등의 블록을 쌓아서 만든 구조이다(피라미드).

1.2.2 하중

하중(load)이란 구조물에 가해진 외력의 총칭으로써 구조물 그 자체나 부재에 작용하는 힘을 말한다. 하중을 구분하는 방법에는 그 특성에 따라 정적으로 작용하는 정하중(static load)과 충격과 지진 등과 같이 시간에 따라 하중의 크기가 변화하는, 즉 동적인 효과를 동반하는 동하중(dynamic load)으로 구분한다. 참고로 우리가 공부하고 있는 구조역학은 정하중을 다루는 정역학 부분에 해당한다. 동하중을 다루는 동역학은 앞으로 공부할 기회가 있을 것이다.

자동차와 기차와 같이 움직이는 하중을 활하중(live load)이라 하고, 구조물의 자중과 같이 움직이지 않는 하중을 사하중(dead load)이라 한다. 그리고 부재에 직접 작용하는 직접하중(direct load)과 다른 부재를 통해서 간접적으로 작용하는 간접하중(indirect load)있다. 또한, 구조물의 설계 시는 완성 후의 하중상태에 대한 안전성 평가뿐만이 아니라, 가설 중의 상태에 대한 별도의 가설하중에 대한 구조해석을 수행하여 그 안전성의 검증이 필요하다. 상세한 설계하중과 산정방법은 도로교설계기준 등의 설계기준서(specification)를 참조하길 바란다.

그림 1.2에 구분된 것처럼 하중의 형태 중 분포하중(등분포하중, 선형변화하중 등)은 등가집중력을 이용하여 그 크기를 집중하중(concentrated load)의 형태로 환산할 수 있다. 등가집중력(equivalent concentrated force)이란 분포하중을 합력으로 나타내는 것으로써 분포하중의 면적과 같은 크기를 갖으며, 분포하중선도 내의 도심을 통과하는 작용선으로 표현되는 하나의 힘을 뜻한다. 일반적으로, 등분포하중(uniformly distributed load)이나 선형변화하중의 경우 그 전체적인 크기를 비교할 때는 등가집중력으로 대체하여 계산하게 되는데 환산방법은 그림 1.3과 같다.

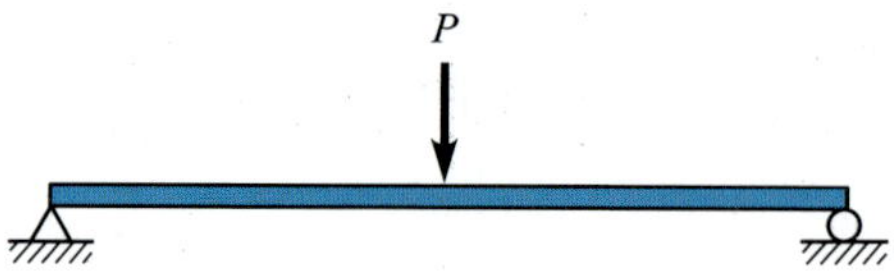

사용단위 : N, tf, lb(힘)

(a) 집중하중

한 점에 독립적으로 집중하여 작용하는 하중

예 타이어로 전달되는 차량하중(접지면적 무시할 경우) 등

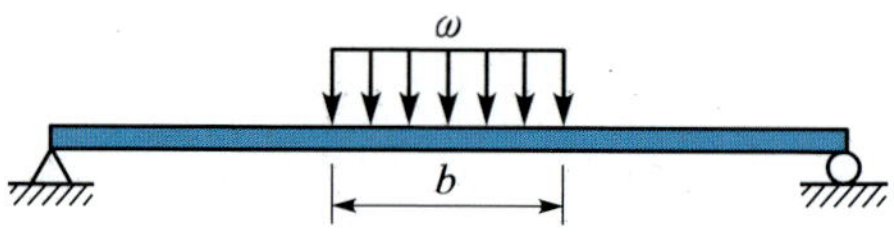

사용단위 : N/m, tf/m, lb/in(힘/길이)

$$P=\omega\cdot b$$

(b) 등분포하중

보의 일부 구간 또는 전(全)구간에 걸쳐 일정한 형태로 작용하는 하중을 분포하중이라 하는데, 그중 하중의 크기가 단위길이당 고르게 분포하는 경우의 하중을 등분포하중이라 한다.

예 보 자체의 하중, 즉 자중 또는 일정한 면적의 형태를 갖는 하중형태 등

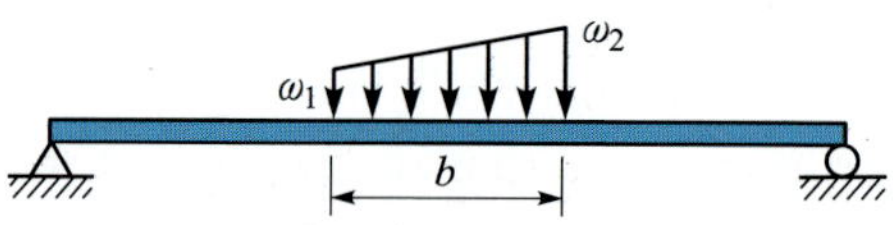

사용단위 : N/m, tf/m, lb/in(힘/길이)

$$P=\left(\frac{\omega_1+\omega_2}{2}\right)\cdot b$$

(c) 선형변화하중(linearly varying load)

분포하중의 세기가 점점 커지거나 줄어들어서 선형적으로 변화하는 하중

예 옹벽에 작용하는 토압하중의 분포형태 등

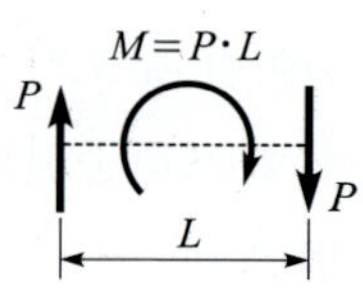

사용단위 : N·m, tf·m, lb·in(힘·길이)

$$M=P\cdot L$$

(d) 짝힘(couple of forces)

서로 역방향으로 작용하고 크기가 같은 한 쌍의 평형력을 말하는데, 물체에 작용하는 짝힘은 이것을 회전시키고자 하는 효과를 갖는다. 이 짝힘에 의한 모멘트를 짝힘모멘트(혹은 우력모멘트)라 한다. 이 짝힘의 크기가 P이고 거리가 L인 경우 짝힘 $M=P\cdot L$이다.

그림 1.2 하중의 형태

1.3 힘과 단위계

1.3.1 힘

힘이란 정지(靜止)하고 있는 물체를 움직이게 하고, 움직이고 있는 물체의 속도나 운동 방향이 바뀌도록 작용하는 것을 말한다. 즉, 물체에 힘이 작용하였는지 아닌지는 물체의 속도가 변했는지 아니면 물체의 모양이 바뀌었는지를 보면 알 수 있다. 바꾸어 말하면, 힘을 가하더라도 물체가 움직이지 않거나 힘을 주는 방향과 수직인 방향으로 움직였다면 그 힘은 일을 하지 않은 것이 된다.

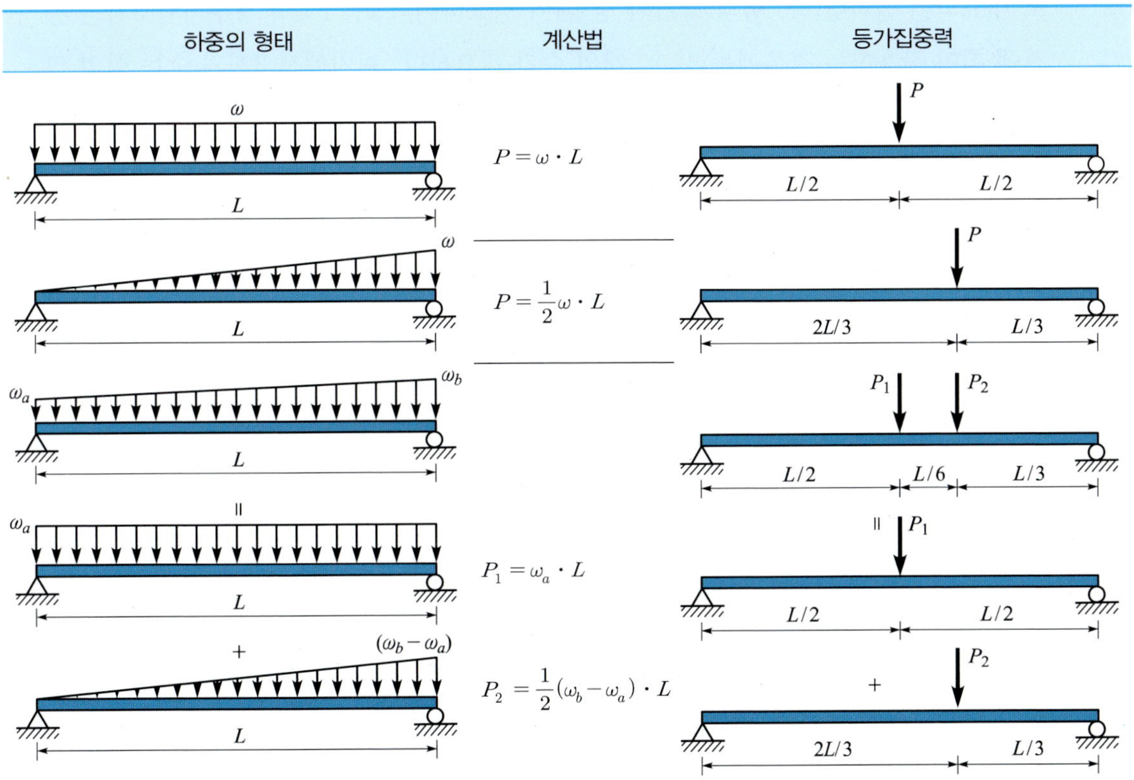

그림 1.3 분포하중의 등가집중력 환산

예를 들어 가방을 들고 서있는 경우는 위쪽으로 힘을 주고 있으나 가방이 움직이지 않으므로 일은 "0"이 된다. 또한 가방을 들고 앞으로 걷는 것도 힘의 작용방향은 위쪽이나 가방이 움직이는 방향은 힘의 작용방향과 수직인 앞쪽으로 움직이게 되므로 일은 "0"이 된다.

힘을 설명하기 위한 물리량은 크게 스칼라(scalar)와 벡터(vector)로 구분할 수 있다. 각각은 물리량, 즉 힘을 대표하는 수가 몇 개인지에 따라 구분하면 이해가 쉽다.

먼저 스칼라[혹은 스칼라량(量)]은 길이, 면적, 부피, 질량, 시간, 온도, 밀도, 에너지 등과 같이 방향을 갖지 않으며, 각각의 단위가 정해지면 1개의 수치로 나타낼 수 있는 양을 말한다. 예를 들어, 2차원 공간에 힘이 작용하고 있을 때 스칼라의 경우 $2^0 = 1$개의 수로, 3차원 평면에 힘이 작용하는 경우에도 $3^0 = 1$개의 수로 이 힘이 대표되어 결정될 뿐이다.

벡터(량)의 경우에는 2차원 공간에 작용하는 힘을 기술하기 위해서는 $2^1 = 2$개의 수로 대표되는 물리량(즉, 힘의 크기와 방향)이 필요하며, 그림 1.4의 경우처럼 3차원 공간에 힘이 작용하는 경우에는 $3^1 = 3$개의 수가 필요하다. 여기에서 3개의 수는 힘의 크기 F와 벡터가 z축과 이루는 각 θ, 그리고 벡터를 xy평면에 투영한 선이 x축과 이루는 각 ϕ이다.

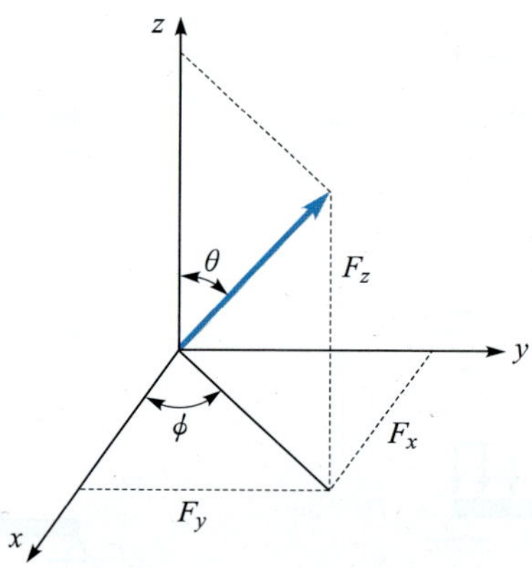

그림 1.4 3차원 공간의 벡터

1.3.2 힘의 종류

(1) **외력 · 내력** : 구조물의 부재가 외부의 하중에 의해 변형을 경험하는 과정에서, 내부에서는 변형에 저항하려는 힘이 발생하게 되는데 이를 내력(internal force)이라 한다. 또 물체에 작용하여 변위 및 변형이나 내력을 발생시키는 힘을 외력(external force) 또는 하중(load)이라 한다. 예를 들어 전단력, 모멘트 등의 단면력은 내력에 속하고

집중하중, 분포하중, 반력 등은 외력에 속한다.

(2) **중량(무게)** : 지구 위의 물체에 작용하는 중력의 크기, 즉 지표에 있는 물체를 지구의 중심 방향으로 끌어당기는 힘이다.

$$F_g = m \cdot g$$

여기서, m은 질량이고, g는 중력가속도이다. 만약, 질량 m이 60kg인 사람이 있다면, 중량은 다음과 같다.

$$F_g = m \cdot g = 60\text{kgf} = (60\text{kg}) \cdot (9.807\text{m/s}^2) = 588.42\text{N}$$

(3) **스프링력** : 스프링이 가지고 있는 힘

$$F_s = k \cdot x$$

여기서, k : 스프링 상수 [= 단위변위를 일으키는데 필요한 힘(N/m)]

x : 변위(m)

(4) **마찰력** : 물체가 다른 물체의 표면에 접하여 움직이려고 할 때 또는 움직이고 있을 때 그 운동을 저지하려는 힘이 접촉면을 따라 작용한다. 이 작용력(저항력)을 마찰력이라고 한다.

$$F_f = \mu \cdot N$$

여기서, μ : 마찰계수

N : Newton 힘(=1 kg·m/s^2)

힘을 나타내기 위해서는 크기, 방향, 작용점의 3가지 요소, 즉 힘의 3요소가 필요하다. 그림 1.5는 힘의 3요소를 설명하고 있다. 힘의 크기는 길이의 단위로 나타내며($l = \overline{SA}$), 힘의 방향은 각도의 단위인 θ, 힘의 작용점은 평면상의 좌표값(x, y)을 사용하여 나타낸다.

힘의 단위를 나타내는데 있어서 물리학에서 쓰는 절대단위와 공학에서 주로 사용하는 중력단위를 다음과 같이 구분할 수 있다. 예를 들어, 물리학에서 사용하는 절대단위인 1N(Newton)은 질량 1kg의 물체에 1m/s^{2}의 가속도가 생기게 하는 힘을 말한다. 즉, $F = ma$로부터, 1N = (1kg) · (1m/s^2) = 1kg · m/s^{2}이다. 그리고 공학에서 사용하는 중력단위인 1kgf(1kg force : 1kg의 힘)는 1kgw(1kg weight : 1kg인 물체의 무게)와 같고 중량 1kg이라 말하기도 하며 보통 1kg으로 사용한다. 따라서 1kgf = (1kg) · (1g) = (1kg) · (9.807m/s^2) = 9.807N이다. 여기서 1g는 중력가속도 9.807m/s^{2}을 나타낸다.

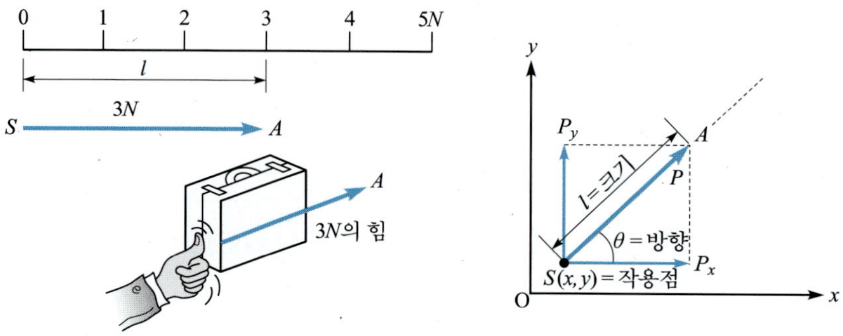

그림 1.5 힘의 표시, 힘의 3요소

1.3.3 SI단위계

SI단위계는 1960년의 제11회 국제도량형총회(General Conference on Weights and Measures)에서 미터법을 대신하여 국제단위계(International System of Units : SI)로 채용하게 되었다. 미터계의 단위는 점차 SI단위계로 통일되어가고 있다. 표 1.1에는 단위계에 따라 사용되고 있는 대표적인 단위들을 예시했다. 토목공학 분야에서 많이 사용되고 있는 힘의 단위 N과 응력의 단위 Pa(N/m^2)을 SI단위계에서 확인할 수 있다. 최근에는 토목설계 및 공사를 위한 다양한 도로교설계기준(2005년 이후), 콘크리트구조설계기준(2003년 이후) 등의 설계기준서와 콘크리트표준시방서(2003년 이후)와 같은 공사시방서 등도 모두 SI단위계를 적용하고 있다.

표 1.1 단위계에 따른 단위의 비교

구 분	길 이	질 량	힘	응 력	에너지(일)
SI계(국제단위계)	m	kg	N	N/m^2 또는 Pa	J
CGS계(미터법)	cm	g	dyn	dyn/cm^2	erg
MKS계(미터법)	m	kg	kgf	kgf/m^2	kgf · m
FPS계(파운드법)	ft	lb	lb	lb/ft^2	ft · lb

※ lb = pound, N = newton, dyn = dyne, Pa = pascal(Pa = N/m^2)

SI단위계를 이용해서 크거나 작은 수를 나타낼 때 영(zero)을 나열해서 표시하는 대신에

표 1.2에 보여준 접두어를 이용하여 나타내고 있다. 즉, G는 10^9, k는 10^3, n은 10^{-9}을 말한다. 예를 들면, 1GPa = 10^3MPa = 10^6kPa = 10^9Pa이다.

표 1.2 SI단위표기에 사용되는 주요한 접두어

기 호	의 미
G(giga)	10^9
M(mega)	10^6
k(kilo)	10^3
c(centi)	10^{-2}
m(mili)	10^{-3}
μ(micro)	10^{-6}
n(nano)	10^{-9}

1.3.4 단위환산

표 1.3 단위환산표(길이와 힘의 단위)

	기준	in	ft	cm	m
길 이	1in	1	0.0833	2.54	0.0254
	1ft	12	1	30.48	0.3048
	1cm	0.3937	0.0328	1	0.01
	1m	39.37	3.28	100	1
힘	기준	N	dyn	kgf	lb
	1N	1	1×10^5	1.02×10^{-1}	2.248×10^{-1}
	1dyn	1×10^{-5}	1	1.02×10^{-6}	2.248×10^{-6}
	1kgf	9.807	9.807×10^5	1	2.205
	1lb	4.448	4.448×10^5	4.536×10^{-1}	1

이와 같은 다양한 단위들은 단위 상호간에 그 크기를 비교할 수 있는 단위환산이 필요하다. 단위환산은 표 1.3을 이용하면 쉽게 바꿀 수 있다.

위의 단위환산표를 이용하여 응력과 휨모멘트의 단위를 환산하면 다음과 같다. 즉,

응력 : $1\text{kgf/cm}^2 = (9.807\text{N})/(100\text{mm}^2) = 0.09807\text{MPa} \approx 0.1\text{MPa}$

휨모멘트 : $1\text{kgf}\cdot\text{m} = 9.807\text{N}\cdot\text{m} \approx 9.8\text{N}\cdot\text{m}$

CHAPTER

02

정정보 및 라멘의 해석

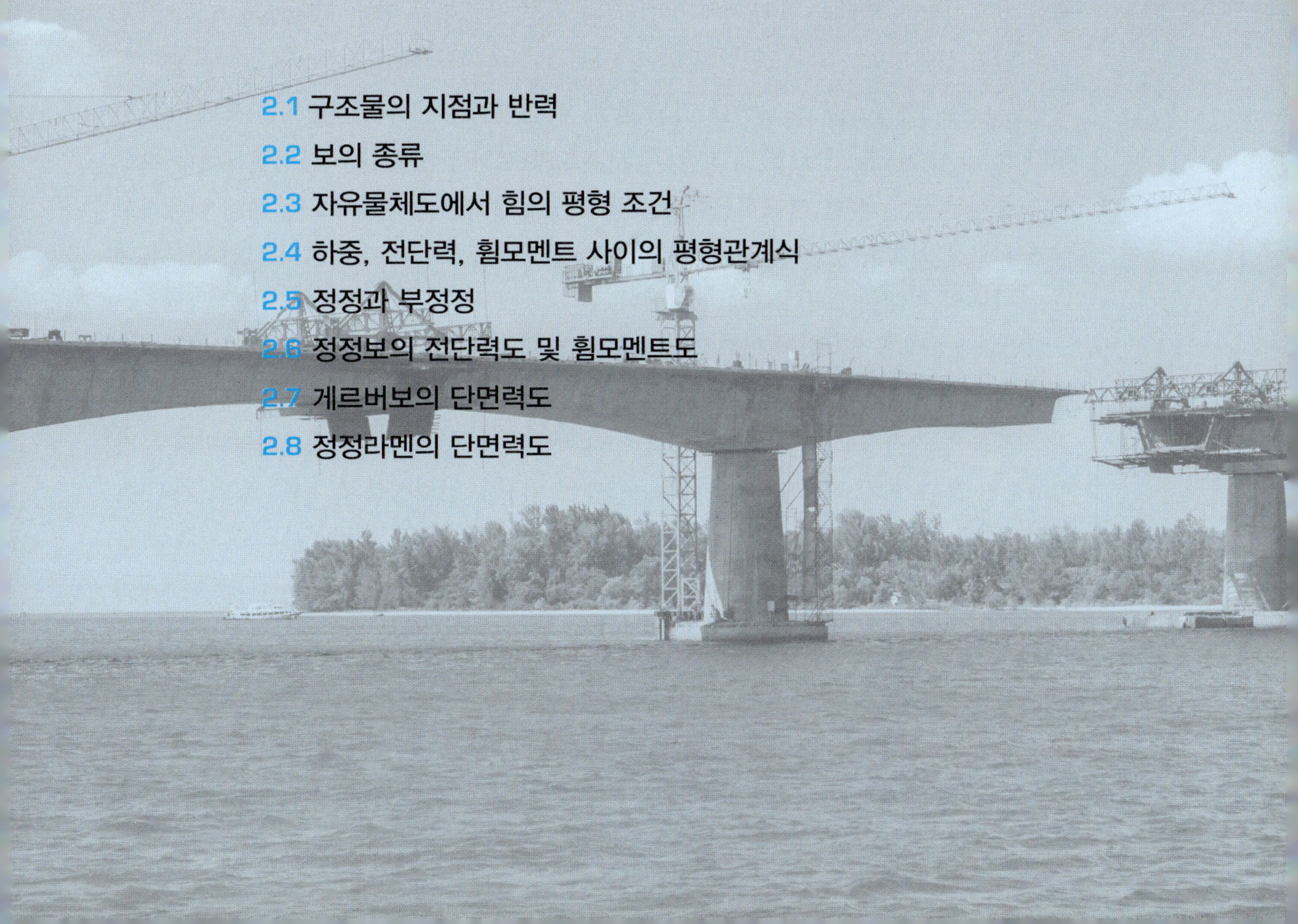

2.1 구조물의 지점과 반력

구조물이 외력을 받았을 때 평형을 이루기 위해서 구조물에서 수동적으로 생기는 힘을 반력(reaction)이라 하고, 구조물을 지지하고 있는 지지점, 즉 지점(support)에서 생긴 반력을 지점반력이라 한다. 지점은 구조물을 지탱하고 구속하는 역할을 하며, 대표적으로 롤러지점(roller support), 힌지지점(hinge support or pinned support), 고정지점(fixed support)으로 구분된다. 이와 같은 지점의 구분은 구속하는 변위성분에 따라 결정된다.

롤러지점은 수직변위만을 구속하며, 회전과 횡방향 변위는 허용한다. 힌지지점은 연직, 수평방향의 변위성분을 구속하고 회전변위는 허용하며, 고정지점은 연직, 수평방향, 회전에 대한 변위성분을 모두 구속하여 어떠한 변위 발생도 허용하지 않는다. 힌지지점과 고정지점의 경우 반력성분을 표현할 때 수평방향의 반력성분은 H(Horizonal force)로, 연직방향의 반력성분은 V(Vertical force)로 구분하여 표기한다. 참고로 반력을 표기하는 방법에는 위에서 설명한 H와 V로 구분하는 방법 이외에도 R_x(x좌표축의 반력 성분), R_z(z좌표축의 반력 성분)로 표현하기도 하며, x, z좌표축에 대한 힘 자체를 나타내는 F_x, F_z로 표현하기도 한다. 회전변위를 구속하는 반력을 모멘트 반력이라 하며 M(Moment)으로 표기한다. 모멘트의 표기에 있어서는 반력성분이나 모멘트 하중성분 모두 M을 사용하는데, 2.3절에서 소개되는 자유물체도에 대해 이해하고 나면 서로를 쉽게 구분할 수 있을 것이다. 2차원 평면구조물에서 지점과 지점의 분류에 따른 반력의 형태를 그림 2.1에 정리했다.

그림 2.1에서 롤러지점의 반력은 접촉면에 직각으로 작용하는 힘 V이며 1개의 미지수이다. 또한 롤러지점과 유사한 지점으로 축방향 1개의 미지수 반력을 나타내는 케이블과 지지봉으로 지지하는 링크지점(link support)이 있다. 힌지지점은 2개의 미지수 반력성분인 H와 V가 있으며, 고정지점은 3개의 미지수 반력성분 H, V, M을 가진다. 힌지지점과 고정지점에서 반력성분인 H와 V는 수평과 수직 반력성분으로 편의상 분해하여 나타낸 것으로 그림 2.1의 참고처럼 2성분의 합력인 $R=\sqrt{H^2+V^2}$ 으로 1개의 반력이다. 한편, 가이드는 모멘트와 접촉면의 표면에 직각으로 부재의 이동을 방지하므로 그들 방향으로 이상화시킨 2개의 미지수 힘이 반력으로 모형화(modelling) 된다.

2.2 보의 종류

보는 그림 2.2에 보여준 것처럼 그 지지조건과 형태에 따라 단순보(simple beam), 연속보(continuous beam), 내민보(overhanging beam), 캔틸레버보(cantilever beam), 게르버보(Gerber beam), 고정보(fixed beam) 등으로 구분한다. 여기에서 우리가 공부하게 되는 보는 직선이며, 단면이 대칭이면서 크기가 일정하고, 수평한 상태를 유지하고 있다고 가정한다.

보(beam)는 부재의 축에 수직으로 작용하는 하중에 대해 전단력과 휨모멘트의 조합된 내력에 의해 작용하중을 지지하도록 설계된 부재를 의미한다(전단력과 휨모멘트는 2.3, 2.4절에서 설명하도록 한다). 보는 특히 외부하중을 지지하는데 휨(bending)이 지배적인 역할을 한다.

지점 명칭	지점 형태	이상화된 모델	반력 성분
롤러지점 (roller support)	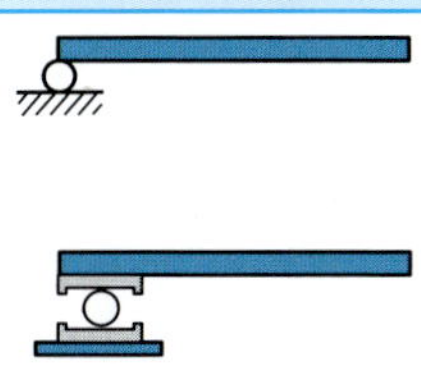	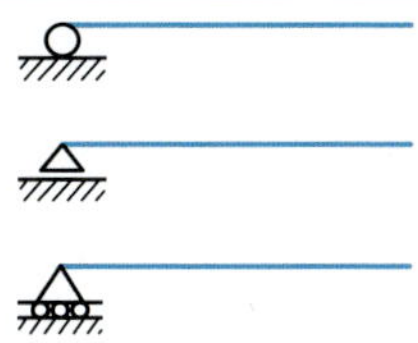	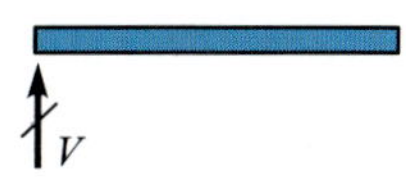 반력성분 : V $(H=0, M=0)$
힌지지점 (hinge support or pinned support)	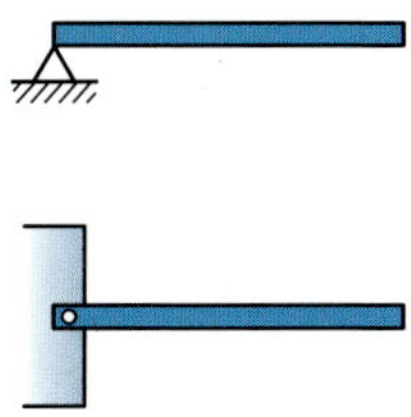	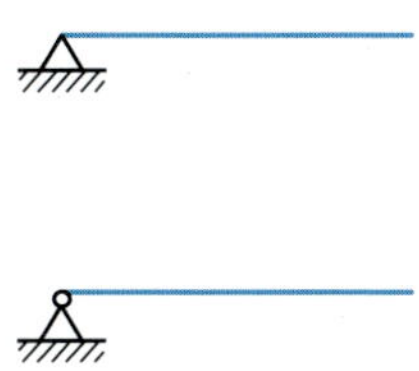	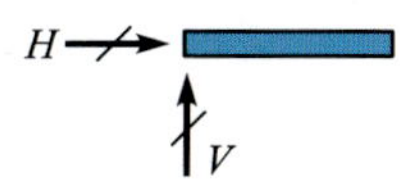 반력성분 : V, H $(M=0)$
고정지점 (fixed support)			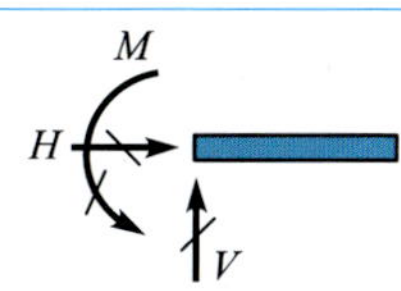 반력성분 : V, H, M
참 고	반력 H와 V에 대한 합력 R : 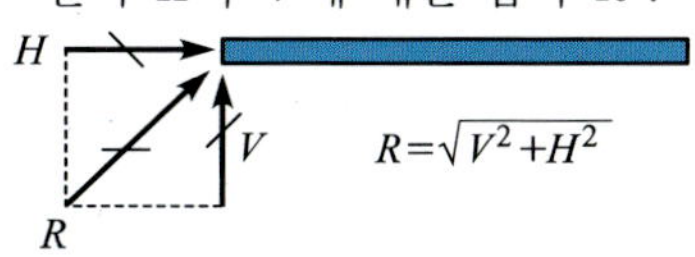		

그림 2.1 지점 및 반력의 형태

2.3 자유물체도에서 힘의 평형 조건

구조역학을 비롯한 역학을 공부할 때 실제 구조물의 자중, 작용력, 반력, 길이, 각도 등을 적절히 고려한 자유물체도(Free Body Diagram ; FBD)를 그려내는 것은 아주 중요한 부분이다. 자유물체도란 구조물의 전체요소 혹은 임의의 특정 부분 요소에 작용하는 외력과 구조물에서의 지점반력이나 내력(부재력)을 힘으로 대치시켜 평형조건(equilibrium condition)을 유지하도록 구조물에 작용하는 힘을 도식화하여 표현한 것이다. 이러한 자유물체도를 그리는 방법은 우리가 이제까지 구조물 해석을 위해 사용해 오고 있었다. 그림 2.3은 하중 P가 작용하는 실제구조물들과 그것들에 상응하는 자유물체도들을 보여주고 있다. 여기서 H_A와 H_B는 수평반력을 나타내고, 그리고 V_A, V_B, V_C는 수직반력을 나타낸다. M_A와 M_B는 모멘트 반력이다.

그림 2.3을 살펴보면, 구조물이 외부로부터 작용하는 하중을 받고 있는데도 구조물이 가라앉거나 밀려나지 않고 있는 것은 구조물에 힘의 평형이 이루어졌기 때문이다. 이러한 평형상태를 만족하기 위해서는 구조물에 평형조건이 성립해야 한다. 여기서 평형조건은 작용하는 수평, 수직력뿐만 아닌 모멘트의 합력이 각각 “0”이 되어야 하며, 그때 비로소 구조물의 평형조건이 성립된다. 이를 표현하기 위하여 다음과 같은 평형방정식(equilibrium equations)을 세울 수 있다.

$$\sum F_x = 0, \quad \sum F_y = 0, \quad \sum F_z = 0$$
$$\sum M_x = 0, \quad \sum M_y = 0, \quad \sum M_z = 0$$

위의 식은 3차원 공간에서의 힘의 평형방정식을 표현하는 식이며, 우리가 다루게 되는 2차원 평면을 $x-z$ 평면으로 설정했다면 평형방정식은 다음과 같이 간략화될 수 있다.

$$\sum F_x = 0, \quad \sum F_z = 0, \quad \sum M_y = 0 \qquad 2.1$$

여기서, $\sum F_x$: 각 힘의 x 방향 성분의 대수합, $\sum F_z$: 각 힘의 z 방향 성분의 대수합, $\sum M_y$: y 축에 관한 각 힘의 모멘트의 대수합. 주의해야할 점은 식 (2.1)의 3번째 항에서 표현된 $\sum M_y = 0$이다. $x-z$ 평면의 경우 발생하는 모멘트는 y축을 감고 도는 회전력으로 발생되기 때문에 M_y가 됨을 이해해야 한다. 위의 3가지 평형방정식은 일반적으로 2차원 평면상에 표현된 구조물의 해석을 위해 사용된다.

(a) 단순보

단순보(simple beam) :
한 단이 힌지지점이며 타단이 롤러지점으로 구성된 정정보로서 가장 기본이 되는 보

(b) 연속보

연속보(continuous beam) :
한 단이 힌지지점일 때 두 개 이상의 롤러지점을 가지고 있는 일체로 구성된 보

(c) 내민보

내민보(overhang beam) :
단순보가 지점을 넘어서 한쪽 또는 양쪽으로 내민보

(d) 캔틸레버보(외팔보)

캔틸레버보(cantilever beam) :
한단은 고정단이고 타단은 자유단으로 구성된 보로서 외팔보라고도 함.

(e) 양단고정보

양단고정보(fixed beam) :
양단이 모두 고정지점으로 구성된 부정정보

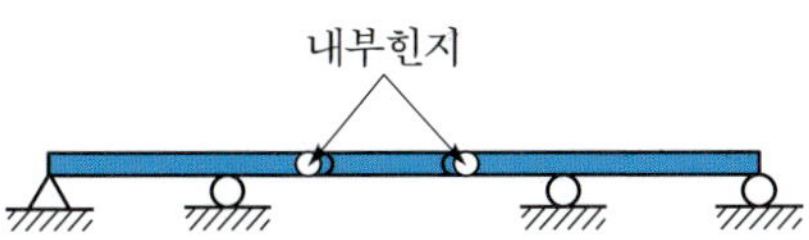

(f) 게르버보

게르버보(gerber beam) :
연속보에 그 부정정차수와 같은 수의 내부힌지를 설치하여 정정구조로 바꾼 것으로 역학적으로는 단순보와 캔틸레버보로 구성되며 단순보와 비교하여 최대모멘트가 작으므로 구조상 유리하다. 게르버보는 연속보에 비해 최대모멘트가 크지만 정정구조물이므로 지점침하, 온도변화, 조립오차 등에 의해 응력이 발생하지 않아 지반이 나쁜 곳에 설치 가능함.

그림 2.2 보의 종류

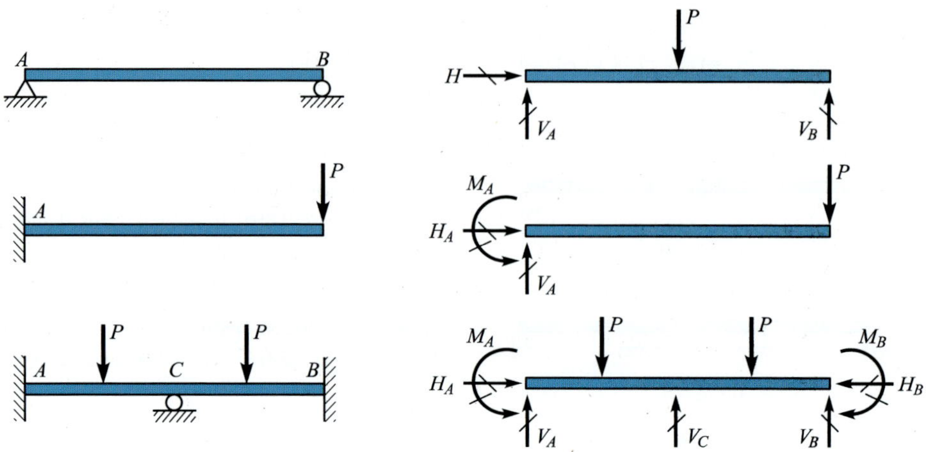

(a) 실제구조물 (b) 자유물체도

그림 2.3 실제구조물과 자유물체도

예제 2.1

다음 보구조물의 자유물체도를 작도하고, 단면력에 대해 설명하시오.

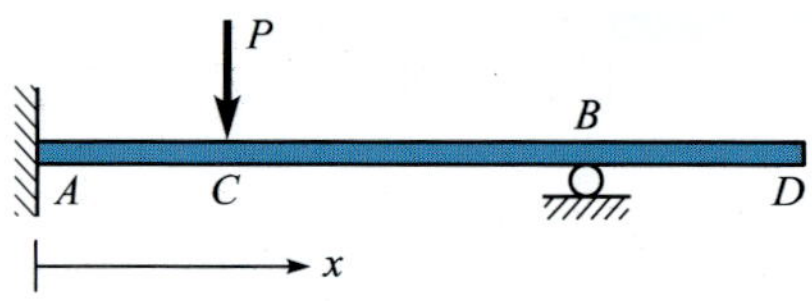

그림 예제 2.1

풀이

1) 자유물체도의 작도

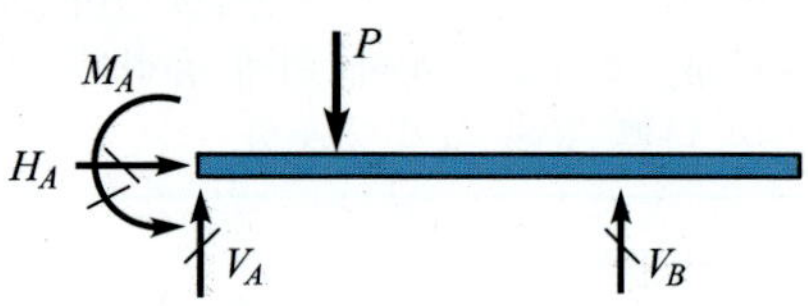

ⓐ 전체구조물의 자유물체도

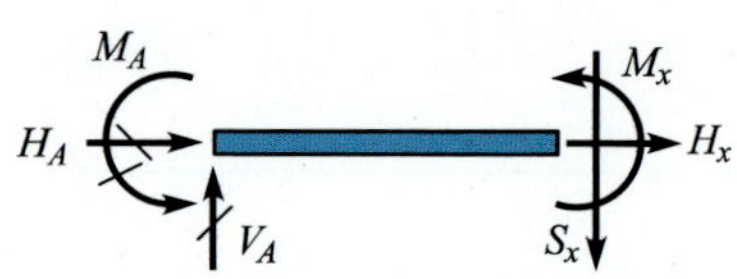

ⓑ $A < x < C$일 때 부분구조물의 자유물체도

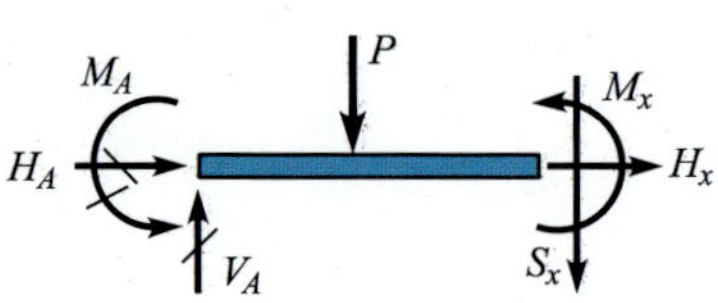

ⓒ $C < x < B$ 일 때 부분구조물의 자유물체도

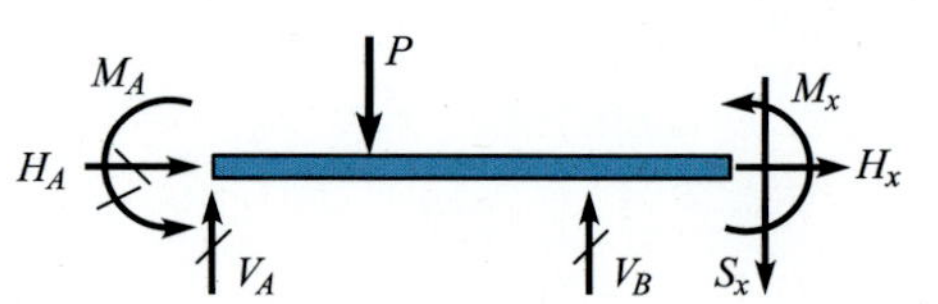

ⓓ $B < x < D$일 때 부분구조물의 자유물체도

2) 단면력의 설명

위의 $A < x < C$일 때 부분구조물의 자유물체도는 x점에서 절단한 다음, $A \sim x$ 부분의 자유물체도에 대해 정역학적 힘의 평형상태를 나타낸 것이다. 여기서 절단면에 작용하는 부재력 H_x, S_x, M_x가 단면력(단면내력)이다. 즉, 내력 H_x는 축력(axial force), S_x는 전단력(shear force), 그리고 M_x는 휨모멘트(bending moment)의 단면력을 나타낸다.

같은 방법으로, $C < x < B$일 때 부분구조물 및 $B < x < D$일 때 부분구조물의 자유물체도에서 절단면 x점의 내력(단면력) H_x, S_x, M_x가 설명된다.

2.4 하중, 전단력, 휨모멘트 사이의 평형관계식

여기에서 설명하는 보에 작용하는 하중, 전단력, 휨모멘트 사이의 평형관계식은 하중을 받는 보의 전 길이에 거쳐 발생되는 부재력인 전단력과 휨모멘트를 관찰하고자 할 때 대단히 유용하다. 특히 2.6절에서 소개되는 전단력도와 휨모멘트도를 그리고 이해하는데 꼭 필요한 기본 개념이며, 하중과 전단력, 휨모멘트 사이의 평형관계식의 이해는 역학을 공부하기 위해서 반드시 필요한 사항이다. 보의 하중, 전단력, 휨모멘트 사이의 평형관계식을 이해하기 위한 선결조건으로 우선 부호규약(sign convention)을 정의하는 것이 필요하다.

2.4.1 부호규약

작용하는 외력으로 인해 구조물의 부재 내부에는 전단력과 휨모멘트, 축력과 같은 내력이 발생하게 되는데 단면에 따라 내력의 방향은 상이하게 발생된다. 이러한 내력을 일관성 있게 표현하고, 해석결과를 상호간에 명확하게 이해하도록 돕기 위해 외력과 내력의 정적평형상태를 이용하여 부호의 방향을 규정하였는데 이를 부호규약이라 한다. 부호규약에는 구조 부재의 변형형상에 따라 규정한 "변형부호규약(deformation sign convention)"과 하중 및 내력의 방향을 기준으로 규정한 "정역학적 부호규약(static sign convention)"이 있다. 그러나 이러한 부호규약은 절대적인 의미를 갖는 것은 아니며, 해석자가 해당 구조물의 해석을 시작하면서부터 끝까지 일관성 있게 나름대로의 부호규약을 지켜간다면 최종 해석결과는 동일하게 얻어지게 된다.

우선 변형부호규약에 대해 알아보자. 그림 2.3(a)와 같은 구조 부재의 임의의 한 요소를 기준으로 고려해보자. 구조 부재 내의 임의의 한 요소가 양(+)의 휨모멘트 M, 양(+)의 전단력 S, 양(+)의 축력 H를 받는다는 것은 그림 2.3(b)와 같은 형상으로 변형됨을 의미한다. 즉, 양(+)의 휨모멘트는 요소를 아래로 볼록하도록 변형시키는 경우를 의미하며, 양(+)의 전단력은 요소의 왼쪽변이 올라가고 오른쪽변이 내려가는 변형형상을 갖도록 작용하는 전단력을 의미하고, 양(+)의 축력은 요소가 인장되는 변형형상을 갖도록 작용하는 축방향력을 의미한다. 음(−)의 휨모멘트, 음(−)의 전단력, 음(−)의 축력은 반대의 변형형상을 갖도록 작용하는 것을 의미한다[그림 2.3(c) 참조]. 축력과 전단력 그리고 휨모멘트가 구조 부재 요소의 변형과 관계하므로 이를 변형부호규약이라 한다.

정역학적 부호규약은 좌표축의 양(+)의 방향으로 작용되는 힘을 양(+)으로 결정하는 방법이다(그림 2.4참조). 이러한 정역학적 부호규약은 구조물의 반력성분 등을 결정할 때 사용되는 평형방정식을 세우는 과정에서 사용된다. 즉, 구하고자 하는 미지수의 크기를 구하는 단계까지 적용된다.

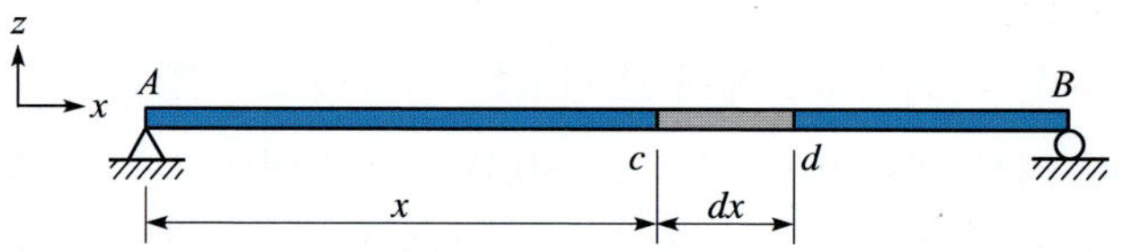

(a) 임의의 요소

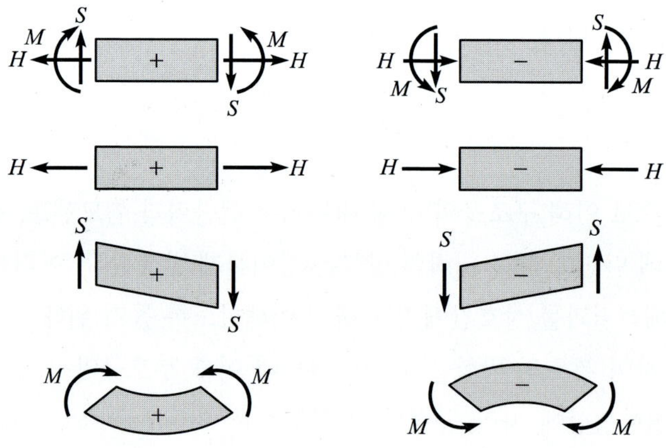

(b) 양(+)의 변형　　(c) 음(−)의 변형

그림 2.3 변형부호규약

부호규약을 이해했다면 하중, 전단력, 휨모멘트 사이의 평형관계식을 하중의 종류에 따라 등분포하중을 받는 보의 경우, 집중하중을 받는 보의 경우, 모멘트하중을 받는 보의 경우로 구분하여 설명하고자 한다.

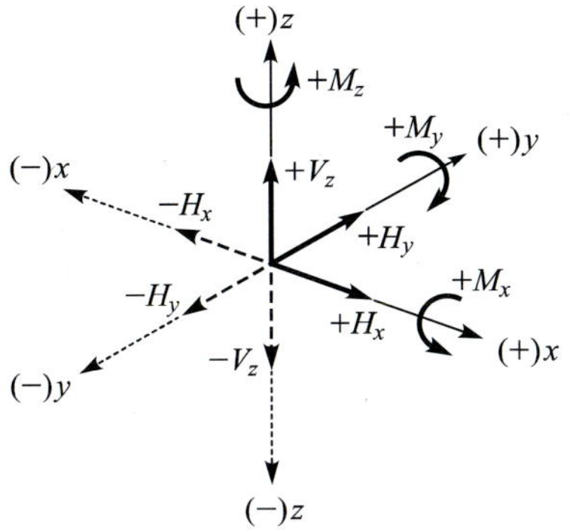

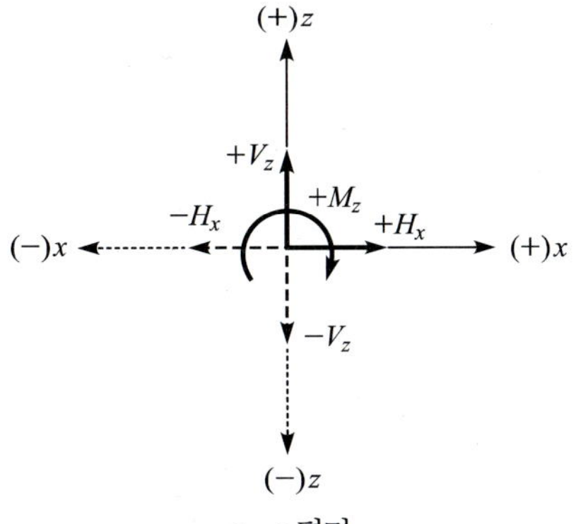

그림 2.4 정역학적 부호규약

2.4.2 등분포하중을 받는 보의 경우

그림 2.5의 등분포하중을 받는 보에서 임의의 미소구간을 $c-d$라 설정하고 이 미소구간을 따로 분리하여 이 요소에 작용하는 하중과 내력을 자세히 살펴보면 다음과 같다. 미소구간 dx에 의한 전단력과 휨모멘트의 증가분을 각각 dS, dM이라 하자.

앞의 2.3절에서 배운 식 (2.1)의 수직력(z축 방향 성분력) 합력의 평형방정식을 이용하여, 하중 ω와 전단력 S와의 관계식을 구하면 식 (2.2)와 같이 된다.

$$+\uparrow \sum F_z = 0 \;;\; S - \omega \cdot dx - (S + dS) = 0$$

$$\omega = -\frac{dS}{dx} \tag{2.2}$$

위 식은 보의 임의 단면에서 x에 관한 전단력 S의 변화율(기울기)은 바로 그 단면에서의 하중강도(크기)와 같다는 것을 의미한다. 식 (2.1)의 모멘트 합력의 평형방정식을 사용하여 M과 전단력 S와의 관계식을 구해보자.

$$+\curvearrowright \sum M_d = 0 \;;\; M + S \cdot dx - (M + dM) - \frac{1}{2}\omega \cdot dx^2 = 0$$

dx^2항은 너무 미소하므로 이것이 포함되어 있는 항을 제거하여 식을 정리하면

$$S = \frac{dM}{dx} \tag{2.3}$$

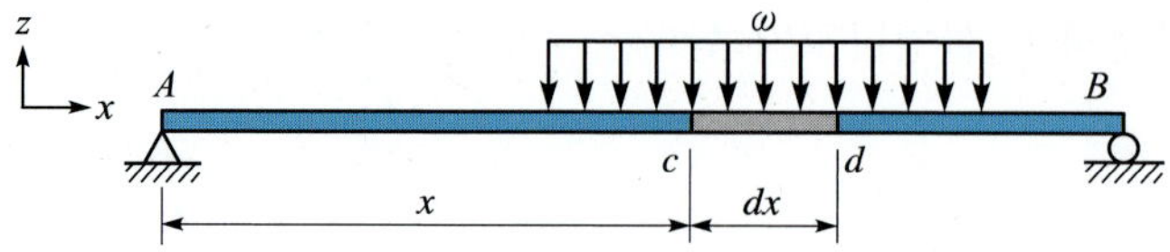

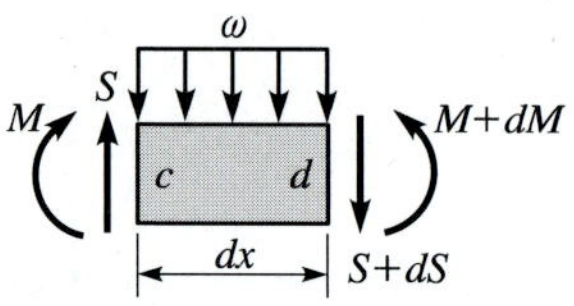

양(+)의 변형부호규약에 준하여 미소요소의 왼쪽과 오른쪽 단면에 발생되는 전단력과 휨모멘트의 방향을 결정한다.

그림 2.5 등분포하중을 받는 보의 미소요소

위 식은 보의 임의 단면에서 x에 관한 휨모멘트 M의 변화율(기울기)은 바로 그 단면에서의 전단력의 값과 같다는 것을 의미한다. 식 (2.2)와 식 (2.3)을 이용하여 하중, 전단력, 휨모멘트 사이의 관계식을 정리하여 보면 식 (2.4), (2.5)와 같은 관계를 얻을 수 있다.

$$\omega = -\frac{dS}{dx} = -\frac{d^2M}{dx^2} \quad (2.4)$$

$$-\iint \omega\,dx\,dx = \int S\,dx = M \quad (2.5)$$

즉, dS/dx는 전단력의 기울기로써 하중에 (−)값을 곱한 값이 되고 dM/dx은 모멘트의 기울기로써 전단력 S가 된다는 것이다. 이와 같은 상호간의 미·적분관계는 전단력도와 휨모멘트도를 그리는데 아주 유용하게 사용된다. 즉, 임의 위치에서 하중은 전단력의 음(−)의 기울기 값이 되고, 전단력은 모멘트의 기울기가 된다. 하중이 0일 때 전단력의 기울기가 0이 되므로 하중이 작용하지 않은 구간의 전단력은 일정하게 되고 일정한 크기의 등분포하중이 재하된 구간의 전단력은 일정하게 선형 변화하는 1차식으로 나타난다. 또한 전단력이 0이면 동일한 위치에서 휨모멘트의 기울기가 0이 된다. 이는 양(+)의 기울기가 음(−)의 기울기로 변하거나, 음(−)의 기울기가 양(+)의 기울기로 변화하는 변곡점, 즉 꼭짓점을 의미하며 이 점들 중의 한 점이 최대 휨모멘트 발생위치가 된다.

예제 2.2

등분포하중을 받는 보의 경우처럼 집중하중과 모멘트하중을 받는 보에 대한 전단력, 휨모멘트 사이의 평형관계식을 유도하시오.

풀이

1) 집중하중을 받는 보의 경우

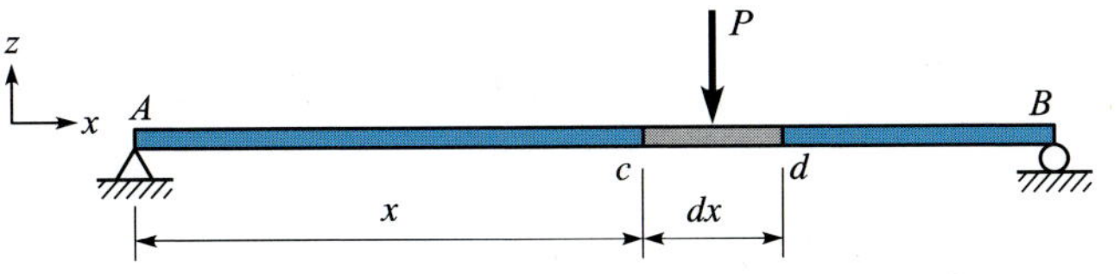

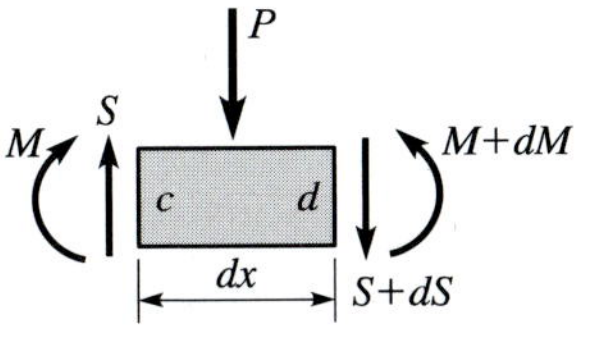

$$+\uparrow \sum F_z = 0 \ ; \ S - P - (S + dS) = 0$$
$$dS = -P \qquad 2.6$$

식 (2.6)은 임의의 집중하중이 작용하는 위치에서는 작용하는 하중의 크기만큼 전단력의 변화가 일어남을 의미한다.

$$+\curvearrowright \sum M_d = 0 \ ; \ M + S \cdot dx - (M + dM) - \frac{1}{2}P \cdot dx = 0$$
$$dM = S \cdot dx - \frac{1}{2}P \cdot dx \qquad 2.7$$

식 (2.7)은 미소구간 dx의 크기가 무한히 작기 때문에 집중하중의 작용으로 인해 하중 작용점에서 휨모멘트의 증가는 전단력의 경우처럼 급격히 일어나지는 않지만 미소거리 dx의 변화에 비례적으로 천천히 변화한다는 것을 설명하고 있다.

2) 모멘트하중을 받는 보의 경우

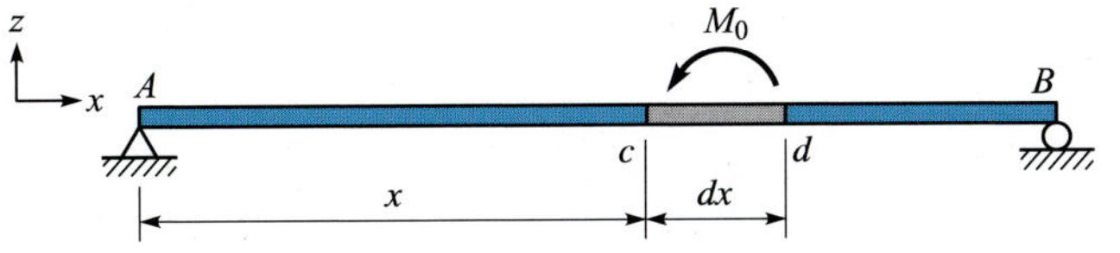

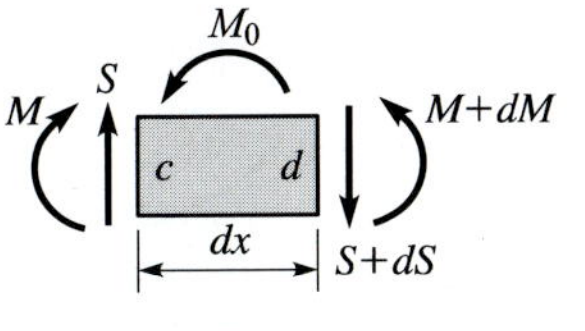

$$+\uparrow \sum F_z = 0 \ ; \ S - (S + dS) = 0$$
$$dS = 0 \qquad 2.8$$

식 (2.8)에서 알 수 있듯이 미소구간에 모멘트하중 M_0가 작용하면 전단력의 변화량 dS는 "0"임을 알 수 있다. 즉, 전단력의 변화는 없음을 의미한다.

$$
\begin{aligned}
+\curvearrowright \Sigma M_d = 0 \;;\; & M + S \cdot dx - (M + dM) - M_0 = 0 \\
& dM = S \cdot dx - M_0 \\
& dM = - M_0
\end{aligned}
\tag{2.9}
$$

미소구간 dx의 크기가 무한히 작기 때문에 dx의 항을 무시하면 휨모멘트 증가량 dM은 바로 모멘트하중 M_0가 된다.

그림 2.6에는 하중, 전단력도, 휨모멘트도 사이의 관계를 정리했다.

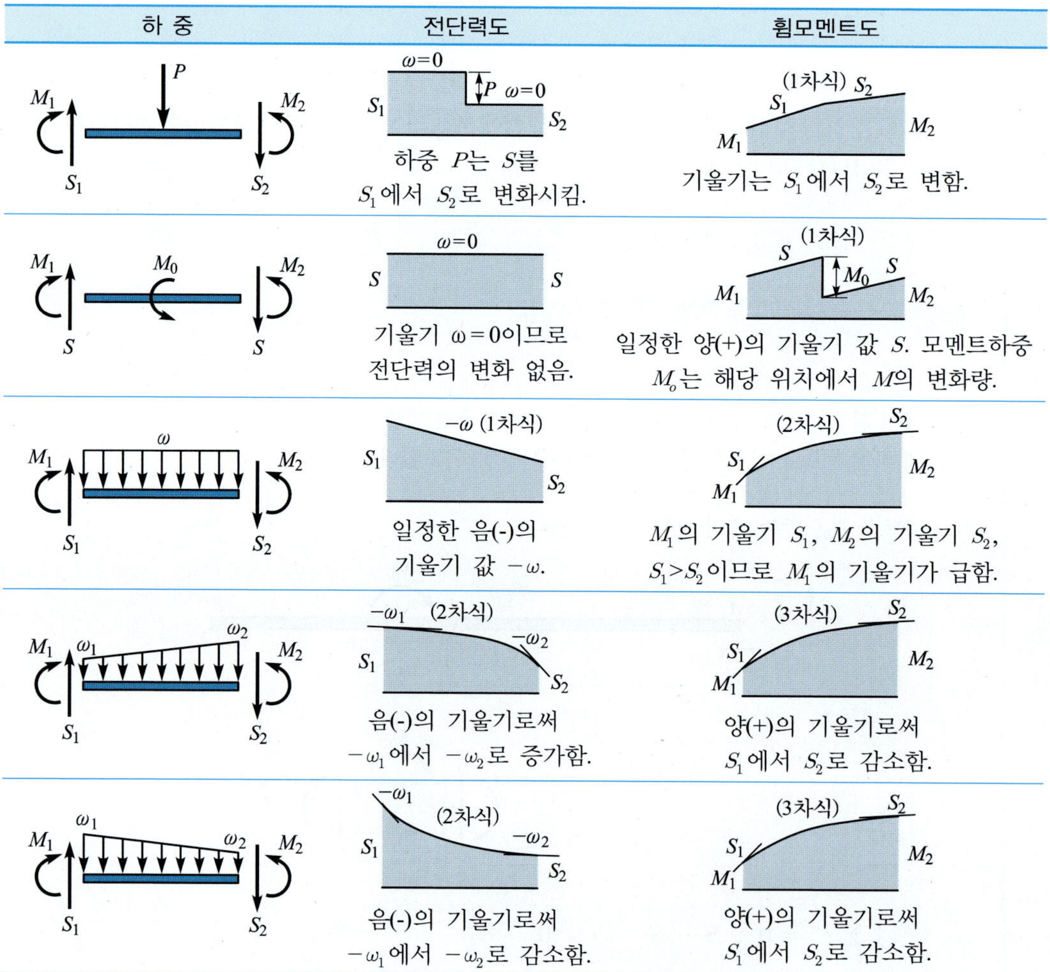

그림 2.6 하중, 전단력도, 휨모멘트도 사이의 상관관계

2.5 정정과 부정정

2차원 평면구조물에 외력이 작용하여 정역학적(statically) 평형상태에 있다고 하는 것은 모든 힘들 사이에 반드시 3개의 평형방정식 $\Sigma F_x = 0$, $\Sigma F_z = 0$, $\Sigma M_y = 0$이 성립하는 것을 의미한다. 이 3개의 평형방정식과 자유물체도를 사용해서 반력과 단면력(휨모멘트, 전단력, 축력)이 계산되는 구조물이 있고 계산되지 않는 구조물이 있다. 평형상태에 있는 구조물에서 위의 3개의 평형방정식에 의해 반력과 단면력(휨모멘트, 전단력, 축력)이 계산되는 것을 정정구조물(determinate structure)이라 한다. 반면에 3개의 평형방정식만으로 반력과 단면력이 계산되는 않는 것을 부정정구조물(indeterminate structure)이라 한다. 부정정구조물에서는 평형방정식 외에 변위의 적합조건(compatibility condition of displacement)을 고려해야 반력과 단면력이 구해진다. 관련된 부정정구조물의 해석은 7장에서 설명한다.

2차원 평면구조물의 외적인 정정 및 부정정의 판별과 부정정차수(degree of indeter minacy) 계산은 다음 식에 의한다.

$$n = r - 3 - c \tag{2.10}$$

여기서, n : 부정정차수($n = 0$이면 정정, $n < 0$이면 불안정), r : 반력성분의 수, c : 조건방정식의 수. 조건방정식은 조건식을 주는 내부연결로서, 그림 2.2(f)의 게르버보의 경우 1개의 내부힌지는 휨모멘트 $M = 0$이므로 1개의 조건방정식을 준다. 참고로, 구조물의 내부에 설치된 롤러나 링크는 휨모멘트 $M = 0$ 및 수평력 $H = 0$이므로 2개의 조건방정식을 준다.

한편, $n \geq 0$인 경우에도 구조물은 항상 안정한 것만은 아니다. 즉, $n \geq 0$일지라도, 구조물의 반력성분이 외적 안정을 확보할 수 있도록 적절하게 배열되지 않아 구조물이 움직이거나 회전하는 경우 기하학적 불안정(geometric instability) 구조물이 되고, 부재배열이 적절하지 못한 경우에도 외력이 작용하면 초기변형이 생기고 구조물이 이 변위를 탄성적으로 방지할 수 없어 내적인 기하학적 불안정한 구조물이 되기도 한다.

예제 2.3

다음 구조물의 정정, 부정정을 판별하고, 부정정인경우 부정정차수를 구하시오.

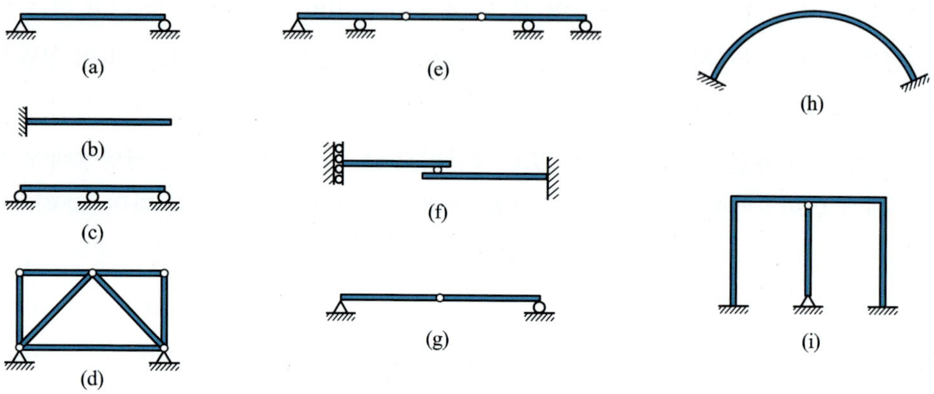

그림 예제 2.3

풀이

(a) 반력성분 $r=3$, 조건방정식 수 $c=0$ → $n=r-3-c=3-3-0=0$, ∴ 정정(단순보)

(b) 반력성분 $r=3$, 조건방정식 수 $c=0$ → $n=r-3-c=3-3-0=0$, ∴ 정정(캔틸레버보)

(c) 반력성분 $r=3$, 조건방정식 수 $c=0$ → $n=r-3-0=3-3-0=0$, 그러나 기하학적 불안정(∵ 지점배열이 부적절하게 배치되어 수평하중에 의해 보가 움직일 수 있음)

(d) 반력성분 $r=4$, 조건방정식 수 $c=0$ → $n=r-3-c=4-3-0=1$, ∴ 1차부정정 트러스

(e) 반력성분 $r=5$, 조건방정식 수 $c=2$ → $n=r-3-c=5-3-2=0$, ∴ 정정(게르버보)

(f) 반력성분 $r=5$, 조건방정식 수 $c=2$ → $n=r-3-c=5-3-2=0$, ∴ 정정

(g) 반력성분 $r=3$, 조건방정식 수 $c=1$ → $n=r-3-c=3-3-1=-1$, ∴ 불안정

(h) 반력성분 $r=6$, 조건방정식 수 $c=0$ → $n=r-3-c=6-3-0=3$, ∴ 3차부정정 고정아치

(i) 반력성분 $r=8$, 조건방정식 수 $c=1$ → $n=r-3-c=8-3-1=4$, ∴ 4차부정정 라멘

2.6 정정보의 전단력도 및 휨모멘트도

작용하는 하중으로 인해 구조 부재인 보의 내부에는 전단력과 휨모멘트가 발생된다. 이러한 전단력 및 휨모멘트는 내력으로서 하중과 같은 외력과 구분된다. 보의 설계를 위해서는 발생되는 최대 전단력 및 최대 휨모멘트를 결정하는 것이 필요한데 하중으로 인해 보의 내부에 발생되는 전단력과 휨모멘트는 위치에 따라 변화하기 때문에 이를 결정하기 위한 일반화된 방법을 알아야할 필요가 있다. 이를 위한 방법으로 가장 널리 사용되는 것이 보의 축을 따라 부재 임의의 위치를 x로 정의하고 전단력과 휨모멘트를 x의 함수로 나타내는 방법이다. 보의 축을 따라 전단력과 휨모멘트를 x의 함수로 나타내어 임의의 위치에서 결정된 값들을 연결하여 그래프로 나타낸 것을 각각 전단력도(Shear Force Diagram ; SFD)와 휨모멘트도(Bending Moment Diagram ; BMD)라 한다. 전단력도와 휨모멘트도를 그리기 위해서는 정역학적인 부호규약과 변형부호규약을 정확하게 이해하고 있어야 한다. 실제 구조물의 설계에서 전단력도와 휨모멘트도는 최대 단면력의 발생위치와 단면 크기 결정, 보강재가 필요한 부분 등을 결정하는데 아주 유용하게 사용된다. 전단력도와 휨모멘트도를 그리는 방법을 정리하면 다음과 같다.

(1) 지점반력 계산

- 지점 형태에 따른 반력성분을 결정하고, 구조물 전체에 대한 자유물체도를 그린다.
- 결정된 지점 반력 및 하중은 2차원 평면에서 보의 축에 평행한 성분과 수직한 성분으로 분해한다.
- 평형방정식($\Sigma F_x = 0$, $\Sigma F_z = 0$, $\Sigma M_y = 0$; $x-z$ 평면의 경우)을 적용하여 반력성분을 구한다. 여기에는 정역학적 부호규약이 사용된다.

(2) x의 구간 설정

- 보의 임의의 위치를 표현하기 위한 좌표 x의 원점을 선정한다(켄틸레버보는 자유단을 x의 원점으로 선정하는 것이 편리함).
- x의 구간을 설정한다. x의 구간은 하중의 작용점(분포하중의 경우 시작점 및 끝점)과 지점 사이의 각 영역별로 구분한다.

(3) 전단력 및 휨모멘트 함수

- 설정된 x의 구간에 따라 단면을 절단하고 절단된 단면의 왼쪽 혹은 오른쪽 부분구조물의 자유물체도를 작성한다.
- 자유물체도를 작성하기 위해 절단된 단면에 전단력과 휨모멘트를 기입할 때는 변형부호규약에 따라 양(+)의 값을 갖도록 해야 한다.
- 해당 구간의 전단력과 휨모멘트를 x의 함수로 결정하기 위하여 평형방정식($\sum F_x =0$, $\sum F_z = 0$, $\sum M_y = 0$; $x-z$ 평면의 경우)을 적용한 후 정역학적 부호규약에 의해 구한다.

(4) 전단력도 및 휨모멘트도를 그린다.

- 각 구간별로 구한 x에 대한 전단력 함수와 휨모멘트 함수를 그린다. 일반적으로 보를 기준으로 얻어진 함수들이 양(+)의 값이면 보의 위쪽부분에 음(−)의 값이면 아래쪽에 그린다.

다음 그림 2.7과 같은 정정인 단순보에 집중하중 P가 작용할 때, 보의 전단력도 및 휨모멘트도를 그려보자.

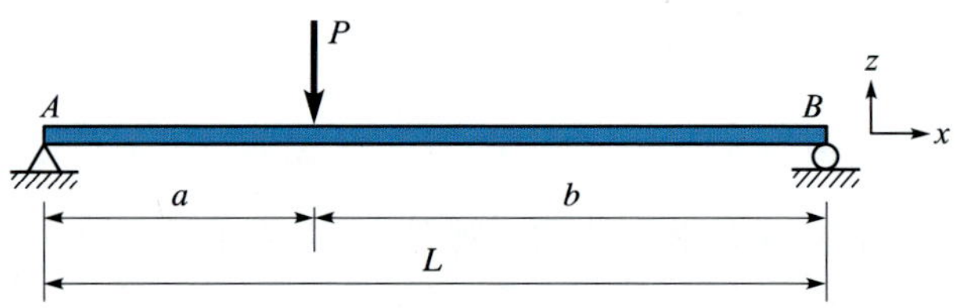

그림 2.7 집중하중을 받는 단순보

1) 반력계산

① 자유물체도

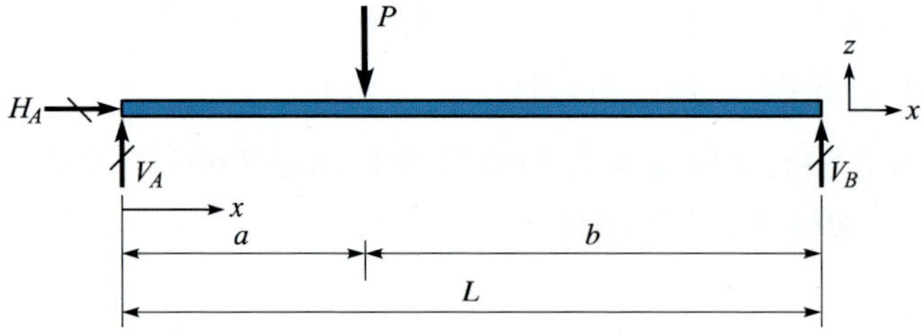

② 평형방정식을 이용한 반력산정 – 정역학적 부호규약 이용

$\overrightarrow{\oplus}\ \Sigma F_x = 0$; $\therefore\ H_A = 0$

$\oplus \uparrow \Sigma F_z = 0$; $V_A + V_B - P = 0 \quad \therefore\ V_A + V_B = P$ (1)

$\circlearrowright\!\oplus\ \Sigma M_B = 0$; $V_A \times L - P \times b = 0$

$$V_A = \frac{P \cdot b}{L}\ (\uparrow) \tag{2}$$

결정된 V_A를 식 (1)에 대입하면

$$\frac{P \cdot b}{L} + V_B = P$$

$$V_B = P - \frac{P \cdot b}{L} = \frac{P(L-b)}{L} = \frac{P \cdot a}{L}\ (\uparrow)$$

$$\therefore\ V_A = \frac{P \cdot b}{L}\ (\uparrow), \qquad V_B = \frac{P \cdot a}{L}\ (\uparrow)$$

2) x구간 설정

하중의 불연속이 집중하중 P의 작용점에서 생기므로 보의 전체길이 L을 2구간으로 나눈다.

① $0 < x < a$

② $a < x < b$

3) 전단력과 휨모멘트 함수

① $0 < x < a$

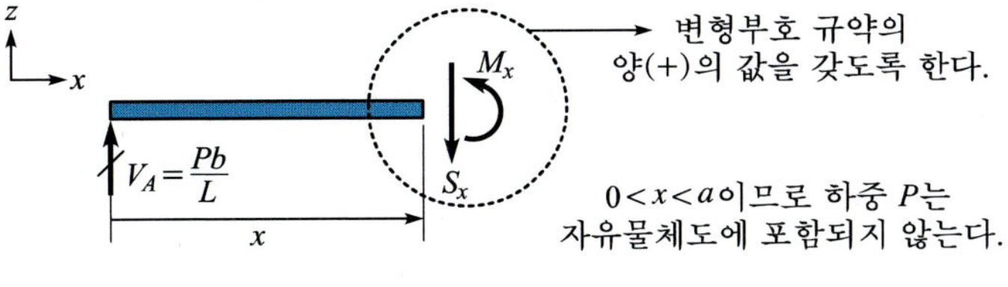

$\oplus \uparrow \Sigma F_z = 0$; $V_A - S_x = 0, \quad V_A = S_x$

$$\therefore\ S_x = \frac{P \cdot b}{L}$$

$$\oplus\ \Sigma M_x = 0\ ;\ V_A \cdot x - M_x = 0, \quad V_A \cdot x = M_x$$

$$\therefore\ M_x = \frac{P \cdot b}{L} \cdot x$$

위 원형 점선안의 'M_x'와 위 식 '$\Sigma M_x = 0$'의 'M_x'는 서로의 의미가 다르다. 첫 번째 'M_x'는 x위치에서의 M라는 의미이며, 두 번째 '$\Sigma M_x = 0$'에서 'M_x'는 x위치에서의 M의 합력은 '0'이다 라는 의미를 갖고 있다.

② $a < x < L$

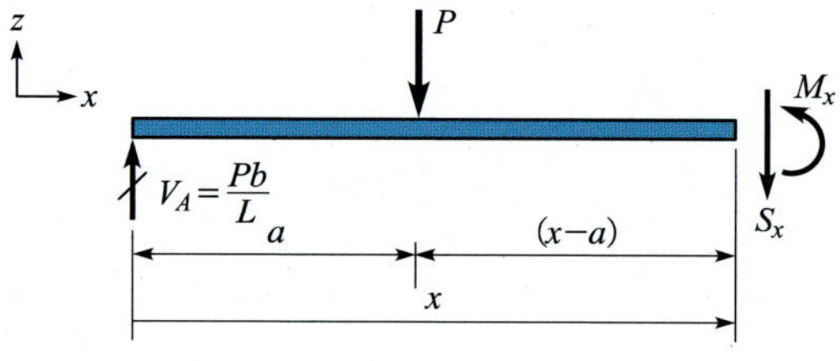

$$\oplus \uparrow \Sigma F_z = 0\ ;\ V_A - P - S_x = 0$$

$$S_x = V_A - P = \frac{P \cdot b}{L} - \frac{P \cdot L}{L} = -\frac{P \cdot a}{L}$$

$$\therefore\ S_x = -\frac{P \cdot a}{L}$$

$$\oplus\ \Sigma M_x = 0\ ;\ V_A \cdot x - P(x-a) - M_x = 0$$

$$M_x = V_A \cdot x - P(x-a) = \frac{P \cdot b \cdot x}{L} - P \cdot x + P \cdot a$$

$$M_x = P \cdot a - \frac{P \cdot x(L-b)}{L} = P \cdot a\left(1 - \frac{x}{L}\right)$$

$$\therefore\ M_x = P \cdot a\left(1 - \frac{x}{L}\right)$$

4) 전단력도(S.F.D) 및 휨모멘트도(B.M.D)

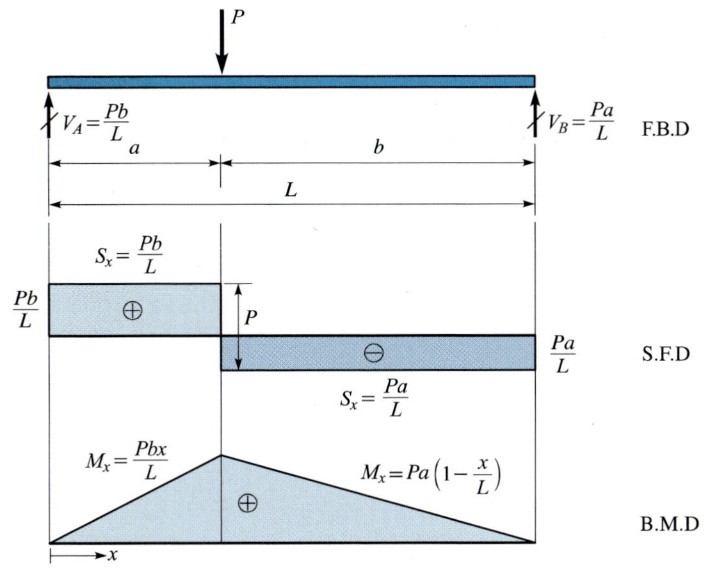

이해가 쉽도록 위의 전단력도 및 휨모멘트도에 숫자를 대입시켜 고려해보자. 만약, $P = 100\text{kN}$, $L = 10\text{m}$, $a = 3\text{m}$, $b = 7\text{m}$라면

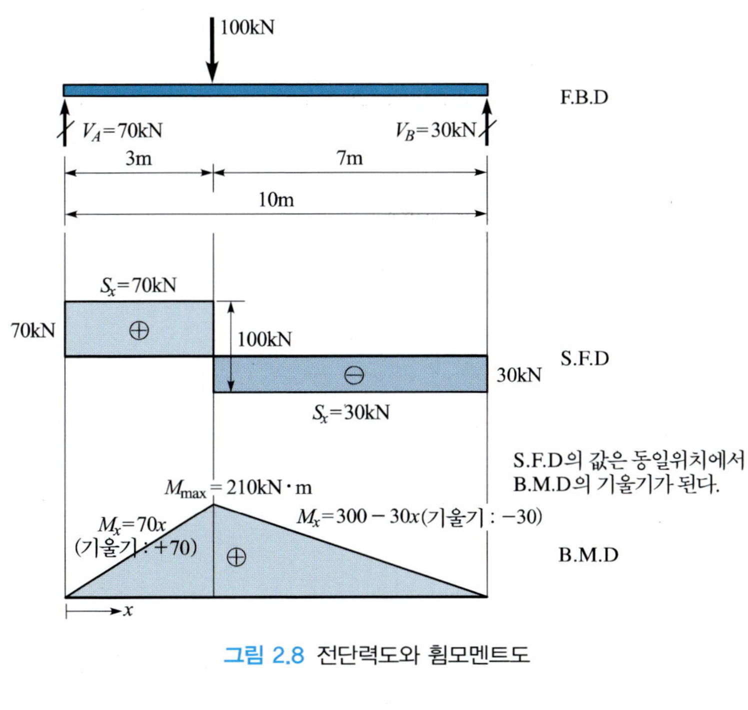

그림 2.8 전단력도와 휨모멘트도

TIP 위의 x구간 설정에서 '$a < x < b$'일 때, x의 원점을 'B'점으로 선정할 경우 구간은 '$0 < x < b$'로 되고 전단력과 휨모멘트 함수는 다음과 같이 얻어진다. 그러나 전단력도와 휨모멘트도는 동일하게 얻어진다.

x구간 : $0 < x < b$

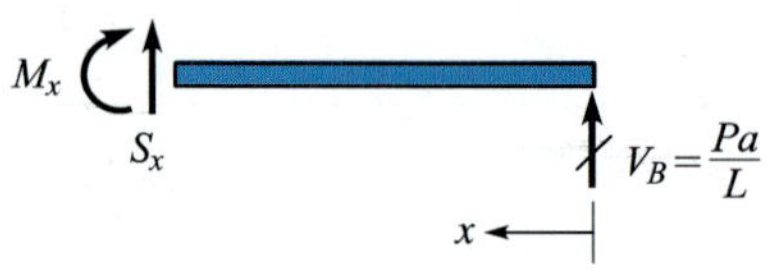

$$+\uparrow \sum F_z = 0 \ ; \ V_B + S_x = 0 \rightarrow S_x = -V_B$$

$$\therefore S_x = -\frac{P \cdot a}{L} \ (\downarrow)$$

$$+\curvearrowright \sum M_x = 0 \ ; \ -V_B \cdot x + M_x = 0 \rightarrow M_x = V_B \cdot x$$

$$\therefore M_x = \frac{P \cdot a}{L} \cdot x \ (\curvearrowright)$$

예제 2.4

다음 단순보의 전단력도와 휨모멘트도를 그리시오.

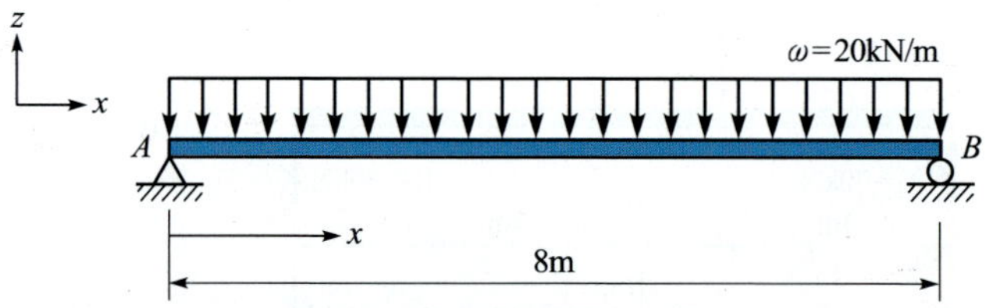

그림 예제 2.4

풀이

1) 반력계산

$$\oplus \uparrow \sum F_z = 0 \ ; \ V_A + V_B - \omega \cdot L = 0$$

$$\therefore \ V_A + V_B = 20 \times 8 = 160\,\text{kN}$$

$$\oplus \curvearrowright \sum M_B = 0 \ ; \ V_A \cdot 8 - 20 \cdot 8 \cdot \frac{8}{2} = 0$$

$$\therefore \ V_A = \frac{640}{8}\,\text{kN} = 80\,\text{kN} \ (\uparrow)$$

$$\therefore \ V_B = 160 - 80 = 80\,\text{kN} \ (\uparrow)$$

2) x구간 설정

$0 < x < L$

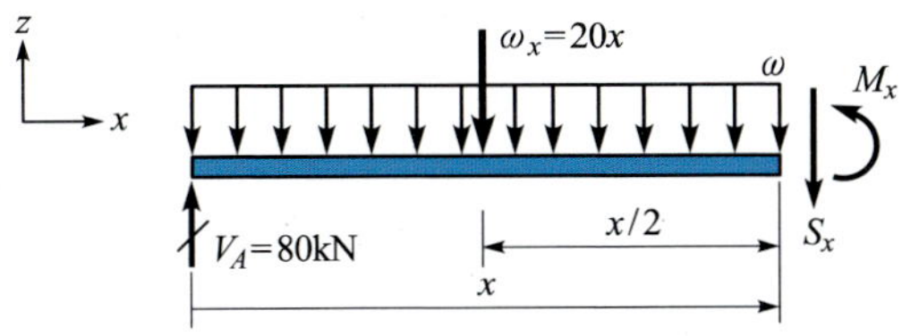

3) 전단력과 휨모멘트 함수

$\oplus\uparrow\sum F_z = 0\ ;\ V_A - S_x - 20x = 0$

$\therefore\ S_x = 80 - 20x$

$\oplus\curvearrowright\sum M_x = 0\ ; V_A \cdot x - M_x - 20x \cdot \dfrac{x}{2} = 0$

$M_x = 80x - 10x^2 = x(80 - 10x)$

$\therefore\ M_x = x(80 - 10x)$

$\dfrac{dM}{dx} = 80 - 20x = 0 \rightarrow x = 4\text{m},\ \ \therefore\ M_{\max} = M_{x=4\text{m}} = 4(80 - 10 \cdot 4) = 160\,\text{kN} \cdot \text{m}$

4) 전단력도(S.F.D) 및 휨모멘트도(B.M.D)

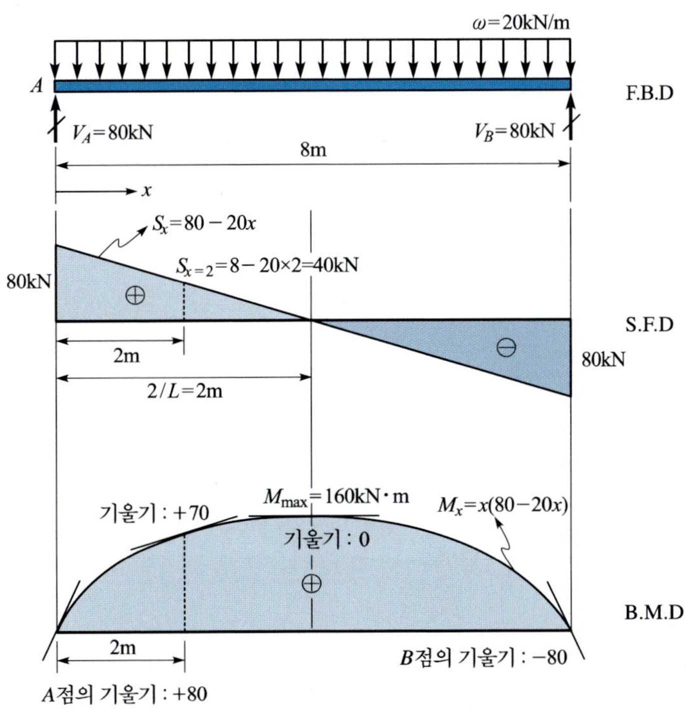

• 전단력이 "0"되는 위치 :

$S_x = 80 - 20x = 0$을 만족하는 x를 구하면 된다.

$80 - 20x = 0, \;\; \therefore \; x = 4\,\text{m}$

• 최대 휨모멘트 :

$dM/dx = S$이므로 휨모멘트도를 x에 대해서 한번 미분한 값인 전단력선도의 값이 "0"되는 위치에서, 즉 $dM/dx = S = 0$에서 최대 휨모멘트가 발생한다. 전단력선도 값이 "0"되는 위치는 $x = 4\,\text{m}$이므로 최대 휨모멘트는 다음과 같다.

$\therefore \; M_{\max} = 4(80 - 40) = 160\,\text{kN} \cdot \text{m}$

예제 2.5

다음 캔틸레버보의 전단력도와 휨모멘트도를 구하시오.

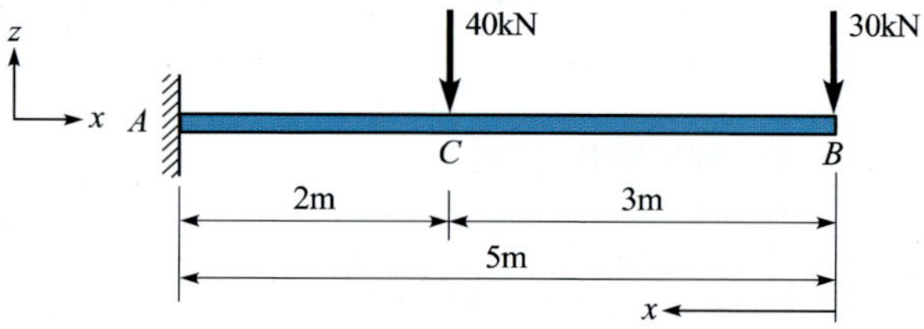

그림 예제 2.5

풀이

1) 반력계산

$\oplus \uparrow \Sigma F_z = 0 \;;\; V_A - 40\,\text{kN} - 30\,\text{kN} = 0$

$\therefore \; V_A = 70\,\text{kN} \; (\uparrow)$

$\oplus \; \Sigma M_A = 0 \;;\; -M_A + 40\,\text{kN} \times 2\text{m} + 30\text{kN} \times 5\text{m} = 0$

$\therefore \; M_A = 230\,\text{kN} \cdot \text{m} \; (\circlearrowleft)$

2) x구간 설정(자유단을 x의 원점으로 취하는 것이 계산상 편리하다.)

i) $0 < x < 3\,\text{m}$

ii) $3\,\text{m} < x < 5\,\text{m}$

3) 전단력과 휨모멘트 함수

i) $0 < x < 3\,\text{m}$

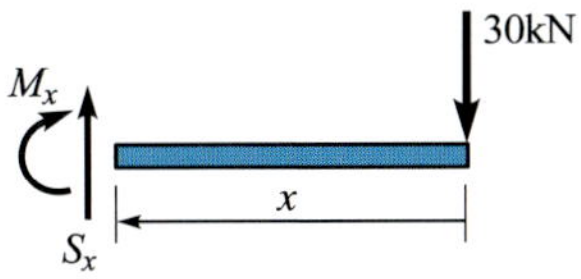

$\oplus\uparrow\sum F_z = 0$; $-30+S_x=0$

$\therefore\ S_x = 30\,\text{kN}$

$\oplus\curvearrowright\sum M_x = 0$; $M_x + 30x = 0$

$\therefore\ M_x = -30x$

ii) 3 m< x <5 m

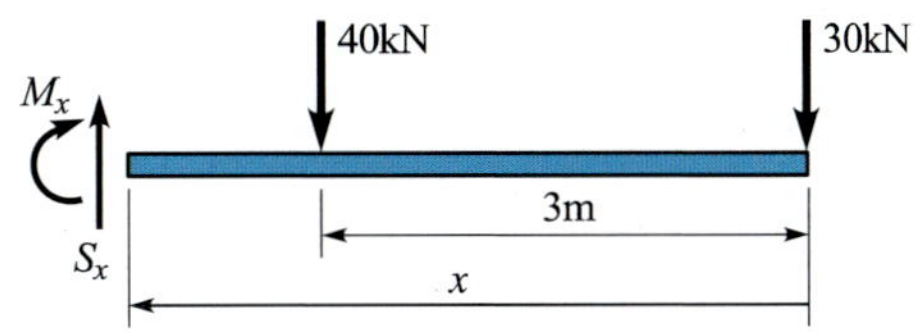

$\oplus\uparrow\sum F_z = 0$; $-30-40+S_x=0$

$\therefore\ S_x = 70\,\text{kN}$

$\oplus\curvearrowright\sum M_x = 0$; $30x + 40(x-3) + M_x = 0$

$M_x = -30x - 40x + 120 = 120 - 70x$

$\therefore\ M_x = 120 - 70x$

4) 전단력도(S.F.D) 및 휨모멘트도(B.M.D)

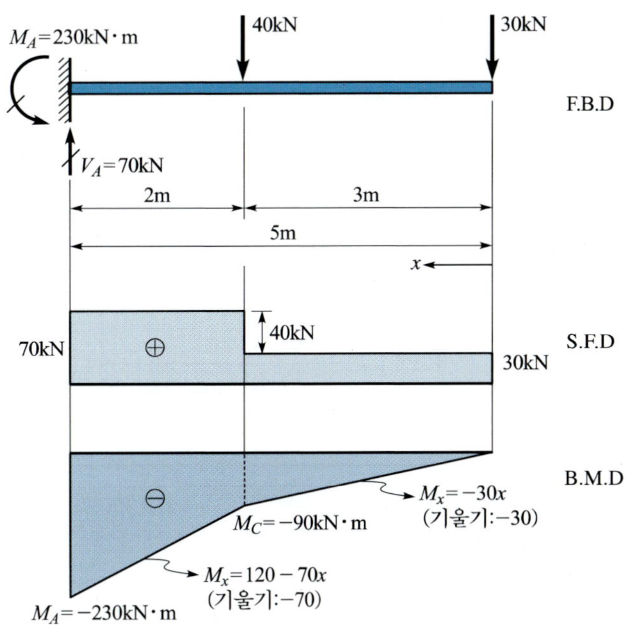

5) x의 원점을 A점으로 취해보자.

i) $0 < x < 2\,\mathrm{m}$

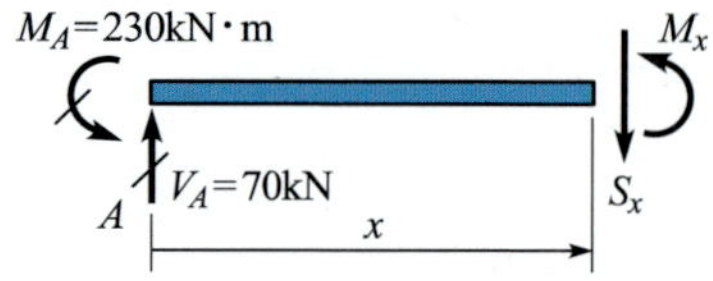

$$\oplus \uparrow \sum F_s = 0\,;\, 70 - S_x = 0 \qquad \therefore\ S_x = 70\mathrm{kN}$$

$$\oplus \curvearrowright \sum M_x = 0\,;\, 70x - 230 - M_x = 0 \qquad \therefore\ M_x = 70x - 230$$

ii) $2\,\mathrm{m} < x < 5\,\mathrm{m}$

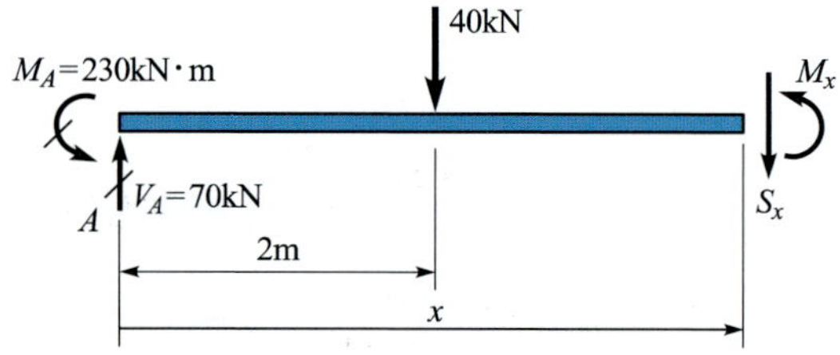

$$\oplus \uparrow \sum F_s = 0\,;\, 70 - 40 - S_x = 0 \qquad \therefore\ S_x = 30\mathrm{kN}$$

$$\oplus \curvearrowright \sum M_x = 0\,;\, 70x - 230 - 40(x-2) - M_x = 0 \qquad \therefore\ M_x = 30x - 150$$

6) 전단력도(S.F.D) 및 휨모멘트도(B.M.D)

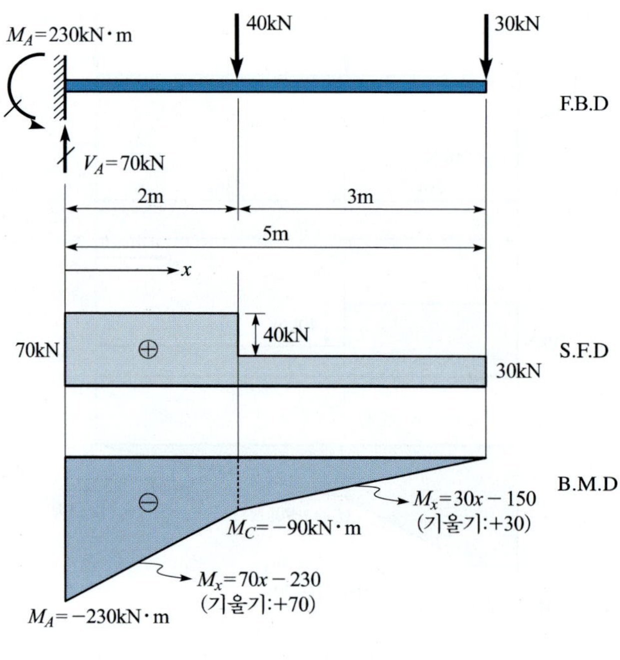

휨모멘트도와 전단력도를 표현하는 일반식은 x의 원점 위치에 따라 다르게 표현되지만 전단력 및 휨모멘트 값은 x의 원점위치에 관계없이 어느 위치에서나 동일하게 얻어짐을 알 수 있다.

예제 2.6

다음 캔틸레버보의 전단력도와 휨모멘트도를 구하시오.

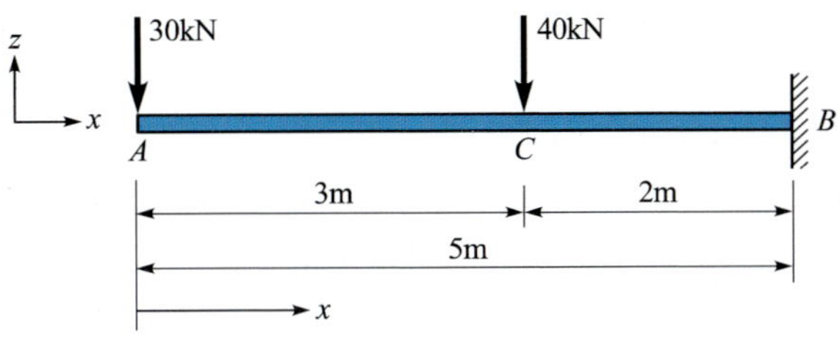

그림 예제 2.6

풀이

1) 반력계산

$\oplus \uparrow \sum F_z = 0 \,;\, V_B - 40\text{kN} - 30\text{kN} = 0 \qquad \therefore V_B = 70\text{kN} \ (\uparrow)$

$\oplus \curvearrowright \sum M_B = 0 \,;\, M_B - 40\text{kN} \times 2\text{m} - 30\text{kN} \times 5\text{m} = 0$

$\therefore M_B = 230\,\text{kN}\cdot\text{m}$ (↻)

2) x 구간 설정(자유단을 x의 원점으로 취하는 것이 계산상 편리하다.)

i) $0 < x < 3\,\text{m}$

ii) $3\text{m} < x < 5\,\text{m}$

3) 전단력과 휨모멘트 함수

i) $0 < x < 3\,\text{m}$

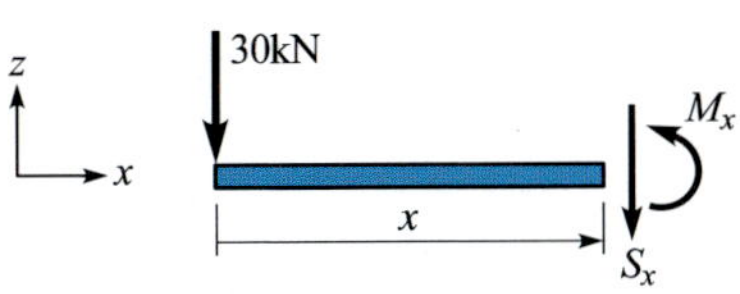

$\oplus \uparrow \sum F_z = 0 \,;\, -30 - S_x = 0 \qquad \therefore S_x = -30\text{kN} \ (\uparrow)$

$\oplus \curvearrowright \sum M_x = 0 \,;\, -M_x - 30x = 0 \qquad \therefore M_x = -30x \ (\curvearrowright)$

ii) $3\text{ m} < x < 5\text{ m}$

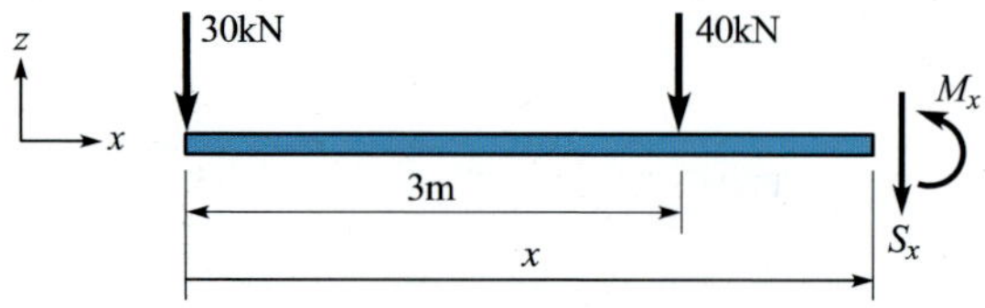

$\oplus \uparrow \sum F_z = 0\,;\, -30-40-S_x = 0 \qquad \therefore\ S_x = -70\text{kN}\ (\uparrow)$

$\oplus \curvearrowright \sum M_x = 0\,;\, -30x - 40(x-3) - M_x = 0$

$M_x = -30x - 40x + 120 = 120 - 70x \qquad \therefore M_x = 120 - 70x$

4) 전단력도(S.F.D) 및 휨모멘트도(B.M.D)

예제 2.5의 S.F.D와 2.6의 S.F.D를 비교해보면, 동일한 하중 조건의 경우에도 각각 양(+)의 전단력과 음(−)의 전단력으로 S.F.D가 결정됨에 유의해야 한다. 이러한 부호 결정은 변형부호 규약에 근거를 두고 있다.

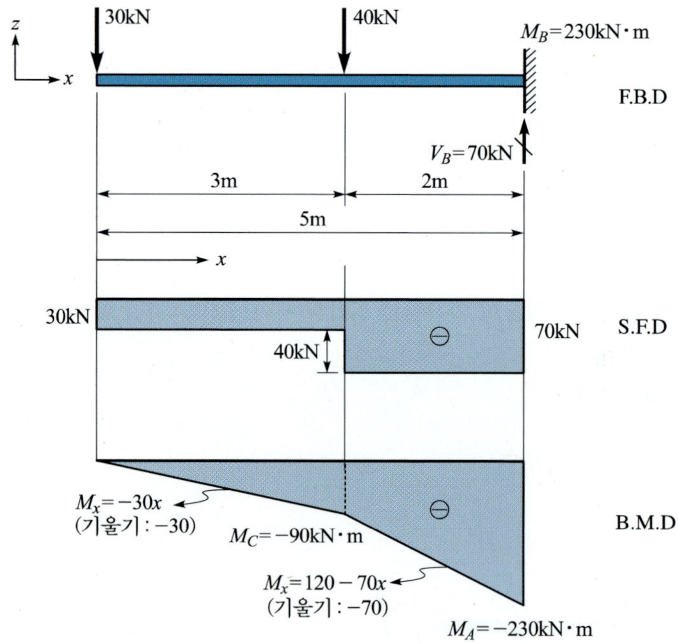

예제 2.7

다음 단순보의 전단력도와 휨모멘트도를 구하시오.

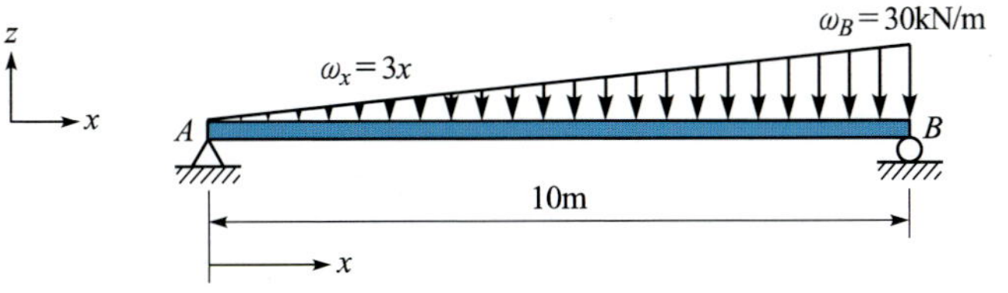

그림 예제 2.7

풀이

1) 반력계산

$$\oplus \uparrow \sum F_z = 0\ ;\ V_A + V_B - \frac{1}{2}(30\text{kN/m} \times 10\text{m}) = 0$$

$$\therefore\ V_A + V_B = 150\text{kN}$$

$$\oplus \curvearrowright \sum M_B = 0\ ;\ V_A \times 10\text{m} - \frac{1}{2}(30\text{kN/m} \cdot 10\text{m}) \times \frac{10}{3}\text{m} = 0$$

$$\therefore\ V_A = 50\,\text{kN}\ (\uparrow) \qquad \therefore\ V_B = 100\,\text{kN}(\uparrow)$$

2) x 구간 설정

$0\,\text{m} < x < 10\,\text{m}$

3) 전단력과 휨모멘트 함수

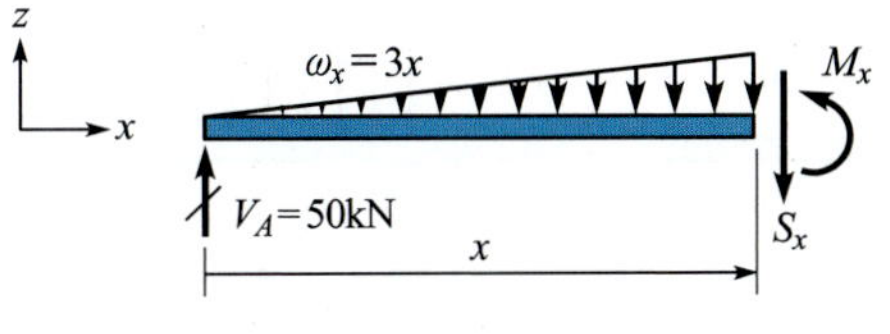

$$x : \omega_x = 10 : 30 \ \rightarrow\ \omega_x = 3x$$

$$\oplus \uparrow \sum F_z = 0\ ;\ 50 - 3x \cdot x \cdot \frac{1}{2} - S_x = 0$$

$$\therefore\ S_x = 50 - 1.5x^2$$

$$\oplus \curvearrowright \Sigma M_x = 0\ ;\ 50x - \left(3x \cdot x \cdot \frac{1}{2}\right) \cdot \frac{x}{3} - M_x = 0$$

$$\therefore\ M_x = 50x - 0.5x^3$$

4) 전단력도(S.F.D) 및 휨모멘트도(B.M.D)

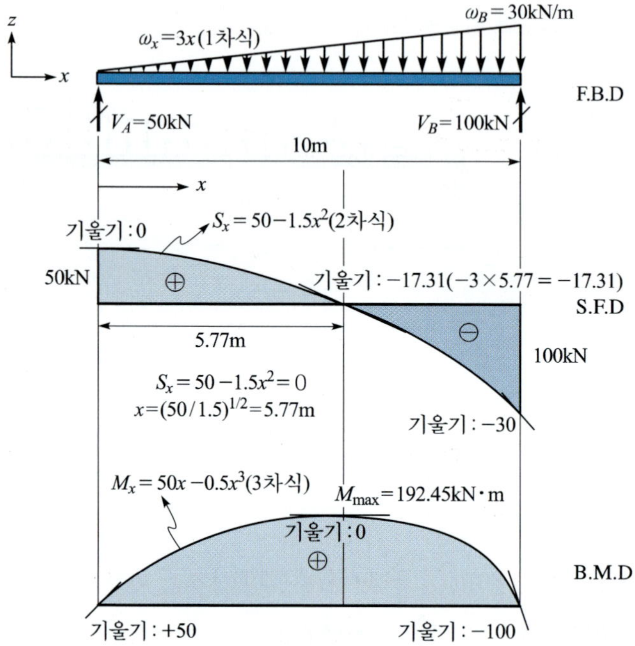

예제 2.8

다음 정정내민보의 전단력도와 휨모멘트도를 그리시오.

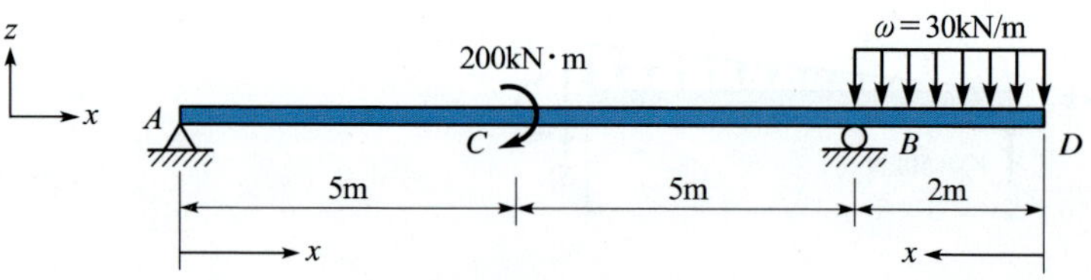

그림 예제 2.8

풀이

1) 반력계산

$\oplus\uparrow \sum F_z = 0\ ;\ V_A + V_B - 30\text{kN/m} \cdot 2\text{m} = 0$

$\therefore\ V_A + V_B = 60\,\text{kN}$

$\oplus\circlearrowright \sum M_B = 0\ ;\ V_A \cdot 10\text{m} + 200\text{kN} \cdot \text{m} + 30\text{kN/m} \cdot 2\text{m} \cdot \dfrac{2\text{m}}{2} = 0$

$\therefore V_A = \dfrac{1}{10\text{m}}(-200\text{kN}\cdot\text{m} - 60\text{kN}\cdot\text{m}) = -26\text{kN}(\downarrow)$

$\therefore V_B = 60\,\text{kN} - (-26\,t) = 86\,\text{kN}(\uparrow)$

2) x 구간 설정

i) $0 < x < 5\,\text{m}$ (x 원점 : A점)

ii) $5\,\text{m} < x < 10\,\text{m}$ (x 원점 : A점)

iii) $0 < x < 2\,\text{m}$ (x 원점 : B점)

3) 전단력과 휨모멘트 함수

i) $0 < x < 5\,\text{m}$ (x 원점 : A점)

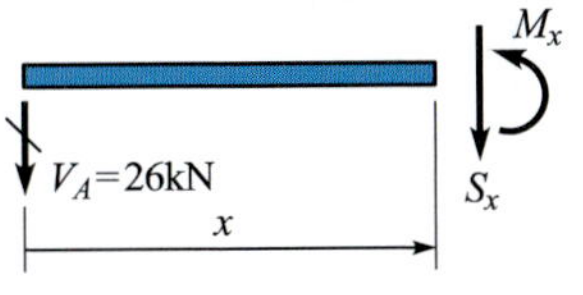

$\oplus \uparrow \Sigma F_z = 0\ ;\ -26 - S_x = 0$

$\therefore\ S_x = -26\,\text{kN}$

$\oplus\ \Sigma M_x = 0\ ;\ -26 \cdot x - M_x = 0$

$\therefore\ M_x = -26x$

ii) $5\,\text{m} < x < 10\,\text{m}$ (x 원점 : A점)

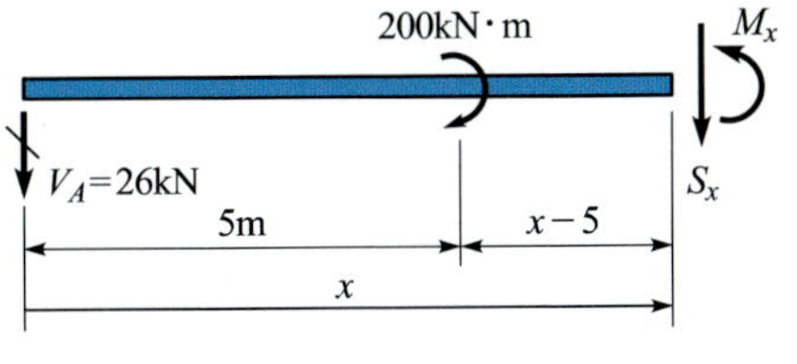

$\oplus \uparrow \Sigma F_z = 0\ ;\ -26 - S_x = 0$

$\therefore\ S_x = -26\,\text{kN}$

$\oplus\ \Sigma M_x = 0\ ;\ -26 \cdot x + 200 - M_x = 0$

$\therefore\ M_x = -26x + 200$

iii) $0 < x < 2\,\text{m}$ (x 원점 : B점)

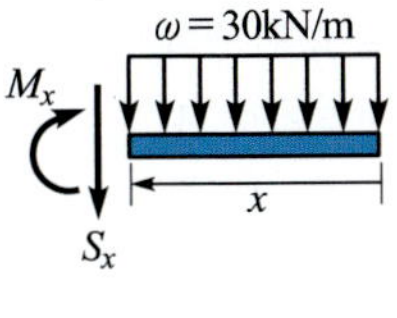

$\oplus \uparrow \Sigma F_z = 0$; $S_x - 30 \cdot x = 0$

$\therefore S_x = 30x$

$\oplus \Sigma M_x = 0$; $M_x + 30 \cdot x \cdot \frac{x}{2} = 0$

$\therefore M_x = -\frac{30}{2}x^2 = -15x^2$

4) 전단력도(S.F.D) 및 휨모멘트도(B.M.D)

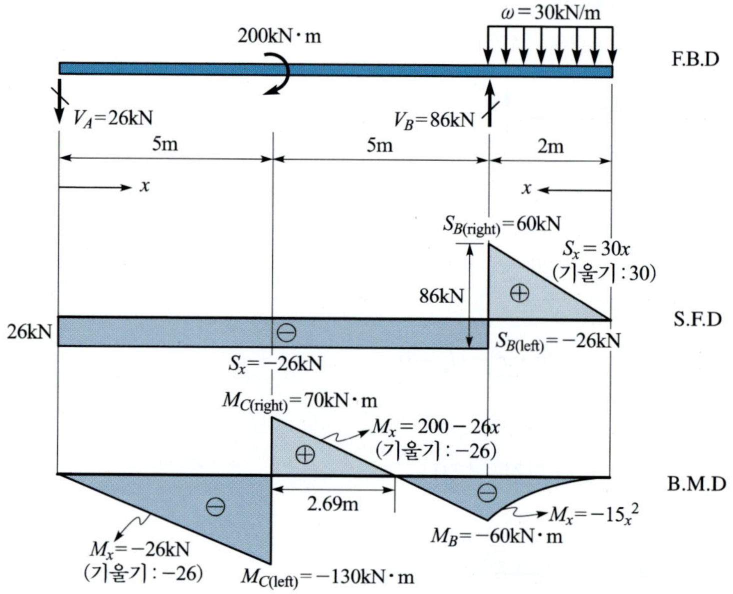

5) 전단력도의 설명

- C점의 모멘트하중은 전단력값에 영향을 미치지 않는다.
- 지점 B의 반력성분 86kN을 포함하지 않은 전단력값 $S_{B(left)} = -26$kN이며, 86kN을 포함한 전단력값 $S_{B(right)} = 60$kN이 된다. 즉, B점의 바로 왼쪽단면에서 전단력값이 $S_{B(left)} = -26$kN이고, B점의 바로 오른쪽단면에서 전단력값이 $S_{B(right)} = 60$kN이다.
- 최대 전단력 $S_{max} = S_{B(right)} = 60$kN이다.

6) 휨모멘트도의 설명

- C점의 모멘트하중 200kN·m를 포함하지 않은 휨모멘트값 $M_{C(left)} = -130$kN·m이며, 200kN·m를 포함한 $M_{C(right)} = 70$kN·m가 된다. 즉, C점의 바로 왼쪽단면에서 휨모멘트값이 $M_{C(left)} = -130$kN·m이고, C점의 바로 오른쪽단면에서 휨모멘트값이 $M_{C(right)} = 70$kN·m이다.

- 모멘트하중 200kN·m는 그 위치의 휨모멘트 변화량이다.
- 휨모멘트가 "0"이 되는 위치 2.69m는 $M_x = 70 - 26x = 0$을 고려하여 x를 구함으로써 구할 수 있다.
- 부재 BD구간의 휨모멘트도는 2차곡선이 된다.

예제 2.9

다음 내민보의 전단력도와 휨모멘트도를 그리시오.

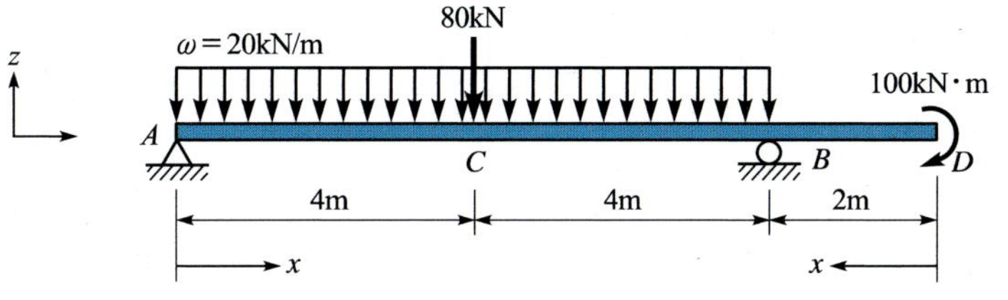

그림 예제 2.9

풀이

1) 반력계산

$$\oplus \uparrow \Sigma F_z = 0 \ ; \ V_A + V_B - 20\,\text{kN/m} \cdot 8\text{m} - 80\,\text{kN} = 0$$

$$\therefore \ V_A + V_B = 240\,\text{kN}$$

$$\oplus \curvearrowright \Sigma M_B = 0 \ ; \ V_A \cdot 8\text{m} - 20\text{kN/m} \times 8\text{m} \times \frac{8}{2}\text{m} - 80\text{kN} \times 4\text{m} + 100\text{kN} \cdot \text{m} = 0$$

$$\therefore \ V_A = \frac{1}{8\text{m}}(640\,\text{kN} \cdot \text{m} + 320\,\text{kN} \cdot \text{m} - 100\,\text{kN} \cdot \text{m}) = 107.5\,\text{kN}(\uparrow)$$

$$\therefore \ V_B = 240\,\text{kN} - 107.5\,\text{kN} = 132.5\,\text{kN}(\uparrow)$$

2) x구간 설정

i) $0 < x < 4\,\text{m}$ (x 원점 : A 점)

ii) $4\,\text{m} < x < 8\,\text{m}$ (x 원점 : A 점)

iii) $0 < x < 2\,\text{m}$ (x 원점 : B점)

3) 전단력과 휨모멘트 함수

i) $0 < x < 4\text{m}$ (x 원점 : A 점)

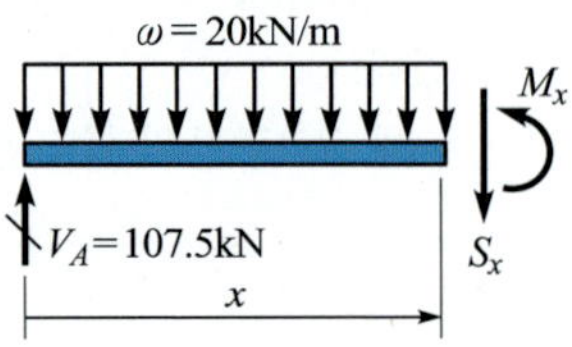

$\oplus \uparrow \Sigma F_z = 0$; $107.5 - 20 \times x - S_x = 0$

$\therefore S_x = -20x + 107.5\,\text{kN}$

$\oplus \Sigma M_x = 0$; $107.5 \times x - 20 \times x \times \dfrac{x}{2} - M_x = 0$

$\therefore M_x = -10x^2 + 107.5x$

ii) $4\,\text{m} < x < 8\text{m}$ (x 원점 : A 점)

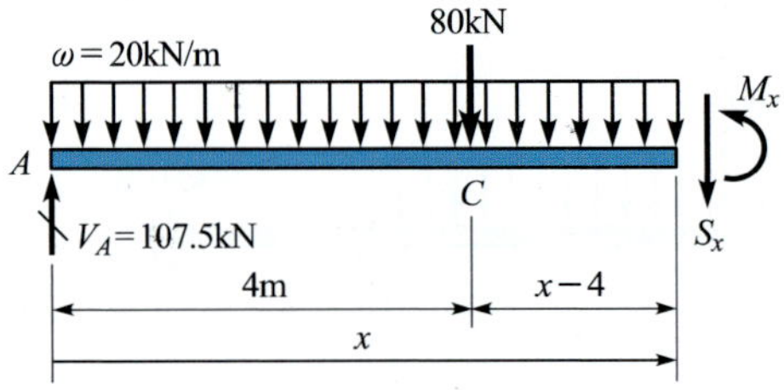

$\oplus \uparrow \Sigma F_z = 0$; $107.5 - 20 \times x - 80 - S_x = 0$

$\therefore S_x = -20x + 27.5\,\text{kN}$

$\oplus \Sigma M_x = 0$; $107.5 \times x - 20 \times x \times \dfrac{x}{2} - 80 \times (x-4) - M_x = 0$

$\therefore M_x = -10x^2 + 27.5x + 320$

iii) $0 < x < 2\text{m}$ (x 원점 : B점)

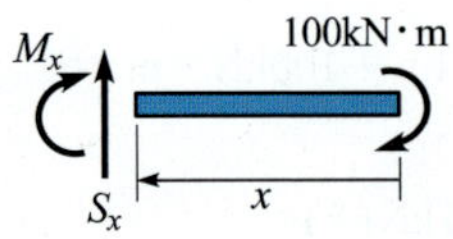

$\oplus \uparrow \Sigma F_z = 0$; $S_x = 0$

$\therefore S_x = 0$

$\oplus \Sigma M_x = 0$; $M_x + 100 = 0$

$\therefore M_x = -100$

4) 전단력도(S.F.D) 및 휨모멘트도(B.M.D)

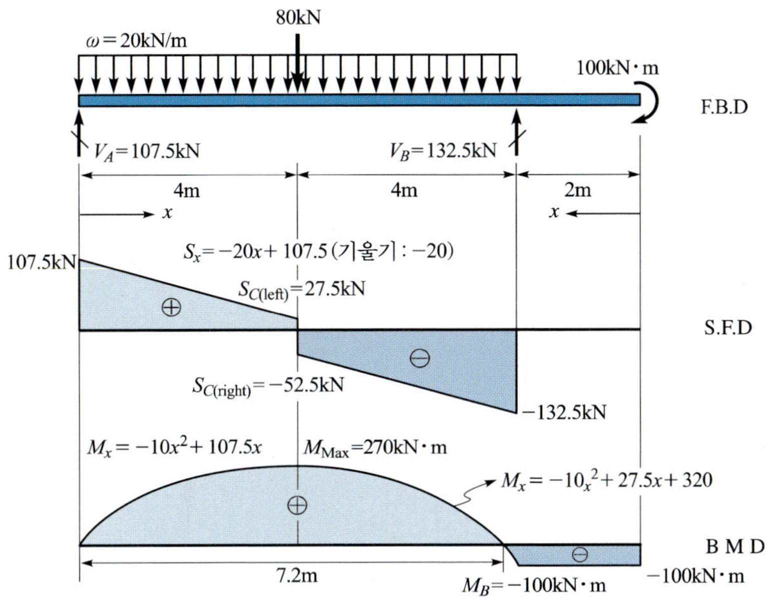

2.7 게르버보의 단면력도

예제 2.10

E점이 내부힌지인 다음 게르버보의 단면력도(전단력도, 휨모멘트도)를 그리시오.

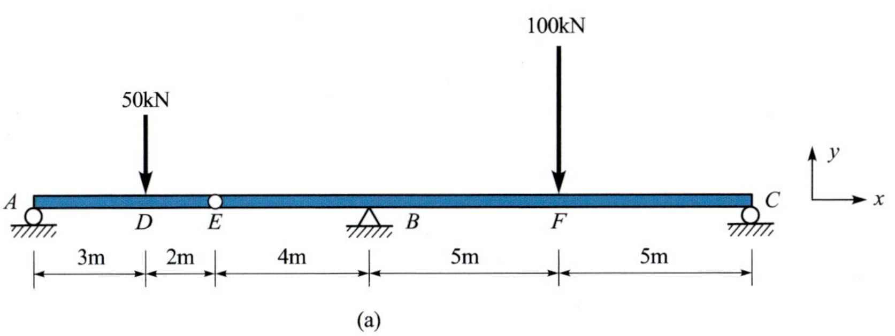

그림 예제 2.10

풀이

1) 반력계산

게르버보는 내부힌지에 의해 단순보, 켄틸레버보, 내민보가 조합되어 정정구조물이 된다. 이 경우는 내부힌지 E점에서 휨모멘트가 이완되어 $M_E=0$이므로, AE간의 단순보가 EB의 내민정정보 위에 놓여있는 형태가 된다. 이 상태를 자유물체도로 나타내면 다음 그림과 같다.

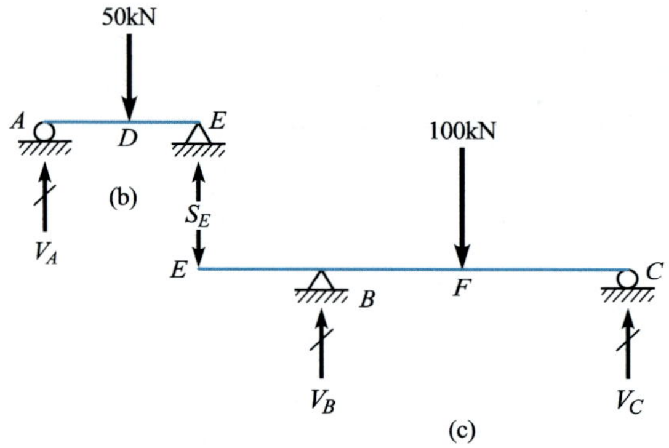

그림 예제 2.10

그림 예제 2.10(b)의 자유물체도에서

$+\curvearrowright \sum M_E=0$; $V_A \cdot 5-50 \cdot 2=0$, $\therefore V_A=20\text{kN}(\uparrow)$

$+\uparrow \sum F_z=0$; $V_A-50+S_E=0$, $\therefore S_E=-V_A+50=-20+50=30\text{kN}(\uparrow)$

그림 예제 2.10(c)의 자유물체도에서

$+\curvearrowright \sum M_C=0$; $-S_E \cdot 14+V_B \cdot 10-100 \cdot 5=0$

$\therefore V_B=\frac{1}{10}(S_E \cdot 14+100 \cdot 5)=\frac{1}{10}(30 \cdot 14+100 \cdot 5)=92\text{kN}(\uparrow)$

$+\uparrow \sum F_z=0$; $-S_E+V_B-100+V_C=0$

$\therefore V_C=S_E-V_B+100=30-92+100=38\text{kN}(\uparrow)$

2) x구간 설정

i) $0\le x \le 3\,\text{m}$ (x원점 : A점)

ii) $3\,\text{m}\le x \le 5\text{m}$ (x원점 : A점)

iii) $0\le x \le 4\,\text{m}$ (x원점 : E점)

iv) $4\,\text{m}\le x \le 9\text{m}$ (x원점 : E점)

v) $0\le x \le 5\,\text{m}$ (x원점 : C 점)

3) 전단력과 휨모멘트 함수

i) $0 \leq x \leq 3\text{m}$ (x 원점 : A 점)

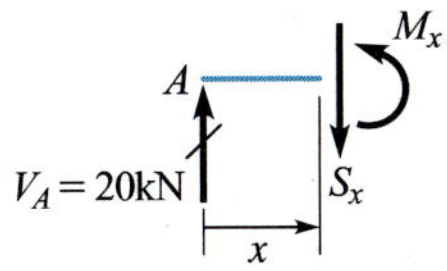

$+\uparrow \sum F_z = 0$; $V_A - S_x = 0$, $\therefore S_x = V_A = 20\text{kN}(\downarrow)$

따라서, $S_{A,right} = S_{x=0m} = 20\text{kN}(\downarrow)$, 이 값은 A점의 바로 오른쪽단면의 전단력값이다.

$S_{D,left} = S_{x=3m} = 20\text{kN}(\downarrow)$, 이 값은 D점의 바로 왼쪽단면의 전단력값이다.

$+\curvearrowright \sum M_x = 0$; $V_A \cdot x - M_x = 0$

$\therefore M_x = V_A \cdot x = 20x$

따라서, $M_{A,right} = M_{x=0m} = 20 \cdot 0 = 0$, 이 값은 A점의 바로 오른쪽단면의 휨모멘트값이다.

$M_{D,left} = M_{x=3m} = 20 \cdot 3 = 60\text{kN} \cdot \text{m}(\curvearrowleft)$, 이 값은 D점의 바로 왼쪽단면의 휨모멘트값이다.

ii) $3 \leq x \leq 5\text{m}$ (x 원점 : A 점)

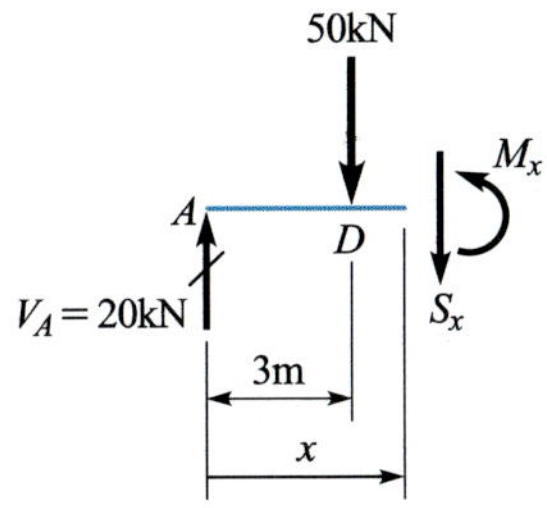

$+\uparrow \sum F_z = 0$; $V_A - 50 - S_x = 0$, $\therefore S_x = V_A - 50 = 20 - 50 = -30\text{kN}(\uparrow)$

따라서, $S_{D,right} = S_{x=3m} = -30\text{kN}(\uparrow)$

$S_{E,left} = S_{x=5m} = -30\text{kN}(\uparrow)$

$+\curvearrowright \sum M_x = 0$; $V_A \cdot x - 50 \cdot (x-30) - M_x = 0$

$\therefore M_x = V_A \cdot x - 50 \cdot (x-3) = 20x - 50(x-3) = -30x + 150$

따라서, $M_{D,right} = M_{x=3m} = -30 \cdot 3 + 150 = 60\text{kN} \cdot \text{m}(\curvearrowleft)$

$M_{E,left} = M_{x=5m} = -30 \cdot 5 + 150 = 0$

(게르버보의 내부힌지 E점에서 휨모멘트가 이완되어 $M_E = 0$)

iii) $0 \le x \le 4\,\mathrm{m}$ (x 원점 : E 점)

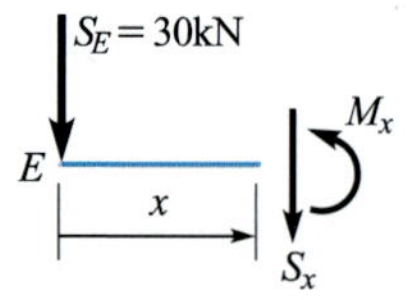

$+\uparrow \sum F_z = 0$; $-S_E - S_x = 0$, $\quad \therefore S_x = -S_E = -30\mathrm{kN}\,(\uparrow)$

따라서, $S_{E,right} = S_{x=0m} = -30\mathrm{kN}\,(\uparrow)$

$S_{B,left} = S_{x=4m} = -30\mathrm{kN}\,(\uparrow)$

$+\curvearrowright \sum M_x = 0$; $-S_E \cdot x - M_x = 0$

$\therefore M_x = -S_E \cdot x = -30x$

따라서, $M_{E,right} = M_{x=0m} = -30 \cdot 0 = 0$

$M_{B,left} = M_{x=4m} = -30 \cdot 4 = -120\mathrm{kN \cdot m}\,(\curvearrowright)$

iv) $4\,\mathrm{m} \le x \le 9\mathrm{m}$ (x 원점 : E 점)

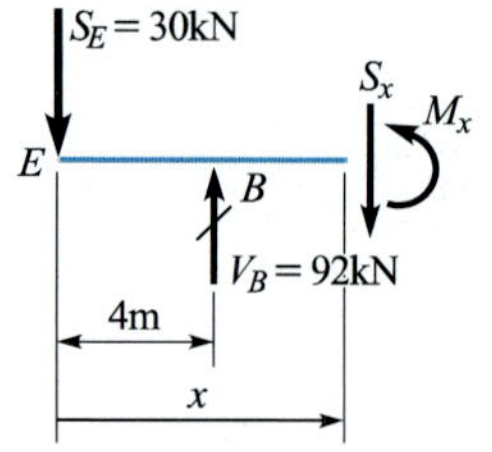

$+\uparrow \sum F_z = 0$; $-S_E + V_B - S_x = 0$, $\quad \therefore S_x = -S_E + V_B = -30 + 92 = 62\mathrm{kN}\,(\downarrow)$

따라서, $S_{B,right} = S_{x=4m} = 62\mathrm{kN}\,(\downarrow)$

$S_{F,left} = S_{x=9m} = 62\mathrm{kN}\,(\downarrow)$

$+\curvearrowright \sum M_x = 0$; $-S_E \cdot x + V_B \cdot (x-4) - M_x = 0$

$\therefore M_x = -S_E \cdot x + V_B \cdot (x-4) = -30x + 92(x-4) = 62x - 368$

따라서, $M_{B,right} = M_{x=4m} = 62 \cdot 4 - 368 = -120\mathrm{kN \cdot m}\,(\curvearrowright)$

$M_{F,left} = M_{x=9m} = 62 \cdot 9 - 368 = 190\mathrm{kN \cdot m}\,(\curvearrowleft)$

휨모멘트가 0이 되는 곳 : $M_x = 62x - 368 = 0 \rightarrow x = 5.94\mathrm{m}$

v) $0 \le x \le 5\,\mathrm{m}$ (x 원점 : C 점)

$+\uparrow \sum F_z = 0$; $V_C + S_x = 0$, $\therefore S_x = -V_C = -38\mathrm{kN}\,(\downarrow)$

따라서, $S_F = S_{x=5m} = -38\text{kN}(\downarrow)$

$S_C = S_{x=0m} = -38\text{kN}(\downarrow)$

$+\curvearrowright \sum M_x = 0 \ ; \ -V_C \cdot x + M_x = 0, \quad \therefore M_x = V_C \cdot x = 38x$

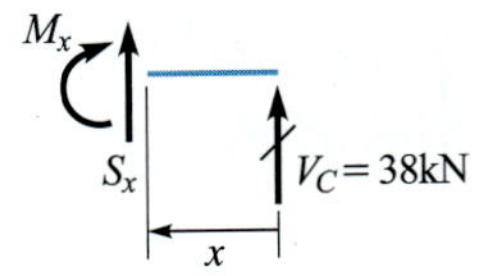

따라서, $M_F = M_{x=5m} = 38 \cdot 5 = 190\text{kN} \cdot \text{m}(\curvearrowright)$

$M_C = M_{x=0m} = 38 \cdot 0 = 0$

4) 전단력도(S.F.D) 및 휨모멘트도(B.M.D)

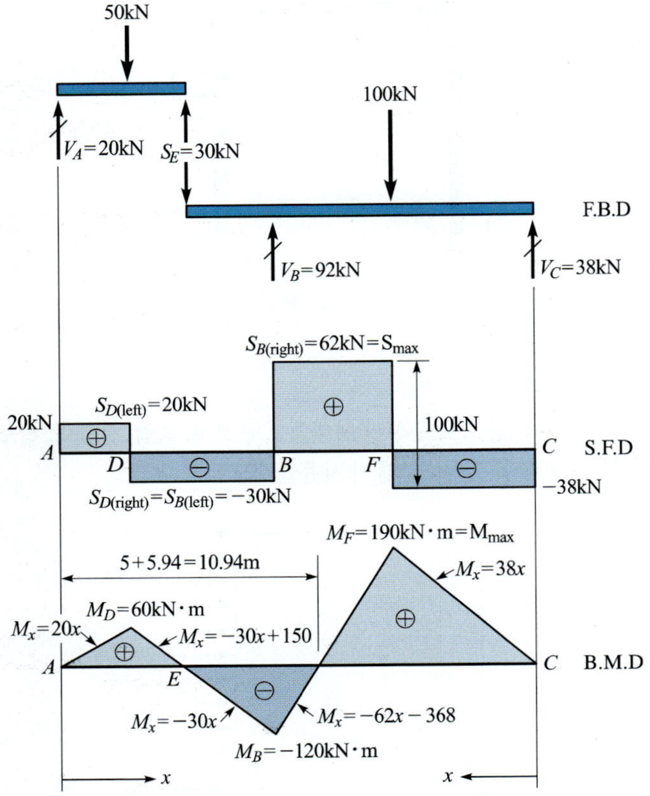

2.8 정정라멘의 단면력도

예제 2.11

다음 정정라멘의 단면력도[축력도(Axial Force Diagram ; AFD), 전단력도, 휨모멘트도]를 그리시오.

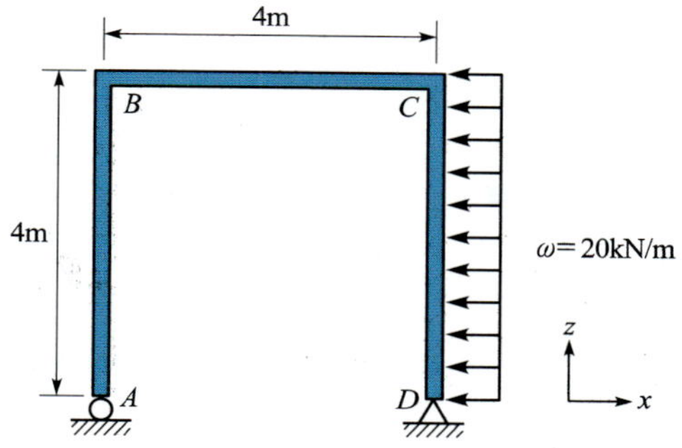

그림 예제 2.11

풀이

1) 반력계산

라멘은 강절된 보와 기둥으로 구성된 뼈대골조 구조로, 축력, 전단력, 휨모멘트의 세 가지 부재력(내력)이 존재한다. 전체구조물의 자유물체도에서

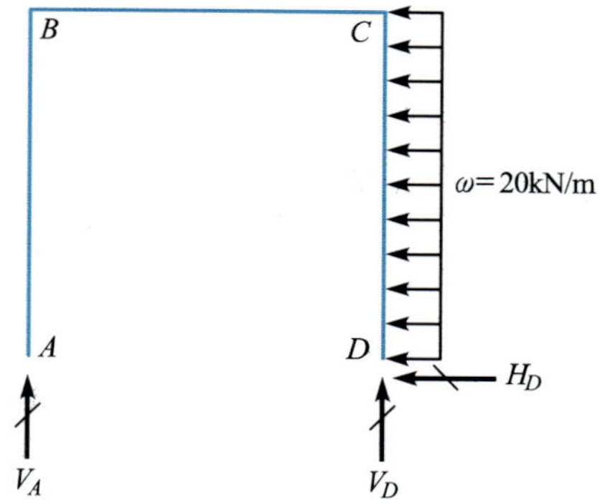

$$+\curvearrowright \sum M_D = 0\ ;\ V_A \cdot 4 - 20 \cdot 4 \cdot \frac{4}{2} = 0,\quad \therefore V_A = 40\text{kN}\,(\uparrow)$$

$$+\uparrow \sum F_z = 0\ ;\ V_A + V_D = 0,\quad \therefore V_D = -V_A = -40\text{kN}\,(\downarrow)$$

$$+\rightarrow \sum F_x = 0\ ;\ -H_D - 20 \cdot 4 = 0,\quad \therefore H_D = -80\text{kN}\,(\rightarrow)$$

[지점 D에서 반력성분의 합력 $R_D = \sqrt{H_D^2 + V_D^2} = \sqrt{(-80)^2 + (-40)^2} = 89.44\text{kN}\,(\searrow)$으로,

지점 D의 실제의 반력은 $R_D = 89.44\text{kN}\,(\searrow)$의 1개이다. 이 반력 $R_D = 89.44\text{kN}\,(\searrow)$이 x축과 이루는 각도는 $\theta = \tan^{-1}\left(\dfrac{-40}{-80}\right) = 26.57°$ 이다.]

2) x구간 설정

i) $0 \le x \le 4\,\text{m}$ (A~B구간, x원점 : A점)

ii) $0\,\text{m} \le x \le 4\text{m}$ (B~C구간, x원점 : B점)

iii) $0 \le x \le 4\,\text{m}$ (D~C구간, x원점 : D점)

3) 축력, 전단력, 휨모멘트 함수

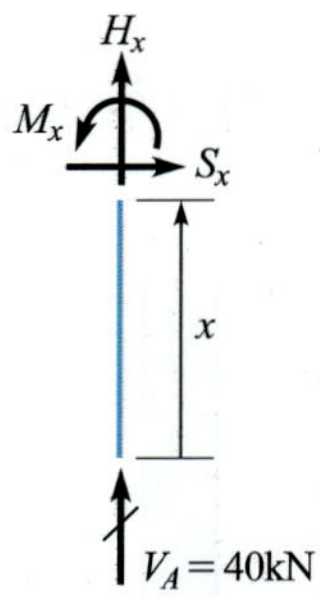

i) $0 \le x \le 4\,\text{m}$ (A~B구간, x원점 : A점)

$+\rightarrow \sum F_x = 0\ ;\ S_x = 0$

따라서, AB부재의 전단력 $S_{AB} = 0$

$+\uparrow \sum F_z = 0\ ;\ V_A + H_x = 0, \qquad \therefore\ H_x = -V_A = -40\text{kN}$ (압축력)

따라서, AB부재의 축력 $H_{AB} = -40\text{kN}$ (압축력)

$+\curvearrowright \sum M_x = 0\ ;\ -M_x = 0, \qquad \therefore\ M_x = 0$, 따라서 B점의 휨모멘트 $M_B = 0$

ii) $0\,\text{m} \le x \le 4\text{m}$ (B~C구간, x원점 : B점)

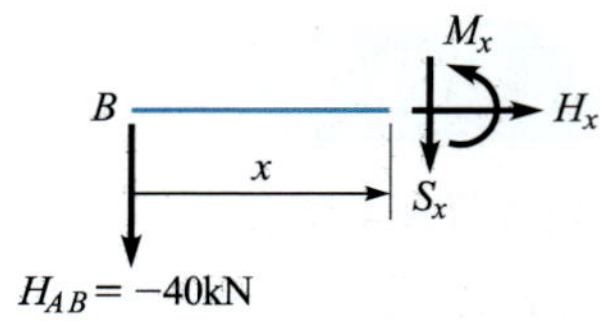

$+\rightarrow \sum F_x = 0\ ;\ H_x = 0$

따라서, BC부재의 축력 $H_{BC} = 0$

$+\uparrow \sum F_z = 0\ ;\ -H_{AB} - S_x = 0,$

$\therefore\ S_x = -H_{AB} = -(-40) = 40\text{kN}\,(\downarrow)$

따라서, BC부재의 전단력 $S_{BC} = 40\text{kN}\,(\downarrow)$

$+\curvearrowright \sum M_x = 0\ ;\ -H_{AB} \cdot x - M_x = 0, \quad \therefore\ M_x = -H_{AB} \cdot x = -(-40) \cdot x = 40x$

iii) $0 \le x \le 4\,\text{m}$ (D~C구간, x원점 : D점)

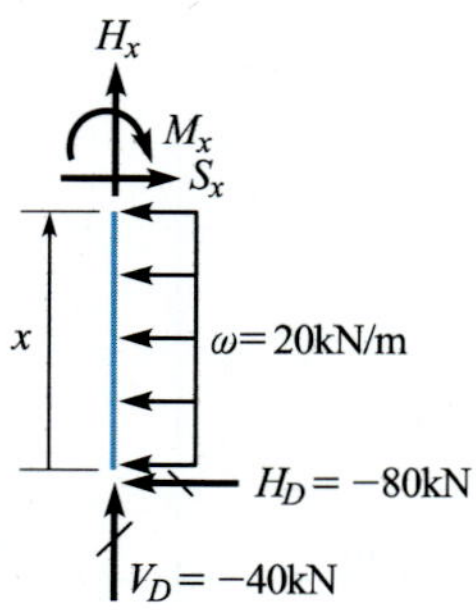

$$+\rightarrow \sum F_x = 0\ ;\ S_x - H_D - \omega \cdot x = 0, \quad \therefore S_x = \omega x + H_D = 20x - 80$$

$$+\uparrow \sum F_z = 0\ ;\ V_D + H_x = 0, \quad \therefore H_x = -V_D = -(-40) = 40\text{kN (인장력)}$$

따라서, DC 부재의 축력 $H_{DC} = 40\text{kN}$ (인장력)

$$+\curvearrowright \sum M_x = 0\ ;\ H_D \cdot x + \omega \cdot x \cdot \frac{x}{2} + M_x = 0$$

$$\sum M_x = 0\ ;\ H_D \cdot x + \omega \cdot x \cdot \frac{x}{2} + M_x = 0$$

4) 축력도(A.F.D), 전단력도(S.F.D), 휨모멘트도(B.M.D)

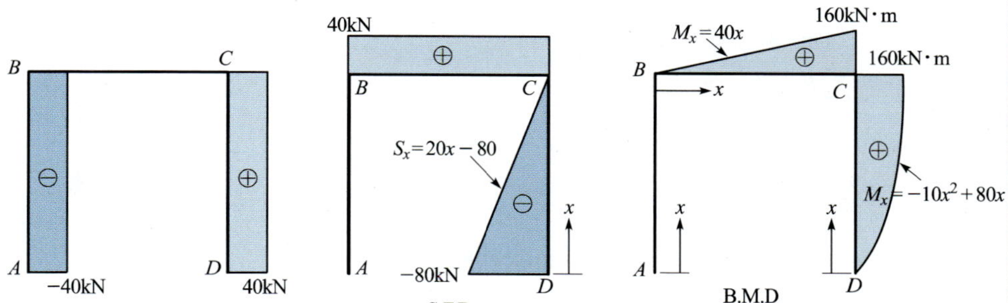

예제 2.12

다음 그림과 같은 정정라멘이 집중하중 $P_B = 100\text{kN}$과 $P_D = 100\text{kN}$을 받고 있을 때, 지점의 반력을 구하고, 축력도, 전단력도, 휨모멘트도를 그리시오.

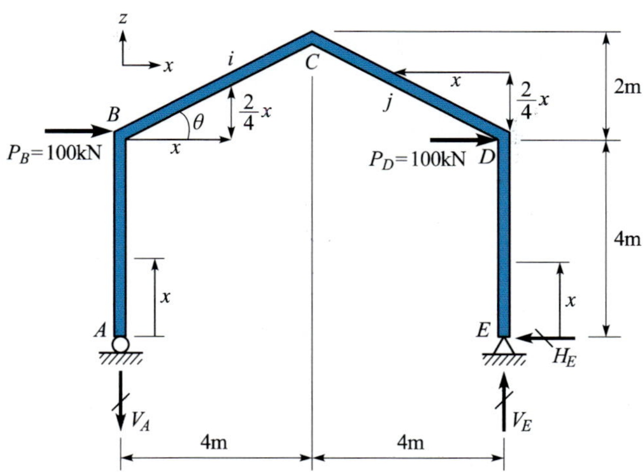

(a)

풀이

1) 반력계산

그림 예제 2.12 (a)에서

$+\curvearrowright \sum M_E = 0$; $-V_A \cdot 8 + 100 \cdot 4 + 100 \cdot 4 = 0$, $\therefore V_A = 100\text{kN}(\uparrow)$

$+\uparrow \sum F_z = 0$; $-V_A + V_E = 0$, $\therefore V_E = V_A = 100\text{kN}(\uparrow)$

$+\rightarrow \sum F_x = 0$; $100 + 100 - H_E = 0$, $\therefore H_E = 200\text{kN}(\leftarrow)$

2) x 구간 설정

i) $0 \le x \le 4\,\text{m}$ (A~B구간, x 원점 : A 점)

ii) $0\,\text{m} \le x \le 4\text{m}$ (B ~C구간, x 원점 : B 점)

iii) $0 \le x \le 4\,\text{m}$ (E~D구간, x 원점 : E점)

iv) $0 \le x \le 4\,\text{m}$ (D~C구간, x 원점 : D 점)

3) 축력, 전단력, 휨모멘트 함수

i) $0 \le x \le 4\,\text{m}$(A~B구간, x 원점 : A 점)

오른쪽 그림의 자유물체도에서

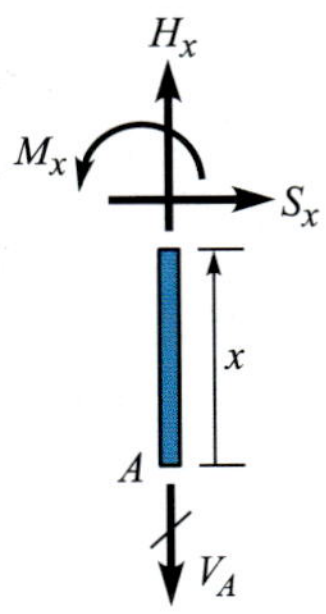

$+\rightarrow \sum F_x = 0$; $S_x = 0$

따라서, AB부재의 전단력 $S_{AB} = 0$

$+\uparrow \sum F_z = 0$; $-V_A + H_x = 0$, $\therefore H_x = V_A = 100\text{kN}$ (인장력)

따라서, AB부재의 축력 $H_{AB} = 100\text{kN}$ (인장력)

$+\curvearrowright \sum M_x = 0$; $-M_x = 0$, $\therefore M_x = 0$, 따라서 B점의 휨모멘트 $M_B = 0$

ii) $0\,\text{m} \le x \le 4\text{m}$ (B ~C구간, x 원점 : B 점)

그림 예제 2.12 (b)의 Bi부재 자유물체도에서

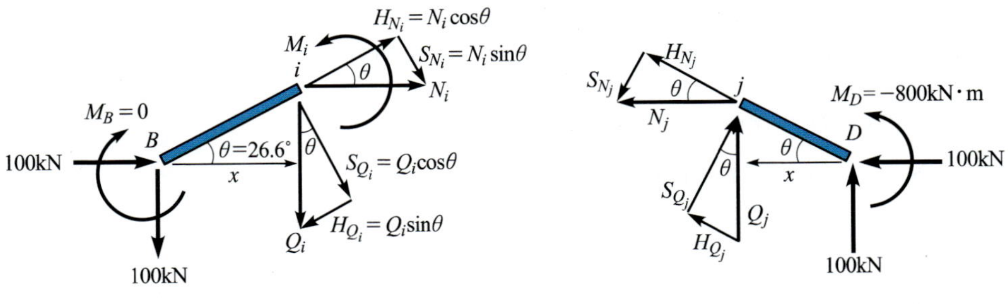

(b) BC간의 i점을 절단했을 때 부재 Bi의 자유물체도

(c) DC간의 j점을 절단했을 때 부재 Dj의 자유물체도

그림 예제 2.12

$+\rightarrow \sum F_x = 0$; $100 + N_i = 0$, $\quad \therefore N_i = -100\text{kN}$

따라서, $H_{N_i} = N_i \cos\theta = -100\cos 26.6° = -89.4\text{kN}$,

$S_{N_i} = N_i \sin\theta = -100\sin 26.6° = -44.8\text{kN}$

$+\uparrow \sum F_z = 0$; $-100 - Q_i = 0$, $\quad \therefore Q_i = -100\text{kN}$

따라서, $H_{Q_i} = Q_i \sin\theta = -100\sin 26.6° = -44.8\text{kN}$,

$S_{Q_i} = Q_i \cos\theta = -100\cos 26.6° = -89.4\text{kN}$

축력 : $H_i = H_{N_i} - H_{Q_i} = -89.4 + 44.8 = -44.6\text{kN}$ (↙, 압축력)

전단력 : $S_i = S_{N_i} + S_{Q_i} = -44.8 - 89.4 = -134.2\text{kN}$ (↖)

$+\curvearrowright \sum M_i = 0$; $-100 \cdot \frac{2}{4}x - 100 \cdot x - M_i = 0$, $\therefore M_i = -150x$

따라서, $M_C = -150 \cdot 4 = -600\text{kN}\cdot\text{m}$ (↷)

iii) $0 \le x \le 4\,\text{m}$ (E~D구간, x 원점 : E점)

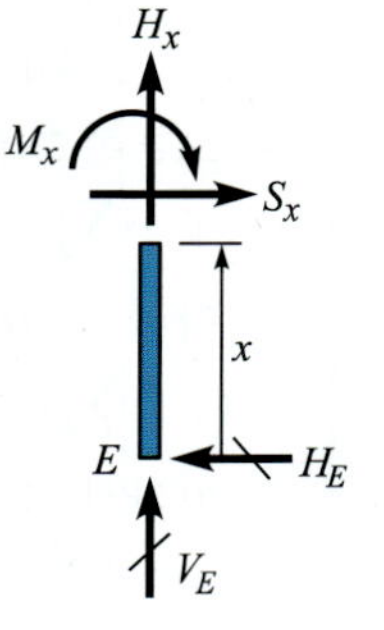

오른쪽 그림의 자유물체도에서

$+\rightarrow \sum F_x = 0$; $S_x - H_E = 0$, $\quad \therefore S_x = H_E = 200\text{kN}$

따라서, ED부재의 전단력 $S_{ED} = 200\text{kN}$

$+\uparrow \sum F_z = 0$; $V_E + H_x = 0$, $\quad \therefore H_x = -V_E = -100\text{kN}$ (압축력)

따라서, ED부재의 축력 $H_{ED} = -100\text{kN}$ (압축력)

$+\curvearrowright \sum M_x = 0$; $H_E \cdot x + M_x = 0$

$\therefore M_x = -H_E \cdot x = -200x$

따라서, $M_D = -200 \cdot 4 = -800\text{kN}\cdot\text{m}$, $M_E = -200 \cdot 0 = 0$

iv) $0 \le x \le 4\,\text{m}$ (D~C구간, x 원점 : D 점)

그림 예제 2.12 (c)의 Dj부재 자유물체도에서

$+\rightarrow \sum F_x = 0$; $-100 - N_j = 0$, $\quad \therefore N_j = -100\text{kN}$

따라서, $H_{N_j} = N_j \cos\theta = -100\cos 26.6° = -89.4\text{kN}$,

$S_{N_j} = N_j \sin\theta = -100\sin 26.6° = -44.8\text{kN}$

$+\uparrow \sum F_z = 0$; $Q_j + 100 = 0$, $\quad \therefore Q_j = -100\text{kN}$

따라서, $H_{Q_j} = Q_j \sin\theta = -100\sin 26.6° = -44.8\text{kN}$,

$S_{Q_j} = Q_j \cos\theta = -100\cos 26.6° = -89.4\text{kN}$

축력 : $H_j = H_{N_j} + H_{Q_j} = -89.4 - 44.8 = -134.2\text{kN}$ (↘, 압축력)

전단력 : $S_j = -S_{N_j} + S_{Q_j} = 44.8 - 89.4 = -44.6\text{kN}$ (↙)

$+\curvearrowright \sum M_j = 0$; $M_j + 100 \cdot \frac{2}{4}x - 100 \cdot x - M_D = 0$, $\quad \therefore M_j = 50x + M_D = 50x - 800$

따라서, $M_C = 50 \cdot 4 - 800 = -600\text{kN} \cdot \text{m}$[이 값은 ii)의 $B \sim C$구간의 M_C와 같은 값이다.]

4) 축력도(A.F.D), 전단력도(S.F.D), 휨모멘트도(B.M.D)

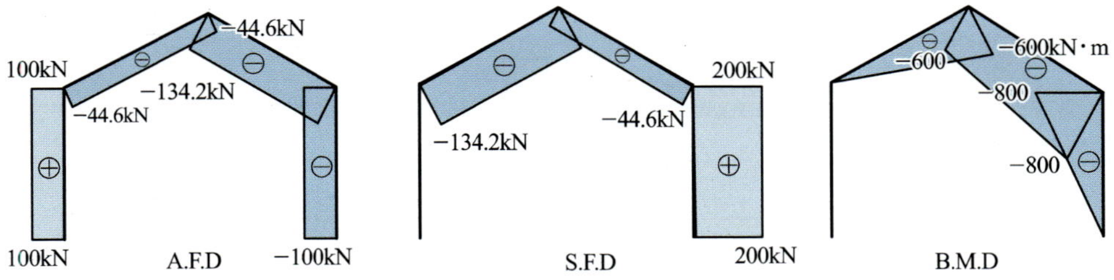

연습문제

Structural Mechanics

2.1 다음 정정보의 전단력도와 휨모멘트도를 그리시오.

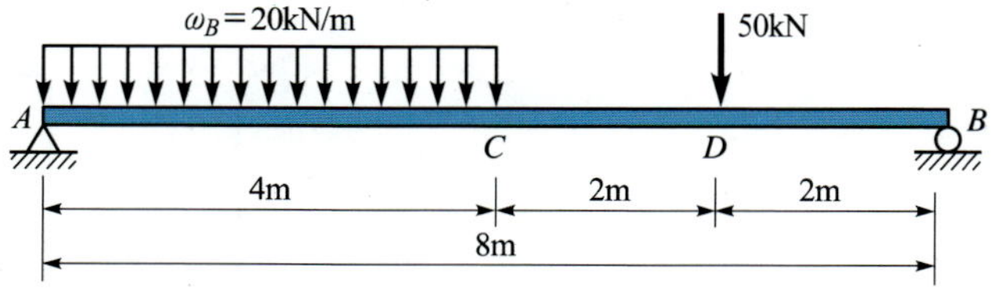

그림 문제 2.1

2.2 다음 내민보의 전단력도와 휨모멘트도를 그리시오.

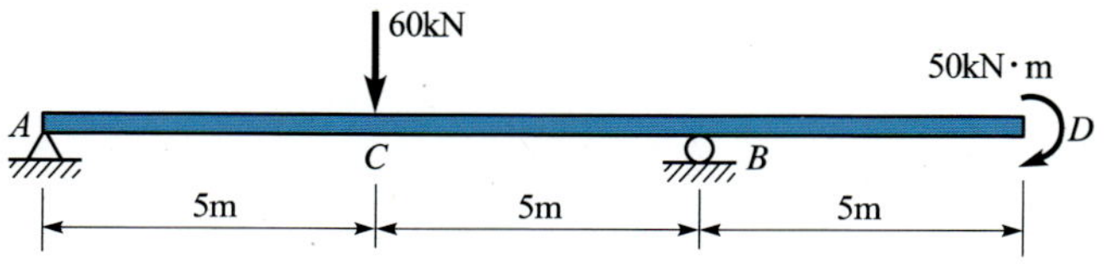

그림 문제 2.2

2.3 등분포하중 $\omega = 30\text{kN/m}$를 받고 있는 다음 보구조물의 전단력도와 휨모멘트도를 그리시오.

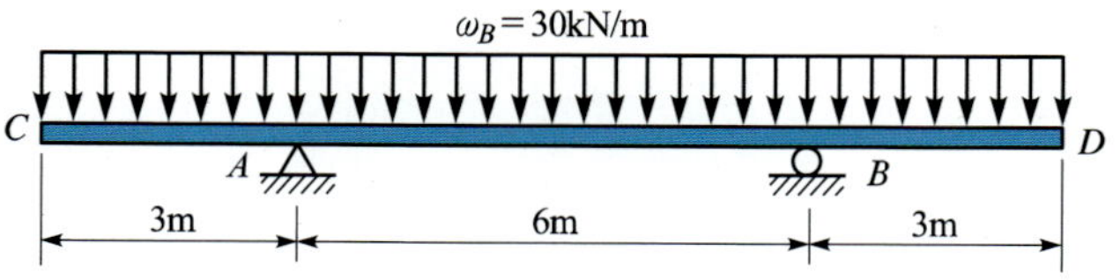

그림 문제 2.3

2.4 다음 보구조물의 전단력도와 휨모멘트도를 그리시오.

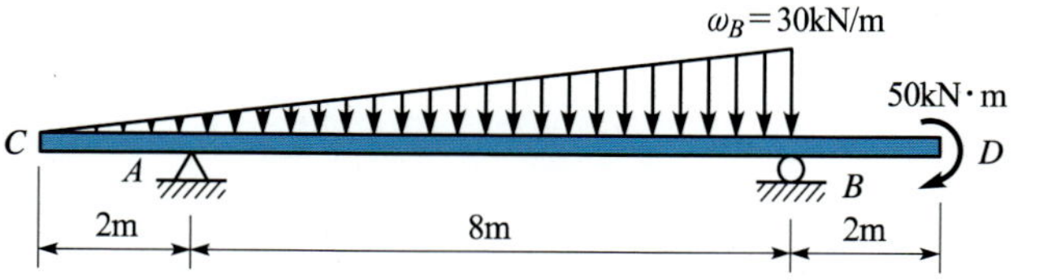

그림 문제 2.4

2.5 다음과 같이 삼각형하중을 받고 있는 정정보의 전단력도와 휨모멘트도를 그리시오.

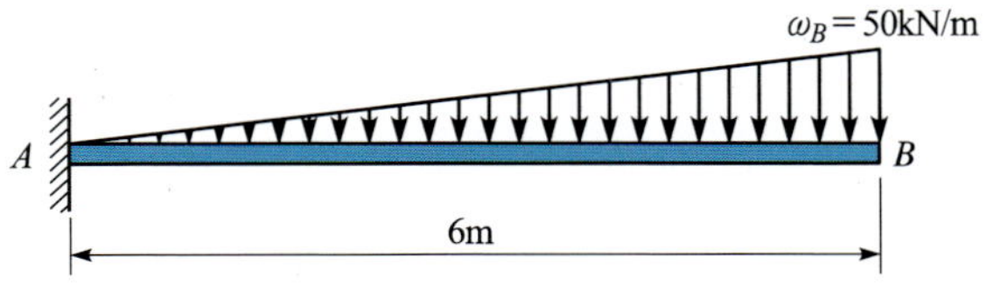

그림 문제 2.5

2.6 다음 캔틸레버보의 전단력도와 휨모멘트도를 그리시오.

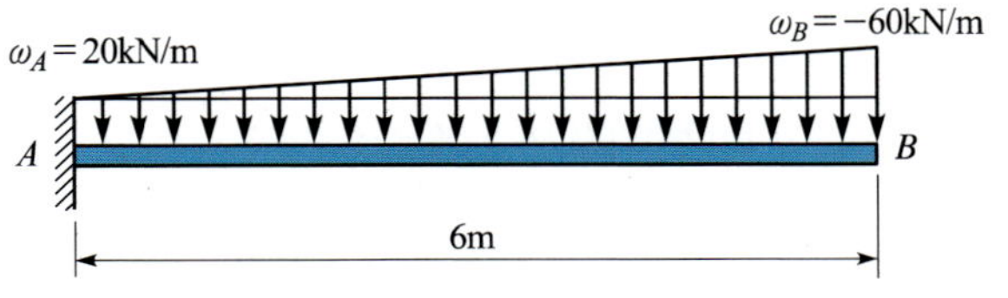

그림 문제 2.6

2.7 다음 구조물의 전단력도와 휨모멘트도를 그리시오.

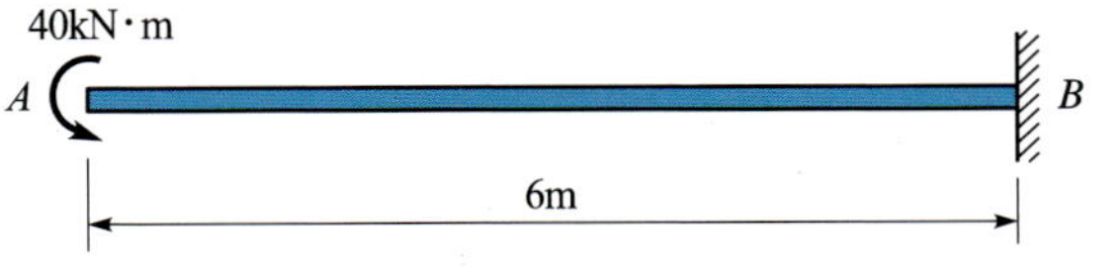

그림 문제 2.7

2.8 다음 단순보의 전단력도와 휨모멘트도를 그리시오.

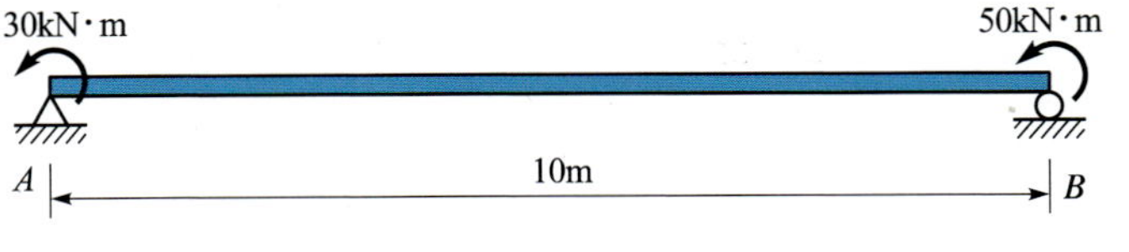

그림 문제 2.8

2.9 다음 그림과 같이 지점 A와 B는 롤러로 지지되고 지점 C는 힌지인 보에 전단이완이 B지점의 바로 오른쪽에 첨가되어 있다. 이 정정보가 하중 $M_D = 10\text{kN}\cdot\text{m}$와 $P_E = 5\text{kN}$을 받고 있을 때, 지점의 반력과 E점에서 발생하는 휨모멘트 M_E를 구하시오.

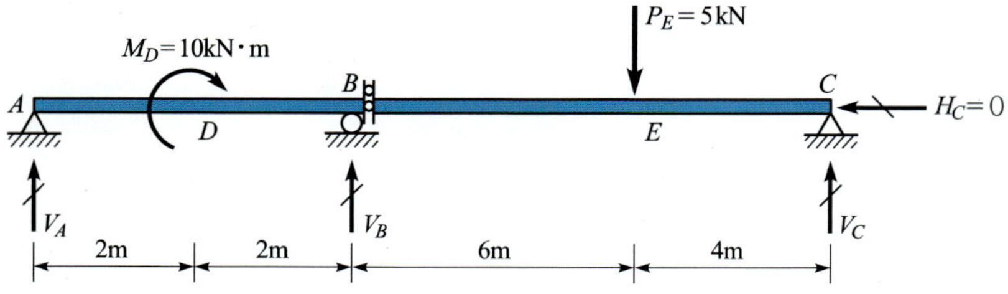

그림 문제 2.9

2.10 다음과 같이 E와 G에 내부힌지가 있는 게르버보의 전단력도와 휨모멘트도를 그리시오.

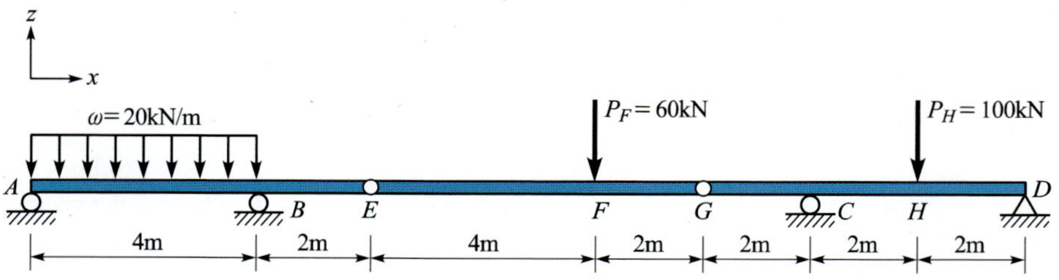

그림 문제 2.10

2.11 다음 그림과 같은 정정보에서 지점의 반력을 구하시오.

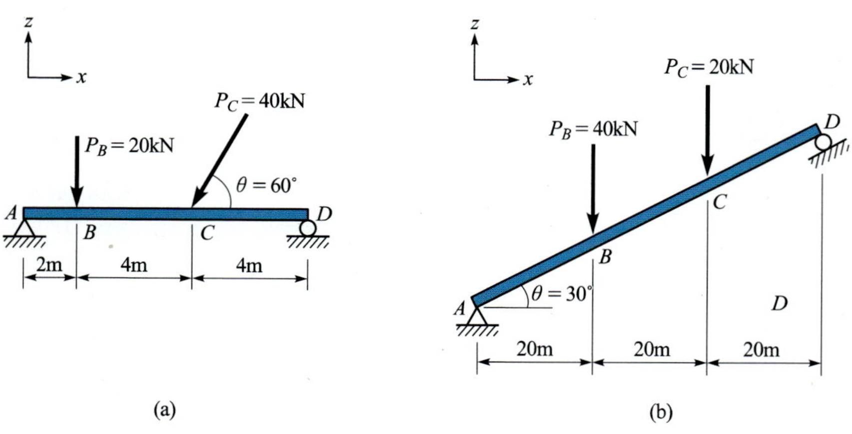

그림 문제 2.11

2.12 다음 정정라멘에서 최대휨모멘트를 구하고 휨모멘트도를 그리시오.

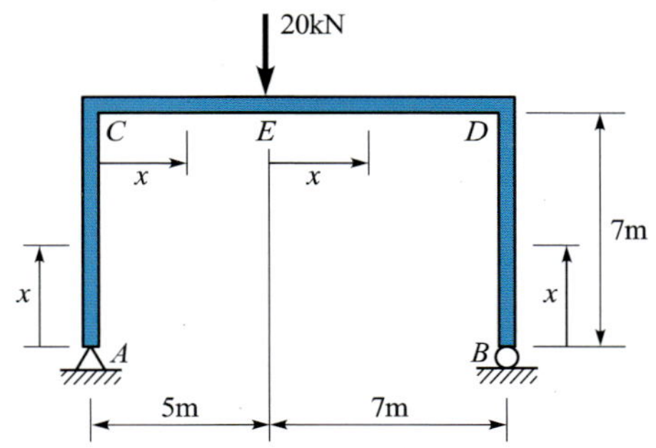

그림 문제 2.12

2.13 다음 그림과 같이 O점이 고정단이고 C점이 자유단인 3차원 정정뼈대구조물에서 축력도, 전단력도, 휨모멘트도 및 비틀림모멘트도를 그리시오.

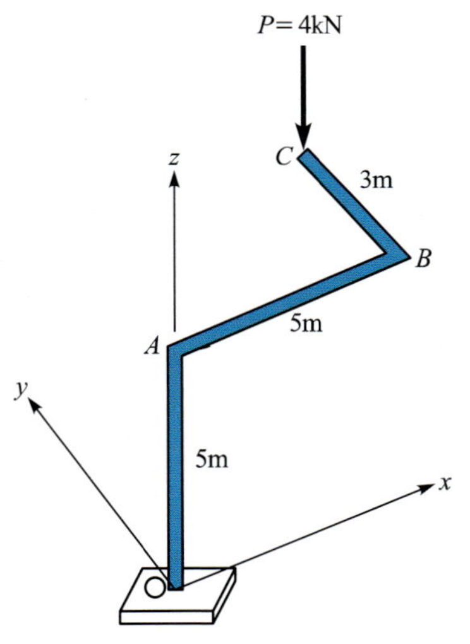

그림 문제 2.13

2.14 다음 구조물에서 지점 A의 반력 V_A, BD와이어에 걸리는 힘 F, 전단력도 및 휨모멘트도를 구하시오.

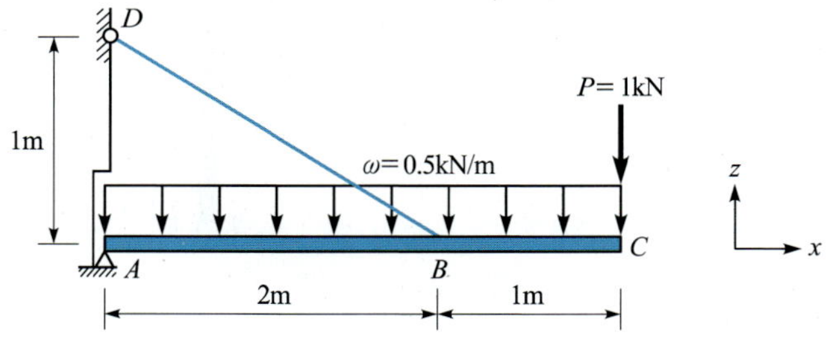

그림 문제 2.14

2.15 다음 그림과 같이 단순지지 되어 있는 바닥판과 가로보를 통하여 간접하중을 받는 게르버보 주거더의 전단력도 및 휨모멘트도를 구하시오.

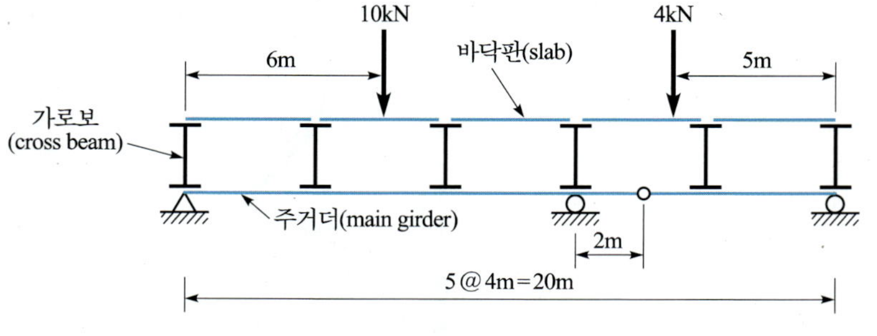

그림 문제 2.15

CHAPTER

03

정정트러스의 해석

3.1 개설

트러스는 봉(bar)상의 직선 부재를 삼각형으로 배열하여 조립한 그림 3.1과 같은 골조구조물로, 부재의 양단의 각 격점(joint)은 마찰이 없는 힌지인 핀(pin)으로 연결된 것을 말한다. 일반적으로 트러스는 마찰이 없는 핀으로 연결되었다고 가정하고 하중도 격점에만 작용하는 구조이기 때문에 트러스 구성부재에는 축력, 즉 인장력(tensile force)과 압축력(compressive force)만 작용한다. 트러스의 해석 시 사용하는 부호규약의 경우, 정(+)의 부재력 표시는 부재력이 인장력이 되도록 자유물체도상에 표시한다. 따라서 격점을 기준으로 했을 때, 격점 근처의 절단면에서 격점 밖으로 향하는 힘이 정(+)의 인장력이 된다(그림 3.1의 ⊕ 참조). 한편, 부(−)의 힘은 압축력이고, 이에 대한 부호규약은 인장력의 경우와 반대이고 힘의 방향이 격점을 향하도록 표시한다(그림 3.1의 ⊖ 참조).

트러스의 모든 부재가 한 평면 내에 놓여 있으면 평면트러스(plane truss)가 되고, 3차원 공간 내에 있으면 입체트러스(space truss)가 된다. 정정트러스는 힘의 평형방정식을 이용해서 모든 반력과 부재력을 구할 수 있는 트러스이고, 그렇지 않는 것은 부정정트러스라고 한다.

트러스를 구조해석할 때 다음과 같은 이상 트러스(ideal truss)의 조건이 존재한다고 가정한다.

1) 부재들은 그 양단에서 마찰이 없는 매끄러운 핀으로 연결되어 있다.
2) 트러스는 동일 평면위에 놓여 있으며, 하중과 반력은 격점에만 작용한다.
3) 각 부재의 도심축은 직선이며 연결판의 격점중심(joint center)을 지난다.
4) 각 부재의 변형은 미소하여 부재의 응력이 탄성한계를 벗어나지 않는다.

위의 4가지 조건을 만족하는 이상트러스의 각 부재는 인장 또는 압축의 축력만 받는다고 할 수 있다. 이러한 이상트러스의 축력에 의한 부재의 응력을 1차응력(primary stress)이라 부른다. 그러나 실제 트러스의 경우 부재의 연결이 매끄러운 힌지가 아닌 볼트(bolt)나 용접(welding)으로 되어 있어서 축력, 전단력, 휨모멘트의 부재력이 존재하고, 이 부재력에 의한 응력과 1차응력과의 차를 2차응력(secondary stress)이라 한다. 대부분의 트러스에서는 단면에 비하여 길이가 길고 편심이 작아서 휨 등에 의한 응력이 작으므로 2차응력은 1차응력에 비해 훨씬 작다. 따라서 트러스를 이상트러스로 가정하여 축력만 구하는 해석해도 설계 시 대체로 만족스런 결과를 준다.

그림 3.1은 가로보(floor beam), 세로보(stringer), 브레이싱 등을 가진 전형적인 6격간 수직재가 있는 와렌트러스(Warren truss, 적용지간 60~90m)로 구성된 하로 교량트러스의 각부의 명칭을 보여주고 있다. 트러스의 부재는 크게 현재(chord member)와 복부재(web member)로 구성된다. 그림 3.1에 보여준 것처럼 위 부분의 현재를 상현재, 아래 부분의 현재를 하현재라 한다. 복부재는 상현재와 하현재를 연결하는 부재로서 수직으로 배치된 부재를 수직재라 하고 경사진 부재를 사재라고 한다. 마찰이 없는 핀으로 연결된 각 부재의 결합점을 격점(절점)이라고 부른다. 이러한 하로 트러스교(through truss bridge)는 바닥판(slab) 위에 작용하는 차량하중을 바닥틀(floor system)인 세로보와 가로보를 거쳐서 양쪽 주 트러스의 하현재 격점에 간접하중으로 전달한다. 여기서 가로보는 양쪽 주 트러스의 격점을 단순히 잇는 단순보로 볼 수 있으며, 세로보는 양쪽 주 트러스에 평행하게 놓인 단순보 또는 연속보로 간주할 수 있다. 하로 트러스교와 반대로 상로 트러스교(deck truss bridge)는 노면을 지지하는 가로보가 양쪽 주 트러스의 상현재 격점에 연결되어 있다. 횡단재와 이 횡단재 단을 수평방향으로 연결한 부재를 합하여 상현 수평브레이싱(lateral bracing)이 구성되고 있다. 그리고 횡단재와 이 횡단재 단을 수직방향으로 연결한 부재를 합하여 수직브레이싱(sway bracing)이 구성되고 있으며, 그림 3.1과 같이 단주를 가로방향으로 보강하고 있는 단의 수직브레이싱을 교문브레이싱이라고 한다. 이들 브레이싱은 2개의 평면트러스를 입체적으로 잡아주어 횡하중에 효율적으로 저항하게 하고 좌굴을 방지한다.

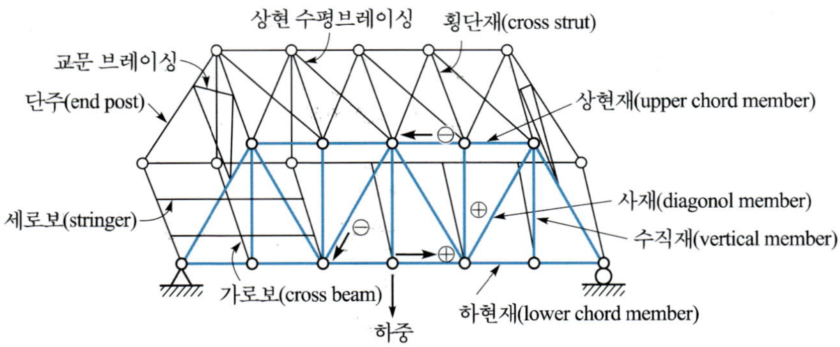

그림 3.1 교량트러스의 구성과 각부의 명칭

트러스는 그 형상에 따라 단순트러스(simple truss), 합성트러스(compound truss), 복합트러스(complex truss)로 구분한다. 단순트러스는 기본적인 삼각형 요소로부터 시작하여 단순히 2개의 부재씩을 연결해 나감으로서 이루어진 그림 3.1과 같은 안정 정정트러스를 말한다. 합성트러스는 두 개 이상의 단순트러스를 핀으로 연결하여 만든 트러스구조물이고[그림 3.2(f) 참조], 복합트러스는 단순트러스나 합성트러스도 아니면서 안정 정정인 트러스를 말한다.

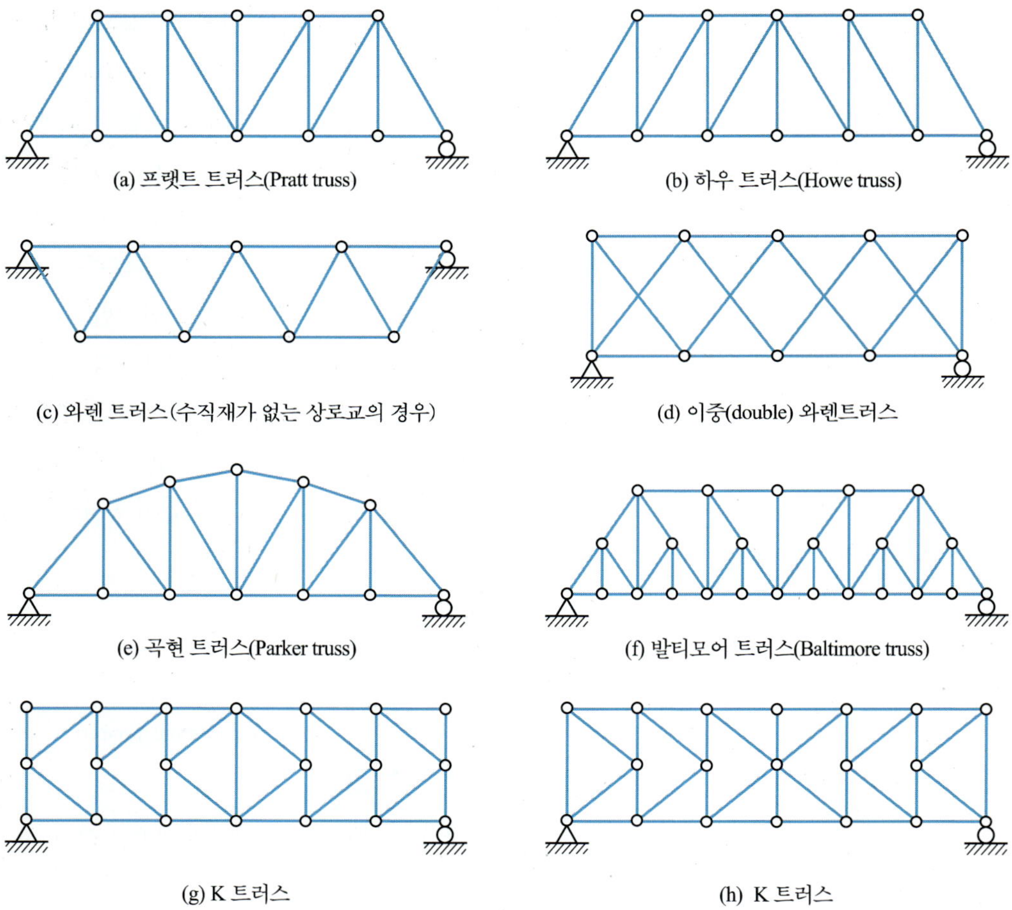

(a) 프랫트 트러스(Pratt truss)
(b) 하우 트러스(Howe truss)
(c) 와렌 트러스(수직재가 없는 상로교의 경우)
(d) 이중(double) 와렌트러스
(e) 곡현 트러스(Parker truss)
(f) 발티모어 트러스(Baltimore truss)
(g) K 트러스
(h) K 트러스

그림 3.2 교량트러스의 형식

트러스구조는 교량, 철탑, 가옥과 체육관의 지붕, 돔 등에 널리 쓰이고 있다. 이들 트러스구조물은 3차원 입체구조물이지만, 설계 구조해석 시 계산의 편의상 보통 평면구조물로 분해하여 부재력을 구하고 있다. 그림 3.2는 지간길이 50m 이상의 교량에 사용되고 있는 트러스의 전형적인 구조형식을 보여주고 있다. 일반적으로 격간길이 6~12m, 깊이/지간의 비 1/5~1/10, 사재 기울기 45°~60°일 때 가장 경제적인 트러스 구조물이 된다. 가장 보편적으로 지간 50~60m의 교량에 사용되고 있는 것은 그림 3.2의 (a) 프랫트 트러스, (b) 하우 트러스, (c) 와렌 트러스이다. 하우트러스는 프랫트 트러스 사재의 방향을 역으로 한 것으로 사재가 보통 인장력을 받는다. 그림 3.2(e)의 곡현 트러스는 재료절감을 위해 다각형의 상현재를 갖는 트러스 형태로, 경제적인 적용지간은 60~90m이다. 지간 90m 이상에서 사용되고 있는 그림 3.2(e)~(h)의 발티모어 트러스와 K 트러스는 장지간에 따른 노면 바닥틀의 중량을 허용한계 내에서 유지시킬 목적으로 세분화된 형식이다. 여기서, 발티모어 트러스는 프랫트 트러스와 하우 트러스가 조합되어 만들어진 합성트러스 구조물이다.

3.2 트러스의 자유물체도에서 힘의 평형 조건

예제 3.1

다음 정정트러스의 자유물체도를 그리시오.

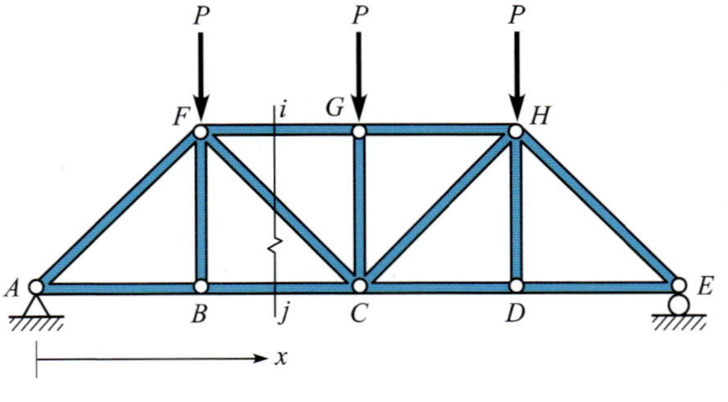

그림 예제 3.1

풀이

i) 전체구조물의 자유물체도

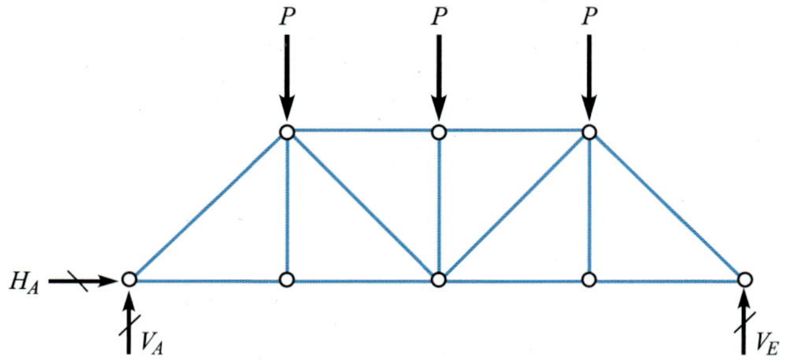

ii) x가 i-j 위치일 때 부분구조물의 자유물체도

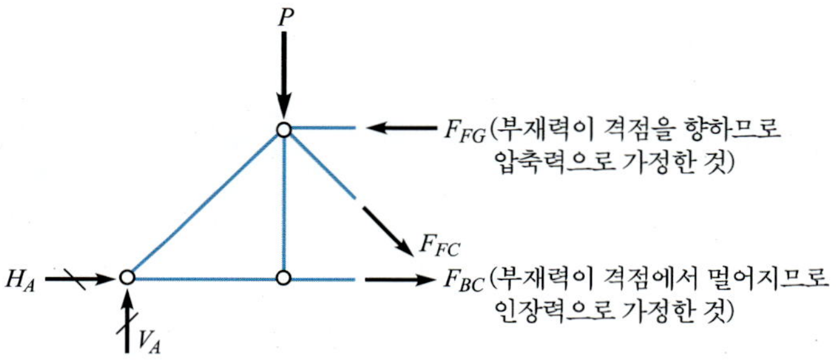

3.3 안정, 정정, 부정정차수

구조물에 외력이 작용했을 때 정지해 있으면, 그 구조물은 안정 상태에 있다고 한다. 그 중에서 구조물이 위치를 유지하고 있으면 외적안정(externally stable)이고, 구조물의 형상이 붕괴되지 않고 형상을 유지하고 있으면 내적안정(internally stable)이라고 한다. 즉, 외적안정은 지점조건에 의한 것으로 위치의 안정에 해당하고, 내적안정은 형상의 안정으로 외력이 제거되었을 때 초기의 형상으로 되돌아가면 내적안정[그림 3.3(a), (d)] 상태에 있고, 변형되어 초기의 형상 되돌아가지 못하면 내적불안정[그림 3.3(b), (c)] 구조가 된다.

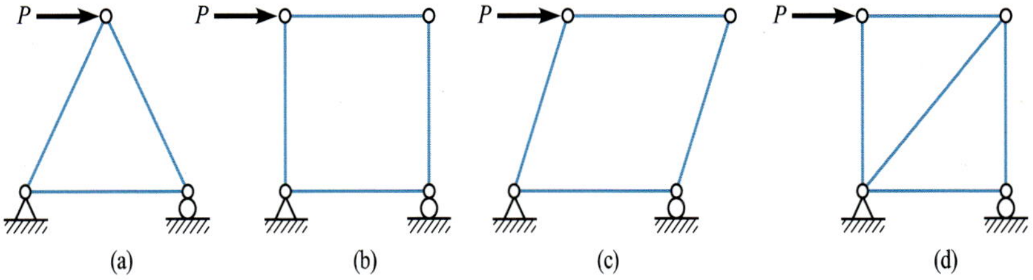

그림 3.3 트러스의 내적안정과 내적불안정

트러스 및 라멘을 포함한 모든 2차원 평면구조물의 안정과 불안정의 판정, 정정, 전체 부정정차수 계산의 기준은 다음과 같이 표현할 수 있다.

$$n=(r+m+f)-2j \quad (3.1)$$

여기서, n : 부정정차수($n<0$이면 불안정, $n=0$이면 정정, $n>0$이면 부정정), r : 반력성분의 수, m : 부재의 수, f : 강절점(剛節点)의 수(2개의 부재가 강절로 접합된 개수), j : 절점(격점, 지점과 자유단도 절점으로 본다.)의 수.

예제 3.2

다음 구조물의 외적 · 내적안정 여부를 판별하시오.

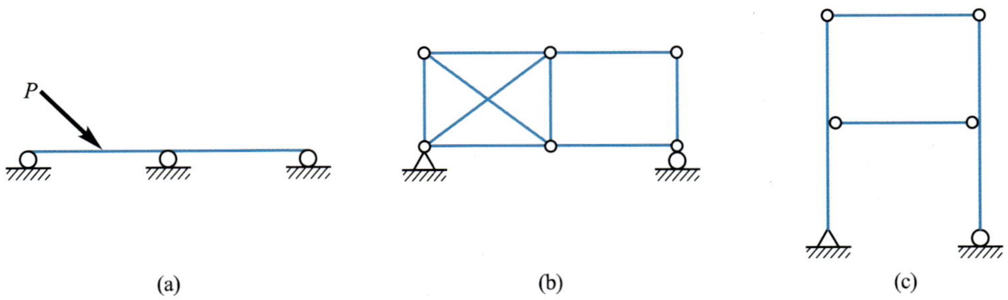

그림 예제 3.2

풀이

1) 구조물 (a)

반력성분의 수 $r=3$이나, 경사하중 P의 작용 시 우측으로 이동하므로 외적불안정이다. 즉, 3개의 롤러지점 조건에 의해 위치가 불안정하므로 구조성능이 발휘 안 된다.

2) 구조물 (b)

반력수 $r=3$, 부재수 $m=9$, 강절점수 $f=0$, 절점수 $j=6$으로 판별식을 적용하면, $n=(r+m+f)-2j=(3+9+0)-2\times 6=0$으로 정정구조물처럼 보이나 변형이 위의 그림처럼 되므로 내적불안정 구조이다. 즉, 외력이 제거되었을 때 변형되어 초기의 형상 되돌아가지 못하므로, 구조적으로 문제가 있고 구조성능이 발휘 안 된다.

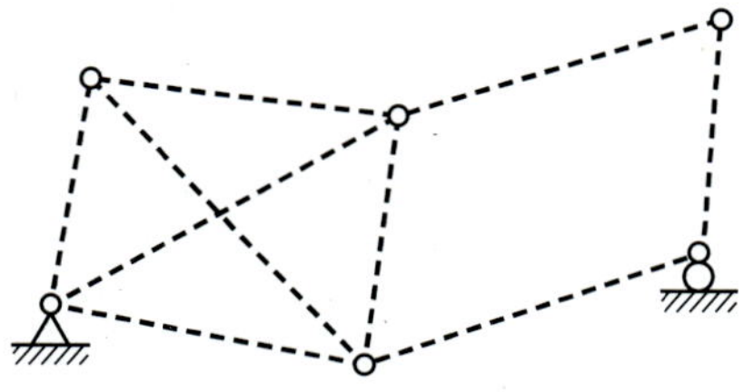

2) 구조물 (c)

반력수 $r=4$, 부재수 $m=6$, 강절점수 $f=2$, 절점수 $j=6$으로 판별식을 적용하면, $n=(r+m+f)-2j=(4+6+2)-2\times 6=0$으로 정정구조물처럼 보이나 변형이 위의 그림처럼 되므로 내적불안정 구조이다. 즉, 외력 P가 제거되었을 때 변형되어 초기의 형상 되돌아가지 못하므로, 구조적으로 문제가 있고 구조성능이 발휘 안 된다.

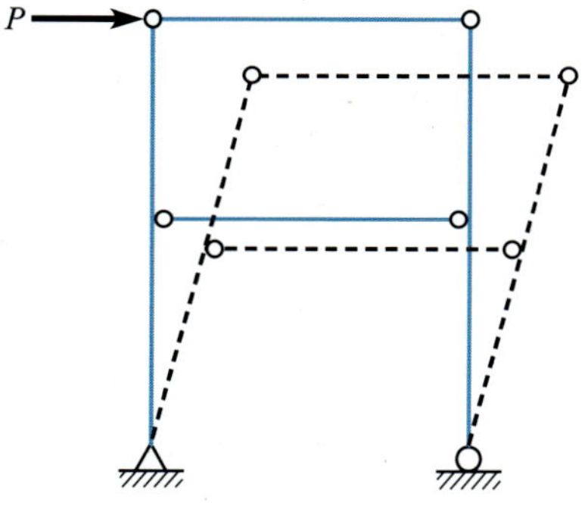

예제 3.3

다음 라멘구조물의 부정정차수를 구하시오.

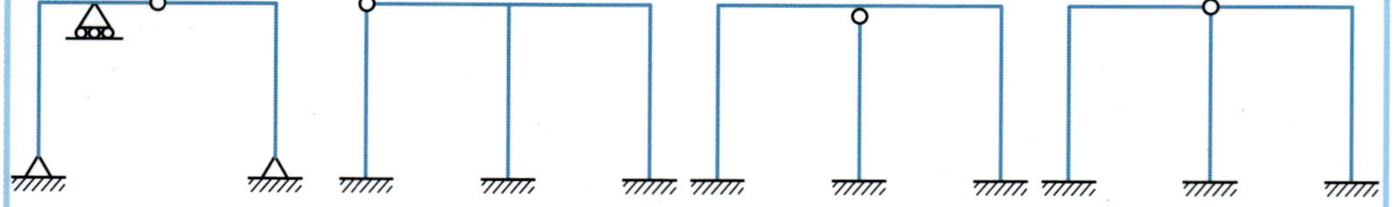

그림 예제 3.3

풀이

식 (3.1)과 식 (2.10)을 사용하여 다음 표와 같이 부정정차수를 계산할 수 있다.

문항	반력수	부재수	강절점수	절점수	조건방정식수	식 (3.1)	식 (2.10)	판정
	r	m	f	j	c	$n=(r+m+f)-2j$	$n=r-3-c$	
(a)	5	5	3	6	1	$n=(5+5+3)-2\times6$ $=1$	$n=5-3-1$ $=1$	1차부정정
(b)	9	5	3	6	1	$n=(9+5+3)-2\times6$ $=5$	$n=9-3-1$ $=5$	5차부정정
(c)	9	5	3	6	1	$n=(9+5+3)-2\times6$ $=5$	$n=9-3-1$ $=5$	5차부정정
(d)	9	5	2	6	2	$n=(9+5+2)-2\times6$ $=4$	$n=9-3-2$ $=4$	4차부정정

문항 (c)의  의 절점에서 2개의 부재가 강절로 접합되어 있으므로 이 절점에서 $f=1$이고 $c=1$이나

문항 (d)의 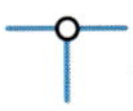 의 절점에서 3개의 부재가 내부힌지로 연결되어 있으므로 이 절점에서 $f=0$이고 $c=2$임을 주의하기 바란다.

또한, 문항 (b)의  의 절점에서 3개의 부재가 강절로 접합되어 있으므로 이 절점에서 $f=2$이다.

예제 3.4

다음 트러스구조물의 정정·부정정을 판별하시오.

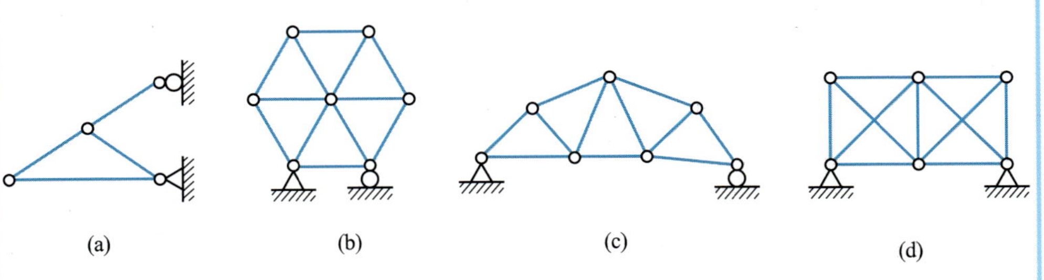

그림 예제 3.4

풀이

식 (3.1)을 사용하여 다음 표와 같이 트러스구조물의 부정정차수를 계산할 수 있다.

문항	반력수	부재수	강절점수	절점수	식 (3.1)	판정
	r	m	f	j	$n=(r+m+f)-2j$	
(a)	4	4	0	4	$n=(4+4+0)-2\times4=0$	정정
(b)	3	12	0	7	$n=(3+12+0)-2\times7=1$	1차부정정
(c)	4	11	0	7	$n=(4+11+0)-2\times7=1$	1차부정정
(d)	4	11	0	6	$n=(4+11+0)-2\times6=3$	3차부정정

3.4 정정트러스의 해석: 격점법

격점법(method of joints)에 의한 2차원 평면트러스의 해석은 2장의 정정보의 경우처럼 먼저 트러스 전체 구조물의 자유물체도에 평형방정식 $\sum F_x=0, \sum F_z=0, \sum M_y=0$을 적용하여 반력성분을 계산한다. 그 다음에 각 격점을 고립시킨 후, 고립된 격점의 자유물체도에 2개의 평형방정식 $\sum F_x=0, \sum F_z=0$을 적용시켜 부재력를 구한다. 이때 각 격점에 작용하는 평형방정식은 2개이기 때문에 각 격점에는 1개 또는 2개의 미지부재력만 포함되어야 한다.

격점법은 모든 부재력을 구할 때 편리하며, 바깥쪽 격점으로부터 시작하여 중앙 격점으로 진행하면서 부재력을 계산한다. 격점법을 적용할 때 계산결과가 정(+)이면 해석 시 가정한 부재력의 방향이라는 것을 의미하며, 부(−)이면 해석 시 가정한 부재력의 방향과는 반대방향으로 부재력이 작용한다는 것을 의미한다.

예제 3.5

다음 정정트러스의 모든 부재력을 격점법으로 구하시오.

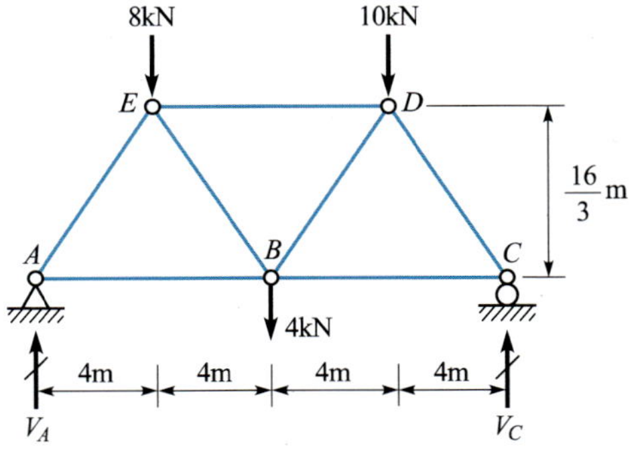

그림 예제 3.5

풀이

1) 반력계산

그림 예제 3.5의 전체 구조물 자유물체도에서

$+\curvearrowright \sum M_C = 0$; $V_A \cdot 16 - 8 \cdot 12 - 4 \cdot 8 - 10 \cdot 4 = 0$, $\quad \therefore V_A = 10.5\text{kN}\,(\uparrow)$

$+\uparrow \sum F_z = 0$; $V_A - 8 - 4 - 10 + V_C = 0$, $\quad \therefore V_C = -V_A + 8 + 4 + 10 = 11.5\text{kN}\,(\uparrow)$

2) 격점별 미지부재력

i) 격점 A

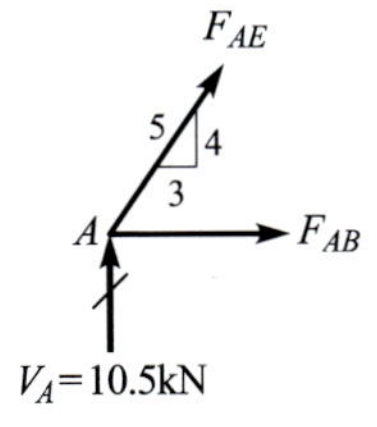

위의 고립된 격점 A의 자유물체도에서[모든 부재가 인장력(+)을 받는다고 가정함]

$+\uparrow \sum F_z = 0$; $V_A + \frac{4}{5} F_{AE} = 0$, $\quad \therefore F_{AE} = -\frac{5}{4}(10.5) = -13.125\text{kN}$ (압축)

$+\rightarrow \sum F_x = 0$; $F_{AB} + \frac{3}{5} F_{AE} = 0$, $\quad \therefore F_{AB} = -\frac{3}{5}(-13.125) = 7.875\text{kN}$ (인장)

ii) 격점 C

위의 고립된 격점 C의 자유물체도에서[모든 부재가 인장력(+)을 받는다고 가정함]

$+\uparrow\sum F_z=0\ ;\ V_C+\frac{4}{5}F_{CD}=0,\qquad \therefore F_{CD}=-\frac{5}{4}(11.5)=-14.375\text{kN}$ (압축)

$+\rightarrow\sum F_x=0\ ;\ -F_{BC}-\frac{3}{5}F_{CD}=0,\qquad \therefore F_{BC}=-\frac{3}{5}(-14.375)=8.625\text{kN}$ (인장)

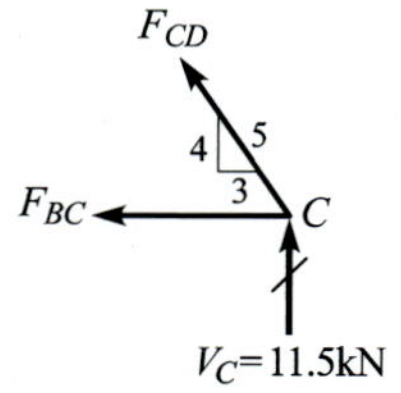

iii) 격점 E

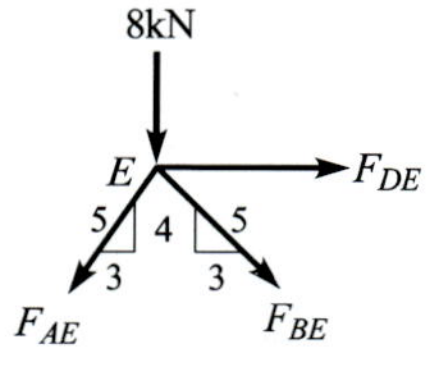

위의 고립된 격점 E의 자유물체도에서[모든 부재가 인장력(+)을 받는다고 가정함]

$+\uparrow\sum F_z=0\ ;\ -\frac{4}{5}F_{AE}-4-\frac{4}{5}F_{BE}=0,$

$\therefore F_{BE}=\frac{5}{4}[-\frac{4}{5}(-13.125)-8]=3.125\text{kN}$ (인장)

$+\rightarrow\sum F_x=0\ ;\ -\frac{3}{5}F_{AE}+\frac{3}{5}F_{BE}+F_{DE}=0,$

$\therefore F_{DE}=\frac{3}{5}(-13.125-3.125)=-9.75\text{kN}$ (압축)

iv) 격점 B

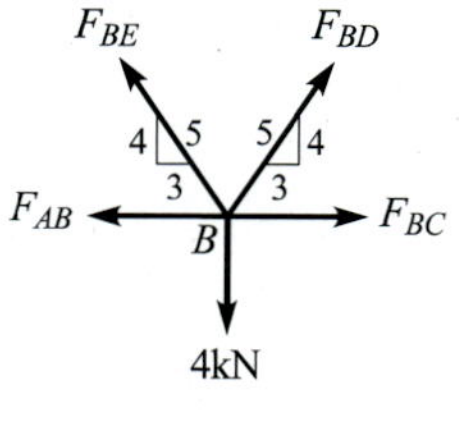

위의 고립된 격점 B의 자유물체도에서[모든 부재가 인장력(+)을 받는다고 가정함]

$+\uparrow\sum F_z=0\ ;\ \frac{4}{5}F_{BE}-4+\frac{4}{5}F_{BD}=0,\qquad \therefore F_{BD}=-F_{BE}+\frac{5}{4}(4)=1.875\text{kN}$ (인장)

3.5 정정트러스의 해석: 단면법

단면법(method of sections)은 트러스 해석 시 단지 몇 개의 특정 부재력만 구할 때 주로 사용된다. 단면법의 경우도 격점법처럼 먼저 트러스 전체 구조물의 자유물체도에 평형방정식 $\sum F_x = 0, \sum F_z = 0, \sum M_y = 0$을 적용하여 반력성분을 계산한다. 그 다음에 부재력을 원하는 부재들을 절단시킨 후 트러스의 어느 한쪽만을 자유물체도로 고립시킨다. 이 고립된 자유물체도에 평형방정식 $\sum F_x = 0, \sum F_z = 0, \sum M_y = 0$을 적용시켜 부재력을 구한다. 이때 사용할 수 있는 평형방정식이 3개이기 때문에 절단면에서 미지부재력이 3개 이하여야 한다.

예제 3.6

다음 트러스에서 부재 BC, CE, DE의 부재력을 단면법으로 구하시오.

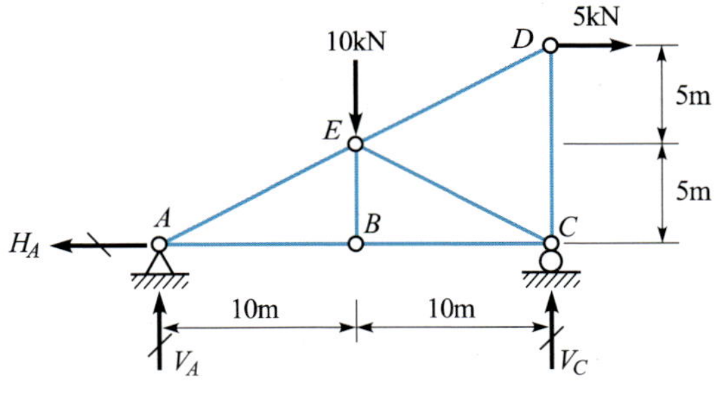

그림 예제 3.6

풀이

1) 반력계산

그림 예제 3.6의 전체 구조물 자유물체도에서

$+\curvearrowright \sum M_C = 0$; $V_A \cdot 20 - 10 \cdot 10 + 5 \cdot 10 = 0$, $\quad \therefore V_A = 2.5\text{kN}(\uparrow)$

$+\uparrow \sum F_z = 0$; $V_A - 10 + V_C = 0$, $\quad \therefore V_C = -V_A + 10 = 7.5\text{kN}(\uparrow)$

$+\rightarrow \sum F_x = 0$; $-H_A + 5 = 0$, $\quad \therefore H_A = 5\text{kN}(\leftarrow)$

2) 미지부재력

부재 BC, CE, DE를 절단하여 지점 A쪽으로 고립된 위의 자유물체도에서[모든 부재가 인장력(+)을 받는다고 가정함]

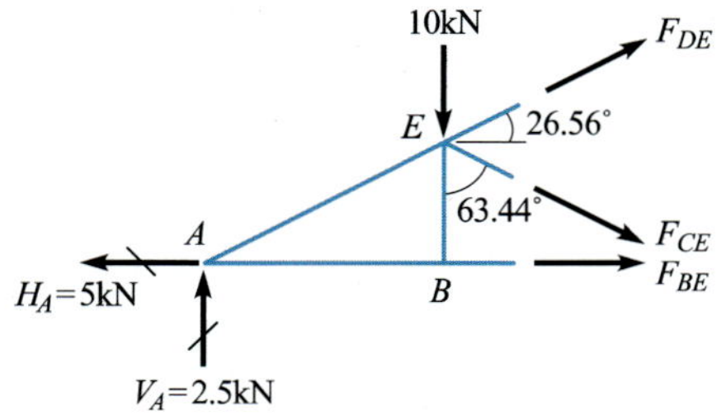

$+\curvearrowright \sum M_E = 0$; $V_A \cdot 10 + H_A \cdot 5 - F_{BC} \cdot 5 = 0$, $\quad \therefore F_{BC} = \dfrac{10}{5}(2.5) + 5 = 10\text{kN}$ (인장)

$+\uparrow \sum F_z = 0$; $V_A - 10 + F_{DE}\sin 26.56° - F_{CE}\cos 63.44° = 0$,

$\therefore F_{DE} - F_{CE} = 16.77$

$+\rightarrow \sum F_x = 0$; $-H_A + F_{BC} + F_{CE}\sin 63.44° + F_{DE}\cos 26.56° = 0$

$\therefore F_{DE} + F_{CE} = -5.59$

위의 두 식을 연립하여 풀면

$F_{DE} = 5.59\text{kN}$ (인장), $F_{CE} = -11.18\text{kN}$ (압축)

참고로, 격점 C에 관하여 모멘트 합을 취하면, 즉

$+\curvearrowright \sum M_C = 0$; $V_A \cdot 20 - 10 \cdot 10 + F_{DE}\cos 26.56° \cdot 5 + F_{DE}\sin 26.56° \cdot 10 = 0$

$\therefore F_{DE} = 5.59\text{kN}$ (인장)으로 사용하지 않는 평형조건으로부터 해석결과의 검증이 가능하다.

TIP 정정복합트러스도 격점별로 2개의 평형방정식이 존재하므로, 격점의 총 수가 j인 경우 $2j$개의 평형방정식을 각 격점별로 예제 3.5, 3.6처럼 세워 연립하여 풀면 부재력을 구할 수 있다.

3.6 입체트러스의 해석

입체트러스는 직선인 부재 모두가 동일평면 내에 놓여 있지 않고 부재들의 절점(격점)에서 마찰이 없는 핀으로 연결되어 축력만 받도록 결합된 부재들로 구성된 3차원 구조물이다. 3차원의 경우 각 절점에 대해 적용 가능한 평형방정식의 수가 3개($\sum F_x = 0$, $\sum F_y = 0$, $\sum F_z = 0$)이다. 따라서 절점의 수가 j인 입체트러스에는 $3j$개의 평형방정식이 존재하고 또한 강절점의 수 $f = 0$이므로, 식 (3.1)의 2차원 평면구조물에 대한 부정정차수 계산의 기준이 다음과 같이 변한다. 즉, 3차원 입체트러스의 안정과 불안정의 판정, 정정, 전체 부정정차수 계산의 기준은 다음과 같다.

$$n=(r+m)-3j \qquad 3.2$$

여기서, n : 부정정차수($n<0$이면 불안정, $n=0$이면 정정, $n>0$이면 부정정), r : 반력성분의 수, m : 부재의 수, j : 절점(격점, 지점과 자유단도 절점으로 본다.)의 수.

지점명칭	지점형태	반력성분
링크지점	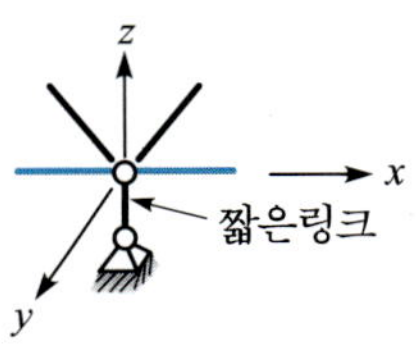	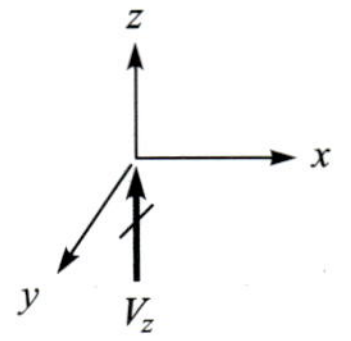 반력성분 1개 : V_z
평면상의 롤러지점	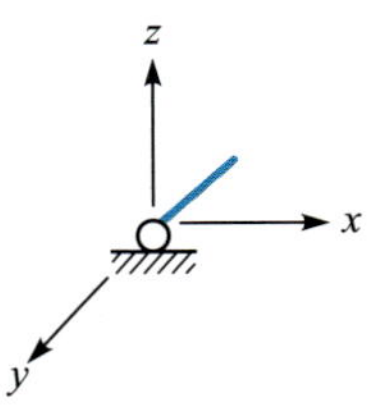	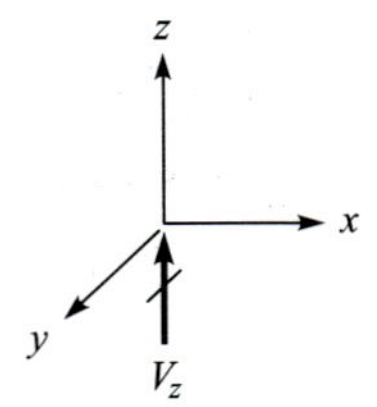 반력성분 1개 : V_z
홈파진 롤러지점	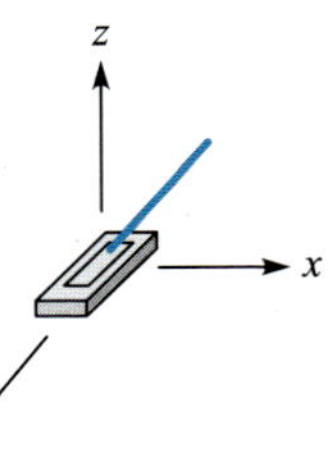	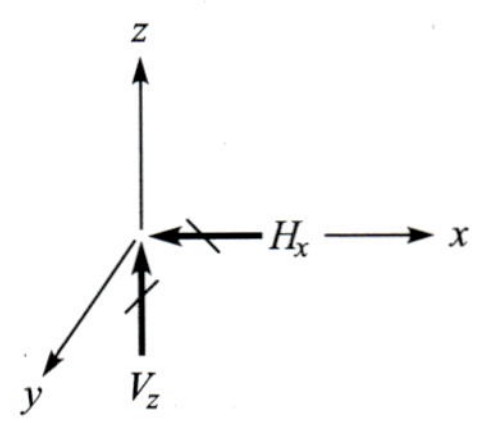 반력성분 2개 : V_z, H_x
구-소켓지점	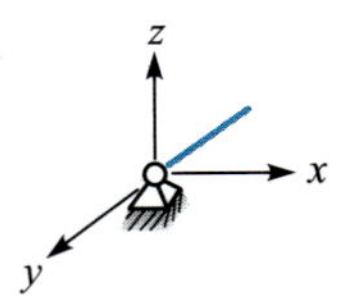	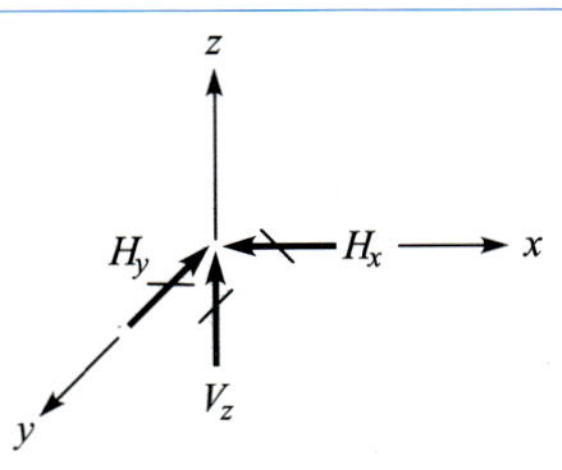 반력성분 3개 : V_z, H_x, H_y

그림 3.4 입체트러스의 지점 및 반력의 형태

입체트러스의 해석도 평면트러스와 마찬가지로 이상트러스라는 가정하에서 모든 부재력을 구할 때는 격점법을 사용하고 단지 몇 개의 부재력만 구할 때는 단면법을 사용하는 것이 좋다. 평면트러스의 반력은 3개의 평형방정식에 의해 계산되지만, 입체트러스는 3차원이므로 6개 평형방정식($\sum F_x = 0, \sum F_y = 0, \sum F_z = 0, \sum M_x = 0, \sum M_y = 0, \sum M_z = 0$)에 의해 계산될 수 있다. 입체트러스의 격점법에 의한 해석의 경우 평면트러스의 격점법과 유일한 차이는 각 격점별로 적용 가능한 평형방정식의 수가 3차원이므로 2개($\sum F_x = 0, \sum F_z = 0$)에서 3개($\sum F_x = 0, \sum F_y = 0, \sum F_z = 0$)로 된다는 것이다. 한편, 평면트러스 단면법에서는 3개 평형방정식이 사용되지만, 입체트러스의 단면법에서는 3차원이므로 6개 평형방정식($\sum F_x = 0, \sum F_y = 0, \sum F_z = 0, \sum M_x = 0, \sum M_y = 0, \sum M_z = 0$)이 사용된다. 격점법과 단면법에 의한 입체트러스 해석절차는 평면트러스의 격점법과 단면법과 각각 유사하다.

일반적으로 입체트러스 지점은 그림 3.4에 보여준 것처럼 그 지지조건과 형태에 따라 링크지점, 평면상의 롤러지점, 홈파진 롤러지점, 구-소켓지점 등으로 구분하며 반력성분의 수는 1~3개가 된다.

입체트러스의 해석은 3차원 공간에서 수행되므로, 그림 3.5에 보여준 것처럼 공간에서 경사를 갖는 부재력 F는 x, y, z축 방향의 성분 F_x, F_y, F_z로 분해할 필요가 있다. 여기서 부재 OA의 길이가 l이고 x, y, z좌표축에 따른 투영길이가 l_x, l_y, l_z라고 하면 다음의 관계식이 성립된다.

$$l = \sqrt{l_x^2 + l_y^2 + l_z^2} \tag{3.3}$$

그리고

$$F = \sqrt{F_x^2 + F_y^2 + F_z^2} \tag{3.4}$$

그림 3.5에서 힘 F는 비례식에 의해 다음과 같이 x, y, z축 방향의 성분으로 나타낼 수 있다.

$$F_x = F\left(\frac{l_x}{l}\right),\ F_y = F\left(\frac{l_y}{l}\right),\ F_z = F\left(\frac{l_z}{l}\right) \tag{3.5}$$

따라서

$$\frac{F}{l} = \frac{F_x}{l_x} = \frac{F_y}{l_y} = \frac{F_z}{l_z} \quad 3.6$$

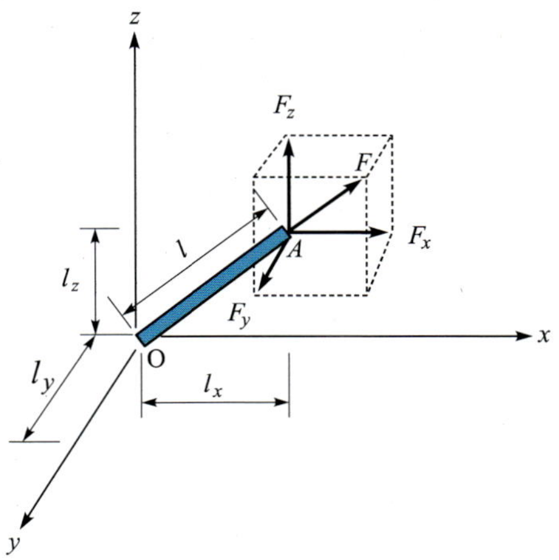

그림 3.5 부재의 길이 및 힘과 그 성분

예제 3.7

다음 입체트러스의 반력과 부재력을 구하시오. 단, 지점 A, B, C는 구-소켓지점이다.

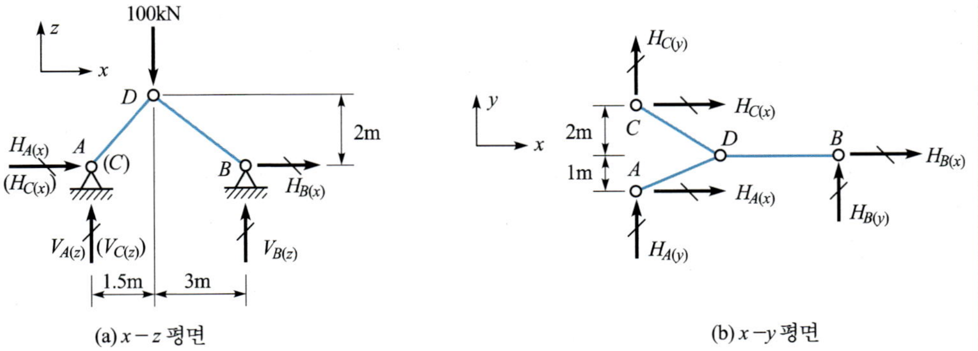

그림 예제 3.7

풀이

그림 3.4에서 구-소켓지점의 경우 반력성분이 3개이므로, 총 반력성분의 수 $r = 3 \times 3 = 9$개다. 부재의 수 $m = 3$이고 절점의 수 $j = 4$이므로, $n = (r + m) - 3j = (9 + 3) - 3 \times 4 = 0$이 되어 주어진 입체트러스는 정정구조물이다.

비록 이 입체트러스가 정정일지라도 그림 예제 3.7 (a), (b)의 전체구조물의 자유물체도에 단순히 6개 평형방정식($\sum F_x = 0, \sum F_y = 0, \sum F_z = 0, \sum M_x = 0, \sum M_y = 0, \sum M_z = 0$)을 적용해서 반력을 계산하면 복잡하다. 이런 경우 반력성분의 일부를 부재력과 연관시켜서 풀면 간단하다. 즉, 이 입체트러스의 지점 B의 수직방향(z축 방향) 반력성분 $V_{B(z)}$만 전체구조물의 자유물체도에 평형방정식을 단순히 적용해서 구할 수 있고, 나머지 수직 및 수평방향(x, y축 방향)의 반력성분들은 부재력과 연관시켜서 계산할 수 있다.

1) 전체구조물의 자유물체도에서

$l = \sqrt{l_x^2 + l_y^2 + l_z^2}$ [식 (3.3)]이므로, 다음 표와 같이 입체트러스 각 부재의 길이가 구해진다.

부재	l_x(m)	l_y(m)	l_z(m)	l(m)
AD	1.5	1	2	2.7
BD	3	0	2	3.6
CD	1.5	2	2	3.2

힘 F는 비례식 $F_x = F\left(\frac{l_x}{l}\right)$, $F_y = F\left(\frac{l_y}{l}\right)$, $F_z = F\left(\frac{l_z}{l}\right)$[식 (3.5)]를 사용하여 x, y, z축 방향의 성분으로 나타낼 수 있다.

그림 예제 3.7 (a)에서 반력 $H_{A(y)}$의 작용선[그림 예제 3.7 (b)의 선분 AC]에 관하여

$+\curvearrowright \Sigma M_y = 0$; $100 \times 1.5 - V_{B(z)} \times 4.5 = 0$, $\quad \therefore$ 반력 $V_{B(z)} = 33.3\text{kN}\,(\uparrow)$

2) 격점별 평형조건

i) 그림 예제 3.7에서 B점을 고립시켰을 때 평형방정식

[모든 부재가 인장력(+)을 받는다고 가정함]

$+\uparrow \Sigma F_z = 0$; $V_{B(z)} + F_{BD(z)} = 0$

$\therefore F_{BD(z)} = -V_{B(z)} = -33.3\text{kN}$

비례식 $F = F_z\left(\frac{l}{l_z}\right)$를 사용하면, 부재 BD의 부재력 F_{BD}가 구해진다. 즉,

부재력 $F_{BD} = -33.3 \times \frac{l_{BD}}{l_{z_{BD}}} = -33.3 \times \frac{3.6}{2} = -60\text{kN}$ (압축)

$+\rightarrow \sum F_x = 0$; $H_{B(x)} - F_{BD(x)} = 0$

$\therefore$ 반력 $H_{B(x)} = \frac{l_{x_{BD}}}{l_{z_{BD}}} \times F_{BD(z)} = \frac{3}{2}(-33.3) = -50\text{kN}\,(\leftarrow)$

$+\uparrow \sum F_y = 0$; $H_{B(y)} + F_{BD(y)} = 0$

$\therefore$ 반력 $H_{B(y)} =- \dfrac{l_{y_{BD}}}{l_{z_{BD}}} \times F_{BD(z)} =- \dfrac{0}{2}(-33.3) = 0$

ii) 그림 예제 3.7에서 D점을 고립시켰을 때 평형방정식
[모든 부재가 인장력(+)을 받는다고 가정함]

$+\uparrow \Sigma F_z = 0\ ;\ -100 - F_{AD(z)} - F_{CD(z)} - F_{BD(z)} = 0$

$-100 - F_{AD(z)} - F_{CD(z)} + 33.3 = 0$

$\therefore F_{AD(z)} + F_{CD(z)} =- 66.7$ (1)

$+\rightarrow \Sigma F_x = 0\ ;\ -F_{AD(x)} - F_{CD(x)} + F_{BD(x)} = 0$

$F_{AD(x)} + F_{CD(x)} - F_{BD(x)} = 0$

$F_{AD(x)} + F_{CD(x)} =- 50$ (2)

$F_{AD(x)} = \dfrac{1.5}{2} F_{AD(z)}$

$F_{CD(x)} = \dfrac{1.5}{2} F_{CD(z)}$

위의 2개의 식을 식 (2)에 대입하면

$F_{AD(z)} + F_{CD(z)} =- 66.7$

$+\uparrow \Sigma F_y = 0\ ;\ F_{CD(y)} - F_{AD(y)} = 0,\ \therefore F_{CD(y)} = F_{AD(y)}$

$F_{CD(y)} = \dfrac{l_{y_{CD}}}{l_{z_{CD}}} F_{CD(z)} = \dfrac{2}{2} F_{CD(z)} = F_{CD(z)}$

$F_{AD(y)} = \dfrac{l_{y_{AD}}}{l_{z_{AD}}} F_{AD(z)} = \dfrac{1}{2} F_{AD(z)}$

따라서, $F_{CD(z)} = \dfrac{F_{AD(z)}}{2}$

$\therefore F_{AD(z)} = 2F_{CD(z)}$ (3)

식 (1)과 (3)을 연립해서 풀면

$F_{CD(z)} =- 22.2\text{kN}$

부재력 $F_{CD} = \dfrac{l_{CD}}{l_{z_{CD}}} F_{CD(z)} = \dfrac{3.2}{2} \times (-22.2) =- 35.5\text{kN}$ (압축)

$F_{AD(z)} = 2(-22.2) =- 44.4\text{kN}$

부재력 $F_{AD} = \dfrac{l_{AD}}{l_{z_{AD}}} F_{AD(z)} = \dfrac{2.7}{2} \times (-44.4) =- 60\text{kN}$ (압축)

iii) 그림 예제 3.7에서 A점을 고립시켰을 때 평형방정식
[모든 부재가 인장력(+)을 받는다고 가정함]

$+\uparrow \Sigma F_z = 0 \ ; \ V_{A(z)} + F_{AD(z)} = 0$

$\therefore$ 반력 $V_{A(z)} = -F_{AD(z)} = -\dfrac{l_{z_{AD}}}{l_{AD}} \times F_{AD} = -\dfrac{2}{2.7}(-60) = 44.4\text{kN}\,(\uparrow)$

$+\rightarrow \sum F_x = 0 \ ; \ H_{A(x)} + F_{AD(x)} = 0$

$\therefore$ 반력 $H_{A(x)} = -\dfrac{l_{x_{AD}}}{l_{AD}} \times F_{AD} = -\dfrac{1.5}{2.7}(-60) = 33.3\text{kN}\,(\rightarrow)$

$+\uparrow \sum F_y = 0 \ ; \ H_{A(y)} + F_{AD(y)} = 0$

$\therefore$ 반력 $H_{A(y)} = -\dfrac{l_{y_{AD}}}{l_{AD}} \times F_{AD} = -\dfrac{1}{2.7}(-60) = 22.2\text{kN}(\uparrow)$

iv) 그림 예제 3.7에서 C점을 고립시켰을 때 평형방정식
[모든 부재가 인장력(+)을 받는다고 가정함]

$+\uparrow \Sigma F_z = 0 \ ; \ V_{C(z)} + F_{CD(z)} = 0$

$\therefore$ 반력 $V_{C(z)} = -F_{CD(z)} = -\dfrac{l_{z_{CD}}}{l_{CD}} \times F_{CD} = -\dfrac{2}{3.2}(-35.5) = 22.2\text{kN}\,(\uparrow)$

$+\rightarrow \sum F_x = 0 \ ; \ H_{C(x)} + F_{CD(x)} = 0$

$\therefore$ 반력 $H_{C(x)} = -\dfrac{l_{x_{CD}}}{l_{CD}} \times F_{AD} = -\dfrac{1.5}{3.2}(-35.5) = 16.6\text{kN}\,(\rightarrow)$

$+\uparrow \sum F_y = 0 \ ; \ H_{C(y)} - F_{CD(y)} = 0$

$\therefore$ 반력 $H_{C(y)} = \dfrac{l_{y_{CD}}}{l_{CD}} \times F_{CD} = \dfrac{2}{3.2}(-35.5) = -22.2\text{kN}(\downarrow)$

연습문제

Structural Mechanics

3.1 다음 구조물의 정정 · 부정정을 판별하시오.

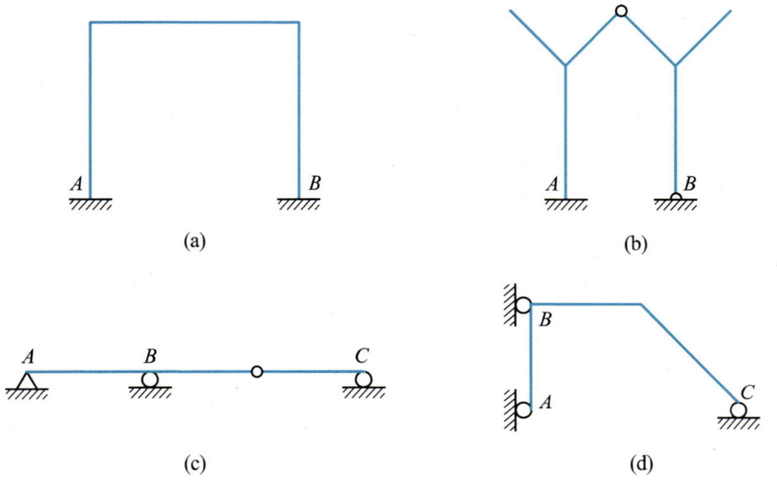

그림 문제 3.1

3.2 다음 구조물의 부정정차수를 구하시오.

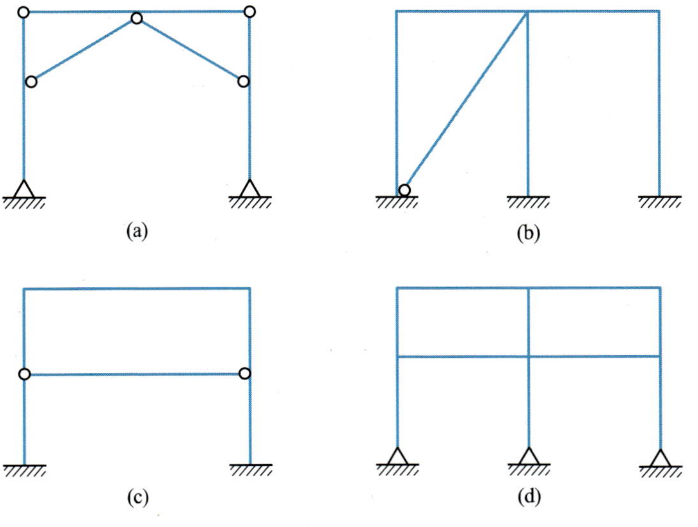

그림 문제 3.2

3.3 다음 트러스의 반력과 부재력을 구하시오.

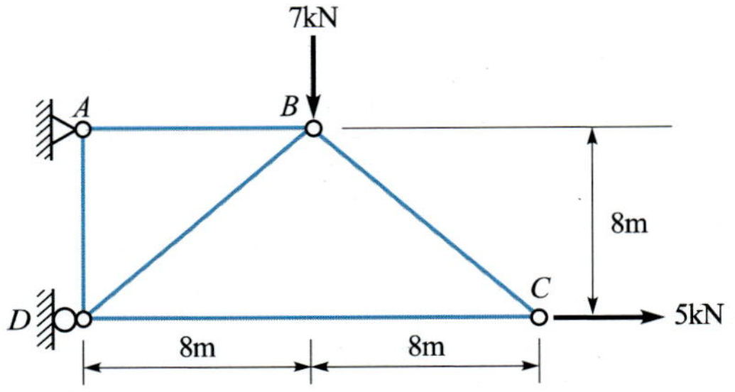

그림 문제 3.3

3.4 다음 트러스에서 부재 BC, CG, GH의 부재력 F_{BC}, F_{CG}, F_{GH}를 구하시오.

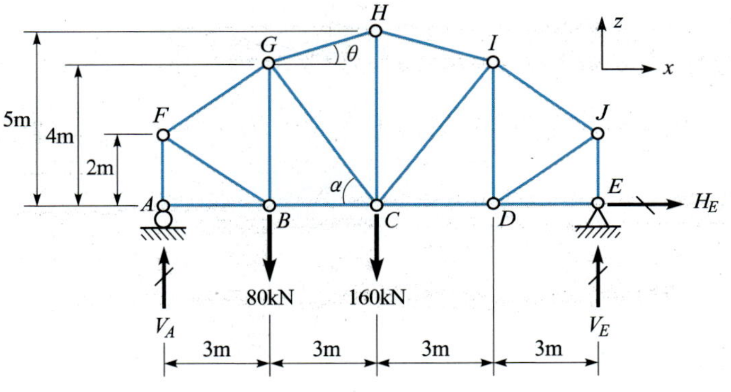

그림 문제 3.4

3.5 다음 K트러스의 모든 반력과 부재력을 구하시오.

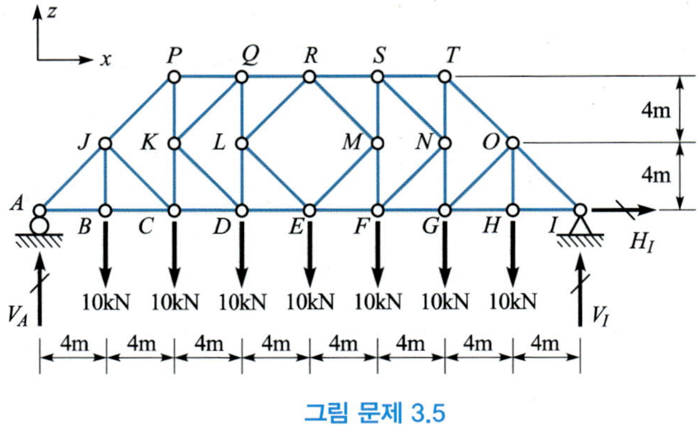

그림 문제 3.5

3.6 다음 입체트러스의 모든 부재력을 구하시오. 단, 지점 A는 평면상의 롤러지점, 지점 B는 구-소켓지점, 지점 C는 홈파진 롤러지점이다.

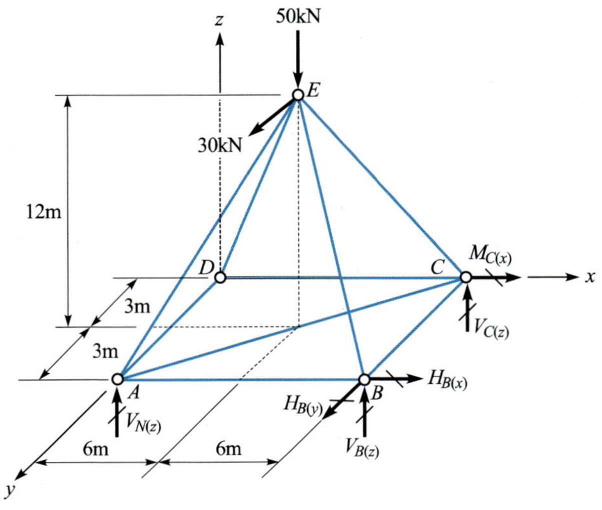

그림 문제 3.6

CHAPTER

04

정정아치 및 케이블의 해석

4.1 아치의 특성과 기본유형

아치(arch)는 장경간 구조형식에서 휨모멘트를 현저히 감소시키기 위해서 주로 사용되고 있다. 즉, 아치에서 휨모멘트는 단순보에 비해 매우 작아 2차적인 단면 내력에 불과하고, 아치부재의 단면은 주로 축압축력(축방향 압축력)을 지지한다. 이러한 작은 휨모멘트 · 작은 전단력과 큰 축압축력을 받는 구조적 특성때문에 아치는 보, 라멘, 트러스 구조물보다 더 장경간의 교량이나 지붕구조물의 구조형식으로 많이 사용되고 있다. 일반적으로, 아치는 포물선 형상(parabolic shape)이나 원호형상을 갖는 구조물로서, 수평반력을 저항할 수 있는 견고한 기초형식과 지반위에서 가설되거나 수평력을 받아주는 인장타이(tie)나 덱거더(deck girder)가 사용된다. 이때 지점에서 발생하는 큰 수평반력은 아치의 각 단면에서 휨모멘트뿐만 아니라 전단력도 현저히 감소시켜, 계곡 등에 지간이 긴 교량구조물의 경제적인 설계가 가능하게 한다.

그림 4.1은 전형적인 2활절 아치(two-hinged arch)의 각 부의 명칭과 자유물체도를 보여주고 있다. 그림 4.1과 같이 아치에 집중하중 P가 작용하게 되면, 하중 P를 저항하기 위해서 아치에는 수직반력($V_A,\ V_B$)뿐만이 아니라 큰 수평반력($H_A,\ H_B$)이 발생한다. 이때 하중작용점 P 위치의 단면에 생기는 휨모멘트는 $M = V_A \cdot \frac{L}{2} - H_A \cdot f$가 되어, 휨모멘트가 $H_A \cdot f$만큼 상쇄된다는 것을 분명히 알 수 있다. 따라서 아치는 아치의 형상과 수평반력에 의해서 매우 작은 휨모멘트가 발생하고, 축선의 단면력이 축압축력뿐인 경우도 있다.

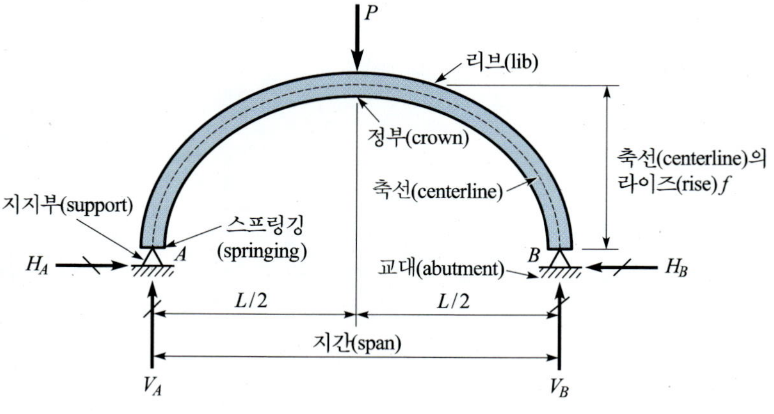

그림 4.1 아치의 각 부의 명칭

그림 4.2는 아치구조의 기본 형태를 보여주고 있다. 그림 4.2(a)는 아치 정부에 내부 힌지가 도입된 3활절 정정아치이다. 즉, 3개의 평형방정식 이외에도 아치 정부의 내부 힌지의 왼쪽 또는 오른쪽 어느 한쪽에 관하여 $\sum M = 0$이라는 조건방정식이 한 개 추가되므로 미지반력(V_A, V_B, H_A, H_B)의 수와 방정식의 수가 4개로 같게 되어 정정구조물이 된다. 이러한 3활절 정정아치구조는 지간이 180m이내의 강교량(steel bridge) 건설 시 많이 사용되고 있다. 한편, 그림 4.2(b)는 2활절 아치이고 내부 힌지가 없으므로 1차부정정구조물로, 지간 180~270m의 강재(steel)교량구조물에 주로 사용하고 있다. 4.2(c)는 1활절 아치이고 2차부정정구조물이다. 4.2(d)는 고정 아치이고 3부정정구조물로, 콘크리트 재료를 사용할 경우 지간 30~120m 그리고 아치 리브가 강재인 경우 290m까지의 교량구조물의 건설 시 사용하고 있다. 그림 4.3(b)는 그림 4.3(a)의 곡선보의 지점을 타이로 연결시켜 수평변위를 구속시킨 타이드 아치(tied arch)이다. 이 타이드 아치는 외적정정으로 지점침하에 의해서 추가적인 응력이 발생하지 않는 구조이지만, 내적으로는 1차부정정이다. 참고로, 그림 4.3(a)는 수평변위가 존재하므로 아치구조물이 아님을 유념하기 바란다. 한편, 아치 리브를 트러스구조로 대치한 강트러스 아치(braced rib arch)는 그 지간의 적용범위가 240~520m 정도이다.

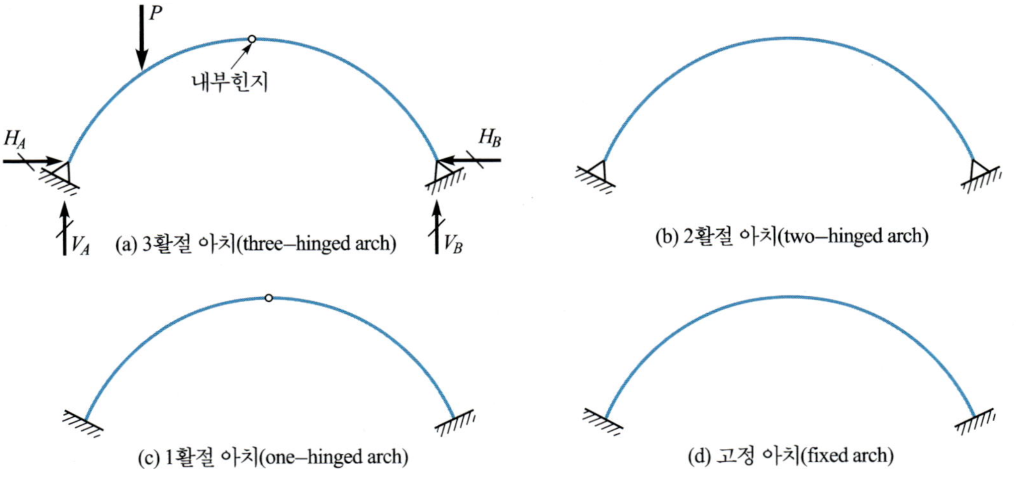

그림 4.2 아치의 기본유형

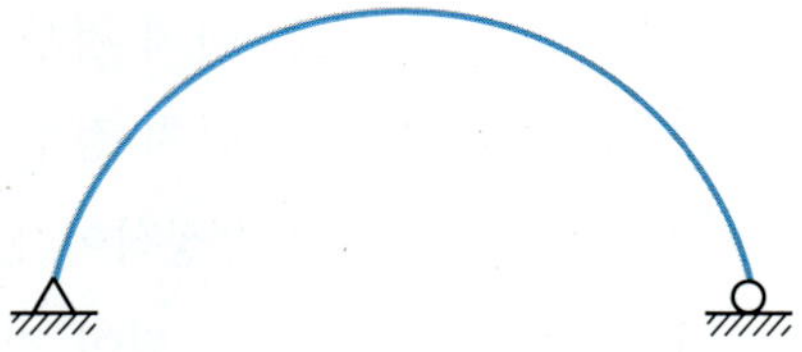
(a) 곡선보

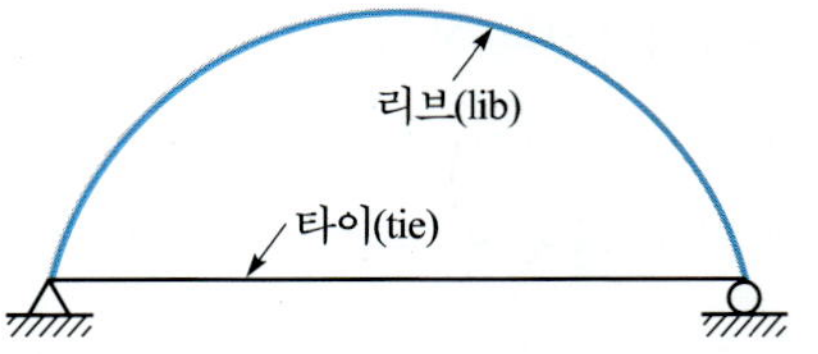

(b) 타이드 아치

그림 4.3 곡선보와 타이드 아치

4.2 정정아치의 해석

일반적인 정정아치의 구조해석도 정정보 또는 정정트러스의 경우와 비슷하게, 먼저 전체 아치구조물의 자유물체도로부터 반력을 구한 후, 임의단면에서의 단면력(축력, 전단력, 휨모멘트)을 그 단면의 자유물체도에 대한 정역학적 평형조건으로부터 구한다. 다음의 예제 4.1, 4.2는 아치 정부의 내부 힌지가 평형에 대한 조건방정식을 제공하여 정정구조물이 된 3활절 아치에 대한 구조해석 사례를 보여주고 있다. 이 경우 내부 힌지가 있는 게르버보처럼 아치 정부에 있는 내부 힌지 좌, 우측을 분리한 자유물체도로부터 수평반력이 구해진다. 그리고 임의의 점에서 축력과 전단력의 단면력 계산 시, 그 단면에 대한 아치 축선상의 접선기울기가 고려됨을 유념해야 한다.

예제 4.1

다음의 3활절 원호아치에서 자중에 의한 반력성분 V_A, V_B, H_A, H_B를 구하시오. 단, 축선을 따라 균등하게 분포된 아치자중은 $p = 25\,\mathrm{kN/m}$이고, 반경은 $R = 40\,\mathrm{m}$이다.

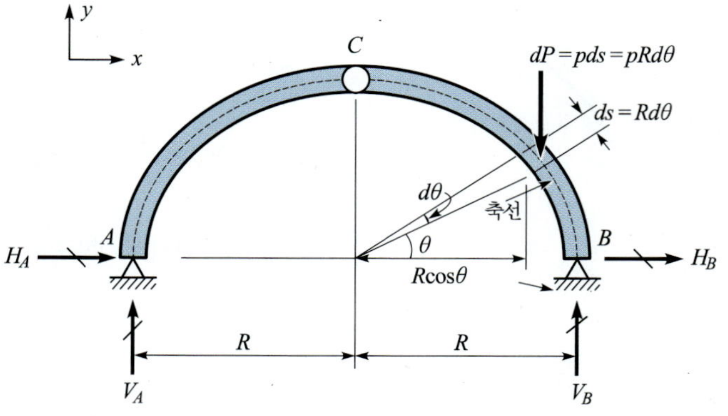

그림 예제 4.1

풀이

1) 수직반력성분 V_A, V_B

아치의 분포자중 p에 의한 전체 아치자중의 수직력 P를 계산하면 다음과 같다.

$$P=\int_0^s pds=\int_0^\pi pRd\theta=[pR\theta]_0^\pi=pR\pi=25\times40\times\pi=3141.6\text{kN}$$

그림 예제 4.1의 전체구조물 자유물체도에서

$$+\curvearrowright\sum M_A=0\ ;\ -V_B(2R)+\int_0^\pi pRd\theta\,R(1+\cos\theta)=0$$

여기서, $\int_0^\pi pR^2(1+\cos\theta)d\theta=pR^2[\theta+\sin\theta]_0^\pi=pR^2[\pi+0]=pR^2\pi$이므로

$$\therefore\ V_B=\frac{pR^2\pi}{2R}=\frac{pR\pi}{2}=\frac{25\times40\times\pi}{2}=1570.8\text{kN}\,(\uparrow)$$

$$+\uparrow\sum F_y=0\ ;\ V_A+V_B-P=0$$

$$\therefore\ V_A=P-V_B=3141.6-1570.8=1570.8\text{kN}\,(\uparrow)$$

2) 수평반력성분 H_A, H_B

C점의 오른쪽 부분에 대해

$$+\curvearrowright\sum M_c=0\ ;\ \int_0^{\frac{\pi}{2}}(pRd\theta)(R\cos\theta)-H_B(R)-V_B(R)=0$$

따라서

$$\int_0^{\frac{\pi}{2}}pR^2\cos\theta d\theta-\frac{pR^2\pi}{2}=H_B(R)\ \rightarrow\ pR^2[\sin\theta]_0^{\frac{\pi}{2}}-\frac{pR^2\pi}{2}=H_BR\ \rightarrow$$

$$pR^2(1-\frac{\pi}{2})=H_BR$$

$$\therefore\ H_B=pR(1-\frac{\pi}{2})=25\times40\times(1-\frac{\pi}{2})=-570.8\text{kN}\,(\leftarrow)$$

그림 예제 4.1의 전체구조물 자유물체도에서

$$+\rightarrow\sum F_x=0\ ;\ H_A+H_B=0$$

$\therefore$ 반력 $H_A=-H_B=570.8\text{kN}\,(\rightarrow)$

예제 4.2

다음 그림과 같이 아치 정부 C점에 내부 힌지가 도입된 3활절 아치의 지점반력과 D점의 단면력을 구하시오. 단, 아치의 형상은 다음과 같이 가정하라.

(a) 아치의 형상이 포물선[$\frac{y}{l}=4\frac{f}{l}\frac{x}{l}(1-\frac{x}{l})$]인 경우

(b) 아치의 형상이 원호[$\frac{y}{l}=\frac{1}{8}(4\frac{f}{l}-\frac{1}{f})+\sqrt{\frac{1}{64}(4\frac{f}{l}+\frac{l}{f})^2-(\frac{x}{l}-\frac{1}{2})^2}$]인 경우

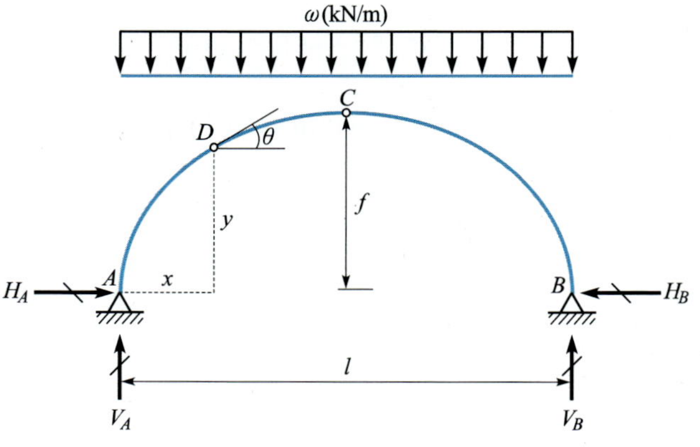

그림 예제 4.2

풀이

1) 반력계산

포물선과 원호 아치 모두 반력의 크기는 같다. 그림 예제 4.2의 전체구조물 자유물체도에서

$$+\curvearrowright \sum M_B=0\ ;\ V_A l-\frac{\omega l^2}{2}=0, \qquad \therefore V_A=\frac{\omega l}{2}$$

$$+\uparrow \sum F_y=0\ ;\ V_A+V_B-\omega l=0, \qquad \therefore V_B=\omega l-V_A=\frac{\omega l}{2}$$

C점의 왼쪽방향에 대해

$$+\curvearrowright \sum M_C=0\ ;\ \frac{V_A l}{2}-H_A f-\frac{\omega l^2}{8}=0$$

$$\therefore H_A=\frac{1}{f}(\frac{V_A l}{2}-\frac{\omega l^2}{8})=\frac{l}{f}\frac{\omega l}{8}$$

전체구조물 자유물체도에서

$$+\rightarrow \sum F_x=0\ ;\ H_A-H_B=0$$

$$\therefore \text{반력 } H_B=H_A=H=\frac{l}{f}\frac{\omega l}{8}$$

2) D점의 단면력계산

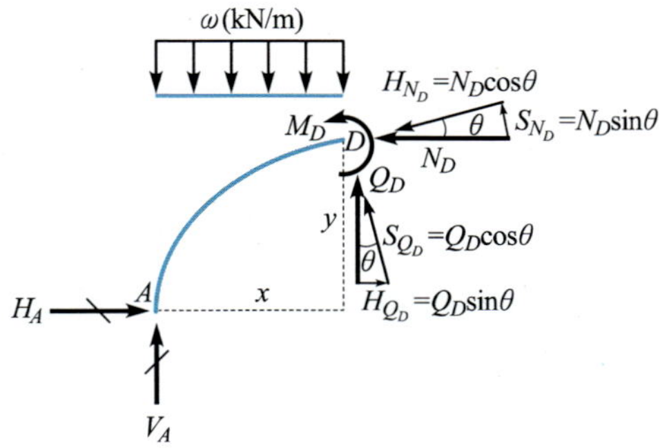

위의 자유물체도에 평형방정식 적용하면

$+\rightarrow\sum F_x=0\,;\ H_A+N_D=0,\qquad \therefore N_D=H_A=\frac{l}{f}\frac{\omega l}{8}$

$+\uparrow\sum F_y=0\,;\ V_A+Q_D-\omega x=0,\qquad \therefore Q_D=-V_A+\omega x=-\frac{\omega l}{2}+\omega x$

휨모멘트의 단면력 $M_D=V_Ax-H_Ay-\frac{\omega x^2}{2}=\frac{\omega l^2}{2}\frac{x}{l}(1-\frac{x}{l})-\frac{l}{f}\frac{\omega l}{8}y$

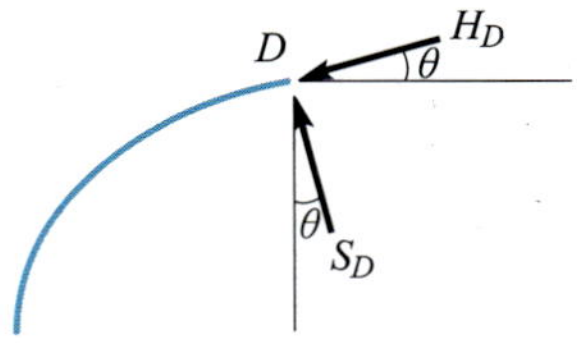

따라서 위의 그림에 표시된 D점의 축력 및 전단력은 다음과 같이 구해진다.

축력의 단면력 $H_D=N_D\cos\theta-Q_D\sin\theta=(\frac{l}{f}\frac{\omega l}{8})\cdot\cos\theta-(-\frac{\omega l}{2}+\omega x)\cdot\sin\theta$

전단력의 단면력 $S_D=N_D\sin\theta+Q_D\cos\theta=(\frac{l}{f}\frac{\omega l}{8})\cdot\sin\theta+(-\frac{\omega l}{2}+\omega x)\cdot\cos\theta$

여기서, 포물선 아치의 경우 D점의 기울기 θ는 다음과 같이 구해진다.

$\frac{y}{l}=4\frac{f}{l}\frac{x}{l}(1-\frac{x}{l})$

$\tan\theta=\frac{dy}{dx},\ \theta=\tan^{-1}(\frac{dy}{dx})$

$\therefore\theta=\tan^{-1}[\frac{4f}{l}(1-\frac{2x}{l})]$

원호 아치의 경우, D점의 기울기 θ는 다음과 같이 구해진다.

$\frac{y}{l}=\frac{1}{8}(4\frac{f}{l}-\frac{1}{f})+\sqrt{\frac{1}{64}(4\frac{f}{l}+\frac{l}{f})^2-(\frac{x}{l}-\frac{1}{2})^2}$

$$\therefore \theta = \tan^{-1}[(\frac{1}{2}-\frac{x}{l})/\sqrt{\frac{1}{64}(4\frac{f}{l}+\frac{l}{f})^2-(\frac{x}{l}-\frac{1}{2})^2}]$$

4.3 케이블의 특성

케이블(cable)은 주로 매우 유연하므로 휨모멘트나 압축에는 저항이 불가능하고 인장에만 저항하는 특성이 있다. 즉, 케이블은 경간이 긴 경우 축방향 장력(tension force)에 의해서만 외력을 저항하므로 구조효율 측면에서 가장 효과적인 구조형식이다. 이러한 특성 때문에 고강도 강재 또는 복합신소재로 만든 케이블은 장대교량인 현수교(suspension bridge) 및 사장교(cable-stayed bridge)의 주부재나 케이블카, 송신탑, 기중기 등의 받침줄(guys)로 사용되고 있으며, 대공간이 필요한 스타디움이나 건물에서도 케이블로 지지된 행어(hanger) 구조형식이 이용되고 있다.

케이블은 현수선(catenary) 또는 포물선의 모양의 구조형식으로, 케이블의 축에 연하여 등분포된 자중과 같은 하중에 의해서는 케이블의 형상이 현수선이 되나, 자중이 아닌 수평축에 연하여 등분포된 하중에 의해서는 포물선 형상이 된다. 일반적으로, 케이블의 처짐이 그 길이에 비하여 작은 경우에는 케이블의 형상을 포물선으로 가정하여 해석할 수 있다. 여기서, 케이블의 수평길이 l에 대한 처짐 f(케이블 현의 중앙점과 케이블과의 수직거리)의 비, 즉 f/l를 케이블에서의 처짐비(sag ratio)라고 한다. 케이블의 엄밀한 해석은 복잡한 비선형 수치해석이 요구되나, 처짐량이 적은 경우 기하학적 비선형이 고려된 유효등가선형탄성계수(E_c)를 사용해서 정역학적으로 해석할 수 있다.

케이블은 지간이 150~2,000m의 초장지간 구조에 많이 사용하고 있다(사장교의 지간 : $150 \le L \le 890$, 현수교의 지간 : $400 \le L \le 2,000$). 참고로, 현재 세계 최장의 사장교의 최대지간장은 890m(Tatara대교, 1999)이다. 1998년에 완공된 Akashi대교는 주경간 1,991m로 현재 공용중인 현수교 중에서 세계최장을 자랑하고 있다. 우리나라 최장의 현수교는 2013년에 준공된 이순신대교로서 주경간장이 1,545m에 달한다.

4.4 케이블의 일반정리와 해석

4.4.1 케이블의 일반정리

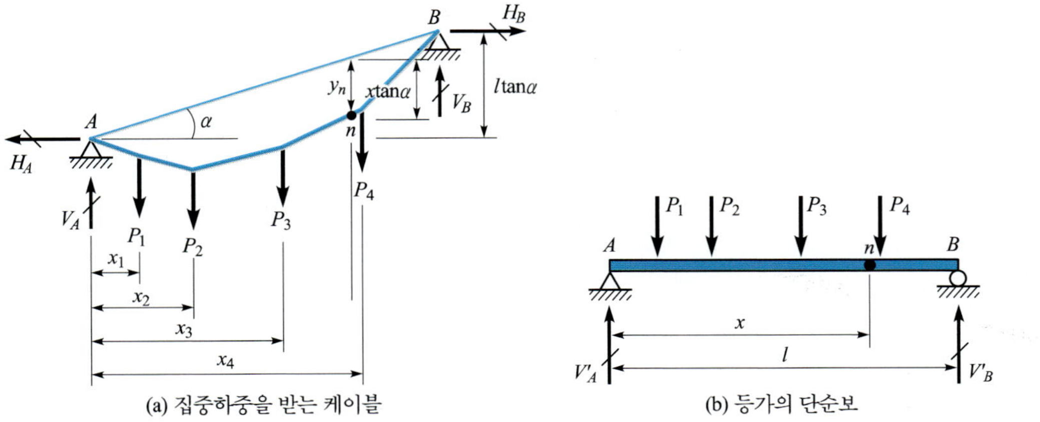

그림 4.4 집중하중하의 케이블과 등가단순보

그림 4.4(a)와 같이 집중하중을 받는 케이블을 고려해 보자. 전체구조물에 대한 자유물체도에서 수평방향의 평형방정식을 적용하면, 즉

$$+\rightarrow \sum F_x = 0\ ; -H_A + H_B = 0$$

케이블의 임의의 단면을 절단한 후, 절단면에 발생하는 단면력의 수평성분을 H라고 하고 그 자유물체도에 $\sum F_x = 0$을 적용하면 다음 식이 구해진다.

$$H = H_A = B_B \quad (4.1)$$

위 식으로부터 수평반력 H_A와 H_B의 크기는 동일한 값이며, 케이블의 어느 단면에서든지 H로 일정한 값을 보여주고 있다. 즉, 케이블의 어느 단면에서든지 수평장력의 크기는 H이다.

그림 4.4(a)의 B점에 휨모멘트의 평형방정식을 적용하면

$$+\curvearrowright \Sigma M_B = 0\ ; Hl\tan\alpha + V_A l - \sum_{j=1}^{4} P_j(l - x_j) = 0$$

$$V_A = -H\tan\alpha + \frac{\sum_{j=1}^{4} P_j(l - x_j)}{l} \tag{4.2}$$

여기서, x_j는 지점 A로부터 j번째 하중 P_j까지의 수평거리를 나타낸다.

케이블은 휨모멘트에 저항할 수 없으므로, 그림 4.4(a)의 임의의 단면 n에서 $M_n = 0$이다. 그러므로 n점의 왼쪽에 관하여 $\Sigma M_n = 0$을 적용하면

$$H(x\tan\alpha - y_n) + V_A x - M_P = 0 \tag{4.3}$$

여기서, x : 지점 A에서 n점까지의 거리

y_n : n점에서 케이블 현까지의 거리

M_P : n점 왼쪽에 있는 하중들의 n점에 관한 모멘트의

$[= \sum_{j=1}^{3} P_j(x - x_j)]$

식 (4.2)의 V_A를 식 (4.3)에 대입하면

$$H(x\tan\alpha - y_n) - Hx\tan\alpha + \frac{x}{l}\sum_{j=1}^{4} P_j(l - x_j) - M_P = 0$$

위 식을 정리하면

$$Hy_n = \frac{x}{l}\sum_{j=1}^{4} P_j(l - x_j) - M_P \tag{4.4}$$

식 (4.4)는 수직하중을 받는 케이블의 수평반력 H를 구하는 일반식으로, 이 식의 오른쪽항은 그림 4.4(b)와 같이 케이블과 동일한 지간을 갖고 동일한 하중이 재하된 등가단순보의 임의의 단면 n에서 휨모멘트 M_n'와 같은 값임을 알 수 있다. 즉,

$$M_n' = V_A' x - \sum_{j=1}^{3} P_j(x - x_j) = \frac{x}{l}\sum_{j=1}^{4} P_j(l - x_j) - M_P \tag{4.5}$$

여기서, V_A' : 등가단순보에서 지점 A의 반력$[= \frac{1}{l}\sum_{j=1}^{4} P_j(l - x_j)]$

식 (4.4)와 (4.5)는 똑같은 표현이다. 즉,

$$Hy_n = M_n' \qquad (4.6)$$

위 식이 케이블의 일반정리이며, 문장으로 표현하면 다음과 같다.

케이블의 일반정리($Hy_n = M_n'$) : 수직하중을 받고 있는 케이블상의 임의의 점 n에서 케이블 현까지 수직거리 y_n과 수평반력 H를 곱한 값은 케이블과 동일한 지간을 갖는 단순보에 케이블과 같은 하중이 작용할 경우 n점에서의 등가단순보의 휨모멘트 M_n'와 같다.

예제 4.3

다음과 같이 집중하중을 받고 있는 케이블에서 지점 반력의 수평성분과 수직성분(H_A, H_E, V_A, V_E), 거리 y_C, 케이블의 최대장력 T_{max}를 구하시오.

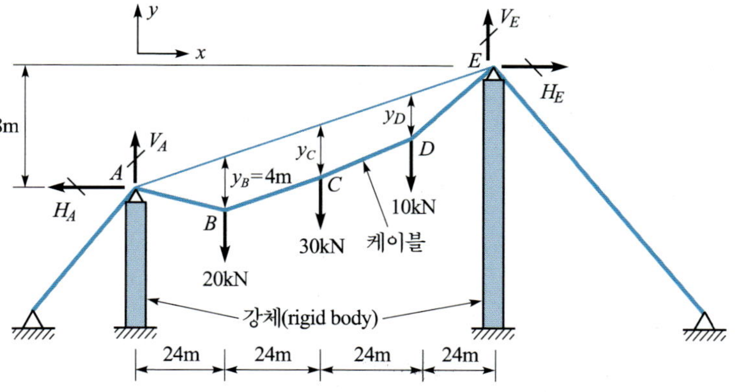

그림 예제 4.3

풀이

1) 지점 반력의 수평성분과 수직성분
   등가단순보에서

$$V_A' = \frac{20 \cdot 72 + 30 \cdot 48 + 10 \cdot 24}{96} = 32.5\text{kN}$$

$$M_B' = V_A' \cdot 24 = 32.5 \cdot 24 = 780\text{kN} \cdot \text{m}$$

그림 예제 4.3의 B점에 케이블의 일반정리를 적용하면

$H_A \cdot y_B = M_B'$

$H_A \cdot 4 = 780, \quad \therefore H_A = 195\text{kN}(\leftarrow)$

$+\rightarrow \sum F_x = 0\ ;\ -H_A + H_E = 0, \qquad \therefore H_E = H_A = H = 195\text{kN}(\rightarrow)$

$+\curvearrowright \sum M_A = 0\ ;\ (20 \cdot 24 + 30 \cdot 48 + 10 \cdot 72) + H_E \cdot 8 - V_E \cdot 96 = 0, \quad \therefore V_E = 43.75\text{kN}(\uparrow)$

$+\uparrow \sum F_y = 0\ ;\ V_A - 20 - 30 - 10 + V_E = 0, \qquad \therefore V_A = 16.25\text{kN}(\uparrow)$

2) 거리 y_C

등가단순보에서

$V_A' = 32.5\text{kN}$

$M_C' = V_A' \cdot 48 - 20 \cdot 24 = 32.5 \cdot 48 - 20 \cdot 24 = 1{,}080\text{kN} \cdot \text{m}$

그림 예제 4.3의 C점에 케이블의 일반정리를 적용하면

$H \cdot y_C = M_C'$

$\therefore y_C = \dfrac{M_C'}{H} = \dfrac{1{,}080}{195} = 5.54\text{m}$

3) 최대장력 $T_{\max}$

케이블에서 최대장력은 수평장력의 크기 $H(=H_A = H_E)$가 일정하기 때문에 수직성분이 가장 큰 부분에서 일어난다. 따라서 최대장력 $T_{\max}$는 기울기가 가장 큰 DE구간에서 발생한다. DE구간의 장력 T_{DE}는 수평성분 H_E와 수직성분 V_E의 벡터합력이어야 하므로 다음과 같이 구할 수 있다.

$T_{\max} = T_{DE} = \sqrt{V_E^2 + H_E^2} = \sqrt{43.75^2 + 195^2} = 199.85\text{kN}$

4.4.2 케이블 형상의 방정식

현수교의 거더나 송유관 등을 행어로 매달아 놓은 케이블은 그림 4.5와 같이 수평축에 연하여 등분포된 수직하중 p를 받고 있으므로, 케이블의 일반정리가 다음과 같이 성립된다.

$$H_A y_n = H y_n = M_n' = \frac{pl}{2}x - \frac{p}{2}x^2 \qquad (4.7)$$

여기서, 케이블의 중앙인 수평길이 $l/2$ 위치에서 처짐값이 f(케이블 현의 중앙점과

케이블과의 수직거리)이므로 처짐비는 f/l가 된다. 그림 4.5에서 $x = l/2$일 때 $y_n = f$이므로, 이들 값을 식 (4.7)에 대입하면 다음과 같이 수평반력 H가 구해진다.

$$H = \frac{pl^2}{8f} \qquad 4.8$$

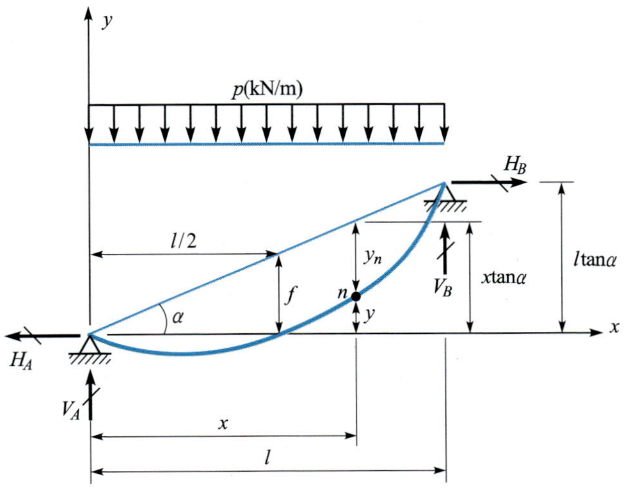

그림 4.5 등분포하중을 받는 케이블(포물선 형상)

식 (4.8)을 식 (4.7)에 대입하면, 임의의 n점에서 케이블 현과 케이블과의 수직거리 y_n이 다음과 같은 포물선식이 된다.

$$y_n = \frac{4f}{l^2}(l-x)x \qquad 4.9$$

그림 4.5에서 케이블의 방정식은 $y = x\tan\alpha - y_n$이므로 여기에 식 (4.9)를 대입하면, 다음과 같이 등분포하중을 받고 있는 케이블의 형상이 포물선식으로 표현된다.

$$y = x\tan\alpha - \frac{4f}{l^2}(l-x)x \qquad 4.10$$

위 식에서 케이블 현이 수평이면 $\alpha = 0°$가 되고, 케이블의 형상은 다음과 같은 포물선식이 된다.

$$y = \frac{4f}{l^2}(x-l)x \tag{4.11}$$

4.4.3 케이블의 장력

그림 4.6의 임의의 n점에서 케이블의 장력 T_n은 평형조건으로부터 T_n의 수평성분이 H와 같게 되므로(즉, $T_n\cos\theta = T_n\dfrac{dx}{ds} = H$) 다음 식과 같이 구해진다.

$$T_n = H\frac{ds}{dx} \tag{4.12}$$

여기서, $ds = \sqrt{dx^2+dy^2} = dx\sqrt{1+\left(\dfrac{dy}{dx}\right)^2}$ 이다. 따라서 $\dfrac{ds}{dx}$는 다음과 같이 표현할 수 있다.

$$\frac{ds}{dx} = \sqrt{1+\left(\frac{dy}{dx}\right)^2} \tag{4.13}$$

여기서, $\dfrac{dy}{dx}$는 그림 4.6의 임의의 n점에서 접선기울기($=\tan\theta$)이고, 식 (4.10)을 미분하면 구할 수 있다. 즉,

$$\frac{dy}{dx} = \frac{8fx}{l^2} - \frac{4f}{l} + \tan\alpha \tag{4.14}$$

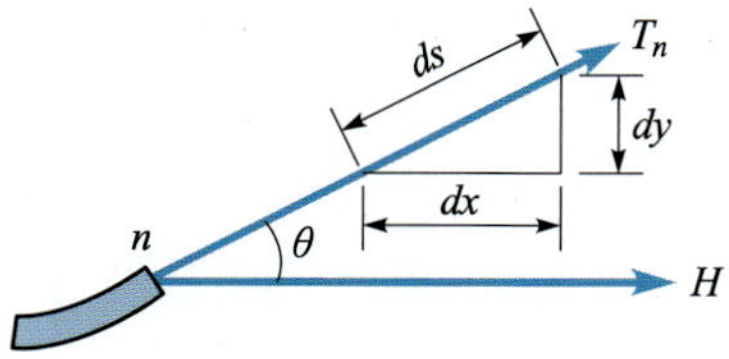

그림 4.6 케이블의 장력과 수평성분력과 관계

식 (4.14)를 식 (4.13)에 대입한 후, 그 결과를 식 (4.12)에 대입하여 정리하면, 그림 4.5의 등분포하중을 받고 있는 케이블의 임의의 n점에서 장력 T_n을 다음과 같이 구할

수 있다. 즉,

$$T_n = H\frac{ds}{dx} = H\sqrt{1+\left(\frac{8fx}{l^2}-\frac{4f}{l}+\tan\alpha\right)^2} = H\left(1+\frac{64\eta^2x^2}{l^2}+16\eta^2+\tan^2\alpha-\frac{64\eta^2x}{l}+\frac{16\eta x\tan\alpha}{l}-8\eta\tan\alpha\right)^{\frac{1}{2}} \tag{4.15}$$

여기서, $\eta = \dfrac{f}{l}$로 처짐비이다.

따라서 위 식에 $x=0, l$을 대입하면 케이블의 양단 A, B에서의 장력 T_A, T_B가 다음과 같이 구해진다.

$$T_A = H(1+16\eta^2+\tan^2\alpha-8\eta\tan\alpha)^{\frac{1}{2}} \tag{4.16}$$

$$T_B = H(1+16\eta^2+\tan^2\alpha+8\eta\tan\alpha)^{\frac{1}{2}} \tag{4.17}$$

그림 4.5의 경우 지점 B 더 높기 때문에 T_B가 최대장력이 된다. 만약 케이블 현이 수평이라면 최대장력은 양단의 장력으로, 위 식에 $\alpha=0°$를 대입하면 다음과 같이 구해진다.

$$T_{\max} = H(1+16\eta^2)^{\frac{1}{2}} \tag{4.18}$$

4.4.4 케이블의 길이

케이블의 총 길이 s는 다음과 같이 ds를 적분하면 구할 수 있다. 즉,

$$s = \int_0^s ds = \int\sqrt{dx^2+dy^2} = \int_0^l \sqrt{1+\left(\frac{dy}{dx}\right)^2}\,dx \tag{4.19}$$

식 (4.14)를 식 (4.19)에 대입하면, 포물선 형상을 갖는 케이블의 길이가 다음과 같은 적분식으로 표현된다.

$$s = \int_0^l \sqrt{1 + \left(\frac{8fx}{l^2} - \frac{4f}{l} + \tan\alpha\right)^2}\, dx \qquad 4.20$$

만약 케이블 현이 수평이라면 $\alpha = 0°$ 이므로, 위 식에 $\alpha = 0°$ 를 대입하고 적분을 수행하면 다음과 같이 케이블 총 길이 s 가 구해진다.

$$s = \frac{l}{2}\sqrt{1 + 16\eta^2} + \frac{l}{8\eta}\ln\left(4\eta + \sqrt{1 + 16\eta^2}\right) \qquad 4.21$$

처짐비 η 가 작은 경우($\eta \ll 1$) η 값에 대해 급속하게 수렴하므로, 위 식의 s 는 근사적으로 다음과 같이 표현된다.

$$s = l\left(1 + \frac{8}{3}\eta^2\right) \qquad 4.22$$

4.4.5 케이블의 신장량

하중을 받는 케이블의 총 신장량 Δs 는 그림 4.6의 미소요소 ds 에 작용하는 장력 T_n 에 의한 신장량을 전체길이에 걸쳐 적분함으로서 계산된다. 즉, Hooke의 법칙을 적용하면 총 신장량은 다음과 같이 나타낼 수 있다.

$$\Delta s = \int_0^s \frac{T_n}{AE} ds = \int_0^l \frac{T_n}{AE}\left(\frac{ds}{dx}\right) dx \qquad 4.23$$

식 (4.12)에서 $T_n = H\dfrac{ds}{dx}$ 이므로, 이 값을 위 식에 대입하면

$$\Delta s = \int_0^l \frac{H}{AE}\left(\frac{ds}{dx}\right)^2 dx = \int_0^l \frac{H}{AE}\left[1 + \left(\frac{dy}{dx}\right)^2\right] dx \qquad 4.24$$

위 식에 식 (4.14)를 대입한 후 적분을 수행하면, 그림 4.5의 등분포하중을 받는 포물선 케이블의 총 신장량 Δs 가 다음과 같이 구해진다.

$$\Delta s = \frac{Hl}{AE}\left(1 + \frac{16}{3}\eta^2 + \tan^2\alpha\right) \quad (4.25)$$

예제 4.4

다음과 같이 등분포하중을 받고 있는 케이블에서 지점 반력의 수평성분과 수직성분 (H_A, H_B, V_A, V_B), 케이블의 최대장력 T_{max}, 케이블의 총 길이 s와 총 신장량 Δs를 구하시오. 단, 케이블의 탄성계수는 $E = 210\,\text{GPa}$, 단면적은 $A = 10{,}000\,\text{mm}^2$이고, 케이블의 형상은 포물선으로 $y = x\tan\alpha - \frac{4f}{l^2}(l-x)x = x\tan 0 - \frac{4f}{l^2}(x-l)x = -\frac{4(25)}{200^2}(x-200)x$이다.

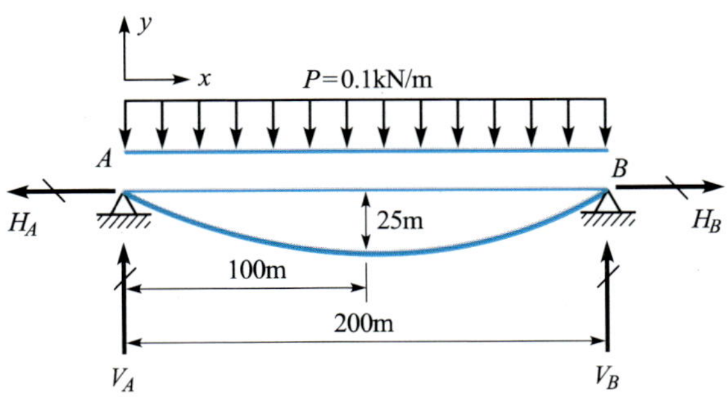

그림 예제 4.4

풀이

1) 지점 반력의 수평성분과 수직성분

케이블의 일반정리를 이용하면, 즉

케이블에서 $H \cdot y_n$ = 등가단순보에서 M_n'

$$H \times 25 = \frac{0.1 \times 200^2}{8}$$

$$\therefore H = H_A = H_B = 20\text{kN}$$

$$+\curvearrowright \Sigma M_B = 0\ ;\ V_A(200) - \frac{(0.1)(200^2)}{2} = 0, \qquad \therefore V_A = 10\text{kN}(\uparrow)$$

$$+\uparrow \sum F_y = 0\ ;\ V_A + V_B - (0.1)(200) = 0, \qquad \therefore V_B = 10\text{kN}(\uparrow)$$

2) 최대장력

케이블에서 최대장력은 수평장력의 크기 $H(=H_A = H_B)$가 일정하기 때문에 수직성분이 가장 큰 부분에서 일어난다. 따라서 최대장력 $T_{\max}$는 기울기가 가장 큰 지점 A, B에서 발생한다. 지점 A의 장력 T_A는 수평성분 H_A와 수직성분 V_A의 벡터합력이어야 하므로 다음과 같이 구할 수 있다.

∴ 최대인장력 $T_{\max} = T_A = \sqrt{H_A^2 + V_A^2} = \sqrt{20^2 + 10^2} = 22.36\text{kN}$

[또는 식 (4.18)을 사용하면, $T_{\max} = H(1+16\eta^2)^{\frac{1}{2}} = 20\sqrt{1+16\left(\dfrac{25}{200}\right)^2} = 22.36\text{kN}$]

3) 케이블의 총 길이 s

식 (4.20)에서

$$s = \int_0^l \sqrt{1+\left(\frac{8fx}{l^2} - \frac{4f}{l} + \tan\alpha\right)^2}\,dx$$

$$= \int_0^{200} \sqrt{1+\left(\frac{8\cdot 25x}{200^2} - \frac{4\cdot 25}{200} + \tan 0\right)^2} = 208.05\text{m}$$

[또는 식 (4.21)을 사용하면

$$s = \frac{l}{2}\sqrt{1+16\eta^2} + \frac{l}{8\eta}\ln\left(4\eta + \sqrt{1+16\eta^2}\right)$$

$$= \frac{200}{2}\sqrt{1+16\left(\frac{25}{200}\right)^2} + \frac{200}{8(25/200)}\ln\left\{4\left(\frac{25}{200}\right) + \sqrt{1+16\left(\frac{25}{200}\right)^2}\right\}$$

$= 208.05\text{m}$]

참고로, 처짐비 η가 작은 경우이므로$\left(\eta = \dfrac{f}{l} = \dfrac{25}{200} = \dfrac{1}{8}\right)$, 식 (4.22)를 사용하여 근사적으로 s값을 구하면 다음과 같다.

$$s = l\left(1+\frac{8}{3}\eta^2\right) = 200\left\{1+\frac{8}{3}\left(\frac{25}{200}\right)^2\right\} = 208.23\text{m}$$

4) 케이블의 총 신장량 Δs

식 (4.24)에서

$$\Delta s = \int_0^l \frac{H}{AE}\left(\frac{ds}{dx}\right)^2 dx = \int_0^l \frac{H}{AE}\left[1+\left(\frac{dy}{dx}\right)^2\right]dx$$

$$= \int_0^l \frac{H}{AE}\left[1+\left\{\frac{8fx}{l^2} - \frac{4f}{l} + \tan\alpha\right\}^2\right]dx$$

$$= \int_0^{200{,}000} \frac{20\times 10^3}{(10{,}000)(210\times 10^3)}\left[1+\left\{\frac{8(25\times 10^3)}{(200\times 10^3)^2}x - \frac{4(25\times 10^3)}{200\times 10^3} + \tan 0\right\}^2\right]dx$$

$= 2.06\text{mm}$

[또는 식 (4.25)을 사용하면

$$\Delta s = \frac{Hl}{AE}\left(1+\frac{16}{3}\eta^2+\tan^2\alpha\right)=\frac{(20\times10^3)(200\times10^3)}{(10{,}000)(210\times10^3)}\left\{1+\frac{16}{3}\left(\frac{25\times10^3}{200\times10^3}\right)^2+0\right\}$$

$= 2.06\text{mm}$]

연습문제

Structural Mechanics

4.1 다음 구조물에서 D점의 축력, 전단력, 휨모멘트를 구하시오.

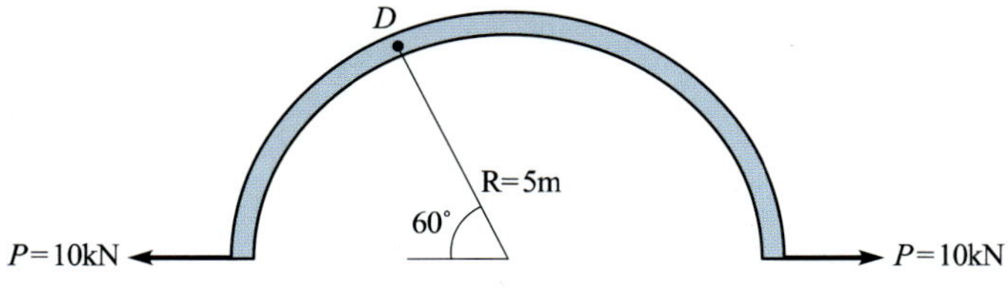

그림 문제 4.1

4.2 다음과 같이 아치 정부 C점에 내부 힌지가 도입된 3활절 개 스팬드럴아치(open- spandrel arch)의 리브 형상이 포물선과 원호인 경우, 지점반력과 D점의 단면력을 구하시오. 단, 상판위의 등분포하중 8kN/m가 기둥을 통하여 균등하게(uniformly) 아치 리브로 전달된다고 가정하라.

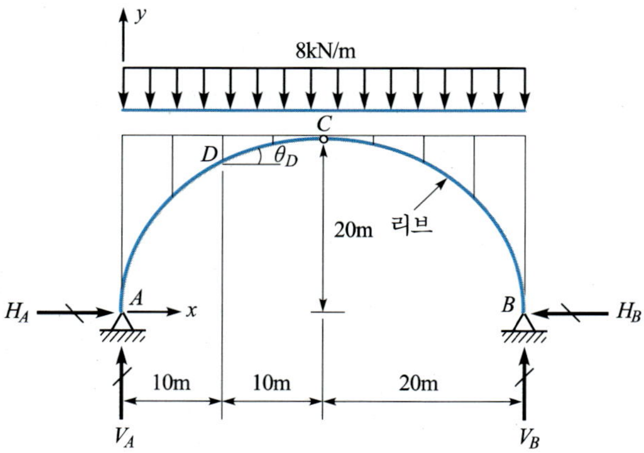

그림 문제 4.2

4.3 집중하중을 받는 다음 케이블에서 반력(R_A, R_D) 및 반력성분(H_A, H_D, V_A, V_D), 케이블의 장력(T_{AB}, T_{BC}, T_{CD}, $T_{\max}$), 길이 y_C, 케이블의 길이(s_{AB}, s_{BC}, s_{CD}), 케이블의 신장량(Δs_{AB}, Δs_{BC}, Δs_{CD})을 구하시오. 단, 케이블의 탄성계수는 $E = 2.1 \times 10^5\,\mathrm{MPa}$이고, 단면적은 $A = 100\,\mathrm{mm}^2$이다.

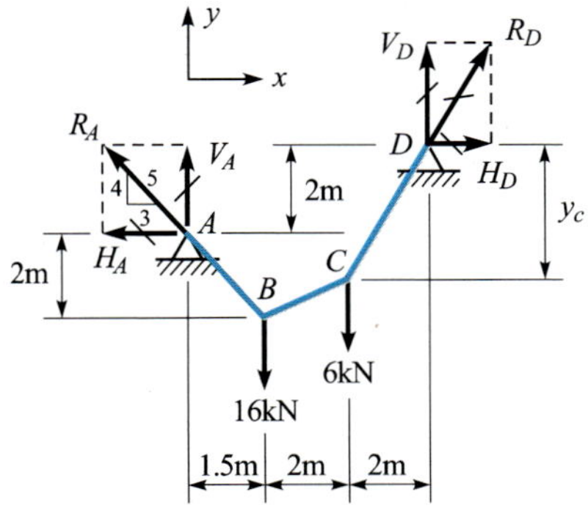

그림 문제 4.3

4.4 다음 그림과 같이 케이블구조물이 등분포무게 12kN/m의 거더(girder)를 매달고 있을 때, α, f, 반력성분(H_A, H_B, V_A, V_B), 장력(T_A, T_B, T_C, T_D, $T_{\max}$)을 구하시오. 단, 등분포하중(12kN/m)은 행어를 통하여 균등하게(uniformly) 케이블로 전달된다고 가정하고, 케이블의 형상은 포물선으로 $y = x\tan\alpha - \dfrac{4f}{l^2}(l-x)x$이다.

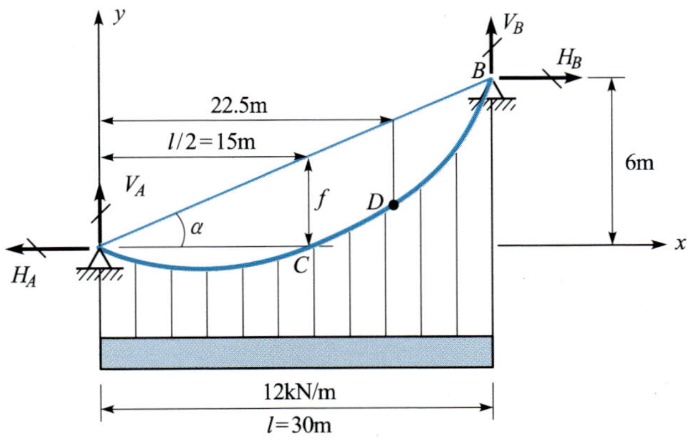

그림 문제 4.4

CHAPTER

05

이동하중과 영향선

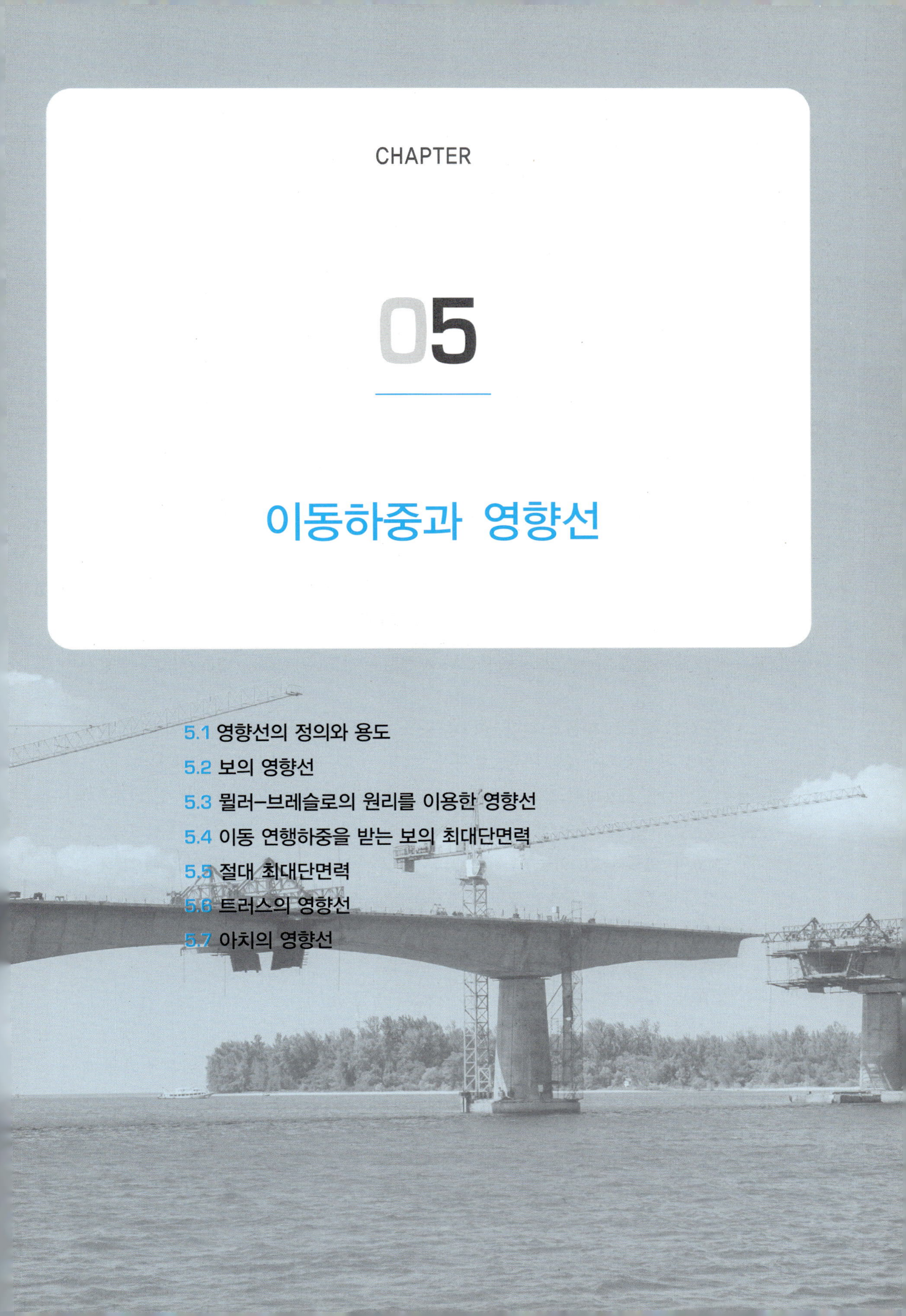

5.1 영향선의 정의와 용도

교량에서는 자동차, 기차, 사람 등 상판에 적재되는 하중이 움직이는 경우가 많다. 이들 움직이는 하중, 즉 이동하중(moving load)에 대응하여 반력과 부재력(단면력)이 어떻게 변화하는가를 그림으로 나타낸 것이 영향선(influence line)이다. 예를 들면, 자동차가 교량을 건너기 시작해서 완전히 건널 때까지 교량의 반력과 부재력이 어떻게 변화하고, 어느 위치에 있을 때 가장 위험한 반력이나 부재력을 발생시키는가는 영향선을 그려보면 알 수 있다. 즉, 구조물이나 부재를 설계할 때, 자동차나 기차 등의 이동하중이 구조물이나 부재의 어느 위치에 작용할 때 반력과 부재력의 절대 최댓값이 발생하는가는 영향선을 통하여 계산할 수 있고, 구조물과 부재는 이 절대 최댓값을 일으키는 최악의 재하조건에 대해 충분히 안전하도록 설계해야 한다.

교량의 상판 위를 단위하중(dimensionless magnitude of unity) $P=1$이 이동하고 있다고 생각하자. 이 단위하중이 어떤 위치에 작용하고 있을 때 특정 구조응답(어떤 위치에서의 반력, 부재력, 처짐 등)의 크기를 계산할 수 있고, 계산된 특정 구조응답 값을 그 작용위치에 종거(ordinate)로 표기하고 연결한 선도(線圖, line diagram)가 영향선이다.

영향선의 용도는 다음과 같다. 이동하중이 구조물위의 어느 위치에 놓일 때에 특정 구조응답(어떤 위치에서의 반력, 부재력, 처짐 등)의 절대 최댓값이 발생하는가 하는 것은 영향선을 사용하여 결정하는 것이 가장 편리하다. 즉, 구조물에 자동차, 기차, 사람 등과 같은 이동하중이 작용하는 문제에 있어서 필요로 하는 특정 구조응답 F를 구할 수 있다. 예를 들면, 이동하는 집중하중 $P_1, P_2, P_3, \cdots, P_n$이 재하되었을 때 각 하중 작용점에서 특정 구조응답의 영향선 종거를 $y_1, y_2, y_3, \cdots, y_n$이라 하면 이들 여러 개의 하중에 대한 특정 구조응답 F는 다음과 같이 구해진다[그림 5.1(a) 참조].

$$F=P_1 y_1+P_2 y_2+P_3 y_3+\cdots+P_n y_n=\sum_{i=1}^{n} P_i y_i \tag{5.1}$$

영향선의 보다 더 중요한 응용은 연행 이동하중이 구조물 위의 어느 위치에 왔을 때에 특정 구조응답의 절대 최댓값이 되는가를 결정하는 경우에 이용된다. 이 하중의 위치는 하중에 대한 특정한 구조응답 값 F가 일어나고 있는 구조물 부분에 대해서 가장 불리한 위치로써, 이때만을 고려해서 구조물을 안전하게 설계하면 그 이동하중에 대해서는 안전하다는 것이 입증된다.

한편, 이동하는 분포하중 $p(x)$에 대해서는 영향선의 종거 $y(x)$에 대해 적분해서 특정 구조응답 F를 구한다. 즉, 그림 5.1(b)에서 미소요소 dx에 작용하는 집중하중은 $dP = p(x)dx$이고 영향선의 종거는 $y(x)$이므로, 이 위치에서의 특정 구조응답은 $dF = [dP] \cdot [y(x)] = [p(x)dx] \cdot [y(x)]$가 된다. 따라서 전체 분포하중에 의한 특정 구조응답은 분포하중 작용구간에서 직접 적분함으로서 다음 식과 같이 구해진다.

$$F = \int_{x_1}^{x_2} dF = \int_{x_1}^{x_2} p(x)y(x)dx \qquad 5.2$$

특히 등분포하중 p일 때에는 $p(x) = p$이므로, $F = \int_{x_1}^{x_2} p(x)y(x)dx = p\int_{x_1}^{x_2} y(x)dx = pA$로 구해진다. 즉, $\int_{x_1}^{x_2} y(x)dx = A$는 그림 5.1(c)에서 영향선도(influence line diagram)의 면적과 같다. 따라서 등분포하중 p로 인한 특정한 구조응답 값은 단순히 영향선의 면적 A[영향선의 종거와 x축으로 둘러싸인 면적, 그림 5.1(c)의 A 참조]에 등분포하중의 세기 p를 곱하여 다음과 같이 구한다. 즉,

$$F = pA \qquad 5.3$$

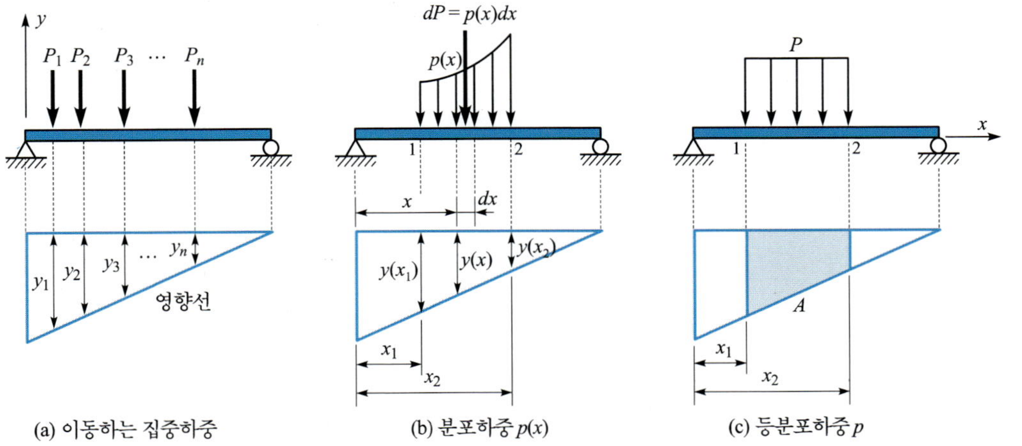

그림 5.1 특정 구조응답의 영향선과 종거 y, 영향면적 A

이 장에서는 정정구조물의 영향선에 대해서만 다루었고, 부정정구조물의 영향선은 12장에서 취급했다.

5.2 보의 영향선

보를 포함한 모든 구조물의 영향선을 작도할 때에는 항상 단위하중 $P=1$이 이동하고 있다는 영향선의 정의에 충실히 따라야 한다. 즉, 구조물 위에 단위하중 $P=1$을 순차적으로 작용시켜, 각 재하위치에 대한 단위하중 $P=1$으로 인한 특정 구조응답(반력, 전단력, 휨모멘트 등)을 계산한 후, 그 계산 값들을 각 단위하중의 재하위치에 종거로 나타내고 이를 직선으로 연결하면 원하는 특정 구조응답의 영향선이 얻어진다. 이러한 이동 단위하중 $P=1$의 각 재하위치에서 종거로 나타낸 특정 구조응답의 영향선은 주어진 하중에 대한 구조물의 각 단면에서 전단력 또는 휨모멘트(2~4장에서 계산한 단면력)와는 다르다는 것을 알아야 한다.

예제 5.1

다음과 같이 C점에 내부힌지가 있는 정정보에서 A, B, D지점의 반력(V_A, V_B, V_D)의 영향선을 구하시오.

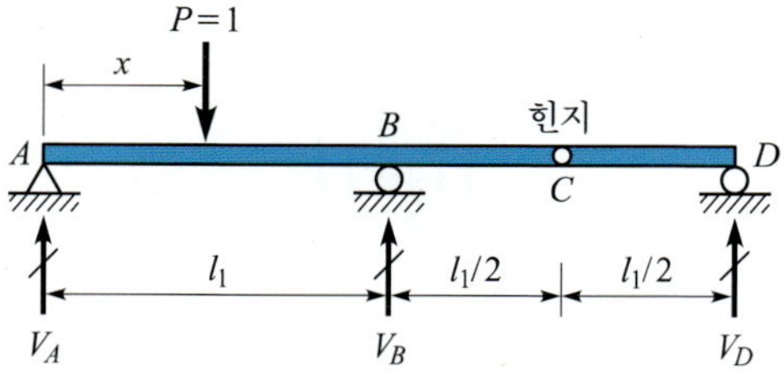

그림 예제 5.1

풀이

1) 반력(V_A, V_B, V_D) V_A의 영향선함수와 특정점 위치의 영향선 종거 계산

주어진 보를 구간별로 나누고, 단위하중 $P=1$을 작용시켜 단위하중으로 인한 반력을 계산한 후, 그 계산 값들을 각 단위하중의 재하위치에 종거로 나타내고 이를 연결하면 원하는 반력의 영향선이 얻어진다. 즉,

i) AC 구간$(0 \le x \le \frac{3l_1}{2})$

그림 예제 5.1처럼 지점 A를 원점으로 거리 x만큼 떨어진 위치에 단위하중 $P=1$이 놓여 있을 때, 이 단위하중으로 인한 A, B, D지점의 반력(V_A, V_B, V_D)은 평형방정식으로부터 다음과 같이 영향선함수를 구할 수 있다.

그림 예제 5.1의 전체구조물 자유물체도에서

$+\curvearrowright \sum M_D = 0\ ;\ V_A(l_1+l_1)-(1)(l_1+l_1-x)+V_B(l_1)=0$

$\therefore 2V_Al_1-(2l_1-x)+V_Bl_1=0$

그림 예제 5.1에서 C점의 왼쪽방향에 대해

$+\curvearrowright \sum M_C = 0\ ;\ V_A(l_1+l_1/2)-(1)(l_1+l_1/2-x)+V_B(l_1/2)=0$

위의 두 식을 연립하여 풀면

$V_A = 1-\frac{x}{l_1},\ V_B=\frac{x}{l_1}$

전체구조물 자유물체도에서

$+\uparrow \sum F_y = 0\ ;\ V_A-1+V_B+V_D=0,\ \therefore V_D=-V_A+1-V_B=0$

따라서 특정점 위치의 영향선 종거값을 구하면 다음과 같다.

$x=0$일 때, $V_A=1-\frac{0}{l_1}=1,\ V_B=\frac{0}{l_1}=0,\ V_D=0$

$x=l_1$일 때, $V_A=1-\frac{l_1}{l_1}=0,\ V_B=\frac{l_1}{l_1}=1,\ V_D=0$

$x=3l_1/2$일 때, $V_A=1-\frac{3l_1/2}{l_1}=-0.5,\ V_B=\frac{3l_1/2}{l_1}=1.5,\ V_D=0$

ii) CD구간$(\frac{3l_1}{2} \le x \le 2l_1)$

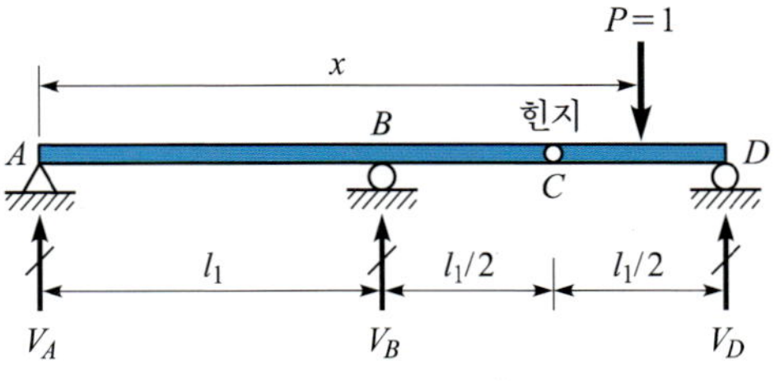

단위하중 $P=1$이 C점을 지나 위의 전체구조물 자유물체도에서처럼 작용하고 있을 때

$+\curvearrowright \sum M_D = 0\ ;\ V_A(l_1+l_1)-(1)(l_1+l_1-x)+V_B(l_1)=0$

$\therefore 2V_Al_1-(2l_1-x)+V_Bl_1=0$

단위하중 $P=1$이 C점을 지나 위의 전체구조물 자유물체도에서처럼 작용하고 있을 때, C점의 왼쪽방향에 대해

$$+\curvearrowright \sum M_C=0\ ;\ V_A(l_1+l_1/2)+V_B(l_1/2)=0$$

위의 2식을 연립하여 풀면 다음과 같이 영향선함수가 구해진다.

$$V_A=-2+\frac{x}{l_1},\ V_B=6-\frac{3x}{l_1}$$

전체구조물 자유물체도에서

$$+\uparrow \sum F_y=0\ ;\ V_A-1+V_B+V_D=0$$

$$\therefore\ V_D=-V_A+1-V_B=-\left(-2+\frac{x}{l_1}\right)+1-\left(6-\frac{3x}{l_1}\right)=-3+\frac{2x}{l_1}$$

따라서 특정점 위치의 영향선 종거값을 구하면 다음과 같다.

$x=3l_1/2$일 때

$$V_A=-2+\frac{3l_1/2}{l_1}=-0.5,\ V_B=6-\frac{3(3l_1/2)}{l_1}=1.5,\ V_D=-3+\frac{2(3l_1/2)}{l_1}=0$$

$x=2l_1$일 때

$$V_A=-2+\frac{2l_1}{l_1}=0,\ V_B=6-\frac{3(2l_1)}{l_1}=0,\ V_D=-3+\frac{2(2l_1)}{l_1}=1$$

2) 반력(V_A, V_B, V_D)의 영향선도 작성

위의 해석된 결과를 그림으로 나타내면, 다음과 같은 반력(V_A, V_B, V_D)의 영향선도가 구해진다.

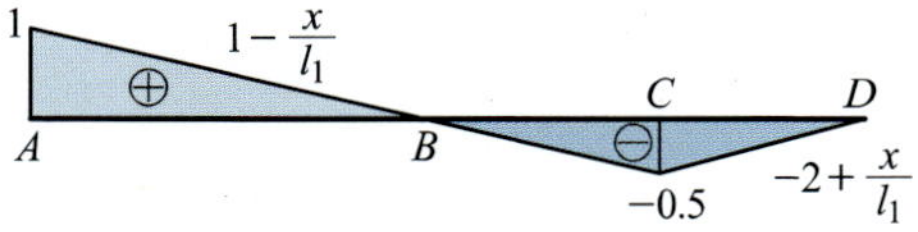

반력 V_A의 영향선도

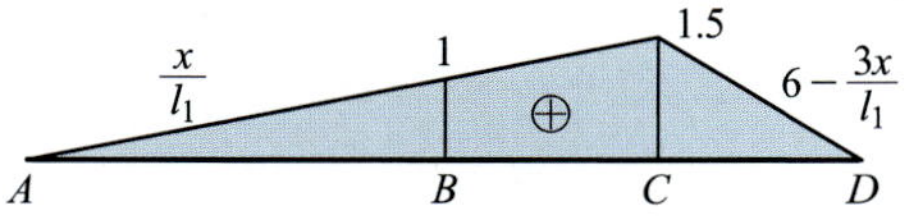

반력 V_B의 영향선도

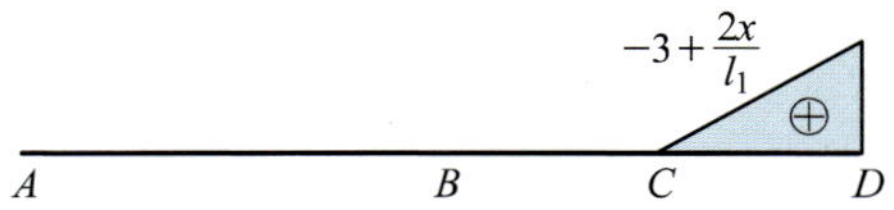

반력 V_D의 영향선도

예제 5.2

다음 그림과 같이 캔틸레버보(외팔보)가 단순지지 되어 있는 세로보(stringer)와 가로보(floor beam)로 구성된 바닥틀(floor system) 통하여 간접하중을 받고 있을 때, 주거더(main girder) C점에서 전단력 S_C의 영향선과 휨모멘트 M_C의 영향선을 구하시오.

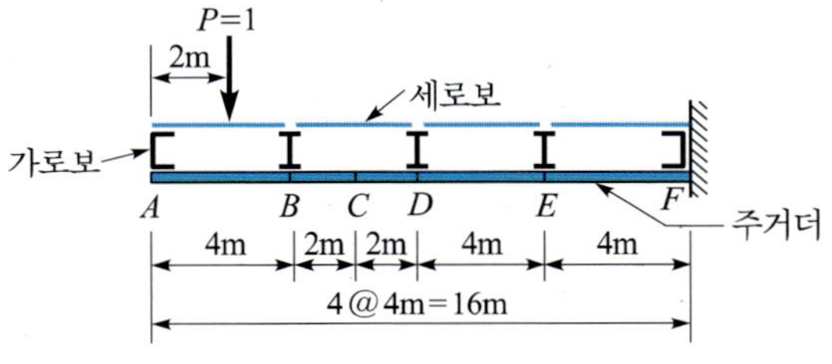

그림 예제 5.2

풀이

1) 전단력 S_C 및 휨모멘트 M_C 의 영향선함수와 특정점 위치의 영향선 종거 계산

주어진 보를 구간별로 나누고, 단위하중 $P=1$을 작용시켜 단위하중으로 인한 전단력 S_C 및 휨모멘트 M_C를 계산한 후, 그 계산 값들을 각 단위하중의 재하위치에 종거로 나타내고 이를 연결하면 원하는 전단력 S_C 및 휨모멘트 M_C의 영향선이 얻어진다. 즉,

i) AB구간($0 \le x \le 4$m)

그림 예제 5.2처럼 자유단 A를 원점으로 거리 x만큼 떨어진 위치에 단위하중 $P=1$이 놓여 있을 때, 이 단위하중으로 인한 전단력 S_C 및 휨모멘트 M_C의 영향선함수 다음과 같이 구할 수 있다.

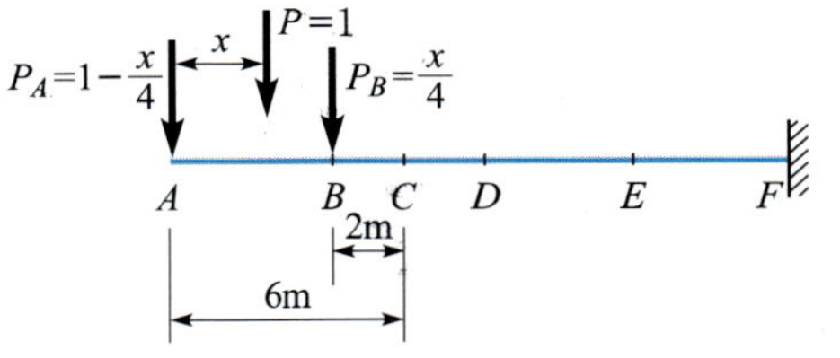

위의 그림처럼 세로보에 작용하는 단위하중 $P=1$은 바닥틀이 단순지지 되어 있으므로

$P_A=1-\dfrac{x}{4}$와 $P_B=\dfrac{x}{4}$로 나뉘어 A과 B점에 각각 작용한다.

그러므로,

$$S_C=-\left(1-\frac{x}{4}\right)-\frac{x}{4}=-1$$

$$M_C=-\left(1-\frac{x}{4}\right)(6)-\left(\frac{x}{4}\right)(2)=x-6$$

따라서 특정점 위치의 영향선 종거값을 구하면 다음과 같다.

$x=0$일 때, $S_C=-1$, $M_C=0-6=-6$

$x=4\text{m}$일 때, $S_C=-1$, $M_C=4-6=-2$

ii) BC구간($4\text{m} \le x \le 8\text{m}$)

그림 예제 5.2처럼 자유단 A를 원점으로 거리 x만큼 떨어진 위치에 단위하중 $P=1$이 놓여있을 때, 이 단위하중으로 인한 전단력 S_C 및 휨모멘트 M_C의 영향선함수 다음과 같이 구할 수 있다.

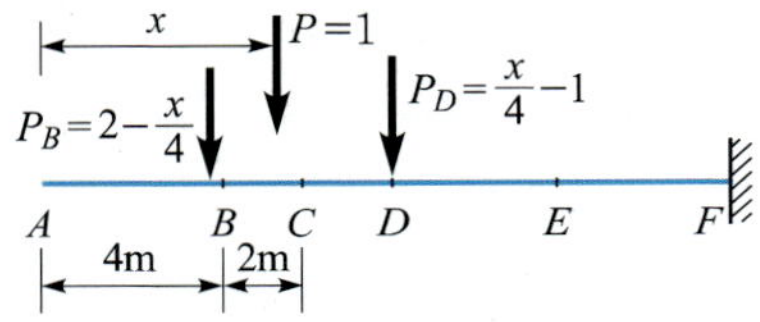

위의 그림처럼 세로보에 작용하는 단위하중 $P=1$은 바닥틀이 단순지지 되어 있으므로 $P_B=2-\dfrac{x}{4}$와 $P_D=\dfrac{x}{4}-1$로 나뉘어 B와 D점에 각각 작용한다.

그러므로,

$$S_C=-\left(2-\frac{x}{4}\right)=-2+\frac{x}{4}$$

$$M_C=-\left(2-\frac{x}{4}\right)(2)=\frac{x}{2}-4$$

따라서 특정점 위치의 영향선 종거값을 구하면 다음과 같다.

$x=4\text{m}$일 때, $S_C=-2+\dfrac{4}{4}=-1$, $M_C=\dfrac{4}{2}-4=-2$

$x=8\text{m}$일 때, $S_C=-2+\dfrac{8}{4}=0$, $M_C=\dfrac{8}{2}-4=0$

iii) D점보다 우측에 있는 경우 ($8\text{m} \le x \le 16\text{m}$)

단위하중 $P=1$이 D점보다 우측에 있는 경우 놓여있을 때, C의 좌측에 가력되는 하중이 없으므로 이 단위하중으로 인한 전단력 S_C 및 휨모멘트 M_C의 크기는 0이다. 즉,

$S_C = 0$
$M_C = 0$

2) 전단력 S_C 및 휨모멘트 M_C의 영향선도 작성
위의 해석된 결과를 그림으로 나타내면, 다음과 같은 전단력 S_C 및 휨모멘트 M_C의 영향선도가 구해진다,

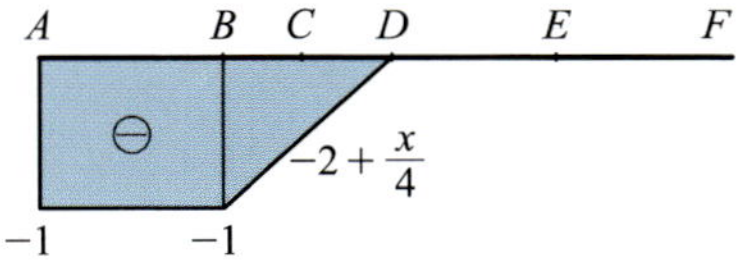

전단력 S_C의 영향선도

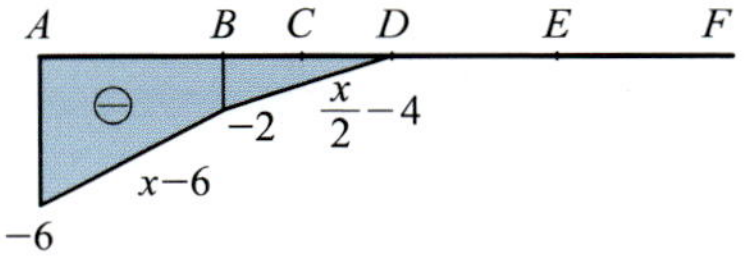

휨모멘트 M_C의 영향선도

5.3 뮐러-브레슬로의 원리를 이용한 영향선

뮐러-브레슬로(Müller−Breslau)는 1886년에 영향선의 일반적인 형상을 쉽게 작도하는 방법을 개발했다. 뮐러-브레슬로의 원리를 요약하면, "구조물의 어느 한 특정 구조응답(반력, 전단력, 휨모멘트 등)에 대한 영향선의 종거는 구조물에서 그 특정 구조응답에 대응하는 구속을 제거하고 그 점에 특정 구조응답에 대응하는 단위변위를 일으켰을 때의 처짐 곡선의 종거와 같다"는 것이다. 즉, "어느 특정 구조응답(어느 특정한 점의 반력, 전단력, 휨모멘트 등)의 영향선은 그 특정 구조응답이 단위변위만큼 움직였을 때 구조물의 처짐 모양(deflected shape)과 같다"는 내용으로 정정 또는 부정정인 보, 라멘, 그리고 트러스에 모두 적용할 수 있으며, 특히 영향선의 작도 시 아주 편리하게 사용된다. 따라서 다른 구조응답에 대한 영향선을 먼저 그려보지 않고서도 원하는 방향의 전단력이나 휨모멘트의 영향선을 그릴 수 있는 것이다. 즉, 이 방법으로 전단력과 모멘트의

영향선을 그릴 때에 반력의 영향선을 그리지 않아도 된다는 것이다.

이 원리로서 정정구조물의 영향선은 직선이 된다. 즉, 정정구조물의 경우 구속조건을 제거하면 불안정한 구조물이 되어 결국은 부재가 하중을 받아 변형할 수 없게 되므로, 정정구조물의 영향선의 형상이 직선이 된다.

예제 5.3

다음과 같은 단순보에서 수직반력(V_A, V_B)의 영향선, 전단력 S_C의 영향선, 휨모멘트 M_C의 영향선을 뮐러-브레슬로(Müller − Breslau)의 원리를 사용하여 구하시오.

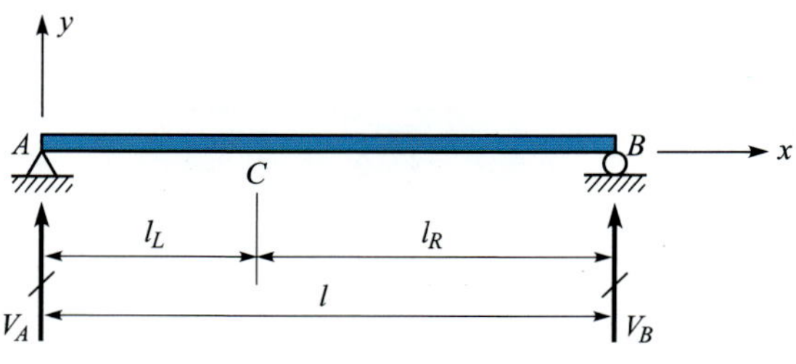

그림 예제 5.3

풀이

1) 수직반력 V_A의 영향선

i) 지점 A의 수직반력의 해제

그림 예제 5.3에 대해 A점의 수직반력 V_A를 그 수직반력 방향으로 구속을 이완시키는 롤러 가이드로 아래 그림과 같이 대체한다.

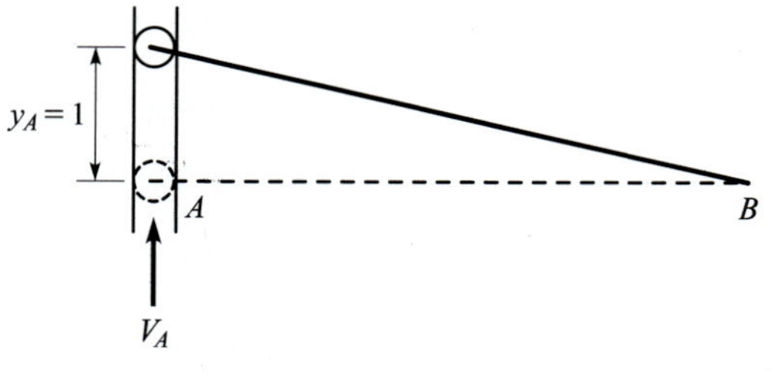

ii) 수직반력 V_A의 영향선도 작성

롤러가이드로 대체한 지점 A의 총변위가 단위변위 $y_A = 1$이 되도록 정(+)의 반력을 가했을 때 강체 이동에 의한 처짐의 형상을 그리면 다음과 같은 수직반력 V_A의 영향선도가 구해진다.

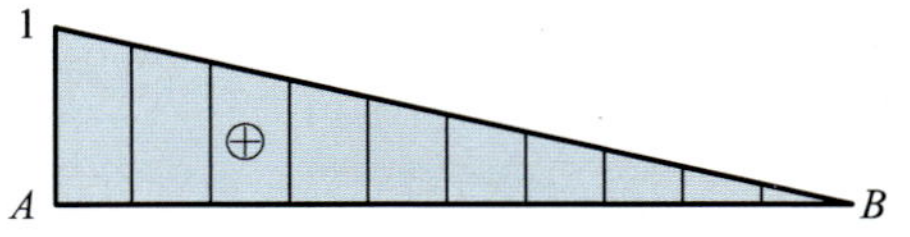

2) 수직반력 V_B의 영향선

i) 지점 B의 수직반력의 해

그림 예제 5.3에 대해 B점의 수직반력 V_B를 그 수직반력 방향으로 구속을 이완시키는 롤러가이드로 아래 그림과 같이 대체한다.

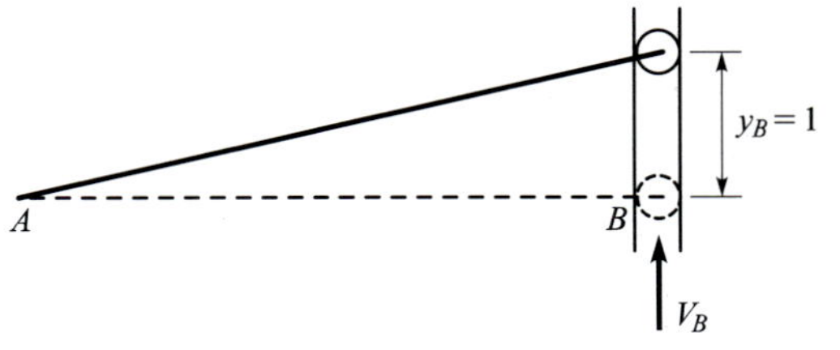

ii) 수직반력 V_B의 영향선도 작성

롤러가이드로 대체한 지점 B의 총변위가 단위변위 $y_B = 1$이 되도록 정(+)의 반력을 가했을 때 강체 이동에 의한 처짐의 형상을 그리면 아래와 같은 수직반력 V_B의 영향선도가 구해진다.

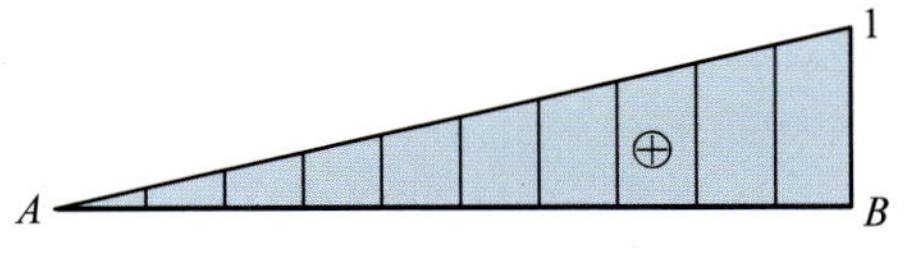

3) 전단력 S_C의 영향선

i) C점의 전단력 S_C 해제

그림 예제 5.3에 대해 C점의 전단력 S_C를 그 전단력 방향으로 구속을 이완시키는 롤러가이드로 아래 그림과 같이 대체한다.

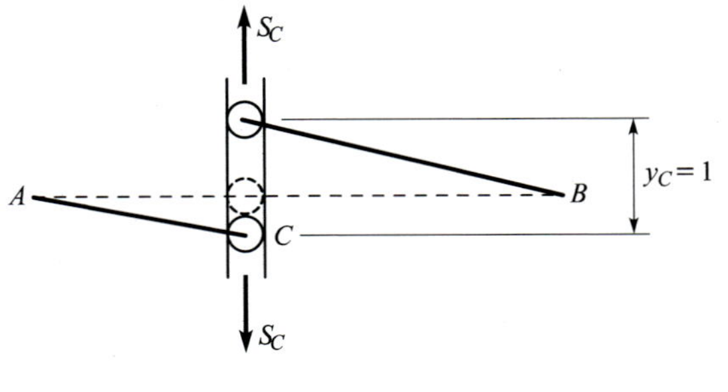

ii) 전단력 S_C의 영향선도 작성

롤러가이드로 대체한 지점 C의 총변위가 단위변위 $y_C=1$이 되도록 정(+)의 전단력을 가했을 때 강체 이동에 의한 처짐의 형상을 그리면 아래와 같은 전단력 S_C의 영향선도가 구해진다.

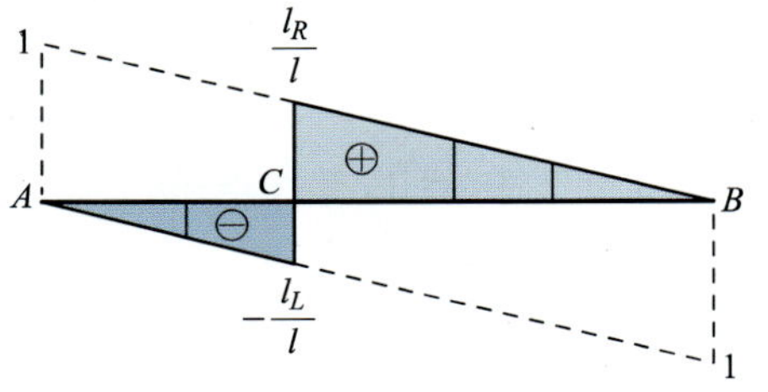

4) 휨모멘트 M_C의 영향선

i) 휨모멘트 M_C의 해제

그림 예제 5.3에 대해 C점의 휨모멘트 M_C를 그 휨모멘트 방향으로 구속을 이완시키는 힌지로 아래 그림과 같이 대체한다.

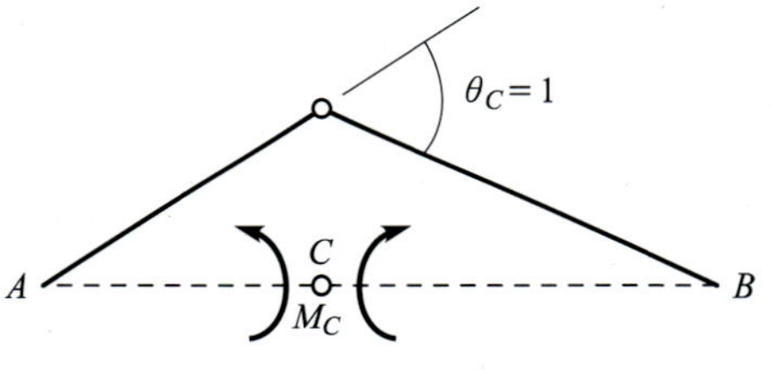

ii) 휨모멘트 M_C의 영향선도 작성

힌지로 대체한 지점 C의 총변위가 단위변위 $\theta_C=1$이 되도록 정(+)의 휨모멘트를 가했을 때 강체 회전에 의한 처짐의 형상을 그리면 아래와 같은 휨모멘트 M_C의 영향선도가 구해진다.

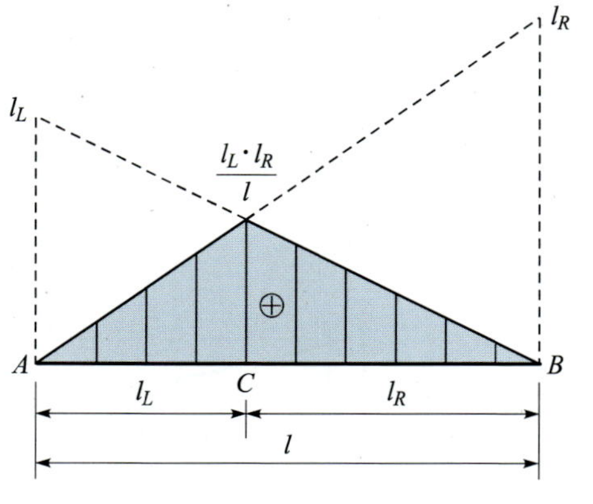

5.4 이동 연행하중을 받는 보의 최대단면력

자동차와 기차는 차륜을 통하여 그 무게가 하중으로 교량 구조물 위에 작용한다. 이러한 이동하중은 몇 개가 연달아서 작용하고 있기 때문에 연행하중이라고 부른다. 연행하중의 작용 시, 차륜간격의 변화가 없기 때문에 하중과 하중간격도 변하지 않고 그대로 교량 위를 이동하므로, 어느 위치에 왔을 때 최대단면력이 발생하는가를 찾아내는 것이 설계상 중요하다. 이러한 경우에 단면력(전단력과 휨모멘트)의 최대재하효과를 결정하기 위해서는 각각의 구조응답(전단력과 휨모멘트)에 대한 영향선을 작도하고, 시행착오법을 사용하거나 또는 연행하중을 체계적으로 이동시켜 발생되는 구조응답(전단력과 휨모멘트)의 변화에 기초한 방법을 이용할 수 있다.

예제 5.4

다음 그림과 같은 게르버보에서 B점의 전단력에 대한 영향선을 작도하고, 이 영향선을 이용하여 그림의 오른쪽에 보이는 분포이동하중이 통과할 때(E점으로부터 A점 방향으로) B점에 발생하는 절대 최대전단력을 구하시오.

[30점, 행정고등고시(토목기술직) 제2차 시험]

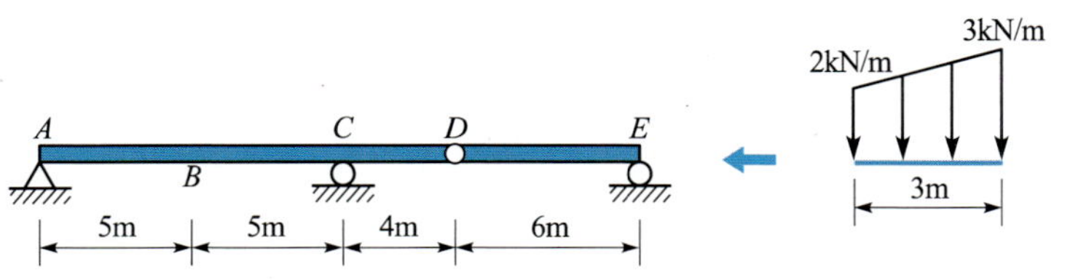

그림 예제 5.4

풀이

1) 영향선의 정의에 의하여 단위이동하중이 A, B, C, D, E점 위에 재하될 때 B점의 전단력을 구하여 영향도표(influence-tabulate value)로 정리하고(5점), 이 표의 값을 이용하여 영향선을 그린다(10점). 참고로, 이 문제는 예제 5.1과 유사한 것으로, 예제 5.1의 풀이와 같이 영향선함수(influence-line equation)를 이용하여 영향선 작도하여도 된다.

단위하중의 위치	B점의 전단력
A	0
B점의 바로 왼쪽	-0.5
B점의 바로 오른쪽	+0.5
C	0
D	-0.4
E	0

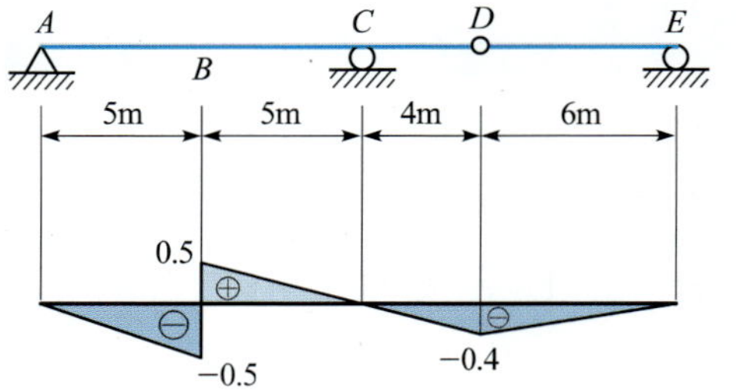

B점의 전단력에 대한 영향선

주) 전단력의 부호는 부호규정의 정의에 따라 반대로 바뀔 수도 있음.

2) 그림에 주어진 이동분포하중이 아래 그림에 보이는 위치에 있을 때 B 점에 절대 최대전단력이 발생할 것이 명백하다. (5점)

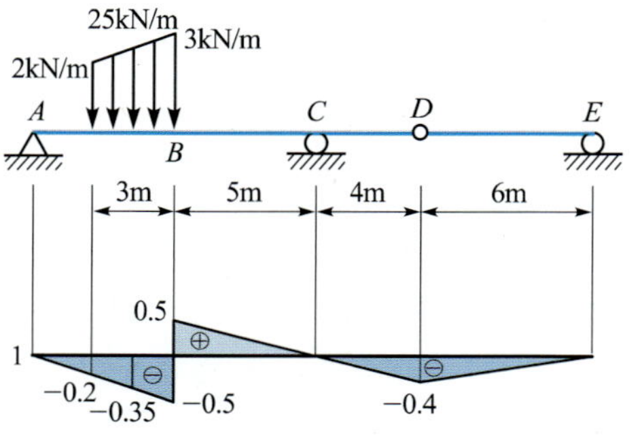

3) 분포하중에 의한 특정 구조응답은 식 (5.2)와 같이 분포하중 작용구간에서 직접 적분함으로서 구해진다. 그러므로 이 예제의 경우, 사다리꼴 형태의 이동분포하중과 대응하는 영향선 역시 사다리꼴 형태이고, 이 두 사다리꼴의 승적분의 결과가 전단력이 된다. 즉,

사다리꼴 형태의 이동분포하중에 대한 직선 식 : $y = \dfrac{x}{3}$

전단력의 영향선에 대한 직선 식 : $y = -\dfrac{x}{10}$

따라서,

$$S_B = \frac{1}{2}(-0.2-0.5)(3)(2) + \int_0^3 \left[\frac{x}{3}(-0.2)\right]dx + \int_0^3 \left[\left(\frac{x}{3}\right)\left(-\frac{x}{10}\right)\right]dx = -2.7\text{kN}$$

절대값으로 $|S_{max}| = 2.7\text{kN}$ (10점)

또는 이 승적분을 2등분한 심프슨의 적분공식을 이용하여 구해도 정답이다. 즉, 승적분의 식이 1차식×1차식으로 2차식이고, 2등분한 심프슨의 적분공식은 3차식까지 수학적

정답이므로

절대값으로 $|S_{max}| = 2.7\text{kN}$

예제 5.5

다음 그림과 같은 군집이동 연행하중을 받는 지간 10m인 단순보에서 왼쪽지점으로부터 4m 떨어진 C점의 최대전단력과 최대휨모멘트를 구하시오.

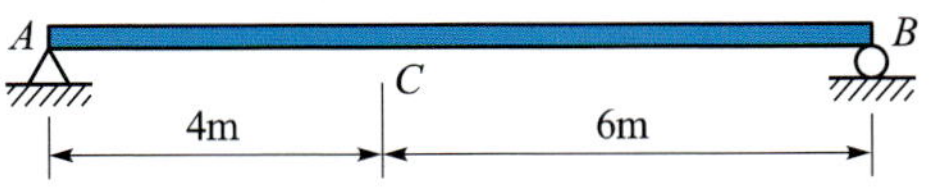

(a) 단순보

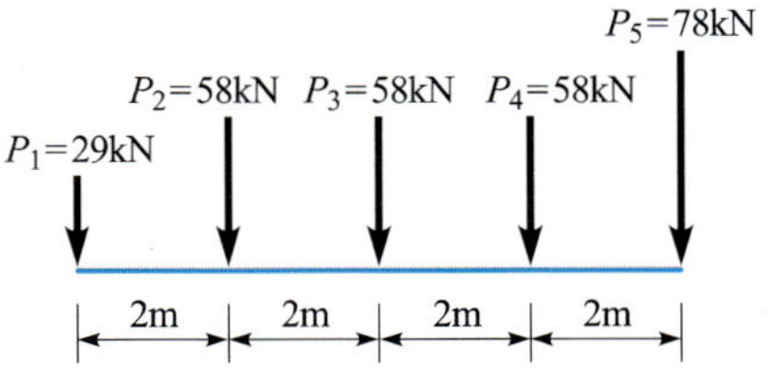

(b) 군집이동 연행하중

풀이

1) 전단력 S_C 및 휨모멘트 M_C의 영향선

다음과 같이 구간을 나누고, 각 구간별로 단위하중 $P=1$을 작용시켜 단위하중으로 인한 반력의 영향선함수를 구한 후, 이것을 이용하여 전단력 S_C 및 휨모멘트 M_C의 영향선도를 그린다. 즉,

i) AC구간($0 \leq x \leq 4$m)의 영향선함수

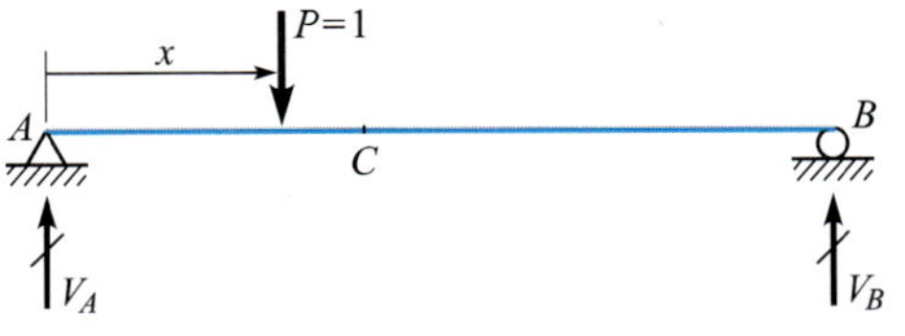

위의 그림처럼, AC구간에 단위하중이 A지점으로부터 x만큼 떨어진 위치에 작용할 때

$$+\curvearrowright \sum M_B = 0 \; ; \; V_A(10) - 1 \times (10 - x) = 0, \quad \therefore V_A = 1 - \frac{x}{10}$$

$$\therefore S_c = V_A - 1 = (1 - \frac{x}{10}) - 1 = -\frac{x}{10}$$

$$\therefore M_c = (1 - \frac{x}{10}) \times 4 - 1 \times (4 - x) = 0.6x$$

ii) BC구간($0 \le x \le 8$m)의 영향선함수

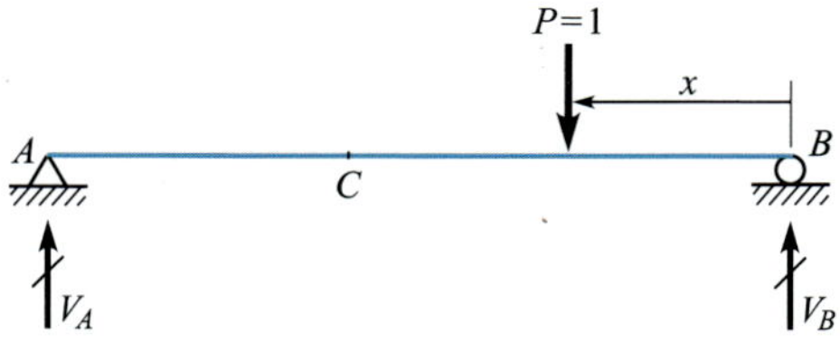

위의 그림처럼, BC구간에 단위하중이 작용할 때

$$+\curvearrowright \sum M_B = 0\ ;\ V_A(10) - 1 \times x = 0, \qquad \therefore V_A = \frac{x}{10}$$

$$\therefore S_c = V_A = \frac{x}{10}$$

$$\therefore M_c = \frac{x}{10} \times 4 = 0.4x$$

ii) 전단력 S_C 및 휨모멘트 M_C의 영향선도 작성

위의 영향선함수를 그림으로 나타내면, 다음과 같은 전단력 S_C 및 휨모멘트 M_C의 영향선도가 구해진다.

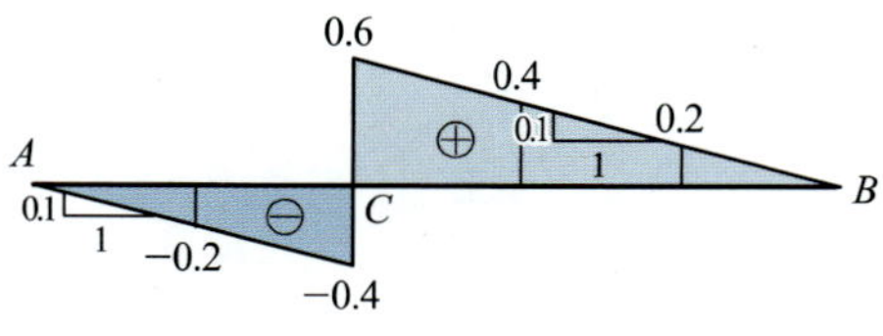

전단력 S_C의 영향선도

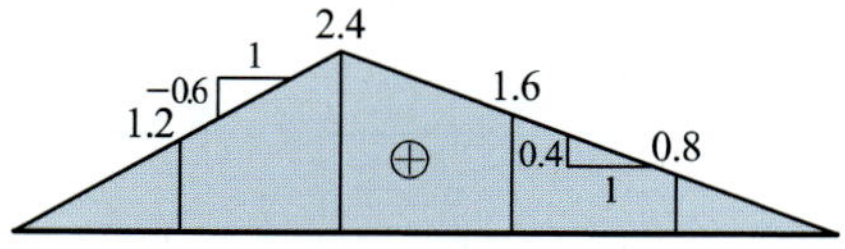

휨모멘트 M_C의 영향선도

2) C점의 최대전단력

i) B에서 A쪽을 향하여, 하중 P_1이 선두로 진입하는 경우

단면 C에 하중 P_1이 지나가고 하중 P_2가 올라왔다면, 즉 P_1~P_4는 2m(P_1, P_2, P_3, P_4는 기울기 $s = \dfrac{1}{10}$에서 거리 $d = 2$m 이동)만큼 서로 보위에 이동하는 경우, 전단력 S_C의 영향선 기울기를 고려하여 전단력의 증감을 검토하면

$$\Delta S_c = -29 + \frac{1}{10}(29+58+58+58)\times 2 = +11.6 \text{ 증가}$$

위 식에서 -29는 전단력 S_C의 영향선에서 알 수 있는 것처럼 하중 $P_1 = 29$가 단면 C에서 -1만큼 떨어진 값을 나타낸다.

다음에 단면 C에 하중 P_2가 지나가고 P_3가 올라와 있으면, 즉 P_1~P_5까지 2m(P_1, P_2, P_3, P_4, P_5는 기울기 $s = \frac{1}{10}$에서 거리 $d = 2$m 이동)만큼 서로 보위에 이동하는 경우, 전단력 S_C의 영향선 기울기를 고려하여 전단력의 증감을 검토하면

$$\Delta S_c = -58 + [\frac{1}{10}(29+58+58+58+78)\times 2] = -1.8 \text{ 감소}$$

위 식에서 -58은 전단력 S_C의 영향선에서 알 수 있는 것처럼 하중 $P_2 = 58$이 단면 C에서 -1만큼 떨어진 값을 나타낸다.
따라서 주어진 군집이동 연행하중이 아래 그림처럼, 단면 C 바로 왼쪽에 하중 P_2가 놓였을 때 C점의 최대전단력 발생

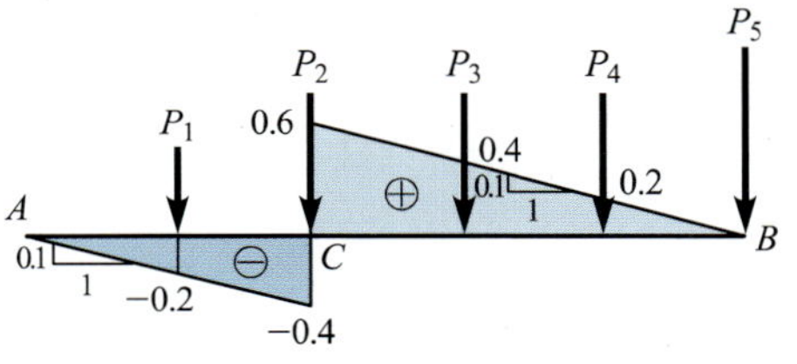

$$\therefore S_{max} = 29\times(-0.2) + 58\times 0.6 + 58\times 0.4 + 58\times 0.2 + 78\times 0 = 63.8\text{kN}$$

ii) B에서 A쪽을 향하여, 하중 P_5가 선두로 진입하는 경우

단면 C에 하중 P_5가 지나가고 하중 P_4가 오면, 즉 P_5~P_2는 2m(P_5, P_4, P_3, P_2는 기울기 $s = \frac{1}{10}$에서 거리 $d = 2$m 이동)만큼 서로 보위에 이동하는 경우, 전단력 S_C의 영향선 기울기를 고려하여 전단력의 증감을 검토하면

$$\Delta S_c = -78 + \frac{(78+58+58+58)\times 2}{10} = -27.6\text{kN 감소}$$

위 식에서 -78은 전단력 S_C의 영향선에서 알 수 있는 것처럼 하중 $P_5 = 78$이 단면 C에서 -1만큼 떨어진 값을 나타낸다.
따라서 주어진 군집이동 연행하중이 아래 그림처럼, 단면 C 바로 왼쪽에 P_5가 왔을 때 최대 전단력 발생

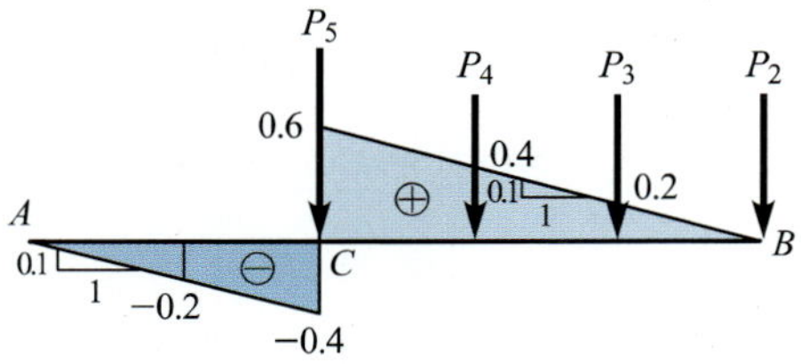

$\therefore S_{max} = 78 \times 0.6 + 58 \times 0.4 + 58 \times 0.2 + 58 \times 0 = 81.6\text{kN}$

iii) 최대전단력

따라서, C점의 최대전단력은 하중 P_5가 오른쪽에서 왼쪽으로 선두로 진입하는 경우 발생하며 그 크기는 $S_{max} = 81.6\text{kN}$이다.

3) C점의 최대휨모멘트

i) B에서 A쪽을 향하여, 하중 P_1이 오른쪽에서 왼쪽으로 선두 진입하는 경우

단면 C에 하중 P_1이 지나가고 P_2가 놓였을 때

P_1은 기울기 $s = -0.6$에서 거리 $d = 2\text{m}$ 이동

P_2, P_3, P_4는 기울기 $s = 0.4$에서 거리 $d = 2\text{m}$ 이동

이 경우에 대한 휨모멘트 M_C의 증감을 휨모멘트 M_C의 영향선 기울기를 고려하여 검토하면

$\Delta M_c = \Sigma Psd = (29)(-0.6)(2) + (58 + 58 + 58)(0.4)(2) = 104.4\text{kN·m}$ 증가

단면 C에 P_2가 지나가고 P_3가 놓였을 때

P_1, P_2는 기울기 $s = -0.6$에서 거리 $d = 2\text{m}$ 이동

P_3, P_4, P_5는 기울기 $s = 0.4$에서 거리 $d = 2\text{m}$ 이동

이 경우에 대한 휨모멘트 M_C의 증감을 휨모멘트 M_C의 영향선 기울기를 고려하여 검토하면

$\Delta M_c = (29 + 58)(-0.6)(2) + (58 + 58 + 78)(0.4)(2) = 50.8\text{N·m}$ 증가

단면 C에 P_3이 지나가고 P_4가 놓였을 때

P_4, P_5는 기울기 $s = 0.4$에서 거리 $d = 2\text{m}$ 이동

P_2, P_3은 기울기 $s = -0.6$에서 거리 $d = 2\text{m}$ 이동

P_1은 지점 A의 왼쪽으로 사라짐.

이 경우에 대한 휨모멘트 M_C의 증감을 휨모멘트 M_C의 영향선 기울기를 고려하여 검토하면

$\Delta M_c = (58 + 58)(-0.6)(2) + (58 + 78)(0.4)(2) = -30.4\text{kN·m}$ 감소

따라서 주어진 군집이동 연행하중이 아래 그림처럼 P_3이 단면 C에 놓여있을 때 최대휨모멘트 발생

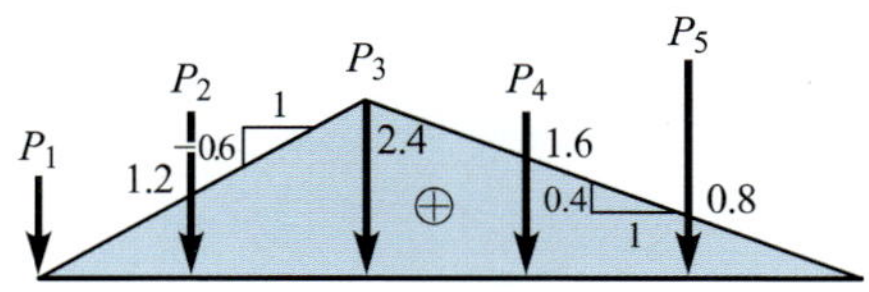

$$\therefore M_{max} = P_1 \times 0 + P_2 \times 1.2 + P_3 \times 2.4 + P_4 \times 1.6 \times P_5 \times 0.8$$
$$= 29 \times 0 + 58 \times 1.2 + 58 \times 2.4 + 58 \times 1.6 + 78 \times 0.8 = 364\text{kN·m}$$

ii) B에서 A쪽을 향하여, 하중 P_5가 오른쪽에서 왼쪽으로 선두 진입하는 경우

단면 C에 하중 P_5이 지나가고 P_4가 놓였을 때

P_2, P_3, P_4는 기울기 $s = 0.4$에서 거리 $d = 2\text{m}$ 이동

P_5는 기울기 $s = -0.6$에서 거리 $d = 2\text{m}$ 이동

이 경우에 대한 휨모멘트 M_C의 증감을 휨모멘트 M_C의 영향선 기울기를 고려하여 검토하면

$\Delta M_c = (58 + 58 + 58) \times 0.4 \times 2 + 78 \times (-0.6) \times 2 = 45.6\text{kN·m}$ 증가

단면 C에 하중 P_4이 지나가고 P_3가 놓였을 때

P_5, P_4는 기울기 $s = -0.6$에서 거리 $d = 2\text{m}$ 이동

P_3, P_2, P_1은 기울기 $s = 0.4$에서 거리 $d = 2\text{m}$ 이동

이 경우에 대한 휨모멘트 M_C의 증감을 휨모멘트 M_C의 영향선 기울기를 고려하여 검토하면

$\Delta M_c = (78 + 58)(-0.6)(2) + (58 + 58 + 29)(0.4)(2) = -47.2\text{kN·m}$ 감소

따라서 주어진 군집이동 연행하중이 아래 그림처럼, 단면 C에 P_4가 왔을 때 최대휨모멘트 발생

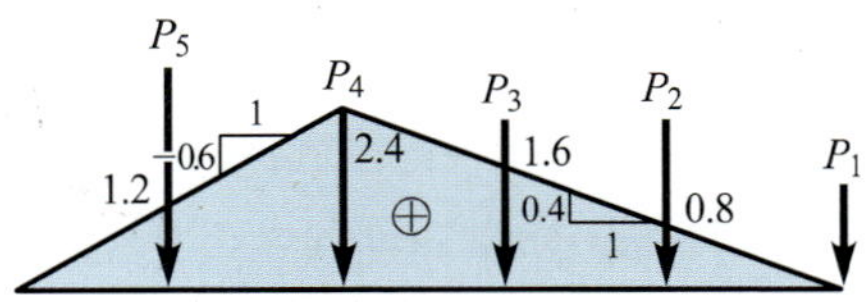

$$\therefore M_{max} = 78 \times 1.2 + 58 \times 2.4 + 58 \times 1.6 + 58 \times 0.8 + 29 \times 0 = 372\text{kN·m}$$

iii) 최대휨모멘트

따라서, C점의 최대휨모멘트는 하중 P_5가 오른쪽에서 왼쪽으로 선두 진입하는 경우 발생하며 그 크기는 $M_{max} = 372\text{kN·m}$이다.

5.5 절대 최대단면력

보구조물에서 이동하중으로 인한 절대 최대(absolute maximum)단면력(전단력과 휨모멘트)을 구하는 것은 무수히 많은 단면에 대해 최대전단력과 최대휨모멘트를 계산한 후, 그 중에서 제일 큰 값을 찾아야 하므로 간단한 문제가 아니다. 여기서 절대 최대전단력과 절대 최대휨모멘트는 이동 연행하중의 통과로 인해 보에서 발생할 수 있는 가장 큰 전단력과 휨모멘트를 말한다. 보가 캔틸레버이거나 단순 지지된 경우 이러한 무수한 계산과정을 거치지 않고 다음과 같이 간단하게 절대 최대전단력과 최대휨모멘트를 결정할 수 있다.

5.5.1 캔틸레버보

캔틸레버보에서 절대 최대전단력은 고정단지점의 바로 인접한 단면에서 그리고 절대 최대휨모멘트는 고정단지점에서 발생한다. 따라서 절대 최대전단력은 이동 연행하중에서 가급적 무거운 하중들이 많이 보 위에 재하된 경우에 발생하고, 절대 최대휨모멘트는 이동 연행하중에서 가급적 무거운 하중들이 자유단 근처에 인접하여 재하된 경우에 발생한다.

5.5.2 단순보

이동 연행하중에 의한 단순보의 절대 최대전단력은 어느 한 지점(support)의 바로 인접한 단면에서 발생한다. 따라서 절대 최대전단력은 예제 5.5의 최대전단력을 구하는 과정을 그대로 지점의 바로 인접한 단면에 적용하여 결정하면 된다. 즉, 절대 최대전단력은 바로 그 지점의 최대반력의 크기와 같게 된다.

일반적으로 절대 최대휨모멘트는 이동 연행하중의 합력이 단순보의 중앙점에 근접하였을 때 발생할 것이고 이 합력에 가장 가까운 하중 밑에서 발생한다. 그러나 이동 연행하중에 의한 단순보의 절대 최대휨모멘트는 위의 절대 최대전단력이나 캔틸레버보의 경우처럼 간단하게 결정할 수가 없다.

단순보에서 절대 최대휨모멘트가 발생하는 위치는 그림 5.2를 이용하여 다음과 같이 구할 수 있다. 즉, 그림 5.2처럼 이동 연행하중 $P_{1,}$ $P_{2,}$ P_3을 받고 있다. 합력 $P_S(= P_1$

$+P_2+P_3$)에 가장 가까운 하중 P_2에서 절대 최대휨모멘트가 발생한다고 가정하자. 합력 P_S와 하중 P_2와의 거리를 x라 하면, 이 x의 값은 하중 P_2의 작용점에 관한 각 하중 P_1 및 P_3의 모멘트의 합을 합력 P_S로 나눈 값은 $x = \dfrac{-P_1 \cdot c_1 + P_3 \cdot c_2}{P_1+P_2+P_3}$가 된다.

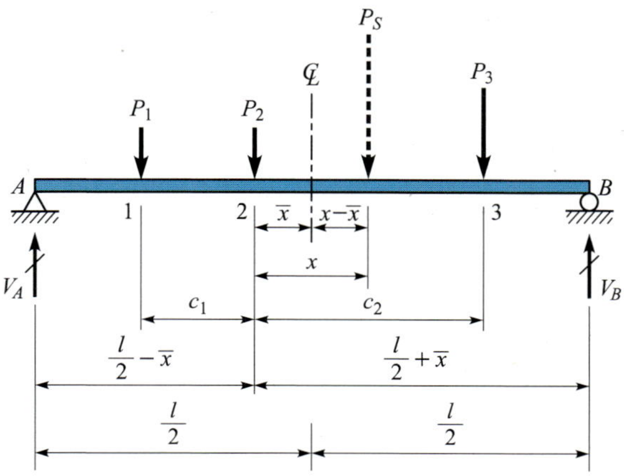

그림 5.2 단순보에서 절대 최대휨모멘트의 발생 위치

이 상황에 대한 $\bar{x}$값을 구하여 보자. 그림 5.2에서 먼저 지점 B에 관한 휨모멘트의 합으로부터 단순보의 지점 A의 반력 V_A가 아래와 같이 구해진다.

$$+\curvearrowright \sum M_B = 0, \quad \therefore V_A = \frac{P_S}{l}\left[\frac{l}{2} - (x-\bar{x})\right]$$

하중 P_2가 작용하는 단면에서 휨모멘트 M_2를 구하면 다음과 같다.

$$M_2 = V_A \cdot \left(\frac{l}{2} - \bar{x}\right) - P_1 \cdot c_1 = \frac{P_S}{l} \cdot \left[\frac{l}{2} - (x-\bar{x})\right] \cdot \left(\frac{l}{2} - \bar{x}\right) - P_1 \cdot c_1$$
$$= \frac{P_S\, l}{4} - \frac{P_S\, x}{2} - \frac{P_S(\bar{x})^2}{l} + \frac{P_S\,\bar{x}\,x}{l} - P_1 c_1$$

최대 M_2가 발생하는 위치는 $\dfrac{dM_2}{d\bar{x}} = 0$일 때이므로

$$\frac{dM_2}{d\bar{x}} = -\frac{2P_S\,\bar{x}}{l} + \frac{P_S\,x}{l} = 0$$

따라서 $\bar{x} = \dfrac{x}{2}$

그러므로, 단순보에서 절대 최대모멘트는 이동 연행하중의 합력과 인접한 두 집중하중 중 어느 하나 하중이 작용하는 위치에서 일어나는데, "이들 인접하중과 연행하중의 합력이 보의 중앙으로부터 같은 거리에 위치하도록 놓였을 때 그 하중 밑의 보 단면에서 절대최대모멘트가 발생한다는 것"을 의미한다.

예제 5.6

다음 그림과 같은 이동 연행하중이 지간이 40m인 단순보 위를 이동할 때 절대 최대휨모멘트를 구하시오.

[25점, 토목구조기술사 시험]

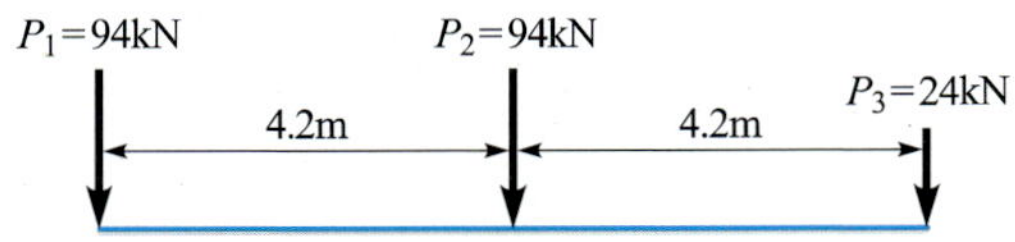

(a)

그림 예제 5.6

풀이

그림 예제 5.6(a)의 이동 연행하중을 받는 단순보에서 절대 최대모멘트는 이동 연행하중의 합력 P_S와 인접한 두 집중하중 P_1과 P_2 중 어느 하나 하중이 작용하는 위치에서 일어나는데, 이들 인접하중과 연행하중의 합력이 보의 중앙으로부터 같은 거리에 위치하도록 놓였을 때 그 하중 밑의 보 단면에서 절대 최대모멘트가 발생한다.

1) 합력의 크기와 작용위치의 계산

합력의 크기 $P_S = \sum_{i=1}^{3} P_i = P_1 + P_2 + P_3 = 94 + 94 + 24 = 212\text{kN}$

하중 P_2의 작용점에 관한 각 하중 P_1 및 P_3의 모멘트의 합을 합력 P_S로 나누면, P_2의 작용점으로부터 합력의 작용위치 x가 구해진다. 즉,

$$\text{합력의 작용위치 } x = \frac{-P_1 \cdot c_1 + P_3 \cdot c_2}{P_1 + P_2 + P_3}$$

$$= \frac{-94 \times 4.2 + 24 \times 4.2}{94 + 94 + 24} = -1.4\text{m} \ (P_2 \text{ 작용점의 왼쪽})$$

2) 절대 최대휨모멘트의 계산

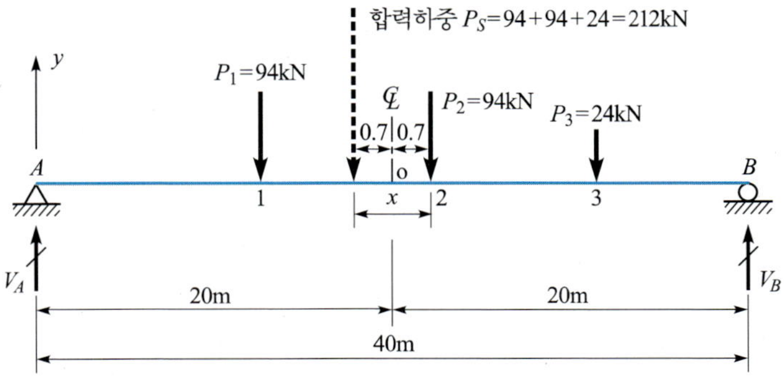

(b)

i) 그림 예제 5.6(b)처럼 먼저 절대 최대모멘트가 P_2하중이 작용하는 위치에서 일어난다고 가정하자. 그림 예제 5.6(b)처럼 합력 P_S와 하중 $P_2=94$kN을 보의 중앙선으로부터 같은 거리에 위치시킨 후, 반력을 구하고 하중 $P_2=94$kN의 작용점에서 휨모멘트를 계산한다. 즉, 그림 예제 5.6(b)와 같이 보의 중앙선으로부터 0.7m ($\bar{x}=\dfrac{x}{2}=\dfrac{1.4}{2}=0.7$m) 떨어진 곳에 합력 P_S가 작용하도록 이동 연행하중을 재하할 때, 인접하중 $P_2=94$kN 밑의 보 단면에서 내적 휨모멘트를 계산하면 다음과 같다.

$$+\curvearrowright \sum M_B=0\ ;\ V_A(40)-(94)(20-0.7+4.2)-(94)(20-0.7)-(24)(20-0.7-4.2)=0$$

$$\therefore\ V_A=109.64\text{kN}$$

$$+\uparrow \sum F_y=0\ ;\ V_A-94-94-24+V_B=0,\qquad \therefore\ V_B=102.36\text{kN}$$

$$\therefore\ M_2=V_B(20-0.7)-P_3(4.2)=102.36\times 19.3-24\times 4.2=1874.75\text{kN·m}$$

(참고로, $M_1=109.64\times 16.5=1809.06$kN·m, $M_0=109.64\times 20-94\times 3.5=1863.8$kN·m, $M_3=102.36\times 15.1=1545.64$kN·m)

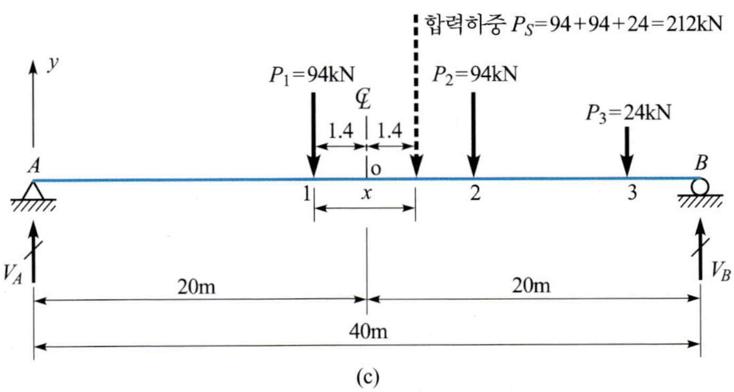

(c)

ii) 다음으로 이동 연행하중의 작용위치가 그림 예제 5.6(c)의 경우에도 절대최대모멘트가 발생할 가능성이 있으므로, 그림 예제 5.6(c)처럼 절대최대모멘트가 P_1하중이 작용하는 위치에서 일어난다고 가정하자. 그림 예제 5.6(c)처럼 합력 P_S와 하중 $P_1 = 94$kN을 보의 중앙선으로부터 같은 거리에 위치시킨 후, 반력을 구하고 하중 $P_1 = 94$kN의 작용점에서 휨모멘트를 계산한다. 즉, 그림 예제 5.6(c)와 같이 보의 중앙선으로부터 1.4m ($\bar{x} = \frac{x}{2} = \frac{4.2-1.4}{2} = 1.4$ m) 떨어진 곳에 합력 P_S가 작용하도록 이동 연행하중을 재하할 때, 인접하중 $P_1 = 94$kN 밑의 보 단면에서 내적 휨모멘트를 계산하면 다음과 같다.

$$+\curvearrowright \sum M_B = 0\ ;\ V_A(40) - (94)(20+1.4) - (94)(20+1.4-4.2) - (24)(20+1.4-4.2-4.2) = 0$$

$$\therefore\ V_A = 98.51\text{kN}$$

$$+\uparrow \sum F_y = 0\ ;\ V_A - 94 - 94 - 24 + V_B = 0,\ \therefore\ V_B = 113.49\text{kN}$$

$$\therefore\ M_1 = V_A(20-1.4) = 98.51 \times 18.6 = 1832.29\text{kN·m}$$

iii) 절대 최대휨모멘트

위의 두 경우의 내적 휨모멘트를 비교해보면, $M_2 > M_1$이다. 따라서 주어진 이동 연행하중에 대한 절대 최대휨모멘트 $M_{\max} = M_2 = 1874.75$kN·m이고, 이동 연행하중이 그림 예제 5.6(b)처럼 작용하는 경우에 하중 P_2 밑의 보 단면에서 최대휨모멘트가 발생한다.

5.6 트러스의 영향선

트러스 영향선의 작도는 위에서 이미 설명한 보의 영향선 작도법과 같은 방법으로 해도 좋다. 즉, 먼저 트러스 반력의 영향선을 보 반력의 영향선과 유사한 방법으로 작도한다. 다음에 부재력에 대한 영향선을 구한다. 이때 트러스 부재는 격점하중만 받으므로 각 격점에 단위하중 $P=1$을 재하시켜, 트러스 부재에 대한 영향선의 종거를 격점법이나 단면법으로 구한다. 격점에서의 단위하중 $P=1$과 부재력과의 관계는 보의 영향선의 경우처럼 영향선함수나 영향도표의 형태로 나타낸 후, 이것을 도시(圖示)하고 각 점들을 직선으로 연결함으로서 트러스의 영향선도가 구해진다. 다음은 트러스 영향선을 작도한 예를 보여주고 있다.

예제 5.7

다음과 같은 정정인 내민트러스에서 반력 V_H의 영향선, 부재력 F_{CM}의 영향선, 부재력 F_{BK}의 영향선을 구하시오.

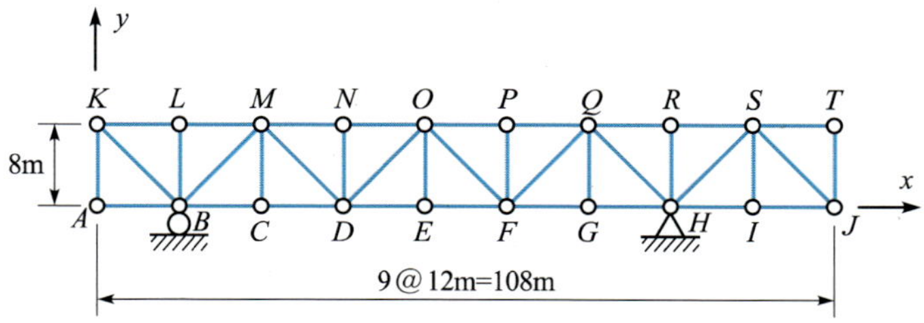

(a)

그림 예제 5.7

풀이

1) 반력 V_H의 영향선

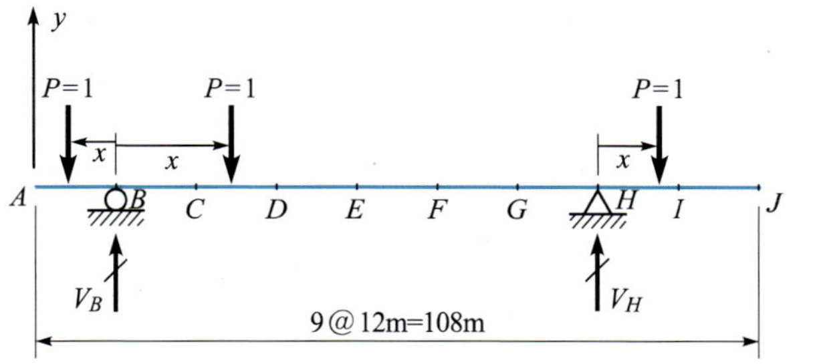

(b)

위의 그림 예제 5.7(b)처럼 주어진 트러스를 구간별로 나누고, 단위하중 $P=1$을 작용시켜 단위하중으로 인한 반력 V_H의 영향선함수를 계산한 후, 그 계산 값들을 각 단위하중의 재하 위치에 종거로 나타내고 이를 연결하면 원하는 반력 V_H의 영향선이 얻어진다. 즉,

i) AB구간($0 \le x \le 12$m)

위의 그림 예제 5.7(b)처럼 격점 B를 원점으로 격점 A쪽으로 거리 x만큼 떨어진 위치에 단위하중 $P=1$이 놓여있을 때, 이 단위하중으로 인한 반력 V_H의 영향선함수를 다음과 같이 구할 수 있다.

$$+\curvearrowright \sum M_B = 0\ ;\ -1\times x - V_H(6\times 12) = 0, \quad \therefore\ V_H = -\frac{x}{72}$$

$$+\uparrow \sum F_y = 0\ ;\ V_B - 1 + V_H = 0, \quad \therefore\ V_B = 1 + \frac{x}{72}$$

따라서 특정점 위치에서 반력 V_H의 영향선 종거를 구하면 다음과 같다.

$x=0$일 때, $V_H=-\frac{0}{72}=0$

$x=12\text{m}$일 때, $V_H=-\frac{12}{72}=-\frac{1}{6}$

ii) BH구간($0 \le x \le 72\text{m}$)

위의 그림 예제 5.7(b)처럼 격점 B를 원점으로 격점 H쪽으로 거리 x만큼 떨어진 위치에 단위하중 $P=1$이 놓여있을 때, 이 단위하중으로 인한 반력 V_H의 영향선함수를 다음과 같이 구할 수 있다.

$$+\curvearrowright \sum M_B=0\ ;\ 1\times x-V_H(72)=0,\quad \therefore\ V_H=\frac{x}{72}$$

$$+\uparrow \sum F_y=0\ ;\ V_B-1+V_H=0,\ \therefore\ V_B=1-\frac{x}{72}$$

따라서 특정점 위치에서 반력 V_H의 영향선 종거를 구하면 다음과 같다.

$x=0$일 때, $V_H=\frac{0}{72}=0$

$x=72\text{m}$일 때, $V_H=\frac{72}{72}=1$

iii) HJ구간($0 \le x \le 24\text{m}$)

위의 그림 예제 5.7(b)처럼 격점 H를 원점으로 격점 J쪽으로 거리 x만큼 떨어진 위치에 단위하중 $P=1$이 놓여있을 때, 이 단위하중으로 인한 반력 V_H의 영향선함수를 다음과 같이 구할 수 있다.

$$+\curvearrowright \sum M_B=0\ ;\ 1\times(72+x)-V_H(72)=0,\quad \therefore\ V_H=1+\frac{x}{72}$$

$$+\uparrow \sum F_y=0\ ;\ V_B-1+V_H=0,\quad \therefore\ V_B=-\frac{x}{72}$$

따라서 특정점 위치에서 반력 V_H의 영향선 종거를 구하면 다음과 같다.

$x=0$일 때, $V_H=1+\frac{0}{72}=1$

$x=24\text{m}$일 때, $V_H=1+\frac{24}{72}=\frac{4}{3}$

iv) 반력 V_H의 영향선도 작성

위의 해석된 결과를 그림으로 나타내면, 다음과 같은 반력 V_H의 영향선도가 구해진다. 즉,

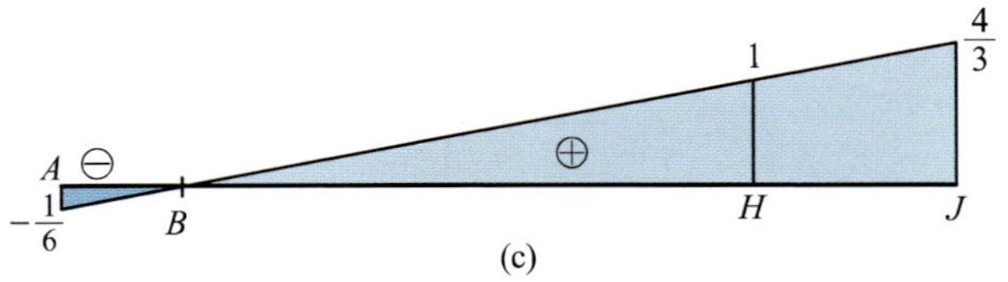

(c)

2) 부재력 F_{CM}, F_{BK}의 영향선

각 격점에 단위하중 $P=1$를 재하시켜, 트러스 부재 CM과 BK에 대한 영향선의 종거를 격점법으로 구한 후, 이들 부재력 F_{CM}과 F_{BK}을 도시(圖示)하고 각 점들을 직선으로 연결함으로서 영향선도가 구해진다. 즉,

i) 격점 C에 단위하중 $P=1$이 작용할 때

반력 $V_B=1-\dfrac{x}{72}$에서, $\therefore V_B=1-\dfrac{12}{72}=\dfrac{5}{6}$

격점 A

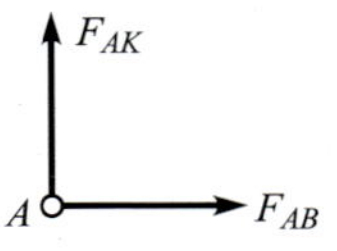

(d)

그림 예제 5.7(d)의 고립된 격점 A의 자유물체도에서

$$+\rightarrow \sum F_x=0\ ;\ F_{AB}=0$$
$$+\uparrow \sum F_y=0\ ;\ F_{AK}=0$$

격점 K

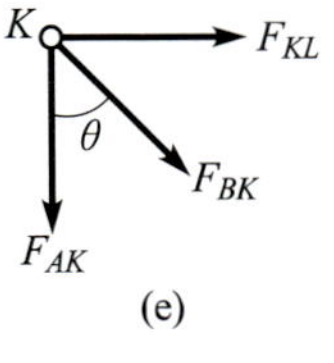

(e)

그림 예제 5.7(e)의 고립된 격점 K의 자유물체도에서

$$+\uparrow \sum F_y=0;\ -F_{AK}-F_{BK}\cos\theta=0,\quad \therefore F_{BK}=\frac{-F_{AK}}{\cos\theta}=\frac{0}{\cos\theta}=0$$
$$+\rightarrow \sum F_x=0\ ;\ F_{KL}+F_{BK}\sin\theta=0,\quad \therefore F_{KL}=0$$

격점 L

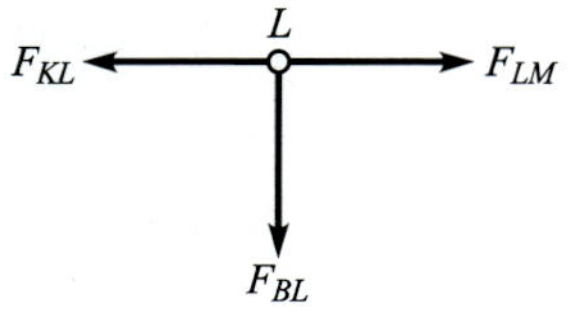

(f)

그림 예제 5.7(f)의 고립된 격점 L의 자유물체도에서

$$+\rightarrow \sum F_x = 0\ ;\ -F_{KL} + F_{LM} = 0, \qquad \therefore F_{LM} = F_{KL} = 0$$
$$+\uparrow \sum F_y = 0\ ;\ -F_{BL} = 0, \qquad \therefore F_{BL} = 0$$

격점 B

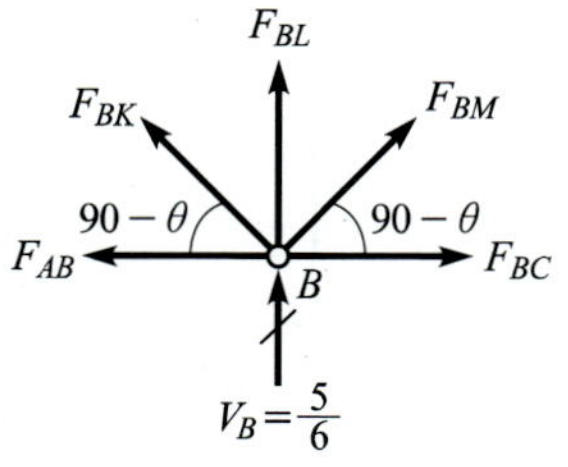

(g)

그림 예제 5.7(g)의 고립된 격점 B 의 자유물체도에서

$$+\uparrow \sum F_y = 0\ ;\ F_{BL} + \frac{5}{6} + F_{BK}\sin(90-\theta) + F_{BM}\sin(90-\theta) = 0$$

$$\therefore F_{BM} = \frac{-\left(\frac{5}{6}\right)}{\cos\theta} = \frac{-\left(\frac{5}{6}\right)}{\left(\frac{8}{\sqrt{12^2+8^2}}\right)} = -1.5 \text{ (압축)}$$

$$+\rightarrow \sum F_x = 0\ ;\ -F_{AB} - F_{BK}\cos(90-\theta) + F_{BM}\cos(90-\theta) + F_{BC} = 0$$

$$\therefore F_{BC} = -F_{BM}\sin\theta = -(-1.5)\left(\frac{12}{\sqrt{12^2+8^2}}\right) = 1.25 \text{ (인장)}$$

격점 C

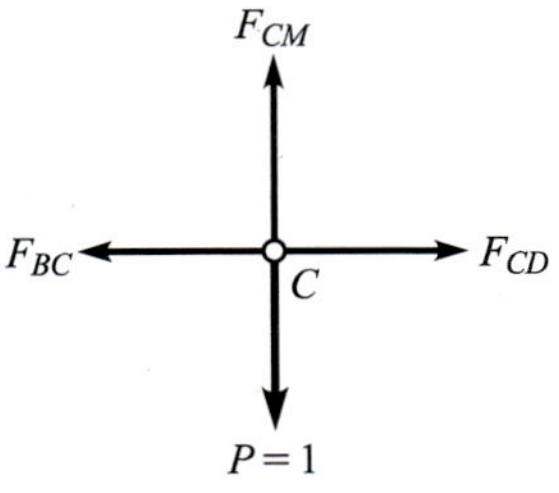

(h)

그림 예제 5.7(h)의 고립된 격점 C의 자유물체도에서

$$+\rightarrow \sum F_x=0\ ;\ -F_{BC}+F_{CD}=0,\quad \therefore F_{CD}=F_{BC}=1.25\ (\text{인장})$$
$$+\uparrow \sum F_y=0\ ;\ F_{CM}-1=0,\quad \therefore F_{CM}=1\ (\text{인장})$$

ii) 격점 A에 단위하중 $P=1$이 작용할 때

반력 $V_B=1+\dfrac{x}{72}$에서, $\therefore V_B=1+\dfrac{12}{72}=\dfrac{7}{6}$

격점 A

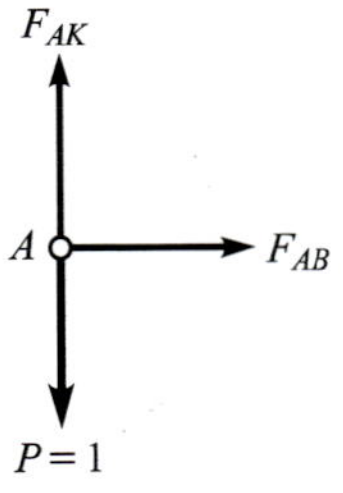

(i)

그림 예제 5.7(i)의 고립된 격점 A의 자유물체도에서

$$+\rightarrow \sum F_x=0\ ;\ F_{AB}=0$$
$$+\uparrow \sum F_y=0\ ;\ F_{AK}-1=0,\quad \therefore F_{AK}=1\ (\text{인장})$$

격점 K

그림 예제 5.7(e)의 고립된 격점 K의 자유물체도에서

$$+\uparrow \sum F_y=0\ ;\ -F_{AK}-F_{BK}\cos\theta=0,\quad \therefore F_{BK}=\frac{-F_{AK}}{\cos\theta}=\frac{-1}{\dfrac{8}{\sqrt{12^2+8^2}}}=-1.8\ (\text{압축})$$

$$+\rightarrow \sum F_x = 0\ ;\ F_{KL} + F_{BK}\sin\theta = 0,\quad \therefore F_{KL} = -F_{BK}\sin\theta = (1.8)\frac{12}{\sqrt{12^2+8^2}} = 1.5(\text{인장})$$

격점 L

그림 예제 5.7(f)의 고립된 격점 L의 자유물체도에서

$$+\rightarrow \sum F_x = 0\ ;\ -F_{KL} + F_{LM} = 0,\quad \therefore F_{LM} = F_{KL} = 0$$
$$+\uparrow \sum F_y = 0\ ;\ -F_{BL} = 0,\quad \therefore F_{BL} = 0$$

격점 B

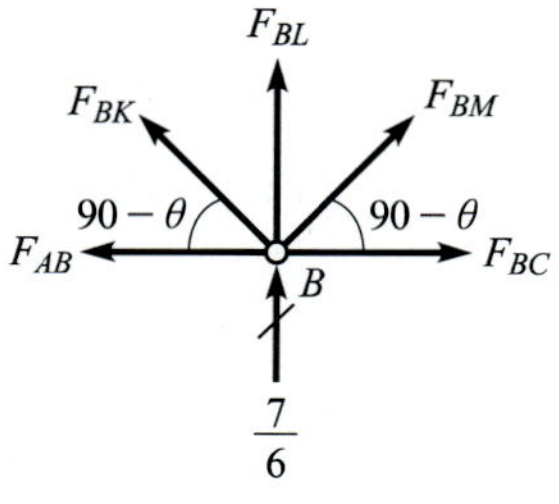

(j)

그림 예제 5.7(j)의 고립된 격점 B의 자유물체도에서

$$+\uparrow \sum F_y = 0\ ;\ F_{BL} + \frac{7}{6} + F_{BK}\sin(90-\theta) + F_{BM}\sin(90-\theta) = 0$$

$$\therefore F_{BM} = \frac{-\left(\frac{7}{6} - F_{BK}\cos\theta\right)}{\cos\theta} = \frac{-\frac{7}{6} + 1.8\frac{8}{\sqrt{12^2+8^2}}}{\left(\frac{8}{\sqrt{12^2+8^2}}\right)} = -0.3\ (\text{압축})$$

$$+\rightarrow \sum F_x = 0\ ;\ -F_{AB} - F_{BK}\cos(90-\theta) + F_{BM}\cos(90-\theta) + F_{BC} = 0$$

$$\therefore F_{BC} = F_{BK}\sin\theta - F_{BM}\sin\theta = (-1.8+0.3)\left(\frac{12}{\sqrt{12^2+8^2}}\right) = -1.25\ (\text{압축})$$

격점 C

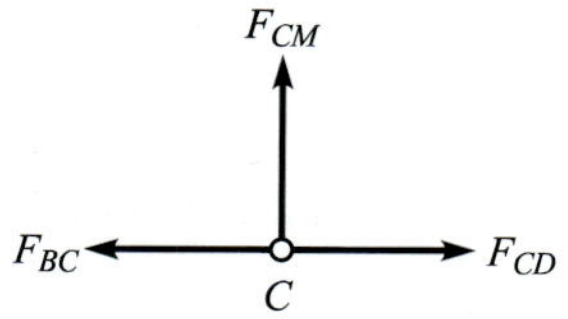

(k)

그림 예제 5.7(k)의 고립된 격점 C의 자유물체도에서

$$+\rightarrow \sum F_x = 0 \ ; \ -F_{BC} + F_{CD} = 0, \quad \therefore F_{CD} = F_{BC} = -1.25 \text{ (압축)}$$
$$+\uparrow \sum F_y = 0 \ ; \ F_{CM} = 0$$

iii) 격점 B에 단위하중 $P=1$이 작용할 때

반력 $V_B = 1 - \dfrac{x}{72}$에서, $\therefore V_B = 1 - \dfrac{0}{72} = 1$

격점 A

그림 예제 5.7(d)의 고립된 격점 A의 자유물체도에서

$$+\rightarrow \sum F_x = 0 \ ; \ F_{AB} = 0$$
$$+\uparrow \sum F_y = 0 \ ; \ F_{AK} = 0$$

격점 K

그림 예제 5.7(e)의 고립된 격점 K의 자유물체도에서

$$+\uparrow \sum F_y = 0 \ ; \ -F_{AK} - F_{BK}\cos\theta = 0, \quad \therefore F_{BK} = \frac{-F_{AK}}{\cos\theta} = \frac{0}{\cos\theta} = 0$$
$$+\rightarrow \sum F_x = 0 \ ; \ F_{KL} + F_{BK}\sin\theta = 0, \quad \therefore F_{KL} = 0$$

격점 L

그림 예제 5.7(f)의 고립된 격점 L의 자유물체도에서

$$+\rightarrow \sum F_x = 0 \ ; \ -F_{KL} + F_{LM} = 0, \quad \therefore F_{LM} = F_{KL} = 0$$
$$+\uparrow \sum F_y = 0 \ ; \ -F_{BL} = 0, \quad \therefore F_{BL} = 0$$

격점 B

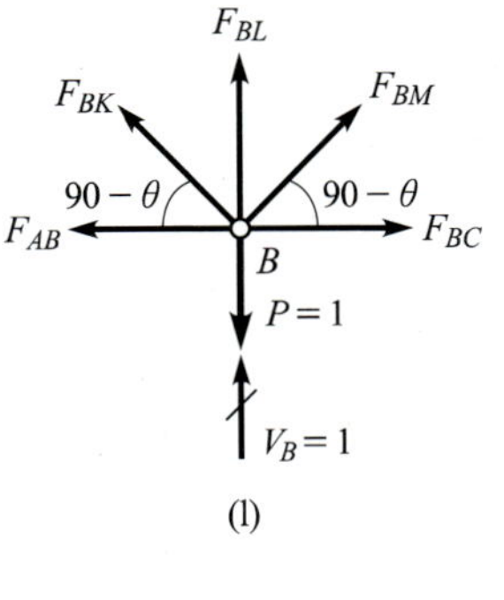

(l)

그림 예제 5.7(l)의 고립된 격점 B의 자유물체도에서

$$+\uparrow \sum F_y = 0 \ ; \ F_{BL} + \frac{5}{6} + F_{BK}\sin(90-\theta) - 1 + 1 + F_{BM}\sin(90-\theta) = 0$$

$$\therefore F_{BM}=\frac{0}{\cos\theta}=0$$

$$+\rightarrow \sum F_x=0\ ;\ -F_{AB}-F_{BK}\cos(90-\theta)+F_{BM}\cos(90-\theta)+F_{BC}=0$$

$$\therefore F_{BC}=-F_{BM}\sin\theta=-(0)\left(\frac{12}{\sqrt{12^2+8^2}}\right)=0$$

격점 C

그림 예제 5.7(k)의 고립된 격점 C의 자유물체도에서

$$+\rightarrow \sum F_x=0\ ;\ -F_{BC}+F_{CD}=0,\quad \therefore F_{CD}=F_{BC}=0$$

$$+\uparrow \sum F_y=0\ ;\ F_{CM}=0$$

iv) 격점 $D\sim J$에 단위하중 $P=1$이 각각 작용할 때, 위의 i)~iii)의 풀이처럼 먼저 반력 V_B를 구하고 같은 방법으로 부재력을 계산하면 $F_{CM}=0$ 및 $F_{BK}=0$이 얻어진다.

v) 부재력 F_{CM}, F_{BK}의 영향선도 작성

위의 해석된 결과를 그림으로 나타내면, 다음과 같은 부재력 F_{CM}, F_{BK}의 영향선도가 다음과 같이 구해진다.

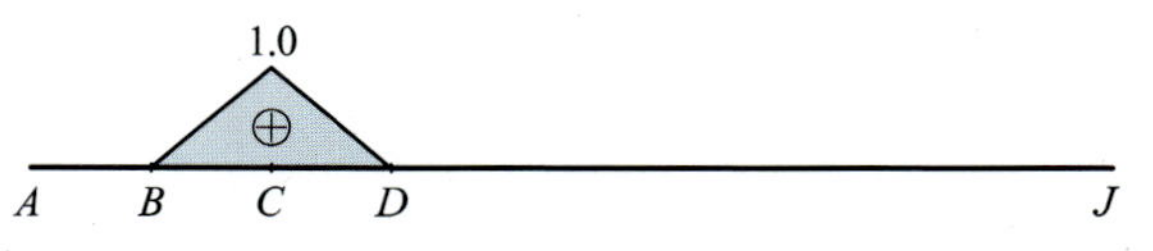

(m) 부재력 F_{CM}의 영향선도

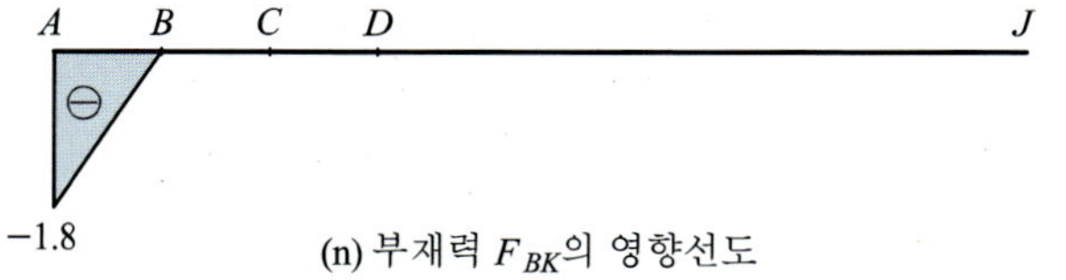

(n) 부재력 F_{BK}의 영향선도

5.7 아치의 영향선

아치의 영향선을 작도하는 방법도 위의 보 영향선 작도법과 같은 방법으로 해도 좋다. 그러나 아치의 경우는 수평반력이 존재하므로 단위하중 $P=1$를 재하시켜 수평반력을 구해야 한다. 예를 들어 단위하중 $P=1$를 재하된 3활절 정정아치의 경우, 내부 힌지가 있는 게르버보처럼 아치 정부에 있는 힌지 좌측과 우측을 분리한 자유물체도로부터 수평반력이 구해진다. 그리고 임의의 점에서 축력과 전단력의 계산 시 그 단면에 대한 아치 축선상의 접선기울기가 고려됨을 유념해야 한다(예제 4.2 참조). 다음은 수평반력의 영향선을 이용하여 아치의 휨모멘트 영향선을 작도한 예를 보여주고 있다.

예제 5.8

다음 3활절 아치에서 수평반력 H의 영향선과 D점 휨모멘트 M_D의 영향선을 구하시오.

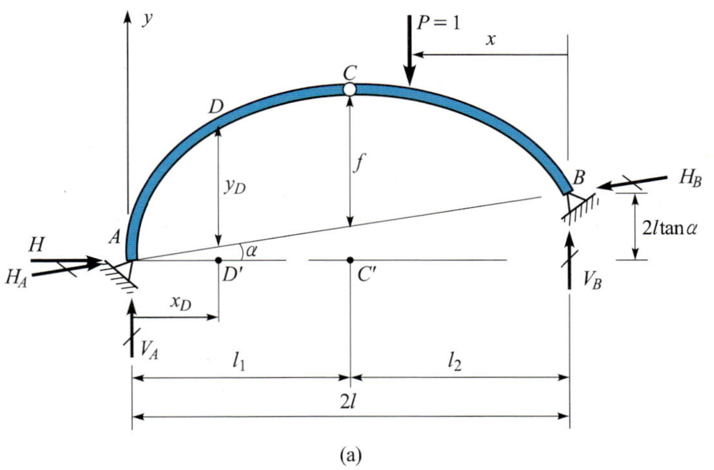

그림 예제 5.8

풀이

1) H의 영향선

그림 예제 5.8(a)에서

$$+\rightarrow \sum F_x = 0\ ;\ H_A\cos\alpha - H_B\cos\alpha = 0,\quad \therefore H_A\cos\alpha = H_B\cos\alpha = H$$

$$H_A = H_B = \frac{H}{\cos\alpha}$$

i) 그림 예제 5.8(a)처럼 BC구간에 단위하중 $P=1$이 B지점으로부터 x만큼 떨어진 위치에 작용할 때

$$+\curvearrowright \sum M_B = 0\ ;\ -H(2l\tan\alpha) + V_A(2l) - 1(x) = 0$$

$$\therefore V_A = H\tan\alpha + \frac{x}{2l} \qquad (1)$$

그림 예제 5.8(a)의 AC부분에서, $+\curvearrowright \Sigma M_C = 0\ ;\ V_A l_1 - H_A\cos\alpha(f + l_1\tan\alpha) = 0$

$$\therefore V_A l_1 - H(f + l_1\tan\alpha) = 0 \qquad (2)$$

식 (1)을 식 (2)에 대입하면

$$\left(H\tan\alpha + \frac{x}{2l}\right)l_1 - H(f + l_1\tan\alpha) = 0$$

$$\therefore Hf = \frac{l_1 x}{2l} \qquad (3)$$

한편, 그림 예제 5.8(b)의 유사 단순보BC구간에 단위하중 $P=1$이이 B지점으로부터 x만큼 떨어진 위치에 재하된 경우

$$+\curvearrowright \sum M_B' = 0\ ;\ R_A(l_1 + l_2) - 1\times x = 0,\ \therefore R_A = \frac{x}{l_1 + l_2} = \frac{x}{2l}$$

따라서

$$M_C' = \frac{l_1 x}{l_1 + l_2} = \frac{l_1 x}{2l} \qquad (4)$$

여기서 $x = 2l$일 때, $M_C' = l_1$

즉, 식 (3)과 (4)는 동일한 값이므로, Hf은 같은 길이의 유사 단순보에서 C'점의 휨모멘트 M_C'와 같다. 따라서

$$H = \frac{M_C'}{f} \qquad (5)$$

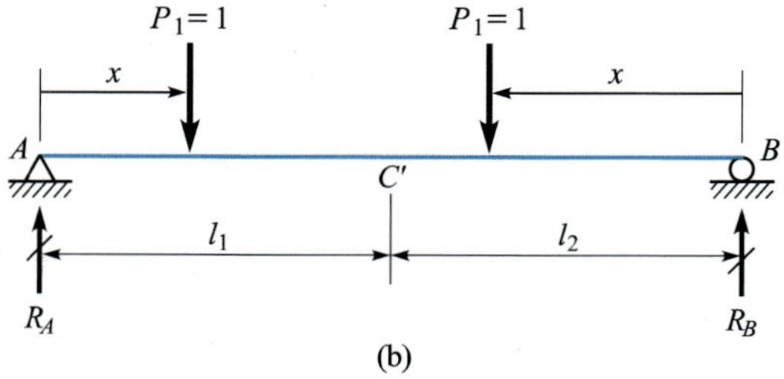

(b)

ii) 위와 같은 방법으로, 그림 예제 5.8(b)의 유사 단순보 AC구간에 단위하중 $P=1$이 A지점으로부터 x만큼 떨어진 위치에 재하된 경우

$$+\curvearrowright \Sigma M_B' = 0\ ;\ R_A \cdot 2l - 1 \cdot (2l - x) = 0,\ \therefore R_A = 1 - \frac{x}{2l}$$

따라서

$$M_C' = (1 - \frac{x}{2l})l_1 - 1 \times (l_1 - x) = l_1 - \frac{l_1 x}{2l} - l_1 + x = x(1 - \frac{l_1}{2l}) = x(\frac{2l - l_1}{2l}) = \frac{l_2 x}{2l}$$

$$\rightarrow x = 2l,\ M_C' = l_2$$

iii) M_c' 및 H의 영향선도

위의 결과를 그림으로 나타내면, 다음과 같은 영향선도가 다음과 같이 구해진다.

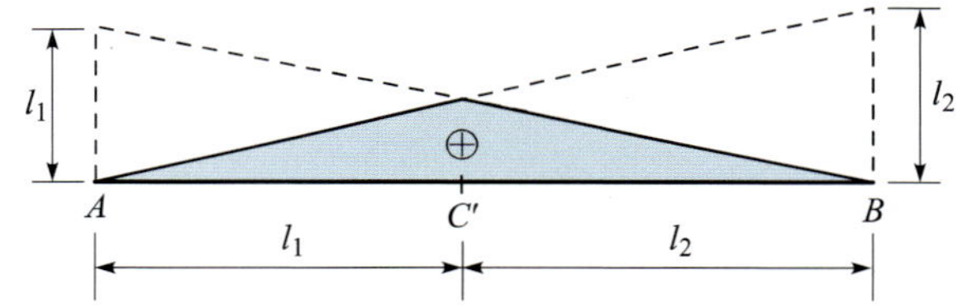

(c) M'_C의 영향선도

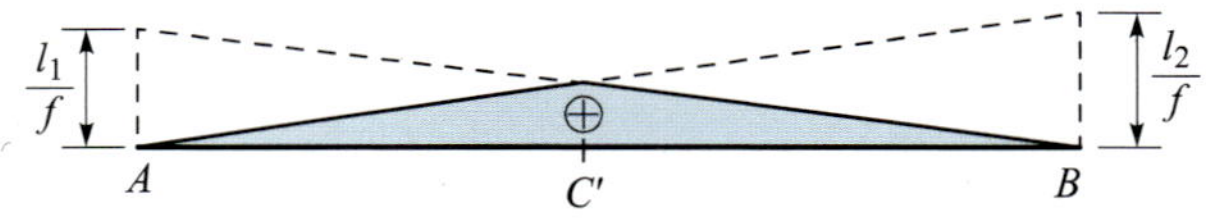

(d) $H = \left(\frac{M'_C}{f}\right)$의 영향선도

2) M_D의 영향선

그림 예제 5.8(a)처럼 BC구간에 단위하중 $P=1$이 B지점으로부터 x만큼 떨어진 위치에 작용할 때, D 점 휨모멘트 M_D를 구하면 다음과 같다.

$$M_D = V_A x_D - (H_A \cos\alpha)(y_D + x_D \tan\alpha) \tag{6}$$

식 (1)을 식 (6)에 대입하고 정리하면

$$\therefore M_D = V_A x_D - (H)(y_D + x_D \tan\alpha) = \left(H\tan\alpha + \frac{x}{2l}\right)x_D - H(y_D + x_D\tan\alpha) = \frac{x_D x}{2l} - Hy_D$$
$$= M_D' - Hy_D$$

여기서, $M_D'\left(= \frac{x_D x}{2l}\right)$: 지간 $2l$의 유사 단순보의 대응단면 x_D에서 휨모멘트의 영향선[(e)

에서 ① 그림]

Hy_D : 수평축력 H에 의한 영향선과 y_D의 곱[(e)에서 ② 그림]

따라서 그림 (e)에서 ①－②하면, M_D의 영향선도가 그림 예제 5.8(f)와 같이 구해진다.

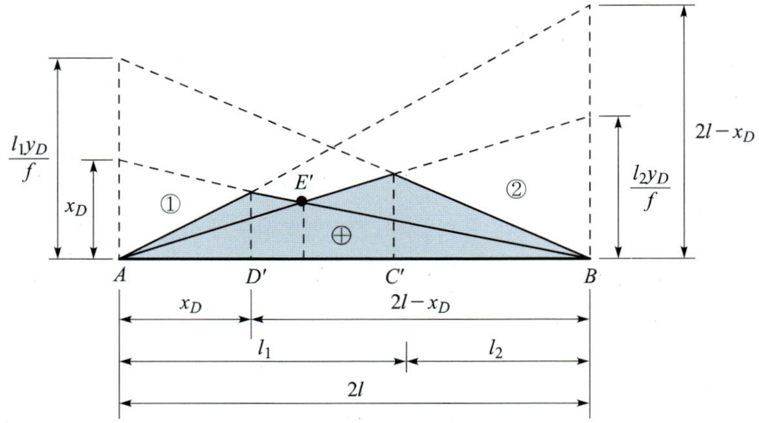

(e)

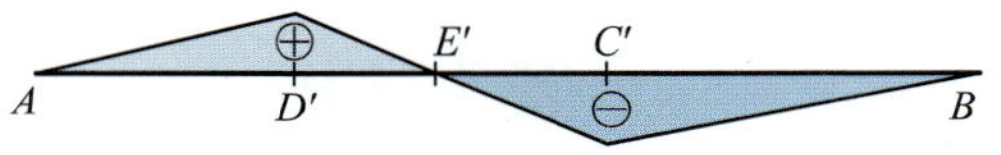

(f) M_D의 영향선도

연습문제

Structural Mechanics

5.1 다음과 같은 내민보에서 수직반력 V_B의 영향선과 C점에서 전단력 S_C 및 휨모멘트 M_C의 영향선을 구하고, 이들 영향선을 이용하여 V_B, S_C, M_C를 구하시오.

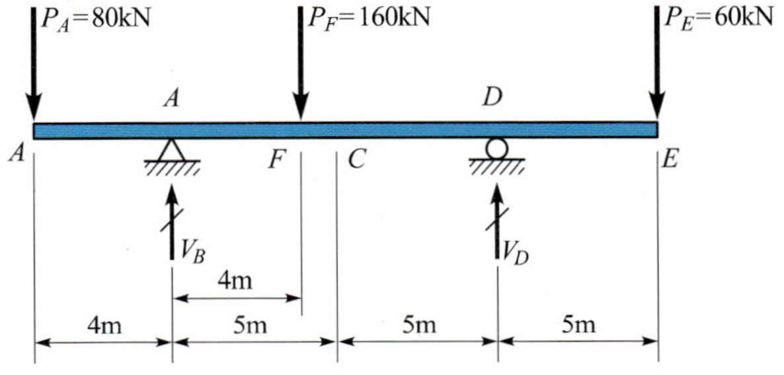

그림 문제 5.1

5.2 다음과 같은 내민보에서 임의의 위치에 등분포하중 2kN/m를 재하하였을 때 지점 B의 수직반력 V_B, C점의 전단력 S_C와 휨모멘트 M_C의 각각에 대한 양(+) 및 음(−)의 최댓값을 구하시오.

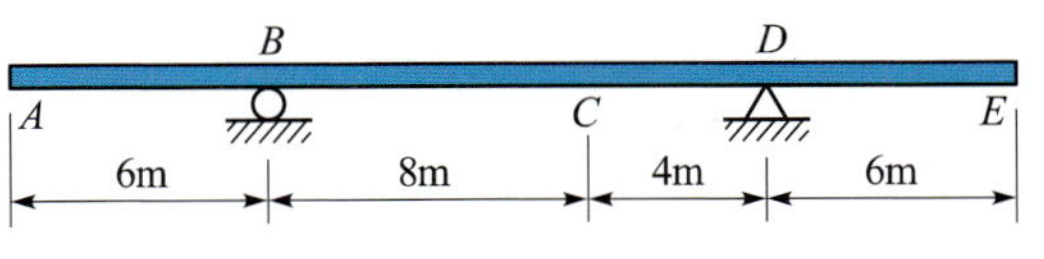

그림 문제 5.2

5.3 다음 단순보 위를 연행하중(P_1, P_2, P_3)이 이동할 때 절대 최대휨모멘트를 구하시오[단, 이동 연행하중은 1등교인 TL-240($x_2 = x_3 = 4.2\text{m}$, 도로폭 3m)이고, 충격계수 $IM = 0.25$도 고려할 것]. [25점, 토목구조기술사 시험]

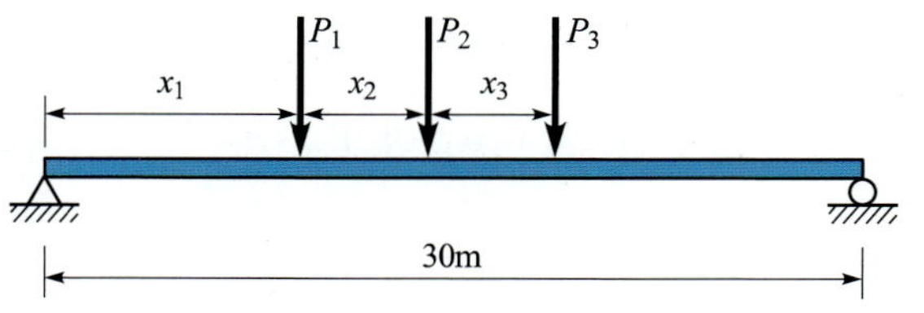

그림 문제 5.3

5.4 다음과 같은 트러스구조물에서 오른쪽의 연행하중이 하현재 위를 이동할 때, 수직반력 V_A 및 부재력 $F_{CF}, F_{BC}, F_{CG}, F_{GH}$의 각각에 대한 절대 최댓값을 구하시오.

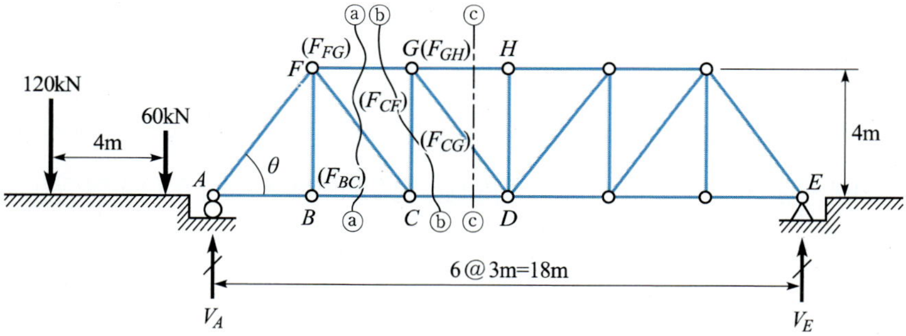

그림 문제 5.4

Structural Mechanics

for Students Construction Engineering Disciplines

PART 02

처짐과 부정정구조물의 해석

CHAPTER

06

처짐

6.1 개설

구조물이나 그 부재는 외력(하중)을 받으면 외부에는 변위(displacement) · 변형(deformation)이 발생하고, 내부에는 응력(stress)에 의해 변형률(strain)이 생긴다. 변위 중에서 선변위를 처짐(deflection)이라고 하고, 부재축의 원위치와 그 점에서 접선과 이루는 각변위를 기울기(slope) 또는 처짐각이라고 정의한다. 구조물에서 처짐이 커지면 사용성에 악영향을 미치고 특히 취성재료인 콘크리트에서는 균열이 발생할 수 있으므로 처짐을 어느 한계값 이내로 제한해야 한다. 도로교설계기준에 의하면 사장교는 지간(L)의 1/400, 현수교($L \geq$ 200m일 때)는 지간의 1/350, 단순지지된 플레이트거더교의 슬래브($L \geq$ 40m)는 지간의 1/500 그리고 연속지지된 플레이트거더교의 슬래브($L \geq$ 40m)는 지간의 1/300이내라야 한다는 규정이 있다. 또한, 처짐은 7장부터 설명되는 부정정구조물 해석에서도 필수적으로 사용한다.

이 장에서는 정정구조물의 처짐을 구하는 방법에 대해서 설명한다. 부정정구조물의 처짐은 이 장의 이론을 사용하여 구할 수 있으며, 그 처짐 계산방법은 7장부터 설명되는 부정정구조물 해석편에 포함되어 있다. 처짐을 구하는 방법은 크게 에너지방법과 기하학적인 방법으로 나눌 수 있다. 주요한 에너지방법으로는 가상일의 원리와 카스틸리아노(Castigliano)의 제2정리를 이용하는 방법이 있다. 기하학적인 방법에는 여러 가지가 있으나 여기서는 모멘트면적법과 공액보법 그리고 처짐곡선의 미분방정식을 이용하여 처짐을 구하는 것에 대해 기술한다.

6.2 가상일·에너지의 원리를 이용하는 방법

6.2.1 일과 변형에너지

구조물에 탄성변형이내의 변형을 일으키는 외력이 가해지면, 외력에 의한 외적 일(external work) W_E는 구조물의 내부에 탄성 변형에너지(strain energy) $U(= W_I)$로 저장되고, 하중이 제거되면 원상태로 탄성변형이 회복되는 특성을 갖는다. 에너지 방법에 있어서 외력(하중)이 한 외적 일과 변형에너지(내적 일)를 나타내는 과정이 중요하므로, 이들을 선형 탄성구조물(liner elastic structure)의 경우에 대해서 다음과 같이 구체적으로 알아보기로 한다.

(1) 외적 일

① 축력에 의한 외적 일

어떤 하중 P_1이 작용하여 이 힘의 방향으로 $d\delta_1$만큼 미소변위가 발생했다면, 이 하중이 한 외적 일은 $dW_E = P_1 d\delta_1$이 된다. 그림 6.1(a)~(c)와 같이 탄성봉의 끝에 축력 P_1이 0에서 P까지 서서히 작용할 때, 변위가 0에서 총 변위 δ까지 증가한다면, 이때 하여진 외적 일 W_E는 다음과 같다.

$$W_E = \int_0^\delta dW_E = \int_0^\delta P_1 d\delta_1 = \int_0^\delta (k\delta_1)d\delta_1 = \left[\frac{1}{2}k\delta_1^2\right]_0^\delta = \frac{1}{2}k\delta^2 = \frac{P}{2}\delta \qquad 6.1$$

여기서, k는 그림 6.1(c)의 하중-변위도에서 기울기이며 봉의 강성(stiffness)을 나타낸다. 식 (6.1)로부터 봉에 하중이 서서히 가해질 때, 이 하중의 크기는 0에서 P까지 서서히 증가함을 알 수 있다. 그 결과, 이 하중이 한 외적 일은 평균 하중의 크기$\left(\frac{P}{2}\right)$와 총 변위(δ)의 곱임을 알 수 있고 그림 6.1(c)의 하중-변위도에서 삼각형 OAB의 면적과 같게 된다.

그림 6.1(d)~(f)와 같이 탄성봉에 하중 P가 이미 작용하고 있는 상황에서 또 다른 하중 dP가 작용하여 부가적인 처짐 $d\delta$가 P의 작용선 방향으로 발생한다면, 하중 P가 변하지 않으므로 하중 P가 한 외적 일은 $Pd\delta$가 되며 그림 6.1(f)에서 빗금 친 부분의 면적과 같게 된다. 이때 dP에 의한 일은 그림 6.1(f)에서처럼 $\frac{1}{2}(dP \cdot d\delta)$이 되나 $dP \cdot d\delta$는 미소량이므로 무시할 수 있다. 따라서 이러한 경우에 하중에 의한 외적 일은 $W_E = \frac{1}{2}P\delta + Pd\delta$ 된다.

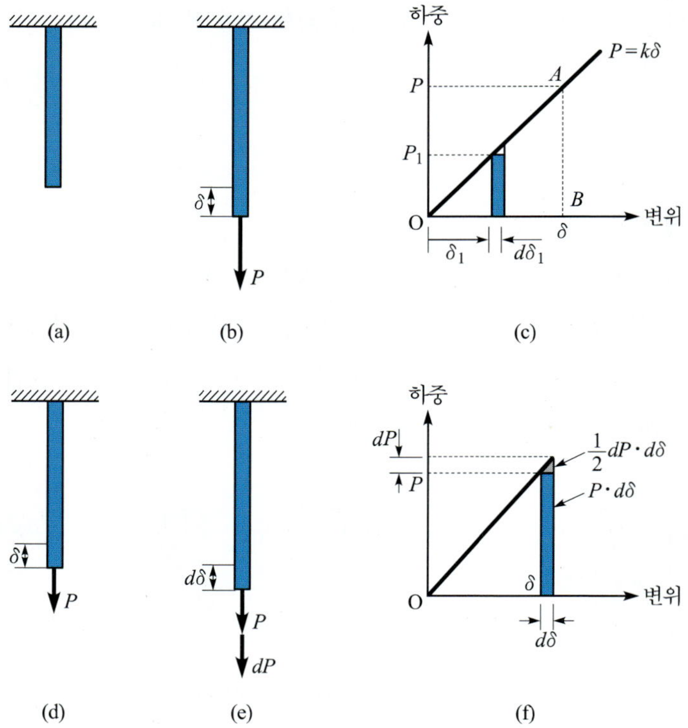

그림 6.1

② 휨모멘트에 의한 외적 일

어떤 휨모멘트 하중 M_1이 작용하여 이 힘의 방향으로 $d\theta_1$만큼 미소처짐각(여기서 '처짐각의 단위는 라디안'임)이 발생했다면, 이 휨모멘트 하중이 한 외적 일은 $dW_E = M_1 d\theta_1$이 된다. 따라서 그림 6.2(a), (b)와 같이 휨모멘트 하중 M_1이 0에서 M까지 서서히 작용할 때, 처짐각(회전변위)이 0에서 총 처짐각 θ까지 증가한다면, 이때 하여진 외적 일 W_E는 단순히 식 (6.1)에서 축력 P를 휨모멘트 M으로 그리고 변위 δ를 처짐각 θ로 바꾸면 된다. 즉,

$$W_E = \frac{M}{2}\theta \tag{6.2}$$

그림 6.2(b)와 같이 휨모멘트 하중 M이 이미 작용하고 있는 상황에서 또 다른 하중 dM이 작용하여 부가적인 처짐각 $d\theta$가 M의 작용 방향으로 발생한다면, 휨모멘트 하중 M이 한 외적 일은 $Md\theta$가 된다. 따라서 이러한 경우에 휨모멘트 하중에 의

한 외적 일은 위의 축력에 의한 외적 일과 비슷하게 $W_E = \frac{1}{2}M\theta + Md\theta$가 된다.

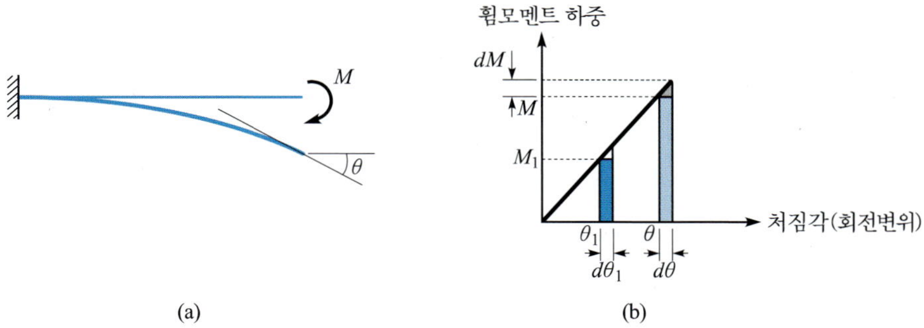

그림 6.2

③ 일반 외적 일

여러 종류의 하중을 서서히 받고 있는 일반구조물의 경우에 대한 외적 일은 겹침의 원리에 의해서 다음과 같이 구할 수 있다. 즉,

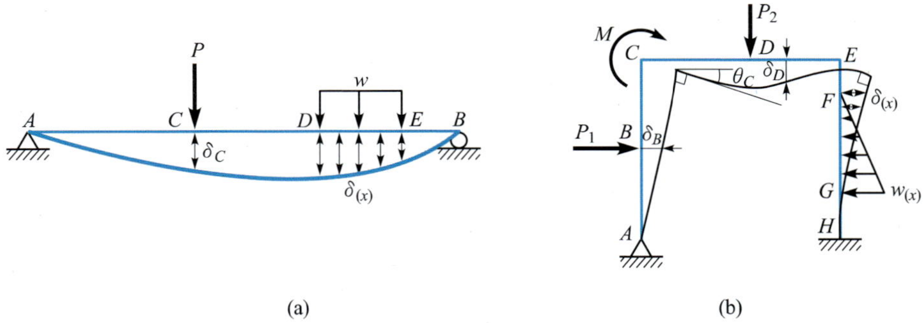

그림 6.3

• 그림 6.3(a)와 같은 보에서 외적 일

$$W_E = \frac{1}{2}P \cdot \delta_C + \frac{1}{2}\int_D^E w \cdot \delta(x)dx \tag{6.3}$$

• 그림 6.3(b)와 같은 라멘에서 외적 일

$$\begin{aligned} W_E = &\frac{1}{2}P_1 \cdot \delta_B + \frac{1}{2}M \cdot \theta_C + \frac{1}{2}P_2 \cdot \delta_D \\ &+ \frac{1}{2}\int_F^G w(x) \cdot \delta(x)dx \end{aligned} \tag{6.4}$$

(2) 변형에너지(내적 일)

서서히 작용하는 정적인 외력을 받는 선형 탄성구조물(liner elastic structure)에서 외력에 의한 탄성변형에 저항하기 위해 구조물의 내부에 생긴 응력(내력)이 변형률(내적 변형)을 일으키며 하는 일을 내적 일이라고 말한다. 이러한 내적 일은 외력이 제거되면 변형을 회복시키는 탄성에너지이므로, 내적 일(internal work)을 변형에너지라고 한다. 변형에너지 U는 단위체적에 작용하는 응력과 변형률이 하는 내적 일인 변형에너지 밀도 $\overline{U}$를 구하고, 그것을 직접 적분하여 구할 수 있다. 즉, 수직응력 σ와 수직변형률 ϵ을 서서히 받는 경우의 변형에너지 밀도는 $\overline{U}=\frac{1}{2}\sigma\epsilon$이 되고, 밀도를 적분하면 변형에너지가 $U=\int_V \overline{U}dV=\frac{1}{2}\int_V \sigma\epsilon dV$로부터 유도될 수 있다. 같은 방법으로, 전단응력 τ와 전단변형률 γ를 서서히 받는 경우의 변형에너지는 $U=\int_V \overline{U}dV=\frac{1}{2}\int_V \tau\gamma dV$가 된다.

① 축력에 의한 변형에너지(내적 일)

외력이 서서히 작용하는 트러스에서 부재의 길이 l, 단면적 A, 그리고 부재력(축력) F인 한 부재가 받는 변형에너지는 변형에너지 밀도를 직접 적분하여 다음과 같이 구할 수 있다.

$$\begin{aligned} U &= \int_V \overline{U}dV = \frac{1}{2}\int_V \sigma\epsilon dV = \frac{1}{2}\int_V \left(\frac{F}{A}\right)\left(\frac{\sigma}{E}\right)dV \\ &= \frac{1}{2}\int_V \left(\frac{F}{A}\right)\left(\frac{F}{EA}\right)dV = \frac{1}{2}\int_0^l \left[\int_A \left(\frac{F^2}{EA^2}\right)dA\right]dx \\ &= \frac{1}{2}\int_0^l \frac{F^2}{EA}dx = \frac{F^2 l}{2EA} \end{aligned} \tag{6.5}$$

여기서, EA는 부재 단면의 축강성(axial rigidity)이다.

트러스에 작용하는 하중은 각 부재에 부재력(단면력)과 변형을 일으킨다. 그러므로 각 부재의 축력 F가 계산되면, 총 변형에너지 U_{Ta}는 모든 부재의 축력에 의한 변형에너지(내적 일)의 합이다. 즉,

$$U_{Ta} = \sum \frac{F^2 l}{2EA} \tag{6.6}$$

② 휨모멘트에 의한 변형에너지(내적 일)

외력이 서서히 작용하는 보에서 부재의 길이 l, 탄성계수 E, 단면 2차모멘트 I, 그리고 부재력(휨모멘트) M인 한 부재가 받는 변형에너지는 변형에너지 밀도를 직접 적분하여 다음과 같이 구할 수 있다.

$$\begin{aligned} U &= \int_V \overline{U} dV = \frac{1}{2}\int_V \sigma \epsilon dV = \frac{1}{2}\int_V \left(\frac{My}{I}\right)\left(\frac{\sigma}{E}\right) dV \\ &= \frac{1}{2}\int_V \left(\frac{My}{I}\right)\left(\frac{My}{EI}\right) dV = \frac{1}{2}\int_0^l \left[\int_A \left(\frac{M^2}{EI^2}\right) y^2 dA\right] dx \\ &= \int_0^l \frac{M^2}{2EI} dx \end{aligned} \quad 6.7$$

여기서, EI는 부재 단면의 휨강성(flexural rigidity)이다.

휨부재에서 각 부재의 부재력(단면력)인 휨모멘트 M이 계산되면, 총 변형에너지 U_{Tb}는 모든 부재의 휨모멘트에 의한 변형에너지(내적 일)의 합이다. 즉,

$$U_{Tb} = \sum \int_0^l \frac{M^2}{2EI} dx \quad 6.8$$

③ 전단력에 의한 변형에너지(내적 일)

휨변형이 지배적인 보나 라멘구조물에서 외력에 의한 탄성변형은 휨변형이 지배적이고 전단변형은 거의 생기지 않으므로 전단력에 의한 변형에너지는 무시하나, 깊은 단면을 갖는 지간이 짧은 보(깊은 보)에서는 전단변형이 지배적일 수도 있으므로 전단변형에너지를 반드시 고려해야 한다.

외력이 서서히 작용하는 깊은 보에서 부재의 길이 l, 단면적 A, 전단탄성계수 G, 단면 2차모멘트 I, 단면의 폭 b, 중립축에 대한 해당 단면의 1차모멘트 Q, 그리고 부재력(전단력) V인 한 부재가 받는 전단 변형에너지는 전단 변형에너지 밀도를 직접 적분하여 다음과 같이 구할 수 있다[자세한 전단응력과 전단변형률의 유도과정 등은 건설공학도를 위한 재료역학(박연수 외 저서, 구미서관)의 6.3절과 2.6절 참조요망].

$$U=\int_V \overline{U}dV=\frac{1}{2}\int_V \tau\gamma dV=\frac{1}{2}\int_V\left(\frac{VQ}{Ib}\right)\left(\frac{\tau}{G}\right)dV$$
$$=\frac{1}{2}\int_V\left(\frac{VQ}{Ib}\right)\left(\frac{VQ}{GIb}\right)dV=\frac{1}{2}\int_0^l\left[\int_A\left(\frac{V^2}{GA}\right)\left(\frac{Q}{Ib}\right)^2 AdA\right]dx \quad 6.9$$
$$=\int_0^l \frac{KV^2}{2GA}dx$$

여기서, GA는 부재 단면의 전단강성(shear rigidity)이고, $K=\int_A\left(\frac{Q}{Ib}\right)^2 AdA$로 단면의 형상에 따라 결정되는 형상계수(form factor)이며. 직사각형 단면의 경우는 $K=1.2$, 원형단면의 경우는 $K=10/9$, I형 단면의 경우는 단면적 A를 복부(web)의 단면적 A_w로 치환하면 1.0이 된다.

깊은 보에서 각 부재의 부재력(단면력)인 전단력 V가 계산되면, 총 변형에너지 U_{Ts}는 모든 부재의 전단력에 의한 변형에너지(내적 일)의 합이다. 즉,

$$U_{Ts}=\sum\int_0^l \frac{KV^2}{2GA}dx \quad 6.10$$

④ 비틀림에 의한 변형에너지(내적 일)

비틀림우력(twisting couple)이 서서히 작용하는 비틀림부재에서 부재의 길이 l, 전단탄성계수 G, 부재 단면의 반지름 r, 극관성모멘트(polar moment of inertia) J, 그리고 부재력[비틀림모멘트(twisting moment)] T인 한 부재가 받는 전단 변형에너지는 전단 변형에너지 밀도를 직접 적분하여 다음과 같이 구할 수 있다.

$$U=\int_V \overline{U}dV=\frac{1}{2}\int_V \tau\gamma dV=\frac{1}{2}\int_V\left(\frac{Tr}{J}\right)\left(\frac{\tau}{G}\right)dV$$
$$=\frac{1}{2}\int_V\left(\frac{Tr}{J}\right)\left(\frac{Tr}{GJ}\right)dV=\frac{1}{2}\int_0^l\left[\int_A\left(\frac{T^2}{GJ^2}\right)r^2dA\right]dx \quad 6.11$$
$$=\int_0^l \frac{T^2}{2GJ}dx$$

여기서, GJ는 부재 단면의 비틀림강성(torsional rigidity)이다.

비틀림부재에서 각 부재의 부재력(단면력)인 비틀림모멘트 T가 계산되면, 총 변형에너지 U_{Tt}는 모든 부재의 비틀림모멘트에 의한 변형에너지(내적 일)의 합이다. 즉,

$$U_{Tt} = \sum \int_0^l \frac{T^2}{2GJ} dx \qquad 6.12$$

⑤ 일반적 구조부재의 변형에너지(내적 일)

일반적으로 보나 라멘구조물에는 각종 하중에 의하여 단면력(부재력)이 발생하고, 이에 따른 변형에 의하여 변형에너지가 생긴다. 따라서 총 변형에너지 U_T는 모든 내력으로 인한 주요 변형을 부재별로 모두 고려하고 부재 전체에 대해 합하여 구한다. 즉,

$$\begin{aligned} U_T &= U_{Ta} + U_{Tb} + U_{Ts} + U_{Tt} \\ &= \frac{1}{2}\sum \int_0^l \frac{F^2}{EA} dx + \frac{1}{2}\sum \int_0^l \frac{M^2}{EI} dx \\ &\quad + \frac{1}{2}\sum \int_0^l \frac{KV^2}{GA} dx + \frac{1}{2}\sum \int_0^l \frac{T^2}{GJ} dx \end{aligned} \qquad 6.13$$

식 (6.13)으로부터 단면력(부재력)에 의한 변형에너지는 $U = \frac{1}{2}\sum \int_0^l \frac{\text{단면력}^2}{\text{단면강성}} dx$ 의 형태로 표현됨을 알 수 있다.

예제 6.1

다음과 같은 등분포하중을 받고 있는 보에서 내적 휨모멘트에 의한 변형에너지를 구하시오. 단, EI는 일정(constant)하다.

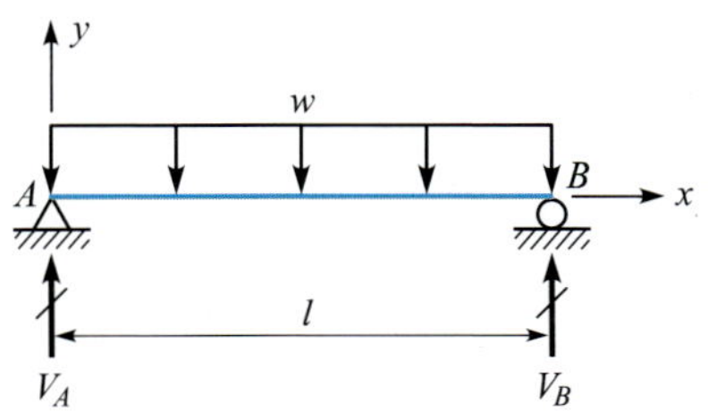

그림 예제 6.1

풀이

1) 반력계산

그림 예제 6.1의 자유물체도에서

$$+\curvearrowright \sum M_B = 0\ ;\ V_A(l) - wl\left(\frac{l}{2}\right) = 0,\ \therefore\ V_A = \frac{wl}{2}$$

$$+\uparrow \sum F_y = 0\ ;\ V_A - wl + V_B = 0,\ \therefore\ V_B = -V_A + wl = \frac{wl}{2}$$

2) AB 구간($0 \le x \le l$)에서 휨모멘트식

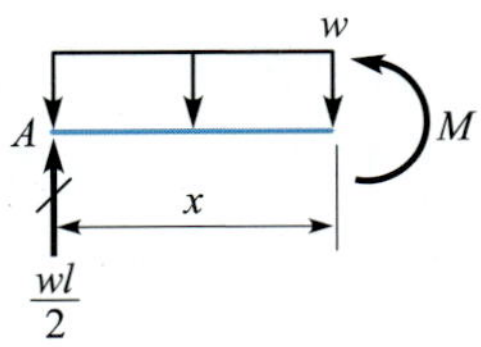

위의 자유물체도에서 지점 A로부터 x만큼 떨어진 위치의 휨모멘트식 M을 구하면

$$+\curvearrowright \sum M_x = 0\ ;\ V_A(x) - wx\left(\frac{x}{2}\right) - M = 0,\ \therefore\ M = \frac{wl}{2}x - \frac{wx^2}{2}$$

3) 휨모멘트식에 의한 탄성 변형에너지

$$U = \int_0^l \frac{M^2}{2EI}dx = \frac{1}{2EI}\int_0^l \frac{1}{4}(wlx - wx^2)^2 dx$$

$$= \frac{w^2}{8EI}\int_0^l (lx - x^2)^2 dx = \frac{w^2}{8EI}\left[\frac{lx^3}{3} - \frac{lx^4}{2} + \frac{x^5}{5}\right]_0^l = \frac{w^2 l^5}{240EI}$$

예제 6.2

다음과 같은 집중하중을 받고 있는 캔틸레버 보에서 각각의 내적 휨모멘트에 의한 탄성 변형에너지를 계산하고, 집중하중에 의한 외력일과 휨모멘트에 의한 내력일이 같다는 에너지 보존의 법칙(conservation law of energy)을 사용하여 A점의 처짐 및 처짐각을 구하시오. 단, EI는 일정(constant)하다.

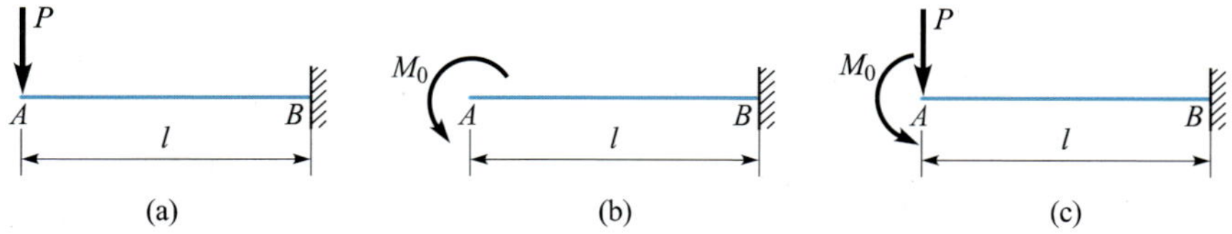

그림 예제 6.2

풀이

1) AB 구간($0 \le x \le l$)에서 휨모멘트식

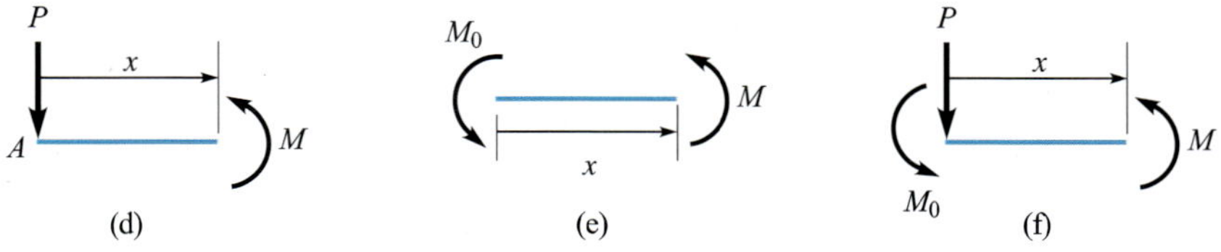

위의 그림 예제 6.2 (d), (e), (f)의 자유물체도에서, A점으로부터 x만큼 떨어진 위치의 휨모멘트식 M을 구하면

i) 그림 예제 6.2 (a), (d)의 경우

$$+\curvearrowright \sum M_x = 0\ ;\ -P(x) - M = 0,\ \therefore M = -Px$$

ii) 그림 예제 6.2 (b), (e)의 경우

$$+\curvearrowright \sum M_x = 0\ ;\ -M_0 - M = 0,\ \therefore M = -M_0$$

iii) 그림 예제 6.2 (c), (f)의 경우

$$+\curvearrowright \sum M_x = 0\ ;\ -P(x) - M_0 - M = 0,\ \therefore M = -Px - M_0$$

2) 휨모멘트식에 의한 보의 변형에너지

i) 그림 예제 6.2 (a), (d)의 경우

$$U_a = \int_0^l \frac{M^2}{2EI}dx = \frac{1}{2EI}\int_0^l (-Px)^2 dx = \frac{P^2 l^3}{6EI} \tag{1}$$

ii) 그림 예제 6.2 (b), (e)의 경우

$$U_b = \int_0^l \frac{M^2}{2EI}dx = \frac{1}{2EI}\int_0^l (-M_0^2) dx = \frac{M_0^2 l}{2EI} \tag{2}$$

iii) 그림 예제 6.2 (c), (f)의 경우

$$U_c = \int_0^l \frac{M^2}{2EI}dx = \frac{1}{2EI}\int_0^l (-Px - M_0)^2 dx$$

$$= \frac{P^2 l^3}{6EI} + \frac{M_0^2 l}{2EI} + \frac{PM_0 l^2}{2EI} \tag{3}$$

iv) 위의 i)~iii)에서 $U_a + U_b \neq U_c$가 된다. 즉, 두 하중을 동시에 작용시키면 변형에너지에 대한 추가항인 $\dfrac{PM_0 l^2}{2EI}$ 이 나타난다. 그러므로 둘이상의 하중이 동시에 작용하는 구조물에서의 변형에너지는 각각 별개로 작용하는 하중에 의한 변형 에너지들을 합해서 구할 수 없다. 변형에너지는 선형 함수가 아니라 하중의 2차 또는 2이상의 함수이기 때문이다. 따라서 변형에너지는 중첩의 원리를 적용할 수 없다.

3) 집중하중이 작용하고 있는 A점의 처짐 δ_A 및 처짐각 θ_A 계산

에너지 보존의 법칙에 의하면 하중에 의한 외적 일(external work) W_E와 구조물의 내부에 축척되는 탄성 변형에너지(내적 일) $U(=W_I)$는 같으므로, 즉 $W_E = U$가 된다. 이 법칙을 사용하면, 다음과 같이 처짐 δ_A와 처짐각 θ_A가 구해진다.

i) 그림 예제 6.2(a)의 경우

하중 P에 의한 외적 일

$$W_{Ea} = \frac{1}{2}P\delta_A \tag{4}$$

에너지 보존의 법칙에 의해 식 (1)= 식 (2)이므로, $\dfrac{P^2 l^3}{6EI} = \dfrac{1}{2}P\delta_A$가 된다.

따라서 하중 P 방향의 처짐 δ_A는 다음과 같이 구해진다.

$$\delta_A = \frac{Pl^3}{3EI}$$

ii) 그림 예제 6.2 (b)의 경우

하중 M_0에 의한 외적 일

$$W_{Eb} = \frac{1}{2}M_0\theta_A \tag{5}$$

식 (2)= 식 (5)이므로, $\dfrac{M_0^2 l}{2EI} = \dfrac{1}{2}M_0\theta_A$가 된다.

따라서 휨모멘트 하중 M 방향의 처짐각 θ_A는 다음과 같이 구해진다.

$$\theta_A = \frac{M_0 l}{EI}$$

iii) 그림 예제 6.2 (c)의 경우

외력(하중 P, M_0)에 의한 외적 일 $W_{Ec} = \frac{1}{2}P\delta_{A1} + \frac{1}{2}M_0\theta_{A1}$ (6)

변형에너지는 중첩의 원리가 적용되지 않으므로, 식 (3) ≠ 식 (6)이 된다. 즉,

$$\frac{1}{2}P\delta_{A1} + \frac{1}{2}M_0\theta_{A1} \neq \frac{P^2l^3}{6EI} + \frac{M_0^2l}{2EI} + \frac{PM_0l^2}{2EI} \qquad (7)$$

따라서 δ_{A1}과 θ_{A1}는 식 (7)로부터 구할 수 없다. 즉, 추가적인 $\frac{PM_0l^2}{2EI}$에 대한 처짐과 처짐각을 구할 수 없고, 또한 미지수 2개이고 식이 1개이므로 풀이가 불가하다. 이런 경우의 처짐과 처짐각은 6.2.3절에서 설명하는 가상일의 방법 등을 사용하여 구할 수 있다.

6.2.2 가상일의 원리

(1) 가상변위의 원리

가상변위의 원리(principle of virtual displacement)는 에너지 방법인 가상일의 원리(principle of virtual work)중의 하나로, '외력의 작용 하에 변형을 받고 있는 정역학적으로 평형인 구조물에 미소한 임의의 가상변위($d\delta$)가 주어졌을 때, 이들 외력(external load, P)이 외적가상변위($d\delta$)를 타고 하는 외적가상일(external virtual work, dW)은 내력(internal force, 응력 σ)이 내적가상변형($d\epsilon$)을 타고 하는 내적가상일(internal virtual work, dU)은 같다'는 것을 말한다. 이것을 식으로 나타내면 다음과 같이 된다. 즉,

$$dW = P \cdot d\delta = dU = \int_V \sigma \cdot d\epsilon\, dV = \int_0^l [\int_A \sigma \cdot d\epsilon dA] dx \qquad 6.14$$

여기서 가상이란 가정에 의해 상상으로 주어지 것으로 실제 물리적으로 존재하지 않을 정도로 미소한 크기를 의미한다. 즉, 가상일에서는 가상변위가 작용하는 동안에 힘의 작용선이 변하여 평형이 깨지지 않도록 미소한 변위로 제한해야 한다.

(2) 가상힘의 원리

가상힘의 원리(principle of virtual force)는 에너지 방법인 가상일의 원리 중의 하나로, 상보가상일(principle of complementary virtual work)을 사용하는 방법이다. 즉,

그림 6.4(a)와 같이 외력이 작용하여 평형상태에 있는 구조물의 임의의 위치에 미소의 가상힘 dP가 주어졌을 때, 가상힘 dP와 변위 δ의 곱으로 정의되는 그림 6.4(b)의 빗금 친 부분의 면적인 외적 상보가상일 dW^*는, 가상힘이 만드는 내적 가상힘(가상응력, $d\sigma$)과 변형(변형률 ϵ)의 곱[그림 6.4(c)의 빗금 친 부분의 면적 참조]인 내적 상보가상변형에너지(내적 상보가상일) dU^*와 같게 된다.

따라서 '외력의 작용 하에 변형을 받고 있는 정역학적으로 평형인 구조물에 미소한 임의의 가상힘(dP)이 주어졌을 때, 이들 가상힘(dP)이 외력에 의한 변위(δ)를 타고 하는 외적상보가상일(external complementary virtual work, dW^*)은 내적가상힘($d\sigma$)이 내력에 의한 변위(ϵ)를 타고 하는 내적상보가상일(internal complementary virtual work, dU^*)은 같게 된다.' 이것이 가상힘의 원리이며, 식으로 나타내면 다음과 같다.

$$dW^* = dP \cdot \delta = dU^* = \int_V d\sigma \cdot \epsilon dV = \int_0^l \left[\int_A d\sigma \cdot \epsilon dA \right] dx \qquad 6.15$$

여기서, 그림 6.4와 같이 선형탄성구조물인 경우 $dW^* = dW$가 된다.

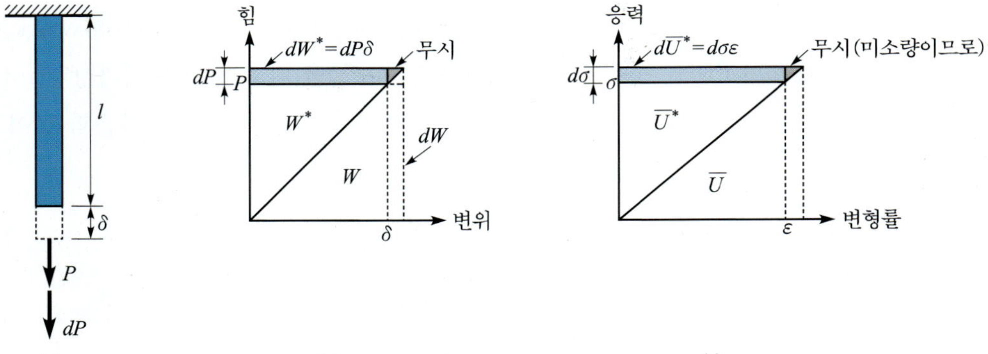

(a) (b) (c)

그림 6.4

6.2.3 가상일의 방법

가상일의 원리 중에서 보, 라멘, 트러스 등 어떤 종류의 구조물에서든지 처짐과 처짐각을 계산하는데 적용할 수 있는 것이 가상힘의 원리이다. 특히, 가상힘의 원리에서 가상력의 크기가 단위하중($dP = 1$)인 경우가 단위하중법(unit load method) 또는 가상일의 방법으로 구조물의 처짐을 구하는데 매우 유용하게 사용되고 있다[이것은 1717년 베르누이(John Bernoulli)가 제시한 방법임]. 즉,

그림 6.5에서 $dP = 1$이므로 $dW^* = dP \cdot \delta_i = 1 \cdot \delta_i$가 되고, $d\overline{U}^* = d\sigma \cdot \epsilon$이므로 $dU^* = \int_V d\sigma \cdot \epsilon \, dV$가 된다. 가상단위하중($dP = 1$)이 i점의 실제변위를 따라서 한 외적 가상일은 가상응력($d\sigma$)이 실제하중에 의한 변위(ϵ)를 따라한 내적 가상일과 같으므로, $dW^* = dU^*$가 성립된다. 따라서 가상단위하중이 작용하는 i점에서 처짐을 구하는 가상일의 방정식을 다음과 같이 나타낼 수 있다.

$$1 \cdot \delta_i = \int_V d\sigma \cdot \epsilon \, dV = \sum f \, dl \qquad 6.16$$

여기서, 1 : δ_i 방향으로 작용시킨 외적 가상단위하중($dP = 1$)

δ_i : 실제 작용하중에 의한 i점의 처짐[실제변위]

f : 가상단위하중($dP = 1$)에 의한 내부특정요소에서 dl방향의 가상내력

dl : 실제 작용하중에 의한 내부특정요소의 내부변위(변형률)[실제내부변위]

비슷한 방법으로, 가상우력모멘트(virtual couple moment) $dM = 1$에 대응하는 변위로 나타내진 식은 우력모멘트에 대응하는 처짐각(회전변위, 회전각)으로 표현된다. 즉,

$$1 \cdot \theta_i = \int d\sigma_\theta \cdot \epsilon \, dV = \sum f_\theta \, dl \qquad 6.17$$

여기서, 1 : θ_i 방향으로 작용시킨 외적 가상단위 우력모멘트하중($dM = 1$)

θ_i : 실제 작용하중에 의한 i점의 처짐각[실제변위]

f_θ : 가상단위하중($dM = 1$)에 의한 내부특정요소에서 dl 방향의 가상내력

dl : 실제 작용하중에 의한 내부특정요소의 내부변위(변형률)[실제내부변위]

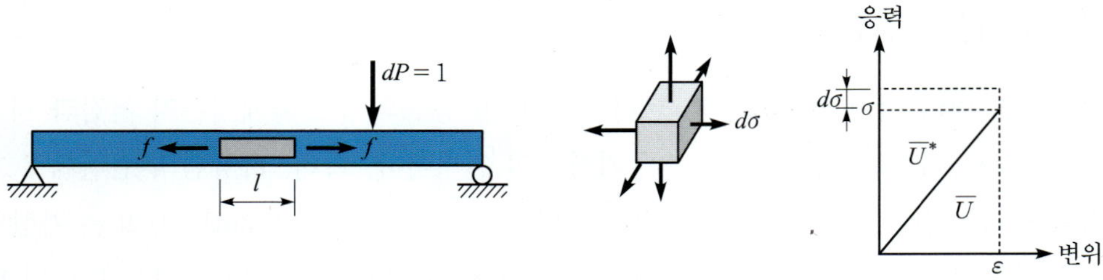

(a) 먼저, 가상단위하중을 가상역계에 작용시킴

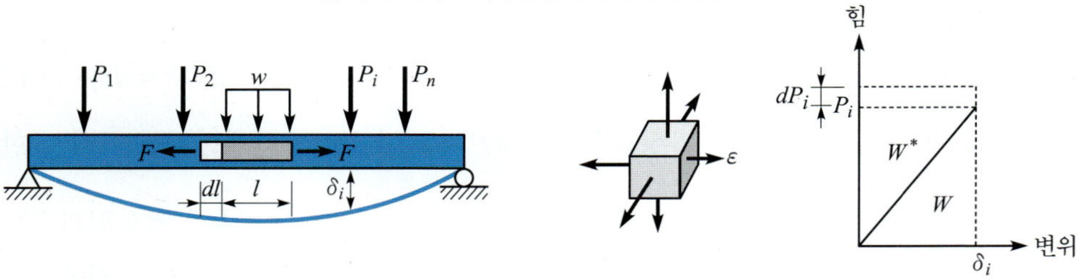

(b) 그 다음에, 실제 작용하중을 실제역계에 작용시킴

그림 6.5 가상일의 방법

(1) 가상일의 방법 – 축변형 부재의 처짐

트러스, 보, 라멘, 아치, 케이블 등과 같은 구조물에 실제하중이 작용하였을 때 발생하는 축력에 의해서 한 부재의 i점에 생기는 처짐 δ_i는 식 (6.16)의 가상일 방정식을 직접 적분하여 구할 수 있다. 즉, δ_i 방향으로 작용시킨 외적 가상단위하중 $dP=1$에 의해 부재의 미소길이 dx에서 그림 6.6(a)와 같은 축력 f가 생기고, 실제하중에 의해 그림 6.6(b)와 같은 축력 F가 발생했다면, 축력에 의한 처짐 δ_i는 식 (6.16)을 적분하여 다음과 같이 구할 수 있다.

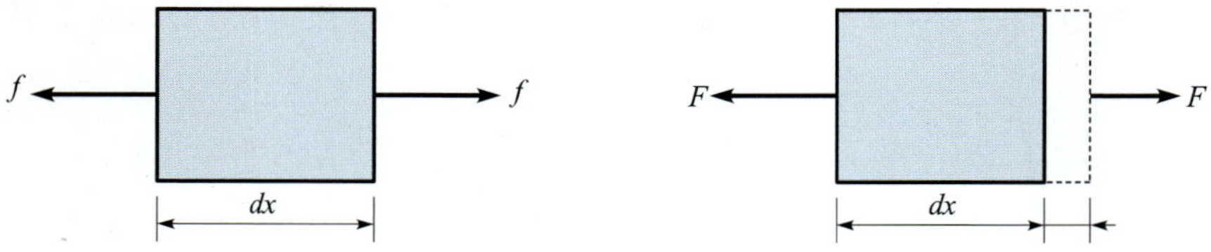

(a) 가상단위하중에 의한 축력　　(b) 실제 작용하중에 의한 축력과 변형

그림 6.6

$$
\begin{aligned}
1 \cdot \delta_i &= \sum f\, dl = \int_V d\sigma \cdot \epsilon\, dV \\
&= \int_0^l \left[\int_A d\sigma \cdot \epsilon\, dA \right] dx = \int_0^l \left[\int_A \left(\frac{f}{A} \right) \left(\frac{\sigma}{E} \right) dA \right] dx \\
&= \int_0^l \left[\int_A \left(\frac{f}{A} \right) \left(\frac{F}{EA} \right) dA \right] dx \\
&= \int_0^l \frac{fF}{EA} dx = \frac{fFl}{EA}
\end{aligned} \tag{6.18}
$$

여기서, E는 탄성계수이고, A는 부재의 단면적이다.

(2) 가상일의 방법 – 휨변형 부재의 처짐

보, 라멘 등과 같은 휨변형 구조물에 실제하중이 작용하였을 때 발생하는 휨모멘트에 의해서 한 부재의 i 점에 생기는 처짐 δ_i는 식 (6.16)의 가상일 방정식을 직접 적분하여 구할 수 있다. 즉, δ_i 방향으로 작용시킨 외적 가상단위하중 $dP = 1$에 의하여 부재 내부의 미소길이 dx에서 그림 6.7(a)와 같은 휨모멘트 m이 생기고, 실제하중에 의하여 그림 6.7(b)와 같은 휨모멘트 M이 생겼다고 하면, 휨모멘트에 의한 처짐 δ_i는 식 (6.16)을 적분하여 다음과 같이 구할 수 있다.

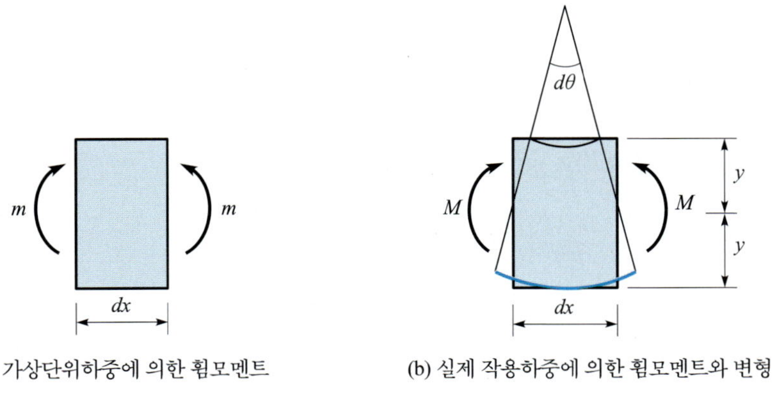

그림 6.7

$$
\begin{aligned}
1 \cdot \delta_i &= \sum f\,dl = \int_V d\sigma \cdot \epsilon\,dV \\
&= \int_0^l \left[\int_A d\sigma \cdot \epsilon\,dA\right] dx = \int_0^l \left[\int_A \left(\frac{m\,y}{I}\right)\left(\frac{\sigma}{E}\right) dA\right] dx \\
&= \int_0^l \left[\int_A \left(\frac{m\,y}{I}\right)\left(\frac{My}{EI}\right) dA\right] dx \\
&= \int_0^l \left[\int_A \left(\frac{m\,M}{EI}\right) y^2 dA\right] dx \\
&= \int_0^l \frac{m\,M}{EI} dx
\end{aligned}
\tag{6.19}
$$

여기서, I는 부재의 단면 2차모멘트이다.

또 다른 방법으로, 가상단위하중에 의한 응력 $d\sigma$와 외력에 의한 휨변형률 ϵ이 생겼다고 하자. 그림 6.7에서 $d\sigma = \dfrac{m\,y}{I}$이고 $\epsilon = \left(\dfrac{d\theta}{dx}\right)y = \left(\dfrac{M}{EI}\right)y$이므로[자세한 휨모멘트에 의한 응력과 변형률의 유도과정은 건설공학도를 위한 재료역학(박연수 외 저서, 구미서관)의 6.1절과 6.2절 참조요망], 휨모멘트에 의해서 한 부재의 i점에 생기는 처짐 δ_i는 식 (6.16)의 가상일 방정식을 직접 적분하여 다음과 같이 구할 수 있다.

$$
\begin{aligned}
1 \cdot \delta_i &= \sum f\,dl = \int_V d\sigma \cdot \epsilon\,dV \\
&= \int_0^l \left[\int_A d\sigma \cdot \epsilon\,dA\right] dx = \int_0^l \left[\int_A \left(\frac{my}{I}\right)\left(\frac{d\theta}{dx}\right) y\,dA\right] dx \\
&= \int_0^l \left[\int_A \left(\frac{m\,y}{I}\right)\left(\frac{My}{EI}\right) dA\right] dx \\
&= \int_0^l \left[\int_A \left(\frac{m\,M}{EI}\right) y^2 dA\right] dx \\
&= \int_0^l \frac{m\,M}{EI} dx
\end{aligned}
\tag{6.20}
$$

비슷한 방법으로, 외력에 대한 휨변형 부재의 한 점에서 처짐각 θ_i(회전변위, 회전각, 기울기)를 구하려면, 이 점에 가상단위 우력모멘트($dM = 1$)를 가력시키고 내적 휨모멘트 m_θ를 구해야 한다. 이 경우, 식 (6.17)을 적용하면 다음과 같은 처짐각 θ_i를 구하는 식이 얻어진다.

$$\theta_i = \int_0^l \frac{m_\theta M}{EI} dx \qquad 6.21$$

(3) 가상일의 방법 – 전단변형 부재의 처짐

전단력에 의해서도 구조물 부재의 처짐은 발생한다. 깊은 보 등과 같은 구조물에 실제하중이 작용하였을 때 발생하는 전단력에 의해서 한 부재의 i점에 생기는 처짐 δ_i는 식 (6.16)의 가상일 방정식을 직접 적분하여 구할 수 있다. 즉, δ_i 방향으로 작용시킨 외적 가상단위하중 $dP=1$에 의하여 부재의 미소길이 dx에서 그림 6.8(a)와 같은 전단력 v가 생기고, 실제하중에 의하여 그림 6.8(b)와 같은 전단력 V가 발생했다면, 전단력에 의한 처짐 δ_i는 식 (6.16)을 적분하여 다음과 같이 구할 수 있다. 즉, 전단력을 받는 경우 $d\sigma$는 $d\tau$이고 ϵ은 γ이므로

(a) 가상단위하중에 의한 전단력 (b) 실제 작용하중에 의한 전단력용과 변형

그림 6.8

$$\begin{aligned}
1 \cdot \delta_i &= \sum f\,dl = \int_V d\sigma \cdot \epsilon\, dV = \int_V d\tau \cdot \gamma\, dV \\
&= \int_0^l \left[\int_A d\tau \cdot \gamma\, dA\right] dx = \int_0^l \left[\int_A \left(\frac{vQ}{Ib}\right)\left(\frac{\tau}{G}\right) dA\right] dx \\
&= \int_0^l \left[\int_A \left(\frac{vQ}{Ib}\right)\left(\frac{VQ}{GIb}\right) dA\right] dx \\
&= \int_0^l \left[\int_A \left(\frac{vV}{GA}\right)\left(\frac{Q}{Ib}\right)^2 A\, dA\right] dx \\
&= \int_0^l \frac{KvV}{GA} dx
\end{aligned} \qquad 6.22$$

여기서, G는 전단탄성계수, b는 단면의 폭, Q는 중립축에 대한 해당 단면의 1차 모멘트, 그리고 K는 형상계수[$K=1.2$(직사각형 단면), $K=10/9$(원형 단면), $K=1.0$(I형 단면에서 단면적 A를 복부의 단면적 A_w로 치환한 경우)]이다.

(4) 가상일의 방법 – 비틀림변형 부재의 처짐

구조물에 실제하중이 작용하였을 때 발생하는 비틀림모멘트에 의해서 한 부재의 i점에 생기는 처짐 δ_i는 식 (6.16)의 가상일 방정식을 직접 적분하여 구할 수 있다. 즉, δ_i 방향으로 작용시킨 외적 가상단위하중 $dP=1$에 의하여 부재의 미소길이 dx에서 그림 6.9 (a)와 같은 비틀림모멘트 t가 생기고, 실제하중에 의하여 그림 6.9 (b)와 같은 비틀림모멘트 T가 발생했다면[자세한 비틀림모멘트에 의한 전단응력과 전단변형률의 유도과정 등은 건설공학도를 위한 재료역학(박연수 외 저서, 구미서관)의 4.2절 참조요망], 비틀림모멘트에 의한 처짐 δ_i는 식 (6.16)를 적분하여 다음과 같이 구할 수 있다. 즉, 비틀림모멘트를 받는 경우 $d\sigma$는 $d\tau$이고 ϵ은 γ이므로

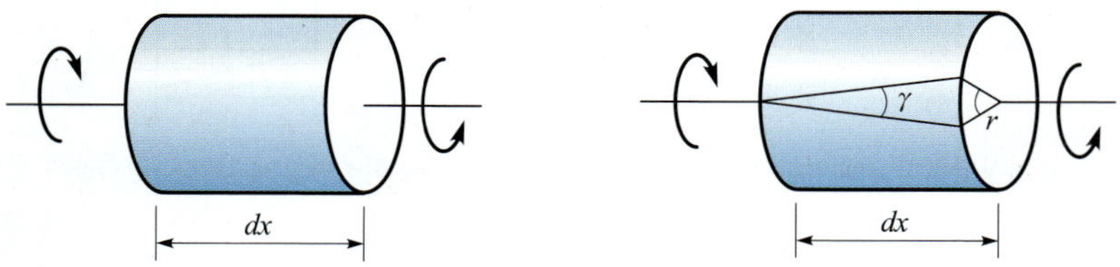

(a) 가상단위하중에 의한 비틀림모멘트 (b) 실제 작용하중에 의한 비틀림모멘트와 변형

그림 6.9

$$\begin{aligned}1\cdot\delta_i &= \sum f\,dl = \int_V d\sigma\cdot\epsilon\,dV = \int_V d\tau\cdot\gamma\,dV \\ &= \int_0^l\left[\int_A d\tau\cdot\gamma\,dA\right]dx = \int_0^l\left[\int_A\left(\frac{tr}{J}\right)\left(\frac{\tau}{G}\right)dA\right]dx \\ &= \int_0^l\left[\int_A\left(\frac{tr}{J}\right)\left(\frac{Tr}{GJ}\right)dA\right]dx \\ &= \int_0^l\left[\int_A\left(\frac{tT}{GJ^2}\right)r^2dA\right]dx \\ &= \int_0^l\frac{tT}{GJ}dx\end{aligned} \tag{6.23}$$

여기서, 부재 단면의 반지름 r, J는 극관성모멘트이다.

(5) 온도에 의한 부재의 처짐

트러스, 보, 라멘 등의 구조물에 온도변화가 있을 경우, 온도변화로 인해 발생하는 처짐을 추가시켜야 한다. 그림 6.10과 같이 부재 단면의 상하단에 t_{top}[상연(上緣)의 온도], t_l[하연(下緣)의 온도]가 발생하였을 때, t_l이 t_{top}보다 크다면 그림 (a)~(c)와 같이 위로 오목하게[양(+)의 곡률] 구부러질 것이다. 이 중에서 부재 단면의 평균온도변화 $t_o = (t_{top} + t_l)/2$는 부재의 축방향 변형을 발생시키고, 상연과 하연의 온도차인 구배온도변화 $\Delta t = t_l - t_{top}$은 휨변형을 일으킨다. 각각에 대한 부재의 처짐을 구하면 다음과 같다.

① 축변형에 의한 처짐

부재의 열팽창계수가 α이고 평균온도변화가 $t_o[= (t_{top} + t_l)/2]$인 경우, 이 부재의 온도변형률은 $\epsilon = \alpha t_0$이므로 한 부재의 i점에 생기는 처짐 δ_i는 식 (6.16)의 가상일 방정식을 직접 적분하여 구할 수 있다. 즉, δ_i 방향으로 작용시킨 외적 가상단위하중 $dP = 1$에 의하여 부재의 미소길이 dx에서 그림 6.6(a)와 같은 축력 f가 생기고, 실제 온도하중에 의하여 그림 6.10(b)와 같은 축변형 $\alpha t_o dx$가 발생했다면, 축변형을 일으키는 평균온도변화 t_o에 의한 처짐 δ_i는 식 (6.16)을 적분하여 다음과 같이 구할 수 있다.

$$\begin{aligned} 1 \cdot \delta_i &= \sum f\, dl = \int_V d\sigma \cdot \epsilon\, dV \\ &= \int_0^l \left[\int_A d\sigma \cdot \epsilon\, dA \right] dx = \int_0^l \left[\int_A \left(\frac{f}{A} \right) (\alpha t_o) dA \right] dx \\ &= \int_0^l f \cdot \alpha t_o dx = f \cdot \alpha t_o l \end{aligned} \tag{6.24}$$

② 휨변형에 의한 처짐

부재의 열팽창계수가 α이고 구배온도(온도경사)변화 $\Delta t[= t_l - t_{top}]$인 경우, 그림 6.10(b)에서 $h d\theta = \alpha \Delta t\, dx$이므로 이 부재의 휨변형은 $d\theta = (\alpha \Delta t\, dx)/h$가 된다. 따라서 구배온도변화 때문에 한 부재의 i점에 생기는 처짐 δ_i는 식 (6.16)의 가상일 방정식을 직접 적분하여 구할 수 있다. 즉, δ_i 방향으로 작용시킨 외적 가상단위하중

$dP=1$에 의하여 부재 내부의 미소길이 dx에서 그림 6.7(a)와 같은 휨모멘트 m이 생기고, 실제온도하중에 의하여 그림 6.10(b)와 같은 휨변형 $d\theta=(\alpha t_o dx)/h$가 발생했다면, 휨변형을 일으키는 구배온도변화 Δt에 의한 처짐 δ_i는 식 (6.16)을 적분하여 다음과 같이 구할 수 있다.

$$
\begin{aligned}
1\cdot\delta_i &= \sum f\,dl = \int_V d\sigma\cdot\epsilon\,dV \\
&= \int_0^l\left[\int_A d\sigma\cdot\epsilon\,dA\right]dx = \int_0^l\left[\int_A\left(\frac{my}{I}\right)\left(\frac{d\theta}{dx}\right)y\,dA\right]dx \\
&= \int_0^l\left[\int_A\left(\frac{my}{I}\right)\left(\frac{\alpha\Delta t}{h}\right)y\,dA\right]dx \\
&= \int_0^l\left[\int_A m\left(\frac{\alpha\Delta t}{Ih}\right)y^2 dA\right]dx \\
&= \int_0^l m\frac{\alpha\cdot\Delta t}{h}dx
\end{aligned}
\tag{6.25}
$$

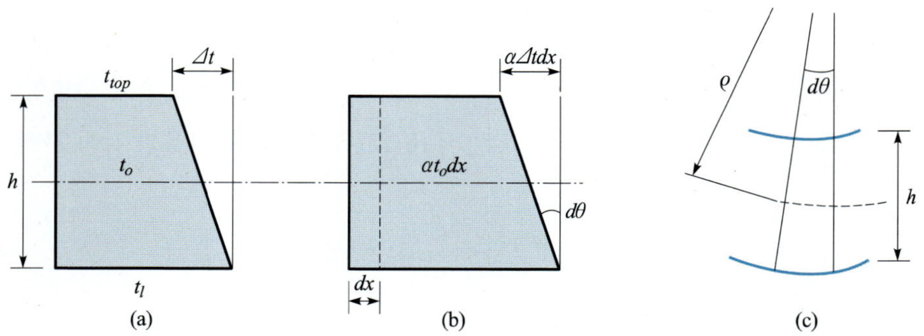

그림 6.10

(5) 제작오차에 의한 부재의 처짐

트러스, 보, 라멘 등의 구조물에 제작오차가 발생하였을 때, 이것으로 인해 생기는 한 부재의 i점에 생기는 처짐 δ_i는 식 (6.16)으로부터 간단히 구할 수 있다. 즉, δ_i 방향으로 작용시킨 외적 가상단위하중 $dP=1$에 의하여 부재의 미소길이 dx에서 그림 6.6(a)와 같은 축력 f가 생기고, 제작오차에 의하여 축변형 dl이 발생했다면, 축변형을 일으키는 제작오차에 의한 처짐 δ_i는 다음과 같이 된다.

$$1 \cdot \delta_i = \sum f\, dl \qquad 6.26$$

(6) 가상일의 방법 – 지점침하에 의한 부재의 처짐

구조물에 지점침하가 발생하였을 때, 이것으로 인해 생기는 한 부재의 i점에 생기는 처짐 δ_i는 식 (6.16)의 좌변에 외적 가상단위하중 $dP=1$로 인한 반력성분에 의하여 하여진 가상의 외적일 dW_s가 추가되어야 한다. 여기서 dW_s는 $dP=1$로 인한 가상의 반력성분에 대응하는 실제의 지점침하량의 곱한 값으로, dW_s의 부호는 $dP=1$에 의한 반력성분의 방향과 실제 침하량의 방향이 같으면 양(+)의 방향이 된다. dW_s를 식으로 나타내면 다음과 같다.

$$dW_s = \sum[(dP=1\text{에 의한 반력성분}) \cdot (\text{대응하는 지점침하량})] \qquad 6.27$$

(7) 가상일의 방법에서 처짐의 일반식

일반적으로 구조물에 각종 외력이 작용하고 몇 개의 부재에 온도변화, 조립오차, 지점침하가 있는 경우, 구조물의 어떤 i점에 생기는 처짐 δ_i는 위에서 유도한 가상일의 방법에 의한 식 (6.18)~(6.23)을 부재 전체에 대해 합하여 구한다. 즉, 가상일의 방법에서 처짐의 일반식은 다음과 같이 표현할 수 있다.

$$\begin{aligned} 1 \cdot \delta_i + dW_s = & \sum \frac{fFl}{EA} + \sum \int_0^l \frac{mM}{EI} dx + \sum \int_0^l \frac{KvV}{GA} dx \\ & + \sum \int_0^l \frac{tT}{GJ} dx + \left[\sum f(\alpha t_o l) + \sum \int_0^l m \frac{\alpha \Delta t}{h} dx \right] \\ & + \sum f\, dl \end{aligned} \qquad 6.28$$

예제 6.3

다음 캔틸레버보에서 자유단 B점의 처짐 δ_B와 처짐각 θ_B를 구하시오. 단, 휨모멘트에 의한 변위만을 고려하고, EI는 일정(constant)하다.

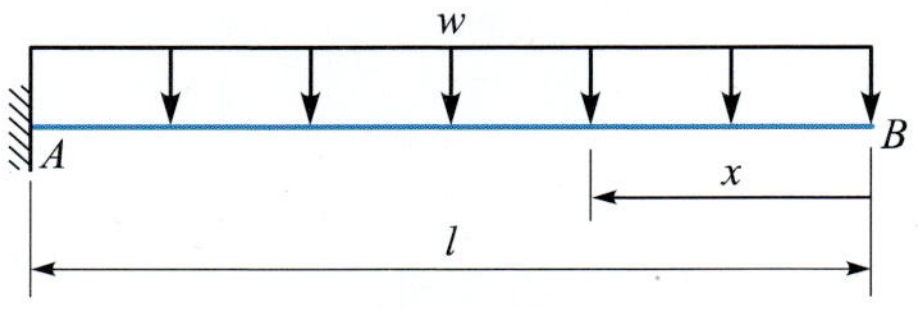

(a)

그림 예제 6.3

풀이

1) 자유단 B점의 처짐 δ_B

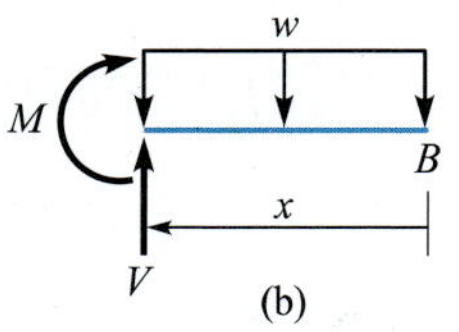

(b)

i) 실제역계에서 휨모멘트식 M의 유도

실제 등분포하중 w을 작용시킨 실제역계인 그림 예제 6.3(a), (b)의 자유물체도에 대해, B점으로부터 x 위치의 단면에 모멘트의 평형방정식을 적용하면 x 위치의 휨모멘트 M이 구해진다. 즉, AB구간$(0 \leq x \leq l)$에서

$$+\curvearrowright \sum M_x = 0\ ;\ M + (wx)\left(\frac{x}{2}\right) = 0,\ \therefore M = -\frac{w}{2}x^2$$

ii) 가상역계에서 휨모멘트식 m의 유도

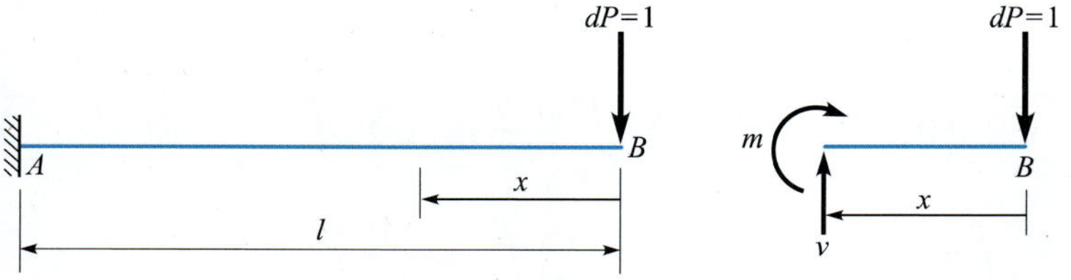

(c) (d)

가상단위하중 $dP = 1$을 작용시킨 가상역계인 그림 예제 6.3(c), (d)의 자유물체도에 대해, B점으로부터 x 위치의 단면에 모멘트의 평형방정식을 적용하면 x 위치의 휨모멘트 m이 구해진다. 즉, AB구간$(0 \leq x \leq l)$에서

$$+\curvearrowright \sum M_x = 0\ ;\ m + (1)(x) = 0,\quad \therefore m = -x$$

iii) 처짐 δ_B의 계산

휨변형에 의한 처짐을 구하는 가상일의 방법 식 (6.19)를 적용하면, 자유단 B점의 처짐 δ_B가 다음과 같이 구해진다.

$$1 \cdot \delta_B = \int_0^l \frac{m\,M}{EI} dx$$
$$= \frac{1}{EI}\int_0^l (-x)\left(-\frac{w}{2}x^2\right)dx = \frac{1}{EI}\int_0^l \left(\frac{wx^3}{2}\right)dx = \frac{1}{EI}\left[\frac{wx^4}{8}\right]_0^l$$
$$= \frac{wl^4}{8EI}\ (\downarrow)$$

2) 자유단 B점의 처짐각 θ_B

i) 실제역계에서 휨모멘트식 M

위의 1) i)의 x 위치의 휨모멘트 M과 같은 값이다. 즉, AB구간($0 \le x \le l$)에서

$$M = -\frac{w}{2}x^2$$

ii) 가상역계에서 휨모멘트식 m_θ의 유도

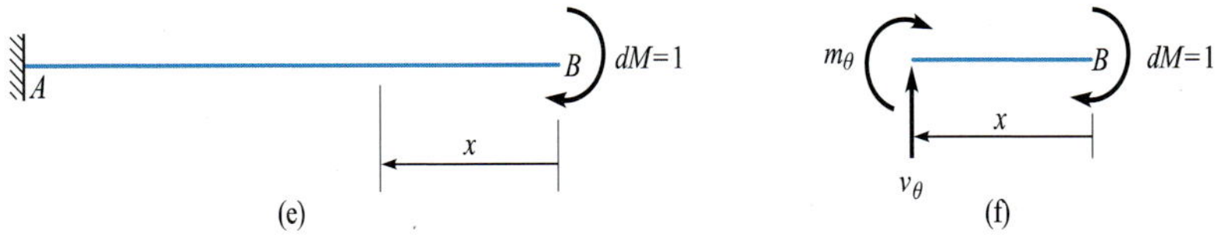

가상단위 휨모멘트하중 $dM=1$을 작용시킨 가상역계인 그림 예제 6.3(e), (f)의 자유물체도에 대해, B점으로부터 x 위치의 단면에 모멘트의 평형방정식을 적용하면 x 위치의 휨모멘트 m_θ가 구해진다. 즉, AB구간($0 \le x \le l$)에서

$$+\curvearrowright \sum M_x = 0\ ;\ m_\theta + 1 = 0, \quad \therefore m_\theta = -1$$

iii) 처짐 θ_B의 계산

휨변형에 의한 처짐각을 구하는 가상일의 방법 식 (6.21)을 적용하면, 자유단 B점의 처짐각 θ_B가 다음과 같이 구해진다.

$$1 \cdot \theta_B = \int_0^l \frac{m_\theta M}{EI} dx$$
$$= \frac{1}{EI}\int_0^l (-1)\left(-\frac{w}{2}x^2\right)dx = \frac{1}{EI}\int_0^l \left(\frac{wx^2}{2}\right)dx = \frac{1}{EI}\left[\frac{wx^3}{6}\right]_0^l$$
$$= \frac{wl^3}{6EI}\ (\curvearrowright)$$

예제 6.4

다음 그림과 같이 집중하중을 받고 있는 트러스구조물에서 부재 AE 및 DE의 평균온도변화 t_o이 $20°C$ 상승하였을 때, 격점 B의 수직처짐 δ_B를 구하시오. 단, 열팽창계수는 $\alpha = 1.2 \times 10^{-5}/°C$이고, 부재의 탄성계수는 $E = 2.04 \times 10^5 \mathrm{MPa}$이고, 부재의 단면적은 $A_{AB} = A_{BC} = 0.01\mathrm{m}^2$, $A_{AE} = A_{CE} = A_{DE} = 0.005\mathrm{m}^2$, $A_{BE} = A_{CD} = 0.0075\mathrm{m}^2$이다.

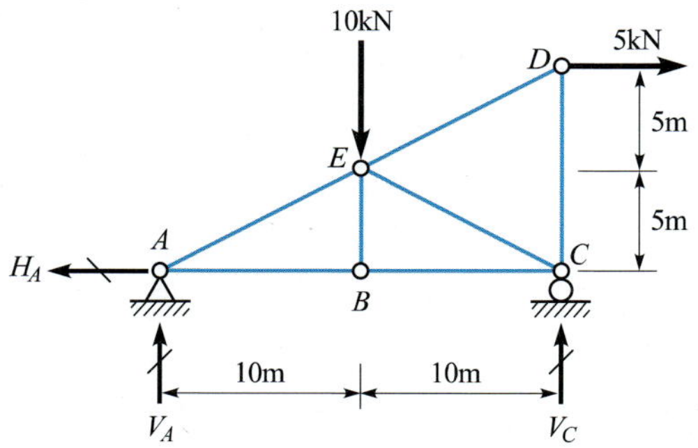

(a)

그림 예제 6.4

풀이

1) 실제역계에서 반력과 부재력의 계산

i) 반력계산

그림 예제 6.4의 전체 구조물 자유물체도에서

$$+\curvearrowright\sum M_C = 0 \ ; \ V_A \cdot 20 - 10 \cdot 10 + 5 \cdot 10 = 0, \quad \therefore V_A = 2.5\mathrm{kN}\,(\uparrow)$$

$$+\uparrow\sum F_z = 0 \ ; \ V_A - 10 + V_C = 0, \quad \therefore V_C = -V_A + 10 = 7.5\mathrm{kN}\,(\uparrow)$$

$$+\rightarrow\sum F_x = 0 \ ; \ -H_A + 5 = 0, \quad \therefore H_A = 5\mathrm{kN}\,(\leftarrow)$$

ii) 부재력의 계산

단면법 또는 격점법을 사용하여 부재력을 구하면 다음 표의 F값과 같다(자세한 계산과정은 예제 3.6, 3.5 참조 요망).

2) 가상역계에서 반력과 부재력의 계산

가상단위하중 $dP = 1$을 격점 B에 작용시킨 가상역계인 그림 예제 6.4(b)에 대해서

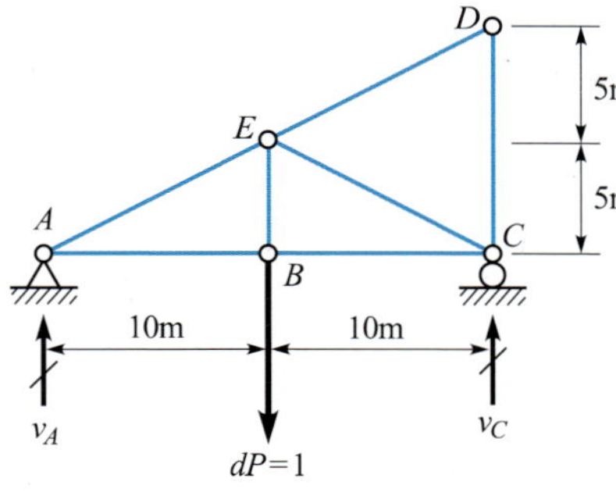

(b)

i) 반력계산

그림 예제 6.4(b)의 가상역계 자유물체도에서

$$+\curvearrowright \sum M_C = 0 \ ; \ v_A \cdot 20 - 1 \cdot 10 = 0, \quad \therefore v_A = 0.5\text{kN} (\uparrow)$$

$$+\uparrow \sum F_z = 0 \ ; \ v_A - 1 + v_C = 0, \quad \therefore v_C = -v_A + 1 = 0.5\text{kN} (\uparrow)$$

ii) 부재력의 계산

부재력을 단면법 또는 격점법을 사용하여 부재력을 구하면 다음 표의 f값과 같다(자세한 계산과정은 예제 3.6, 3.5 참조 요망).

3) 평균온도변화 t_o에 의한 $f(\alpha t_o l)$값의 계산

평균온도변화 t_o에 의한 격점 B의 수직처짐을 계산하면 다음 표의 $f(\alpha t_o l)$의 값과 같다.

부재	l(m)	E(kN/m²)	α(1/°C)	A(m²)	f	F(kN)	$\frac{fFl}{EA}$(m)	t_o	$f(\alpha t_o l)$ (m)	δ_B(m)
AB	10	2.04×10^8	1.2×10^{-5}	0.01	1	10	0.000049	0	0	
AE	11.18	2.04×10^8	1.2×10^{-5}	0.005	-1.118	-5.59	0.000069	+20	-0.003	
BC	10	2.04×10^4	1.2×10^{-5}	0.01	1	10	0.000049	0	0	
BE	5	2.04×10^4	1.2×10^{-5}	0.0075	1	0	0	0	0	
CD	10	2.04×10^4	1.2×10^{-5}	0.0075	0	-2.5	0	0	0	
CE	11.18	2.04×10^4	1.2×10^{-5}	0.005	-1.118	-11.18	0.00014	0	0	
DE	11.18	2.04×10^4	1.2×10^{-5}	0.005	0	5.59	0	+20	0	
Σ							0.0003		-0.003	-0.0027

4) 수직처짐 δ_B의 계산

축변형에 의한 처짐을 구하는 가상일의 방법 식 (6.24)를 적용하면, 집중하중과 평균온도변화를 동시에 받고 있는 트러스 격점 B의 수직처짐이 위의 표의 δ_B와 같이 구해진다. 즉, 식 (6.24)에서 축력과 평균온도변화를 제외한 나머지 항에 의한 처짐은 0이므로

$$
\begin{aligned}
1 \cdot \delta_B &= \sum \frac{fFl}{EA} + \sum f(\alpha t_o l) \\
&= 0.0003 + (-0.003) \\
&= 0.0027\text{m} = -2.7\text{mm}\,(\uparrow)
\end{aligned}
$$

예제 6.5

다음 그림과 같이 집중하중을 받고 있는 트러스구조물에서 부재 DE가 제작오차로 $dl = 10\,\text{mm}$ 길게 제작되었을 때, 격점 B의 수직처짐 δ_B를 구하시오. 단, 부재의 탄성계수는 $E = 2.04 \times 10^5\,\text{MPa}$이고, 부재의 단면적은 $A = 0.007\,\text{m}^2$이다.

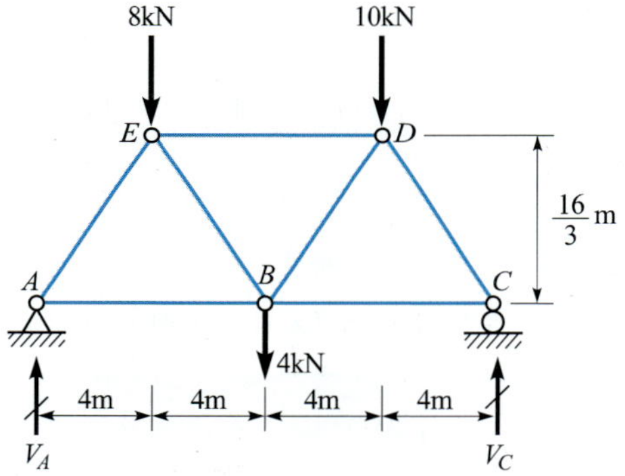

(a)

그림 예제 6.5

풀이

1) 실제역계에서 반력과 부재력의 계산

i) 반력계산

그림 예제 6.5의 전체 구조물 자유물체도에서

$$+\curvearrowright \sum M_C = 0\ ;\ V_A \cdot 16 - 8 \cdot 12 - 4 \cdot 8 - 10 \cdot 4 = 0, \qquad \therefore V_A = 10.5\text{kN}\,(\uparrow)$$

$$+\uparrow \sum F_z = 0\ ;\ V_A - 8 - 4 - 10 + V_C = 0, \qquad \therefore V_C = -V_A + 8 + 4 + 10 = 11.5\text{kN}\,(\uparrow)$$

ii) 부재력의 계산

격점법을 사용하여 부재력을 구하면 다음 표의 F값과 같다(자세한 계산과정은 예제 3.5

참조 요망).

2) 가상역계에서 반력과 부재력의 계산

가상단위하중 $dP=1$을 격점 B에 작용시킨 가상역계인 그림 예제 6.5(b)에 대해서

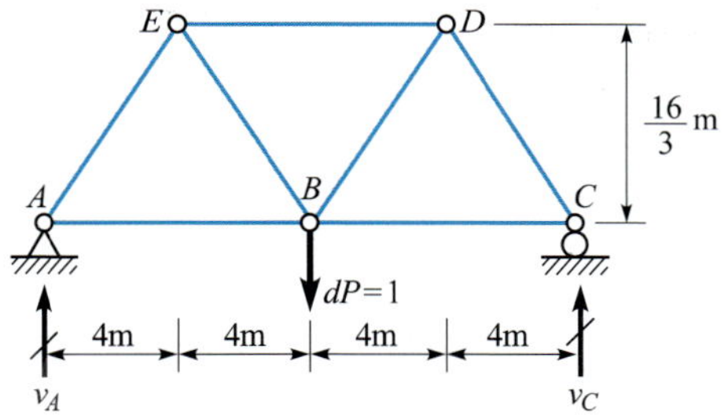

(b)

i) 반력계산

그림 예제 6.4(b)의 가상역계 자유물체도에서

$$+\curvearrowright \sum M_C=0\ ;\ v_A\cdot 16-1\cdot 8=0, \qquad \therefore v_A=0.5\text{kN}(\uparrow)$$

$$+\uparrow \sum F_z=0\ ;\ v_A-1+v_C=0, \qquad \therefore v_C=-v_A+1=0.5\text{kN}(\uparrow)$$

ii) 부재력의 계산

격점법을 사용하여 부재력을 구하면 다음 표의 f값과 같다(자세한 계산과정은 예제 3.5 참조 요망).

3) 부재 DE가 제작오차로 $dl=10$mm 길게 제작되었을 때, 격점 B의 수직처짐 값의 계산

부재 DE의 길어진 제작오차 $dl=10$mm에 의한 격점 B의 수직처짐을 계산하면 다음 표의 $f\cdot dl$과 같다.

부재	l(m)	E(kN/m²)	A(m²)	f	F(kN)	$\frac{fFl}{EA}$(m)	dl (m)	$f(dl)$ (m)	δ_B(m)
AB	8	2.04×10^8	0.007	0.375	7.875	1.65×10^{-5}	0	0	
AE	6.67	2.04×10^8	0.007	-0.625	-13.125	3.83×10^{-5}	0	0	
BC	8	2.04×10^4	0.007	0.375	8.625	1.81×10^{-5}	0	0	
BD	6.67	2.04×10^4	0.007	0.625	1.875	5.47×10^{-6}	0	0	
BE	6.67	2.04×10^4	0.007	0.625	3.125	9.12×10^{-6}	0	0	
CD	6.67	2.04×10^4	0.007	-0.625	-14.375	4.19×10^{-5}	0	0	
DE	8	2.04×10^4	0.007	-0.75	-9.75	4.10×10^{-5}	0.01	-0.0075	
Σ						0.00017		-0.0075	-0.00733

4) 수직처짐 δ_B의 계산

축변형에 의한 처짐을 구하는 가상일의 방법 식 (6.24)를 적용하면, 집중하중과 제작오차를 동시에 받고 있는 트러스 격점 B의 수직처짐이 위의 표의 δ_B와 같이 구해진다. 즉, 식 (6.24)에서 축력과 제작오차를 제외한 나머지 항에 의한 처짐은 0(zero)이므로

$$
\begin{aligned}
1 \cdot \delta_B &= \sum \frac{fFl}{EA} + \sum f(dl) \\
&= 0.00017 + (-0.0075) \\
&= -0.00733\text{m} = -7.33\text{mm}\,(\uparrow)
\end{aligned}
$$

예제 6.6

다음 정정라멘에서 단면력(휨모멘트, 전단력, 축력, 비틀림모멘트)을 모두 고려해서 E점의 처짐 δ_E를 구하고, 이들의 영향을 비교하시오. 단, 부재의 단면은 직사각형이고, AC 및 BD부재의 단면적 $A_{AC} = A_{BD} = 0.036\text{m}^2$, CD부재의 단면적 $A_{CD} = 0.025\text{m}^2$, AC 및 BD부재의 단면 2차모멘트 $I_{AC} = I_{BD} = 8 \times 10^{-4}\text{m}^4$, CD부재의 단면 2차모멘트 $I_{CD} = 1.2 \times 10^{-3}\text{m}^4$, 탄성계수는 $E = 200\text{GPa}$, 포아송(poisson)비 ν는 0.25이다.

[25점, 토목구조기술사 시험]

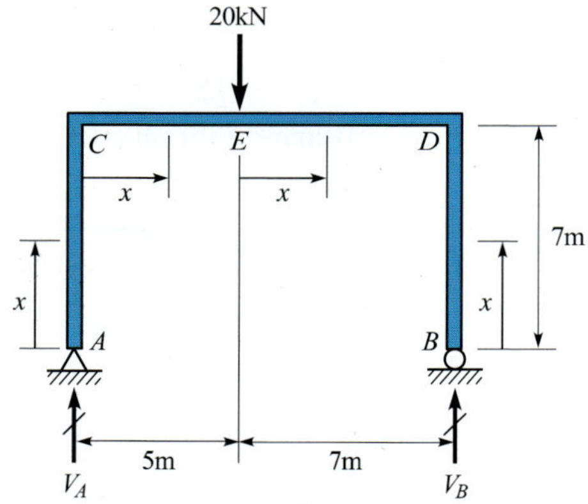

(a)

그림 예제 6.6

풀이

1) 실제역계에서 반력과 부재력의 계산

i) 반력계산

그림 예제 6.6(a)의 전체 구조물 자유물체도에서

$$+\curvearrowright \sum M_B = 0\ ;\ V_A \cdot 12 - 20 \cdot 7 = 0, \qquad \therefore\ V_A = \frac{20 \cdot 7}{12} = 11.7\ (\uparrow)$$

$$+\uparrow \sum F_y = 0\ ;\ V_A - 20 + V_B = 0, \qquad \therefore\ V_B = -11.7 + 20 = 8.3\ (\uparrow)$$

ii) 부재력의 계산

- 휨모멘트 M

  그림 예제 6.6(a)에서

  AC구간$(0 \leq x \leq 7\text{m})$: $M=0$

  CE구간$(0 \leq x \leq 5\text{m})$: $M=11.7x$

  ED구간$(0 \leq x \leq 7\text{m})$: $M=11.7(5+x)-20x=58.5-8.3x$

  BD구간$(0 \leq x \leq 7\text{m})$: $M=0$

- 전단력 V

  그림 예제 6.6(a)에서

  AC구간$(0 \leq x \leq 7\text{m})$: $V=0$

  CE구간$(0 \leq x \leq 5\text{m})$: $V=11.7$

  ED구간$(0 \leq x \leq 7\text{m})$: $V=11.7-20=-8.3$

  BD구간$(0 \leq x \leq 7\text{m})$: $V=0$

- 축력 F

  그림 예제 6.6(a)에서

  AC구간$(0 \leq x \leq 7\text{m})$: $F=-11.7$

  CE구간$(0 \leq x \leq 5\text{m})$: $F=0$

  ED구간$(0 \leq x \leq 7\text{m})$: $F=0$

  BD구간$(0 \leq x \leq 7\text{m})$: $F=-8.3$

- 비틀림모멘트 T

  그림 예제 6.6(a)에서

  AC구간$(0 \leq x \leq 7\text{m})$: $T=0$

  CE구간$(0 \leq x \leq 5\text{m})$: $T=0$

  ED구간$(0 \leq x \leq 7\text{m})$: $T=0$

  BD구간$(0 \leq x \leq 7\text{m})$: $T=0$

2) 가상역계에서 반력과 부재력의 계산

가상단위하중 $dP=1$을 격점 E에 작용시킨 가상역계인 그림 예제 6.6(b)에 대해서

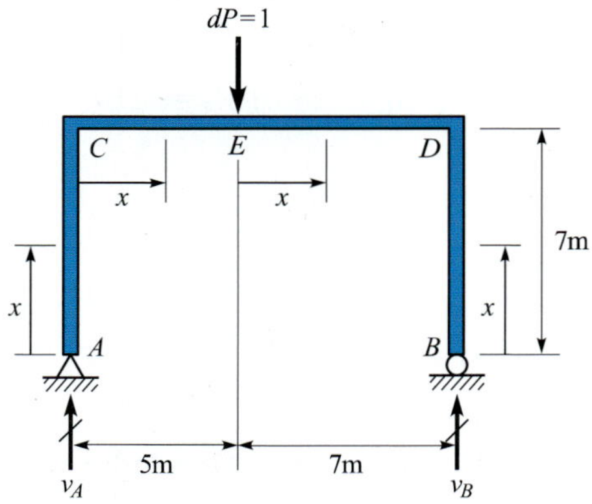

(b)

i) 반력계산

그림 예제 6.6(b)의 가상역계 자유물체도에서

$$+\curvearrowright \sum M_B = 0 \;;\; v_A \cdot 12 - 1 \cdot 7 = 0, \qquad \therefore v_A = \frac{1 \cdot 7}{12} = 0.6 \;(\uparrow)$$

$$+\uparrow \sum F_y = 0 \;;\; v_A - 1 + v_B = 0, \qquad \therefore v_B = -0.6 + 1 = 0.4 \;(\uparrow)$$

ii) 부재력의 계산

- 휨모멘트 m

  그림 예제 6.6(b)에서

  AC구간$(0 \le x \le 7\text{m})$: $m = 0$

  CE구간$(0 \le x \le 5\text{m})$: $m = 0.6x$

  ED구간$(0 \le x \le 7\text{m})$: $m = 0.6(5+x) - 1(x) = 3 - 0.4x$

  BD구간$(0 \le x \le 7\text{m})$: $m = 0$

- 전단력 v

  그림 예제 6.6(b)에서

  AC구간$(0 \le x \le 7\text{m})$: $v = 0$

  CE구간$(0 \le x \le 5\text{m})$: $v = 0.6$

  ED구간$(0 \le x \le 7\text{m})$: $v = 0.6 - 1 = -0.4$

  BD구간$(0 \le x \le 7\text{m})$: $v = 0$

- 축력 f

  그림 예제 6.6(b)에서

  AC구간$(0 \le x \le 7\text{m})$: $f = -0.6$

  CE구간$(0 \le x \le 5\text{m})$: $f = 0$

  ED구간$(0 \le x \le 7\text{m})$: $f = 0$

  BD구간$(0 \le x \le 7\text{m})$: $f = -0.4$

- 비틀림모멘트

  그림 예제 6.6(b)에서

  AC구간$(0 \le x \le 7\text{m}) : t = 0$

  CE구간$(0 \le x \le 5\text{m}) : t = 0$

  ED구간$(0 \le x \le 7\text{m}) : t = 0$

  BD구간$(0 \le x \le 7\text{m}) : t = 0$

3) 처짐 δ_B의 계산

식 (6.28)에서 단면력에 의한 처짐을 구하는 가상일의 방법을 적용하면 E점의 수직처짐 δ_E가 다음과 같이 구해진다. 즉,

$$1 \cdot \delta_i = \sum \int_0^l \frac{mM}{EI} dx + \sum \int_0^l \frac{KvV}{GA} dx + \sum \frac{fFl}{EA} + \sum \int_0^l \frac{tT}{GJ} dx \text{ 에서}$$

- 휨모멘트 M에 의한 E점의 처짐 δ_{EM}

$$\begin{aligned}
\delta_{EM} &= \sum \int_0^l \frac{mM}{EI} dx \\
&= \frac{1}{EI_{CD}} \int_0^5 (0.6x)(11.7x) dx + \frac{1}{EI_{CD}} \int_0^7 (3 - 0.4x)(58.8 - 8.3x) dx \\
&= \frac{1}{EI_{CD}} [\int_0^5 7.02x^2 dx + \int_0^7 (176.4 - 48.42x + 3.32x^2) dx] \\
&= \frac{1}{EI_{CD}} (\left[\frac{7.02}{3} x^3\right] + \left[176.4x - \frac{48.42}{2} x^2 + \frac{3.32}{3} x^3\right]) \\
&= \frac{1}{EI_{CD}} (\left[\frac{7.02}{3} \times 5^3\right] + \left[176.4 \times 7 - \frac{48.42}{2} \times 7^2 + \frac{3.32}{3} \times 7^3\right]) \\
&= \frac{720.6}{EI_{CD}} = \frac{720.6}{(200 \times 10^6)(1.2 \times 10^{-3})} = 0.003\text{m} = 3\text{mm}
\end{aligned}$$

- 전단력 V에 의한 E점의 처짐 δ_{EV}

  $G = \frac{E}{2(1+\nu)} = \frac{200}{2(1+0.25)} = 80\text{GPa}$이고, 직사각형의 단면이므로 형상계수 $K = 1.2$이다.

  따라서

$$\begin{aligned}
\delta_{EV} &= \sum \int_0^l \frac{KvV}{GA} dx \\
&= \frac{K}{GA_{CD}} \int_0^5 (0.6)(11.7) dx + \frac{K}{GA_{CD}} \int_0^7 (-0.4)(-8.3) dx \\
&= \frac{K}{GA_{CD}} (58.34) = \frac{1.2}{(80 \times 10^6)(0.025)} (58.34) = 0.000035\text{m} = 0.035\text{mm}
\end{aligned}$$

• 축력 F에 의한 E점의 처짐 δ_{EF}

$$\begin{aligned}\delta_{EF} &= \frac{fFl}{EA}\\ &= \frac{(-0.6)(-11.7)(7)}{EA_{AC}} + \frac{(-0.4)(-8.3)(7)}{EA_{BD}}\\ &= \frac{49.14}{EA_{AC}} + \frac{23.24}{EA_{BD}} = \frac{72.38}{(200\times10^6)(0.036)} = 0.00001\,\text{m} = 0.01\,\text{mm}\end{aligned}$$

• 비틀림모멘트 T에 의한 E점의 처짐 δ_{ET}

$$\delta_{ET} = \sum\int_0^l \frac{tT}{GJ}dx = 0$$

따라서 E점의 총 처짐 δ_E는 각각의 단면력에 의한 더하면 구해진다. 즉,

$$\begin{aligned}\delta_E &= \delta_{EM} + \delta_{EV} + \delta_{EF} + \delta_{ET}\\ &= 3 + 0.035 + 0.01 + 0 = 3.045\,\text{mm}\end{aligned}$$

4) 처짐에서 단면력의 영향 비교

본 라멘구조물에서

• 총 처짐 δ_E에 대한 휨모멘트 M의 기여도

$$\frac{\delta_{EM}}{\delta_E}\times100 = \frac{3}{3.045}\times100 = 98.52\%$$

• 총 처짐 δ_E에 대한 전단력 V의 기여도

$$\frac{\delta_{EV}}{\delta_E}\times100 = \frac{0.035}{3.045}\times100 = 1.15\%$$

• 총 처짐 δ_E에 대한 축력 F의 기여도

$$\frac{\delta_{EF}}{\delta_E}\times100 = \frac{0.01}{3.045}\times100 = 0.33\%$$

• 총 처짐 δ_E에 대한 비틀림모멘트 T의 기여도

$$\frac{\delta_{ET}}{\delta_E}\times100 = \frac{0}{3.045}\times100 = 0$$

따라서 본 라멘구조물의 경우 처짐에 미치는 전단력, 축력, 비틀림모멘트의 영향은 무시할 만큼 작다는 것을 알 수 있다. 이와 같이 보와 라멘에서 처짐에 미치는 전단력의 영향은 아주 미미하기 때문에 일반적으로 무시해도 된다.

예제 6.7

다음 그림과 같이 집중하중 $P=5,000\mathrm{N}$을 받는 단순보에 대해 지간 중앙 C점의 처짐의 크기와 방향을 구하시오. 단, $E=2\times10^4\mathrm{MPa}$이고, 경계조건은 두 방향 휨에 대해 동일하다.

[5점, 행정고등고시(토목기술직) 제2차 시험]

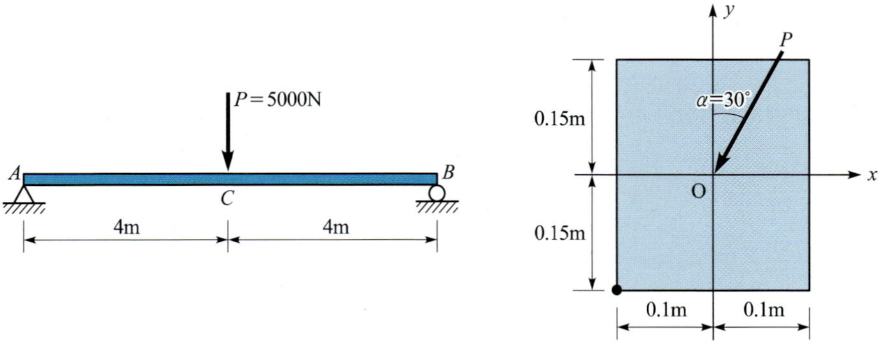

(a) (b)

그림 예제 6.7

풀이

1) 단순보에서 지간 중앙 C점의 처짐 δ_C의 유도

그림 6.7(c)와 같이 지간이 l이고 중앙 C점에 집중하중 P를 받고 있는 휨강성 EI가 일정한 단순보에서 지간 중앙 C점의 처짐 δ_C의 유도하면 다음과 같다.

i) 반력계산

- 실제역계

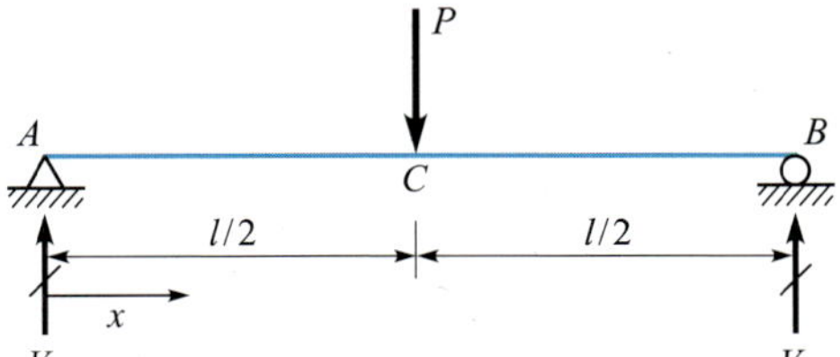

(c)

그림 예제 6.7(c)의 자유물체도에서

$$+\curvearrowright\sum M_B=0\ ;\ V_A\cdot l-P\cdot\frac{l}{2}=0,\ \therefore\ V_A=\frac{P}{2}\ (\uparrow)$$

$$+\uparrow\sum F_y=0\ ;\ V_A-P+V_B=0,\ \therefore\ V_B=\frac{P}{2}\ (\uparrow)$$

• 가상역계

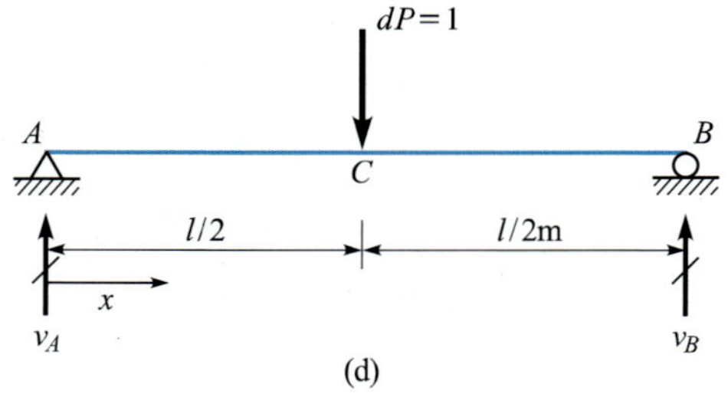

(d)

그림 예제 6.7(d)의 자유물체도에서

$$+\curvearrowright \sum M_B = 0 \ ; \ v_A \cdot l - 1 \cdot \frac{l}{2} = 0, \qquad \therefore v_A = \frac{1}{2} \ (\uparrow)$$

$$+\uparrow \sum F_y = 0 \ ; \ v_A - 1 + v_B = 0, \qquad \therefore v_B = \frac{1}{2} \ (\uparrow)$$

ii) 휨모멘트의 계산

• 실제역계의 휨모멘트 M

그림 예제 6.7(c)에서

$$AC\text{구간}(0 \le x \le \frac{l}{2}) : M = V_A x = \frac{P}{2}x$$

$$CB\text{구간}(\frac{l}{2} \le x \le l) : M = V_A x - P\left(x - \frac{l}{2}\right) = \frac{P}{2}(l - x)$$

• 가상역계의 휨모멘트 m

그림 예제 6.7(d)에서

$$AC\text{구간}(0 \le x \le \frac{l}{2}) : m = v_A x = \frac{1}{2}x$$

$$CB\text{구간}(\frac{l}{2} \le x \le l) : m = v_A x - 1\left(x - \frac{l}{2}\right) = \frac{1}{2}(l - x)$$

iii) 단면력(휨모멘트)에 의한 지간 중앙 C점의 처짐 δ_C의 유도

가상일의 방법을 적용하면 C점의 처짐 δ_C가 다음과 같이 구해진다. 즉,

$$\delta_C = \sum \int_0^l \frac{mM}{EI} dx$$

$$= \frac{2}{EI} \int_0^{\frac{l}{2}} (\frac{x}{2})(\frac{Px}{2}) dx$$

$$= \frac{P}{2EI}\left[\frac{x^3}{3}\right] = \frac{Pl^3}{48EI}$$

2) 집중하중 $P=5{,}000\text{N}$을 받는 단순보에 대해 지간 중앙 C점의 처짐의 크기와 방향

그림 예제 6.7(a), (b)에서

- y축에 대한 단면2차모멘트 I_y와 z축에 대한 단면2차모멘트 I_z

$$I_y = \frac{(0.3)}{12}(0.2)^3 = 0.0002\text{m}^4,\ I_z = \frac{(0.2)}{12}(0.3)^3 = 0.00045\text{m}^4$$

- 지간 중앙 C점의 수직방향 처짐 δ_{CV}

$$\delta_{CV} = \frac{P_V l^3}{48EI_z} = \frac{P\cos 30^\circ l^3}{48EI_z} = \frac{(5{,}000\cos 30^\circ)(8{,}000^3)}{48(2\times 10^4)(0.00045\times 10^{12})} = 5.132\text{mm}\ (\downarrow)$$

- 지간 중앙 C점의 수평방향 처짐 δ_{CH}

$$\delta_{CH} = \frac{P_H l^3}{48EI_y} = \frac{P\sin 30^\circ l^3}{48EI_y} = \frac{(5{,}000\sin 30^\circ)(8{,}000^3)}{48(2\times 10^4)(0.0002\times 10^{12})} = 6.67\text{mm}\ (\leftarrow)$$

따라서 지간 중앙 C점에서 처짐 δ_C의 크기와 방향은 다음과 같다. 즉,

$$\delta_C = \sqrt{\delta_{CV}^2 + \delta_{CH}^2} = \sqrt{5.132^2 + 6.67^2} = 8.4\text{mm}\ (\swarrow)$$

$$\tan\theta' = \frac{5.132}{6.67} = 0.769 \rightarrow \theta' = 0.656rad = 0.656\times\frac{180}{\pi} = 37.6^\circ$$

예제 6.8

다음과 같은 구조물에 대해

1) 그림 예제 6.8(a), (b)의 휨모멘트도(B.M.D)를 그리시오

2) 그림 예제 6.8(a), (b)의 탄성처짐곡선을 개략적으로 그리시오

3) 그림 예제 6.8(b)의 b점의 수평처짐, 수직처짐, 회전변위를 구하시오.

단, EI는 일정(constant)하다.

[25점, 토목구조기술사 시험]

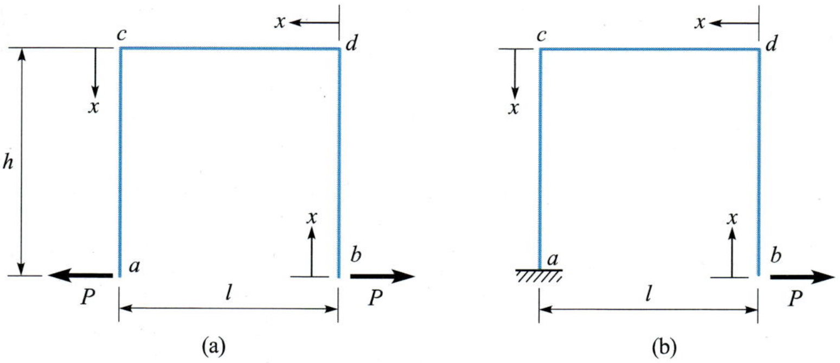

그림 예제 6.8

풀이

1) 휨모멘트도(B.M.D)

i) 그림 예제 6.8 (a)의 부재별 휨모멘트 함수

- $0 \le x \le h$(bd부재, x원점 : b점)의 경우, $M = Px$
- $0 \le x \le l$(dc부재, x원점 : d점)의 경우, $M = Ph$
- $0 \le x \le h$(ca부재, x원점 : c점)의 경우, $M = Ph - Px$

ii) 그림 예제 6.8 (b)의 부재별 휨모멘트 함수

- $0 \le x \le h$(bd부재, x원점 : b점)의 경우, $M = Px$
- $0 \le x \le l$(dc부재, x원점 : d점)의 경우, $M = Ph$
- $0 \le x \le h$(ca부재, x원점 : c점)의 경우, $M = Ph - Px$

iii) 휨모멘트도(B.M.D)를 그리면 그림 (c), (d)와 같다.

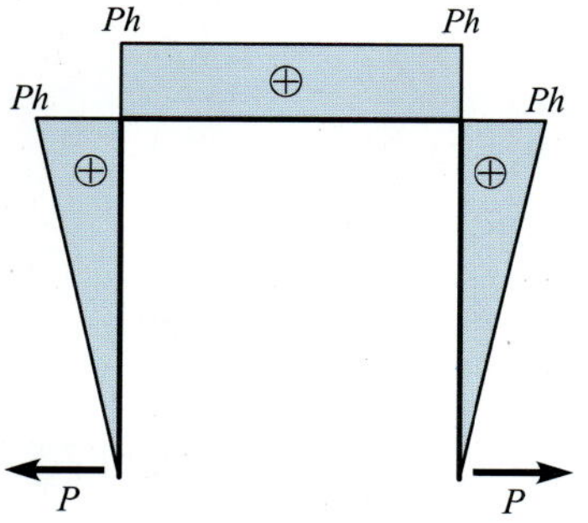

(c) 그림 (a)의 휨모멘트

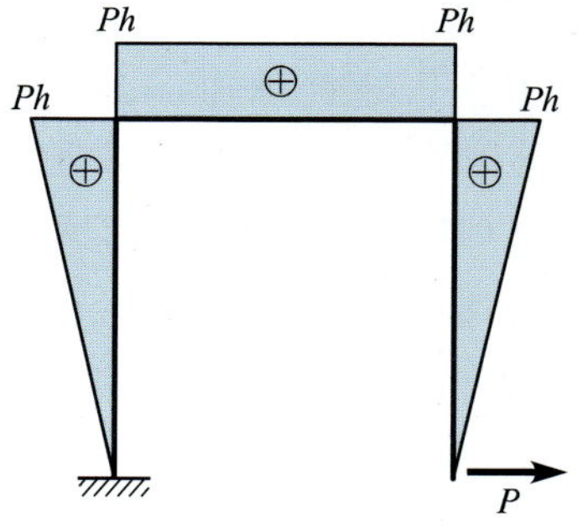

(d) 그림 (b)의 휨모멘트

2) 탄성처짐곡선

라멘구조물의 경우, 강절점(rigid joint)은 변형 시 원래의 각도를 유지한다. 즉, 그림 예제 6.8 (a), (b)에서 c, d점은 강절점이므로 변형 시 원래의 각도인 직각을 유지한다. 그러므로 탄성처짐곡선을 개략적으로 그리면 그림 (e), (f)와 같다.

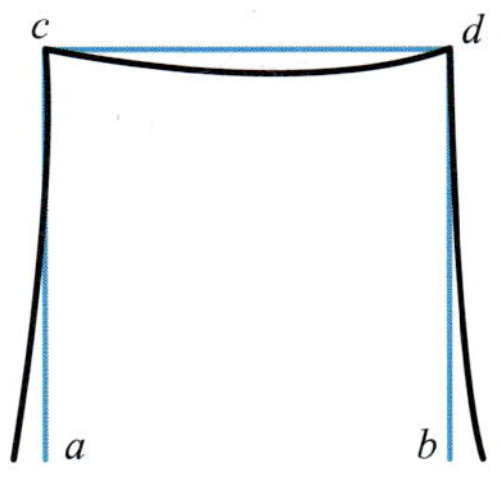

(e) 그림(a)의 처짐곡선

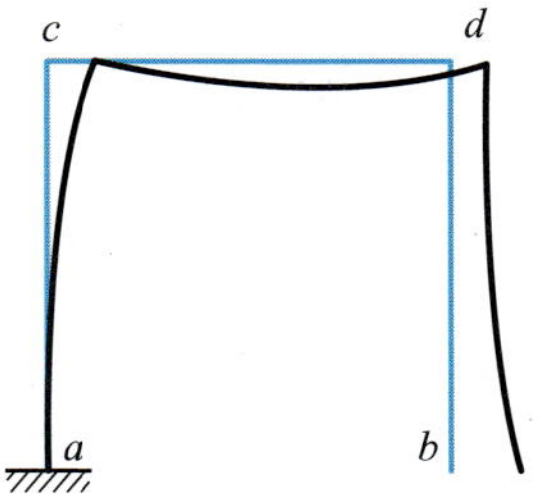

(f) 그림(b)의 처짐곡선

3) 실제역계 그림 예제 6.8 (b)에서 b점의 수평처짐, 수직처짐, 회전변위

가상일의 방법, 즉 $1 \cdot \delta = \sum \int \frac{Mm_\delta}{EI} dx$ 또는 $1 \cdot \theta = \sum \int \frac{Mm_\theta}{EI} dx$를 사용한다.

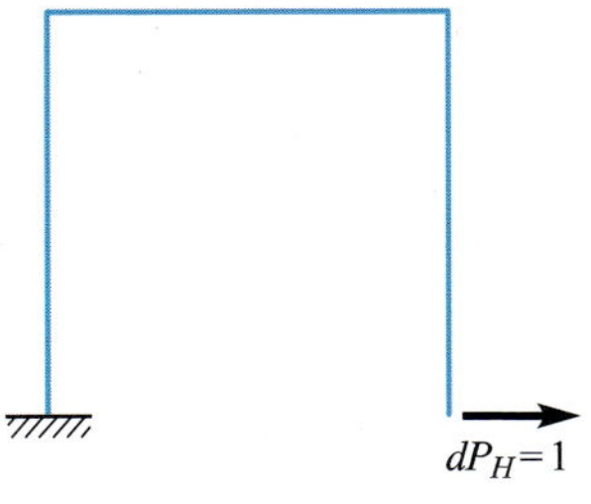

(g) 가상역계(수평력 $dP=1$ 가력)

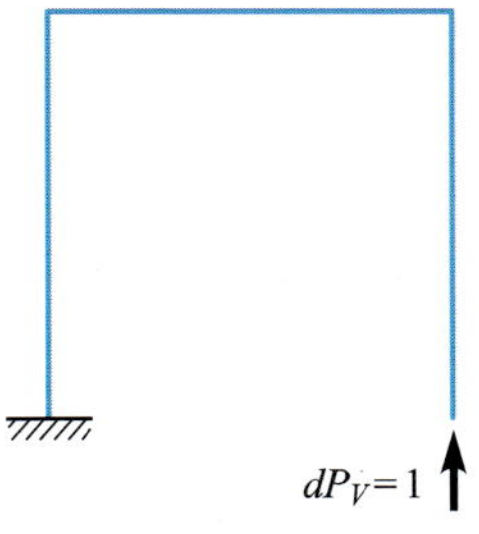

(g) 가상역계(수직력 $dP=1$ 가력)

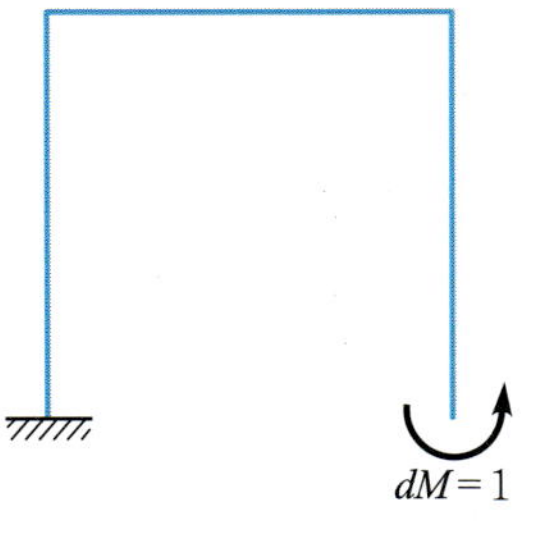

(g) 가상역계($dP=1$ 가력)

i) 가상역계에서 단위하중 가력상태는 그림 (g), (h), (i)와 같고, 부재별 실제역계의 휨모멘트 M과 가상역계의 휨모멘트 m을 구하면 다음 표와 같다.

부 재	원 점	적분구간	M	$m_{\delta_{bH}}$	$m_{\delta_{bV}}$	m_{θ_b}
bd	b	$0 \le x \le h$	Px	x	0	1
dc	d	$0 \le x \le l$	Ph	h	x	1
ca	c	$0 \le x \le h$	$Ph - Px$	$h - x$	l	1

ii) 수평처짐 δ_{bH}

$$\delta_{bH} = \frac{1}{EI}\left(\int_0^h (Ph - Px) \cdot (h - x)\, dx + \int_0^l (Ph) \cdot (h)\, dx + \int_0^h (Px) \cdot (x)\right) dx$$

$$= \frac{1}{EI}\left(\int [(Ph^2 - Phx - Phx + Px^2) dx\right) + \frac{1}{EI}[Ph^2 x]_0^l + \frac{1}{EI}\left[\frac{1}{3}Px^3\right]_0^h$$

$$= \frac{1}{EI}\left[Ph^2x - \frac{1}{2}Phx^2 - \frac{1}{2}Phx^2 + \frac{1}{3}Px^3\right]_0^h + \frac{1}{EI}\left(Ph^2l + \frac{1}{3}Ph^3\right)$$

$$= \frac{1}{EI}\left(Ph^3 - Ph^3 + \frac{1}{3}Ph^3 + Ph^2l + \frac{1}{3}Ph^3\right)$$

$$= \frac{Ph^2}{EI}\left(\frac{2}{3}h + l\right)\ (\rightarrow)$$

iii) 수직처짐 δ_{bV}

$$\delta_{bV} = \frac{1}{EI}\left(\int_0^h (Ph - Px)\cdot(l)\,dx + \int_0^l (Ph)\cdot(x)\,dx + \int_0^h (Px)\cdot(0)\,dx\right)$$

$$= \frac{1}{EI}\left(\left[Phlx - \frac{1}{2}Plx^2\right]_0^h + \left[\frac{1}{2}Phx^2\right]_0^l + 0\right)$$

$$= \frac{1}{EI}\left(Ph^2l - \frac{1}{2}Plh^2 + \frac{1}{2}Phl^2\right)$$

$$= \frac{Phl}{2EI}(h + l)\ (\uparrow)$$

iv) 회전변위 θ_b

$$\theta_b = \frac{1}{EI}\int_0^h (Ph - Px)\cdot(1)\,dx + \int_0^l (Ph)\cdot(1)\,dx + \int_0^h (Px)\cdot(1)\,dx$$

$$= \frac{1}{EI}\left(\left[Phx - \frac{P}{2}x^2\right]_0^h + [Phx]_0^l + \left[\frac{1}{2}Px^2\right]_0^h\right)$$

$$= \frac{1}{EI}\left(Ph^2 - \frac{P}{2}h^2 + Phl + \frac{1}{2}Ph^2\right)$$

$$= \frac{Ph}{EI}(h + l)\ (\curvearrowleft)$$

예제 6.9

다음의 캔틸레버보에서 전단력과 축력에 의한 영향은 무시하고 D점의 수직방향 처짐 δ_D와 비틀림각 ϕ_D를 구하시오. 단, 연직수직하중 $P = 2{,}000\,\mathrm{N}$, $E = 2.1\times10^5\,\mathrm{MPa}$, $G = 8.1\times10^4\,\mathrm{MPa}$, $I = 739{,}518\,\mathrm{mm}^4$, $J = 2I = 1{,}479{,}036\,\mathrm{mm}^4$이다. 그리고 단면의 높이가 $h = 400\,\mathrm{mm}$인 AB 부재에서 상단온도(t_{top})가 하단온도(t_l)보다 $10°\mathrm{C}$가 높고, $\alpha = 1.2\times10^{-5}/°\mathrm{C}$이다.

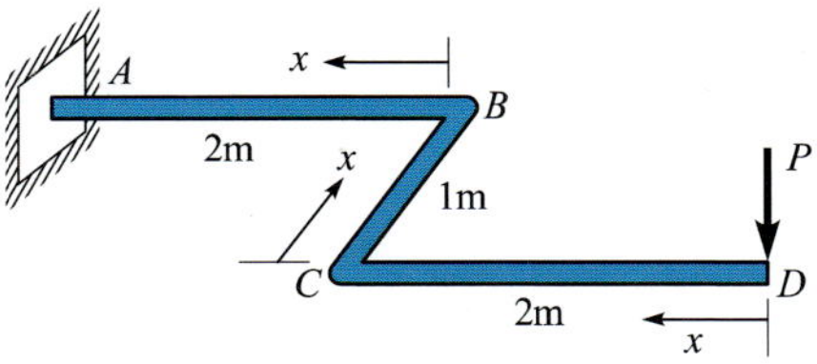

(a) D점에 연직수직하중 $P=2{,}000$N이 가력된 실제역계

풀이

1) D점의 수직방향 처짐 δ_D

$EI=2.1\times10^5\times739{,}518=1.55\times10^{11}\text{N}\cdot\text{mm}^2$

$GJ=8.1\times10^4\times1{,}479{,}036=1.2\times10^{11}\text{N}\cdot\text{mm}^2$

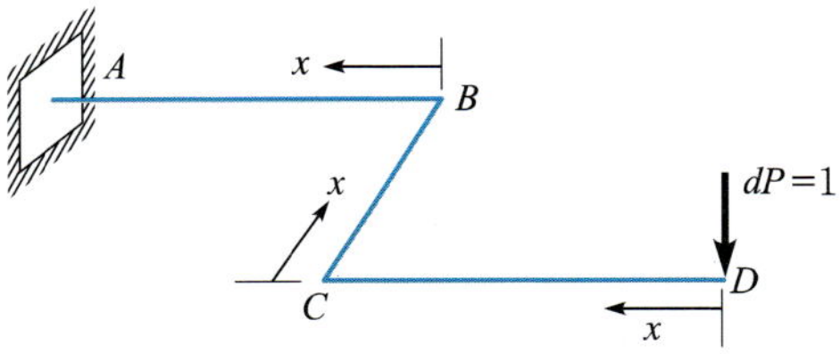

(b) 가상단위하중 $dP=1$이 가력된 가상역계

휨모멘트, 비틀림모멘트, 그리고 AB부재의 구배온도(온도경사)변화 $\Delta t(=t_l-t_{top}=-10°\text{C})$를 포함하는 가상일 방법의 식 (6.28)을 적용한다. 여기서 실제역계의 항(M, T, $\dfrac{\alpha\cdot\Delta t}{h}$)과 가상역계의 항[그림 예제 6.9(b)에서 $dP=1$의 가력에 의한 m, t]을 부재별로 구분하여 다음과 같이 표로 만들고, 구간별로 적분하면 편리하다. 즉,

부재	M(N · mm)	m	T(N•mm)	t	$\dfrac{\alpha\cdot\Delta t}{h}$	x구간
CD	$-Px$	$-x$	0	0	0	$0\le x\le 2{,}000$mm
BC	$-Px$	$-x$	$-P\times2{,}000=-4\times10^6$	$-2{,}000$	0	$0\le x\le 1{,}000$mm
AB	$-P(2{,}000+x)$	$-(2{,}000+x)$	$P\times1{,}000=2\times10^6$	1,000	-3×10^{-7}	$0\le x\le 2{,}000$mm

$$\delta_D=\sum\int\frac{mM}{EI}dx+\sum\int\frac{tT}{GJ}dx+\sum\int m\frac{\alpha\cdot\Delta t}{h}dx$$

$$=\int_0^{2{,}000}\frac{(-x)(-Px)}{EI}dx+\int_0^{1{,}000}\frac{(-x)(-Px)}{EI}+\int_0^{2{,}000}\frac{P(2{,}000+x)^2}{EI}$$

$$+\int_0^{1{,}000}\frac{(-2{,}000)(-4\times10^6)}{GJ}dx+\int_0^{2{,}000}\frac{(1{,}000)(2\times10^6)(1{,}000)}{GJ}dx$$

$$+\int_0^{2{,}000}(-2{,}000-x)(-3\times10^{-7})dx$$

$$= \frac{P}{EI}[\frac{x^3}{3}]_0^{2,000} + \frac{P}{EI}[\frac{x^3}{3}]_0^{1,000} + \frac{P}{EI}[\frac{(2,000+x)^3}{3}]_0^{2,000} + \frac{8\times10^9}{GJ}\times1,000 + \frac{2\times10^9}{GJ}\times2,000$$

$$+3\times10^{-7}\left[2,000x+\frac{x^2}{2}\right]_0^{2,000}$$

$$= \frac{5.33\times10^{12}}{1.55\times10^{11}} + \frac{6.67\times10^{11}}{1.55\times10^{11}} + \frac{3.73\times10^{13}}{1.55\times10^{11}} + \frac{8\times10^{12}}{1.2\times10^{11}} + \frac{4\times10^{12}}{1.2\times10^{11}} + 1.8$$

$$= 381\,\text{mm}\,(\downarrow)$$

2) D점의 비틀림각 ϕ_D

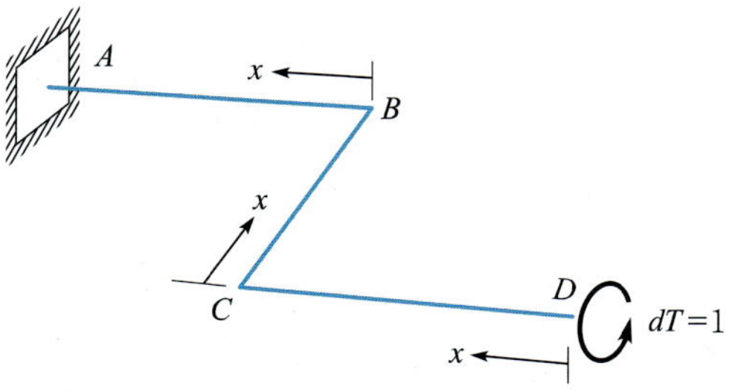

(c) 가상단위 비틀림모멘트하중 $dT=1$의 가력된가상역계

실제역계의 항(M, T)과 가상역계의 항[그림 예제 6.9 (c)에서 $dT=1$의 가력에 의한 m, t]을 부재별로 구분하여 다음과 같이 표로 만들고, 구간별로 적분하면 편리하다. 여기서, AB 부재의 구배온도(온도경사)변화 Δt는 비틀림각 ϕ_D의 생성에 기여도가 없다는 것을 유념하기 바란다. 즉,

부재	M(N · mm)	m	T(N · mm)	t	x구간
CD	$-Px$	0	0	1	$0 \le x \le 2,000$mm
BC	$-Px$	-1	$-P\times2,000=-4\times10^6$	0	$0 \le x \le 1,000$mm
AB	$-P(2,000+x)$	0	$P\times1,000=2\times10^6$	1	$0 \le x \le 2,000$mm

$$\phi_D = \sum\int\frac{mM}{EI}dx + \sum\int\frac{tT}{GJ}dx$$

$$= \int_0^{1,000}\frac{(-1)(-Px)}{EI}dx + \int_0^{2,000}\frac{(1)(2\times10^6)}{GJ}dx$$

$$= [\frac{P}{2EI}x^2]_0^{1,000} + \frac{2\times10^6}{GJ}\times2,000 = \frac{2,000\times1,000^2}{2\times1.55\times10^{11}} + \frac{4\times10^9}{1.2\times10^{11}}$$

$$= 0.04\text{rad} = 0.04\times\frac{180^\circ}{\pi} = 2.3^\circ\,(\circlearrowright)$$

6.2.4 상반작용의 법칙

(1) 베티(Betti)의 법칙

그림 6.11에 보인 것과 같이 구조물에 작용하는 상호 독립인 2개의 하중군(荷重群) $P_i(i=1,2,\cdots,m)$, $P_j(j=1,2,\cdots,n)$역계에 있어서, 재료가 탄성적이고 후크(Hooke)의 법칙을 따르는 구조물에서 지점침하와 온도변화가 없을 때, 하중군 P_j역계(가상역계로 간주)에 의해 변형되는 동안 P_i역계(실제역계로 간주)가 한 외적일은 P_i역계(가상역계로 간주)에 의해 변형되는 동안 P_j역계(실제역계로 간주)가 한 외적일과 같다. 이것이 베티의 상반정리(Betti's reciprocal theorem), 즉 베티의 법칙이다. 베티의 법칙을 증명하면 다음과 같다.

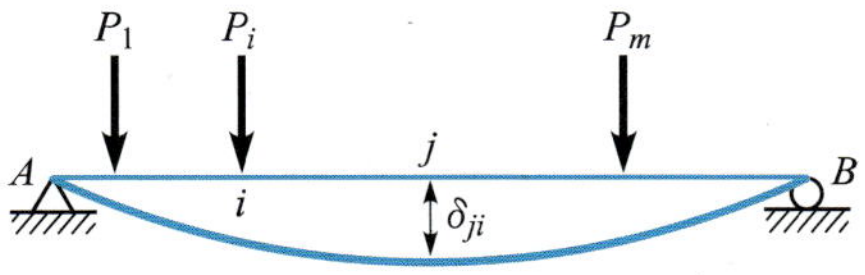

(a) 하중군 P_i역계

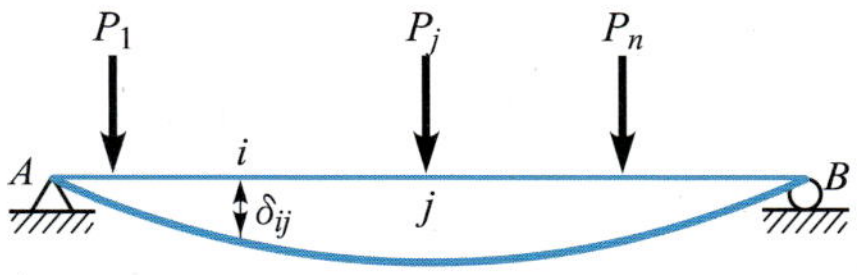

(b) 하중군 P_j역계

그림 6.11

그림 6.11(a), (b)에서

$$\Sigma P_i \delta_{ij} = \Sigma \int \frac{M_j M_i}{EI} dx \tag{6.29}$$

그리고

$$\Sigma P_j \delta_{ji} = \Sigma \int \frac{M_i M_j}{EI} dx \tag{6.30}$$

여기서, δ_{ij} : 하중군 P_j 역계에 의한 P_i역계의 i점의 변위

δ_{ji} : 하중군 P_i역계에 의한 P_j역계의 j점의 변위

식 (6.29)와 (6.30)에서 오른쪽 변은 사실상 같으므로

$$\Sigma P_i \delta_{ij} = \Sigma P_j \delta_{ji} \tag{6.31}$$

위 식은 베티(Betti)의 상반작용 법칙을 수식으로 표현한 것이다.

(2) 맥스웰(Maxwell)의 법칙

그림 6.12(a)에서 i점의 실제 단위하중 $P_i = 1$에 의한 휨모멘트는 m_i이고 i점의 실제 단위하중 $P_i = 1$에 의한 j점의 처짐은 δ_{ji}이다. 그리고 그림 6.12(b)에서 j점의 실제 단위하중 $P_j = 1$에 의한 휨모멘트는 m_j이고 j점의 실제 단위하중 $P_j = 1$에 의한 i점의 처짐은 δ_{ij}이다.

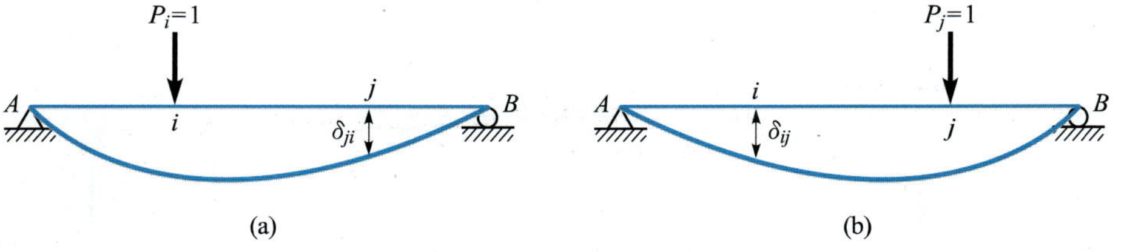

그림 6.12

따라서

$$\delta_{ij} = \Sigma \int \frac{m_j m_i}{EI} dx \tag{6.32}$$

그리고

$$\delta_{ji} = \Sigma \int \frac{m_i m_j}{EI} dx \tag{6.33}$$

식 (6.32)와 (6.33)에서 오른쪽 변은 사실상 같으므로

$$\delta_{ij} = \delta_{ji} \tag{6.34}$$

위 식은 맥스웰의 상반변형(Maxwell's law of reciprocal deflection) 법칙을 수식으로 표현한 것이다. 즉, 맥스웰(Maxwell)의 법칙은 Betti의 법칙에서 $P_i = P_j = 1$인 특수한 경우로서 다음과 같이 말할 수 있다. '재료가 탄성적이며 후크(Hooke)의 법칙을 따르는 구조물에서 지점침하와 온도변화가 없을 때, 단위하중이 i점에 작용할 때의 j점의 변위는 단위하중이 j점에 작용할 때의 i점의 변위와 같다'를 의미한다.

6.3 카스틸리아노의 제2정리를 이용하는 방법

이탈리아의 철도기사인 카스틸리아노(Alberto Castigliance)는 '재료가 탄성적이고 온도변화나 지점침하가 없는 경우, 구조물 내의 변형에너지를 어느 특정한 하중에 관해 한 번 편미분하면 그 하중의 작용방향에 상응하는 처짐(또는 기울기)과 같다'라는 카스틸리아노의 제2정리를 1879년에 발표했다. 이 정리를 최소일의 방법이라고도 하며, 일반화하여 유도해보면 다음과 같다.

어떤 구조물에 하중 $P_1, P_2, \cdots, P_n$이 작용할 경우, 변위 $\delta_1, \delta_2, \cdots, \delta_n$를 발생시키며 한 전체 일 W와 구조물에 저장된 변형에너지 U는 같다. 즉,

$$W = U \tag{6.35}$$

다른 하중들이 일정하게 유지되는 동안, i번째 하중 P_i 하나만을 dP_i만큼 미소하게 증가시켰을 때 구조물에 저장된 최종 변형에너지(내적 일)는 다음과 같이 된다.

$$U + dU = U + \frac{\partial U}{\partial P_i} dP_i \tag{6.36}$$

여기서, $\dfrac{\partial U}{\partial P_i}$는 i번째 하중 P_i에 관한 변형에너지 U의 변화율이다.

다음으로, 구조물에 dP_i를 먼저 작용시킨 후 $P_1, P_2, \cdots, P_n$의 하중을 작용시켜 보자. 미소하중 dP_i만큼 증가했을 때 이에 대응하여 변위 $d\delta_i$가 발생했다고 하면, 이때 한 일(dP_i에 의한 외적 일)은 $\dfrac{dP_i \cdot d\delta_i}{2}$가 된다. 그리고 하중 dP_i는 변위 δ_i를 따라 자동적으로 이동하며, 추가적인 일은 힘과 그 이동한 거리의 곱, 즉 $dP_i \cdot \delta_i$와 같다(여기서, 하중 dP_i는 변위 δ_i에 대해 처음부터 끝까지 일정한 값으로 작용하고 있기 때문에 일의 계산 시 계수 1/2을 곱하지 않음). 따라서 이 경우, 미소하중 dP_i만큼 증가했을 때의 구조물이 한 최종적인 일(외적 일)은 다음과 같다.

$$W + dW = W + \frac{dP_i d\delta_i}{2} + dP_i \delta_i \tag{6.37}$$

여기서 $dP_i d\delta_i$는 두 개의 미소량의 곱이므로 극히 작은 값이 되어 무시할 수 있고, 식 (6.31)에서 $W=U$이므로, 식 (6.37)을 다시 정리하면 다음과 같이 된다.

$$W+dW=U+dP_i\delta_i \tag{6.38}$$

구조물에 대해 중첩의 원리를 적용할 수 있으므로 전체 변형에너지는 하중이 작용하는 순서에 대해 독립적이다. 즉, n개의 하중 $P_1, P_2, \cdots, P_n$을 작용시킨 다음 하중 dP_i를 작용시킨 최종 변형에너지 양은 dP_i를 먼저 작용시킨 후 $P_1, P_2, \cdots, P_n$의 하중을 작용시킨 최종 변형에너지의 양과 같다. 즉, 구조물의 최종 변위와 그러한 변위에 이르게 하는 하중에 의한 일은 하중들의 작용 순서와 관계없이 동일하다. 따라서 식 (6.38)과 식 (6.36)은 같으므로 다음과 같은 관계식이 얻어진다.

$$U+dP_i\delta_i=U+\frac{\partial U}{\partial P_i}dP_i \tag{6.39}$$

그러므로

$$\delta_i=\frac{\partial U}{\partial P_i} \tag{6.40}$$

위 식은 카스틸리아노의 제2정리를 수학적으로 표현한 것이다.

참고로, 카스틸리아노의 제1정리는 구조물의 하중들을 변위에 대한 변형에너지의 편미분 항으로 표현한 식으로 변위법에 의한 구조해석과 관련된다. 카스틸리아노의 제1정리를 수식으로 나타내면 다음과 같다.

$$P_i=\frac{\partial U}{\partial \delta_i} \tag{6.41}$$

예제 6.10

다음의 신호등 지지구조에서 C단에 z축 방향으로 수평력 P가 작용할 때, C점의 z축방향 수평변위 δ_C를 카스틸리아노의 제2정리를 사용하여 구하시오. 단, EI 및 GJ는 일정(constant)하고, 전단력에 의한 변위는 무시한다.

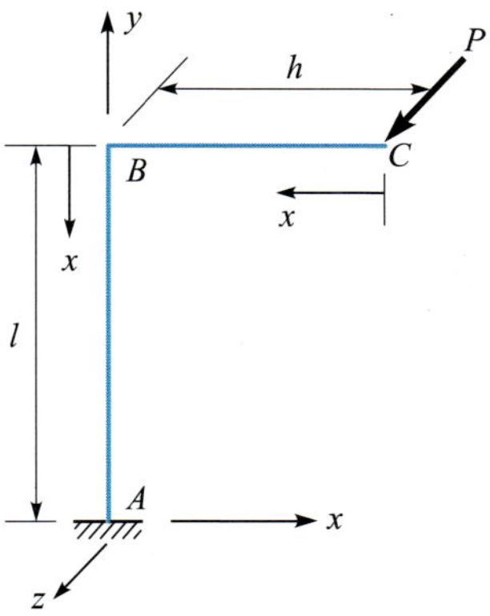

그림 예제 6.10

풀이

1) 하중 P에 의한 구간별 x 위치에서 단면력(휨모멘트 M, 비틀림모멘트 T)과 하중 P에 관해 단면력의 편미분($\frac{\partial M}{\partial P}$, $\frac{\partial T}{\partial P}$) 계산

구간	원점	적분구간	M	$\frac{\partial M}{\partial P}$	T	$\frac{\partial T}{\partial P}$
BC	C	$0 \le x \le h$	Px	x	0	0
AB	B	$0 \le x \le l$	Px	x	$-Ph$	$-h$

2) 카스틸리아노의 제2정리에 의한 C점의 Z축 방향 수평변위 δ_C

휨모멘트 M과 비틀림모멘트 T에 의한 변형에너지 U는 식 (6.7), (6.11)에 주어져 있다. 식 (6.40)에 대입하여 δ_C를 구하면 다음과 같다.

$$\delta_C = \frac{\partial U}{\partial P} = \frac{\partial}{\partial P}\sum\int \frac{M^2}{2EI}dx + \frac{\partial}{\partial P}\sum\int \frac{T^2}{2GJ}dx$$
$$= \sum\int \frac{M}{EI}\left(\frac{\partial M}{\partial P}\right)dx + \sum\int \frac{T}{GJ}\left(\frac{\partial T}{\partial P}\right)dx$$

따라서

$$\delta_C = \frac{1}{EI}\int_0^h (Px)(x)\,dx + \frac{1}{EI}\int_0^l (Px)(x)\,dx + \frac{1}{GJ}\int_0^l (-Ph)(-h)\,dx$$
$$= \frac{1}{EI}\left[\frac{P}{3}\cdot x^3\right]_0^h + \frac{1}{EI}\left[\frac{P}{3}\cdot x^3\right]_0^l + \frac{1}{GJ}\left[Ph^2\cdot x\right]_0^l$$
$$= \frac{P}{EI}\cdot\frac{h^3}{3} + \frac{P}{EI}\cdot\frac{l^3}{3} + \frac{Ph^2 l}{GJ}$$

$$\therefore \delta_C = \frac{P}{3EI}(h^3 + l^3) + \frac{Ph^2 l}{GJ}$$

예제 6.11

다음의 캔틸레버보에서 B 단에 수직하중 P_B 및 휨모멘트하중 M_B가 작용할 때, B 점의 수직하중 P_B방향의 처짐 δ_B와 휨모멘트하중 M_B방향의 처짐각 θ_B를 카스틸리아노의 제2정리를 사용하여 구하시오. 단, EI는 일정(constant)하고, 전단력에 의한 변위는 무시한다.

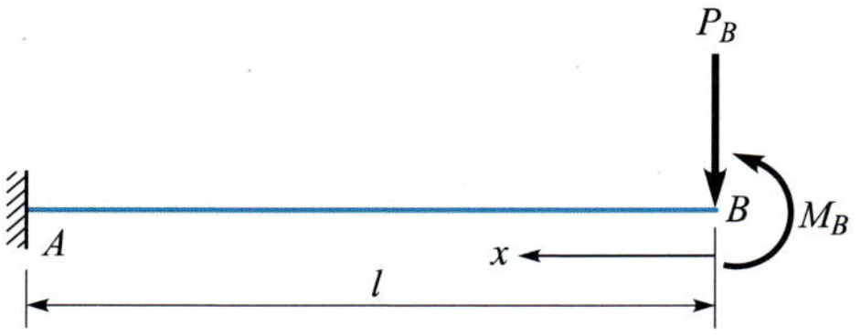

그림 예제 6.11

풀이

1) 그림 예제 6.11의 x 위치에서 수직하중 P_B 및 휨모멘트하중 M_B에 의한 단면력(휨모멘트M)과 하중 P_B 및 M_B에 관해 단면력의 편미분($\frac{\partial M}{\partial P_B}$, $\frac{\partial M}{\partial M_B}$) 계산

구간	원점	적분구간	M	$\frac{\partial M}{\partial P_B}$	$\frac{\partial M}{\partial M_B}$
AB	B	$0 \le x \le l$	$-P_B x + M_B$	$-x$	1

2) 카스틸리아노의 제2정리에 의한 수직하중 P_B방향의 처짐 δ_B

휨모멘트 M에 의한 변형에너지 U는 식 (6.7)에 주어져 있다. 식 (6.40)에 대입하여 δ_B를 구하면 다음과 같다.

$$\delta_B = \frac{\partial U}{\partial P_B} = \frac{\partial}{\partial P_B}\sum\int_0^l \frac{M^2}{2EI}dx = \sum\int \frac{M}{EI}\left(\frac{\partial M}{\partial P_B}\right)dx$$

따라서

$$\delta_B = \frac{1}{EI}\int_0^l (-P_B x + M_B)(-x)\,dx$$

$$= \frac{1}{EI}\left[\frac{P_B}{3}x^3 - \frac{M_B}{2}x^2\right]_0^l = \frac{P_B l^3}{3EI} - \frac{M_B l^2}{2EI}$$

3) 카스틸리아노의 제2정리에 의한 휨모멘트하중 M_B방향의 처짐각(기울기, 회전각) θ_B

휨모멘트 M에 의한 변형에너지 U는 식 (6.7)에 주어져 있다. 식 (6.40)에 대입하여 θ_B를 구하면 다음과 같다.

$$\theta_B = \frac{\partial U}{\partial M_B} = \frac{\partial}{\partial M_B}\sum\int_0^l \frac{M^2}{2EI}dx = \sum\int \frac{M}{EI}\left(\frac{\partial M}{\partial M_B}\right)dx$$

따라서

$$\theta_B = \frac{1}{EI}\int_0^l (-P_B x + M_B)(1)\,dx$$

$$= \frac{1}{EI}\left[-\frac{P_B}{2}x^2 + M_B x\right]_0^l = -\frac{P_B l^2}{2EI} + \frac{M_B l}{EI}$$

예제 6.12

다음 트러스에서 C점의 수직방향의 처짐 δ_C를 카스틸리아노의 제2정리를 사용하여 구하시오. 단, 단면적 $A = 4{,}000\,\text{mm}^2$이고, $E = 2.04 \times 10^5\,\text{MPa}$이다.

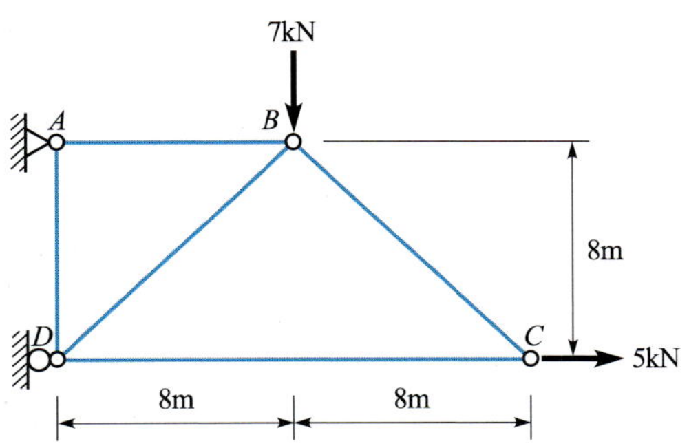

(a)

그림 예제 6.11

풀이

1) 실제하중(B점의 수직하중 7kN과 C점의 수평하중 5kN)에 의한 반력과 부재력 계산

격점법을 사용하여 반력과 부재력을 구하면 다음 그림 (b)와 같다(자세한 계산과정은 연습문제 3.3의 풀이 참조 요망).

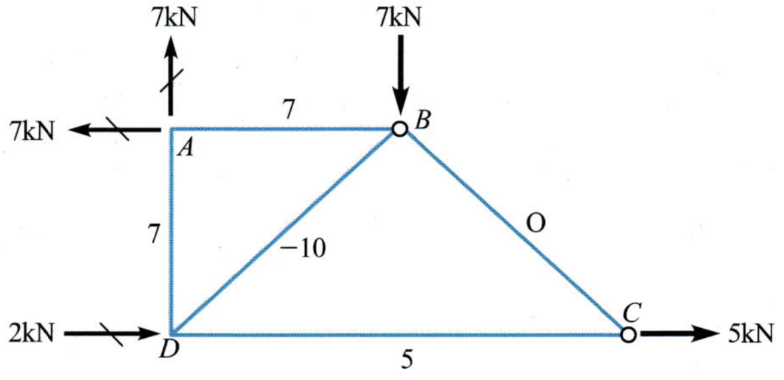

(b)

2) 변량으로 취한 외력(C점의 수직방향의 변수하중 P)에 의한 반력과 부재력 계산

격점 C에 수직하향의 변수하중 P를 작용시킨 후, P의 함수로 반력과 부재력을 해석한다. 즉, 격점법을 사용하여 반력과 부재력을 구하면 다음 그림 (c)와 같다.

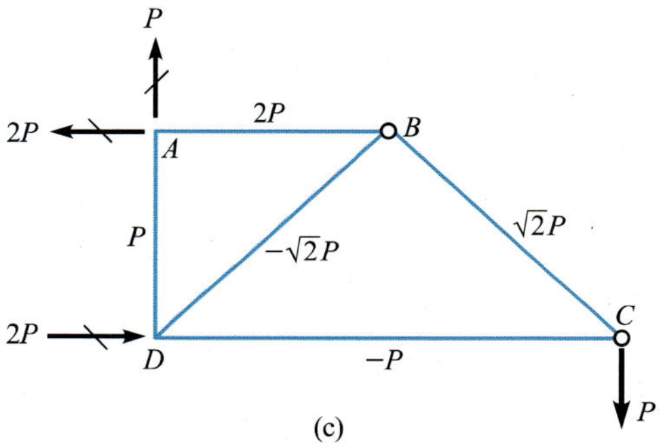

(c)

3) 위의 1과 2의 결과를 각 부재별로 합한 부재력(축력 F)과 변수하중 P에 관해 축력 F의 편미분($\frac{\partial F}{\partial P}$) 계산

부재	l (m)	F (kN)	$\frac{\partial F}{\partial P}$	$F(P=0)$ (kN)	$F(P=0)\cdot l\cdot\left(\frac{\partial F}{\partial P}\right)$ (kN · m)
AB	8	$7+2P$	2	7	112
AD	8	$7+P$	1	7	56
BC	11.314	$\sqrt{2}P$	1.414	0	0
BD	11.314	$-10-\sqrt{2}P$	−1.414	−10	159.98
CD	16	$5-P$	−1	5	−80
Σ					247.98

위 표에서 P는 실제로 존재하지 않는 하중이므로 $P=0$을 대입하여 최종적인 부재력 $F(P=0)$을 계산했다.

4) 카스틸리아노의 제2정리에 의한 변수하중 P방향의 수직처짐 δ_C

축력 F에 의한 변형에너지 U는 식 (6.5)에 주어져 있다. 식 (6.40)에 대입하여 수직하중 P에 의한 C점의 수직하중 P 방향의 처짐 δ_C를 구하면 다음과 같다.

$$\delta_C = \frac{\partial U}{\partial P} = \frac{\partial}{\partial P}\sum \frac{F^2 l}{2EA} = \sum[\frac{Fl}{EA}(\frac{\partial F}{\partial P})]$$

여기서 EA는 모든 부재에서 일정(constant)하므로, 따라서

$$\delta_C = \frac{1}{EA}\sum[F(P=0) \cdot l \cdot \left(\frac{\partial F}{\partial P}\right)]$$
$$= \frac{247.98}{(2.04 \times 10^5 \times 10^{-3} \times 10^6)(4{,}000 \times 10^{-6})}$$
$$= 0.0003\text{m} = 0.3\text{mm}$$

6.4 모멘트면적법과 공액보법

6.4.1 모멘트면적법

1873년 미국 미시간대학교의 Charles E. Greene교수는 공식적으로 2개의 모멘트면적 정리(moment-area theorem 1, 2)를 다음과 같은, 즉 재료는 후크의 법칙(Hooke's law)을 따라 탄성거동을 하고 처짐곡선의 기울기는 미소하다는 가정(assumption)하에서 유도했다. 이 방법은 휨모멘트선도(bending moment diagram)의 면적과 관계되어 있기 때문에 모멘트면적법(moment-area method)이라고 부른다. 모멘트면적법은 탄성곡선의 처짐각과 처짐을 구하는 준도해적 기법의 기하학적 방법으로, 전단변형 무시하고 휨모멘트에 의한 변형만 고려하고 있기 때문에 보의 특정점에서의 처짐각과 처짐을 구하는 것에만 유효하다.

(1) 모멘트면적 정리1

모멘트면적 정리1을 유도하기 위해서 그림 6.13과 같이 곡률이 양[처짐각 θ가 반시계방향일 때 (+)]인 구간에 있는 보의 탄성처짐곡선에서 일부분 AB를 고려해보자. 여기서

처짐곡선은 이해를 돕기 위해서 지나치게 크게 과장된 것이다.

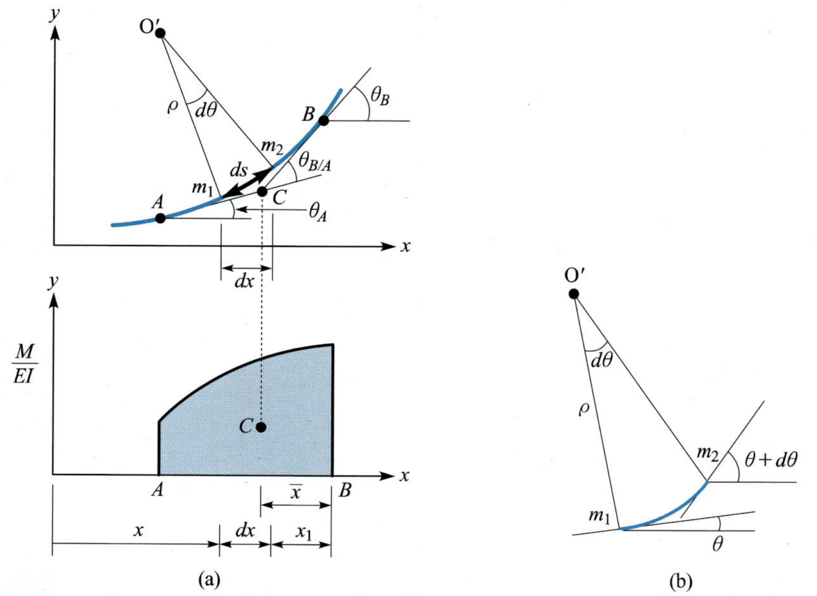

그림 6.13

그림 6.13(a)로부터, 처짐각 변화량 $\theta_{B/A}$는 θ_B와 θ_A의 차이와 같다. 즉,

$$\theta_{B/A} = \theta_B - \theta_A \tag{6.42}$$

여기서, θ_A와 θ_B는 각각 A점과 B점에서 보 축선의 회전각으로 각 점에서 기울기이다. 따라서 처짐각 변화량은 A점에서의 접선에 대해 상대적으로 측정된 B점에서의 접선각을 말한다.

또한, 그림 6.13(a)로부터 요소 m_1m_2는 미소하므로 다음과 같이 나타낼 수 있다.

$$ds \approx dx = \rho d\theta \tag{6.43}$$

여기서, ρ는 곡률반경이다.

그리고 곡률 κ는 곡률반경 ρ의 역수이므로 위 식 (6.43)에 대입하여 정리하면 다음과 같다.

$$d\theta = \frac{dx}{\rho} = \kappa dx \tag{6.44}$$

그림 6.13(b)로부터,

$$\kappa = \frac{M}{EI} \tag{6.45}$$

위 식의 유도는 '건설공학도를 위한 재료역학[박연수 외 저서, 구미서관]의 6.2절[식 (6.25)]'에 소개되어 있으므로 참조하길 바라며, 여기서는 생략하기로 한다.

식 (6.44)과 식 (6.45)로부터, 다음과 같은 식이 얻어진다.

$$d\theta = \frac{M}{EI}dx \tag{6.46}$$

따라서, A점과 B점 사이의 처짐각 변화량 $\theta_{B/A}$를 구하면 다음과 같다.

$$\theta_{B/A} = \int_A^B d\theta = \int_A^B \frac{M}{EI}dx \tag{6.47}$$

위 식은 모멘트면적 정리1로 다음과 같이 요약할 수 있다.

정리1 : 탄성처짐곡선 위 임의의 두 점 A와 B에서의 두 접선사이의 각 $\theta_{B/A}$(처짐각 변화량)는 두 점 사이의 $\frac{M}{EI}$선도의 면적과 같다.

(2) 모멘트면적 정리2

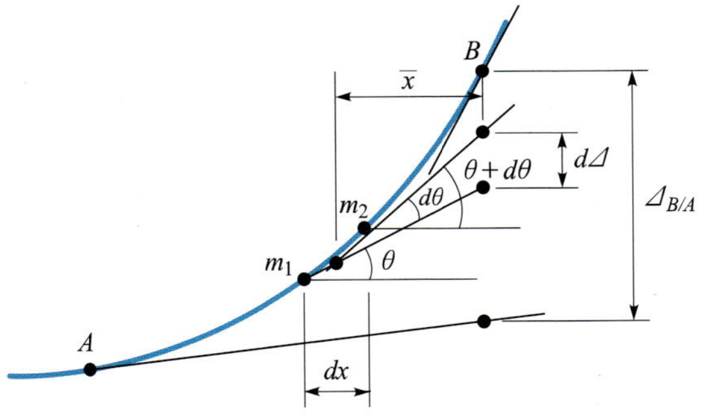

그림 6.14

모멘트면적 정리2를 유도하기 위해서 그림 6.14와 같은 보의 탄성처짐곡선에서 일부분 AB를 고려해보자. 그림 6.14와 같이 B점이 A점의 오른쪽에 있는 경우에 휨모멘트가 양이면 $\dfrac{M}{EI}$ 선도의 면적 1차모멘트도 양이 된다. 이 경우 $\Delta_{B/A}$는 양(+)이고, B 점의 처짐이 A 점의 처짐보다 위에 있게 된다.

처짐 변화량 $\Delta_{B/A}$를 유도하면 다음과 같다. 먼저, 탄성처짐곡선 그림 6.14에서 요소 m_1m_2는 미소하므로, 두 점 m_1과 m_2사이의 거리 $d\Delta$는 다음과 같이 나타낼 수 있다.

$$d\Delta = \bar{x}\,d\theta \tag{6.48}$$

여기서, $\bar{x}$는 B 점을 지나는 수직선에서 미소 요소 m_1m_2의 도심까지의 수평거리이다. 식 (6.48)에 식 (6.46)을 대입하면 다음과 같다.

$$d\Delta = \bar{x}\frac{M}{EI}dx \tag{6.49}$$

$\Delta_{B/A}$를 구하기 위해서, 식 (6.49)를 AB구간에서 적분하면 다음과 같은 식이 얻어진다.

$$\Delta_{B/A} = \int_A^B d\Delta = \int_A^B \bar{x}\frac{M}{EI}dx \tag{6.50}$$

위 식은 모멘트면적 정리2로 다음과 같이 요약할 수 있다.

정리2 : 탄성처짐곡선 위 임의의 A 점에서의 접선과 B 점과의 수직거리 $\Delta_{B/A}$(처짐 변화량)는 두 점 A와 B 사이의 $\dfrac{M}{EI}$ 선도의 면적을 B 점을 지나는 수직선에 대해 단면 1차 모멘트를 취한 것과 같다.

예제 6.13

다음의 캔틸레버보에서 자유단의 처짐 Δ_B와 처짐각 θ_B를 구하시오. 단, $E = 204\,\text{GPa}$이고 $I = 49{,}000 \times 10^4\,\text{mm}^4$이다.

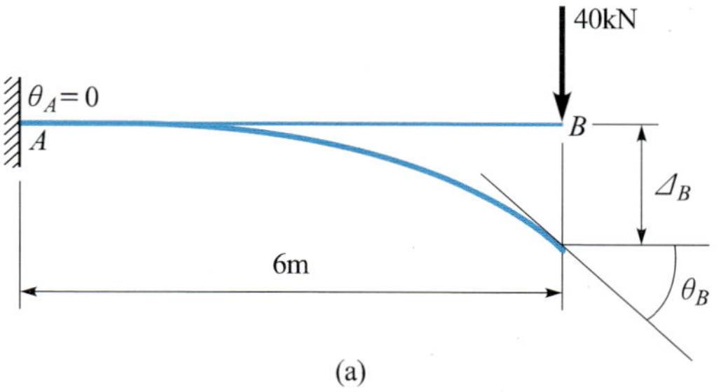

(a)

그림 예제 6.13

풀이

1) 그림 예제 6.13(a)의 캔틸레버보에서 수직하중 40kN에 의한 $\frac{M}{EI}$선도를 그리면 그림 (b)와 같다.

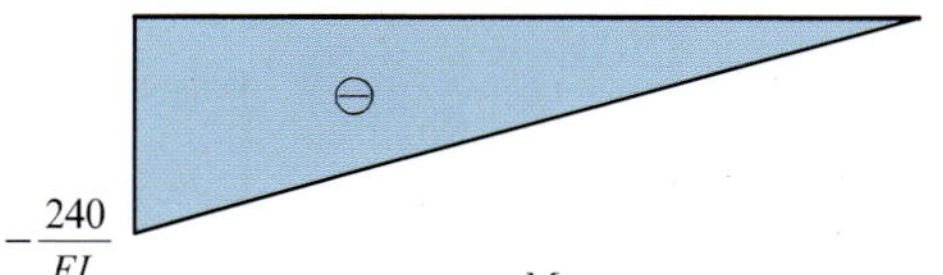

(b) $\frac{M}{EI}$ 선도

2) 모멘트면적 정리1에 의한 자유단 B점의 처짐각 θ_B

$$\theta_{B/A} = \int_A^B \frac{M}{EI}dx = AB\text{ 간의 }\frac{M}{EI}\text{선도의 면적}$$

$$= \frac{1}{2}\left(-\frac{240}{EI}\right)(6) = -\frac{(240\times10^6)(6\times10^3)}{(2)(204\times10^3)(49{,}000\times10^4)} = -7.2\times10^{-3}\text{rad}\ (\curvearrowright)$$

$\theta_{B/A} = \theta_B - \theta_A$로부터, $\therefore \theta_B = \theta_{B/A} + \theta_A$

그림 (a)에서 고정단의 경계조건 $\theta_A = 0$이므로, 따라서

$$\theta_B = \theta_{B/A} = -7.2\times10^{-3}\text{rad}$$

$$= -7.2\times10^{-3}\times\frac{180}{\pi} = -0.41°\ (\curvearrowright)$$

3) 모멘트면적 정리2에 의한 자유단 B점의 처짐 Δ_B

$$\Delta_{B/A} = \int_A^B \bar{x}\frac{M}{EI}dx = AB\text{간의 } \frac{M}{EI}\text{선도의 면적을 } B\text{점을 지나는 수직선에 대한 1차 모멘트}$$

$$= \frac{1}{2}\left(-\frac{240}{EI}\right)(6)\left(\frac{2\times 6}{3}\right) = -\frac{(240\times 10^6)(6\times 10^3)(4\times 10^3)}{(2)(204\times 10^3)(49{,}000\times 10^4)} = -28.8\text{mm}(\downarrow)$$

$\Delta_{B/A} = \Delta_B - \Delta_A$로부터, $\therefore \Delta_B = \Delta_{B/A} + \Delta_A$

그림 (a)에서 고정단의 경계조건 $\Delta_A = 0$이므로, 따라서

$\Delta_B = \Delta_{B/A} = -28.8\text{mm}(\downarrow)$

예제 6.14

다음의 단순보에서 A점의 처짐각 θ_A와 C점의 처짐 Δ_C를 구하시오. 단, $E = 204\text{GPa}$이고 $I = 49{,}000\times 10^4\text{mm}^4$이다.

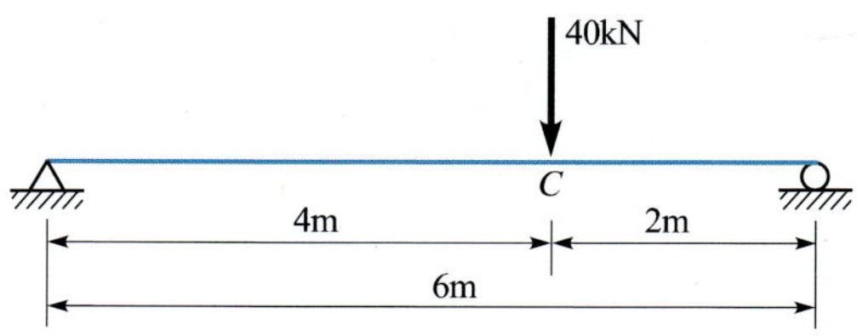

(a)

그림 예제 6.14

풀이

1) 그림 예제 6.14(a)의 단순보에서 수직하중 40kN에 의한 탄성처짐곡선은 (b)와 같고 $\frac{M}{EI}$선도를 그리면 그림 (c)와 같다.

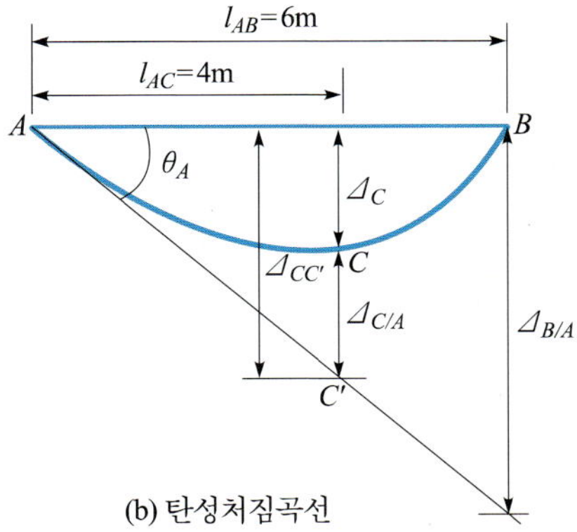

(b) 탄성처짐곡선

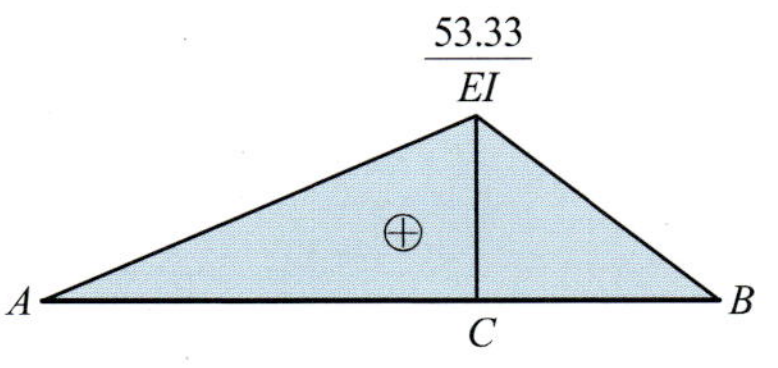

(c) $\frac{M}{EI}$ 선도

그림 예제 6.14

2) A점의 처짐각 θ_A

$$\theta_A \simeq \tan\theta_A = \frac{\Delta_{B/A}}{l_{AB}} = \frac{\Delta_{B/A}}{6\times 10^3}$$

$$\Delta_{B/A} = -\int_A^B \bar{x}\frac{M}{EI}dx \text{ (부호규약에 의함)}$$

$= AC$ 간의 $\frac{M}{EI}$ 선도의 면적을 B점을 지나는 수직선에 대한 1차 모멘트

$+BC$ 간의 $\frac{M}{EI}$ 선도의 면적을 B점을 지나는 수직선에 대한 1차 모멘트

$$= -\left(\frac{4\times 10^3}{3}+2\times 10^3\right)\left(\frac{1}{2}\right)\left(\frac{53.33\times 10^6}{204\times 10^3\times 49{,}000\times 10^4}\right)(4\times 10^3)$$

$$-\left(\frac{2\times 2\times 10^3}{3}\right)\left(\frac{1}{2}\right)\left(\frac{53.33\times 10^6}{204\times 10^3\times 49{,}000\times 10^4}\right)(2\times 10^3)$$

$$= -3.6-0.7 = -4.3\text{mm}(\downarrow)$$

$$\therefore \theta_A = \frac{\Delta_{B/A}}{l_{AB}} = \frac{-4.3}{6\times 10^3} = -7.2\times 10^{-4}\text{rad}$$

$$= -7.2\times 10^{-4}\times\frac{180}{\pi} = -0.041^\circ \ (\curvearrowright)$$

3) C 점의 처짐 Δ_C

$$\Delta_C = \Delta_{CC'} - \Delta_{C/A}$$

$$\Delta_{C/A} = -\int_0^{4m}\bar{x}\frac{M}{EI}dx$$

$= AC$ 간의 $\frac{M}{EI}$ 선도의 면적을 C점을 지나는 수직선에 대한 1차 모멘트

$$=-\left(\frac{4\times10^3}{3}\right)\left(\frac{1}{2}\right)\left(\frac{53.33\times10^6}{204\times10^3\times49{,}000\times10^4}\right)(4\times10^3)$$
$$=-1.4\text{mm}\,(\downarrow)$$

$$\Delta_{CC'}:l_{AC}=\Delta_{B/A}:l_{AB}$$

$$\therefore\ \Delta_{CC'}=\frac{l_{AC}\Delta_{B/A}}{l_{AB}}=\frac{(4\times10^3)(-4.3)}{(6\times10^3)}=-2.9\text{mm}\,(\downarrow)$$

따라서

$$\Delta_C=\Delta_{CC'}-\Delta_{C/A}=-2.9-(-1.4)=-1.5\text{mm}\,(\downarrow)$$

6.4.2 공액보법

(1) 공액보법의 기초가 되는 탄성하중법

예제 6.14는 모멘트면적법을 사용하여 단순보의 처짐각과 처짐을 간접적으로 구한 것이다. 이 과정을 면밀히 검토해보면, 단순보에서 처짐각과 처짐을 실용적이면서 쉽게 구할 수 있는 방법을 유도할 수 있다. 즉, 그림 예제 6.14(b)의 탄성처짐곡선에서 A점의 처짐각 $\theta_A=\dfrac{\Delta_{B/A}}{l_{AB}}$이고, $\Delta_{B/A}$는 AB간의 $\dfrac{M}{EI}$선도를 하중으로 간주하여 이 하중을 B점을 지나는 수직선에 대한 1차 모멘트를 취한 값이다. 따라서 $\theta_A=\dfrac{\Delta_{B/A}}{l_{AB}}$는 AB간의 $\dfrac{M}{EI}$ 선도를 하중으로 간주한 경우의 A점의 반력과 같음을 알 수 있다.

또한, 그림 예제 6.14(b)의 탄성처짐곡선에서 C의 처짐각 θ_C는 다음과 같이 나타낼 수 있다.

$$\begin{aligned}\theta_C&=\theta_A-\theta_{C/A}\\&=\frac{M}{EI}\text{선도에서 }A\text{점의 반력}-AC\text{간의 }\frac{M}{EI}\text{하중}\end{aligned} \qquad 6.51$$

그러므로 처짐각 θ_C는 $\dfrac{M}{EI}$ 선도를 하중으로 간주한 경우의 C점의 전단력의 크기와 같다.

한편, 그림 예제 6.14(b)의 탄성처짐곡선에서 C의 수직처짐 Δ_C는 다음과 같다.

$$\begin{aligned}\Delta_C &= \Delta_{CC'} - \Delta_{C/A} = (l_{AC})(\theta_A) - \Delta_{C/A} \\ &= (l_{AC})(A\text{점의 반력}) - \\ &\quad AC\text{간의 } \frac{M}{EI}\text{선도면적의 } C\text{점에 관한 1차 모멘트}\end{aligned} \tag{6.52}$$

그러므로 처짐 Δ_C는 $\frac{M}{EI}$ 선도를 하중으로 간주한 경우의 C점의 휨모멘트의 크기와 같다.

위에서 설명한 내용이 탄성하중법(elastic-weight method)이며 요약하면 다음과 같다.

정리1 : 실제보의 한점에서 처짐각의 크기는 $\frac{M}{EI}$선도를 탄성하중으로 재하시킨 가상의 보에서 해당점의 전단력의 크기와 같다.

정리2 : 실제보의 한 점에서 처짐은 $\frac{M}{EI}$선도를 탄성하중으로 재하시킨 가상의 보에서 해당점에 대한 모멘트와 같다.

위의 정리1, 2는 공액보법(conjugate-beam method)의 기초를 나타낸 것으로, 탄성하중법이라는 이름으로 1860년에 Otto Mohr가 처음 발표했다. 특히 이러한 공액보법을 단순보나 캔틸레버보에 적용하여 변위를 구할 때 모아(Mohr)의 정리라고도 부른다.

(2) 공액보법

가상의 탄성하중 $\frac{M}{EI}$에 대한 위의 정리1, 2는 단순지지된 실제보와 이에 대응되는 가상의 단순보에 대해 유도된 것이다. 만약 위 탄성하중법의 정리1, 2를 캔틸레버보의 처짐각과 처짐을 구하는데 그대로 적용하면, 고정단에서 처짐각과 처짐이 존재하고 자유단에서 처짐각과 처짐이 0(zero)라는 모순이 나타난다. 이 경우, 캔틸레버보의 자유단을 고정단으로 하고 고정단을 자유단으로 변환시킨 가상의 보에 $\frac{M}{EI}$ 선도를 탄성하중으로 재하한다면 위의 정리1, 2의 탄성하중법을 그대로 적용할 수가 있다. 이와 같이 탄성하중법을 적용할 수 있도록 일반보의 처짐에 대한 경계(구속)조건을 대응하는 가상의 보에 대한 힘의 경계조건으로 변환시킨 보를 공액보라고 하며, 공액보에 탄성하중 $\frac{M}{EI}$ 에 대한 위 탄성하중법의 정리1, 2를 적용시켜 처짐각과 처짐을 구하는 것을 공액보법이라고 한다.

그림 6.15는 실제보와 공액보의 변환관계를 보여주고 있다. 즉, 실제보의 고정단은 공액보에서는 자유단이 되고, 실제보의 자유단은 공액보에서는 고정단으로 변환된다. 그리고 실제보의 내측힌지는 공액보에서는 내측지점으로 변환되고, 실제보의 내측지점은 공액보에서는 내측힌지가 된다. 한편, 실제보의 중간에 롤러를 설치되어 전단력이 해제(release)되는 경우 이에 상응하는 공액보는 그 위치에서 집중 휨모멘트의 구속을 받는다. 따라서 실제보에서의 해제점의 상대변위는 공액보의 휨모멘트와 같다. 또한, 실제보의 내부힌지에서의 처짐각과 처짐은 공액보의 내부지점에서의 반력과 휨모멘트의 크기와 같다는 것도 해석 시 유의하길 바란다.

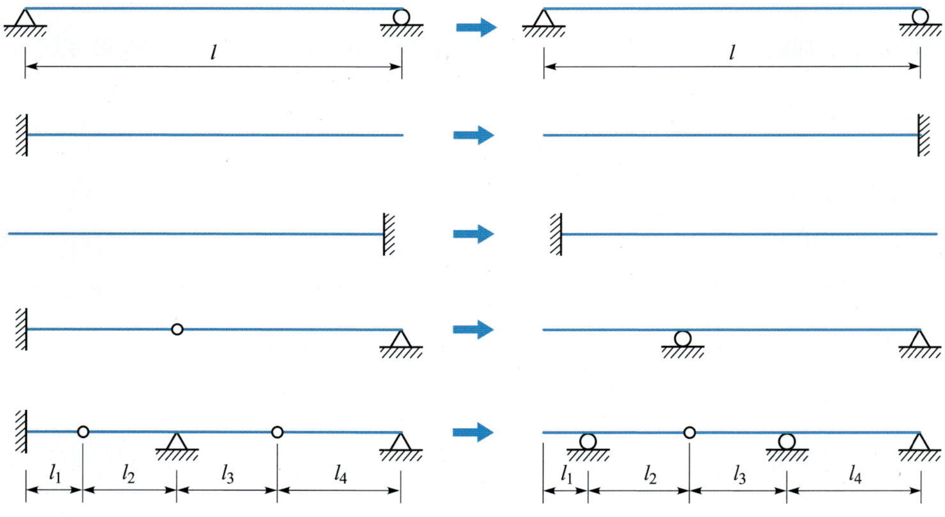

(a) 실제보 (b) 공액보

그림 6.15

다음 예제 6.15, 6.16처럼, 원래의 부재축선에서 $\frac{M}{EI}$ 선도를 향하여 하중을 재하시킨 공액보에서 전단력이 양(+)의 값인 경우 반시계방향의 처짐각(↶)을, 휨모멘트가 양(+)의 값인 경우 상향의 처짐(↑)을 나타낸다.

예제 6.15

다음과 같은 변단면 내민보에서 공액보법을 사용하여 B점의 처짐각 θ_B와 C점의 처짐 δ_C를 구하시오. 단, $E = 204\,\text{GPa}$이고 $I = 2 \times 10^8\,\text{mm}^4$이다.

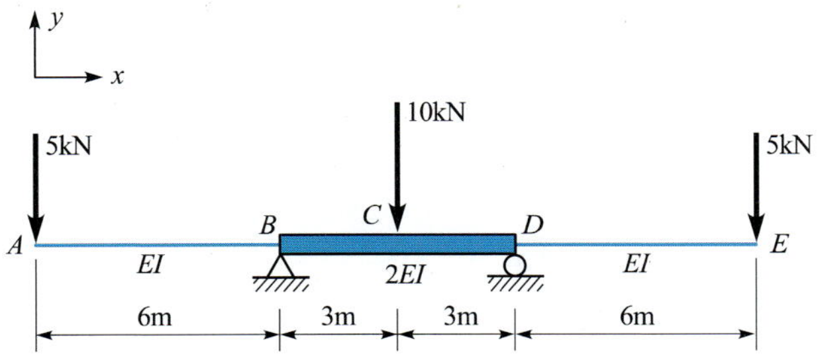

(a)

그림 예제 6.15

풀이

1) 실제보의 자유물체도와 반력계산

그림 예제 6.15 (a)의 실제보에서 수직하중에 의한 전체 구조물의 자유물체도를 그리면 그림 (b)와 같고, 반력 V_B, V_D를 계산하면 다음과 같다.

그림 (b)의 자유물체도에서

$$+\curvearrowright \sum M_B = 0\ ;\ -(5)(6) + (10)(3) - (V_D)(6) + (5)(12) = 0, \qquad \therefore V_D = 10\,\text{kN}\,(\uparrow)$$

$$+\uparrow \sum F_y = 0\ ;\ V_B + V_D - 5 - 10 - 5 = 0, \qquad \therefore V_B = 10\,\text{kN}\,(\uparrow)$$

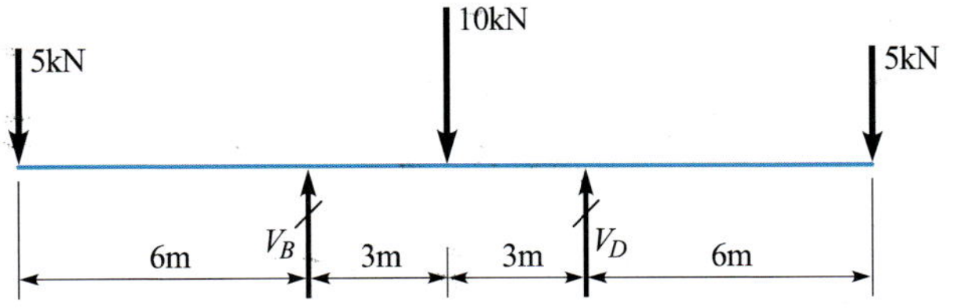

(b) 실제보의 자유물체도

2) 실제보의 휨모멘트도(B.M.D)와 $\dfrac{M}{EI}$선도 작도

그림 예제 6.15 (a)의 실제보에서 수직하중에 의한 휨모멘트도(B.M.D)를 그리면 그림 (c)와 같다. 그러나 변단면으로 인해 중앙부분의 EI는 양단부분의 2배이므로, EI로 나타낸 $\dfrac{M}{EI}$선도는 그림 (d)와 같이 된다.

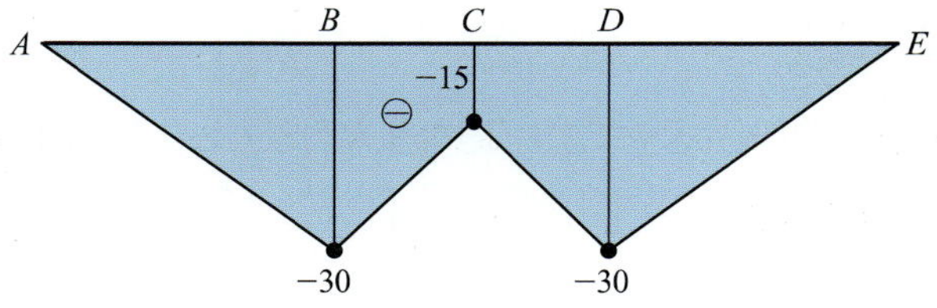

(c) 실제보의 휨모멘트도(B.M.D)

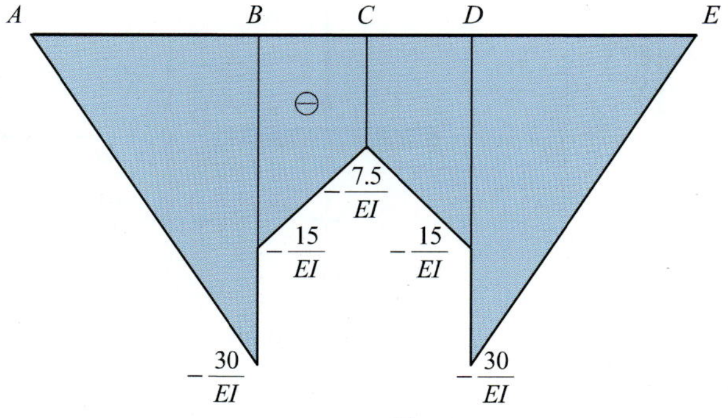

(d) 실제보의 $\frac{M}{EI}$ 선도

3) 공액보의 작도와 하중재하

공액보를 작도하고 $\frac{M}{EI}$ 선도 하중의 재하하면 그림 (e)와 같다. 하중은 위에서 언급한 부호규약에 따라 보의 축선에서 $\frac{M}{EI}$ 선도를 향하는 방향으로 재하시킨 것으로, 이 공액보에서 분포하중은 그림 (e)와 같이 아래로 작용한다.

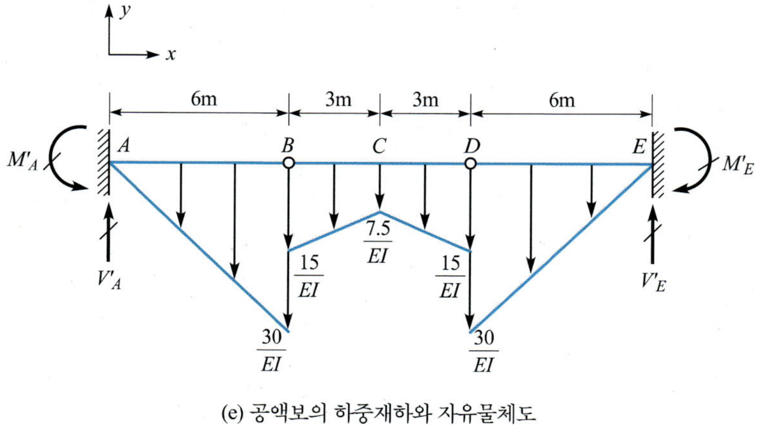

(e) 공액보의 하중재하와 자유물체도

4) 공액보의 해석에 의한 처짐각 θ_B와 처짐 δ_C 계산

i) 그림 (e)의 공액보 전체 자유물체도에서 반력 V_A', M_A', V_E', M_E' 의 계산

$$+\uparrow \sum F_y = 0 \ ; \ V_A' + V_E' - (\frac{1}{2})(\frac{30}{EI})(6)(2) - (\frac{1}{2})(\frac{15+7.5}{EI})(3)(2) = 0$$

$$\therefore V_A' + V_E' = \frac{247.5}{EI}$$

대칭인 공액보에 대칭 분포하중이 작용하고 있으므로, $V_A' = V_E'$이다.

따라서

$$V_A' = V_E' = (\frac{1}{2})(\frac{247.5}{EI}) = \frac{123.75}{EI}$$

공액보의 내측힌지 B점의 왼쪽에 대해 평형방정식을 적용하면, 즉

$$+\curvearrowright \sum M_B = 0 \ ; \ -M_A' + V_A'(6) - (\frac{1}{2})(\frac{30}{EI})(6)(\frac{6}{3}) = 0$$

$$\therefore M_A' = (\frac{123.75}{EI})(6) - \frac{180}{EI} = \frac{562.5}{EI}$$

대칭인 공액보에 대칭 분포하중이 작용하고 있으므로, $M_A' = M_E'$이다.

따라서

$$M_E' = M_A' = \frac{562.5}{EI}$$

ii) 처짐각 θ_B

공액보의 내측힌지 B점의 왼쪽을 따로 떼어내어 평형방정식을 적용하면, 즉 그림 (f) 공액보 AB부재의 자유물체도에서

$$+\uparrow \sum F_y = 0 \ ; \ -V_B' + \frac{123.75}{EI} - (\frac{1}{2})(\frac{30}{EI})(6) = 0, \qquad \therefore V_B' = \frac{33.75}{EI}$$

따라서 처짐각 θ_B는 공액보에서 전단력 V_B'와 같으므로 다음과 같다.

$$\theta_B = V_B' = \frac{33.75}{EI} = \frac{33.75 \times 10^9}{(204 \times 10^3)(2 \times 10^8)} = 8.3 \times 10^{-4}\text{rad}$$

$$= 8.3 \times 10^{-4} \times \frac{180}{\pi} = 0.05° \ (\curvearrowleft)$$

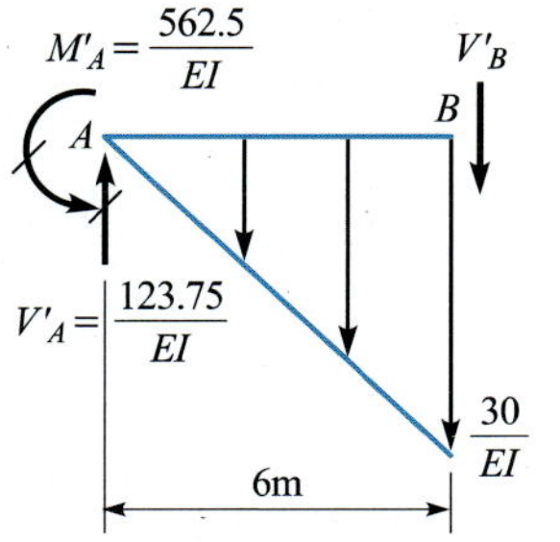

(f) 공액보 *AB* 부재의 자유물체도

iii) 처짐 δ_C

그림 (g) 공액보 BC부재의 자유물체도에서

$$+\curvearrowright \sum M_C = 0\ ;\ (\frac{33.75}{EI})(3) - (\frac{7.5}{EI})(3)(\frac{3}{2}) - (\frac{1}{2})(\frac{7.5}{EI})(3)(\frac{2\times3}{3}) - M_C' = 0$$

$$\therefore M_C' = (\frac{123.75}{EI})(6) - \frac{180}{EI} = \frac{45}{EI}$$

따라서 처짐 δ_C는 공액보에서 휨모멘트 M_C'와 같으므로 다음과 같다.

$$\delta_C = M_C' = \frac{45}{EI} = \frac{45\times10^{12}}{(204\times10^3)(2\times10^8)} = 1.1\,\mathrm{mm}\,(\uparrow)$$

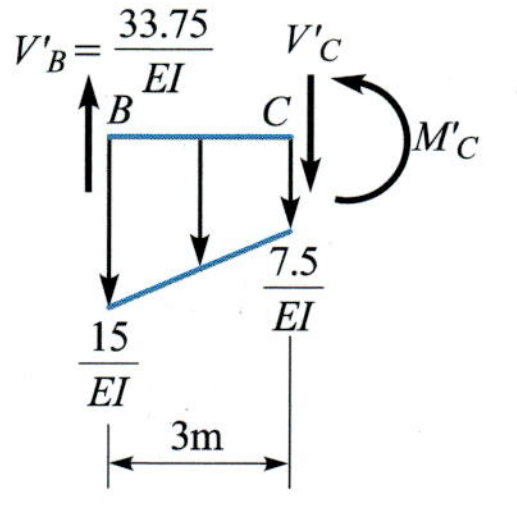

(g) 공액보 *BC* 부재의 자유물체도

예제 6.16

다음과 같이 하중 20 kN과 60 kN을 받고 있고 b점이 내부힌지인 보에서 최대처짐δ_{max}를 공액보법을 사용하여 구하고, 처짐곡선의 형상을 그리시오. 단, 탄성계수 $E = 2.1\times10^5\,\mathrm{MPa}$, 단면2차모멘트 $I = 5\times10^9\,\mathrm{mm}^4$이다.

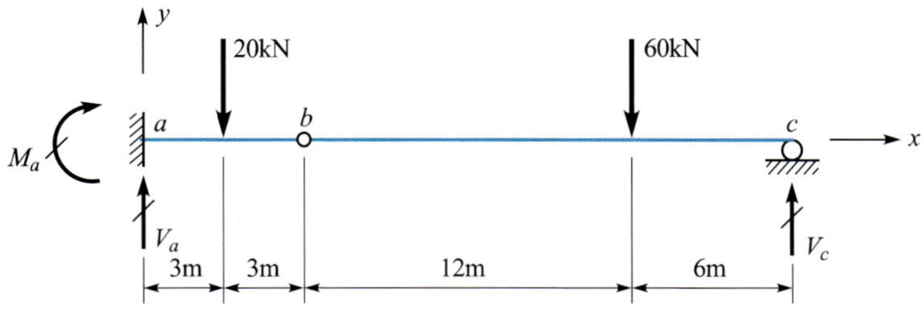

(a)

그림 예제 6.16

풀이

1) 실제보의 자유물체도와 반력계산

그림 예제 6.16 (a)의 실제보에서 b점의 내부힌지를 고려하여 수직하중에 의한 전체 구조물의 자유물체도를 그리면 그림 (b)와 같고, 반력 V_a, V_c, M_a를 계산하면 다음과 같다.

그림 (b)의 bc구간에 대한 자유물체도에서

$$+\curvearrowright \sum M_b = 0 \ ; \ 60 \times 12 - V_c \times 18 = 0, \qquad \therefore V_c = 40\text{kN} (\uparrow)$$
$$+\uparrow \sum F_y = 0 \ ; \ V_b + V_c - 60 = 0, \qquad \therefore V_b = 20\text{kN} (\uparrow)$$

그림 (b)의 ab구간에 대한 자유물체도에서

$$+\uparrow \sum F_y = 0 \ ; \ V_a - 20 - V_b = 0, \qquad \therefore V_a = 40\text{kN} (\uparrow)$$
$$+\curvearrowright \sum M_b = 0 \ ; \ M_a - 20 \times 3 + V_a \times 6 = 0, \qquad \therefore M_a = -180\text{kN} \cdot \text{m} (\curvearrowleft)$$

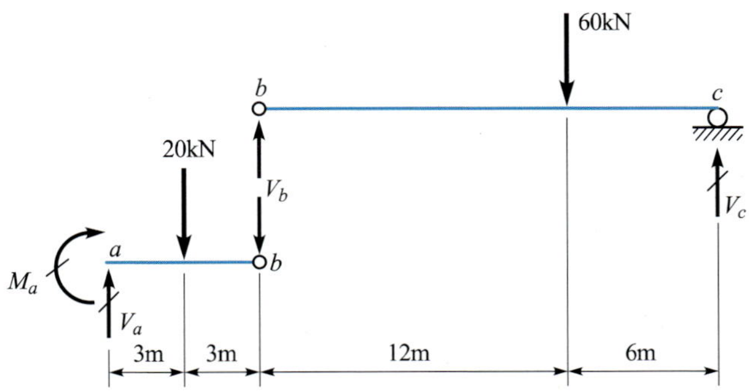

(b) 실제보의 자유물체도

2) 공액보의 해석에 의한 최대처짐 $\delta_{\max}$와 처짐곡선의 형상

위에서 계산한 반력 V_a, V_c, M_a와 수직하중에 대해 실제보의 $\dfrac{M}{EI}$선도를 작도하고, 공액보에 $\dfrac{M}{EI}$선도 하중을 재하하면 그림 (c)와 같다. 하중은 위에서 언급한 부호규약에 따라 보의

축선에서 $\frac{M}{EI}$ 선도를 향하는 방향으로 재하시킨 것이다.

i) 그림 (c)의 공액보의 전체 자유물체도에서 반력 V_b', V_c' 의 계산

$$+\curvearrowright \sum M_c = 0 \ ;$$

$$-\frac{1}{2}\left(\frac{180}{EI}\right)(6)\left(\frac{2\times 6}{3}+18\right)+V_b'(18)+\frac{1}{2}\left(\frac{240}{EI}\right)(12)\left(\frac{12}{3}+6\right)+\frac{1}{2}\left(\frac{240}{EI}\right)(6)\left(\frac{2\times 6}{3}\right)=0$$

$$\therefore V_b' = -\frac{300}{EI} \ (\downarrow)$$

$$+\uparrow \sum F_y = 0 \ ; \ -\frac{1}{2}\left(\frac{180}{EI}\right)(6)-\frac{300}{EI}+\frac{1}{2}\left(\frac{240}{EI}\right)(18)+V_c' = 0$$

$$\therefore V_c' = -\frac{1320}{EI} \ (\downarrow)$$

ii) 최대처짐 $\delta_{\max}$

그림 (c)의 공액보 전체 자유물체도에서, x점의 처짐 $\delta(x)$를 공액보법을 사용하여 구한다. 비례관계로부터,

$0 \le x \le 12\text{m}$ 구간에서, $x : y = 12 : \frac{240}{EI} \rightarrow y = \frac{20x}{EI}$

여기서, y는 b점 오른쪽으로부터 x만큼 떨어진 점에서 $\frac{M}{EI}$선도 하중의 크기이다.

$$\delta(x) = -\frac{1}{2}\left(\frac{180}{EI}\right)(6)\left(\frac{2\times 6}{3}+x\right)-\left(\frac{300}{EI}\right)x+\frac{1}{2}\left(\frac{20x}{EI}\right)(x)\left(\frac{x}{3}\right)$$

$$\frac{d\delta(x)}{dx} = -\frac{1}{2}\left(\frac{180}{EI}\right)(6)-\left(\frac{300}{EI}\right)+\frac{60x^2}{6EI}=0$$

$\therefore\ x = 9.17\text{m}$ (이 점은 처짐을 한번 미분한 것이 0인, 즉 접선이 수평이 되는 곳으로 처짐각 $\theta = 0$인 점이다.)

따라서

$$\delta_{\max} = \delta(9.17)$$

$$= -\frac{1}{2}\left(\frac{180}{EI}\right)(6)\left(\frac{2\times 6}{3}+9.17\right)-\left(\frac{300}{EI}\right)(9.17)+\frac{1}{2}\left(\frac{20\times 9.17}{EI}\right)(9.17)\left(\frac{9.17}{3}\right) = -\frac{7292.5}{EI}$$

$$= -\frac{7292.5\times 10^{12}}{(2.1\times 10^5)\times(5\times 10^9)} = -7\text{mm} \ (\downarrow)$$

최대처짐 $\delta_{\max} = -7\text{mm}$로 하향의 처짐($\downarrow$)을 나타낸다.

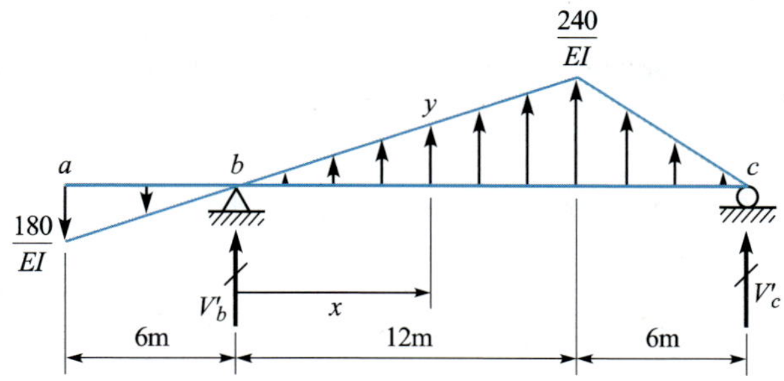

(c) 공액보의 $\frac{M}{EI}$ 선도 하중재하와 자유물체도

iii) 처짐곡선의 형상

그림 (c)의 공액보 전체 자유물체도에서, a, c점의 처짐각 θ와 처짐 δ를 공액보법을 사용하여 구하면 다음과 같다. 즉,

a점 : $\theta_a = 0$, $\delta_a = 0$

c점 : $\theta_c = -V_c = -\left(-\frac{1320}{EI}\right) = \frac{1320 \times 10^9}{(2.1 \times 10^5)(5 \times 10^9)} = 1.3 \times 10^{-3}\text{rad} = 0.07°$ (↶), $\delta_c = 0$

따라서, θ_a, δ_a, θ_c, δ_c, δ_{max}를 고려하여 처짐곡선의 형상을 그리면 그림 (d)와 같이 된다.

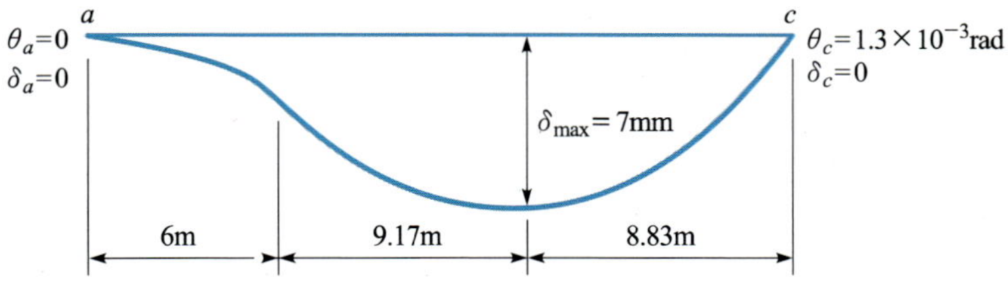

(d) 처짐곡선의 형상

6.5 처짐곡선의 미분방정식을 이용하는 방법

6.5.1 처짐곡선의 미분방정식을 적분하여 구하는 방법

그림 6.15와 같이 상향의 집중하중 P를 받아 상향 처짐이 생기는 캔틸레버보의 처짐곡선에서 미소구간 dx를 고려해보자. dx와 dy는 미소하므로 다음의 관계가 성립된다.

$$\tan\theta = \frac{dy}{dx} \simeq \theta \tag{6.53}$$

처짐곡선의 기울기(slope of deflection curve), 즉 처짐각 θ는 처짐 y에 대한 1차 도함수이다. 여기서 처짐각 θ는 x축과 처짐곡선이 이루는 각으로 단위는 라디안(radian)을 사용한다.

처짐각 θ가 작을 때 $\cos\theta \simeq 0$이고, $\cos\theta = \dfrac{dx}{ds}$로 쓸 수 있다. 따라서 $ds \simeq dx$가 된다. 식 (6.40)으로부터 곡률은 κ(곡률반경 ρ의 역수)는 다음과 같이 된다.

$$\kappa = \frac{1}{\rho} = \frac{d\theta}{ds} \simeq \frac{d\theta}{dx} \tag{6.54}$$

식 (6.53)을 x에 관해 한번 미분하면 다음 식을 얻는다.

$$\frac{d\theta}{dx} = \frac{d}{dx}\left(\frac{dy}{dx}\right) = \frac{d^2y}{dx^2} \tag{6.55}$$

식 (6.55)을 식 (6.54)에 대입하면 보의 곡률과 처짐 사이의 다음 관계식을 얻을 수 있다.

$$\kappa = \frac{d^2y}{dx^2} \tag{6.56}$$

식 (6.41)과 식 (6.56)을 조합하면, 다음의 처짐곡선의 미분방정식(휨모멘트 방정식)이 얻어진다.

$$\frac{d^2y}{dx^2} = y'' = \frac{M}{EI} \tag{6.57}$$

위 식과 2장의 식 (2.5)를 조합하면, 전단력 V 및 분포하중 w의 관계식들(전단력 방정식 및 하중 방정식))이 다음과 같이 얻어진다.

$$\frac{d^3y}{dx^3} = y''' = \frac{V}{EI} \tag{6.58}$$

$$\frac{d^4y}{dx^4} = y'''' = -\frac{w}{EI} \tag{6.59}$$

위 처짐곡선의 미분방정식은 재료는 후크의 법칙(Hooke's law)을 따르고 처짐과 처짐각은 미소하다는 가정 하에 유도된 것이다. 또한 전단변형은 무시하고, 단지 순수 휨에 의한 변형만을 고려한 것이다.

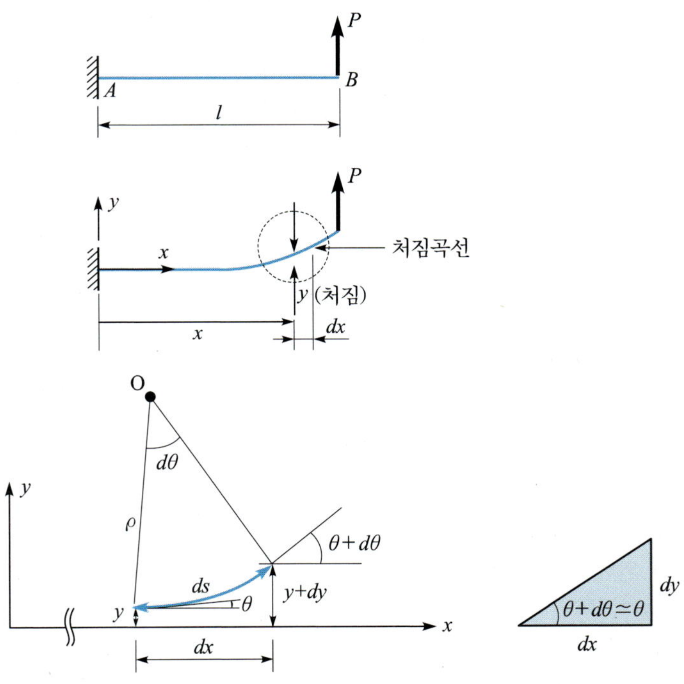

그림 6.15

그러므로 처짐곡선의 미분방정식(differential equation)을 직접 적분하여 처짐각 및 처짐 구하는 기본적인 절차를 요약하면 다음과 같다.

(1) 보의 축에 따른 $\frac{M}{EI}$의 함수를 구한다.

(2) $\frac{M}{EI}$의 함수를 x축에 관하여 적분을 수행하여 처짐각 및 처짐에 관한 식을 구한다. 이때,

적분상수는 보의 경계조건(boundary condition), 연속조건(continuity condition), 대칭조건(symmetry condition)을 이용하여 결정한다.

예제 6.17

다음 그림과 같은 하중을 받는 단순보의 상연과 하연 사이에 온도차 Δt(하연의 온도 t_l이 상연의 온도 t_{top}보다 높음)가 생길 때 다음 물음에 답하시오. 단, Δt는 지간 전체에 대해 일정하고, 각 단면에서의 온도분포는 직선적으로 변하며, 열팽창계수는 α이고, $a > b$이다.

1) 처짐 y와 처짐각 y'를 유도하시오. (25점)

2) 중앙점 처짐, 지지점 A의 처짐각, 최대처짐을 각각 구하시오. (5점)

[총 30점, 행정고등고시(토목기술직) 제2차 시험]

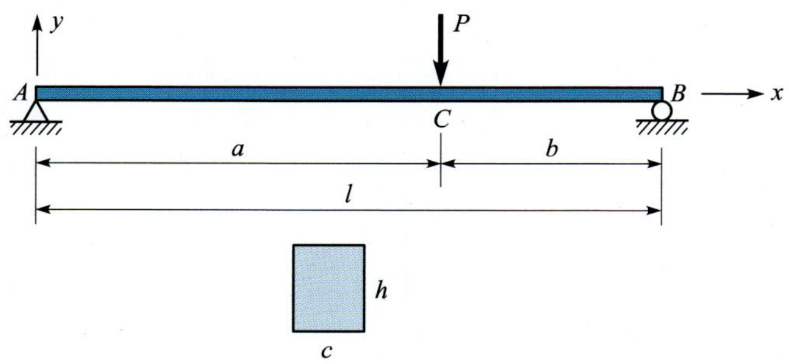

그림 예제 6.17

풀이

1) 하중 P에 의한 처짐 y 및 처짐각 y' 유도 (25점)

a) 집중하중 P에 의한 처짐 및 처짐각

하중 P에 의해 하향 처짐이 생기므로 처짐곡선의 미분방정식[식 (6.55)]를 다음과 같이 나타낼 수 있다. 즉,

$$EIy'' = -M$$

지점 및 하중이 변하는 곳을 기준으로 구간을 설정하여 풀이한다. 여기서 지점 A를 원점으로 해서 보의 x 위치 구간별 휨모멘트를 구하면 다음과 같다.

$$\begin{cases} M = \dfrac{Pb}{l}x & (0 \le x \le a) \\ M = \dfrac{Pb}{l}x - P(x-a) & (a \le x \le l) \end{cases}$$

위 식을 적분하면

$$\begin{cases} EIy' = -\dfrac{Pbx^2}{2l} + C_1 & (0 \le x \le a) \quad (1) \\ EIy' = -\dfrac{Pbx^2}{2l} + \dfrac{P(x-a)^2}{2} + C_2 & (a \le x \le l) \quad (2) \end{cases}$$

$$\begin{cases} EIy = -\dfrac{Pbx^3}{6l} + C_1 x + C_3 & (0 \le x \le a) \quad (3) \\ EIy = -\dfrac{Pbx^3}{6l} + \dfrac{P(x-a)^3}{6} + C_2 x + C_4 & (a \le x \le l) \quad (4) \end{cases}$$

위의 처짐 및 처짐각의 적분식에 경계조건 및 연속조건을 적용하면, 적분상수 C_1, C_2, C_3, C_4가 구해진다. 즉,

i) 경계조건

ⓐ $x=0$일 때 $y=0$; 식 (3)으로부터, $C_3=0$

ⓑ $x=l$일 때 $y=0$; 식 (4)로부터, $EIy = -\dfrac{Pbl^2}{6} + \dfrac{Pb^3}{6} + C_2 l + C_4 = 0$ (5)

ii) 연속조건

ⓐ C점($x=a$)에서 처짐각 $\theta_{CA} = \theta_{CB}$이므로, 식 (1), (2)로부터

$$EIy' = EI\theta_{CA} = -\frac{Pba^2}{2l} + C_1 \quad (6)$$

$$EIy' = EI\theta_{CB} = -\frac{Pba^2}{2l} + C_2 \quad (7)$$

식 (6)=식 (7)이므로, $-\dfrac{Pba^2}{2l} + C_1 = -\dfrac{Pba^2}{2l} + C_2$

따라서

$$C_1 = C_2 \quad (8)$$

ⓑ C점($x=a$)에서 처짐 $y_{CA} = y_{CB}$이므로, 식 (3), (4)로부터

$$EIy_{CA} = -\frac{Pba^3}{6l} + C_1 a \quad (9)$$

$$EIy_{CB} = -\frac{Pba^3}{6l} + C_2 a + C_4 \quad (10)$$

식 (9)=식 (10)이므로, $-\dfrac{Pba^3}{6l} + C_1 a = -\dfrac{Pba^3}{6l} + C_2 a + C_4$

따라서

$$C_1 a = C_2 a + C_4 \quad (11)$$

식 (8)을 식 (11)에 대입하면 $C_4 = 0$이 구해지고, 이것을 식 (5)에 대입하면 C_2가 다음과 같이 구해진다.

$$C_2 = \left(\frac{Pbl^2}{6} - \frac{Pb^3}{6}\right)/l = \frac{Pb(l^2-b^2)}{6l}$$

즉, $C_1 = C_2 = \dfrac{Pb(l^2-b^2)}{6l}$, $C_3 = C_4 = 0$ (유도 6점)

따라서, 위에서 구한 적분상수를 식 (3), (4)에 대입하면 다음의 처짐 y함수가 얻어진다.

$$\begin{cases} y = \dfrac{Pbx}{6lEI}(l^2-b^2-x^2) & (0 \le x \le a) \quad (12) \\ y = \dfrac{Pbx}{6lEI}(l^2-b^2-x^2) + \dfrac{P(x-a)^3}{6EI} & (a \le x \le l) \quad (13) \end{cases}$$

(처짐 정답 2점)

그리고 위에서 구한 적분상수를 식 (1), (2)에 대입하면 다음의 처짐각 y' 함수가 얻어진다.

$$\begin{cases} y' = \dfrac{Pb}{6lEI}(l^2-b^2-3x^2) & (0 \le x \le a) \quad (14) \\ y' = \dfrac{Pb}{6lEI}(l^2-b^2-3x^2) + \dfrac{P(x-a)^2}{2EI} & (a \le x \le l) \quad (15) \end{cases}$$

(처짐각 정답 2점)

b) 온도변화 Δt에 의한 처짐 및 처짐각

그림 6.10에서,

$$\Delta t = t_l - t_{top}$$

$$\rho d\phi = (1+\alpha t_0)dx, \; hd\phi = \alpha \Delta t dx$$

$$\frac{h}{\rho} = \frac{\alpha \Delta t}{1+\alpha t_0} \quad \rightarrow \quad \frac{d\phi}{dx} = \frac{\alpha \Delta t}{h}$$

$$\therefore \frac{1}{\rho} = \frac{\alpha \Delta t}{h(1+\alpha t_0)}$$

αt_0는 미소이므로 무시하면

$$\frac{1}{\rho} = \kappa = \frac{\alpha \Delta t}{h} = \frac{d\phi}{dx}$$

온도에 의해 하향 처짐이 생기므로 보의 곡률과 처짐 사이의 관계식[식 (6.54)]를 다음과 같이 나타낼 수 있다. 즉,

$$\kappa = -\frac{d^2y}{dx^2}$$

그러므로 다음과 같은 온도변화 Δt에 의한 처짐곡선의 미분방정식이 구해진다.

$$\frac{d^2y}{dx^2} = y'' = -\frac{\alpha \Delta t}{h}$$

위 식을 연속 적분함으로써, 다음과 같은 온도변화 Δt에 의한 처짐각 y' 와 처짐 y가 구해진다.

$$y' = -\frac{\alpha \Delta t}{h} x + D_1 \tag{16}$$

$$y = -\frac{\alpha \Delta t}{2h} x^2 + D_1 x + D_2 \tag{17}$$

여기서, 적분상수는 중앙점($x = \frac{l}{2}$)에서 기울기 $y' = 0$이라는 대칭조건과 A에서 처짐 $y = 0$이라는 경계조건을 사용하면 구할 수 있다. 즉,

$x = \frac{l}{2}$ 일 때 $y' = 0$; 식 (16)으로부터, $D_1 = \frac{\alpha \Delta t\, l}{2h}$

$x = 0$ 일 때 $y = 0$; 식 (17)로부터, $D_2 = 0$

따라서, 위에서 구한 적분상수를 식 (16), (17)에 대입하면 다음의 처짐각 y' 와 처짐 y가 얻어진다.

$$y' = \frac{\alpha \Delta t}{2h}(l - 2x) \tag{18}$$

$$y = \frac{\alpha \Delta t}{2h}(lx - x^2) \tag{19}$$

(유도 11점)

c) 하중과 온도차에 의한 처짐 y 및 처짐각 y'

서로 다른 하중들이 동시에 작용할 때 발생되는 보의 처짐은 각각의 하중이 작용할 때의 처짐값을 더한 값과 같다. 즉, 중첩법(method of superposition)성립하므로, 위에서 구한 집중하중 P에 의한 처짐 및 처짐각 그리고 온도변화 Δt에 의한 처짐 및 처짐각을 각각 더하면 다음과 같은 하중과 온도차에 의한 처짐 y 및 처짐각 y' 이 구해진다.

따라서 식 (12), (13), (19)로부터 구간별로 다음의 처짐 y가 구해진다.

$$\begin{cases} y = \dfrac{Pbx}{6lEI}(l^2 - b^2 - x^2) + \dfrac{\alpha \Delta t}{2h}(lx - x^2) & (0 \le x \le a) \quad (20) \\ y = \dfrac{Pbx}{6lEI}(l^2 - b^2 - x^2) + \dfrac{P(x-a)^3}{6EI} + \dfrac{\alpha \Delta t}{2h}(lx - x^2) & (a \le x \le l) \quad (21) \end{cases}$$

(정답 2점)

그리고 식 (14), (15), (18)로부터 구간별로 다음의 처짐각 y' 가 구해진다.

$$\begin{cases} y' = \dfrac{Pb}{6lEI}(l^2 - b^2 - 3x^2) + \dfrac{\alpha \Delta t}{2h}(l - 2x) & (0 \le x \le a) \quad (22) \\ y' = \dfrac{Pbx}{6lEI}(l^2 - b^2 - 3x^2) + \dfrac{P(x-a)^2}{2EI} + \dfrac{\alpha \Delta t}{2h}(l - 2x) & (a \le x \le l) \quad (23) \end{cases}$$

(정답 2점)

2) 중앙점의 처짐 y_{cn}, 지지점 A 처짐각 y_A', 최대 처짐 $y_{\max}$ (5점)

a) 중앙점의 처짐 y_{cn}

$x=\frac{l}{2}$을 하중과 온도에 의한 처짐의 식 (20)에 대입하면

$$\therefore\ y_{cn}=\frac{Pbl}{12lEI}\left(\frac{3}{4}l^2-b^2\right)+\frac{\alpha\Delta tl^2}{8h}$$ (1점)

b) 지지점 A 처짐각 y_A'

$x=0$을 하중과 온도에 의한 처짐각의 식 (22)에 대입하면

$$\therefore\ y_A'=\frac{Pb}{6lEI}(l^2-b^2)+\frac{\alpha\Delta t}{2h}l$$ (1점)

c) 최대처짐 $y_{\max}$

$\frac{dy}{dx}=0$ 일 때 최대처짐을 갖는다.

$a>b$ 이므로,

$0\le x\le a$구간에 최대처짐 값이 존재한다.

$$y'=\frac{Pb}{6lEI}(l^2-b^2-3x^{2)})+\frac{\alpha\Delta t}{2h}(l-2x)=0$$

$$-\frac{3Pb}{6lEI}x^2-\frac{\alpha\Delta t}{h}x+\frac{Pb}{6lEI}(l^2-b^2)+\frac{\alpha\Delta t}{2h}l=0$$

$$\frac{3Pb}{6lEI}x^2+\frac{\alpha\Delta t}{h}x-\frac{Pb}{6lEI}(l^2-b^2)-\frac{\alpha\Delta t}{2h}l=0$$

$$3x^2+\frac{6lEI\alpha\Delta t}{Pbh}x-(l^2-b^2)-\frac{3l^2EI\alpha\Delta t}{Pbh}=0$$

$$\therefore\ x=\frac{1}{6}\left[-\frac{6lEI\alpha\Delta t}{Pbh}+\sqrt{\left(\frac{6lEI\alpha\Delta t}{Pbh}\right)^2+12(l^2-b^2)+\frac{36l^2EI\alpha\Delta t}{Pbh}}\right]$$

위의 x값을 아래 식[식 (20)]에 대입하면 $y_{\max}$값이 구해진다.

$$y=\frac{Pbx}{6lEI}(l^2-b^2-x^2)+\frac{\alpha\Delta t}{2h}(lx-x^2)$$ (3점)

6.5.2 충격하중으로 인한 처짐

그림 6.16의 단순보 구조물에서 무게 W(질량 M)인 물체가 h만큼 높은 곳에서 보 위로 떨어지는 경우, 이 충격하중(impact load)은 속도를 지닌 동하중(dynamic load)이

기 때문에 정하중(static load)을 받을 때보다 더 큰 최대 동적처짐 y_{max}를 발생시킨다. 만약 무게 W인 물체가 보의 중앙 C점에 부딪친 경우 보에 착 달라붙어서 보와 함께 움직이고 에너지 손실은 없다고 가정하자. 물체가 떨어지는 거리는 $h+y_{max}$이므로, 손실된 위치에너지는 다음 식과 같다.

$$\text{손실된 위치에너지} = Mg(h+y_{max}) = W(h+y_{max}) \tag{6.60}$$

보에 저장된 변형에너지 U는 다음과 같다.

$$U = \int \frac{M^2}{2EI} dx = \int \frac{EI}{2} \left(\frac{d^2y}{dx^2}\right)^2 dx \tag{6.61}$$

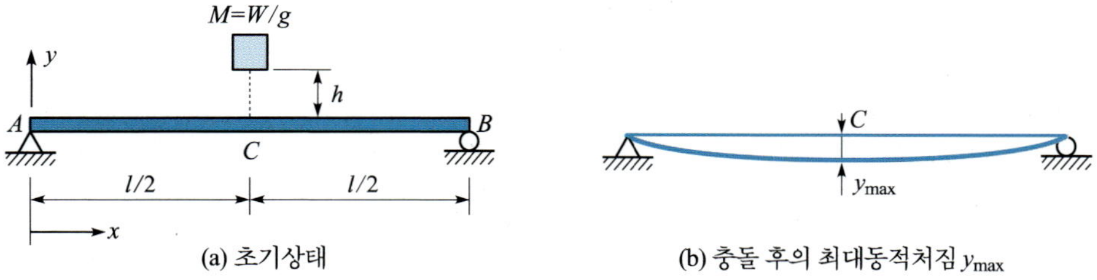

그림 6.16

중앙점 C에 집중하중 P를 받는 단순보에서 x위치의 처짐곡선 y는[예제 6.17의 식 (12)에서 $a=b=\frac{l}{2}$일 때 집중하중 P로 인한 처짐곡선임]

$$y = \frac{Px}{EI}\left(\frac{l^2}{16} - \frac{x^2}{12}\right) \quad \left(0 \le x \le \frac{l}{2}\right) \tag{6.62}$$

이고, 위 식에서 $x=\frac{l}{2}$인 경우 단순보의 최대처짐이 발생한다. 즉,

$$y_{max} = \frac{Pl^3}{48EI} \tag{6.63}$$

식 (6.62)와 식 (6.63)에서 하중 P를 소거하면 최대처짐의 항으로 처짐곡선 y가 표현된다. 즉,

$$y = \frac{48\,y_{\max}\,x}{l^3}\left(\frac{l^2}{16} - \frac{x^2}{12}\right) \qquad \left(0 \le x \le \frac{l}{2}\right) \tag{6.64}$$

위 식을 두 번 미분하면 다음과 같은 식을 얻을 수 있다.

$$\frac{d^2y}{dx^2} = -\frac{24\,y_{\max}\,x}{l^3} \tag{6.65}$$

위 식을 식 (6.61)의 대입하면, 충돌 후 단순보에 저장된 변형에너지 U가 최대처짐의 항으로 다음과 같이 표현된다.

$$U = \int \frac{EI}{2}\left(\frac{d^2y}{dx^2}\right)^2 dx = EI\int_0^{\frac{l}{2}}\left(-\frac{24y_{\max}x}{l^3}\right)^2 dx = \frac{24EIy_{\max}^2}{l^3} \tag{6.66}$$

위 식의 보 내부에 저장된 변형에너지 U는 식 (6.60)의 손실된 위치에너지와 같다. 즉,

$$\frac{24EIy_{\max}^2}{l^3} = W(h + y_{\max}) \tag{6.67}$$

근의 공식을 사용하여 $y_{\max}$에 관한 2차식인 식 (6.67)로부터 최대처짐 $y_{\max}$를 구하고 정리하면, 다음과 같은 식이 구해진다.

$$y_{\max} = \frac{Wl^3}{48EI} + \sqrt{\left(\frac{Wl^3}{48EI}\right)^2 + 2h\left(\frac{Wl^3}{48EI}\right)} \tag{6.68}$$

여기서 단순보의 중앙 C점에 가력되는 정하중 W에 의한 보의 중앙 C점에서 정적 최대처짐은 $y_{st.\max} = \dfrac{Wl^3}{48EI}$이므로, 식 (6.68)은 다음과 같이 된다.

$$y_{\max} = y_{st.\max}\left(1 + \sqrt{1 + \frac{2h}{y_{st.\max}}}\right) \tag{6.69}$$

위 식으로부터 동하중에 의한 동적최대처짐 $y_{\max}$는 정하중에 의한 정적최대처짐 $y_{st.\max}$보다 항상 크다는 것을 알 수 있다. 식 (6.69)에 대해, 구조물 설계 시 고려하는 충격계수 i를 사용하여 나타내면 다음과 같다.

$$i = \frac{y_{\max} - y_{st.\max}}{y_{st.\max}} = \sqrt{1 + \frac{2h}{y_{st.\max}}} \qquad 6.70$$

따라서 식 (6.70)의 충격계수 i를 이용해서 충격하중과 같은 동하중을 구조물 설계 시 사용하는 등가의 정하중(equivalent static load) P_E로 환산할 수 있다. 즉, $P_E = W(1+i)$이다. 참고로, 보와 충격물체의 질량을 포함시키거나 떨어지는 물체가 위로 튀어 오르려는 현상, 그리고 충격 시의 국부적인 변형에 의한 에너지 손실 등을 포함시키는 경우 동적최대처짐 $y_{\max}$는 약간 감소할 것이다.

연습문제

Structural Mechanics

6.1 다음과 같은 반경 r의 반원 BC부재와 길이가 $\frac{l}{2}$이고 직선인 AB 및 CD부재로 구성된 구조물에서 A, D에 수평하중 P가 작용할 때, A점과 D점간의 거리의 증가량 δ_{AD}를 가상일의 방법을 사용하여 구하시오. 단, 모든 부재에서 EI는 일정하고, 휨모멘트에 의한 변위만 고려한다.

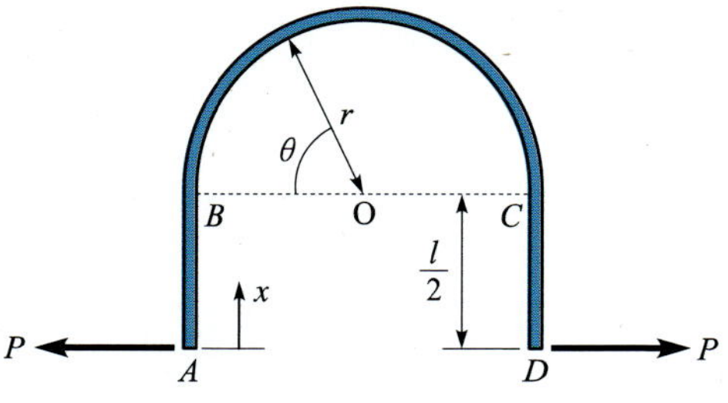

그림 문제 6.1

6.2 다음과 같은 캔틸레버보에서 자유단에 연직하중 P가 작용할 때, B점의 연직처짐 y_B와 처짐각 θ_B를 가상일의 방법(단위하중법)을 사용하여 구하시오. 단, EI는 일정(constant)하고, 전단력에 의한 변위는 무시한다.

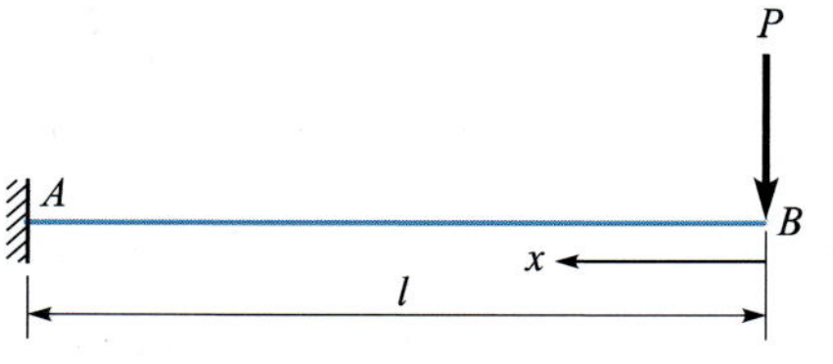

그림 문제 6.2

6.3 다음과 같은 변단면 캔틸레버보에서 자유단에 연직하중 P가 작용할 때, A점의 연직처짐 δ_A를 카스틸리아노의 제2정리를 사용하여 구하시오. 단, 사각형 단면의 폭은 b로 일정하고, 단면의 높이 h_x는 직선적으로 변하여 고정단 B점의 높이 h_B가 자유단 A점의 높이 h_A의 2배, 즉 $h_B = 2h_A$가 된다. 또한, 탄성계수는 E이고, 전단력에 의한 변위는 무시한다.

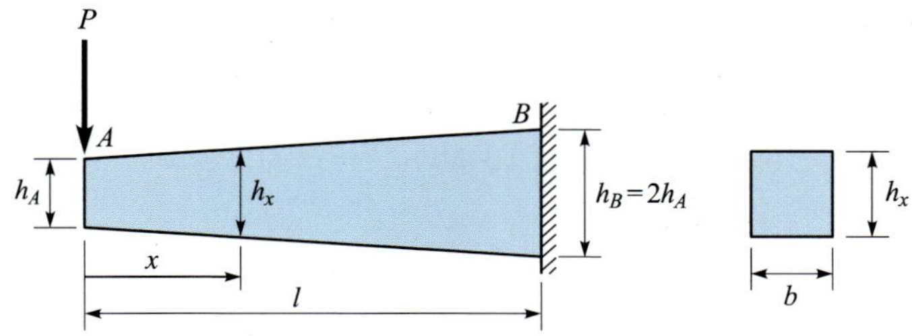

그림 문제 6.3

6.4 다음과 같이 재료 절약을 위해서 휨모멘트가 큰 부분의 단면 2차모멘트를 증가시킨 비균일 단면을 갖는 캔틸레버보에서 B점의 연직처짐 Δ_B를 모멘트면적법을 사용하여 구하시오. 단, $E=2.04\times10^5\,\mathrm{MPa}$이고, $I=1.25\times10^8\,\mathrm{mm}^4$이다.

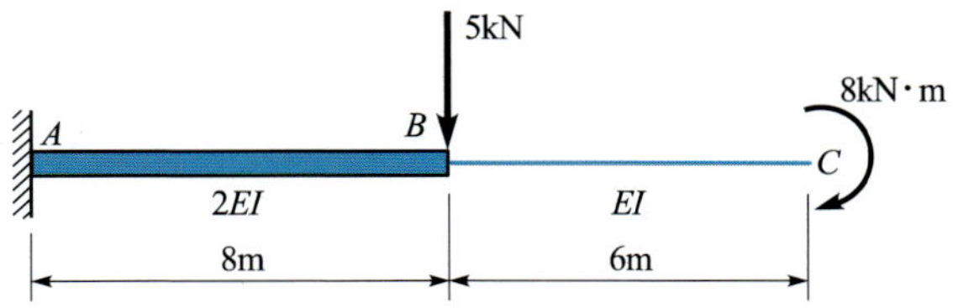

그림 문제 6.4

6.5 다음과 같은 내민보에서 D점의 연직처짐 Δ_D를 모멘트면적법을 사용하여 구하시오. 단, $E=2.04\times10^5\,\mathrm{MPa}$이고, $I=1.25\times10^8\,\mathrm{mm}^4$이다.

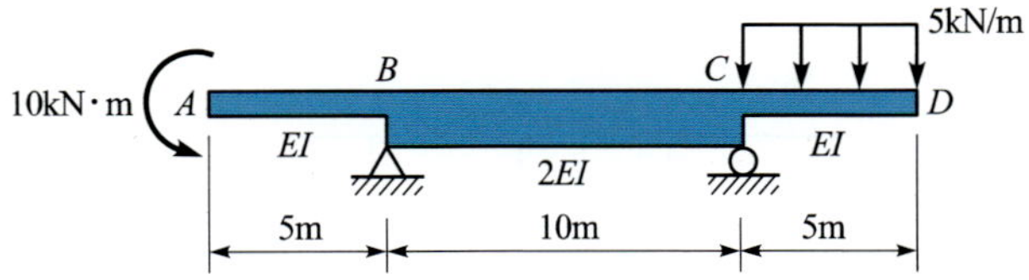

그림 문제 6.5

6.6 다음과 같이 B점과 C점이 내부힌지인 보에서 E점에 연직방향으로 집중하중 $2P$가 작용하고 있을 때 E점의 연직처짐 δ_E를 공액보법을 사용하여 구하시오. 단, $P=50\,\mathrm{kN}$, 길이 $L=10\,\mathrm{m}$, 탄성계수 $E=2.1\times10^5\,\mathrm{MPa}$, 단면 2차모멘트 $I=5\times10^9\,\mathrm{mm}^4$이다.

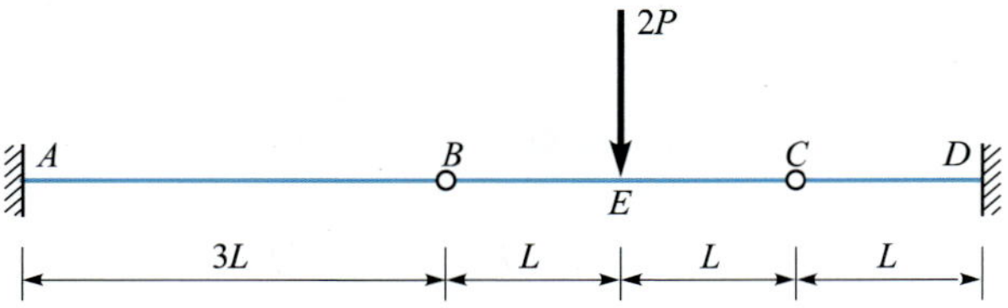

그림 문제 6.6

6.7 다음과 같이 자유단 B에 집중 휨모멘트하중 M_0을 받는 캔틸레버보에서 x점 및 자유단 B점의 처짐과 처짐각을 공액보법을 사용하여 구하시오. 단, EI는 일정(constant)하다.

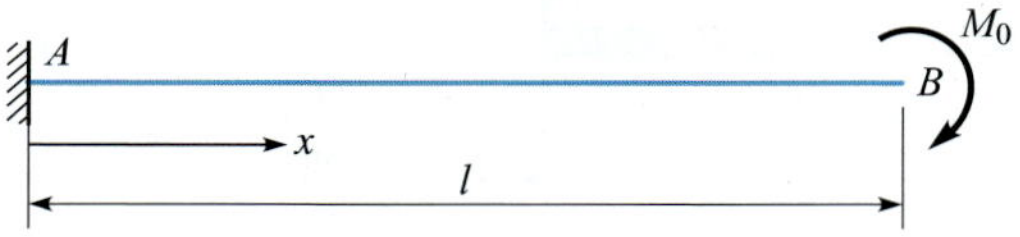

그림 문제 6.7

6.8 다음과 같이 등분포하중 w를 받는 단순보에서 지점 A, B 그리고 중앙점 C의 처짐과 처짐각을 처짐곡선의 미분방정식을 사용하여 구하시오. 단, EI는 일정(constant)하고, 전단력에 의한 변위는 무시한다.

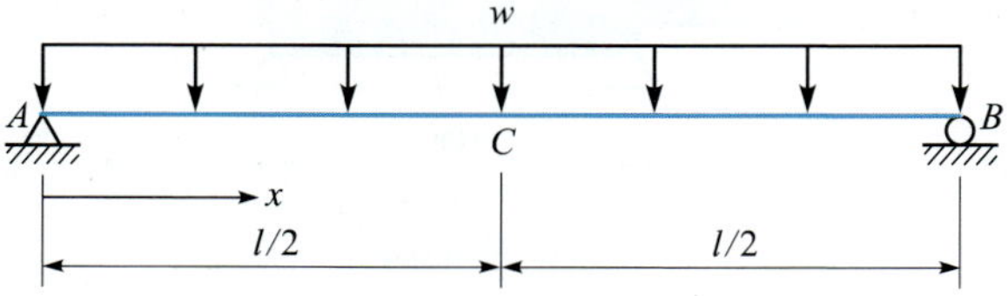

그림 문제 6.8

6.9 다음과 같이 중앙점 C에 집중 휨모멘트하중 M_0을 받는 단순보에서 지점 A, B 그리고 중앙점 C의 처짐과 처짐각을 처짐곡선의 미분방정식을 사용하여 구하시오. 단, EI는 일정(constant)하고, 전단력에 의한 변위는 무시한다.

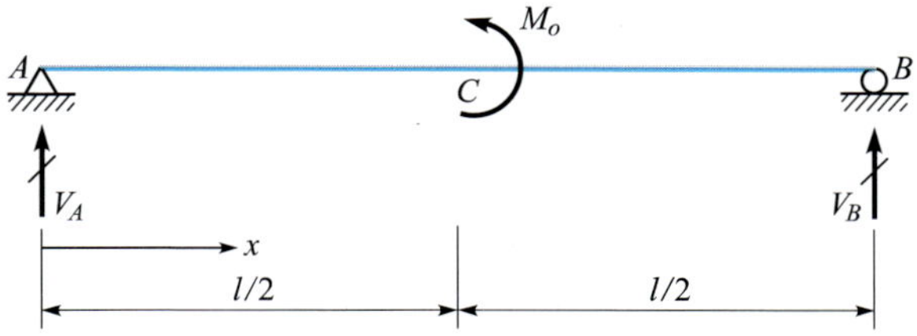

그림 문제 6.9

6.10 다음과 같이 삼각형 분포하중을 받는 캔틸레버보에서 자유단 B의 처짐과 처짐각을 처짐곡선의 미분방정식을 사용하여 구하시오. 단, EI는 일정(constant)하고, 전단력에 의한 변위는 무시한다.

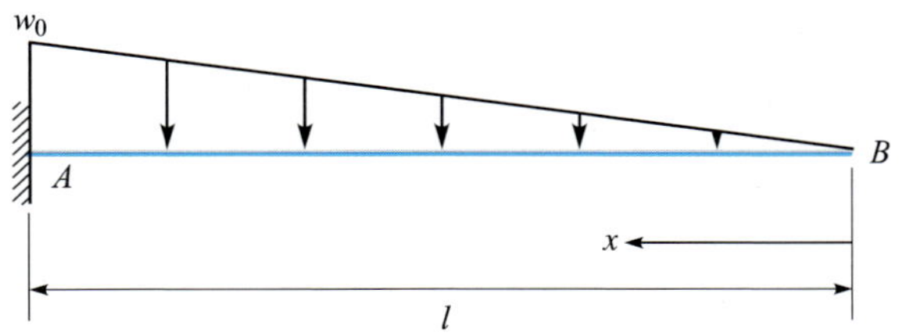

그림 문제 6.10

6.11 다음과 같이 지점 A에 집중 휨모멘트하중 M_0을 받는 단순보에서 지점 A, B의 처짐각 그리고 최대처짐을 처짐곡선의 미분방정식을 사용하여 구하시오. 단, EI는 일정(constant)하고, 전단력에 의한 변위는 무시한다.

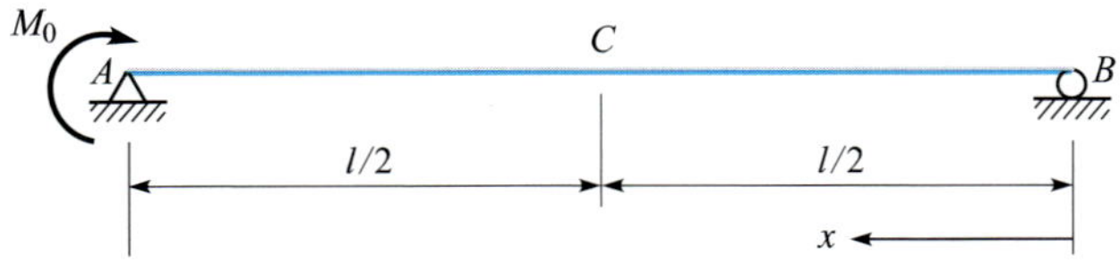

그림 문제 6.11

CHAPTER

07

부정정구조물의 해석원리와 변위일치법

7.1 부정정구조물의 해석원리

6장까지는 주로 정정구조물을 대상으로 하여 힘의 **평형조건**($\sum F_x = 0$, $\sum F_z = 0$, $\sum M_y = 0$)을 이용하여 반력, 부재력(단면력), 처짐(변위)을 구하는 방법을 다루었다. 다음의 7~12장에서 다루는 부정정구조물의 경우, 기본적인 힘의 평형조건만으로는 반력과 부재력을 구할 수 없기 때문에 추가의 조건이 필요하게 된다. 이 추가의 조건이 처짐의 구속조건과 처짐각의 연속성에 해당하는 변위의 **적합조건**(compatibility condition of displacement)이다. 그러므로 부정정구조물의 기본적인 해석원리는 **힘의 평형조건**과 **변위의 적합조건**을 만족시키는 일체화된 해석과정의 일부이다. 따라서 뒤에서 상술되겠지만, 부정정구조물의 해석은 계산 시 기본변수인 부정정력[구조물의 외적 및 내적 평형안정을 유지하는데 필요한 수보다 초과되는 반력성분 등으로 여용력(redundant force)이라고도 함]과 절점변위 중에서 어느 것을 미지수로 사용하느냐에 따라 달라진다. 여기서 초과되는 반력성분 등의 부정정력의 수는 2.5절 및 3.3절의 수식에 의해 계산되는 외적 및 내적 부정정차수와 같게 되고, 이 부정정차수는 부정정구조물의 부정정성[statical indeterminacy, 혹은 여용성(redundancy)]의 척도를 나타낸다.

따라서 부정정구조물의 해석을 위해서는 부정정차수, 정정기본계[부정정구조물에서 부정정력(여용력)에 대응하는 구속을 모두 해제하여 정정구조물로 만든 기본구조물(primary structure) 혹은 해제구조물(released structure)], 적합조건, 부정정구조의 부재력의 특징을 이해하는 것이 중요하다. 여기서 다시 말하면, 기본구조물 또는 해제구조물은 부정정(statically indeterminate)인 실제구조물에서 부정정력 또는 여용력에 대응하는 구속을 모두 해제(release)시킨 정정구조물(statically determinate)을 말한다. 일반적으로, 부정정구조물은 그 여용성 때문에 정정구조물 보다 구조성능(안전성, 사용성, 내구성)이 좋고 상대적으로 높은 내하력을 갖는다. 그 결과, 부정정구조물에서는 작은 단면을 사용할 수 있으므로 경제성 측면에서 정정구조물보다 유리한 경우가 많다.

부정정구조물의 해석 시, 부정정력을 미지수로 취급하고 있으면 응력법(force method)이고, 절점변위를 미지수로 하면 변위법(displacement method)이다. 본 교재의 부정정구조물 해석법인 **7장 변위일치법**(method of consistent displacement), **8장 최소일의 방법**(method of least work)과 **3연모멘트법**(three-moment method)은 응력법의 일종이고, 9장 처짐각법(slope-deflection method)과 10장 모멘트분배법(moment distribution method)은 변위법의 일종이다. 그리고 오늘날 컴퓨터의 발달로 인하여 정정구조물 및 부정정구조물의 실무 구조해석에 매우 효과적으로 적용되고 있는 12장의 직접강도법(direct stiffness method)에 의한 매트릭스구조해석이나 유한요소법(finite element method)은 모두 변위법을 기본으로 하고 있다.

7.2 변위일치법

7.2.1 기본구조물과 적합조건

1864년 J. C. Maxwell이 처음 발표하고 Otto Mohr가 오늘날의 수준까지 끌어올린 변위일치법은 응력법으로서, 변형일치법, 겹침의 방법, Mohr의 정리법 등으로 불리며 처짐과 처짐각의 적합조건을 이용하고 있다. 이 방법은 모든 구조물의 해석에 적용할 수 있으며, 특히 연속보, 부정정트러스, 라멘 해석에 효과적이다. 변위일치법은 처짐에 관한 겹침의 원리와 적합조건에 의해 적합방정식(compatibility equation)을 세우고 이것을 연립하여 풀어 부정정력을 계산한 후, 겹침의 원리와 힘의 평형조건(평형방정식)에 의해 나머지 반력과 부재력을 구하는 부정정구조물의 해석법이다. 변위일치법에서 필요한 적합방정식의 수는 부정정차수 만큼 필요하며, 적합방정식은 기하학적 조건으로부터 구하게 된다.

예를 들어, 그림 7.1(a)의 2차부정정인 3경간 연속보를 생각해 보자. 중간 로울러지점 B, C를 제거하면 그림 7.1(b), (c), (d), (e)와 같이 정정구조가 된다. 이것을 실제보인 그림 7.1(a)의 부정정구조물에 대한 기본구조물 혹은 정정기본계라고 부른다. 이때 지점 B, C의 지점반력 X_B, X_C가 부정정력(여용력)이 된다. 즉, 이 실제보의 지점 A, D에는 미지수인 지점반력이 3개 더 있으므로 지점반력 X_B, X_C를 포함하여 총 5개의 미지의 반력이 생기고, 해를 구하기 위해 사용할 수 있는 평형방정식이 3개이므로 이 연속보는 2차부정정이다. 따라서 해를 구하기 위해서 2개의 적합방정식이 필요하다. 이 방정식을 얻기 위해서 그림 7.1(b)처럼 지점반력 중 X_B, X_C를 부정정력(여용력)으로 택한 것이다.

그림 7.1(a)의 실제보는 겹침의 원리가 적용되므로 그림 7.1(b)와 동일한 것이 되며 이는 다시 그림 7.1(c)와 (d) 그리고 (e)와를 합친 것과 동일하다고 할 수 있다. 그림 7.1(b)에서 지점 B, C의 처짐 Δ_B, Δ_C는 로울러지점의 처짐 구속조건에 의해서 '0'이라는 변위의 적합조건, 즉 $\Delta_B = 0$ 그리고 $\Delta_C = 0$이라는 2개의 적합방정식을 제공한다. 따라서 3개의 평형방정식($\sum F_x = 0, \sum F_y = 0, \sum M_y = 0$)과 2개의 적합방정식($\Delta_B = 0$, $\Delta_C = 0$)를 이용하면, 그림 7.1(a)의 2차 부정정인 3경간 연속보의 미지의 반력과 부재력을 구할 수 있다.

7.2.2 적합방정식의 구성과 해석절차

그림 7.1(b)의 기본구조물은 그림 7.1(c)와 (d) 그리고 (e)를 겹친 것과 같게 된다. 즉, 겹침의 원리와 적합조건에 의해 다음과 같은 2개의 적합방정식이 성립한다.

$$\begin{aligned} \Delta_B &= \Delta_{B0} + \Delta_{BB} + \Delta_{BC} = \Delta_{B0} + X_B \delta_{BB} + X_C \delta_{BC} = 0 \\ \Delta_C &= \Delta_{C0} + \Delta_{CB} + \Delta_{CC} = \Delta_{C0} + X_B \delta_{CB} + X_C \delta_{CC} = 0 \end{aligned} \tag{7.1}$$

여기서, Δ_B : 기본구조물에서 하중(P, w)과 부정정력(X_B, X_C)에 의한 B점의 상향처짐

Δ_C : 기본구조물에서 하중(P, w)과 부정정력(X_B, X_C)에 의한 C점의 상향처짐

Δ_{B0} : 기본구조물에서 하중(P, w)만을 받는 때 B점의 상향처짐

Δ_{BB} : 기본구조물에서 부정정력 X_B만을 받는 때 B점의 상향처짐

Δ_{BC} : 기본구조물에서 부정정력 X_C만을 받는 때 B점의 상향처짐

Δ_{C0} : 기본구조물에서 하중(P, w)만을 받는 때 C점의 상향처짐

Δ_{CB} : 기본구조물에서 부정정력 X_B만을 받는 때 C점의 상향처짐

Δ_{CC} : 기본구조물에서 부정정력 X_C만을 받는 때 C점의 상향처짐

δ_{BC} : 기본구조물에서 C점에서만 $X_C = 1$을 작용시켰을 때의 B점에서의 상향처짐이며, 유연도계수(flexibility coefficient)라고도 한다.

δ_{CB} : 기본구조물에서 B점에서만 $X_B = 1$을 작용시켰을 때의 C점에서의 상향처짐이며, 맥스웰의 상반변형의 법칙에 의하여 $\delta_{BC} = \delta_{CB}$가 성립된다.

X_B : B점에 작용하는 부정정력

X_C : C점에 작용하는 부정정력

그리고 식 (7.1)에서 지점침하가 있는 경우에는 Δ_B와 Δ_C가 0이 아니라 각각 지점 B와 C에서의 침하량이 된다.

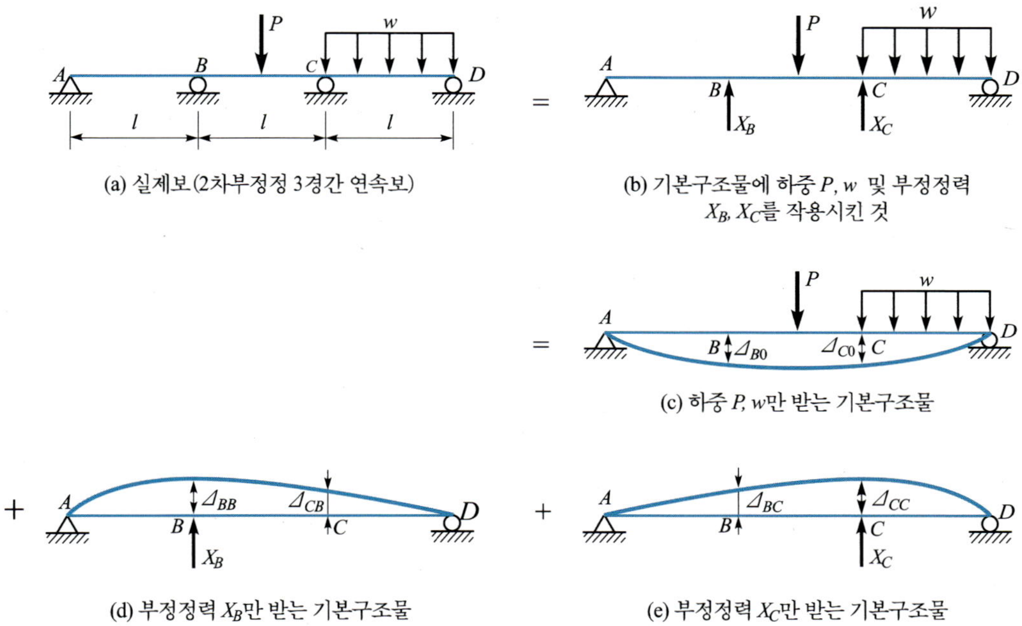

그림 7.1 부정정보와 기본구조물(정정기본계)

그림 7.1에 있는 2차부정정 3경간 연속보를 예로 변형일치법에서 미지의 반력과 부재력을 구하는 해석절차를 요약하면 다음과 같다. 즉, 위 식 (7.1)의 2개의 적합방정식을 연립하여 풀면 2개의 부정정력 X_B, X_C를 계산할 수 있다. 다음으로 그림 7.1(b)의 기본구조물상에서, 구해진 부정정력 X_B, X_C와 하중(P, w)을 이용하여 정정구조물의 해석에서와 같이 단순히 평형방정식을 적용하면 나머지 지점 A, D에서의 반력이 구해진다. 그리고 부재력(단면력으로 전단력과 휨모멘트 등)은 그림 7.1(b)의 기본구조물에 구해진 모든 반력, 하중, 그리고 구하고자하는 위치를 절단하여 단면력을 자유물체도로 나타내고 평형방정식을 적용하면 구해진다.

$n = 2$차인 부정정구조물에 대해 위에서 설명한 과정은 하중 P, w뿐만이 아니라 온도변화, 제작오차, 지점침하 등을 받는 부정정차수가 n인 부정정구조물의 해석을 위하

여 적합방정식을 다음과 같이 확대하고 일반화시킬 수 있다.

$$\begin{aligned}
\Delta_1 &= (\Delta_{10} + \Delta_{1T} + \Delta_{1E} + \Delta_{1S}) + X_1\delta_{11} + X_2\delta_{12} + \cdot\cdot\cdot + X_n\delta_{1n} = 0 \\
\Delta_2 &= (\Delta_{20} + \Delta_{2T} + \Delta_{2E} + \Delta_{2S}) + X_1\delta_{21} + X_2\delta_{22} + \cdot\cdot\cdot + X_n\delta_{2n} = 0 \\
&\cdots\cdots\cdots\cdots\cdots\cdots\cdots\cdots\cdots \\
\Delta_n &= (\Delta_{n0} + \Delta_{nT} + \Delta_{nE} + \Delta_{nS}) + X_1\delta_{n1} + X_2\delta_{n2} + \cdot\cdot\cdot + X_n\delta_{nn} = 0
\end{aligned} \tag{7.2}$$

식 (7.2)를 함축적으로 나타내면,

$$\begin{aligned}
\Delta_i &= (\Delta_{i0} + \Delta_{iT} + \Delta_{iE} + \Delta_{iS}) + \sum_{j=1}^{n} X_j \cdot \delta_{ij} \\
&= (\Delta_{iP}) + \sum_{j=1}^{n} X_j \cdot \delta_{ij} = 0, \ i = 1, 2, \cdot\cdot\cdot, n
\end{aligned} \tag{7.3}$$

여기서, Δ_i : 모든 원인에 의한 i점에서의 상향의 총 처짐

Δ_{i0} : 기본구조물에서 하중만을 받는 때 i점의 상향의 처짐

Δ_{iT} : 기본구조물에서 온도변화만으로 인한 i점의 상향의 처짐

Δ_{iE} : 기본구조물에서 제작오차만으로 인한 i점의 상향의 처짐

Δ_{iS} : 기본구조물에서 지점침하만으로 인한 i점의 상향의 처짐

δ_{ij} : 기본구조물에서 j점에서만 $X_j = 1$을 작용시켰을 때의 i점에서의 상향의 처짐이며, 맥스웰의 상반변형의 법칙에 의하여 $\delta_{ij} = \delta_{ji}$가 성립된다.

X_j : j점에 작용하는 부정정력

$\Delta_{iP} = \Delta_{i0} + \Delta_{iT} + \Delta_{iE} + \Delta_{iS}$

위의 Δ_{iP}와 δ_{ij}는 6장에서 설명한 가상일방법이나 공액보법 등을 이용하면 구할 수 있고, 이들을 식 (7.3)에 대입하여 n개의 적합방정식을 구축한 후 이 방정식을 연립하여 풀면 미지의 부정정력 $X_1, X_2, \cdot\cdot\cdot, X_n$이 구해진다.

한편, 그림 7.2와 같이 휨모멘트를 부정정력으로 선택하였을 경우, 즉 부정정력이 $X_B = M_B$, $X_C = M_C$[휨모멘트의 재하형태와 방향은 기본구조물 그림 7.2(b)와 같음]일 때는 식 (7.1)에서 처짐 Δ와 δ도 각각 처짐각 Θ와 θ로 바뀐다. 따라서 부정정력으로 휨모멘트로 선택한 경우에는 다음과 같은 2개의 적합방정식이 성립한다.

$$\Theta_B = \Theta_{Bl} + \Theta_{Br} = \Theta_{B0} + \Theta_{BB} + \Theta_{BC} = \Theta_{B0} + M_B\theta_{BB} + M_C\theta_{BC} = 0$$
$$\Theta_C = \Theta_{Cl} + \Theta_{Cr} = \Theta_{C0} + \Theta_{CB} + \Theta_{CC} = \Theta_{C0} + M_B\theta_{CB} + M_C\theta_{CC} = 0 \quad 7.4$$

여기서, Θ_B : 기본구조물에서 하중(P, w)과 부정정력(M_B, M_C)에 의한 B점의 처짐각

Θ_C : 기본구조물에서 하중(P, w)과 부정정력(M_B, M_C)에 의한 C점의 처짐각

Θ_{Bl} : 기본구조물[그림 7.2 (b)]에서 하중(P, w)과 부정정력(M_B, M_C)에 의한 B점 바로 왼쪽의 반시계방향의 처짐각

Θ_{Br} : 기본구조물[그림 7.2 (b)]에서 하중(P, w)과 부정정력(M_B, M_C)에 의한 B점 바로 오른쪽의 시계방향의 처짐각

Θ_{Cl} : 기본구조물[그림 7.2 (b)]에서 하중(P, w)과 부정정력(M_B, M_C)에 의한 C점 바로 왼쪽의 반시계방향의 처짐각

Θ_{Cr} : 기본구조물[그림 7.2 (b)]에서 하중(P, w)과 부정정력(M_B, M_C)에 의한 C점 바로 오른쪽의의 시계방향의 처짐각

Θ_{B0} : 기본구조물에서 하중(P, w)만을 받는 때 B점의 처짐각

Θ_{BB} : 기본구조물에서 부정정력 M_B만을 받는 때 B점의 처짐각

Θ_{BC} : 기본구조물에서 부정정력 M_C만을 받는 때 B점의 처짐각

Θ_{C0} : 기본구조물에서 하중(P, w)만을 받는 때 C점의 처짐각

Θ_{CB} : 기본구조물에서 부정정력 M_B만을 받는 때 C점의 처짐각

Θ_{CC} : 기본구조물에서 부정정력 M_C만을 받는 때 C점의 처짐각

θ_{BC} : 기본구조물에서 C점에서만 $M_C = 1$을 작용시켰을 때의 B점에서의 처짐각

θ_{CB} : 기본구조물에서 B점에서만 $M_B = 1$을 작용시켰을 때의 C점에서의 처짐각이며, 맥스웰의 상반변형의 법칙에 의하여 $\theta_{BC} = \theta_{CB}$가 성립된다.

M_B : B점에 작용하는 부정정력(휨모멘트)

M_C : C점에 작용하는 부정정력(휨모멘트)

기본구조물인 그림 7.2 (b)의 시스템 0~2는 모두 정정보이기 때문에, 지점 B, C의 처

짐각 Θ, θ들은 6장에서 설명한 가상일방법이나 공액보법 등을 이용하면 쉽게 구할 수 있다. 구한 이들을 식 (7.4)에 대입하여 M_B와 M_C를 미지수로 하는 2개의 적합방정식을 만든 후, 이 방정식을 연립하여 풀면 미지의 부정정력 M_B, M_C가 구해진다.

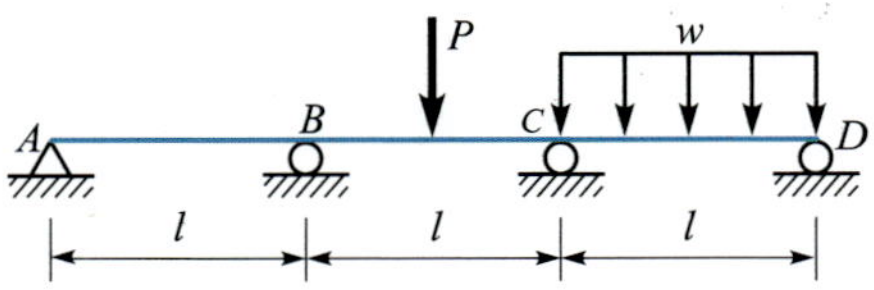

(a) 실제보(2차부정정 3경간 연속보)

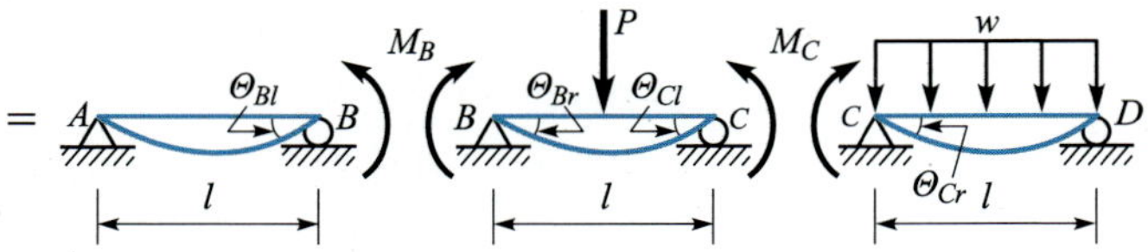

(b) 기본구조물에 하중 P, w 및 부정정력 M_B, M_C를 작용시킨 것

그림 7.2 부정정보와 기본구조물(부정정력이 휨모멘트 M_B, M_C일 때)

예제 7.1

다음과 같은 변단면 보에서 변위일치법을 사용하여 지점 B의 반력과 지점 A 점의 휨모멘트(고정단모멘트)를 구하시오.

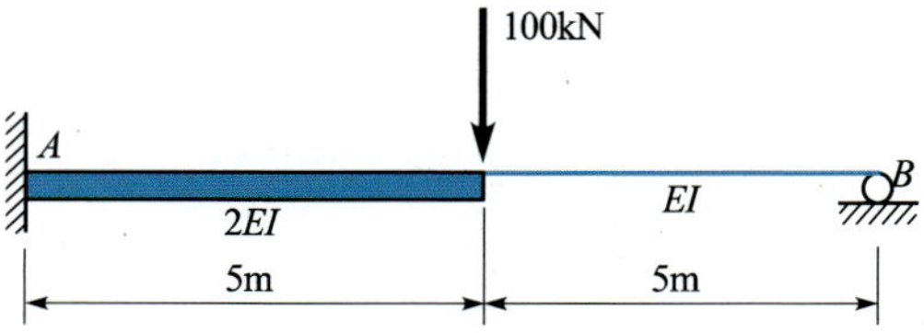

(a) 실제보

그림 예제 7.1

풀이

1) 기본구조물의 형성

이 보는 외적 1차 부정정보이므로, 연직하중 100kN만 받는 기본구조물[그림 (b)], 그리고 필요한 적합방정식 1개를 얻기 위해서 그림 (c)처럼 지점반력 X_B를 부정정력(여용력)으로 택한 기본구조물로 만들었다.

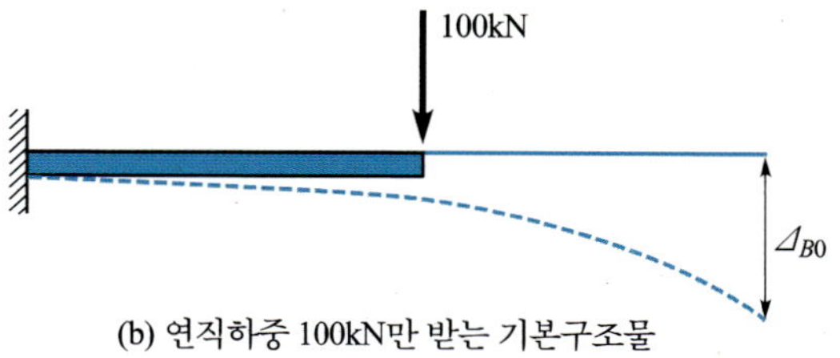

(b) 연직하중 100kN만 받는 기본구조물

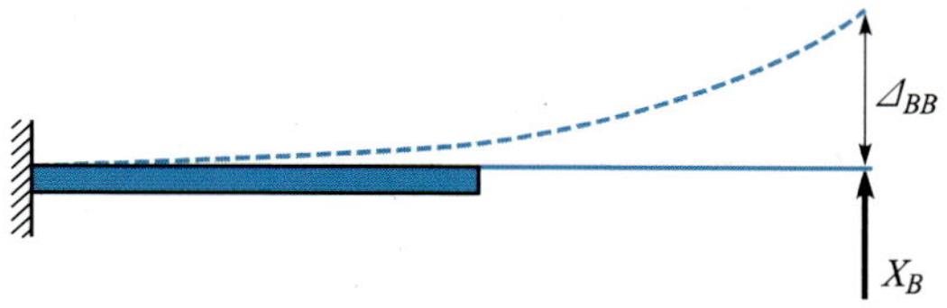

(c) 부정정력 X_B(지점 B의 수직반력)만 받는 기본구조물

2) 적합방정식의 작성

그림 예제 7.1(a)에서 지점 B의 처짐은 로울러지점의 처짐 구속조건에 의해서 처짐이 '0' 이라는 변위의 적합조건, 즉 다음 식과 같은 1개의 적합방정식을 제공한다.

$$\Delta_B = \Delta_{B0} + \Delta_{BB} = \Delta_{B0} + X_B\delta_{BB} = 0 \qquad (1)$$

3) 기본구조물의 처짐 해석

이러한 기본구조물의 경우, 공액보법을 사용하면 처짐이 쉽게 구해진다. 즉,

i) 그림 (b)의 연직하중 100kN만을 받는 기본구조물의 공액보와 $\dfrac{M}{EI}$선도 하중재하에서 처짐 Δ_{B0} 을 계산하면 다음과 같다.

$$\Delta_{B0} = -\frac{500}{2EI}\times\frac{1}{2}\times5\times\left(\frac{2}{3}\times5+5\right) = -\frac{5{,}208.33}{EI}$$

ii) 그림 (c)의 부정정력 X_B(지점 B 의 수직반력)만 받는 기본구조물의 공액보와 $\dfrac{M}{EI}$선도 하중재하에서 처짐 Δ_{BB}를 계산하면 다음과 같다.

$$\Delta_{BB} = \frac{5\cdot X_B}{EI}\times\frac{1}{2}\times5\times\left(\frac{2}{3}\times5\right) + \frac{5\cdot X_B}{2EI}\times5\times\left(\frac{5}{2}+5\right) + \frac{5\cdot X_B}{2EI}\times\frac{1}{2}\times5\times\left(\frac{2}{3}\times5+5\right)$$

$$= \frac{41.67X_B}{EI} + \frac{93.75X_B}{EI} + \frac{52.08X_B}{EI} = \frac{187.5X_B}{EI}$$

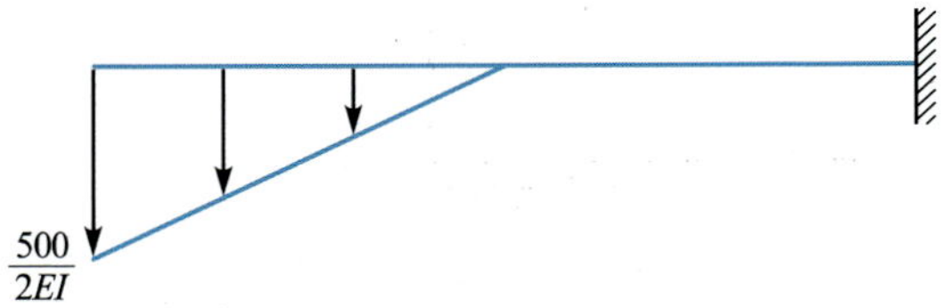

(d) 연직하중 100kN만 받는 기본구조물의 공액보와 $\frac{M}{EI}$ 선도 하중재하

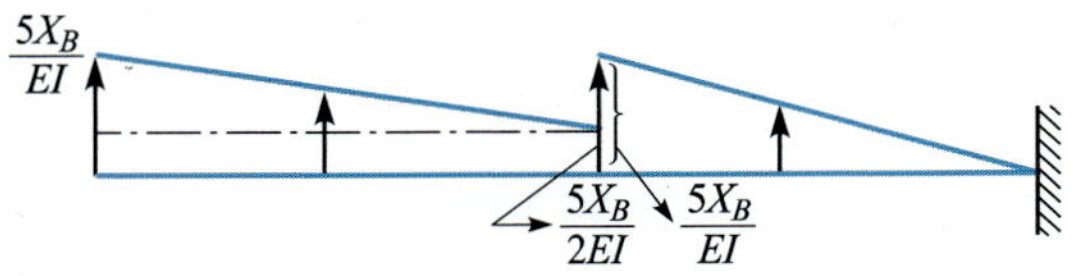

(e) 부정정력 X_B(지점 B의 수직반력)만 받는 기본구조물의 공액보와 $\frac{M}{EI}$ 선도 하중재하

4) 적합방정식의 해석과 반력의 계산

위에서 구한 처짐 Δ_{B0} 과 Δ_{BB} 를 식 (1)의 적합방정식에 대입하고 풀면, 다음과 같이 지점 B의 수직반력(부정정력) X_B가 구해진다. 즉,

$$\Delta_B = \Delta_{B0} + \Delta_{BB} = 0 \rightarrow -\frac{5{,}208.33}{EI} + \frac{187.5X_B}{EI} = 0$$

$$\therefore X_B = 27.78\text{kN}\,(\uparrow)$$

그림 (f)는 지점 B 의 수직반력 $X_B = 27.78$kN, 중앙점의 연직하중 100kN, 그리고 지점 A의 반력 V_A, M_A를 작용시킨 전체구조물의 자유물체도를 보여주고 있다. 그림 (f)의 자유물체도로부터, 지점 A 점의 수직반력 V_A와 휨모멘트반력(고정단모멘트) M_A 를 구하면 다음과 같다.

$$+\uparrow \sum F_y = 0\ ;\ V_A - 100 + X_B = 0,$$

$$\therefore V_A = 100 - X_B = 100 - 27.8 = 72.2\text{kN}\,(\uparrow)$$

$$+\curvearrowright \sum M_A = 0\ ;\ M_A + 100 \times 5 - X_B \times 10 = 0,$$

$$\therefore M_A = -100 \times 5 + X_B \times 10 = -100 \times 5 + 27.78 \times 10 = -222.2\text{kN}\cdot\text{m}\,(\curvearrowleft)$$

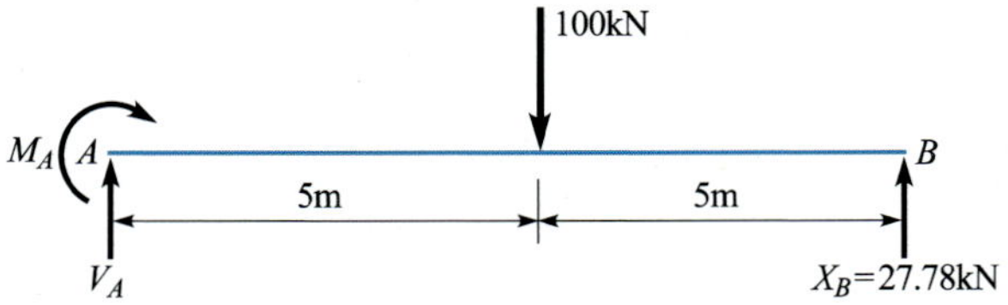

(f)

예제 7.2

다음과 같은 보에서 휨모멘트도(B.M.D)를 그리시오. 단, EI는 일정하다.

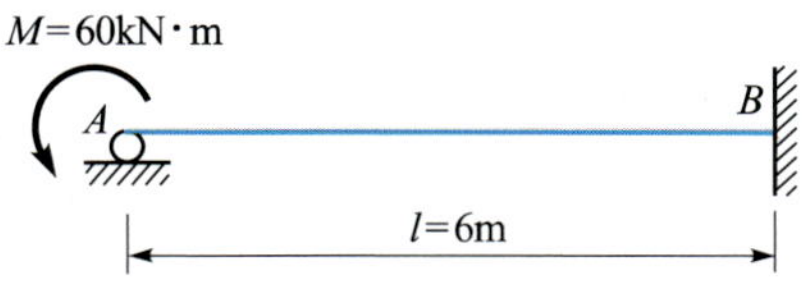

(a) 실제보

그림 예제 7.2

풀이

1) 기본구조물의 형성

이 보는 1차 부정정보이므로, 휨모멘트하중 $M=60\text{kN}\cdot\text{m}$만 받는 기본구조물[그림 (b)], 그리고 필요한 적합방정식 1개를 얻기 위해서 그림 (c)처럼 지점의 휨모멘트반력(고정단모멘트) M_B를 부정정력(여용력)으로 택한 기본구조물로 만들었다.

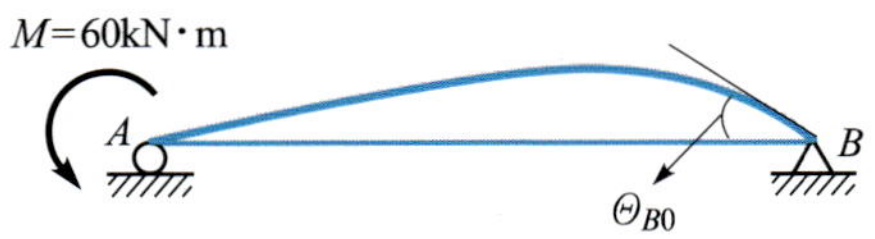

(b) 휨모멘트하중만을 받는 기본구조물

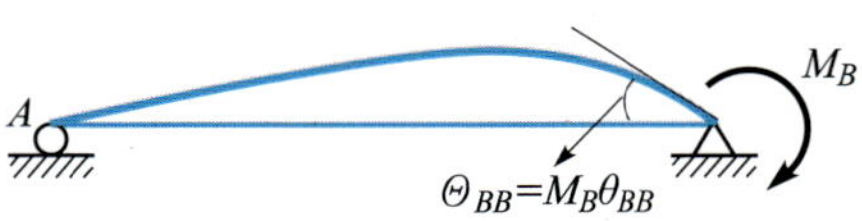

(c) 부정정력 M_B만 받는 기본구조물

2) 적합방정식의 작성

그림 예제 7.2 (a)에서 지점 B의 처짐각은 고정단 지점의 처짐각 구속조건에 의해서 처짐각이 '0'이라는 변위의 적합조건, 즉 다음 식과 같은 1개의 적합방정식을 제공한다.

$$\Theta_B=\Theta_{B0}+\Theta_{BB}=\Theta_{B0}+M_B\theta_{BB}=0 \qquad (1)$$

3) 적합방정식의 해석과 부정정력(고정단모멘트) M_B의 계산

6장의 연습문제 6.11의 풀이에서 처짐각 값을 이용하면, 식 (1)은 다음과 같이 된다.

$$\Theta_B=\Theta_{B0}+\Theta_{BB}=\Theta_{B0}+M_B\theta_{BB}=\left(\frac{Ml}{6EI}\right)+M_B\left(\frac{1(l)}{3EI}\right)=0$$

$$\therefore M_B=-\frac{M}{2}=-\frac{60}{2}=-30\text{kN}\cdot\text{m}$$

여기서, 음의 부호(−)는 그림 (c)에서 M_B가 반대 방향으로 작용하고 있다는 것을 보여준다.

4) 연직반력 V_A, V_B의 계산

휨모멘트하중 $M=60\text{kN}\cdot\text{m}$, 휨모멘트반력(고정단모멘트) M_B, 그리고 지점 A, B의 연직

반력 V_A, V_B를 자유물체도로 나타내면 그림 (d)와 같다. 그림 (d)의 자유물체도에서,

$$+\curvearrowright \sum M_B = 0\ ;\ -60-30+V_A(6)=0,\qquad \therefore V_A = 15\text{kN}(\uparrow)$$
$$+\uparrow \sum F_y = 0\ ;\ V_A + V_B = 0,\qquad \therefore V_B = -15\text{kN}(\downarrow)$$

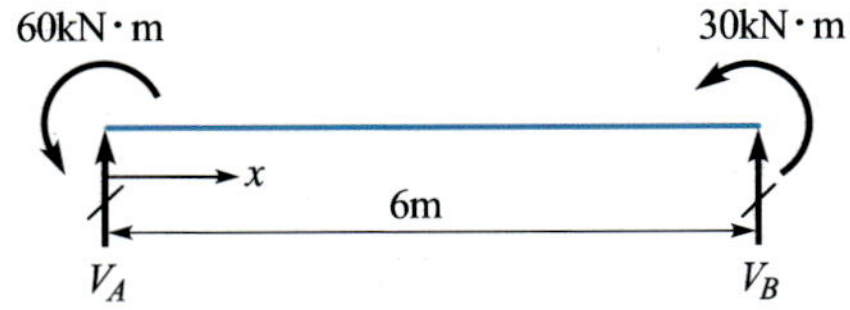

(d) 자유물체도

4) 휨모멘트도(B.M.D)의 작도

그림 (d)의 자유물체도에서 x 점의 휨모멘트 함수 M_x를 구하면 다음과 같다.

$$M_x = -60 + V_A x = -60 + 15x$$

특정점의 휨모멘트 값을 구하면 다음과 같다.

$x=0$일 때, $M_0 = -60 + 15(0) = -60\text{kN}\cdot\text{m}$
$x=6\text{m}$일 때, $M_6 = -60+15(6) = 30\text{kN}\cdot\text{m}$

또한, 휨모멘트 값이 0인 위치를 구하면 다음과 같다.

$$M_x = -60 + 15x = 0 \rightarrow x = 4\text{m}$$

이상의 휨모멘트 값을 그림으로 나타내면 그림 (e)와 같은 휨모멘트도(B.M.D)가 얻어진다.

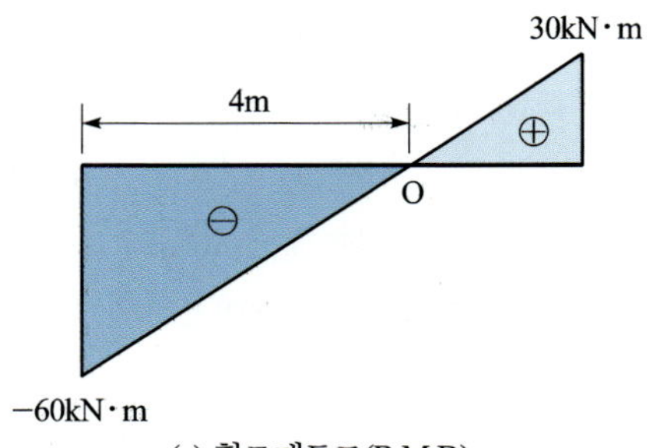

(e) 휨모멘트도(B.M.D)

예제 7.3

다음과 같은 연속보에서 지점 B의 휨모멘트 M_B를 부정정력으로 선택한 변위일치법을 사용하여 지점 A, B, C의 연직반력를 구하시오. 단, EI는 일정하다.

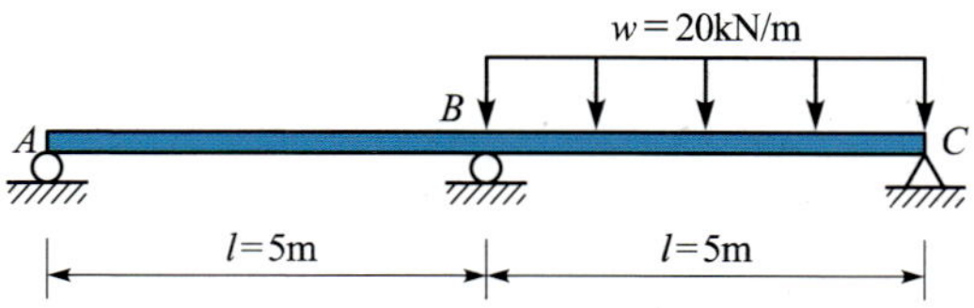

(a) 실제보

그림 예제 7.3

풀이

1) 기본구조물의 형성

이 연속보는 외적 1차 부정정보이므로, 1개의 부정정력을 지점 B의 휨모멘트 M_B로 선택하면 그림 (b)와 같은 정정인 단순보 형태의 기본구조물을 형성한다. 즉, 그림 (b)에 보여준 것처럼 휨모멘트 M_B를 받는 시스템 0 및 휨모멘트 M_B와 등분포하중 w를 받는 시스템 1로 나누어질 수 있다.

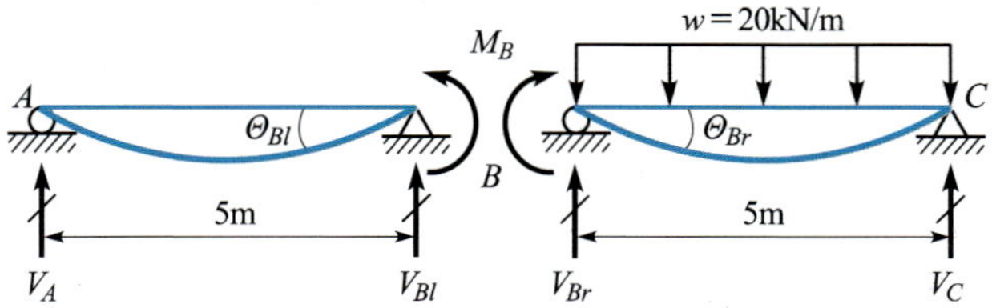

(b) 등분포하중 w와 부정정력 M_B를 작용시킨 기본구조물

2) 적합방정식의 작성

그림 (b)의 시스템 0과 시스템 1에서 지점 B 점의 바로 왼쪽의 처짐각을 Θ_{Bl} 그리고 바로 오른쪽의 처짐각을 Θ_{Br}이라고 하면, 다음 식과 같은 1개의 적합방정식이 처짐각의 연속조건으로부터 제공된다.

$$\Theta_B = \Theta_{Bl} + \Theta_{Br} = 0 \tag{1}$$

3) 적합방정식의 해석

6장의 연습문제 6.8과 6.11의 풀이에서 처짐각 값을 이용하면, 식 (1)은 다음과 같이 된다.

$$\Theta_B = \Theta_{Bl} + \Theta_{Br} = \left(\frac{M_B l}{3EI}\right) + \left(\frac{M_B l}{3EI} + \frac{wl^3}{24EI}\right) = 0$$

$$\therefore M_B = -\frac{wl^2}{16} = -\frac{20(5)^2}{16} = -31.25\text{kN}\cdot\text{m}$$

여기서, 음의 부호(−)는 그림 (b)에서 M_B가 반대 방향으로 작용하고 있다는 것을 보여준다.

4) 연직반력의 계산

그림 (b)로부터 지점 A, B, C 의 연직반력 V_A, V_B, V_C는 다음과 같이 구해진다.

i) 그림 (b)의 시스템 0의 자유물체도에서

$$+\curvearrowright\sum M_B = 0\ ;\ -M_B + V_A l = 0, \qquad \therefore V_A = \frac{M_B}{l} = \frac{-31.25}{5} = -6.25\text{kN}(\downarrow)$$

$$+\uparrow\sum F_y = 0\ ;\ V_A + V_{Bl} = 0, \qquad \therefore V_{Bl} = 6.25\text{kN}(\uparrow)$$

ii) 그림 (b)의 시스템 1의 자유물체도에서

$$+\curvearrowright\sum M_B = 0\ ;\ M_B - V_C l + \frac{wl^2}{2} = 0$$

$$\therefore V_C = \frac{M_B}{l} + \frac{wl}{2} = \frac{-31.25}{5} + \frac{20(5)}{2} = 43.75\text{kN}(\uparrow)$$

$$+\uparrow\sum F_y = 0\ ;\ V_C + V_{Br} - wl = 0, \qquad \therefore V_{Br} = -43.75 + (20)(5) = 56.25\text{kN}(\uparrow)$$

위의 결과들을 자유물체도로 나타내고, 지점 B의 연직반력 V_B 구하면 그림 (c)와 같다. 즉, 지점 B의 연직반력 V_B는 그림 (b)의 시스템 0과 시스템 1에서 반력 V_{Bl}, V_{Br}을 합하여 계산한다.

$$V_B = V_{Bl} + V_{Br} = 6.25 + 56.25 = 62.5\text{kN}(\uparrow)$$

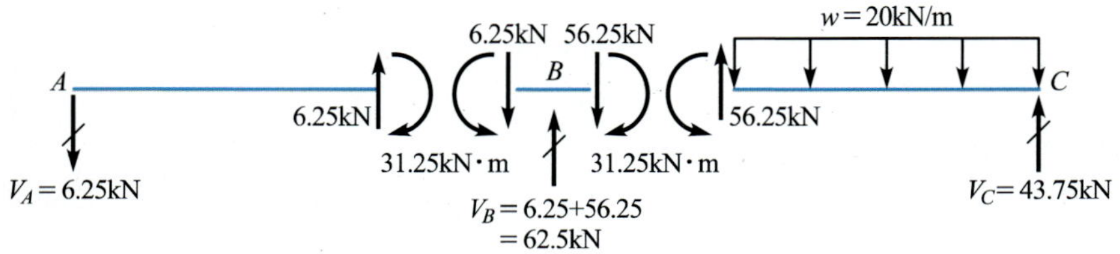

(c)

예제 7.4

다음과 같은 보에서 전단력도(S.F.D)와 휨모멘트도(B.M.D)를 그리시오. 단, 지점 B는 60 mm 침하하였고, $E = 2.1 \times 10^5$ MPa, $I = 7.8 \times 10^8$ mm^{4}이다.

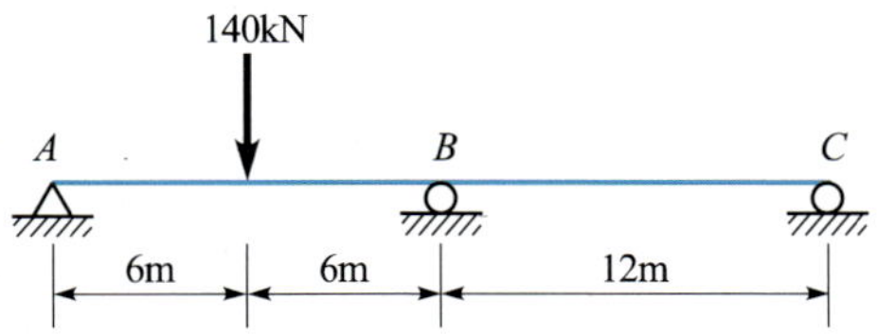

(a)

그림 예제 7.4

풀이

1) 기본구조물의 형성

이 보는 외적 1차 부정정보이다. 그림 (b)의 실제보는 연직하중 140kN만 받는 기본구조물[그림 (c)] 그리고 필요한 적합방정식 1개를 얻기 위해서 지점 B의 수직반력을 부정정력 X_B로 선택하여 그림 (d)처럼 지점 B에서의 로울러가 제거된 기본구조물로 분리시킬 수 있다.

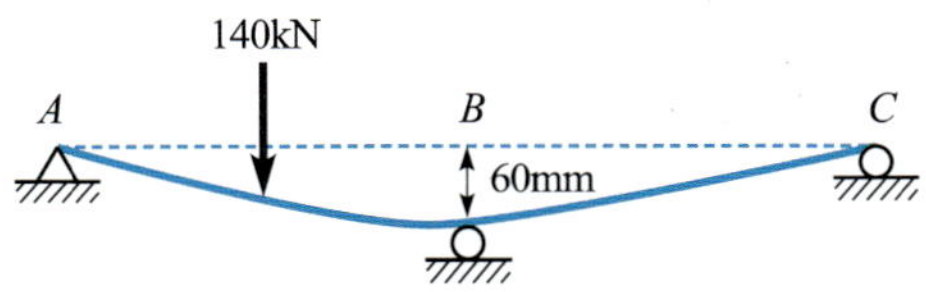

(b) 실제보

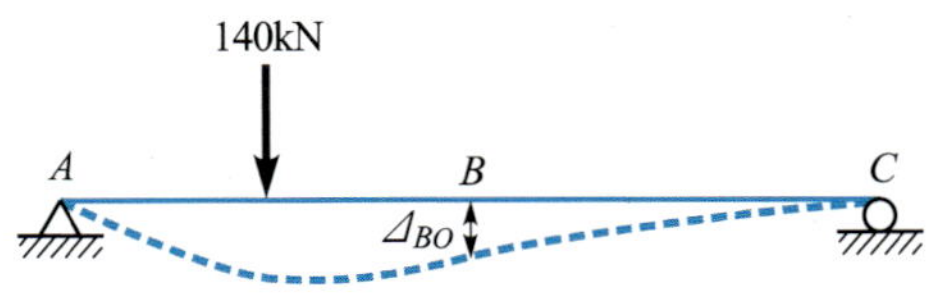

(c) 연직하중 140kN만 받는 기본구조물

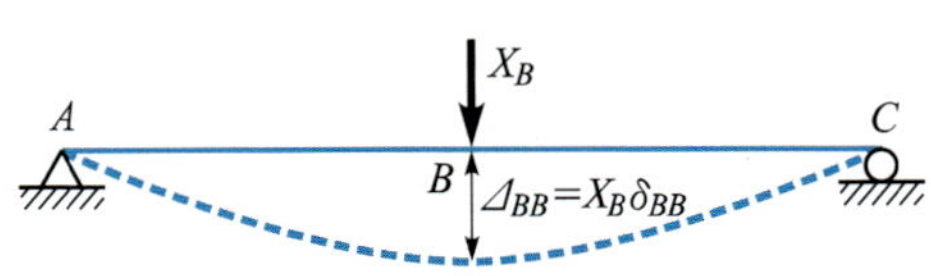

(d) 부정정력 X_B만 받는 기본구조물

2) 적합방정식의 작성

그림 (b)에서 지점 B는 지점침하의 구속조건에 의해서 하향의 처짐이 −60mm(= −0.06m)

이라는 변위의 적합조건, 즉 다음 식과 같은 1개의 적합방정식을 제공한다.

$$\Delta_B = \Delta_{B0} + \Delta_{BB} = \Delta_{B0} + X_B\delta_{BB} = -0.06 \tag{1}$$

3) 기본구조물의 처짐 해석

이러한 기본구조물의 경우, 공액보법을 사용하면 처짐이 쉽게 구해진다. 즉,

i) 그림 (e)의 연직하중 140kN만을 받는 기본구조물의 공액보와 $\frac{M}{EI}$ 선도 하중재하에서 처짐 Δ_{B0} 을 계산하면 다음과 같다. 즉, 그림 (e)의 맨 아래쪽의 자유물체도에서 M'_B를 구하면, $M'_B = \Delta_{B0}$이므로

$$\therefore \Delta_{B0} = M'_B = -\frac{3150}{EI} \times 12 + \frac{1}{2} \times \frac{420}{EI} \times 12 \times \frac{12}{3} = -\frac{27,720}{EI}$$

ii) 부정정력 X_B(지점 B의 수직반력)에 대응하는 기본구조물 그림 (f)에서 처짐의 유연도계수 δ_{BB}를 계산하면 다음과 같다. 즉, 그림 (f)의 맨 아래쪽의 자유물체도에서 m'_B를 구하면, $m'_B = \delta_{BB}$이므로

$$\therefore \delta_{BB} = m'_B = -\frac{36}{EI} \times 12 + \frac{1}{2} \times \frac{6}{EI} \times 12 \times \frac{12}{3} = -\frac{288}{EI}$$

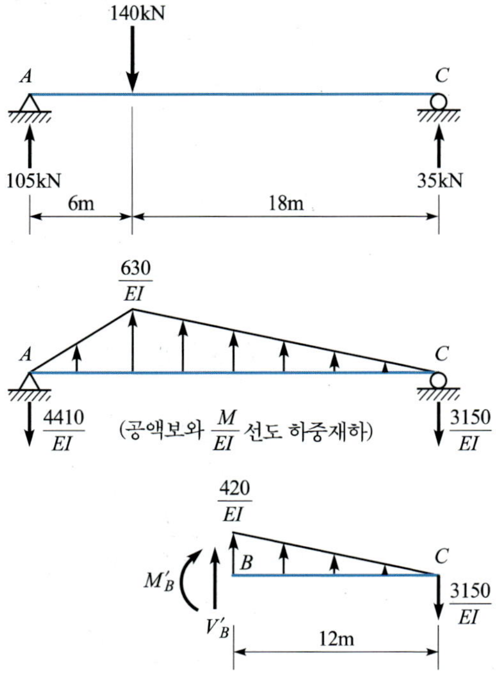

(e) 연직하중 140kN만 받는 기본구조물과 공액보

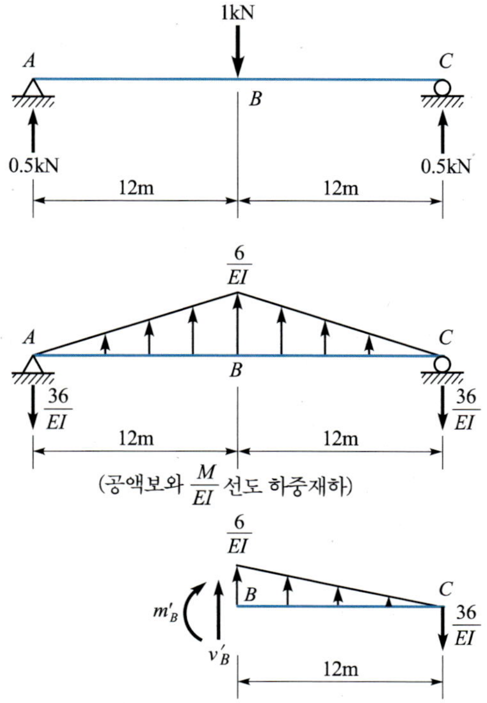

(f) B 점에 단위하중 1kN만 받는 기본구조물과 공액보

4) 적합방정식의 해석

위에서 구한 처짐 Δ_{B0} 과 δ_{BB}를 식 (1)의 적합방정식에 대입하고 단위를 m와 kN으로 통일하여 풀면, 다음과 같이 지점 B 의 수직반력(부정정력) X_B가 구해진다. 즉,

$$\Delta_B = \Delta_{B0} + X_B \delta_{BB} = -0.06 \rightarrow -\frac{27{,}720}{EI} - X_B \frac{288}{EI} = -0.06$$

$$\therefore X_B = -\left(\frac{27{,}720}{EI} - 0.06\right)\left(\frac{EI}{288}\right) = -\left[\frac{27{,}720}{(2.1\times 10^8)(7.8\times 10^{-4})} - 0.06\right]\times \left[\frac{(2.1\times 10^8)(7.8\times 10^{-4})}{288}\right] = -62.125\text{kN}\ (\uparrow)$$

여기서, 음의 부호(−)는 그림 (d)에서 X_B가 반대 방향으로 작용하고 있다는 것을 보여준다.

5) 반력과 부재력의 계산

i) 반력의 계산

그림 (g)는 지점 B 의 수직반력 $X_B = -62.125$kN, 연직하중 140kN, 그리고 지점 A, C의 반력 V_A, V_C를 작용시킨 전체구조물의 자유물체도를 보여주고 있다. 그림 (g)의 자유물체도로부터, 반력 V_A, V_C를 구하면 다음과 같다.

$$+\curvearrowright \sum M_C = 0 \;;\; V_A \times 24 - 140 \times 18 + 62.125 \times 12 = 0,$$

$$\therefore\; V_A = \frac{140 \times 18 - 62.125 \times 12}{24} = 73.9375\text{kN}\,(\uparrow)$$

$$+\uparrow \sum F_y = 0 \;;\; V_A - 140 + 62.125 + V_C = 0,$$

$$\therefore\; V_C = -73.9375 + 140 - 62.125 = 3.9375\text{kN}\,(\uparrow)$$

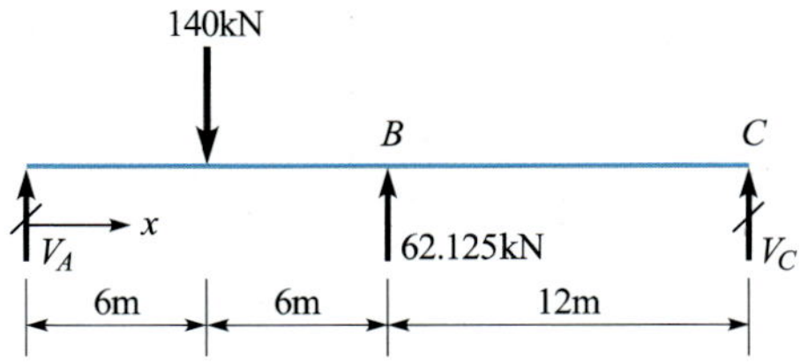

(g) 자유물체도

ii) 부재력(전단력 S_x, 휨모멘트 M_x)의 계산

그림 (g)의 자유물체도에서 x 점의 전단력 S_x, 휨모멘트 M_x를 구하면 다음과 같다.

- $0 \le x \le 6$m 구간에서

$S_x = V_A = 73.9375$kN

$M_x = V_A x = 73.9375x$

특정점의 전단력과 휨모멘트 값을 구하면 다음과 같다.

$x = 0$일 때, $S_0 = 73.9375$kN, $M_0 = 73.9375(0) = 0$

$x = 6$m일 때, $S_6 = 73.9375$kN, $M_6 = 73.9375(6) = 443.625$kN · m

- $6 \le x \le 12$m 구간에서

$S_x = V_A - 140 = 73.9375 - 140 = -66.0625$kN

$M_x = V_A x - 140(x-6) = 840 - 66.0625x$

특정점의 전단력과 휨모멘트 값을 구하면 다음과 같다.

$x = 6$일 때, $S_6 = -66.0625$kN, $M_6 = 840 - 66.0625(6) = 443.625$kN · m

$x = 12$m일 때, $S_{12} = -66.0625$kN, $M_{12} = 840 - 66.0625(12) = 47.25$kN · m

- $12 \le x \le 24$ m 구간에서

$S_x = V_A - 140 + 62.125 = 73.9375 - 140 + 62.125 = -3.9375$kN

$M_x = V_A x - 140(x-6) + 62.125(x-12) = 94.5 - 3.9375x$

특정점의 전단력과 휨모멘트 값을 구하면 다음과 같다.

$x = 12$일 때, $S_{12} = -3.9375$kN, $M_{12} = 94.5 - 3.9375(12) = 47.25$kN · m

$x = 24$m일 때, $S_{24} = -3.9375$kN, $M_{24} = 94.5 - 3.9375(24) = 0$

6) 전단력도(S.F.D)와 휨모멘트도(B.M.D)의 작도

위에서 구한 전단력과 휨모멘트의 함수 및 특정점의 값을 그림으로 나타내면 그림 (h), (g)와 같은 전단력도와 휨모멘트도가 그려진다.

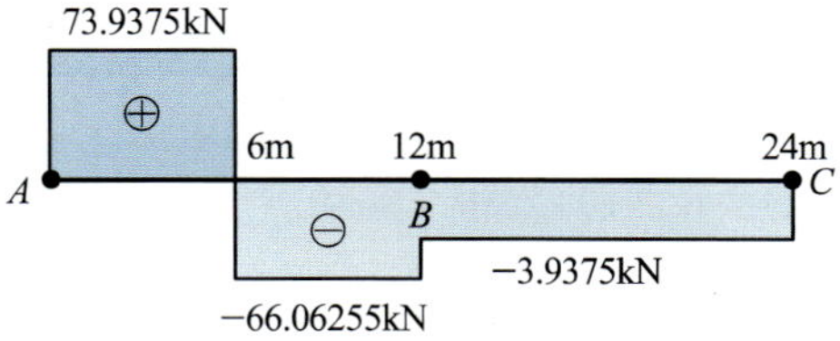

(h) 전단력도(S.F.D)

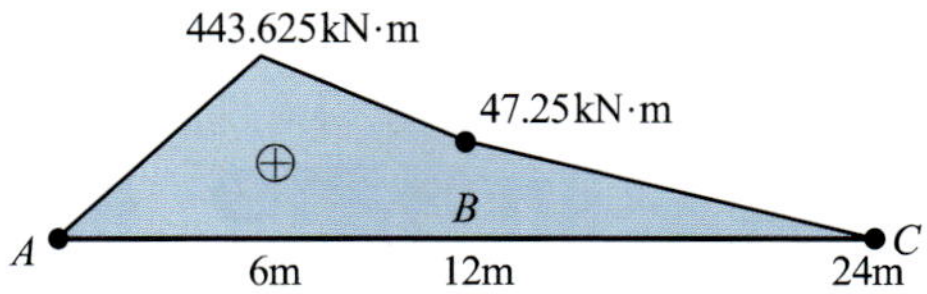

(i) 휨모멘트도(B.M.D)

예제 7.5

다음과 같은 보(AB는 단순보, CD는 캔틸레버보)에서 C점의 휨모멘트 M_C 및 처짐 Δ_C를 구하시오. 단, 단순보 AB위에 캔틸레버보 CD가 단순히 놓인 후에 집중 연직하중 100kN이 작용하였고, $E=2.1\times10^5\,\text{MPa}$, $I=7.2\times10^9\,\text{mm}^4$이다.

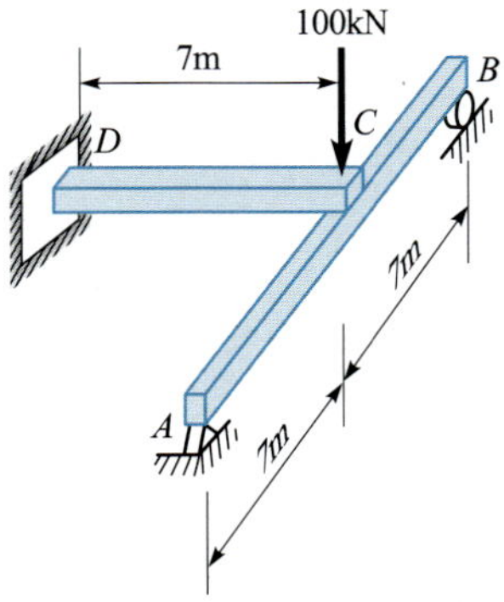

(a)

그림 예제 7.5

풀이

1) 과잉구속 힘의 선택과 구조물의 분리

이 구조물은 과잉구속으로 인해 1차 부정정이므로, 해석을 위해 한 개의 과잉구속을 선택해야 한다. 그림 (b)와 같이 단순보위에 가력되는 하향의 연직력 X를 과잉구속으로 선택하면, 그림 예제 7.5 (a)의 구조물은 연직하중 100kN과 상향의 연직력 X를 받는 구조물[그림 (b)의 위쪽의 캔틸레버보 CD] 그리고 그림 (b)의 아래쪽의 단순보 AB처럼 하향의 연직력 X를 받는 구조물로 분리할 수 있다.

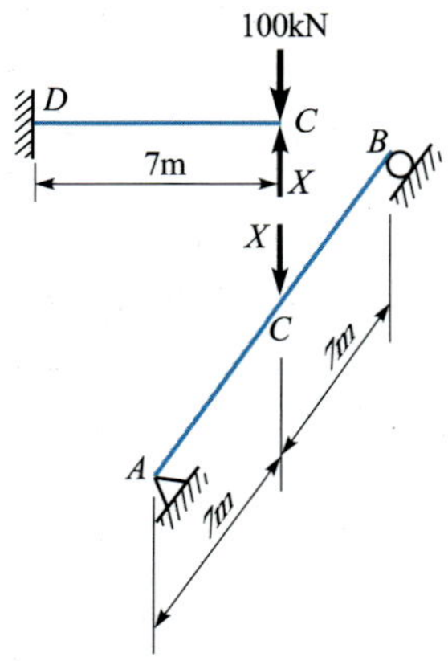

(b)

2) 적합방정식의 작성

그림 (b)에서 캔틸레버보 C점의 처짐 Δ_{C1}은 단순보 C점의 처짐 Δ_{C2}같다는 변위의 적합조건, 즉 다음 식과 같은 1개의 적합방정식을 제공한다.

$$\Delta_{C1} = \Delta_{C2} \tag{1}$$

3) 분리된 구조물의 처짐 해석

이렇게 분리된 구조물은 정정구조물이므로, 공액보법을 사용하면 처짐이 쉽게 구해진다. 즉,

i) 연직하중 100kN과 상향의 연직력 X를 받는 그림 (b)의 위쪽의 캔틸레버보 CD

그림 (c)의 공액보와 $\dfrac{M}{EI}$선도 하중재하에서 처짐 Δ_{C1}을 계산하면 다음과 같다.

$$\Delta_{C1} = -\frac{(100-X)(7)}{EI} \times \frac{1}{2} \times 7 \times \left(\frac{2}{3} \times 7\right) = -\frac{34,300-343X}{3EI}$$

ii) 하향의 연직력 X를 받는 그림 (b)의 아래쪽의 단순보 AB

그림 (d)의 공액보와 $\dfrac{M}{EI}$선도 하중재하에서 처짐 Δ_{C2}를 계산하면 다음과 같다.

$$\Delta_{C2} = -\frac{49X}{4EI}\times 7 + \frac{7X}{2EI}\times\frac{1}{2}\times 7\times\left(\frac{1}{3}\times 7\right) = -\frac{343X}{6EI}$$

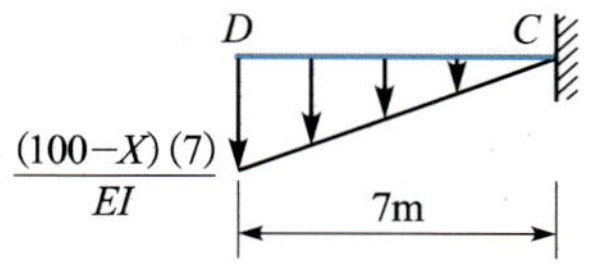

(c) 캔틸레버보 CD의 공액보와 $\frac{M}{EI}$선도 하중재하

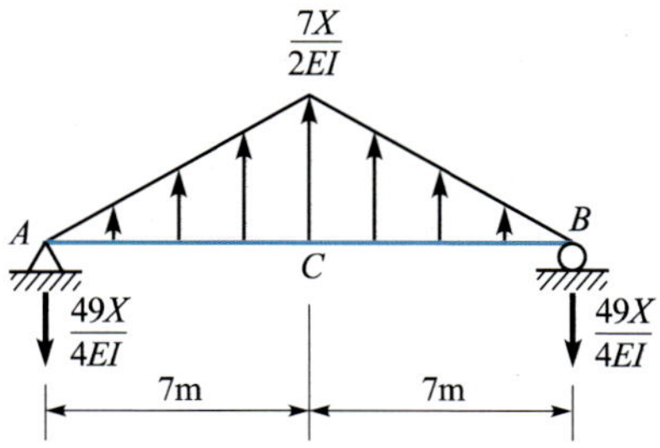

(d) 단순보 AB의 공액보와 $\frac{M}{EI}$선도 하중재하

4) 적합방정식의 해석과 C점의 휨모멘트 M_C 및 처짐 Δ_C의 계산

위에서 구한 Δ_{C1}, Δ_{C2}를 식 (1)의 적합방정식에 대입하고 풀면, 다음과 같이 C점의 과잉력 X가 구해진다. 즉,

$$\Delta_{C1} = \Delta_{C2} \rightarrow -\frac{34{,}300 - 343X}{3EI} = -\frac{343X}{6EI}$$

$$\therefore X = 66.67\text{kN}$$

그림 (b)의 아래쪽의 단순보 AB에서 C점의 휨모멘트 M_C를 구하면 다음과 같다.

$$M_C = \frac{X}{2}\times 7 = \frac{66.67}{2}\times 7 = 233.35\text{kN}\cdot\text{m}$$

그리고 단위를 mm와 N으로 통일하여 C점의 처짐 Δ_C를 구하면 다음과 같다.

$$\Delta_C = \Delta_{C1} = \Delta_{C2} = -\frac{343X}{6EI} = -\frac{(343\times 10^9)(66.67\times 10^3)}{6(2.1\times 10^5)(7.2\times 10^9)} = -2.52\text{mm}(\downarrow)$$

예제 7.6

다음 그림과 같이 등분포하중($w = 20\,\mathrm{kN/m}$)을 받고 있는 보의 내민 끝을 케이블(길이 $\frac{l}{2} = 5\,\mathrm{m}$)로 잡고 있을 때, 케이블의 장력 T와 C점의 처짐 Δ_C를 구하시오. 단, 길이 $l = 10\,\mathrm{m}$, 보 및 케이블의 탄성계수 $E = 2.1 \times 10^5\,\mathrm{MPa}$, 보의 단면2차모멘트 $I = 5 \times 10^7\,\mathrm{mm}^4$, 케이블의 단면적 $A = 20\,\mathrm{mm}^2$이다.

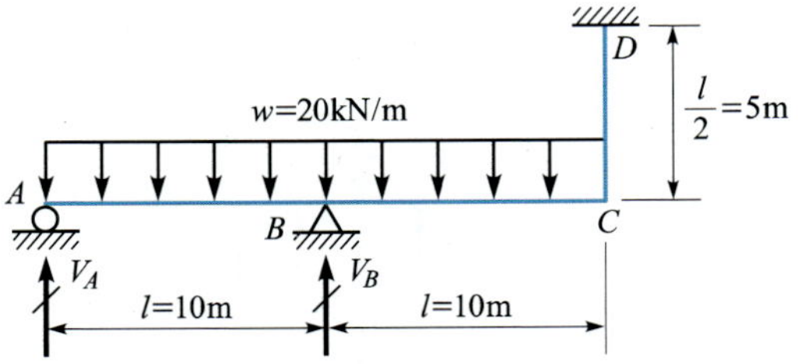

(a)

그림 예제 7.6

풀이

1) 과잉구속 힘의 선택과 구조물의 분리

이 구조물은 과잉구속으로 인해 1차 부정정이므로, 해석을 위해 한 개의 과잉구속을 선택해야 한다. 그림 (b)와 같이 케이블의 인장력 T를 과잉구속으로 선택하면, 그림 예제 7.6(a)의 구조물은 등분포하중($w = 20\mathrm{kN/m}$)과 상향력 T를 받는 내민보[그림 (b)의 아래쪽의 내민보] 그리고 그림 (b)의 위쪽의 인장력 T를 받는 케이블로 분리할 수 있다.

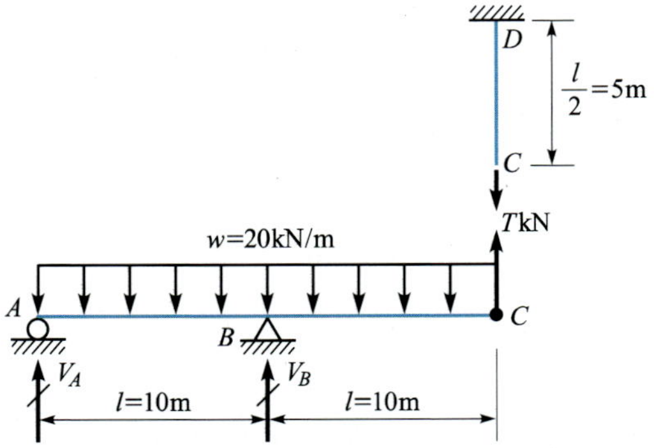

(b)

2) 적합방정식의 작성

그림 (b)에서 내민보 C점의 처짐 Δ_{C1}은 케이블 C점의 처짐(신장량) Δ_{C2}같다는 변위의 적합조건, 즉 다음 식과 같은 1개의 적합방정식을 제공한다.

$$\Delta_{C1} = \Delta_{C2} \tag{1}$$

3) 분리된 구조물의 처짐 해석

그림 (b)의 아래쪽의 내민보는 겹침의 원리를 적용할 수 있으므로, 그림 (c)와 그림 (d)와 같은 정정구조물로 분리시킬 수 있다. 가상일의 방법을 사용하여 그림 (c), (d)에서 C점의 처짐을 구하면 다음과 같다.

i) 등분포하중($w = 20\text{kN/m}$)만을 받고 있는 내민보에서 C점의 처짐 $\Delta_{C1}^{'}$

그림 (c)의 자유물체도에 대해서 가상일의 방법을 적용하면,

구간	M	m	x
AB	$-wx\frac{x}{2} = -\frac{wx^2}{2}$	$-x$	$0 < x < l$
BC	$-\frac{wx^2}{2}$	$-x$	$0 < x < l$

$$\Delta_C{}' = \frac{1}{EI}[\int_0^l(-\frac{wx^2}{2})(-x)dx + \int_0^l(-\frac{wx^2}{2})(-x)dx$$

$$= \frac{2}{EI}[\int_0^l(\frac{wx^3}{2})dx] = \frac{2}{EI}[\frac{wx^4}{8}]_0^l = \frac{2}{EI}[\frac{wl^4}{8}]$$

$$\therefore \Delta_c{}' = \frac{wl^4}{4EI} \; (\downarrow)$$

ii) 상향력 T를 만을 받고 있는 내민보에서 C점의 처짐 $\Delta_{C1}^{''}$

그림 (d)의 자유물체도에 대해서 가상일의 방법을 적용하면,

구간	M	m	x
AB	Tx	x	$0 < x < l$
BC	Tx	x	$0 < x < l$

$$\Delta_{c1}{}'' = \frac{1}{EI}[2\int_0^l(Tx)(x)dx] = \frac{2}{EI}\int_0^l Tx^2dx$$

$$= \frac{2}{EI}[\frac{T}{3}x^3]_0^l = \frac{2Tl^3}{3EI}$$

$$\therefore \Delta_{c1}{}'' = \frac{2Tl^3}{3EI} \; (\uparrow)$$

그리고 그림 (b)의 위쪽의 인장력 T를 받는 케이블 C점의 처짐(신장량) Δ_{C2}는 다음과 같다.

$$\Delta_{c1}'' = -\frac{T(\frac{l}{2})}{EA} = -\frac{Tl}{2EA}\ (\downarrow)$$

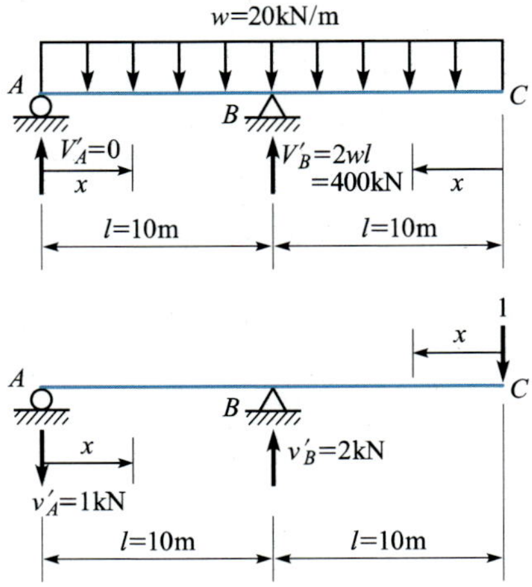

(c) 등분포하중(w = 20kN/m)만을 받고 있는 내민보의 자유물체도

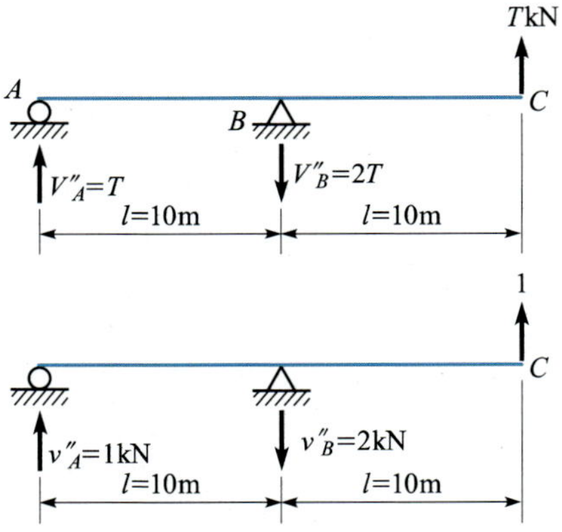

(d) 상향력 T만을 받고 있는 내민보의 자유물체도

4) 적합방정식의 해석과 케이블의 장력 T와 C점의 처짐 Δ_C의 계산

내민보[그림 (b)의 아래쪽]에서의 처짐 Δ_{C1}은 등분포하중(w = 20kN/m)만을 받고 있는 내민보[그림 (c)]에서 C점의 하향의 처짐 Δ_{C1}' 과 상향력 T를 만을 받고 있는 내민보[그림 (d)]에서 C점의 상향의 처짐 Δ_{C1}'' 의 두 부분으로 이루어져 있다. 그러므로 위에서 구한 하향의 처짐 Δ_{C1}', 상향의 처짐 Δ_{C1}'', 하향의 처짐(신장량) Δ_{C2}를 방향을 고려하여 식 (1)의 적합방정식에 대입하고 풀면, 다음과 같이 C점의 인장력 T가 구해진다. 즉,

C점의 적합조건 $\Delta_{C1}=\Delta_{C2}$ → $-\Delta_{c1}'+\Delta_{c1}''=-\dfrac{T(\frac{l}{2})}{EA}=-\dfrac{Tl}{2EA}$

$$\therefore -\Delta_{C1}'+\Delta_{C2}''=-\frac{wl^4}{4EI}+\frac{2Tl^3}{3EI}=-\frac{Tl}{2EA}$$

$$T\left(\frac{2l^3}{3EI}+\frac{l}{2EA}\right)=\frac{wl^4}{4EI}$$

$$T\left(\frac{4Al^3+3lI}{6EAI}\right)=\frac{wl^4}{4EI}$$

$$T=\frac{6Awl^4}{4(4Al^3+3lI)}=\frac{6Awl^4}{16Al^3+12lI}$$

따라서

$$\Delta_C=\Delta_{C1}=\Delta_{C2}=-\frac{Tl}{2EA}=-\frac{l3Awl^4}{EA(16Al^3+12lI)}=-\frac{3lwl^4}{E(16Al^3+12lI)}$$

$$=-\frac{3\times 10000\times 20\times 10000^4}{2.1\times 10^5\times(16\times 20\times 10000^3+12\times 10000\times 5\times 10^7)}=-87.6\text{mm}\,(\downarrow)$$

예제 7.7

다음과 같은 부정정라멘에서 변위일치법을 사용하여 휨모멘트도(B.M.D)와 E점의 처짐 δ_E를 구하시오. 단, $E=200\text{GPa}$, $I_0=1.2\times 10^9\text{mm}^4$, $I_1=8\times 10^8\text{mm}^4$이다.

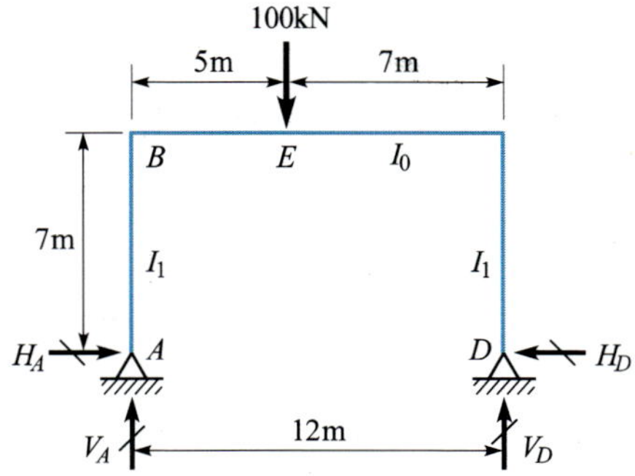

(a) 실제구조물

그림 예제 7.7

풀이

1) 기본구조물의 형성

이 라멘은 외적 1차부정정 구조물이므로, 연직하중 100kN만 받는 기본구조물[그림 (b)], 그리고 필요한 적합방정식 1개를 얻기 위해서 그림 (c)처럼 지점반력 H_D를 부정정력(여용력)으로 택한 기본구조물로 만들었다.

2) 적합방정식의 작성

그림 예제 7.7 (a)에서 지점 D의 변위는 힌지지점의 변위 구속조건에 의해서 수평변위가 '0'이라는 변위의 적합조건, 즉 다음 식과 같은 1개의 적합방정식을 제공한다.

$$\Delta_D = \Delta_{D0} + \Delta_{DD} = \Delta_{D0} + H_D \delta_{DD} = 0 \tag{1}$$

3) 기본구조물의 처짐 해석

가상일의 방법을 사용하여 그림 (b), (c)에서 D점의 수평변위를 구하기 위해, 그림 (d)와 같이 기본구조물에 부정정력 H_D 방향으로 단위하중 1을 가력시켰다.

i) 그림 (b)의 연직하중 100kN만을 받는 기본구조물에서 가상일의 방법을 적용하여 수평변위 Δ_{D0}을 계산하면 다음과 같다.

구간	M	m	I	x의 범위
AB	0	$-x$	I_1	$0 \le x \le 7$
BE	$58.33x$	-7	I_0	$0 \le x \le 5$
CE	$41.67x$	-7	I_0	$0 \le x \le 7$
CD	0	$-x$	I_1	$0 \le x \le 7$

$$\begin{aligned}\Delta_{D0} &= \Sigma\int \frac{Mm}{EI}dx = \int_0^5 \frac{58.33x(-7)}{EI_0}dx + \int_0^7 \frac{41.67x(-7)}{EI_0}dx \\ &= \frac{1}{EI_0}\int_0^5 (-408.31x)dx + \frac{1}{EI_0}\int_0^7 (-291.69x)dx \\ &= \frac{1}{EI_0}\left[-\frac{408.31}{2}x^2\right]_0^5 + \frac{1}{EI_0}\left[-\frac{291.69}{2}x^2\right]_0^7 \\ &= \frac{1}{EI_0}\left[-\frac{408.31}{2}\times 5^2 - \frac{291.69}{2}\times 7^2\right] = -\frac{12{,}250.28}{EI_0}\end{aligned}$$

$EI_0 = (200\times 10^3)(1.2\times 10^9) = 2.4\times 10^{14}\text{N}\cdot\text{mm}^2 = 240{,}000\text{kN}\cdot\text{m}^2$이므로

$$\therefore\ \Delta_{D0} = -12{,}250.28 \times \frac{1}{240{,}000} = -0.05104\text{m}$$

ii) 그림 (c)의 부정정력 H_D만 받는 기본구조물에서 가상일의 방법을 적용하여 수평변위

$H_D\delta_{DD}(=\Delta_{DD})$를 계산하면 다음과 같다.

$$\delta_{DD}=\Sigma\int\frac{m^2}{EI}dx=2\int_0^7\frac{(-x)^2}{EI_1}dx+\int_0^5\frac{(-7)^2}{EI_0}dx+\int_0^7\frac{(-7)^2}{EI_0}dx$$

$$=\frac{2}{EI_1}\left[\frac{x^3}{3}\right]_0^7+\frac{1}{EI_0}[49x]_0^5+\frac{1}{EI_0}[49x]_0^7$$

$$=\frac{2}{EI_1}\left[\frac{7^3}{3}\right]+\frac{1}{EI_0}[49\times5]+\frac{1}{EI_0}[49\times7]$$

$$=\frac{228.67}{EI_1}+\frac{588}{EI_0}$$

$EI_1=(200\times10^3)(8\times10^8)=1.6\times10^{14}\text{N}\cdot\text{mm}^2=160{,}000\text{kN}\cdot\text{m}^2$이므로

$$\delta_{DD}=\frac{228.67}{160{,}000}+\frac{588}{240{,}000}=0.00388\text{m}$$

$$\therefore\ H_D\delta_{DD}=0.00388H_D\text{m}$$

따라서 위에서 구한 수평변위 Δ_{D0}과 $H_D\delta_{DD}$를 식 (1)에 대입하면, 부정정력 H_D가 다음과 같이 구해진다. 즉,

$$-0.05104+H_D(0.00388)=0$$

$$\therefore H_D=13.15\text{kN}\ (\leftarrow)$$

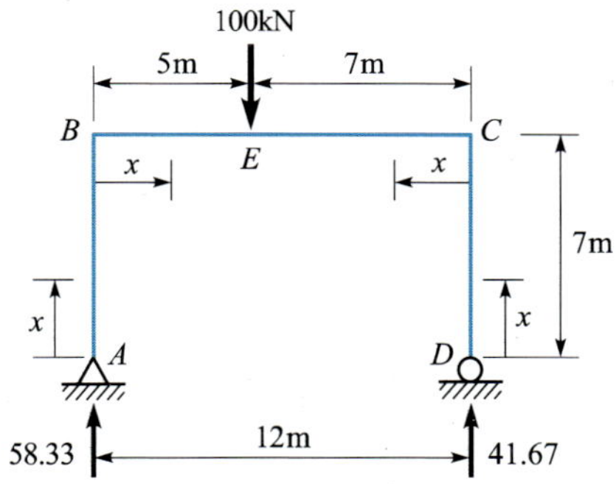

(b) 연직하중 100kN만을 받는 기본구조물

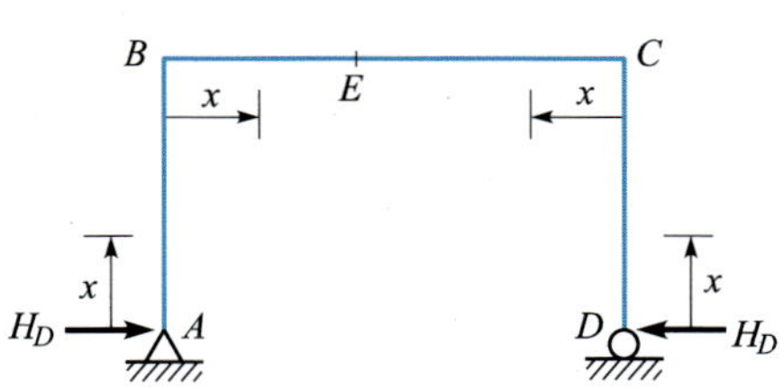

(c) 부정정력 H_D(지점 D의 수평반력)만을 받는 기본구조물

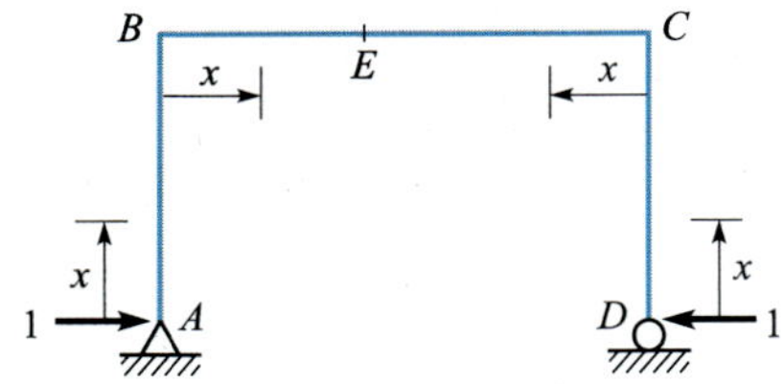

(d) 지점 D에서 부정정력 H_D 방향으로 단위하중 1kN만을 받는 기본구조물

4) 휨모멘트도(B.M.D)의 작도

겹침의 원리를 적용할 수 있으므로, 그림 (b)와 그림 (c)의 기본구조물의 자유물체도를 합하면 그림 (e)와 같은 실제구조물에 대한 자유물체도가 간단히 구해진다.

따라서 그림 (e)의 자유물체도를 사용하여 실제구조물의 휨모멘트도(B.M.D)를 작도하면 그림 (e)와 같이 된다.

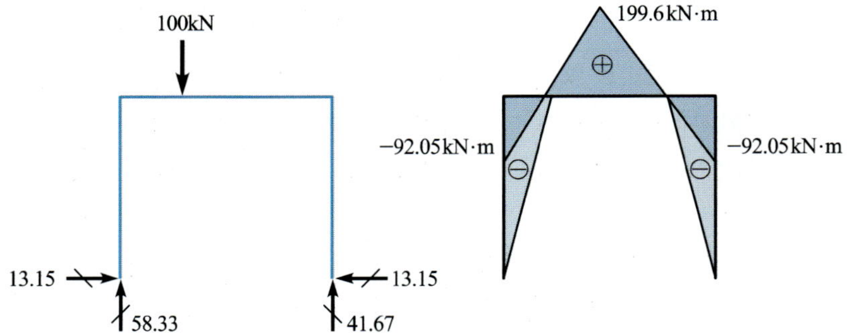

(e) 실제구조물의 자유물체도와 휨모멘트도(B.M.D)

5) E점의 연직처짐 δ_E

E점에 연직하중 100kN과 E점에 단위연직하중 1은 방향은 같고 크기만 다르다. 따라서 E점에 연직하중 100kN만을 받는 실제구조물의 자유물체도[그림 (e), (f)의 오른쪽 참조]에서 하중과 반력을 각각 100으로 단순히 나누어 주면, E점에 단위연직하중 1kN만을 받는 실제구조물의 자유물체도가 간단히 그림 (f)와 같이 구해진다.

그리고 그림 (f)에 가상일의 방법을 적용하면, 다음과 같이 E점의 처짐 δ_E가 얻어진다. 즉,

구간	M	m	I	x의 범위
AB	$-13.15x$	$-0.1315x$	I_1	$0 \le x \le 7$
BE	$58.33x-92.05$	$0.5833x-0.9205$	I_0	$0 \le x \le 5$
CE	$41.67x-92.05$	$0.4167x-0.9205$	I_0	$0 \le x \le 7$
CD	$-13.15x$	$-0.1315x$	I_1	$0 \le x \le 7$

$$\delta_E = \Sigma \int \frac{Mm}{EI} dx$$

$$= \frac{2}{EI_1}\int_0^7 (-13.15x)(-0.1315x)dx + \frac{1}{EI_0}\int_0^5 (58.33x - 92.05)(0.5833x - 0.9205)dx$$

$$+ \frac{1}{EI_0}\int_0^7 (41.67x - 92.05)(0.4167x - 0.9205)dx$$

$$= \frac{395.42}{EI_1} + \frac{499}{EI_0} + \frac{698.89}{EI_0}$$

$$= \frac{395.42}{160{,}000} + \frac{1{,}197.89}{240{,}000} = 0.0075\text{m} = 7.5\text{mm}(\downarrow)$$

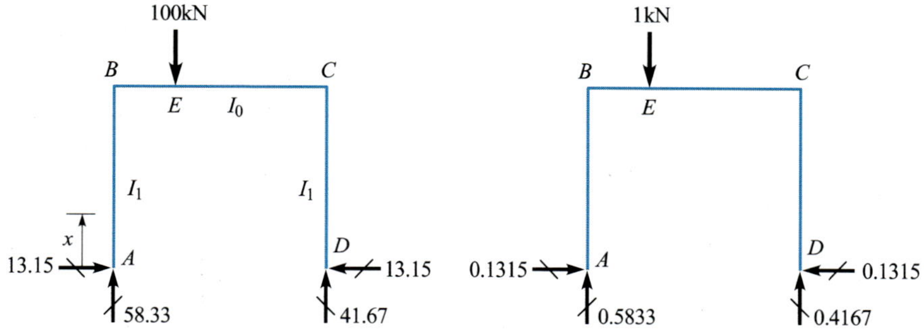

(f) 하중 100kN을 받는 실제구조물과 E점에 단위하중 1을 받는 실제구조물의 자유물체도

예제 7.8

다음과 같은 부정정트러스에서 변위일치법을 사용하여 C점의 처짐 δ_C를 구하시오. 단, $E = 2\times10^5$ MPa이고, 각 부재의 단면적은 $A_{CD} = 2{,}400\text{mm}^2$, $A_{AC} = A_{BC} = 4{,}000\text{mm}^2$, $A_{AD} = A_{BD} = 6{,}400\text{mm}^2$이다.

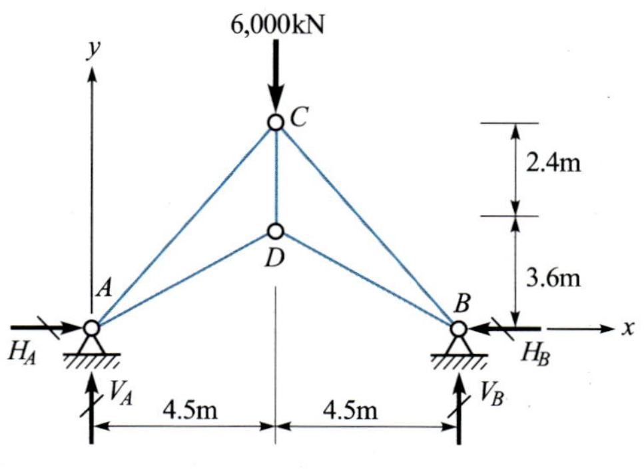

(a) 실제구조물

그림 예제 7.8

풀이

1) 기본구조물의 형성

이 트러스는 외적 1차부정정 구조물이므로, 연직하중 6,000kN만 받는 기본구조물[그림 (b)], 그리고 필요한 적합방정식 1개를 얻기 위해서 그림 (d)처럼 지점반력 H_B를 부정정력(여용력)으로 택한 기본구조물로 만들었다.

2) 적합방정식의 작성

그림 예제 7.8 (a)에서 지점 B의 변위는 힌지지점의 변위 구속조건에 의해서 수평변위가 '0'이라는 변위의 적합조건, 즉 다음 식과 같은 1개의 적합방정식을 제공한다.

$$\Delta_B = \Delta_{B0} + \Delta_{BB} = \Delta_{B0} + H_B \delta_{BB} = 0 \tag{1}$$

3) 기본구조물의 처짐 해석

가상일의 방법을 사용하여 그림 (b), (d)에서 B점의 수평변위을 구하기 위해, 그림 (e)와 같이 기본구조물에 부정정력 H_B 방향으로 단위하중 1을 가력시켰다.

i) 그림 (b)의 연직하중 6,000kN만을 받는 기본구조물에서 부재력(F_0) 계산

- 격점 A

그림 (c)의 고립된 격점 A의 자유물체도에서[모든 부재가 인장력(+)을 받는다고 가정함]

$$+\uparrow \sum F_y = 0 \ ; \ F_{AC(y)} + F_{AD(y)} = -3{,}000 \tag{2}$$

$$+\rightarrow \sum F_x = 0 \ ; \ F_{AC(x)} + F_{AD(x)} = 0 \tag{3}$$

$\dfrac{F}{l} = \dfrac{F_x}{l_x} = \dfrac{F_y}{l_y} = \dfrac{F_z}{l_z}$ [식 (3.6)]의 비례관계를 사용하면 다음이 구해진다. 즉,

$$F_{AC(x)} = \frac{4.5}{6} F_{AC(y)} = \frac{3}{4} F_{AC(y)} \tag{4}$$

$$F_{AD(x)} = \frac{4.5}{3.6} F_{AD(y)} = \frac{5}{4} F_{AD(y)} \tag{5}$$

식 (4), (5)를 식 (3)에 대입하면 다음 식이 얻어진다.

$$\frac{3}{4} F_{AC(y)} + \frac{5}{4} F_{AD(y)} = 0 \tag{6}$$

식 (6), (2)를 연립하여 풀면, 트러스의 y 방향의 부재력이 다음과 같이 구해진다.

$$F_{AC(y)} = -7{,}500\text{kN}, \ F_{AD(y)} = 4{,}500\text{kN}$$

위에서 구한 부재력을 식 (4), (5)에 대입하면, x 방향의 부재력이 다음과 같이 구해진다.

$$F_{AC(x)} = -5{,}625\text{kN}, \ F_{AD(x)} = 5{,}625\text{kN}$$

따라서 트러스의 부재력을 구하면 다음과 같다. 즉

$$F_{AC} = \frac{l}{l_x} F_{AC(x)} = \frac{\sqrt{4.5^2+6^2}}{4.5}(-5{,}625) = -9{,}375\text{kN (압축)}$$

$$F_{AD} = \frac{l}{l_x} F_{AD(x)} = \frac{\sqrt{4.5^2+3.6^2}}{4.5}(5{,}625) = 7{,}204\text{kN (인장)}$$

그림 (b)의 트러스구조물은 대칭이므로, 부재력 $F_{BC} = F_{AC}$이고 $F_{BD} = F_{AD}$이다. 즉,

$$F_{BC} = F_{AC} = -9{,}375\text{kN (압축)}$$
$$F_{BD} = F_{AD} = 7{,}204\text{kN (인장)}$$

- 격점 D

고립된 격점 D에 평형방정식을 적용하면 다음과 같이 부재력 F_{CD}가 구해진다.

$$+\uparrow \sum F_y = 0 \; ; \; F_{CD} - F_{AD(y)} - F_{BD(y)} = 0,$$
$$\therefore \; F_{CD} = 4{,}500 + 4{,}500 = 9{,}000\text{kN (인장)}.$$

위에서 구한 트러스 부재력(F_0)을 그림에 표시하면 그림 (b)와 같다.

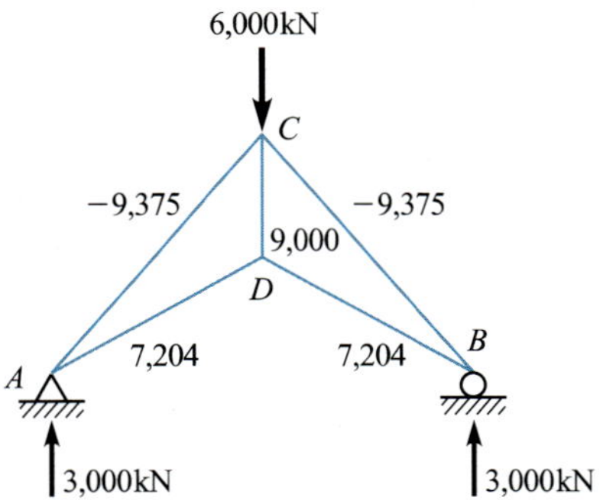

(b) 연직하중 6,000kN만을 받는 기본구조물

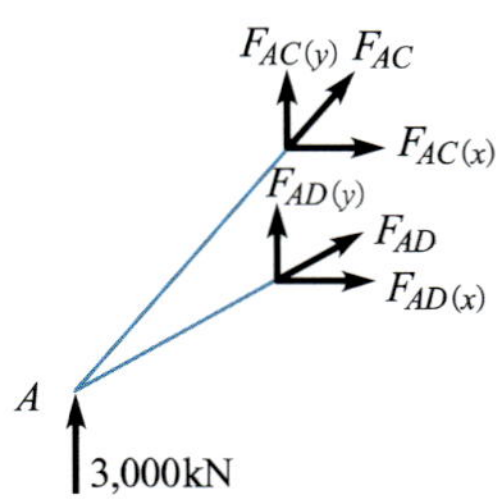

(c) 연직하중 6,000kN만을 받는 기본구조물의 격점 A에서 자유물체도

ii) 지점 B에서 부정정력 H_B 방향으로 단위하중 1kN만을 받는 기본구조물에서 부재력(f_b) 계산

• 격점 A

그림 (f)의 고립된 격점 A의 자유물체도에서[모든 부재가 인장력(+)을 받는다고 가정함]

$$+\uparrow \sum F_y = 0 \ ; \ f_{AC(y)} + f_{AD(y)} = 0 \tag{7}$$

$$+\rightarrow \sum F_x = 0 \ ; \ f_{AC(x)} + f_{AD(x)} = -1 \tag{8}$$

$\dfrac{f}{l} = \dfrac{f_x}{l_x} = \dfrac{f_y}{l_y} = \dfrac{f_z}{l_z}$ [식 (3.6)]의 비례관계를 사용하면 다음이 구해진다. 즉,

$$f_{AC(x)} = \frac{4.5}{6} f_{AC(y)} = \frac{3}{4} f_{AC(y)} \tag{9}$$

$$f_{AD(x)} = \frac{4.5}{3.6} f_{AD(y)} = \frac{5}{4} f_{AD(y)} \tag{10}$$

식 (9), (10)를 식 (8)에 대입하면 다음 식이 얻어진다.

$$\frac{3}{4} f_{AC(y)} + \frac{5}{4} f_{AD(y)} = -1 \tag{11}$$

식 (11), (7)을 연립하여 풀면, 트러스의 y 방향의 부재력이 다음과 같이 구해진다.

$f_{AC(y)} = 2\text{kN},\ f_{AD(y)} = -2\text{kN}$

위에서 구한 부재력을 식 (9), (10)에 대입하면, x 방향의 부재력이 다음과 같이 구해진다.

$f_{AC(x)} = 1.5\text{kN},\ f_{AD(x)} = -2.5\text{kN}$

따라서 트러스의 부재력을 구하면 다음과 같다. 즉

$$f_{AC} = \frac{l}{l_x} f_{AC(x)} = \frac{\sqrt{4.5^2 + 6^2}}{4.5}(1.5) = 2.5\text{kN (인장)}$$

$$f_{AD} = \frac{l}{l_x} f_{AD(x)} = \frac{\sqrt{4.5^2 + 3.6^2}}{4.5}(-2.5) = -3.2\text{kN (압축)}$$

그림 (e)의 트러스구조물은 대칭이므로, 부재력 $f_{BC} = f_{AC}$이고 $f_{BD} = f_{AD}$이다. 즉,

$f_{BC} = f_{AC} = 2.5\text{kN}$ (인장)

$f_{BD} = f_{AD} = -3.2\text{kN}$ (압축)

• 격점 D

고립된 격점 D에 평형방정식을 적용하면 다음과 같이 부재력 f_{CD}가 구해진다.

$$+\uparrow \sum F_y = 0 \ ; \ f_{CD} - f_{AD(y)} - f_{BD(y)} = 0, \quad \therefore \ f_{CD} = -2 - 2 = -4\text{kN (압축)}.$$

위에서 구한 트러스 부재력(f_b)을 그림에 표시하면 그림 (e)와 같다.

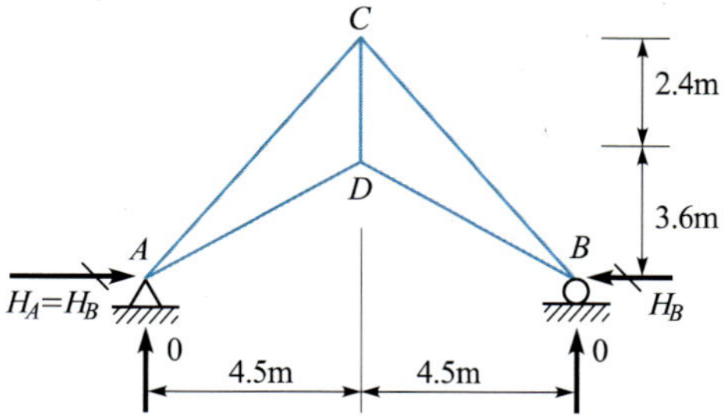

(d) 부정정력 H_B(지점 B의 수평반력)만을 받는 기본구조물

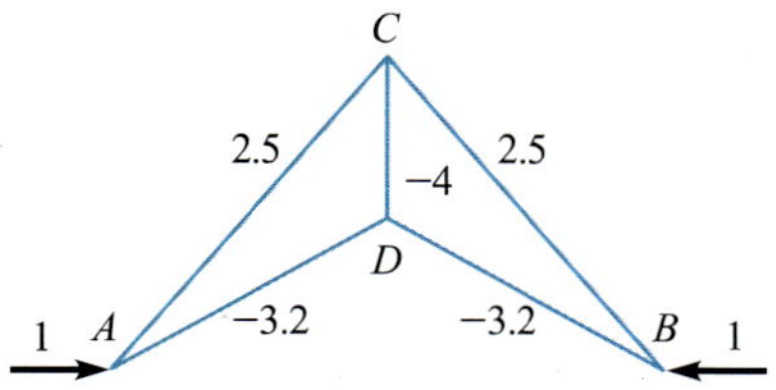

(e) 지점 B에서 부정정력 H_B 방향으로 단위하중 1만을 받는 기본구조물

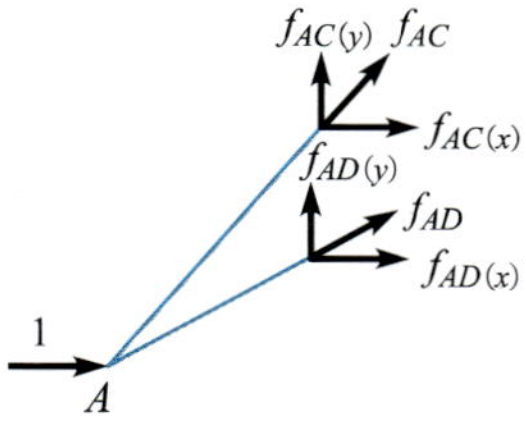

(f) 지점 B에서 부정정력 H_B 방향으로 단위하중 1만을 받는 기본구조물의 격점 A에서 자유물체도

가상일의 방법을 사용하여 그림 (b), (d)에서 B점의 수평변위 Δ_{B0}과 $H_B\delta_{BB}$를 구하고, 실제 구조물의 부재력(축력) F를 겹침의 원리를 적용하여($F=F_0+H_Bf_b$) 계산하면 다음과 같다.

부재	L(m)	A(m^2)	L/A	F_0(kN)	f_b(kN)	$F_0 f_b \frac{L}{A}(=E\Delta_{B0})$	$f_b^2 \frac{L}{A}(=E\delta_{BB})$	부재력 F $(F_0+H_Bf_b)$
AC	7.5	0.004	1,875	-9,375	2.5	-43,945,313	11,719	-2,225kN
AD	5.7	0.0064	891	7,204	-3.2	-20,540,045	9,124	-1,948kN
CD	2.4	0.0024	1,000	9,000	-4	-36,000,000	16,000	-2,440kN
BC	7.5	0.004	1,875	-9,375	2.5	-43,945,313	11,719	-2,225kN
BD	5.7	0.0064	891	7,204	-3.2	-20,540,045	9,124	-1,948kN
합계						-164,970716	57,686	

위에서 구한 처짐 $\Delta_{B0}\,(=F_0 f_b \dfrac{L}{EA})$과 $H_B \delta_{BB}(=H_B f_b^2 \dfrac{L}{EA})$를 식 (1)의 적합방정식에 대입하고 풀면, 다음과 같이 지점 B의 수평반력(부정정력) H_B가 구해진다.

$$\Delta_B = \Delta_{B0} + H_B \delta_{BB} = 0, \quad \therefore\ -164{,}970{,}716 + H_B(57{,}686) = 0$$
$$H_B = 2{,}860\text{kN}\ (\leftarrow)$$

4) C점의 연직처짐 δ_C

C점에 연직하중 6,000kN과 C점에 단위연직하중 1은 방향은 같고 크기만 다르다. 따라서 C점에 연직하중 6,000kN만을 받는 실제구조물의 부재력 F[위의 표에서 $(F_0 + H_B f_b)$]를 각각 6,000으로 단순히 나누어 주면, C점에 단위연직하중 1만을 받는 실제구조물의 부재력 f_c[아래의 표에서 $(F_0 + H_B f_b)/6{,}000$]가 다음과 같이 간단히 얻어진다. 즉,

부재	L/A	부재력 F $(=F_0 + H_B f_b)$	부재력 f_c $[=(F_0 + H_B f_b)/6{,}000]$	$\dfrac{F f_c L}{A}$
AC	1,875	-2,225	-0.37	1,543,594
AD	891	-1,948	-0.32	555,414
CD	1,000	-2,440	-0.41	1,000,400
BC	1,875	-2,225	-0.37	1,543,594
BD	891	-1,948	-0.32	555,414
합계				5,198,416

$E = 2\times10^5\text{MPa} = 2\times10^5\text{N/mm}^2 = 2\times10^8\text{kN/m}^2$이므로, 따라서 C점의 연직처짐 δ_C는 다음과 같이 구해진다.

$$\delta_c = \Sigma\frac{F f_c L}{EA} = \frac{5{,}198{,}416}{2\times10^8} = 0.026\text{m} = 26\text{mm}$$

예제 7.9

다음과 같은 보에서 4지점 A, B, C, D의 반력이 동일하도록 스프링상수 k를 구하시오. 단, 보의 EI는 일정(constant)하고, 전단력에 의한 변위는 무시한다.

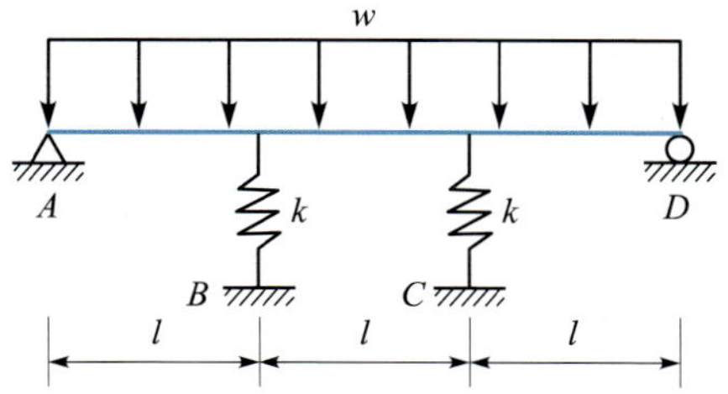

(a)

그림 예제 7.9

풀이

4지점의 반력이 모두 동일해야 하므로, 반력들은 $V_A = V_B = V_C = V_D = \dfrac{3wl}{4}$ 이 된다.

먼저, 단순보에 등분포하중만이 작용할 때[그림 (b)에서 맨 위쪽], B 지점 위의 스프링이 부착된 보의 위치에서 생기는 처짐량은 다음과 같다(6장 연습문제 6.8의 풀이 참조).

$$\Delta_1 = \frac{11wl^4}{12EI}\ (\downarrow)$$

반력 P만이 작용할 때[그림 (b)에서 중앙], B 지점 위의 스프링이 부착된 보의 위치에서 생기는 처짐량을 공액보법을 사용하여 구하면 다음과 같다.

$$\Delta_2 = \frac{5Pl^3}{6EI}\ (\uparrow)$$

따라서 최종적인 처짐량을 구하면 다음과 같이 된다[그림 (b)에서 맨 아래쪽].

$$\Delta_3 = \Delta_1 - \Delta_2\ (\downarrow)$$

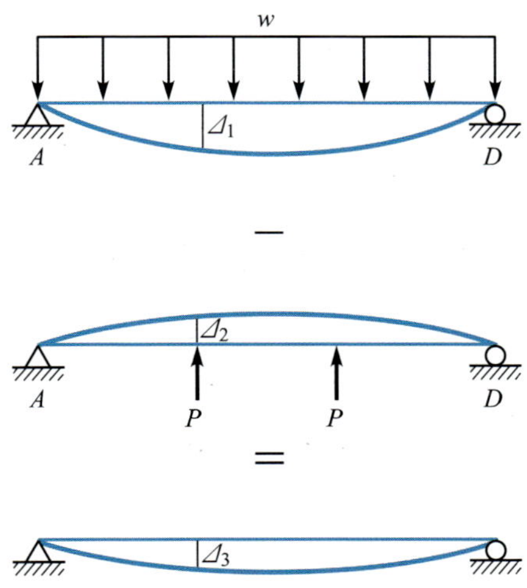

(b)

$P = k \cdot \Delta_3$의 관계로부터, k의 값을 구할 수 있다.

$$k = \frac{P}{\Delta_3} = \frac{3wl/4}{\dfrac{11wl^4}{12EI} - \dfrac{5(3wl/4)l^3}{6EI}}$$

이를 정리하면, 스프링상수 값을 다음과 같이 얻을 수 있다.

$$\therefore k = \frac{18EI}{7l^3}$$

예제 7.10

1) 그림 예제 7.10 (a)에서 자유단 C점의 연직변위를 구하시오.

2) 자유단 C점의 연직변위가 아주 커져 이를 절반으로 줄이려고 그림 예제 7.10 (b)와 같이 스프링을 설치했다. 이때 스프링에 작용하는 축력 F와 스프링상수 k를 구하시오.

3) 그림 예제 7.10 (b) 보구조물에 대한 휨모멘트도를 그리시오.

4) 그림 예제 7.10 (b) 보구조물에 대한 처짐형상(탄성곡선, 변형도)을 도시하시오.
단, 보의 EI는 일정(constant)하고, 전단력에 의한 변위는 무시한다.

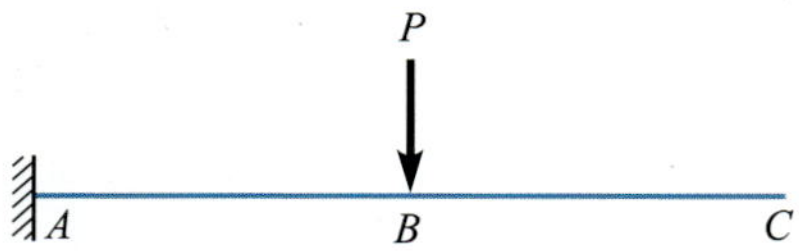

(a)

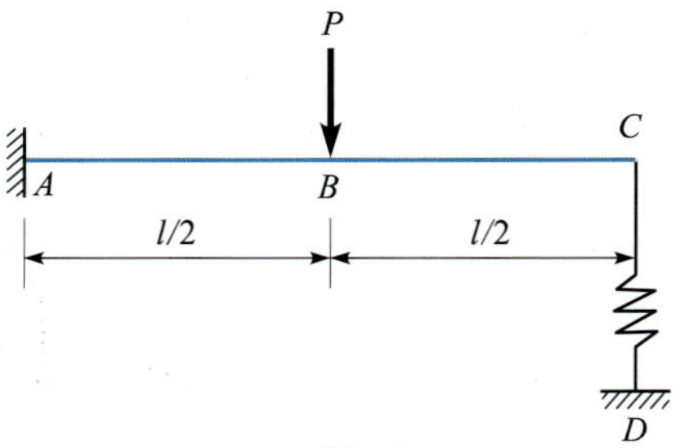

(b)

풀이

1) 그림 예제 7.10 (a)에서 자유단 C점의 연직변위

공액보법 이용하여[그림 (c) 참조] 자유단 C점의 연직변위를 구하면 다음과 같다.

$$\Delta_c = -\frac{Pl}{2EI} \times \frac{l}{2} \times \frac{1}{2} \times \left(\frac{l}{2} + \frac{l}{2} \cdot \frac{2}{3}\right) = -\frac{5Pl^3}{48EI} \quad (\downarrow) \qquad (1)$$

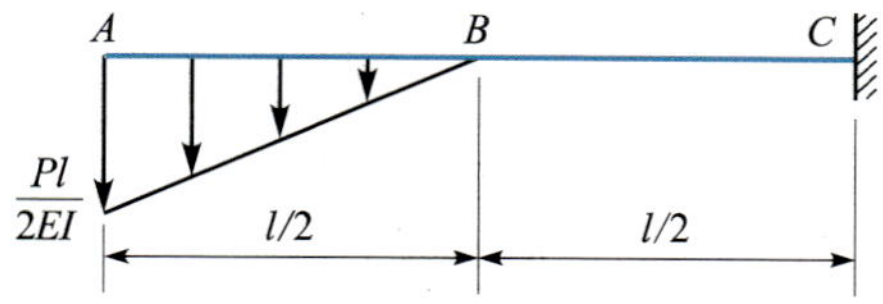

(c) 캔틸레버보 AC[그림 예제 7.10 (a)]의 공액보와 $\frac{M}{EI}$선도 하중재하

2) 그림 예제 7.10 (b)에서 스프링에 작용하는 축력 F와 스프링상수 k

그림 예제 7.10 (b)에서 스프링에 작용하는 압축력(축력)을 F라 하고 C에서 보의 하단과 스프링의 상단을 분리하여 자유물체도를 작도하면 그림 (d)와 같이 된다. 즉, 그림 (d)에서 보에는 상향의 힘 F가 작용한다.

문제의 주어진 조건에서 $\Delta_c' = \frac{1}{2}\Delta_C$이다. 따라서

$$\Delta_c' = -\frac{5Pl^3}{48EI} \times \frac{1}{2} = -\frac{5Pl^3}{96EI}\,(\downarrow) \tag{2}$$

여기서 Δ_c'는 F만에 의한 C점의 상향처짐의 크기와 같으므로, 공액보법 이용하여[그림 (e) 참조] 자유단 C점의 상향의 연직변위를 구하면 다음과 같다.

$$\Delta_c' = \frac{Fl}{EI} \times \frac{1}{2} \times l \times \frac{2}{3}l = \frac{Fl^3}{3EI}\,(\uparrow) \tag{3}$$

적합조건에 의해서 식 (2), (3)의 크기가 같아야 한다. 즉,

$$\frac{5Pl^3}{96EI} = \frac{Fl^3}{3EI}$$

$$\therefore F = \frac{5}{32}P$$

스프링상수 $k = \frac{F}{\Delta_c'}$이므로[그림 (d)에서 아래쪽의 스프링 부분 참조]

$$\therefore k = \left(\frac{\frac{5P}{32}}{\frac{5Pl^3}{96EI}}\right) = \frac{3EI}{l^3}$$

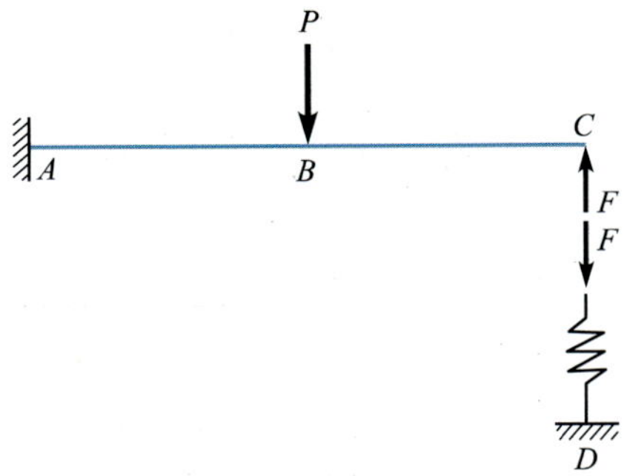

(d) 자유물체도

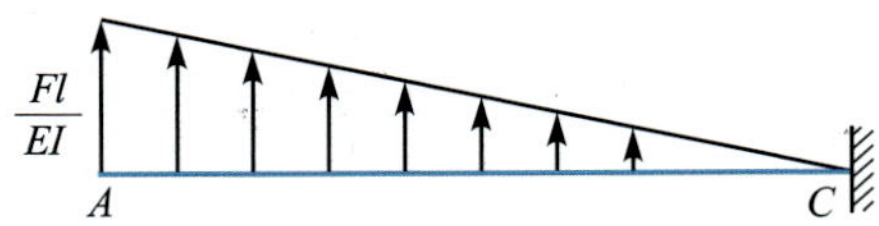

(e) 캔틸레버보 AC[그림 (d)]의 공액보와 상향의 힘 F만에 의한 $\frac{M}{EI}$선도 하중재하

3) 그림 예제 7.10 (b) 보구조물에 대한 휨모멘트도(B.M.D)

그림 (d)에서 위쪽의 보구조물 부분의 자유물체도에서,

$$M_B = \frac{5P}{32} \cdot \frac{l}{2} = \frac{5Pl}{64} \ (\curvearrowright)$$

$$M_A = \frac{5Pl}{32} - \frac{Pl}{2} = -\frac{11Pl}{32} \ (\curvearrowleft)$$

휨모멘트 $M(x) = 0$인 지점을 구하면 다음과 같다.

$$M(x) = F \cdot x - P \cdot \left(x - \frac{l}{2}\right) = \frac{5P}{32} \cdot x - P \cdot \left(x - \frac{l}{2}\right) = 5P \cdot \frac{x}{32} - P \cdot x + \frac{Pl}{2} = 0$$

$$\frac{27}{32}Px = \frac{Pl}{2}$$

$$\therefore x = \frac{16}{27}l$$

위에서 구한 M_A, M_B, 휨모멘트 $M_{(x)} = 0$인 지점 $x = \frac{16}{27}l$을 고려하여 휨모멘트도(B.M.D)를 작도하면 그림 (f)와 같이 된다.

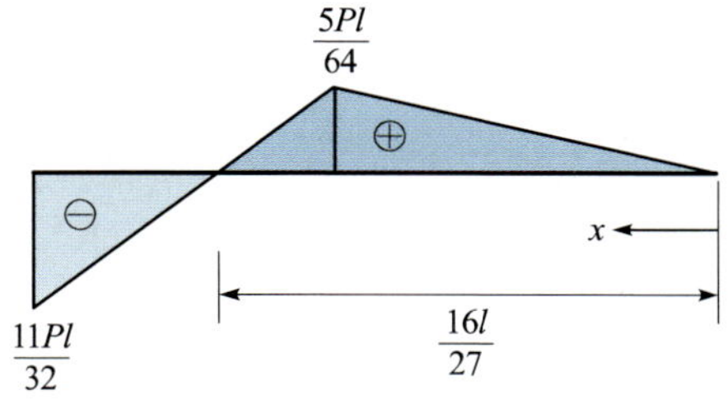

(f)

4) 그림 예제 7.10 (b) 보구조물에 대한 처짐형상
처짐형상을 도시하면 그림 (g)와 같다.

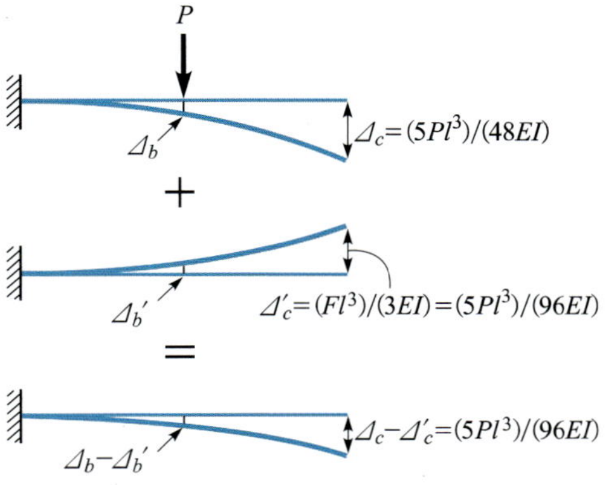

(g)

예제 7.11

다음과 같은 구조물에서

1) 기본구조물(primary structrue)를 그리시오.

2) 적합방정식을 구하시오. 이때 스프링의 반력을 X라 두고 푸시오.

3) 스프링의 강성에 따른(k가 0에서 ∞) A점의 휨모멘트변화를 구하시오.

[25점, 토목구조기술사 시험]

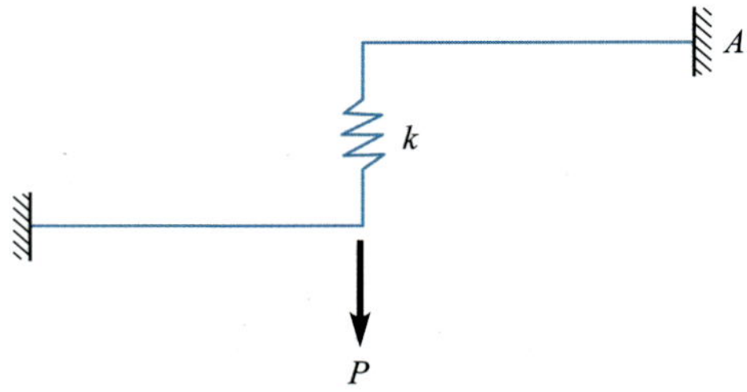

(a)

그림 예제 7.11

풀이

1) 기본구조물(primary structrue)

그림 예제 7.11 (a)에서 스프링에 작용하는 스프링력을 X 라 하고, 아래 보의 맨 우측단과 스프링의 하단을 분리하여 자유물체도를 작도하면 그림 (b)와 같은 기본구조물이 된다.

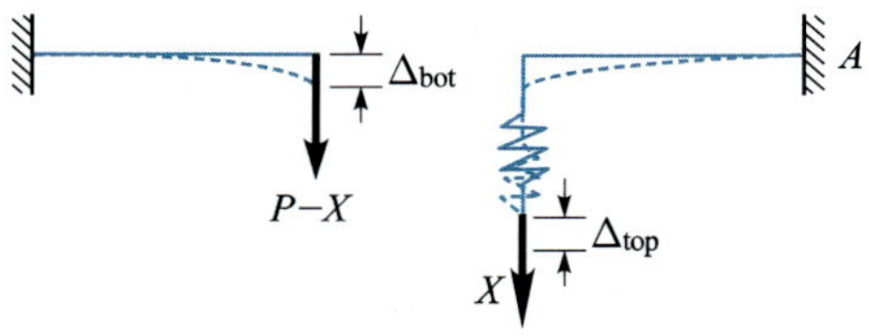

(b) 기본구조물의 자유물체도

2) 적합방정식과 스프링의 반력 X

지점의 단부에서 스프링까지의 거리를 각각 l_1, l_2, 탄성계수와 단면2차모멘트를 각각 E_1, I_1, E_2, I_2라 하면, 적합방정식은 다음과 같이 구해진다. 즉,

$$\Delta_{bot} = \Delta_{top}$$

$$\frac{(P-X)\cdot l_1^3}{3E_1I_1} = \frac{X}{k} + \frac{X\cdot l_2^3}{3E_2I_2}$$

$$\therefore X = \frac{l_1^3}{3E_1I_1}\cdot\frac{P}{\dfrac{l_1^3}{3E_1I_1}+\dfrac{1}{k}+\dfrac{l_2^3}{3E_2I_2}}$$

3) 스프링의 강성에 따른(k가 0에서 ∞) A점의 모멘트변화

k가 0일 때, X값은 0으로 수렴하므로

$M_A = 0$

k가 무한대(∞)일 때, X의 값은 $\dfrac{l_1^3}{3E_1I_1}\cdot\dfrac{P}{\dfrac{l_1^3}{3E_1I_1}+\dfrac{l_2^3}{3E_2I_2}}$ 이 되므로

$$M_A = \frac{l_1^3}{3E_1I_1} \cdot \frac{P}{\frac{l_1^3}{3E_1I_1} + \frac{l_2^3}{3E_2I_2}} \cdot l_2$$

가 된다.

예제 7.12

아래 트러스에 대해서 다음 사항을 답하시오.

1) 외부하중이 아래 그림과 같이 작용할 때, 모든 부재력을 구하시오.

2) 외부하중은 없고 상현재 U_1U_2가 50°C 온도만 상승하였을 때, 모든 부재력과 사재 U_1L_2의 변형량을 구하시오.

3) 외부하중은 없고 상현재 U_1U_2가 제작오차로 $\Delta L = 7\,\text{mm}$만 길게 되었을 때, 사재 U_1L_2의 변형량을 구하시오.

단, $E = 2.1 \times 10^4\,\text{MPa}$, 수평 및 수직부재의 단면적 $A = 3{,}000\,\text{mm}^2$, 경사부재의 단면적 $A_2 = 2A = 6{,}000\,\text{mm}^2$, 열팽창계수 $\alpha = 12 \times 10^{-6}/°\text{C}$이다.

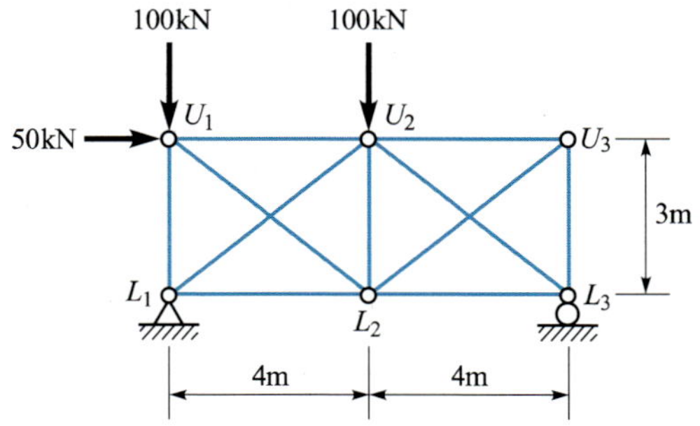

(a)

그림 예제 7.12

풀이

1) 외부하중만 작용하는 경우

이 트러스는 외적으로는 정정구조물이지만, 내적으로는 2차부정정구조물이다. 두 부재 U_1L_2와 L_2U_3의 부재력 X_1과 X_2를 부정정력으로 선택하여, 외부하중만 작용 시[그림 (b)] 그리고 $X_1 = 1$[그림 (d)]과 $X_2 = 1$[그림 (e)]만 작용 시 기본구조물에 대한 모든 부재력을 격점법으로 구하면 다음과 같다.

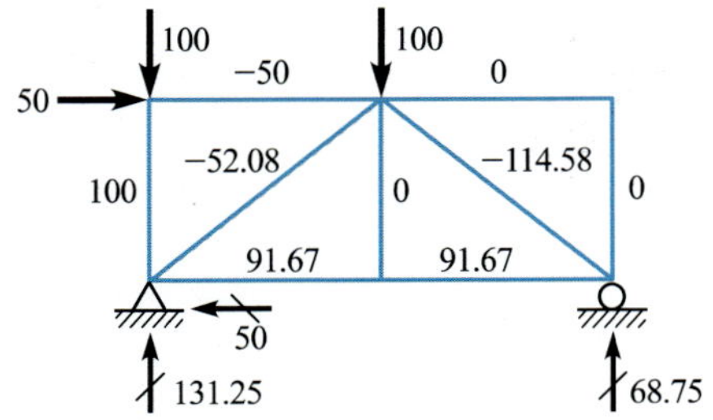

(b) 외부하중만 받는 기본구조물의 부재력 F_0

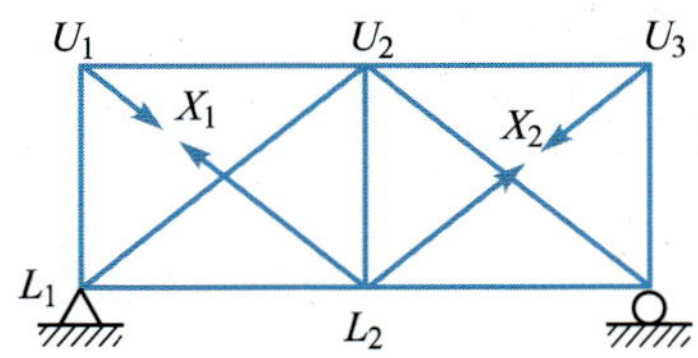

(c) 부정정력 X_1 및 X_2만 받는 기본구조물

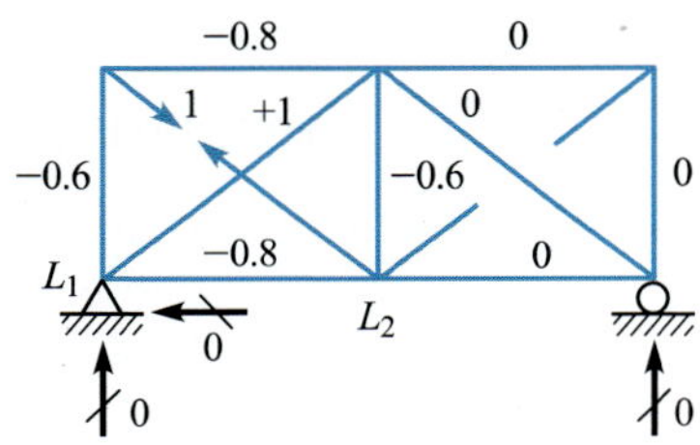

(d) $X_1=1$만 받는 기본구조물의 부재력 f_1

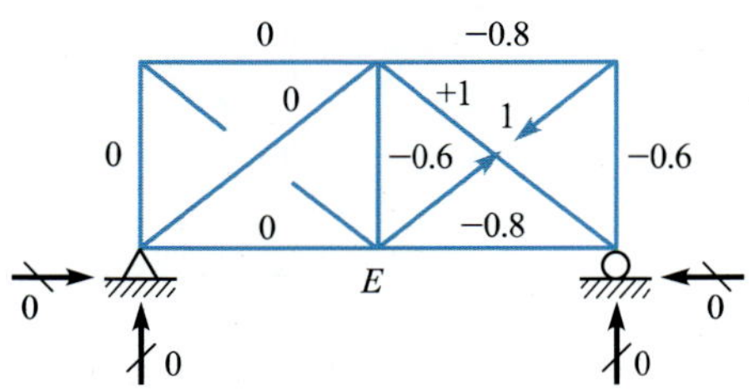

(e) $X_2=1$만 받는 기본구조물의 부재력 f_1

2차부정정구조물이므로 적합방정식을 적용하면

사재 U_1L_2에서, $\Delta_{10}^{\nwarrow} + X_1\delta_{11}^{\nwarrow} + X_2\delta_{12}^{\nwarrow} = 0$

사재 L_2U_3에서, $\Delta_{20}^{\nearrow} + X_1\delta_{21}^{\nearrow} + X_2\delta_{22}^{\nearrow} = 0$

여기서(아래 표의 계산 참조요망)

$$\Delta_{10}^{\nwarrow} = \sum \frac{f_1 F_0 L}{EA} = -\frac{83.54}{EA}$$

$$\Delta_{20}^{\nearrow} = \sum \frac{f_2 F_0 L}{EA} = -\frac{579.79}{EA}$$

$$\delta_{11}^{\nwarrow} = \sum \frac{f_1^2 L}{EA} = \frac{12.28}{EA}$$

$$\delta_{22}^{\nearrow} = \sum \frac{f_2^2 L}{EA} = \frac{12.28}{EA}$$

$$\delta_{12}^{\nwarrow} = \delta_{21}^{\nearrow} = \sum \frac{f_1 f_2 L}{EA} = \frac{1.08}{EA}$$

따라서

$$\Delta_{10}^{\nwarrow} + X_1 \delta_{11}^{\nwarrow} + X_2 \delta_{12}^{\nwarrow} = \frac{1}{EA}(-83.54 + 12.28X_1 + 1.08X_2) = 0$$

$$12.28X_1 + 1.08X_2 = 83.54 \qquad (1)$$

$$\Delta_{20}^{\nearrow} + X_1 \delta_{21}^{\nearrow} + X_2 \delta_{22}^{\nearrow} = \frac{1}{EA}(-579.79 + 1.08X_1 + 12.28X_2) = 0$$

$$1.08X_1 + 12.28X_2 = 579.79 \qquad (2)$$

부재	L(m)	EA	$\frac{L}{EA}$	F_0(kN)	f_1	f_2	$F_0 f_1\left(\frac{L}{EA}\right)$	$F_0 f_2\left(\frac{L}{EA}\right)$	$f_1^2\left(\frac{L}{EA}\right)$	$f_2^2\left(\frac{L}{EA}\right)$	$f_1 f_2\left(\frac{L}{EA}\right)$	F_L(kN)
U_1U_2	4	EA	$\frac{4}{EA}$	-50	-0.8	0	$\frac{160}{EA}$	0	$\frac{2.56}{EA}$	0	0	-52.14
U_2U_3	4	EA	$\frac{4}{EA}$	0	0	-0.8	0	0	0	$\frac{2.56}{EA}$	0	-37.58
L_1L_2	4	EA	$\frac{4}{EA}$	91.67	-0.8	0	$-\frac{293.33}{EA}$	0	$\frac{2.56}{EA}$	0	0	89.53
L_2L_3	4	EA	$\frac{4}{EA}$	91.67	0	-0.8	0	$-\frac{293.33}{EA}$	0	$\frac{2.56}{EA}$	0	54.09
U_1L_1	3	EA	$\frac{3}{EA}$	-100	-0.6	0	$\frac{180}{EA}$	0	$\frac{1.08}{EA}$	0	10	-101.60
U_2L_2	3	EA	$\frac{3}{EA}$	0	-0.6	-0.6	0	0	$\frac{1.08}{EA}$	$\frac{1.08}{EA}$	$\frac{1.08}{EA}$	-29.78
U_3L_3	3	EA	$\frac{3}{EA}$	0	0	-0.6	0	0	0	$\frac{1.08}{EA}$	0	-28.18
U_1L_2	5	$2EA$	$\frac{5}{2EA}$	0	1	0	0	0	$\frac{2.5}{EA}$	0	0	2.67
L_1U_2	5	$2EA$	$\frac{5}{2EA}$	-52.08	1	0	$-\frac{130.21}{EA}$	0	$\frac{2.5}{EA}$	0	0	-49.41
U_2L_3	5	$2EA$	$\frac{5}{2EA}$	-114.58	0	1	0	$-\frac{286.46}{EA}$	0	$\frac{2.5}{EA}$	0	-67.61
L_2U_3	5	$2EA$	$\frac{5}{2EA}$	0	0	1	0	0	0	$\frac{2.5}{EA}$	0	46.97
Σ							$-\frac{83.54}{EA}$	$-\frac{579.79}{EA}$	$\frac{12.28}{EA}$	$\frac{12.28}{EA}$	$\frac{1.08}{EA}$	

위 식 (1), (2)를 연립하여 풀면 부정정력 $X_1 = 2.67$ kN과 $X_2 = 46.97$ kN이 구해진다.

[참고로, 위 식 (1), (2)를 매트릭스(matrix, 행렬) 형태로 나타내어 풀 수도 있다. 즉, 식 (1), (2)

를 매트릭스 형태로 나타내면

$$\begin{bmatrix} 12.28 & 1.08 \\ 1.08 & 12.28 \end{bmatrix} \begin{Bmatrix} X_1 \\ X_2 \end{Bmatrix} = \begin{Bmatrix} 83.54 \\ 579.79 \end{Bmatrix}$$

$$\begin{Bmatrix} X_1 \\ X_2 \end{Bmatrix} = \begin{bmatrix} 12.28 & 1.08 \\ 1.08 & 12.28 \end{bmatrix} \begin{Bmatrix} 83.54 \\ 579.79 \end{Bmatrix} = \frac{1}{(12.28^2 - 1.08^2)} \begin{bmatrix} 12.28 & -1.08 \\ -1.08 & 12.28 \end{bmatrix} \begin{Bmatrix} 83.54 \\ 579.79 \end{Bmatrix} = \begin{Bmatrix} 2.67\text{kN} \\ 46.97\text{kN} \end{Bmatrix}$$

외부하중에 의한 부재력은 다음의 겹침의 원리 식을 사용하여 구한다.

$$F_L = F_0 + X_1 f_1 + X_2 f_2$$

위 표에서 F_L란이 외부하중에 의해 생긴 부재력이다.

2) 외부하중은 없고 상현재 U1U2가 50 ° C 온도만 상승하였을 때, 모든 부재력과 사재 U1L2의 변형량

외부하중은 없고 온도 상승만 있는 경우, 2차부정정구조물이므로 적합방정식을 적용하면

사재 U1L2에서, $\Delta_{1T}^{\nwarrow} + X_{1T}\delta_{11}^{\nwarrow} + X_{2T}\delta_{12}^{\nwarrow} = 0$ (3)

사재 L2U3에서, $\Delta_{2T}^{\nearrow} + X_{1T}\delta_{21}^{\nearrow} + X_{2T}\delta_{22}^{\nearrow} = 0$ (4)

여기서(아래 표의 계산 참조요망)

$$\Delta_{1T}^{\nwarrow} = \sum f_1(\alpha \Delta TL) = \alpha \sum (f_1 \Delta TL) = -(12 \times 10^{-6})(-160) = -0.00192\,\text{m}$$

$$\Delta_{2T}^{\nearrow} = \sum f_2(\alpha \Delta TL) = 0$$

따라서

$$\Delta_{1T}^{\nwarrow} + X_{1T}\delta_{11}^{\nwarrow} + X_{2T}\delta_{12}^{\nwarrow} = 0 \;\rightarrow\; \frac{1}{EA}(12.28X_{1T} + 1.08X_{2T}) = 0.00192$$

$$12.28X_{1T} + 1.08X_{2T} = (0.00192)(2.1 \times 10^4)(3{,}000)(10^{-3}) = 120.96 \quad (5)$$

$$\Delta_{2T}^{\nearrow} + X_{1T}\delta_{21}^{\nearrow} + X_{2T}\delta_{22}^{\nearrow} = 0 \;\rightarrow\; \frac{1}{EA}(1.08X_{1T} + 12.28X_{2T}) = 0$$

$$1.08X_{1T} + 12.28X_{2T} = 0 \quad (6)$$

식 (5), (6)를 연립하여 풀면,

$X_{1T} = 9.93\,\text{kN}$

$X_{2T} = -0.87\,\text{kN}$

외부하중은 없고 온도상승 만에 의한 부재력 F_T는 아래의 겹침의 원리 식을 사용하여 구한다. 즉, 기본구조물과 같은 정정구조물에서 온도상승이 처짐은 발생시키나 부재력은 유발시키지 않으므로($F_{0T} = 0$)

$$F_T = F_{0T} + X_{1T}f_1 + X_{2T}f_2 = X_{1T}f_1 + X_{2T}f_2$$

다음 표의 F_T가 온도 상승만에 의해 생긴 부재력이다.

부재	L(m)	EA	$\frac{L}{EA}$	f_1	f_2	$f_1^2\left(\frac{L}{EA}\right)$	$f_2^2\left(\frac{L}{EA}\right)$	$f_1f_2\left(\frac{L}{EA}\right)$	ΔT	$f_1\Delta TL$	$f_2\Delta TL$	F_T(kN)	ΔL(mm)	$f_1\Delta L$
U_1U_2	4	EA	$\frac{4}{EA}$	-0.8	0	$\frac{2.56}{EA}$	0	0	+50	-160	0	-7.94	+7	-5.6
U_2U_2	4	EA	$\frac{4}{EA}$	0	-0.8	0	$\frac{2.56}{EA}$	0	0	0	0	0.70	0	0
L_1L_2	4	EA	$\frac{4}{EA}$	-0.8	0	$\frac{2.56}{EA}$	0	0	0	0	0	-7.94	0	0
L_2L_3	4	EA	$\frac{4}{EA}$	0	-0.8	0	$\frac{2.56}{EA}$	0	0	0	0	0.70	0	0
U_1L_1	3	EA	$\frac{3}{EA}$	-0.6	0	$\frac{1.08}{EA}$	0	10	0	0	0	-5.96	0	0
U_2L_2	3	EA	$\frac{3}{EA}$	-0.6	-0.6	$\frac{1.08}{EA}$	$\frac{1.08}{EA}$	$\frac{1.08}{EA}$	0	0	0	-5.44	0	0
U_3L_3	3	EA	$\frac{3}{EA}$	0	-0.6	0	$\frac{1.08}{EA}$	0	0	0	0	0.52	0	0
U_1L_2	5	$2EA$	$\frac{5}{2EA}$	1	0	$\frac{2.5}{EA}$	0	0	0	0	0	9.93	0	0
L_1U_2	5	$2EA$	$\frac{5}{2EA}$	1	0	$\frac{2.5}{EA}$	0	0	0	0	0	9.93	0	0
U_2L_3	5	$2EA$	$\frac{5}{2EA}$	0	1	0	$\frac{2.5}{EA}$	0	0	0	0	-0.87	0	0
L_2U_3	5	$2EA$	$\frac{5}{2EA}$	0	1	0	$\frac{2.5}{EA}$	0	0	0	0	-0.87	0	0
Σ						$\frac{12.28}{EA}$	$\frac{12.28}{EA}$	$\frac{1.08}{EA}$		-160	0			-5.6

온도상승 만에 의한 사재 U_1L_2의 변형량 $\Delta_{U_1L_2}$

$$\Delta_{U_1L_2} = \sum f_1(\alpha\Delta TL) = \alpha\sum(f_1\Delta TL) = (12\times10^{-6})(-160) = -0.00192\text{m}$$
$$= -1.92\text{mm}$$

3) 외부하중은 없고 상현재 U_1L_2가 제작오차로 $\Delta L = 7$mm만 길게 되었을 때, 온도 상승만 있는 경우와 똑같은 방법으로 적합방정식을 세우면 된다. 즉, 2차부정정구조물이므로 제작오차만 있는 경우에 대해 적합방정식을 적용하면

사재 U_1L_2에서, $\Delta_{1E}^{\nwarrow} + X_{1E}\delta_{11}^{\nwarrow} + X_{2E}\delta_{12}^{\nwarrow} = 0$ (7)

사재 L_2U_3에서, $\Delta_{2E}^{\nearrow} + X_{1E}\delta_{21}^{\nearrow} + X_{2E}\delta_{22}^{\nearrow} = 0$ (8)

여기서(위 표의 계산 참조요망)

$$\Delta_{1E}^{\nwarrow} = \sum f_1(\Delta L) = (-0.8)(7) = -5.6\text{ m}$$
$$\Delta_{2E}^{\nearrow} = \sum f_2(\alpha\Delta TL) = 0$$

따라서 온도 상승만 있는 경우와 똑같은 방법으로 위에서 구한 $\Delta_{1E}^{\nwarrow}$, $\Delta_{2E}^{\nearrow}$를 식 (7), (8)에 대입하고 식 (7), (8)을 연립하여 풀면, X_{1E}와 X_{2E}가 구해진다.
외부하중은 없고 제작오차 만에 의한 부재력은 온도 상승만 있는 경우와 똑같은 방법으로 아래의 겹침의 원리 식을 사용하여 구한다. 즉, 외부하중은 없고 온도 상승만 있는 경우처럼 기본구조물과 같은 정정구조물에서 제작오차가 처짐은 발생시키나 부재력은 유발시키지 않으므로($F_{0E}=0$)

$$F_E = F_{0E} + X_{1E} f_1 + X_{2E} f_2 = X_{1E} f_1 + X_{2E} f_2$$

위 식을 사용하면 외부하중은 없고 제작오차 만에 의해 생긴 부재력 F_E가 온도 상승만 있는 경우처럼 구해진다.

사재 U_1L_2의 변형량 $\Delta_{U_1L_2}$

$$\Delta_{U_1L_2} = \sum f_1(\Delta L) = (-0.8)(7) = -5.6\text{mm}$$

연습문제

Structural Mechanics

7.1 다음과 같이 2개의 단순보가 결합된 상태에서 중앙에 연직하중 $P=100\,\text{kN}$을 받고 있을 때, 하중작용점의 연직처짐 Δ를 구하시오. 단, $E=2\times10^5\,\text{MPa}$이고, $I=4.9\times10^8\,\text{mm}^4$이다. 그리고 휨모멘트에 의한 처짐만 고려한다.

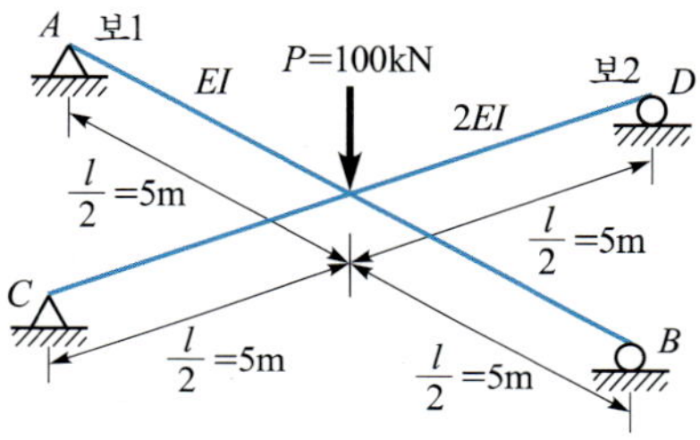

그림 문제 7.1

7.2 다음과 같은 고정단보에서 C점에 연직하중 P가 작용할 때, 고정지점 A, B의 휨모멘트(고정단모멘트) M_A, M_B 그리고 수직반력 V_A, V_B를 변위일치법을 사용하여 구하시오. 단, EI는 일정(constant)하고, 전단력에 의한 변위는 무시한다.

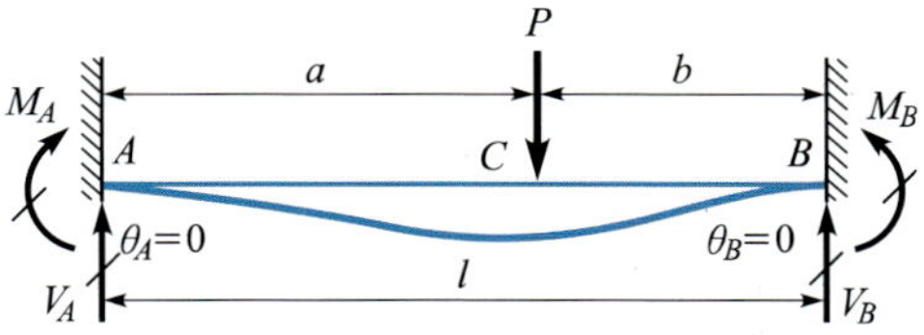

그림 문제 7.2

7.3 다음과 같은 고정단보에서 등분포하중 w가 작용할 때, 고정지점 A, B의 휨모멘트(고정단모멘트) M_A, M_B 그리고 수직반력 V_A, V_B를 변위일치법을 사용하여 구하시오. 단, EI는 일정(constant)하고, 전단력에 의한 변위는 무시한다.

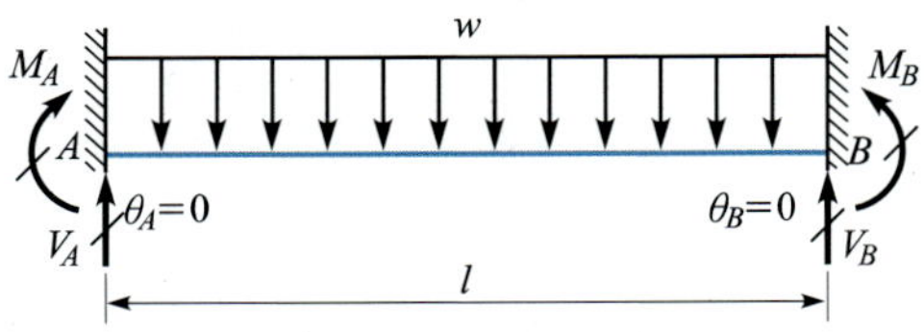

그림 문제 7.3

7.4 다음과 같은 1차부정정 트러스에서 하중이 작용될 때, A점에서의 연직처짐량 Δ_A를 구하시오. 단, □는 부재의 단면적으로 [1] $=1\text{mm}^2$ 그리고 [2] $=2\text{mm}^2$, 모든 부재의 탄성계수 $E=2\times10^5\,\text{MPa}$이다.

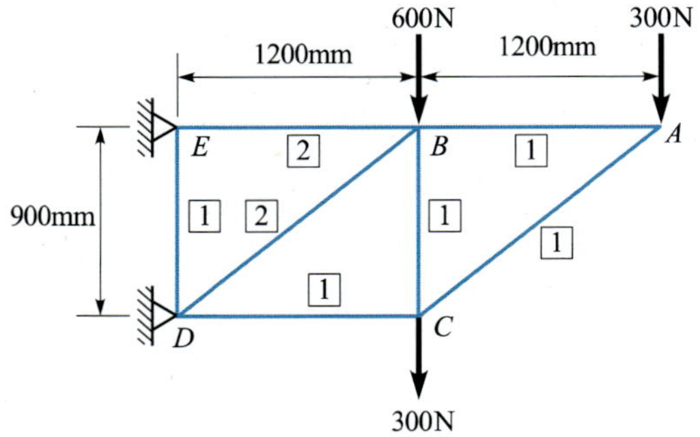

그림 문제 7.4

7.5 다음과 같은 트러스 구조물을 푸시오. 단, 각 부재의 단면적은 A이고, 탄성계수는 E이다.

1) 각 부재의 부재력을 구하시오(8점).

2) 수평변위 δ_D 를 구하시오(7점).

[총 15점, 토목구조기술사 시험]

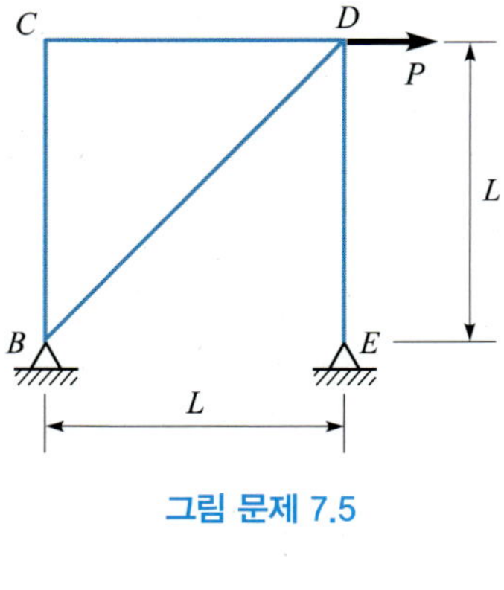

그림 문제 7.5

7.6 1차 부정정인 그림 문제 7.6 (a)에서 작용력 P를 B 위치에 작용시켰을 때 중심 C점에 처짐이 0.75이고, 그림 문제 7.6 (b)와 같이 중심인 C점에 스프링 k를 설치해놓고 작용력 P를 작용시켰을 때 처짐은 0.5가 생겼다.

1) 그림 문제 7.6 (a)에서 작용력 P를 C점에 작용시켰을 때 B점의 처짐을 구하시오.

2) 그림 문제 7.6 (c) 같이 작용력 P와 스프링 k가 위치할 때 C점의 처짐을 구하시오.

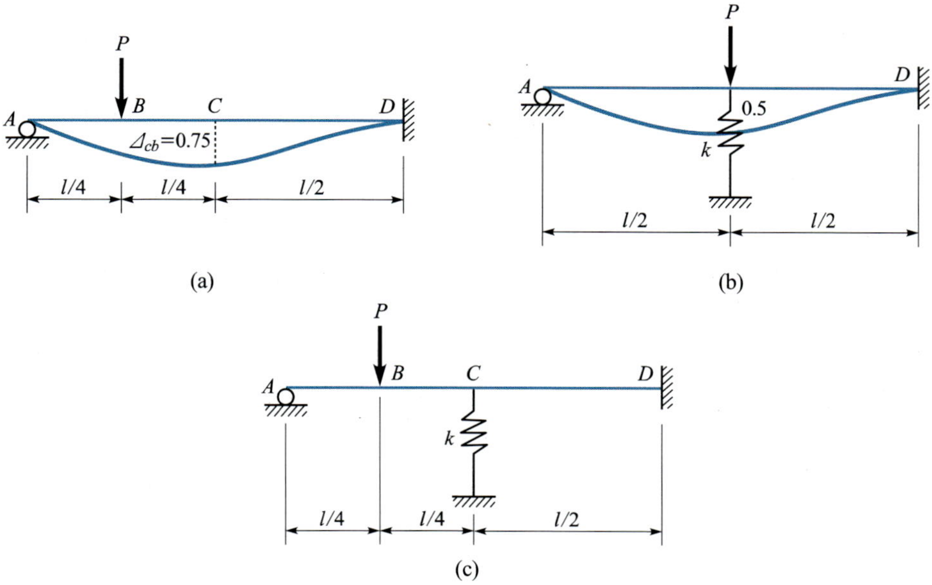

그림 문제 7.6

7.7 다음과 같이 등분포하중 w을 받는 캔틸레버보의 자유단 B에 회전스프링상수 값이 $k_\theta = \dfrac{EI}{l}$인 탄성회전스프링을 부착하였을 때, 고정단 A점의 반력(V_A, M_A) 그리고 x 위치에서의 전단력(V_x) 및 휨모멘트(M_x)를 구하시오. 단, 캔틸레버보의 EI는 일정(constant)하고, 전단력에 의한 변위는 무시한다.

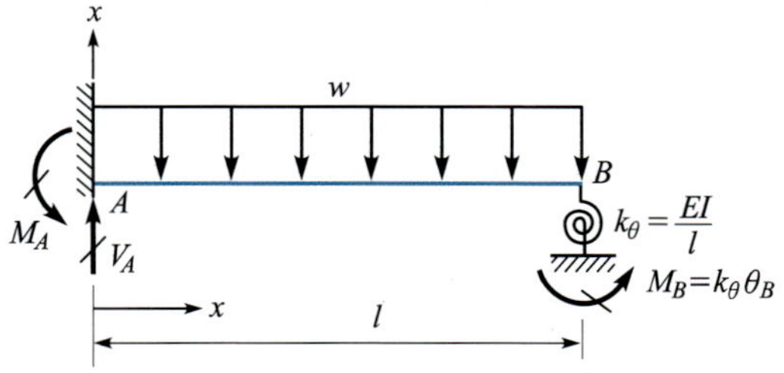

그림 문제 7.7

CHAPTER

08

최소일의 방법과 3연모멘트법

8.1 최소일의 방법

최소일의 방법(method of least work)은 카스틸리아노(Castigliano)의 제2정리를 응용한 것으로서 연속보와 라멘 구조해석에 사용하며 특히 1, 2차부정정 구조물의 해석에 적합하다. 즉, 카스틸리아노(Castigliano)의 제2정리를 이용하면, 최소일방법에 대한 일반식은 부정정력 X_i가 작용하는 점에서의 상대처짐 Δ_i가 '0'이라는 적합조건으로부터 다음 식과 같이 표현된다.

$$\Delta_i = \frac{\partial U}{\partial X_i} = \Sigma \frac{F(\frac{\partial F}{\partial X_i})l}{AE} + \Sigma \int \frac{M(\frac{\partial M}{\partial X_i})}{EI} dx + \cdot \cdot \cdot \cdot = 0 \tag{8.1}$$

여기서, 축력 F와 휨모멘트 M은 미지수인 부정정력 X_i의 함수이고, 식 (8.1)은 n개의 미지수 $X_1, X_2, \cdot \cdot \cdot, X_n$의 함수로 된 n개의 방정식을 제공한다. 즉, 1차부정정 구조물인 경우에는 미지수가 1개이므로 X_1만의 함수가 되고, 따라서 이 함수로부터 부정정력 X_1이 간단히 구해진다. 2차부정정 구조물인 경우에는 미지수가 2개이므로 X_1, X_2의 2개의 연립방정식 함수가 되고, 이 2개의 연립방정식을 연립하여 풀면 미지수인 부정정력 X_1, X_2가 구해진다. 그리고 3차부정정 구조물인 경우에는 미지수가 3개이므로 X_1, X_2, X_3의 3개의 연립방정식 함수가 되므로, 이 들 3개의 연립방정식을 연립하여 풀면 미지수인 3개의 부정정력 X_1, X_2, X_3이 구해진다.

식 (8.1)에서 U는 기본구조물의 변형에너지로서 다음 식과 같이 하중뿐만이 아니라 미지의 부정정력 X_i에 의한 총 외적일과 같다.

$$U = W_L + W_X(X_1, X_2, \cdot \cdot \cdot, X_n) \tag{8.2}$$

여기서, W_L : 하중에 의한 외적일

$W_X(X_1, X_2, \cdot \cdot \cdot, X_n)$: 미지의 부정정력 X_i에 의한 외적일

식 (8.1)에 의하면 최소일의 방법은 구조물에서 하중으로 인하여 생기는 n개의 부정정력 작용점에서의 처짐이 각각 '0'이라는 것을 의미하고, 이것은 미지수인 부정정력은

변형에너지를 최소로 하는 값이어야 한다는 의미를 내포하고 있다. 따라서 최소일의 방법은 7장의 변위일치법을 수식적으로 표현한 것으로 결국에는 동일한 방법을 나타내고 있다.

그러나 변위일치법은 겹침의 원리가 적용되는 한 하중, 지점의 침하, 온도변화, 그리고 조립시의 오차 등 어떤 원인에 대해서도 부정정구조물을 해석할 수가 있으나, 최소일의 방법은 지점의 침하, 온도변화, 조립시의 오차 등의 원인에 대한 변형으로 일어나는 내력을 계산하는 데는 적용할 수가 없으므로 변위일치법보다 그 적용에 있어 제한적이다.

예제 8.1

다음 그림과 같은 부정정보의 지점 A에 휨모멘트 $M_A = 50\,\mathrm{kN \cdot m}$가 작용할 때 고정단 C점의 휨모멘트 M_C를 구하시오. 단, 전단력에 의한 변위 무시한다.

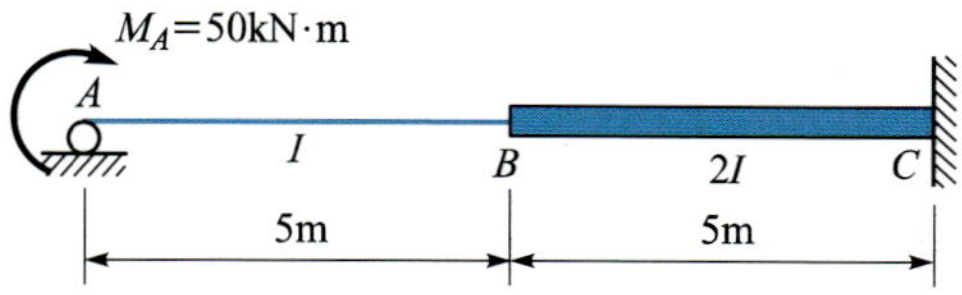

(a)

그림 예제 8.1

풀이

이 구조물은 1차부정정이다. 지점 A의 수직반력 V_A를 부정정력으로 택한 그림 (b)의 기본구조물에 식 (8.1)의 최소일의 방법을 적용하여 고정단 C점의 휨모멘트 M_C를 구한다. 즉,

$$\Delta_A = \sum \int \frac{M}{EI}\left(\frac{\partial M}{\partial V_A}\right)dx = 0$$

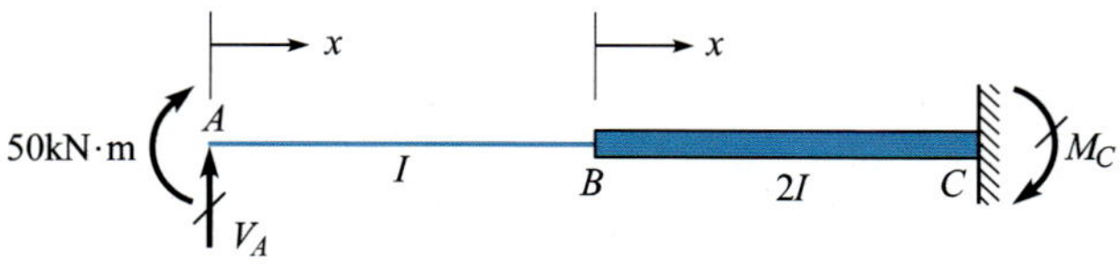

(b) 기본구조물

구간	적분원점	적분구간(m)	M(kN • m)	$\frac{\partial M}{\partial V_A}$	단면2차모멘트
AB	A	$0 \le x \le 5$	$50 + V_A x$	x	I
BC	B	$0 \le x \le 5$	$50 + V_A(5+x)$	$5+x$	$2I$

$$\therefore \Delta_A = \frac{1}{EI}\int_0^5 (50+V_A x)(x)\,dx + \frac{1}{2EI}\int_0^5 \{50+V_A(5+x)\}(5+x)\,dx$$

$$= \frac{1}{EI}\int_0^5 (V_A x^2+50x)\,dx + \frac{1}{2EI}\int_0^5 (V_A x^2+10V_A x+25V_A+50x+250)\,dx$$

$$= \frac{1}{EI}[\frac{V_A}{3}x^3+\frac{50}{2}x^2]_0^5 + \frac{1}{2EI}[\frac{V_A}{3}x^3+\frac{10}{2}V_A x^2+25V_A x+\frac{50}{2}x^2+250x]_0^5$$

$$= \frac{1}{EI}(\frac{125}{3}V_A+625) + \frac{1}{2EI}(\frac{125}{3}V_A+125V_A+125V_A+625+1{,}250) = 0$$

따라서

$$\frac{250}{3}V_A+1{,}250+\frac{125}{3}V_A+1{,}900 = 0$$

$$375V_A+3{,}125 = 0$$

$$\therefore V_A = -8.33\text{kN}(\downarrow)$$

$$+\curvearrowright \Sigma M_C = 0\ ;\ -8.33\times 10+50+M_C = 0$$

$$\therefore M_C = 33.3\text{kN}\cdot\text{m}(\curvearrowright)$$

예제 8.2

다음과 같은 구조물에 대해

1) 고정단 B점의 수직반력 V_B와 휨모멘트 M_B를 구하시오(15점).

2) C점의 처짐 δ_C를 구하시오(10점).[총 25점, 토목구조기술사 시험]

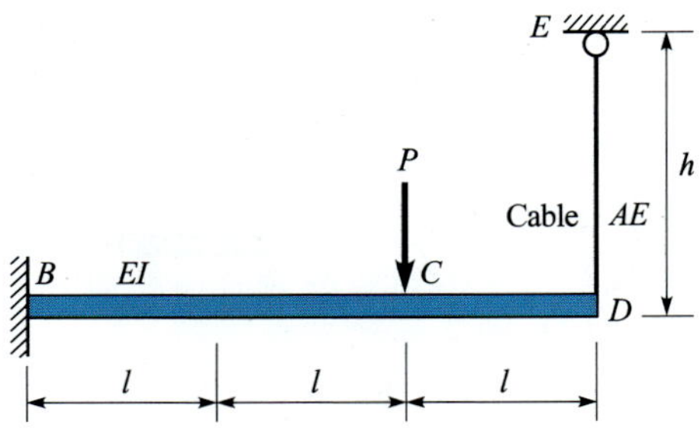

(a)

그림 예제 8.2

풀이

1) 수직반력 V_B와 휨모멘트 M_B의 계산

이 구조물은 1차부정정이다. 케이블(cable)의 장력 X를 부정정력으로 선택하고, 식 (8.1)의 최소일의 방법을 적용하면 다음과 같이 쓸 수 있다.

구간	x의 원점	적분구간	M	$\frac{\partial M}{\partial X}$	F	$\frac{\partial F}{\partial X}$	단면적
DC	D	$0 \le x \le l$	$X \cdot x$	x	0	0	A
BC	C	$0 \le x \le 2l$	$X \cdot (x+l) - Px$	$(x+l)$	0	0	A
DE	D	$0 \le x \le h$	0	0	X	1	A

$$\begin{aligned}
\Delta_X &= \Sigma\int M(\frac{\partial M}{\partial X})\frac{dx}{EI} + \Sigma F(\frac{\partial F}{\partial X})\frac{l}{AE} = 0 \\
&= \int_0^l (X \cdot x)\cdot x\frac{dx}{EI} + \int_0^{2l}[X\cdot(x+l) - P\cdot x]\cdot(x+l)\frac{dx}{EI} + X\frac{h}{AE} \\
&= \frac{1}{3}X\cdot[x^3]_0^l\frac{1}{EI} + \int_0^{2l}[X\cdot(x^2+2lx+l^2) - Px^2 - Pl\,x]\frac{dx}{EI} + X\frac{h}{AE} \\
&= \frac{1}{3}l^3\frac{X}{EI} + [X\cdot(\frac{x^3}{3}+lx^2+l^2x) - \frac{P}{3}x^3 - \frac{Pl}{2}x^2]_0^{2l}\frac{1}{EI} + X\frac{h}{AE} \\
&= X\cdot(\frac{l^3}{3}+\frac{8}{3}l^3+4l^3+2l^3+\frac{hI}{A})\frac{1}{EI} - (\frac{8}{3}Pl^3+2Pl^3)\frac{1}{EI} \\
&= X\cdot(9l^3+\frac{hI}{A})\frac{1}{EI} - \frac{14}{3}Pl^3\frac{1}{EI} = 0
\end{aligned}$$

따라서

$$X = \frac{\frac{14Pl^3}{3}}{9l^3+\frac{hI}{A}} = \frac{\frac{14Pl^3}{3}}{\frac{9Al^3+hI}{A}} = \frac{14APl^3}{27Al^3+3hI}\ (\text{인장})$$

$$\therefore V_B = P - X = \frac{(27Al^3+3hI)P - 14APl^3}{27Al^3+3hI} = \frac{P\cdot(13Al^3+3hI)}{27Al^3+3hI}$$

$$\therefore M_B = -P(2l) + X(3l) = \frac{-(54Al^4+6hIl)P+42APl^4}{27Al^3+3hI} = \frac{-P\cdot(12Al^4+6hIl)}{27Al^3+3hI}$$

2) C점의 처짐 δ_C의 계산

그림 (b), (c)로부터 δ_C는 다음 식과 같이 된다.

$$\delta_C = \delta_{PC} + \delta_{XC}$$

그림 (b)의 공액보를 사용하여 처짐 δ_{PC}를 구하면 다음과 같다.

$$\delta_{PC} = M_C = -(\frac{1}{2})(\frac{2Pl}{EI})(2l)(\frac{2}{3}\cdot 2l) = -\frac{8Pl^3}{3EI}$$

그림 (c)의 공액보를 사용하여 처짐 δ_{XC}를 구하면 다음과 같다.

$$\delta_{XC}=\left(\frac{Xl}{EI}\right)(2l)(l)+\frac{1}{2}\left(\frac{2Xl}{EI}\right)(2l)\left(\frac{2}{3}\cdot 2l\right)=\frac{2l^3X}{EI}+\frac{8l^3X}{3EI}$$

$$=\frac{14l^3X}{3EI}=\frac{14l^3}{3EI}\cdot\left(\frac{14APl^3}{27Al^3+3hI}\right)$$

$$\therefore \delta_C=\delta_{PC}+\delta_{XC}=-\frac{8Pl^3}{3EI}+\frac{14l^3}{3EI}\cdot\left(\frac{14APl^3}{27Al^3+3hI}\right)$$

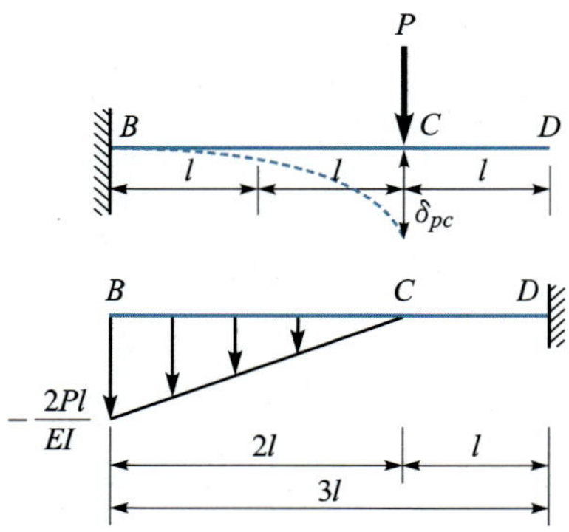

(b) 하중 P 만을 받는 기본구조물에서 C점의 처짐 δ_{PC}와 공액보

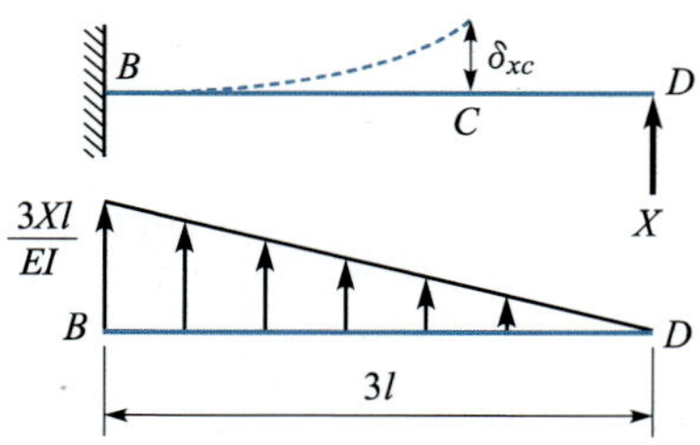

(c) 부정정력 X 만을 받는 기본구조물에서 C점의 처짐 δ_{XC}와 공액보

예제 8.3

다음과 같이 등분포하중 $w=0.4\text{kN/m}$를 받고 있는 1차부정정 원호아치에서 $x=10\text{m}$인 D 위치의 휨모멘트 M_D, 전단력 S_D, 축력 H_D를 구하시오. 단, 휨모멘트에 의한 변위만을 고려한다.

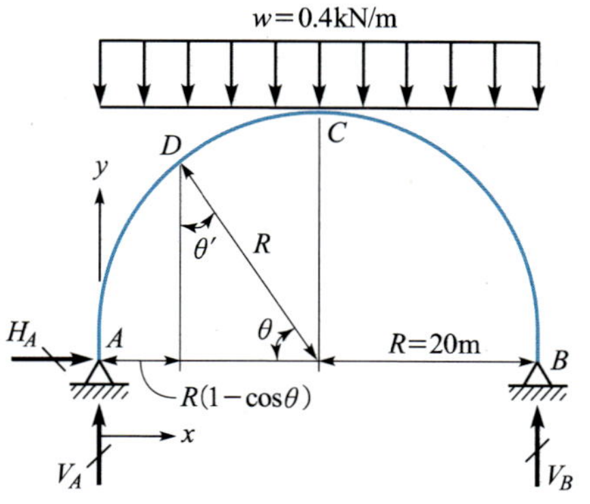

(a)

그림 예제 8.3

풀이

1) 지점 A의 반력 V_A, H_A 계산

$$V_A = V_B = \frac{1}{2} \times 40 \times 0.4 = 8\text{kN} (\uparrow)$$

이 구조물은 1차부정정이다. 지점 A의 반력 H_A를 부정정력으로 선택하고, 식 (8.1)의 최소일의 방법을 적용하면 다음과 같이 쓸 수 있다.

$$\begin{aligned} M_x &= V_A \times 20(1-\cos\theta) - H_A \times 20\sin\theta - 0.4 \times 20 \times (1-\cos\theta) \times \frac{20(1-\cos\theta)}{2} \\ &= 20 \times 8(1-\cos\theta) - 20H_A\sin\theta - 80(1-\cos\theta)^2 \end{aligned}$$

$$\frac{\partial M_x}{\partial H_A} = -20\sin\theta$$

$$\begin{aligned} \Delta_A &= \sum \int_0^s \frac{M}{EI}\frac{\partial M}{\partial H_A}ds = \frac{2}{EI}\int_0^{\frac{\pi}{2}} M_x \frac{\partial M_x}{\partial H_A} Rd\theta = 0 \\ &= \frac{2}{EI}\int_0^{\frac{\pi}{2}} [160(1-\cos\theta) - 20\sin\theta H_A - 80(1-\cos\theta)^2](-20\sin\theta)(20d\theta) \\ &= -\frac{800}{EI}\int_0^{\frac{\pi}{2}} [160\sin\theta(1-\cos\theta) - 20\sin^2\theta H_A - 80\sin\theta(1-\cos\theta)^2]d\theta \\ &= -\frac{800}{EI}\int_0^{\frac{\pi}{2}} [160(\sin\theta - \frac{1}{2}\sin 2\theta) - 20H_A\frac{1-\cos 2\theta}{2} - 80\sin\theta(1-2\cos\theta+\cos^2\theta)]d\theta \\ &= -\frac{800}{EI}\int_0^{\frac{\pi}{2}} [160(\sin\theta - \frac{1}{2}\sin 2\theta) - 10H_A(1-\cos 2\theta) - 80\sin\theta + 80\sin 2\theta - 80\sin\theta \\ &\quad + 80\sin^3\theta]d\theta = 0 \end{aligned}$$

$$[160(-\cos\theta+\frac{1}{4}\cos 2\theta)-10H_A(\theta-\frac{1}{2}\sin 2\theta)+80\cos\theta-40\cos 2\theta+80\cos\theta$$

$$-80\cos\theta+80\times\frac{1}{3}\cos^3\theta]_0^{\frac{\pi}{2}}=0$$

$$[160(-\cos\theta+\frac{1}{4}\cos 2\theta)-10H_A(\theta-\frac{1}{2}\sin 2\theta)$$

$$+160\cos\theta-40\cos 2\theta-80\cos\theta+\frac{80}{3}\cos 3\theta]_0^{\frac{\pi}{2}}=0$$

$$160(-\frac{1}{4}+1-\frac{1}{4})-10H_A(\frac{\pi}{2})-160+40+40+80-\frac{80}{3}=0$$

$$80-5\pi H_A-\frac{80}{3}=0$$

$$\therefore 5\pi H_A=80-\frac{80}{3}=\frac{160}{3}$$

$$\therefore H_A=\frac{160}{5\pi\times 3}=\frac{32}{3\pi}=3.4\text{kN}(\rightarrow)$$

2) D점의 휨모멘트 M_D

$x=10$m일 때 θ, θ'값을 구하면 다음과 같다.

$$\theta=\cos^{-1}\left(\frac{R-10}{R}\right)=\cos^{-1}\left(\frac{20-10}{20}\right)=60°,\ \theta'=90°-\theta=90°-60°=30°$$

$$\therefore M_D=8\times 10-3.4\times 20\sin\theta-0.4\times 10\times 5$$
$$=8\times 10-3.4\times 20\sin 60°-0.4\times 10\times 5$$
$$=1.1\text{kN}\cdot\text{m}(\curvearrowleft)$$

3) D점의 축력 H_D, 전단력 S_D[그림 예제 4.2 풀이에서 D점의 자유물체도의 부재력 방향 참조]

D점의 x축 방향력 $N_D=H_A\equiv 3.4\text{kN}(\leftarrow)$

D점의 y축 방향력 $Q_D=-V_A+0.4\times 10=-8+0.4\times 10=-4\text{kN}(\downarrow)$

따라서, D점의 축력 H_D와 전단력 S_D는 다음과 같이 된다.

$$H_D=N_D\cos\theta'-Q_D\sin\theta'=3.4\times\cos 30°-(-4)\times\sin 30°=4.9\text{kN}(\swarrow)$$

$$S_D=N_D\sin\theta'+Q_D\cos\theta'=3.4\times\sin 30°+(-4)\times\cos 30°=-1.8\text{kN}(\searrow)$$

TIP 적분 시 유용하게 사용가능한 삼각함수의 성질을 요약하면 다음과 같다.

$$\int\sin\theta d\theta=-\cos\theta+C,\ \int\cos\theta d\theta=\sin\theta+C$$

$$\sin^2\theta+\cos^2\theta=1,\ \sin 2\theta=2\sin\theta\cos\theta$$

$$\sin^2\theta = \frac{1-\cos 2\theta}{2}, \ \cos^2\theta = \frac{1+\cos 2\theta}{2}$$

$$\cos(a-b) = \cos a \cdot \cos b + \sin a \cdot \sin b$$

$$-\cos\theta = \cos(\theta+\pi), \ -\sin\theta = \cos(\theta + \frac{\pi}{2})$$

$$\cos(\frac{\pi}{2}-\theta) = \sin\theta, \ \sin(\frac{\pi}{2}-\theta) = \cos\theta$$

$$(e^{i\theta} = \cos\theta + i\sin\theta, e^{-i\theta} = \cos\theta - i\sin\theta, \ i = \sqrt{-1})$$

$$\int \sin^3\theta d\theta = ?$$

$\cos\theta = t$로 치환한 후 양변을 미분하면 $-\sin\theta d\theta = dt$가 된다. 따라서

$$\int \sin^3\theta d\theta = \int \sin\theta \sin^2\theta d\theta = \int \sin\theta(1-\cos^2\theta) d\theta = \int (-1+t^2)dt = -t + \frac{1}{3}t^3 + C$$

$$= -\cos\theta + \frac{1}{3}\cos^3\theta + C$$

예제 8.4

다음 그림과 같은 구조물에서 하중 P와 처짐 r 과의 관계에 대해 설명하시오. 단, Δ는 보의 단부와 기둥상단 사이의 최초의 간격이고, 기둥은 압축력을 받는 트러스부재와 같이 거동한다.

[25점, 토목구조기술사 시험]

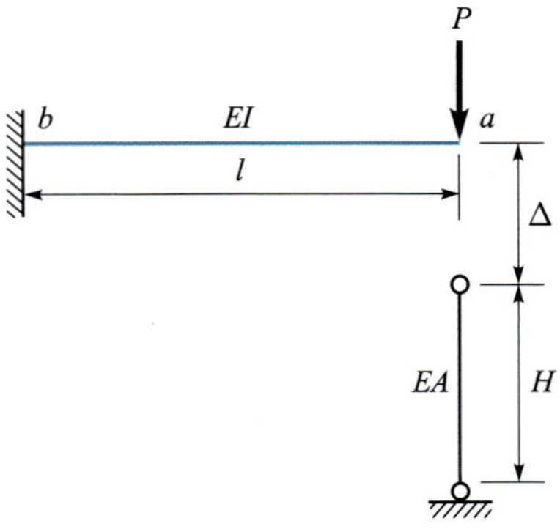

(a)

그림 예제 8.4

풀이

1) $r < \Delta$인 경우(처짐 r의 계산은 연습문제 6.2의 풀이 참조)

$$r=\frac{Pl^3}{3EI}(\downarrow)$$

2) $r \geq \Delta$인 경우

그림 (b)의 보에서, ab부재의 휨모멘트는 다음과 같다.

$M=-(P-F)x \quad (0 \leq x \leq l)$

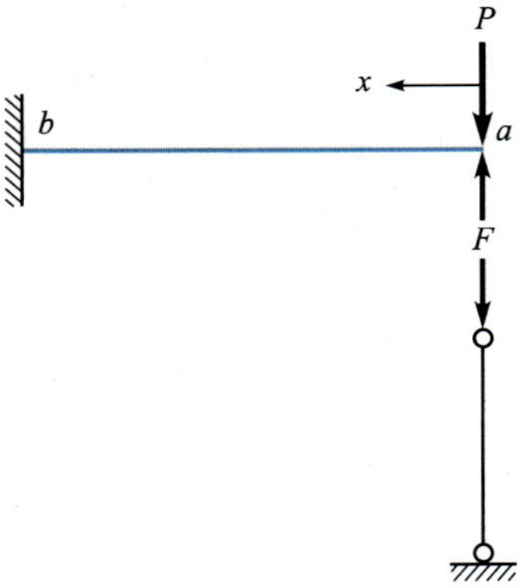

(b) 자유물체도

그림 (b)에서 구조물 내에 발생되는 축력에 의한 변형에너지와 힘모멘트에 의한 변형에너지는 다음과 같다.

$$U=\frac{F^2H}{2EA}+\int_0^l\frac{M^2}{2EI}dx$$

$$=\frac{F^2H}{2EA}+\int_0^l\frac{(-(P-F))^2x^2}{2EI}dx$$

$$=\frac{F^2H}{2EA}+\frac{(-(P-F))^2l^3}{6EI}=\frac{F^2H}{2EA}+\frac{(-P+F)^2l^3}{6EI}$$

$$=\frac{F^2H}{2EA}+\frac{(-(P-F))^2l^3}{6EI}=\frac{F^2H}{2EA}+\frac{(-P+F)^2l^3}{6EI}$$

최소일의 방법을 이용하면 다음과 같이 그림 (b)에서 부정정력인 축력 F가 구해진다. 즉,

$$\frac{\partial U}{\partial F}=\frac{FH}{EA}-\frac{(P-F)l^3}{3EI}=0$$

$$\therefore F=\frac{Pl^3A}{3HI+l^3A}$$

그림 (b)의 기둥에서 변형량 r을 계산하면 다음이 같이 된다.

$$r-\Delta=\frac{FH}{EA}=\frac{Pl^3H}{E(3HI+l^3A)}$$

$$\therefore r=\frac{Pl^3H}{E(3HI+l^3A)}+\Delta\ (\downarrow)$$

예제 8.5

다음의 같이 등분포하중 q를 받고 있는 양단고정 부등단면 보에서 고정단 A점의 고정단모멘트 M_A를 구하시오. 단, 탄성계수는 E이고, 전단력에 의한 변위는 무시한다.

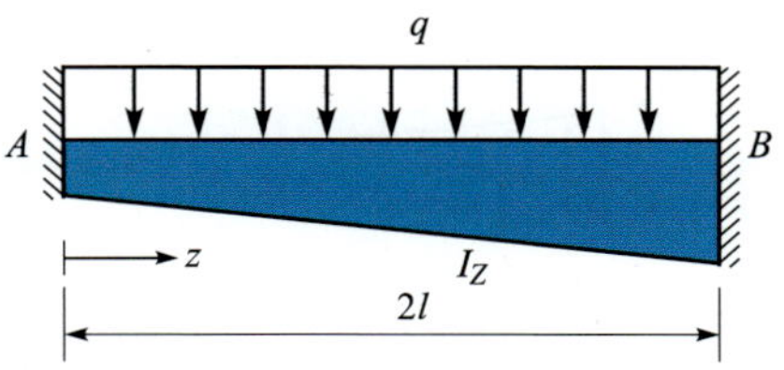

(a)

그림 예제 8.5

풀이

이 양단고정보의 경우는 그림 (b)의 기본구조물의 자유물체도처럼 고정단 A점의 반력 V_A, M_A를 부정정력으로 선택하고, 최소일의 방법을 적용하여 유도된 연립방정식을 연립하여 풀면 반력 M_A가 다음과 같이 구해진다. 즉,

$$M_z=M_A+V_Az-\frac{qz^2}{2}\qquad(0\le z\le 2l)$$

$$\frac{\partial M_z}{\partial M_A}=1,\ \frac{\partial M_z}{\partial V_A}=z$$

$$\theta_A=\int_0^{2l}M_z\left(\frac{\partial M_z}{\partial M_A}\right)\frac{dz}{EI_z}=0\tag{1}$$

$$\Delta_A=\int_0^{2l}M_z\left(\frac{\partial M_z}{\partial V_A}\right)\frac{dz}{EI_z}=0\tag{2}$$

식 (1)로부터, $\theta_A=\int_0^{2l}\left(M_A+V_Az-\frac{qz^2}{2}\right)\frac{dz}{EI_z}=0$

$$M_A\int_0^{2l}\frac{dz}{I_z}+V_A\int_0^{2l}\frac{z}{I_z}dz-\frac{q}{2}\int_0^{2l}\frac{z^2}{I_z}dz=0\tag{3}$$

식 (2)로부터, $\Delta_A = \int_0^{2l}(M_A + V_A z - \frac{qz^2}{2})z\frac{dz}{EI_z} = 0$

$$M_A\int_0^{2l}\frac{z}{I_z}dz + V_A\int_0^{2l}\frac{z^2}{I_z}dz - \frac{q}{2}\int_0^{2l}\frac{z^3}{I_z}dz = 0 \qquad (4)$$

식 (3)으로부터, $V_A = \dfrac{\frac{q}{2}\int_0^{2l}\frac{z^2}{I_z}dz - M_A\int_0^{2l}\frac{1}{I_z}dz}{\int_0^{2l}\frac{z}{I_z}dz}$ (5)

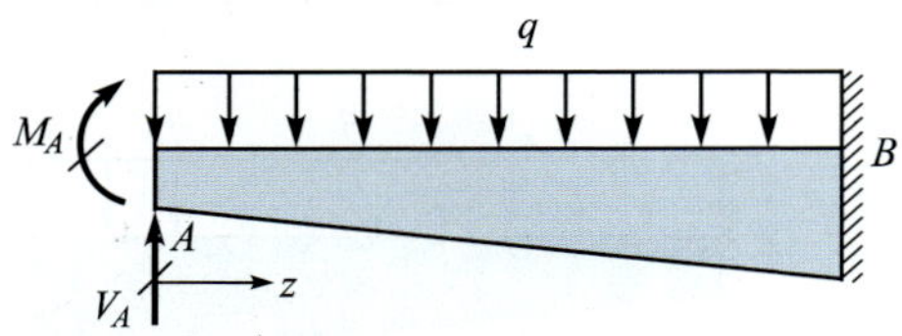

(b) 기본구조물의 자유물체도

식 (5)를 식 (4)에 대입하면,

$$M_A\int_0^{2l}\frac{z}{I_z}dz + \frac{\frac{q}{2}(\int_0^{2l}\frac{z^2}{I_z}dz)^2 - M_A\int_0^{2l}\frac{dz}{I_z}\int_0^{2l}\frac{z^2}{I_z}dz}{\int_0^{2l}\frac{z}{I_z}dz} - \frac{q}{2}\int_0^{2l}\frac{z^3}{I_z}dz = 0$$

$$M_A(\int_0^{2l}\frac{z}{I_z}dz - \frac{\int_0^{2l}\frac{dz}{I_z}\int_0^{2l}\frac{z^2}{I_z}dz}{\int_0^{2l}\frac{z}{I_z}dz}) = \frac{q}{2}[\int_0^{2l}\frac{z^3}{I_z}dz - \frac{(\int_0^{2l}\frac{z^2}{I_z}dz)^2}{\int_0^{2l}\frac{z}{I_z}dz}]$$

$$M_A[\frac{(\int_0^{2l}\frac{z}{I_z}dz)^2 - \int_0^{2l}\frac{dz}{I_z}\int_0^{2l}\frac{z^2}{I_z}dz}{\int_0^{2l}\frac{z}{I_z}dz}] = \frac{q}{2}[\frac{\int_0^{2l}\frac{z^3}{I_z}dz\int_0^{2l}\frac{z}{I_z}dz - (\int_0^{2l}\frac{z^2}{I_z}dz)^2}{\int_0^{2l}\frac{z}{I_z}dz}]$$

따라서

$$\therefore\ M_A = \frac{q}{2}\frac{\int_0^{2l}\frac{z^3}{I_z}dz\int_0^{2l}\frac{z}{I_z}dz - (\int_0^{2l}\frac{z^2}{I_z}dz)^2}{(\int_0^{2l}\frac{z}{I_z}dz)^2 - \int_0^{2l}\frac{dz}{I_z}\int_0^{2l}\frac{z^2}{I_z}dz} = \frac{q}{2}\frac{(\int_0^{2l}\frac{z^2}{I_z}dz)^2 - \int_0^{2l}\frac{z^3}{I_z}dz\int_0^{2l}\frac{z}{I_z}dz}{\int_0^{2l}\frac{dz}{I_z}\int_0^{2l}\frac{z^2}{I_z}dz - (\int_0^{2l}\frac{z}{I_z}dz)^2}$$

예제 8.6

다음과 같은 정팔각면체 구조물의 일부를 정정구조물로 모델링하여 휨모멘트도, 전단력도, 축력도를 도시하고, 변형형상을 그리시오. 단, 평면팔각형 뼈대(frame)구조물은 링(ring)과 같고 지점은 없으며, 각각의 구조물은 자기평형 상태에 있다. 그리고 보의 EI는 일정(constant)하고, 휨모멘트에 의한 변위만을 고려하라.

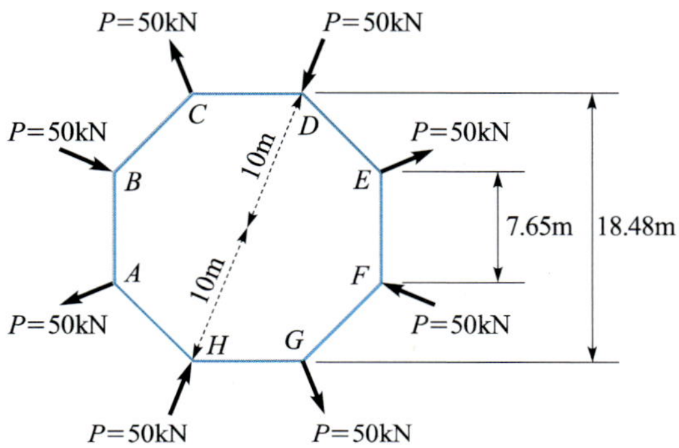

(a)

그림 예제 8.6

풀이

1) 구조물의 휨모멘트도, 전단력도, 축력도의 도시(圖示) 및 변형량 계산

i) 휨모멘트도

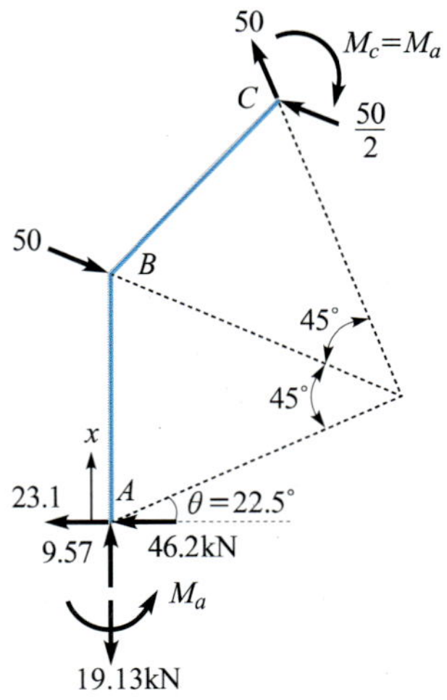

(b)

그림 (b)의 분리된 자유물체도에서 A점의 휨모멘트 M_a를 부정정력으로 선택하고, A점

에서 거리 x만큼 떨어진 위치의 휨모멘트 M_x는 다음과 같이 된다.

$$M_x = -M_a + 46.2x + 23.1x = -M_a + 69.3x \tag{1}$$

여기서, $0 \leq x \leq 7.65$m이다

$$\frac{\partial M_x}{\partial M_a} = -1$$

최소일의 정리를 이용하면, 부정정력인 A점의 휨모멘트 M_a가 다음과 같이 구해진다.

$$\theta_A = \sum \int_0^l \frac{M_x}{EI}\left(\frac{\partial M_x}{\partial M_a}\right)dx = 0$$

$$= \frac{8}{EI}\int_0^{7.65}(M_a - 69.3x)dx$$

$$= 8[M_a \cdot x - 34.65x^2]_0^{7.65}$$

$$= 8(7.65M_a - 2027.8) = 0$$

$$\therefore M_a = 265.07\text{kN}\cdot\text{m}(\curvearrowleft)$$

위에서 구한 M_a 값을 식 (1)에 대입하면 A점에서 x만큼 떨어진 위치의 휨모멘트 M_x를 다음과 같이 얻을 수 있다. 즉,

$$M_x = -265.07 + 69.3x$$

$x = 0$ 이면, $M = -265.07\text{kN}\cdot\text{m}$

$x = 7.65\text{m}$ 이면, $M = 265.07\text{kN}\cdot\text{m}$

$x = \dfrac{7.65}{2} = 3.825\text{m}$ 이면, $M = 0$

위에서 구한 휨모멘트 값과 주어진 자기평형 상태조건을 고려하여 휨모멘트도를 그리면 그림 (c)와 같이 된다.

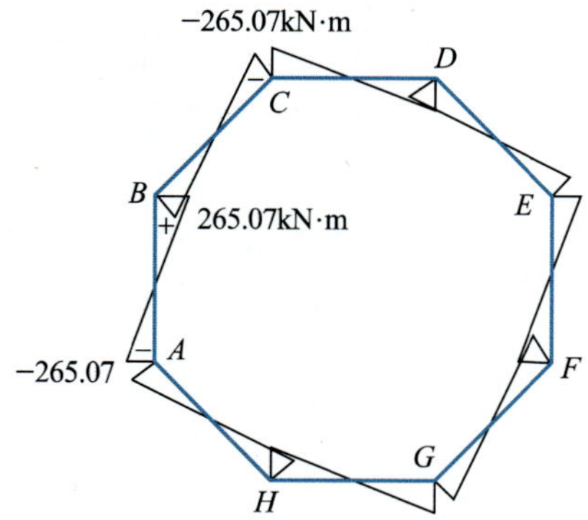

(c) 휨모멘트도(B.M.D)

ii) 전단력도

그림 (b)의 자유물체도에서, AB 부재의 전단력 S_{AB}를 구하면 다음과 같다.

$$S_{AB} = 46.2 + 23.1 = 69.3 \text{ kN}$$

[참고로, M_x를 1회 미분하면 $0 \le x \le 7.65\text{m}$ 범위의 전단력은 (+)69.3kN이 됨을 쉽게 알 수 있다. 즉, $\frac{dM_x}{dx} = \frac{d}{dx}(-256.07 + 69.3x) = 69.3\text{kN}$]

한편, $B \sim D$구간에서 자유물체도를 생각하면 BC 부재의 전단력 S_{BC}가 다음과 같이 된다.

$$S_{BC} = -46.2 - 23.1 = -69.3 \text{kN}$$

위의 값을 이용하여 전단력도를 도시(圖示)하면 그림 (d)와 같이 된다.

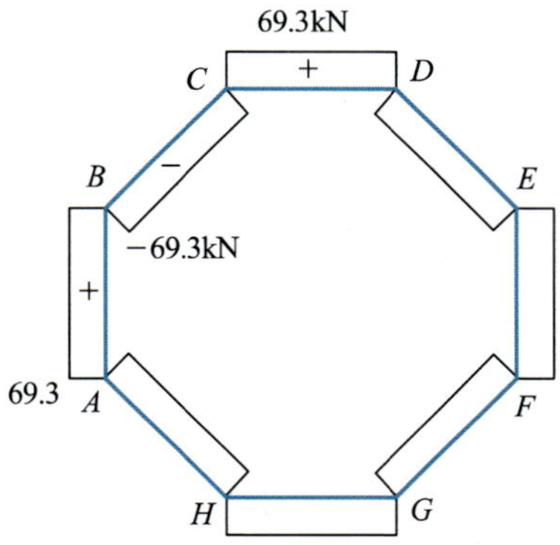

(d) 전단력도(S.F.D)

iii) 축력도

그림 (b)의 자유물체도에서, AB 부재의 축력 H_{AB}를 구하면 다음과 같다.

$$H_{AB} = 19.13 - 9.57 = 9.56 \text{ kN (인장)}$$

한편, $B \sim D$구간에서 자유물체도를 생각하면 BC 부재에는 압축력이 작용함을 알 수 있다.

$$H_{BC} = -19.13 + 9.57 = -9.56 \text{kN (압축)}$$

위의 값을 이용하여 축력도를 도시(圖示)하면 그림 (d)와 같이 된다.

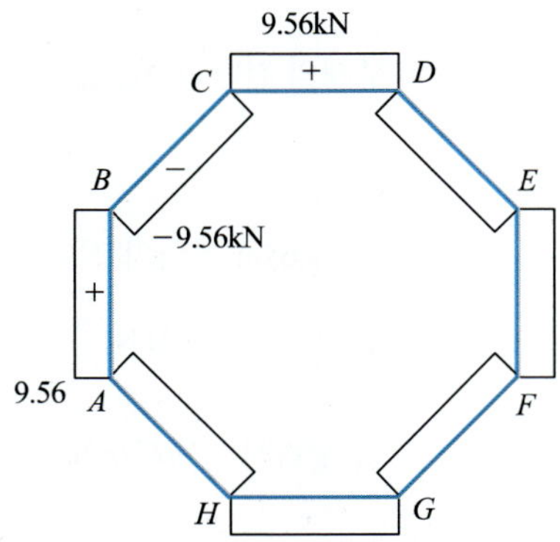

(e) 축력도(A.F.D)

iv) A, B점의 변형량 Δ_a, Δ_b 계산

그림 예제 8.6 (a)에서 외력 50kN 대신에 P를 하중의 작용방향으로 작용시킨 후, 자유물체도를 도시하면 그림 (f)와 같이 된다. 따라서 이때 부재에 생기는 휨모멘트 M_x은 식 (1)과 그림 (f)로부터 간단히 다음과 같이 된다.

$$M_x = (-265.07 + 69.3\,x)\left(\frac{P}{50}\right) = -5.3P + 1.385Px$$

$$\frac{\partial M_x}{\partial P} = -5.3 + 1.385\,x$$

카스틸리아노(Castigliano)의 제 2정리 이용하면,

$$\begin{aligned}\Delta_a\,(\swarrow) &= \sum\int_0^l \frac{M}{EI}\left(\frac{\partial M}{\partial P}\right)dx \\ &= \frac{8}{EI}\int_0^{7.65}(-5.3P + 1.385Px)(-5.3 + 1.385x)\,dx \\ &= \frac{8}{EI}\int_0^{7.65}[-5.3(50) + 1.385(50)x](-5.31.385x)\,dx \\ &= \frac{8}{EI}\int_0^{7.65}(-265.07 + 69.3x)(-5.3 + 1.385x)\,dx \\ &= \frac{28{,}647}{EI} \\ &= \Delta_b(\searrow)\end{aligned}$$

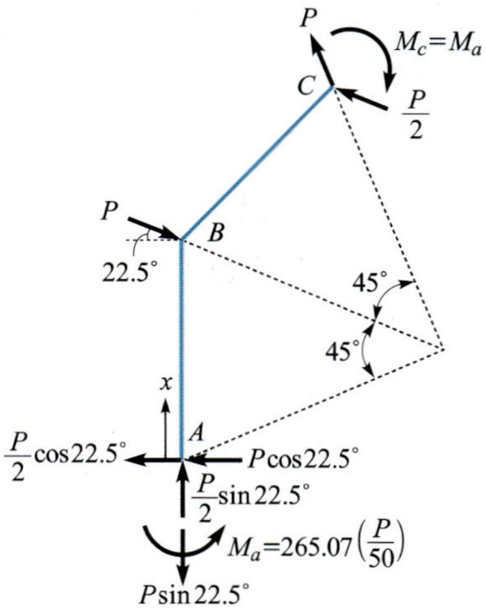

(f)

2) 변형형상의 도시(圖示)

주어진 평면팔각형 뼈대구조물은 링(ring)과 같고 지점은 없으며, 각각의 구조물은 자기평형 상태 있다. 이러한 자기평형 상태조건과 위에서 구한 변형량을 고려하여 변형형상을 그리면 그림 (g)와 같이 된다.

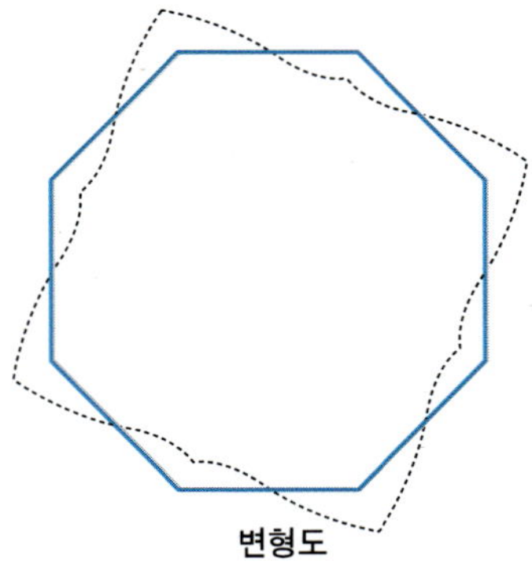

(g)

8.2 3연모멘트법

부정정연속보를 해석하는 3연모멘트법(3連모멘트법, three-moment method)은 1857년 프랑스의 기술자인 Clapeyron에 의해 개발되었다. 이 방법은 연속보에서 임의의 연속된 3개 지점의 휨모멘트와 지점사이에 작용하는 하중 상호간의 관계를 나타내는 3연모멘트방정식(three-moment equation)을 축차적으로 연속 2지간에 대해 적용하여 유도하고, 미지의 지점 휨모멘트 수만큼 연립방정식을 세워서 연립시켜 미지의 지점 휨모멘트를 구하는 매우 단순한 고전적인 부정정연속보의 해석법이다.

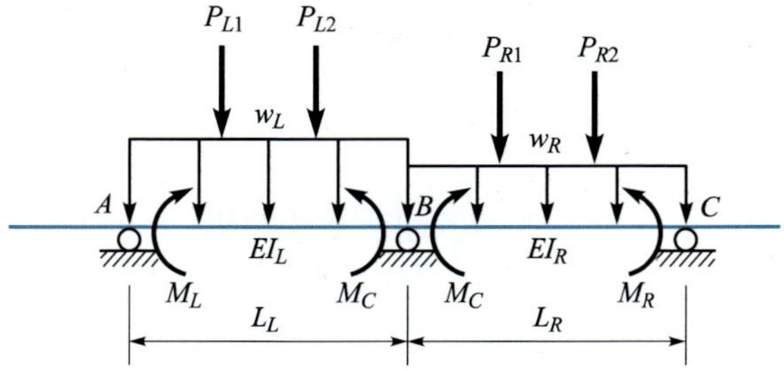

(a)

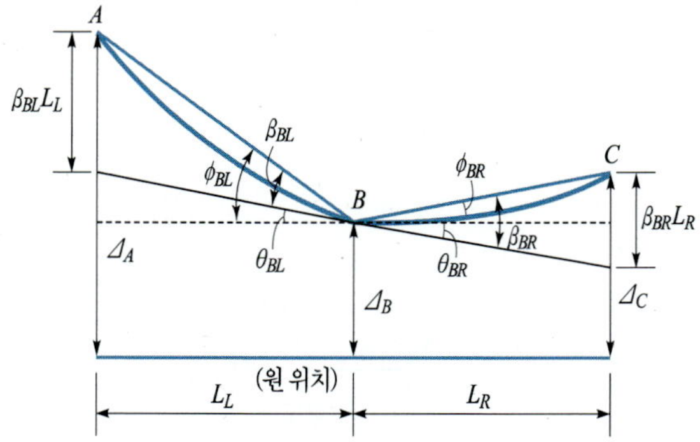

(b)

그림 8.1

모멘트면적법 정리2를 이용하면 3연모멘트방정식의 일반적인 형태가 쉽게 유도된다. 즉, 그림 8.1(a)처럼 왼쪽(L), 중앙(C), 그리고 오른쪽(R)의 지점을 지나는 부정정연속보의 일부분을 고려해 보자. 여기서 작용하는 외부하중은 집중하중($P_{L1}, P_{L2}, P_{R1}, P_{R2}$)과 분포하중($w_L, w_R$)이고, M_L, M_C, M_R은 작용하는 하중에 의해 생기는 지점에서의 미지의 휨모멘트이다. 그리고 그림 8.1 (b)는 하중에 의해 휘어진 탄성처짐곡선을 보여주고 있다.

그림 8.1(b)에서 B점의 접선기울기를 나타내는 θ_{BL}, θ_{BR}은 서로 크기가 같다.

$$\theta_{BL} = \theta_{BR} \tag{8.3}$$

그리고 그림 8.1(b)로부터 다음의 관계가 성립된다.

$$\theta_{BL} = \phi_{BL} - \beta_{BL}, \quad \theta_{BR} = \phi_{BR} - \beta_{BR} \tag{8.4}$$

또한, 탄성처짐곡선에서 처짐이 작은 값이므로, AB, BC현의 기울기는 그림 8.1(b)에서 다음과 같이 된다.

$$\phi_{BL} = \frac{\Delta_A - \Delta_B}{L_L}, \quad \phi_{BR} = \frac{\Delta_C - \Delta_B}{L_R} \tag{8.5}$$

한편, 겹침의 원리에 의해, 그림 8.1(a)는 구간 AB를 정정인 단순보로 모델링한 AB단순보에 하중($P_{L1}, P_{L2}, w_L, M_L, M_C$)이 작용하는 것과 구간 BC를 정정인 단순보로 모델링한 BC단순보에 하중($P_{R1}, P_{R2}, w_R, M_R, M_C$)이 작용하는 것으로 분리시킬 수 있다. 이 들 AB, BC단순보 각각에 대해 모멘트면적법 정리2를 적용하면, 그림 8.1(b)의 B점에서 접선각에 대한 A점의 수직거리 $\beta_{BL}L_L$과 B점에서 접선각에 대한 C점의 수직거리 $\beta_{BR}L_R$이 다음과 같이 구해진다.

$$\beta_{BL}L_L = \left(\frac{M}{EI}\right)_{BL} x_L = \frac{1}{EI_L}\left(\frac{M_L L_L^2}{6} + \frac{M_C L_L^2}{3} + A_L \overline{x_L}\right) \tag{8.6(a)}$$

$$\beta_{BR}L_R = \left(\frac{M}{EI}\right)_{BR} x_R = \frac{1}{EI_R}\left(\frac{M_R L_R^2}{6} + \frac{M_C L_R^2}{3} + A_R \overline{x_R}\right) \tag{8.6(b)}$$

여기서, A_L은 작용하중(P_{L1}, P_{L2}, w_L)에 의한 AB단순보 AB상의 휨모멘트도의 면적이며, $\overline{x_L}$은 A점을 지나는 수직선으로부터 AB단순보 휨모멘트도의 도심까지의 거리이다. 마찬가지로 A_R은 작용하중(P_{R1}, P_{R2}, w_R)에 의한 BC단순보 BC상의 휨모멘트도의 면적이며, $\overline{x_R}$은 C점을 지나는 수직선으로부터 BC단순보 휨모멘트도의 도심까지의 거리이다. 그리고 식 (8.6a) 오른쪽 항의 첫 번째와 두 번째는 각각 M_L과 M_C에 의한 AB단순보 AB상의 휨모멘트도의 면적과 A점을 지나는 수직선으로부터 이들 휨모멘트도의 도심까지의 거리를 곱한 것이다. 그리고 식 (8.6b) 오른쪽 항의 첫 번째와 두 번째는 각각 M_R과 M_C에 의한 BC단순보 BC상의 휨모멘트도의 면적과 C점을 지나는 수직선으로부터 이들 휨모멘트도의 도심까지의 거리를 곱한 것이다.

따라서 식 (8.4)에 식 (8.5)의 ϕ_{BL}, ϕ_{BR} 그리고 식 (8.6)의 β_{BL}, β_{BR}을 각각 대입한 후, 식 (8.3)과 같이 등식으로 놓으면 다음과 같은 일반적인 3연모멘트방정식이 얻어진다.

$$M_L\frac{L_L}{I_L}+2M_C\left(\frac{L_L}{I_L}+\frac{L_R}{I_R}\right)+M_R\frac{L_R}{I_R}$$
$$=-\frac{1}{I_L}\left(\frac{6A_L\overline{x_L}}{L_L}\right)-\frac{1}{I_R}\left(\frac{6A_R\overline{x_R}}{L_R}\right)+6E\left(\frac{\Delta_A}{L_L}-\left(\frac{\Delta_B}{L_L}+\frac{\Delta_B}{L_R}\right)+\frac{\Delta_C}{L_R}\right) \quad 8.7$$

여기서 $\Delta_A, \Delta_B, \Delta_C$는 상향으로 발생하면 양(+)이고, 휨모멘트 M_L, M_C, M_R은 보의 상연에 압축을 일으키면 양(+)이다.

만약 $I_L = I_R = I$이고 수직변위가 $\Delta_A = \Delta_B = \Delta_C = 0$이라면, 식 (8.7)은 다음과 같이 된다.

$$M_LL_L+2M_C(L_L+L_R)+M_RL_R=-\left(\frac{6A_L\overline{x_L}}{L_L}\right)-\left(\frac{6A_R\overline{x_R}}{L_R}\right) \quad 8.8$$

계산의 편의를 위해서, 집중하중 P와 등분포하중 w 대해 식 (8.7), (8.8)의 $\dfrac{6A_L\overline{x_L}}{L_L}$과 $\dfrac{6A_R\overline{x_R}}{L_R}$의 값을 위에서 기술한 정의에 따라 계산해보면 각각 그림 8.2 그리고 그림 8.3과 같다.

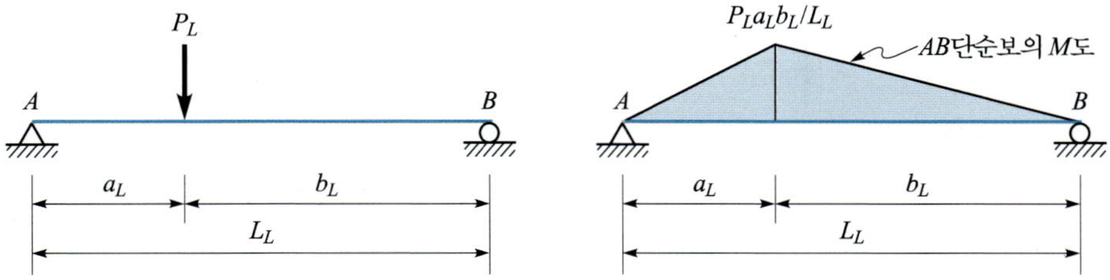

$$\frac{6A_L\overline{x_L}}{L_L}=\frac{6}{L_L}\left[\frac{a_L}{2}\left(\frac{P_La_Lb_L}{L_L}\right)\left(\frac{2a_L}{3}\right)+\frac{b_L}{2}\left(\frac{P_La_Lb_L}{L_L}\right)\left(a_L+\frac{b_L}{3}\right)\right]$$

$$=P_La_Lb_L(L_L+a_L)/L_L$$

(a)

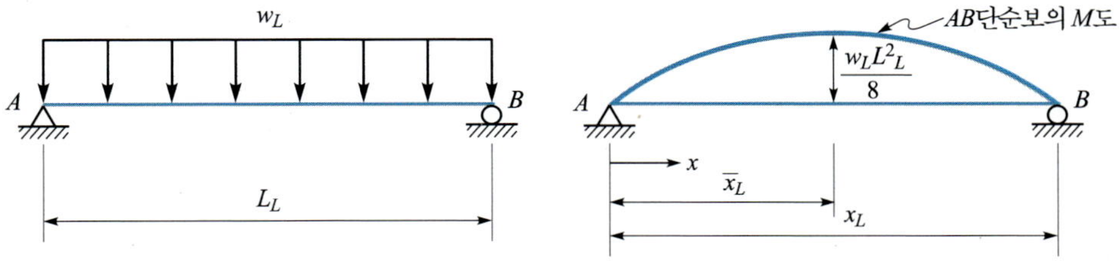

AB 단순보의 M 도에서

$$M=\frac{w_LL_L}{2}x-\frac{w_L}{2}x^2$$

$$A_L=\int Mdx=\int_0^{L_L}\left(\frac{w_LL_L}{2}x-\frac{w_L}{2}x^2\right)dx$$

$$=\frac{w_LL_L^3}{12}$$

$$\overline{x_L}=\int xMdx/\int Mdx=\frac{L_L}{2}$$

$$\therefore\ \frac{6A_L\overline{x_L}}{L_L}=\frac{6\left(\frac{w_LL_L^3}{12}\right)\left(\frac{L_L}{2}\right)}{L_L}$$

$$=\frac{w_LL_L^3}{4}$$

(b)

그림 8.2 $\frac{6A_L\overline{x_L}}{L_L}$ 의 값

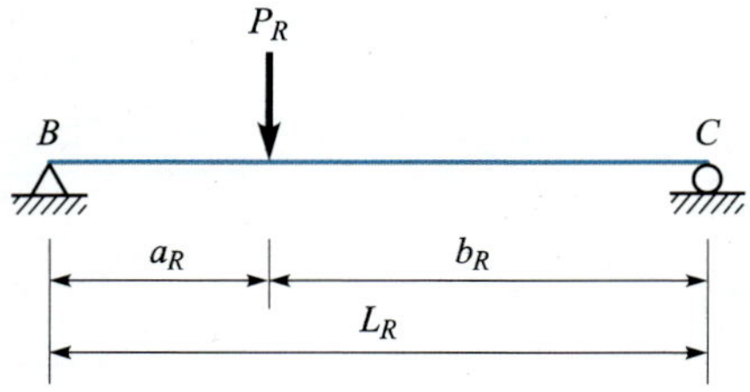

$$\frac{6A_R\overline{x_R}}{L_R} = \frac{P_R a_R b_R (L_R + b_R)}{L_R}$$

(a)

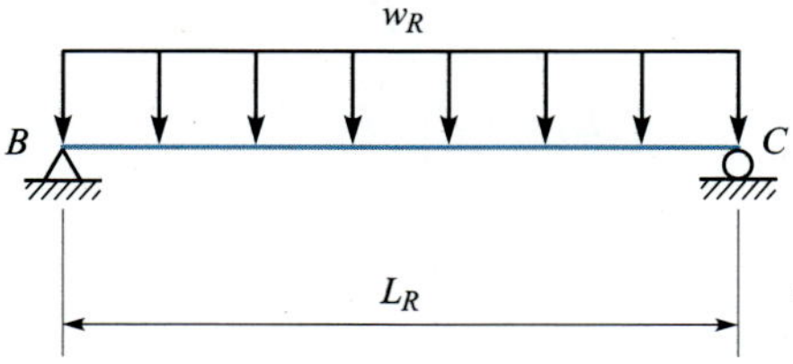

$$\frac{6A_R\overline{x_R}}{L_R} = \frac{w_R L_R^3}{4}$$

(b)

그림 8.2 $\dfrac{6A_R\overline{x_R}}{L_R}$ 의 값

3연모멘트법에 의한 연속보의 해석절차를 요약하면 다음과 같다.

(1) 미지의 지점 휨모멘트를 확인하고, 좌측에서 우측으로 차례로 2지간에 대해 미지수만큼의 3연모멘트방정식을 세운다.

(2) 세워진 3연모멘트 연립방정식을 연립시켜 해(미지의 지점 휨모멘트)를 구한다.

(3) 지간별 전체 및 임의단면 그리고 지점 분리된 자유물체도에 평형방정식을 적용하여 반력과 부재력을 구한다.

그리고 3연모멘트법에 의한 연속보의 해석 시 유의사항을 요약하면 다음과 같다.

(1) 연속보에 고정단이 있는 경우에는 고정단의 기울기가 '0'이므로, 그 곳의 단면2차모멘트 $I=\infty$이고 지간길이 L은 '0'인 가상지간을 추가하여 가상의 힌지 또는 로울러지점 위에 놓인 것으로 하여 해석해야 한다(그림 8.3 참조).

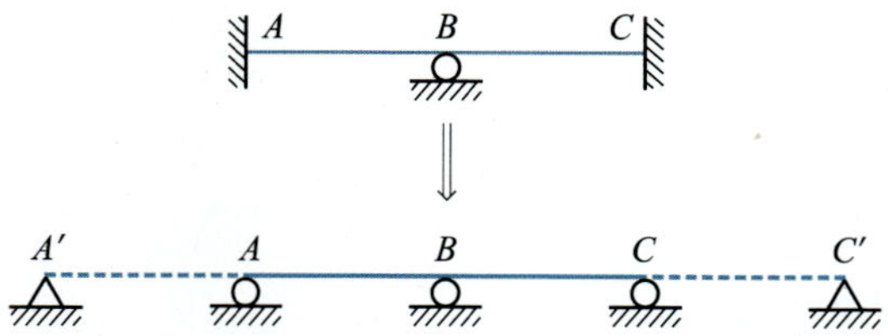

$M_{A'}=0$, $I_{A'A}=\infty$, $L_{A'A}=0$
$M_{C'}=0$, $I_{CC'}=\infty$, $L_{CC'}=0$

그림 8.3 고정단의 모델링

(2) 연속보의 중간에 내부힌지가 있는 경우에는 내부힌지점의 미지의 처짐이 추가되어야 하므로, 내부힌지점을 분리시켜 전단방정식을 만들어 추가의 휨모멘트방정식을 구해야 한다(그림 8.4 참조). 이때 내부힌지를 가로질러서 3연모멘트방정식을 만들어서는 안 된다.

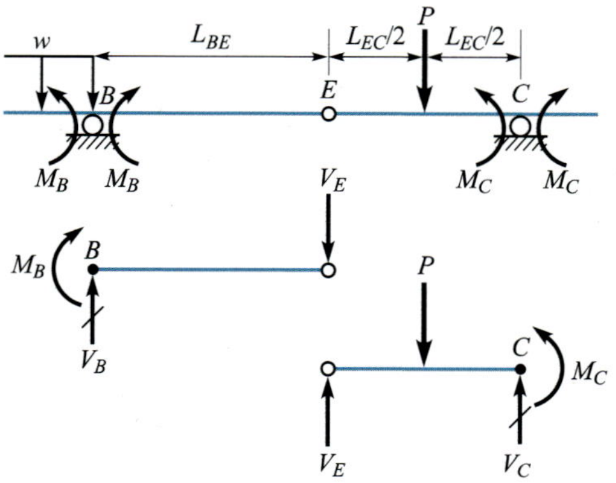

BE구간의 자유물체도에서,

$$+\curvearrowright \sum M_B = 0\ ;\ M_B + V_E(L_{BE}) = 0 \quad (1)$$

EC구간의 자유물체도에서,

$$+\curvearrowright \sum M_C = 0;\ V_E(L_{EC}) - P(\frac{L_{EC}}{2}) - M_C = 0 \quad (2)$$

만약 $L_{BE} = L_{CE}$라면,

$$\text{식 (1) - 식 (2) ; } M_B + M_C + \frac{PL_{EC}}{2} = 0$$

(추가의 휨모멘트방정식)

그림 8.4 내부힌지의 전단방정식(조건방정식)과 추가의 휨모멘트방정식의 계산 예

예제 8.7

다음 그림과 같은 부정정연속보에서 3연모멘트법을 이용하여 전단력도와 휨모멘트도를 구하시오. 단, EI는 일정하다.

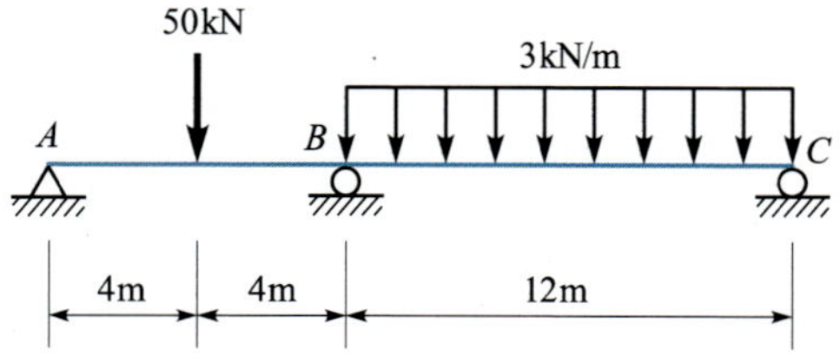

(a)

그림 예제 8.7

풀이

1) M_B의 계산

$I_L = I_R = I$이고 $\Delta_A = \Delta_B = \Delta_C = 0$이므로, 식 (8.8)의 3연모멘트방정식을 적용한다.

여기서, $M_L = M_R = 0$, $M_A = M_C = 0$, $L_L = 8\text{m}$, $L_R = 12\text{m}$,

$$\frac{6A_L\overline{x_L}}{L_L}=\frac{P_La_Lb_L(L_L+a_L)}{L_L}=\frac{50(4)(4)(8+4)}{8}=1{,}200$$

$$\frac{6A_R\overline{x_R}}{L_R}=\frac{w_RL_R^3}{4}=\frac{3(12)^3}{4}=1{,}296$$ 이다.

따라서

$0+2M_B(8+12)+0=-1{,}200-1{,}296$

$\therefore M_B=-62.4\text{kN}\cdot\text{m}$

2) M_B를 이용하여 반력 V_A, V_B, V_C의 계산

AB구간에서 분리한 그림 (b)의 자유물체도에 평형방정식을 적용하면,

$+\curvearrowright\sum M_B=0$; $V_A\times 8-50\times 4+M_A-M_B=0,$

$\therefore V_A=\dfrac{50\times 4-62.4}{8}=17.2\text{kN}(\uparrow)$

BC구간에서 분리한 그림 (c)의 자유물체도에 평형방정식을 적용하면,

$+\curvearrowright\sum M_B=0$; $-V_C\times 12+\dfrac{3\times 12^2}{2}+M_B-M_C=0,$

$\therefore V_C=\dfrac{216-62.4}{12}=12.8\text{kN}(\uparrow)$

ABC 전체구간에 대한 그림 (c)의 자유물체도에 평형방정식을 적용하면,

$+\uparrow\sum F_y=0$; $V_A+V_B+V_C-50-3\times 12=0,$

$\therefore V_B=-V_A-V_C+50+36=-17.2-12.8+50+36=56\text{kN}(\uparrow)$

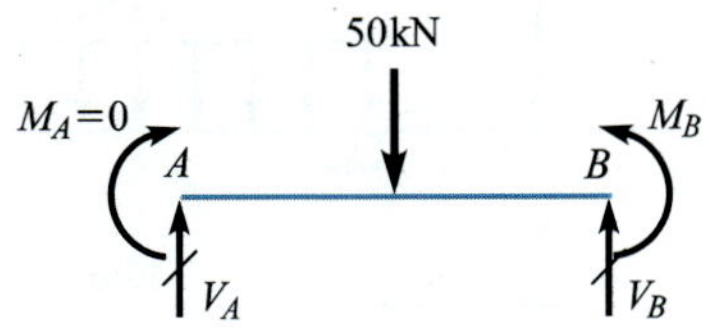

(b)

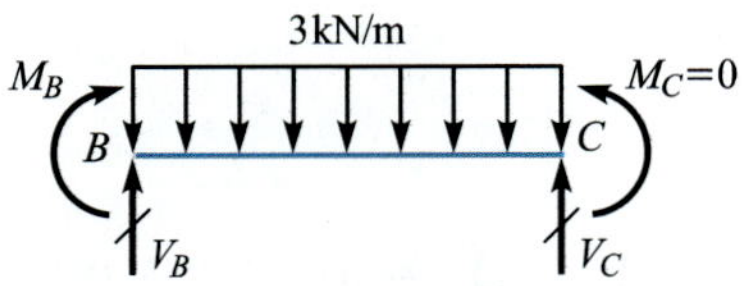

(c)

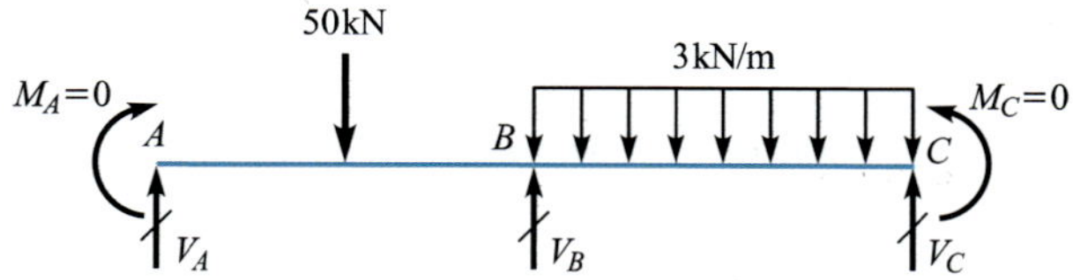

(d)

3) 전단력도와 휨모멘트도의 작도

그림 (c)에서 C점을 원점으로 한 x위치의 휨모멘트 M_x를 구하면 다음과 같다.

$$M_x = V_C x - \frac{3x^2}{2} = 12.8x - \frac{3x^2}{2} \ (0 \le x \le 12\text{m})$$

휨모멘트 M_x를 한번 미분하여 그 값을 '0'으로 놓으면, 그 구간에서 휨모멘트가 최대인 곳과 전단력이 0인 위치가 다음과 같이 구해진다. 즉,

$$\frac{dM_x}{dx} = 12.8 - 3x = 0$$

$$\therefore x = 4.27\text{m}$$

따라서, $M_{4.27} = 12.8 \times 4.27 - \dfrac{3 \times 4.27^2}{2} = 27.3\text{kN} \cdot \text{m}$

이상의 계산 값과 1)과 2)에서 구한 휨모멘트 및 반력 등을 이용하여 전단력도와 휨모멘트도를 작도하면 그림 (e), (f)와 같이 된다.

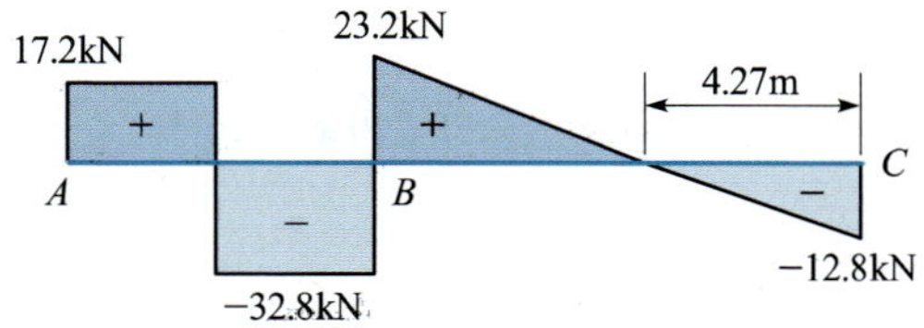

(e) 전단력도(S.F.D)

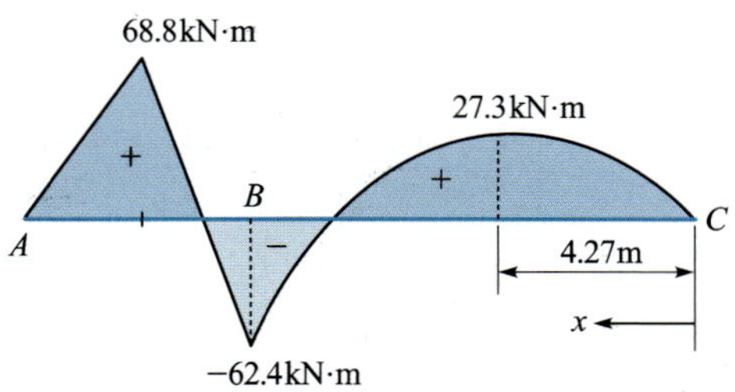

(f) 휨모멘트도(B.M.D)

예제 8.8

다음 그림과 같은 부정정구조물을 3연모멘트법을 이용하여 해석하시오. 단, EI는 일정하다.

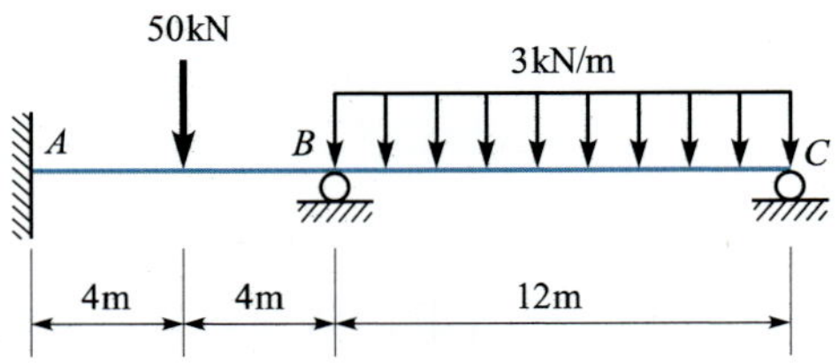

(a) 실제보

그림 예제 8.8

풀이

1) 3연모멘트법의 적용을 위한 등가보의 작성

그림 (b)는 주어진 그림 예제 8.8 (a)의 등가보를 보여주고 있다. 즉, 그림 예제 8.8 (a)에서 고정단 A는 그림 (b)와 같이 $I' = \infty$이고 지간길이가 $L' = 0$인 가상적인 힌지지점 A'가 보의 왼쪽에 추가된 것으로 취급할 수 있다. 따라서 3연모멘트법을 사용하여 등가보를 해석하면, 실제보에 대한 해석한 결과를 제공한다.

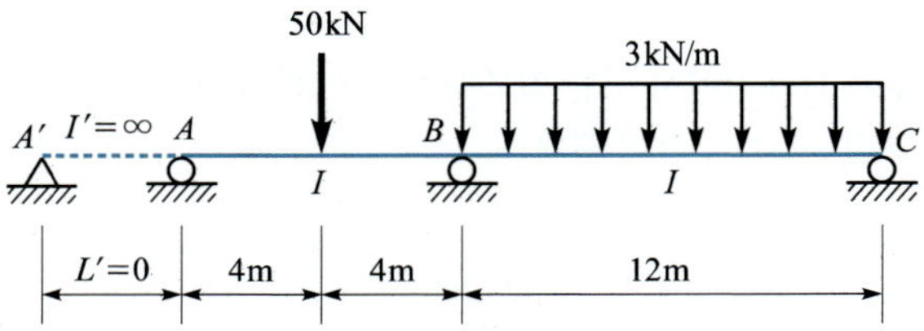

(b) 등가보

2) M_A, M_B의 계산

그림 (b)의 등가보는 외관상으로 2개의 미지의 지점 휨모멘트 M_A, M_B가 있으므로 2개의 3연모멘트방정식이 필요하다.

먼저, $A'AB$ 구간을 고려해보자.

즉, 그림 (c)에서 $I_L = I' = \infty$이고 $\Delta_A = \Delta_B = \Delta_C = 0$이므로, 식 (8.7)의 3연모멘트방정식을 적용한다.

여기서, $M_L = M_{A'} = 0$, $M_R = M_B$, $M_C = M_A$, $L_L = L' = 0$, $L_R = 8\text{m}$,

$P_L = 0$이므로 $\dfrac{6A_L\overline{x_L}}{L_L} = 0$, $\dfrac{6A_R\overline{x_R}}{L_R} = \dfrac{P_R a_R b_R(L_R + b_R)}{L_R} = \dfrac{50(4)(4)(8+4)}{8} = 1{,}200$이다.

따라서, $M_L\dfrac{L_L}{I_L}+2M_C\left(\dfrac{L_L}{I_L}+\dfrac{L_R}{I_R}\right)+M_R\dfrac{L_R}{I_R}=-\dfrac{1}{I_L}\left(\dfrac{6A_L\overline{x_L}}{L_L}\right)-\dfrac{1}{I_R}\left(\dfrac{6A_R\overline{x_R}}{L_R}\right)$에서

$$0+2M_A\left(0+\frac{8}{I}\right)+M_B\left(\frac{8}{I}\right)=0-\frac{1,200}{I}$$

$$16M_A+8M_B=-1,200 \qquad (1)$$

다음으로, ABC구간을 고려해보자.

즉, 그림 (d)에서 $I_L=I_R=I$이고 $\Delta_A=\Delta_B=\Delta_C=0$이므로, 식 (8.8)의 3연모멘트방정식을 적용한다.

여기서, $M_L=M_A$, $M_R=0$, $M_C=M_B$, $L_L=8\text{m}$, $L_R=12\text{m}$,

$$\frac{6A_L\overline{x_L}}{L_L}=\frac{P_La_Lb_L(L_L+a_L)}{L_L}=\frac{50(4)(4)(8+4)}{8}=1,200,\quad \frac{6A_R\overline{x_R}}{L_R}=\frac{w_RL_R^3}{4}=\frac{3(12)^3}{4}=1,296$$

이다.

따라서

$$M_A(8)+2M_B(8+12)+0=-1,200-1,296$$

$$8M_A+40M_B=-2,496 \qquad (2)$$

식 (1), (2)를 연립하여 풀면 M_A, M_B가 다음과 같이 구해진다.

$M_A=-48.7\text{kN}\cdot\text{m}$, $M_B=-52.7\text{kN}\cdot\text{m}$

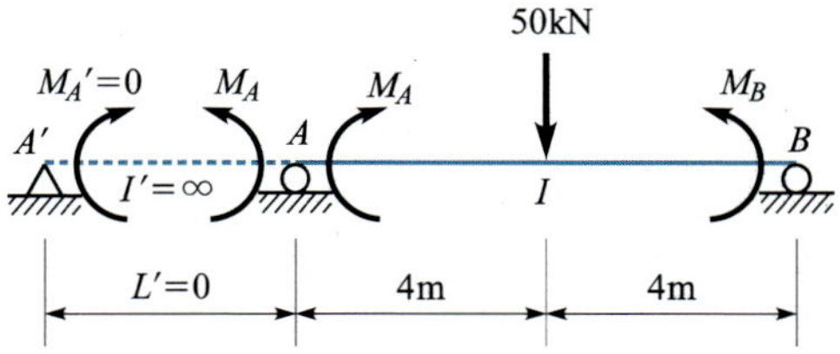

(c)

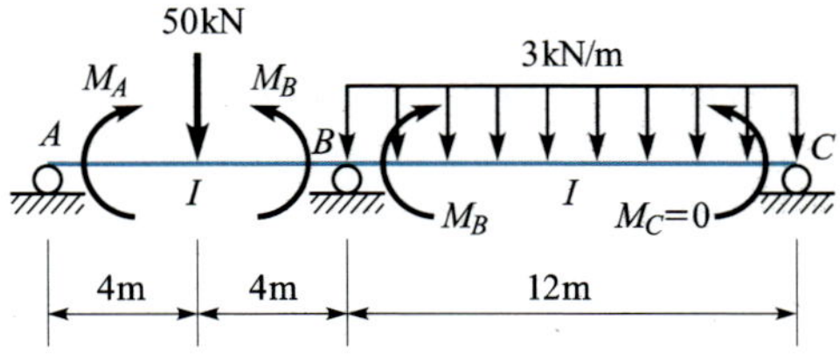

(d)

3) M_A, M_B를 이용하여 반력 V_A, V_B, V_C의 계산

그림 예제 8.8 (a)에서 AB구간을 분리한 그림 (e)의 자유물체도에 평형방정식을 적용하면,

$+\curvearrowright \sum M_B = 0$; $V_A \times 8 - 50 \times 4 + M_A - M_B = 0,$

$\therefore V_A = \dfrac{50 \times 4 + 48.7 - 52.7}{8} = 24.5\text{kN}(\uparrow)$

BC구간에서 분리한 그림 (f)의 자유물체도에 평형방정식을 적용하면,

$+\curvearrowright \sum M_B = 0$; $-V_C \times 12 + \dfrac{3 \times 12^2}{2} + M_B - M_C = 0,$

$\therefore V_C = \dfrac{216 - 52.7}{12} = 13.6\text{kN}(\uparrow)$

ABC 전체구간한 분리한 그림 (g)의 자유물체도에 평형방정식을 적용하면,

$+\uparrow \sum F_y = 0$; $V_A + V_B + V_C - 50 - 3 \times 12 = 0,$

$\therefore V_B = -V_A - V_C + 50 + 36 = -24.5 - 13.6 + 50 + 36 = 47.9\text{kN}(\uparrow)$

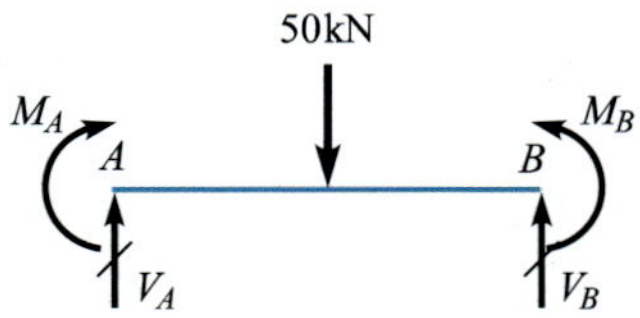

(e)

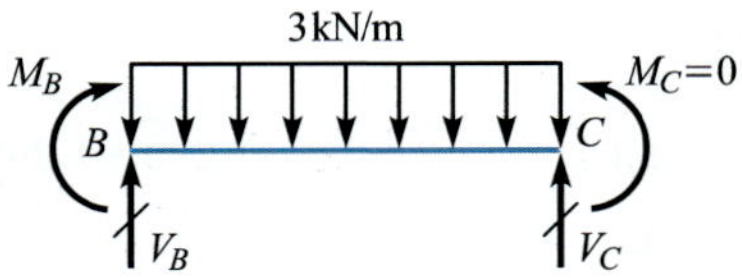

(f)

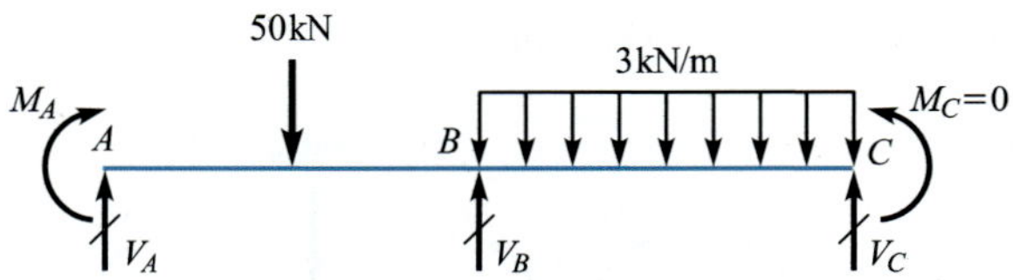

(g)

4) 전단력도와 휨모멘트도

그림 (i)에서 C점을 원점으로 한 x 위치의 휨모멘트 M_x를 구하면 다음과 같다.

$M_x = V_C x - \dfrac{3x^2}{2} = 13.6x - \dfrac{3x^2}{2}$ $(0 \le x \le 12\text{m})$

휨모멘트 M_x를 한번 미분하여 그 값을 '0' 으로 놓으면, 그 구간에서 휨모멘트가 최대인 곳과 전단력이 0인 위치가 다음과 같이 구해진다. 즉,

$\dfrac{dM_x}{dx} = 13.6 - 3x = 0$

$\therefore x = 4.53\text{m}$

따라서, $M_{4.53} = 13.6 \times 4.53 - \dfrac{3 \times 4.53^2}{2} = 30.8\text{kN} \cdot \text{m}$

이상의 계산 값과 2)과 3)에서 구한 휨모멘트 및 반력 등을 이용하여 전단력도와 휨모멘트도를 작도하면 그림 (h), (i)와 같이 된다.

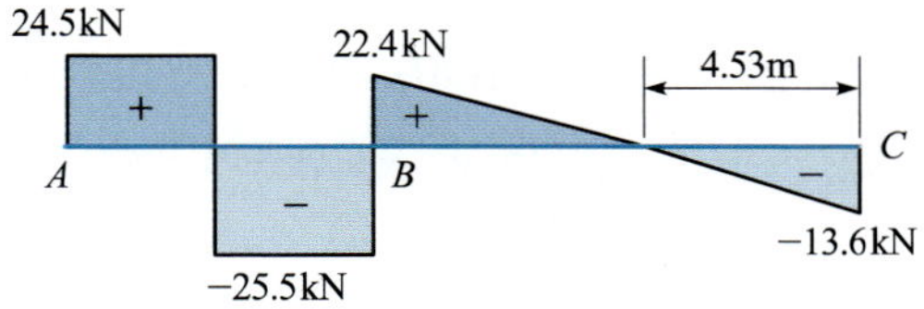

(h) 전단력도(S.F.D)

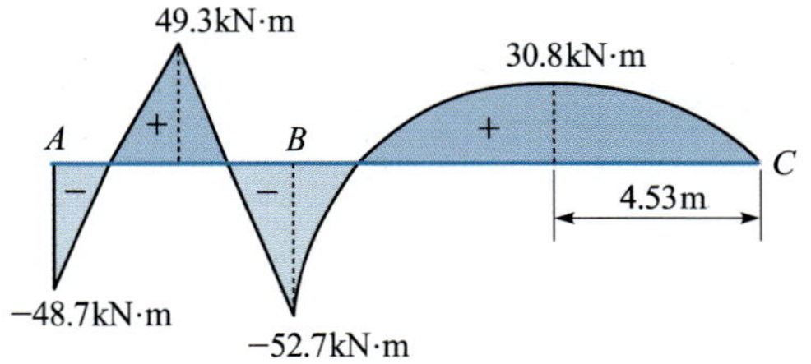

(i) 휨모멘트도(B.M.D)

연습문제

Structural Mechanics

8.1 다음과 같이 등분포하중 $w=10\text{kN/m}$를 받고 있는 양단고정 문형라멘에서 고정지점 A, D의 휨모멘트(고정단모멘트) M_A, M_D 그리고 수직반력 V_A, V_D를 최소일의 방법을 사용하여 구하시오. 단, EI는 일정하고, 휨모멘트에 의한 변위만을 고려한다.

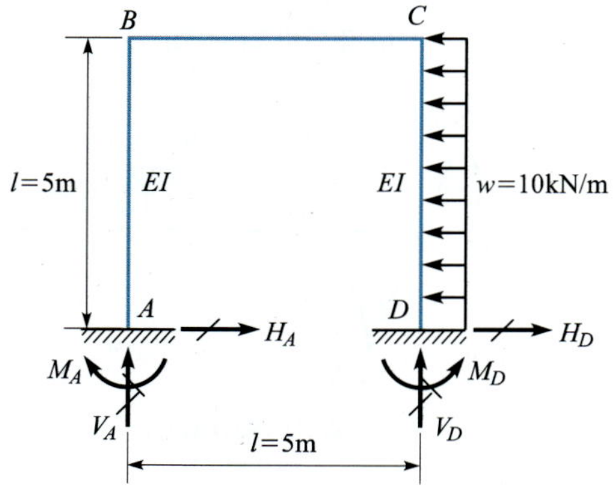

그림 문제 8.1

8.2 다음과 같이 삼각형 분포하중을 받고 있는 1차부정정 보에서 지점 B의 수직반력 V_B를 최소일의 방법을 사용하여 구하시오. 단, EI는 일정하고, 전단력에 의한 변위는 무시한다.

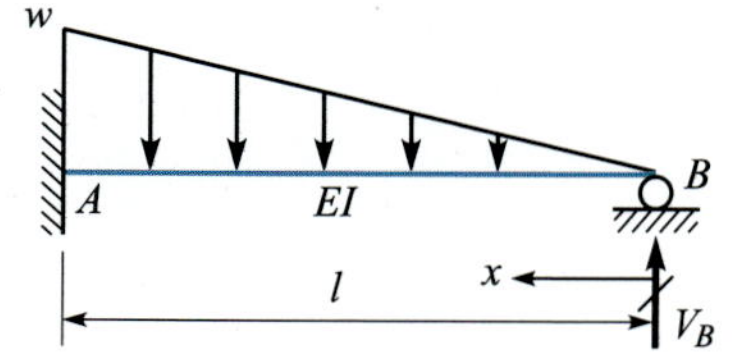

그림 문제 8.2

8.3 다음과 같이 C점에 휨모멘트하중 M_1을 받고 있는 1차부정정 보에서 지점 A의 수직반력 V_A를 최소일의 방법을 사용하여 구하시오. 단, EI는 일정하고, 전단력에 의한 변위는 무시한다.

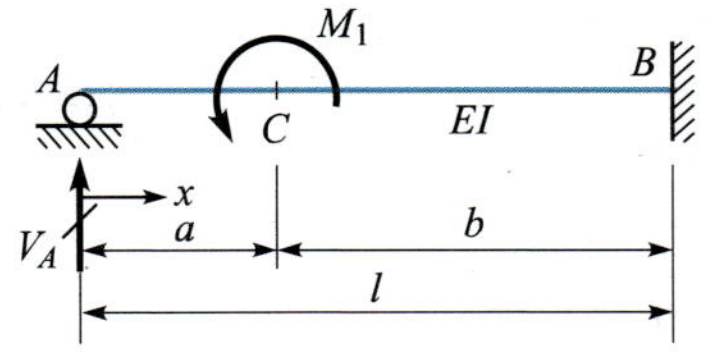

그림 문제 8.3

8.4 다음과 같이 하중 P를 받고 있는 구조물(반지름은 r이고, EI는 일정함)에 대해

1) 대칭, 역대칭에 대해 설명하고
2) 위의 조건 중 하나를 이용하여 정정구조물로 모델링하고
3) 축력도, 전단력도, 휨모멘트도를 구하고
4) 변곡점을 표시하여 처짐곡선을 구하시오.

[25점, 토목구조기술사 시험]

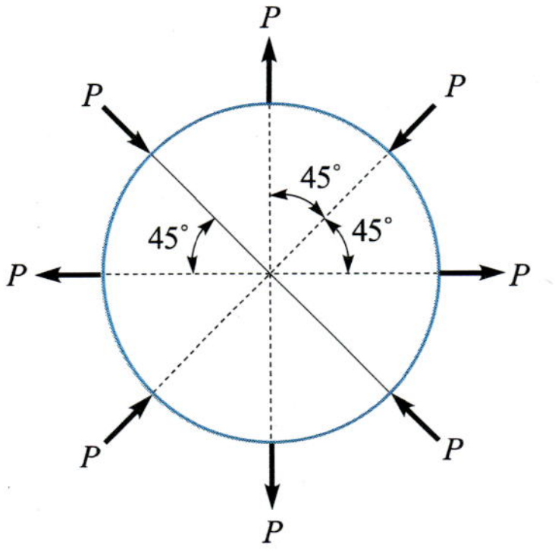

그림 문제 8.4

8.5 다음 그림과 같이 삼각형 분포하중을 받고 있는 양단 고정단보를 3연모멘트법으로 해석하시오. 단, EI는 일정하다.

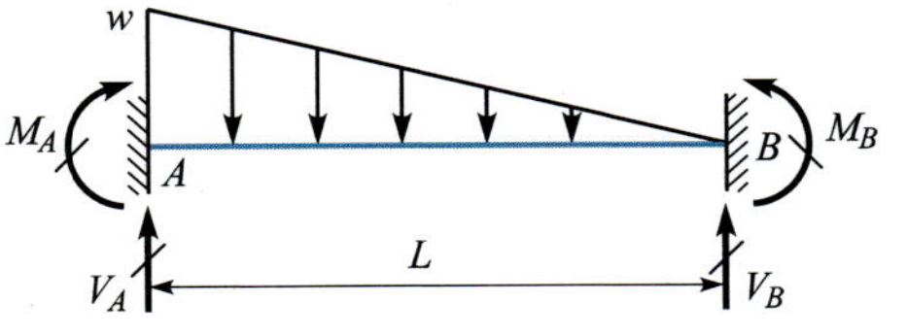

그림 문제 8.5

8.6 다음 그림과 같이 B점에 내부힌지가 있는 부정정보를 3연모멘트법으로 해석하시오. 단, EI는 일정하다.

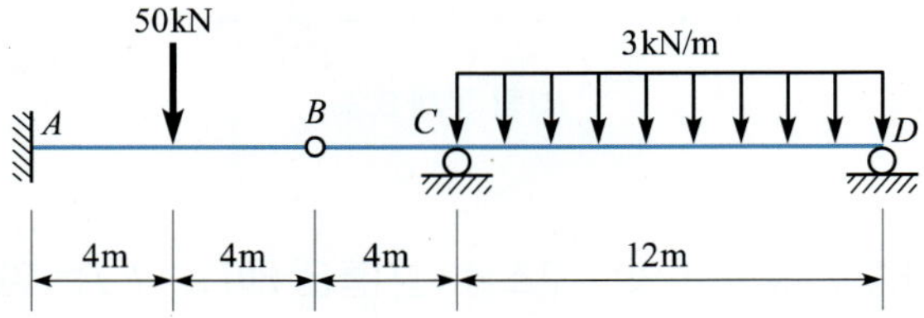

그림 문제 8.6

CHAPTER

09

처짐각법

9.1 처짐각법의 기본공식과 적용 - 보 및 횡변위가 없는 라멘의 해석

9.1.1 개설

처짐각법(slope-deflection method)은 1915년 미국 미네소타대학교 G.A Maney 교수가 라멘(Rahmen, rigid frame, 강절뼈대, 골조)구조물의 해석을 위해 제시 것으로, 휨변형만을 고려하는 연속보 또는 라멘의 해석방법으로 처짐계산이 필요 없으므로 변위일치법보다 효율적인 해법이다. 처짐각법은 모멘트면적법에 의해 유도되었으며, 휨모멘트에 의해서 일어나는 변형만 고려하고 축력 및 전단력에 의한 변형이 크지 않아 무시한다.

처짐각법에 의한 부정정구조물의 해석은 먼저 처짐각방정식을 구해야 한다. 여기서 처짐각방정식은 한 부재의 재단모멘트(end moment, 부재단모멘트)을 그 부재의 양단의 회전각, 양단을 잇는 현의 회전각(처짐에 의한 회전각), 부재에 작용하는 하중에 의한 고정단모멘트(fixed-end moment, *FEM*) 등의 항으로 구성시킨 것이다. 그 다음으로 절점변위에 대응하는 각 절점에서의 힘의 평형방정식으로부터 미지의 절점변위를 구하는 해석법이다. 따라서 미지수가 절점의 기울기(처짐각, θ)와 처짐(Δ)이므로 변위법에 속한다.

처짐각법은 단면의 균일여부와 무관하게 연속보와 부정정라멘의 해석에 적용될 수 있으나, 고차 부정정구조물의 경우 미지수의 증가로 수 계산이 어렵다. 이러한 단점을 극복하기 위해 1930년에 모멘트분배법이 발표되었다. 그러나 모멘트분배법은 처짐각법을 알아야 이해될 수 있고, 처짐각법은 컴퓨터의 실용화로 고차 부정정구조물의 해석을 위한 어려움이 해소되어 연속보 및 부정정라멘을 해석하는데 있어서 적용범위가 넓다.

9.1.2 처짐각방정식

처짐각방정식은 모멘트면적법, 공액보법, 에너지법에 의해 유도할 수 있다. 처짐각방정식의 일반형을 구하기 위해서는 먼저 부호규약(sign convention)과 고정단모멘트(*FEM*)을 정해야 한다. 처짐각법에서 **양(+)의 방향은 모멘트**와 **회전각**이 **시계방향**일 때이고, **처짐(Δ)**도 부재의 **지간을 시계방향으로 회전**하도록 할 때가 **양(+)의 방향**이 된다.

그림 9.1은 보편적인 하중을 받을 때의 고정단모멘트 값을 보여주고 있다. 그림 9.1 (a)의 고정단모멘트는 각각 연습문제 7.2, 7.3, 7.2, 8.5의 풀이에서 구한 것을 참조하

면 구해지고, 그림 9.1(b)의 고정단모멘트도 그림 9.1(a)와 비슷한 방법으로 구하면 얻어진다.

에너지법을 이용하여 임의의 하중을 받는 E와 I가 일정한 보 또는 라멘의 일부분에 대해 처짐각방정식을 유도하면 다음과 같다. 즉 그림 9.2에서, 평형방정식에 의해

$$M_{AB} = M_{AB}' + FEM_{AB},\ M_{BA} = M_{BA}' + FEM_{BA}$$

적합조건에 의해

$$\theta_A = \theta_A',\ \theta_B = \theta_B'$$

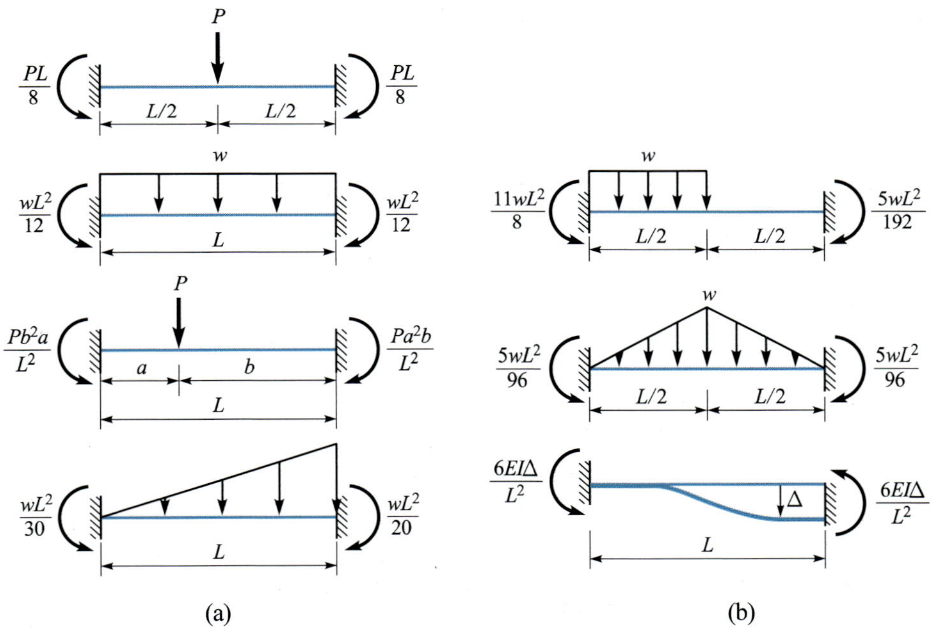

그림 9.1 고정단모멘트(FEM)

그림 9.2(a)에서 처짐각을 구하기 위해서 $M_{AB}' = M_{BA}' = M = 1$을 가력할 경우, 단위휨모멘트하중에 의한 x위치의 휨모멘트 M_C는 그림 9.3과 같이 된다.

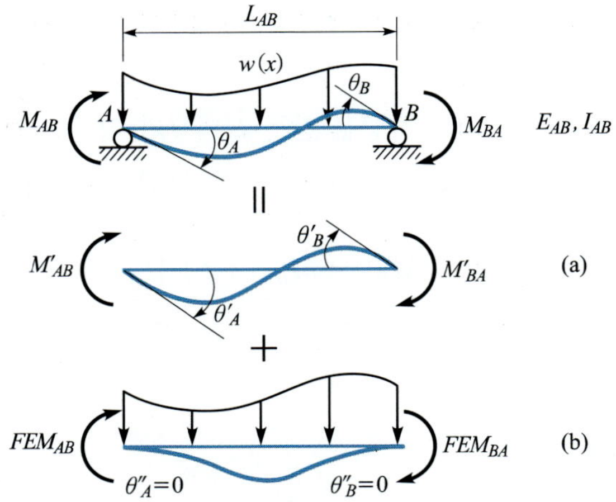

그림 9.2

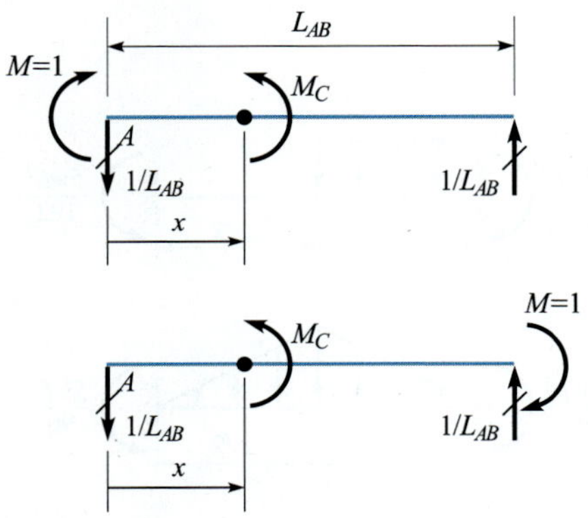

$$+\curvearrowright\sum M_C=0\ ;\ M-(\frac{1}{L_{AB}})x-M_C=0,$$

$$\therefore M_C=1-(\frac{1}{L_{AB}})x$$

$$+\curvearrowright\sum M_C=0\ ;\ -(\frac{1}{L_{AB}})x-M_C=0,$$

$$\therefore M_C=-\left(\frac{1}{L_{AB}}\right)x$$

그림 9.3

그림 9.3의 단위휨모멘트하중에 의한 x위치의 휨모멘트를 이용하면, 유연도계수 f는 다음과 같이 구해진다.

$$f_{11}=\frac{1}{E_{AB}I_{AB}}\int_0^{L_{AB}}(1-\frac{x}{L_{AB}})^2dx=\frac{L_{AB}}{3E_{AB}I_{AB}}$$

$$f_{12}=f_{21}=\frac{1}{E_{AB}I_{AB}}\int_0^{L_{AB}}(1-\frac{x}{L_{AB}})(\frac{-x}{L_{AB}})dx=-\frac{L_{AB}}{6E_{AB}I_{AB}}$$

$$f_{22}=\frac{1}{E_{AB}I_{AB}}\int_0^{L_{AB}}(-\frac{x}{L_{AB}})^2dx=\frac{L_{AB}}{3E_{AB}I_{AB}}$$

위에서 구한 유연도계수와 행렬식을 사용하여, 힘(휨모멘트)−변위(처짐각)의 관계식을 나타내면 다음과 같이 된다.

$$\begin{Bmatrix} \theta_A{}' \\ \theta_B{}' \end{Bmatrix} = \frac{L_{AB}}{E_{AB}I_{AB}} \begin{bmatrix} \frac{1}{3} & \frac{-1}{6} \\ \frac{-1}{6} & \frac{1}{3} \end{bmatrix} \begin{Bmatrix} M_{AB}{}' \\ M_{BA}{}' \end{Bmatrix}$$

따라서

$$\begin{Bmatrix} M_{AB}{}' \\ M_{BA}{}' \end{Bmatrix} = \frac{2E_{AB}I_{AB}}{L_{AB}} \begin{bmatrix} 2 & 1 \\ 1 & 2 \end{bmatrix} \begin{Bmatrix} \theta_A{}' \\ \theta_B{}' \end{Bmatrix}$$

상대 선형변위 Δ_B가 존재할 때, 그림 9.2(a)는 그림 9.4와 같이 된다.

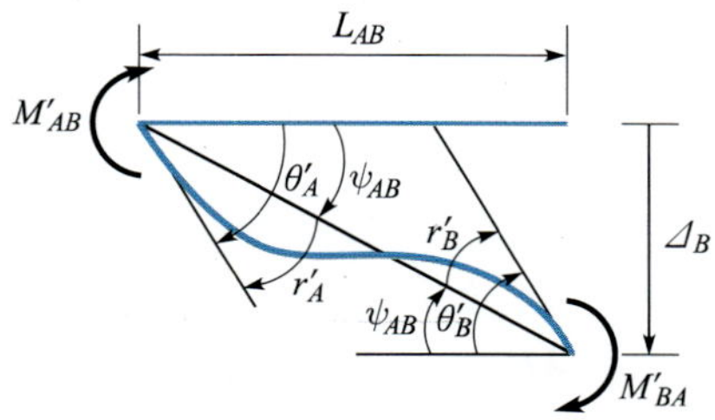

그림 9.4

그림 9.4에서,

$$r_A{}' = \theta_A{}' - \psi_{AB},\ r_B{}' = \theta_B{}' - \psi_{BA}$$

여기서, $\psi_{AB} = \psi_{BA} = \psi = \dfrac{\Delta_B}{L_{AB}}$ 이므로, $M_{AB}{}'$, $M_{BA}{}'$는 다음과 같이 된다.

$$\begin{Bmatrix} M_{AB}{}' \\ M_{BA}{}' \end{Bmatrix} = \frac{2E_{AB}I_{AB}}{L_{AB}} \begin{bmatrix} 2 & 1 \\ 1 & 2 \end{bmatrix} \begin{Bmatrix} r_A{}' \\ r_B{}' \end{Bmatrix} = \frac{2E_{AB}I_{AB}}{L_{AB}} \begin{bmatrix} 2 & 1 \\ 1 & 2 \end{bmatrix} \begin{Bmatrix} \theta_A{}' - \psi \\ \theta_B{}' - \psi \end{Bmatrix}$$

위 식으로부터, 다음과 같은 $M_{AB}{}'$, $M_{BA}{}'$가 다음과 같이 얻어진다.

$$\begin{cases} M_{AB}{}' = \dfrac{2E_{AB}I_{AB}}{L_{AB}}(2\theta_A{}' + \theta_B{}' - 3\psi) \\ M_{BA}{}' = \dfrac{2E_{AB}I_{AB}}{L_{AB}}(\theta_A{}' + 2\theta_B{}' - 3\psi) \end{cases}$$

그림 9.2에서 $M_{AB} = M_{AB}' + FEM_{AB}$, $M_{BA} = M_{BA}' + FEM_{BA}$이므로, M_{AB}, M_{BA}는 다음과 같이 된다. 즉,

$$M_{AB} = M_{AB}' + FEM_{AB} = \frac{2E_{AB}I_{AB}}{L_{AB}}(2\theta_A' + \theta_B' - 3\psi) + FEM_{AB}$$

$$M_{BA} = M_{BA}' + FEM_{BA} = \frac{2E_{AB}I_{AB}}{L_{AB}}(\theta_A' + 2\theta_B' - 3\psi) + FEM_{BA}$$

위 식에서 $\theta_A = \theta_A'$, $\theta_B = \theta_B'$, $\psi = R = \frac{\Delta_B}{L_{AB}}$이고 $\frac{I_{AB}}{L_{AB}} = K_{AB}$(강도계수)로 놓으면, 다음과 같은 일반적인 처짐각방정식이 얻어진다.

$$\begin{aligned} M_{AB} &= 2E_{AB}K_{AB}(2\theta_A + \theta_B - 3\frac{\Delta_B}{L_{AB}}) + FEM_{AB} \\ &= 2E_{AB}K_{AB}(2\theta_A + \theta_B - 3R_{AB}) + FEM_{AB} \end{aligned} \quad 9.1(a)$$

$$\begin{aligned} M_{BA} &= 2E_{AB}K_{AB}(\theta_A + 2\theta_B - 3\frac{\Delta_B}{L_{AB}}) + FEM_{BA} \\ &= 2E_{AB}K_{AB}(\theta_A + 2\theta_B - 3R_{AB}) + FEM_{BA} \end{aligned} \quad 9.1(b)$$

연속보나 라멘에서 어떤 부재 AB의 B단이 로울러(이동)지점 또는 힌지지점인 경우 즉, $M_{BA} = 0$인 경우의 식 (9.1)은 다음과 같이 수정할 수 있다.

$$M_{AB} = 2E_{AB}K_{AB}(2\theta_A + \theta_B - 3\frac{\Delta_B}{L_{AB}}) + FEM_{AB} \quad 9.2(a)$$

$$M_{BA} = 2E_{AB}K_{AB}(\theta_A + 2\theta_B - 3\frac{\Delta_B}{L_{AB}}) + FEM_{BA} = 0 \quad 9.2(b)$$

[식 (9.2a) − $\frac{1}{2}$×식 (9.2b)]를 수행하면, 다음과 같이 B단이 로울러(이동)지점 또는 힌지지점인 경우에 적용 가능한 수정된 처짐각방정식이 얻어진다.

$$\begin{aligned} M_{AB} &= 3E_{AB}K_{AB}(\theta_A - \frac{\Delta_B}{L_{AB}}) + (FEM_{AB} - \frac{1}{2}FEM_{BA}) \\ &= 3E_{AB}K_{AB}(\theta_A - R_{AB}) + (FEM_{AB} - \frac{1}{2}FEM_{BA}) \end{aligned} \quad 9.3$$

위의 수정된 처짐각방정식을 적용하면 θ_B의 계산이 생략되므로 계산과정이 매우 간단하게 된다.

그리고 부재지간에 힌지나 로울러와 같이 해제가 있는 그림 9.5의 경우도 식 (9.3)의 수정된 처짐각방정식 형태의 것을 이용할 수 있다. 그러나 그림 9.5와 같이 내부힌지가 있을 때 AC지간에서 A단의 부재단모멘트 M_{AC}와 B단의 부재단모멘트 M_{BC}에는 연속지간과는 달리 내부힌지 C점의 수직처짐 Δ_C로 인한 부재지간 AC의 회전 $\psi_{AC}=\frac{\Delta_C}{L_{AC}}$와 BC의 회전 $\psi_{BC}=-\frac{\Delta_C}{L_{BC}}$가 포함됨을 고려해야 한다. 따라서 내부힌지가 있는 그림 9.5의 부재단모멘트는 다음과 같이 된다.

$$M_{AC}=3E_{AC}K_{AC}(\theta_A-\frac{\Delta_C}{L_{AC}})+(FEM_{AC}-\frac{1}{2}FEM_{CA}) \quad 9.4(a)$$

$$M_{BC}=3E_{BC}K_{BC}(\theta_B+\frac{\Delta_C}{L_{BC}})+(FEM_{BC}-\frac{1}{2}FEM_{CB}) \quad 9.4(b)$$

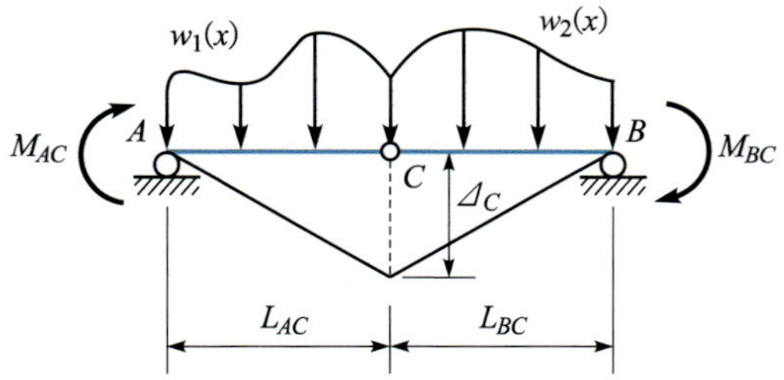

(1) θ_A와 θ_B는 (+)로 가정

(2) Δ_C는 (↓)

그림 9.5

9.1.3 처짐각법의 해석절차

연속보와 부정정라멘을 처짐각법으로 해석하는 절차를 요약하면 다음과 같다.

(1) 경계조건과 횡변위(side-sway) 포함 여부를 검토한다.
(2) 고정단모멘트(FEM)을 계산한다.
(3) 강도계수(K)를 구한다.
(4) 처짐각방정식을 계산한다.
(5) 절점방정식을 구한다.
(6) 전단방정식을 구한다.

(7) 절점방정식과 전단방정식에 처짐각방정식을 대입하여 평형방정식으로 나타내고, 이 것을 연립방정식으로 정리한다.
(8) 이 연립방정식을 연립하여 풀어 처짐각(θ)과 횡변위(Δ)를 구한다.
(9) 구해진 처짐각(θ)과 횡변위(Δ)를 처짐각방정식에 대입하여 부재단모멘트를 계산한다.
(10) 부재단모멘트와 부재별 자유물체도로부터 부재력을 구하고, 부재단의 전단력을 이용하여 반력을 구한다.

위에서 절점방정식은 미지의 회전각이 있는 각 절점을 고립시켜 휨모멘트의 자유물체도를 작도하고 평형방정식 즉, $\sum_{i=1}^{n} M_{ij} + M_i = 0$을 적용하여 구한 방정식을 말한다. 여기서, $\sum_{i=1}^{n} M_{ij}$는 절점 i에 연결된 모든 부재의 i단 휨모멘트의 합이고 M_i는 절점 i작용하는 외적 휨모멘트하중이다. 전단방정식은 내부힌지나 횡방향변위가 있는 경우에 필요한 평형방정식이다. 연속보에서 내부힌지가 있는 경우의 전단방정식은 그림 8.4의 3연모멘트에서 설명한 전단방정식과 동일한 것으로, 그림 8.4와 같이 내부힌지점을 분리시켜 전단방정식을 만들어 추가의 휨모멘트방정식을 구해야 한다. 한편 라멘의 전단방정식은 9.2절에서 설명하는 횡변위가 있는 경우에 필요한 평형방정식으로, 부재단의 독립된 전단력에 대한 평형조건을 독립된 횡변위 수만큼 추가로 만들어야 한다.

다음 예제 9.1~9.3은 횡변위가 없는 연속보와 부정정라멘에 대한 처짐각법을 이용한 해석 사례를 보여주고 있다.

예제 9.1

다음 그림과 같은 부정정보에 대한 휨모멘트도를 처짐각법을 이용하여 작도하시오.

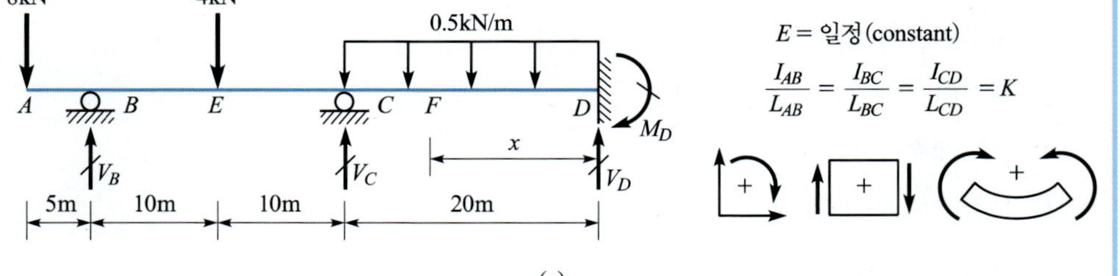

(a)

그림 예제 9.1

풀이

1) 경계조건

$M_{AB}=0,\ \theta_{DC}=0,\ \theta_{BA}=\theta_{BE}=\theta_B,\ \theta_{CB}=\theta_{CD}=\theta_C$

2) 고정단모멘트

$FEM_{BC}=-4(20)/8=-10\text{kN}\cdot\text{m},\ FEM_{CB}=10\text{kN}\cdot\text{m}$

$FEM_{CD}=-0.5(20)^2/12=-16.667\text{kN}\cdot\text{m},\ FEM_{DC}=16.667\text{kN}\cdot\text{m}$

3) 처짐각방정식

$M_{BA}=8(5)=40\text{kN}\cdot\text{m}$

$M_{BC}=2EK(2\theta_B+\theta_C)-10$

$M_{CB}=2EK(\theta_B+2\theta_C)+10$

$M_{CD}=2EK(2\theta_C)-16.667$

$M_{DC}=2EK(\theta_C)+16.667$

4) 절점방정식

$+\curvearrowright\sum M_B=0\ ;\ M_{BA}+M_{BC}=0,$

$2EK(2\theta_B+\theta_C)+30=0$ (1)

$+\curvearrowright\sum M_C=0\ ;\ M_{CB}+M_{CD}=0,$

$2EK(\theta_B+4\theta_C)-6.667=0$ (2)

5) 위의 절점방정식 (1), (2)를 연립하여 풀면,

$\theta_B=-9.048/EK\ (\curvearrowleft),\ \theta_C=3.096/EK\ (\curvearrowright)$

위에서 구한 θ_B, θ_C를 처짐각 방정식에 대입하면,

$M_{BC}=-40\text{kN}\cdot\text{m}\ (\curvearrowleft)$

$M_{CB}=4.286\text{kN}\cdot\text{m}\ (\curvearrowright),\ M_{CD}=-4.286\text{kN}\cdot\text{m}\ (\curvearrowleft)$

$M_{DC}=22.858\text{kN}\cdot\text{m}\ (\curvearrowright)$

6) 반력의 계산

그림 예제 9.1 (a)에서 C점을 절단한 후, C점의 오른쪽 자유물체도에 대해 평형방정식을 적용하면,

$+\curvearrowright\sum M_C=0\ ;\ M_{CD}+M_{DC}+0.5(20)(10)-V_D(20)=0$

$\therefore\ V_D=(-4.286+22.858+100)/20=5.929\text{kN}\ (\uparrow)$

그림 예제 9.1 (a)에서 C점을 절단한 후, C점의 왼쪽 자유물체도에 대해 평형방정식을 적

용하면,

$$+\curvearrowright \sum M_C = 0 \ ; \ M_{CB} - 4(10) + V_B(20) - 8(25) = 0$$
$$\therefore \ V_B = -(4.286 - 40 - 200)/20 = 11.786\text{kN}(\uparrow)$$

그림 예제 9.1 (a)의 전체 자유물체도에 대해 평형방정식을 적용하면,

$$+\uparrow \sum F_y = 0 \ ; \ V_B + V_C + V_E - 8 - 4 - 0.5(20) = 0$$
$$\therefore \ V_C = 8 + 4 + 10 - 11.786 - 5.929 = 4.285\text{kN}(\uparrow)$$

$$M_D = M_{DC} = 22.858\text{kN} \cdot \text{m}$$

[참고로, 그림 예제 9.1 (a)의 전체 자유물체도에서

$$M_D = 8(45) + 4(30) + 0.5\left(\frac{20^2}{2}\right) - V_B(40) - V_C(20)$$
$$= 8(45) + 4(30) + 0.5\left(\frac{20^2}{2}\right) - 11.786(40) - 4.285(20) = 22.858\text{kN} \cdot \text{m}]$$

7) 휨모멘트도의 작도

그림 예제 9.1 (a)에서 E 점을 절단한 후, E 점의 왼쪽 자유물체도에 대해 평형방정식을 적용하면,

$$+\curvearrowright \sum M_E = 0 \ ; \ -8(15) + 11.786(10) + M_{EB} = 0$$
$$\therefore \ M_{EB} = 2.14\text{kN} \cdot \text{m}, \ M_{EC} = -2.14\text{kN} \cdot \text{m}$$

그림 (b)의 자유물체도에서 F점에 대해 평형방정식을 적용하면, 즉

$$+\curvearrowright \sum M_F = 0 \ ; \ M_F + 0.5(x)\left(\frac{x}{2}\right) - 5.929x + 22.858 = 0,$$
$$0.25x^2 - 5.929x + 22.858 = -M_F \qquad (3)$$

M_F가 0인 곳을 찾으면, $0.25^2x - 5.929 + 22.858 = 0$

$$\therefore \ x = 4.845\text{m}, \ 18.871\text{m}$$

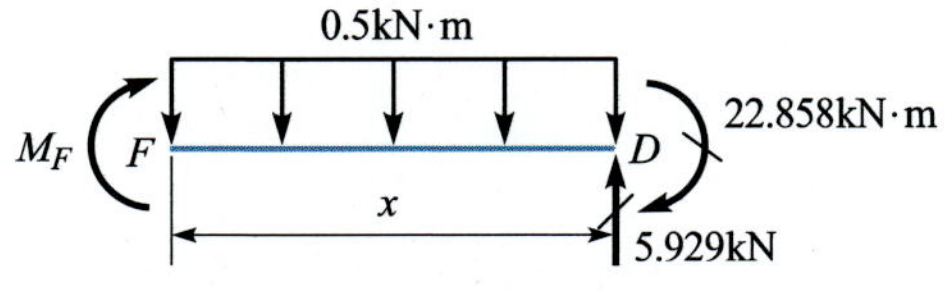

(b)

식 (3)을 미분하면, $0.5x - 5.929 = 0 \rightarrow x = 11.858\text{m}$

즉, D점으로부터 $x = 11.858$m에서 최대 양(+)의 휨모멘트 발생한다. 따라서

$$M_{max} = -(0.25)(11.858)^2 + 5.929(11.858) - 22.858 = 12.295\text{kN} \cdot \text{m}$$

이상에서 구한 휨모멘트들을 이용하여 휨모멘트도를 작도하면 그림 (c)와 같이 된다.

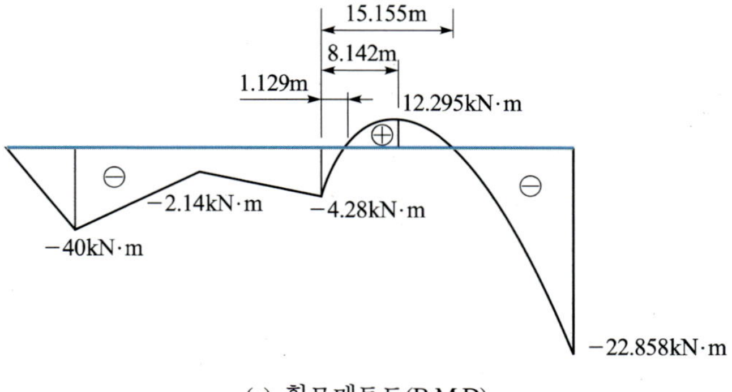

(c) 휨모멘트도(B.M.D)

예제 9.2

다음 그림과 같이 내부힌지 G가 있는 부정정연속보를 처짐각법으로 해석하시오. 단, EI는 일정하다.

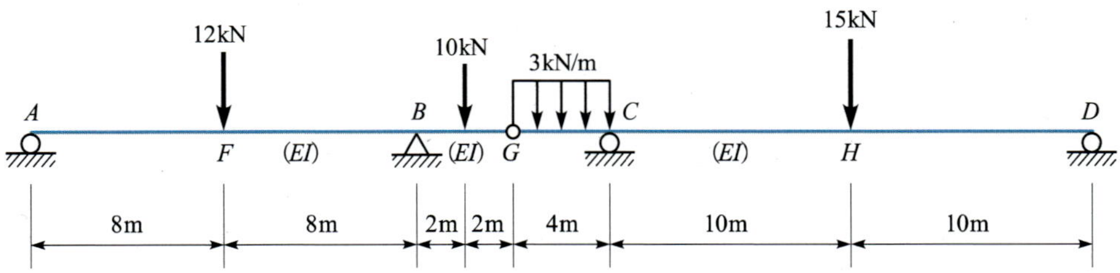

(a)

그림 예제 9.2

풀이

1) 경계조건

$\theta_{BA}=\theta_{BG}=\theta_B,\ \theta_{CG}=\theta_{CD}=\theta_C,\ M_{AB}=M_{DC}=0$

2) 고정단모멘트

$FEM_{AB}=-12(16)/8=-24\text{kN}\cdot\text{m},\ FEM_{BA}=12(16)/8=24\text{kN}\cdot\text{m}$

$FEM_{BG}=-10(4)/8=-5\text{kN}\cdot\text{m},\ FEM_{GB}=10(4)/8=5\text{kN}\cdot\text{m}$

$FEM_{GC}=-3(4)^2/12=-4\text{kN}\cdot\text{m},\ FEM_{CG}=3(4)^2/12=4\text{kN}\cdot\text{m}$

$$FEM_{CD}=-15(20)/8=-37.5\text{kN}\cdot\text{m},\ FEM_{DC}=15(20)/8=37.5\text{kN}\cdot\text{m}$$

3) 처짐각방정식

$M_{GB}=M_{GC}=M_{AB}=M_{DC}=0$이므로, 힌지조건에 맞추어 각각의 구간에 식 (9.3) 또는 식 (9.4)의 처짐각방정식을 다음과 같이 적용한다[식 (9.4)의 적용 시는 그림 (b) 참조 요망]. 즉,

$$M_{BA}=3E\left(\frac{I}{16}\right)(\theta_B-0)+(FEM_{BA}-\frac{1}{2}FEM_{AB})=\frac{3EI}{16}\theta_B+24-\frac{1}{2}(-24)$$
$$=\frac{3EI}{16}\theta_B+36$$
$$M_{BG}=3E\left(\frac{I}{4}\right)(\theta_B-\frac{\Delta_G}{4})+(FEM_{BG}-\frac{1}{2}FEM_{GB})=\frac{3EI}{4}(\theta_B-\frac{\Delta_G}{4})-5-\frac{1}{2}(5)$$
$$=\frac{3EI}{4}(\theta_B-\frac{\Delta_G}{4})-7.5$$
$$M_{CG}=3E\left(\frac{I}{4}\right)(\theta_C+\frac{\Delta_G}{4})+(FEM_{CG}-\frac{1}{2}FEM_{GC})=\frac{3EI}{4}(\theta_C+\frac{\Delta_G}{4})+4-\frac{1}{2}(-4)$$
$$=\frac{3EI}{4}(\theta_C+\frac{\Delta_G}{4})+6$$
$$M_{CD}=3E\left(\frac{I}{20}\right)(\theta_C-0)+(FEM_{CD}-\frac{1}{2}FEM_{DC})=\frac{3EI}{20}\theta_C-37.5-\frac{1}{2}(37.5)$$
$$=\frac{3EI}{20}\theta_C-56.25$$

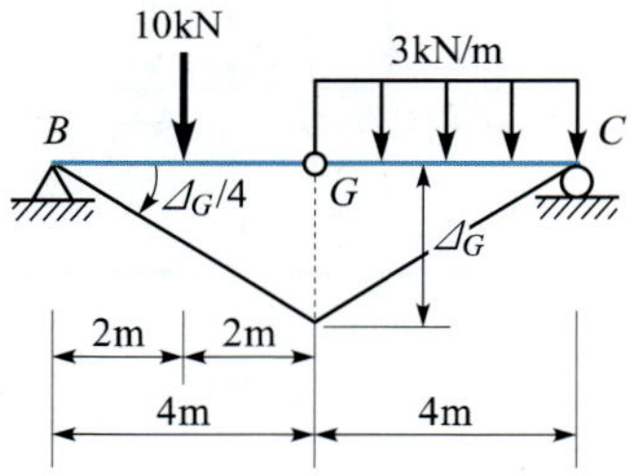

(b)

4) 절점방정식

$$+\curvearrowright\sum M_B=0\ ;\ M_{BA}+M_{BG}=0\rightarrow[\frac{3EI}{16}\theta_B+36]+[\frac{3EI}{4}(\theta_B-\frac{\Delta_G}{4})-7.5]=0$$

위 식을 정리하면, 다음의 절점방정식이 구해진다.

$$\frac{15}{16}\theta_B-\frac{3}{16}\Delta_G=-\frac{28.5}{EI} \qquad (1)$$

$$+\curvearrowright\sum M_C=0\ ;\ M_{CG}+M_{CD}=0 \rightarrow [\frac{3EI}{4}(\theta_C+\frac{\Delta_G}{4})+6]+[\frac{3EI}{20}\theta_C-56.25]=0$$

위 식을 정리하면, 다음의 절점방정식이 구해진다.

$$\frac{9}{10}\theta_C+\frac{3}{16}\Delta_G=\frac{50.25}{EI} \tag{2}$$

5) 전단방정식

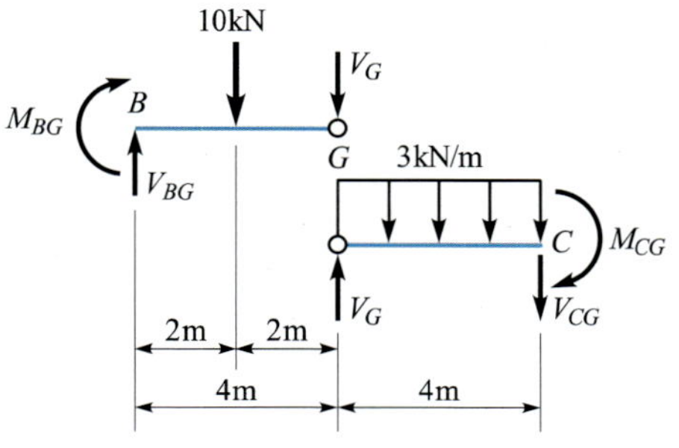

(c)

연속보의 중간에 내부힌지가 있는 경우에는 내부힌지점의 미지의 처짐이 추가되어야 하므로, 내부힌지점을 분리시켜 전단방정식을 만들어 추가의 휨모멘트방정식을 구해야 한다. 즉, 그림 (c)의 BG구간의 자유물체도에서,

$$+\curvearrowright\sum M_B=0\ ;\ M_{BG}+10(2)+V_E(4)=0 \tag{3}$$

CG구간의 자유물체도에서,

$$+\curvearrowright\sum M_C=0\ ;\ V_E(4)-3(\frac{4^2}{2})+M_{CG}=0 \tag{4}$$

[식 (3) − 식 (4)]를 실시하여 내부힌지의 전단력 V_G를 제거하면, 추가의 휨모멘트방정식이 다음 식과 같이 구해진다. 즉,

$$M_{BG}-M_{CG}+44=0$$

따라서

$$[\frac{3EI}{4}(\theta_B-\frac{\Delta_G}{4})-7.5]-[\frac{3EI}{4}(\theta_C+\frac{\Delta_G}{4})+6]+44=0$$

위 식을 정리하면, 다음의 전단방정식이 구해진다.

$$\frac{3}{4}\theta_B - \frac{3}{4}\theta_C - \frac{3}{8}\Delta_G = -\frac{36.5}{EI} \qquad (5)$$

6) 위의 절점방정식[식 (1), (2)]과 전단방정식[식 (5)]을 연립하여 풀면,

$\theta_B = -112.36/EI(\curvearrowleft)$, $\theta_C = 141.21/EI(\curvearrowright)$, $\Delta_G = -409.82/EI(\uparrow)$

위에서 구한 $\theta_B, \theta_C, \Delta_G$를 처짐각방정식에 대입하면,

$$M_{BA} = \frac{3EI}{16}\theta_B + 36 = \frac{3}{16}(-112.36) + 36 = 14.93\text{kN}\cdot\text{m}(\curvearrowright)$$

$$M_{BG} = \frac{3EI}{4}\left(\theta_B - \frac{\Delta_G}{4}\right) - 7.5 = \frac{3}{4}\left(-112.36 + \frac{409.82}{4}\right) - 7.5 = -14.93\text{kN}\cdot\text{m} = -M_{BA}$$

$$M_{CG} = \frac{3EI}{4}\left(\theta_C + \frac{\Delta_G}{4}\right) + 6 = \frac{3}{4}\left(141.21 - \frac{409.82}{4}\right) + 6 = 35.07\text{kN}\cdot\text{m}(\curvearrowright)$$

$$M_{CD} = \frac{3EI}{20}\theta_C - 56.25 = \frac{3}{20}(141.21) - 56.25 = -35.07\text{kN}\cdot\text{m} = -M_{CG}$$

예제 9.3

다음 그림과 같이 등분포하중 $w = 10\text{kN/m}$를 받고 있는 대칭인 π형 부정정라멘의 처짐각 $\theta_A, \theta_B, \theta_E$, 부재단모멘트, 휨모멘트도를 구하시오. 단, EI는 일정하다.

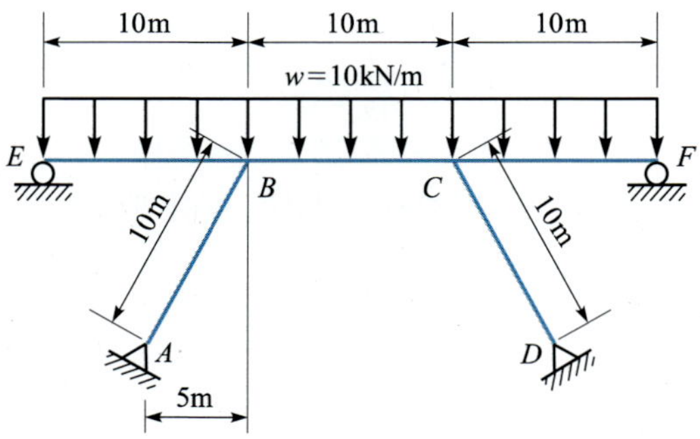

(a)

그림 예제 9.3

풀이

1) 경계조건과 대칭조건

$\theta_A = -\theta_D,\ \theta_E = -\theta_F,\ \theta_B = -\theta_C,\ M_{AB} = M_{DC} = M_{EB} = M_{FC} = 0$

2) 고정단모멘트

$FEM_{EB} = -\dfrac{2\times 10^2}{12} = -83.33\text{kN}\cdot\text{m},\ FEM_{BE} = 83.33\text{kN}\cdot\text{m}$

$FEM_{BC} = -83.33,\text{kN}\cdot\text{m}\ FEM_{CB} = 83.33\text{kN}\cdot\text{m}$

$FEM_{CF} = -83.33\text{kN}\cdot\text{m},\ FEM_{FC} = 83.33\text{kN}\cdot\text{m}$

$FEM_{AB} = FEM_{BA} = FEM_{CD} = FEM_{DC} = 0$

3) 처짐각방정식

$K = \dfrac{I}{10}$ 로 놓으면, 처짐각방정식은 다음과 같이 된다.

$M_{AB} = 2EK(2\theta_A + \theta_B) + 0$

$M_{BA} = 2EK(2\theta_B + \theta_A) + 0$

$M_{EB} = 2EK(2\theta_E + \theta_B) - 83.33$

$M_{BE} = 2EK(2\theta_B + \theta_E) + 83.33$

$M_{BC} = 2EK(2\theta_B + \theta_C) - 83.33 = 2EK\theta_B - 83.33$

$M_{CB} = 2EK(2\theta_C + \theta_B) + 83.33 = -2EK\theta_B + 83.33$

$M_{CF} = 2EK(2\theta_C + \theta_F) - 83.33 = 2EK(-2\theta_B - \theta_E) - 83.33$

$M_{FC} = 2EK(2\theta_F + \theta_C) + 83.33 = 2EK(-2\theta_E - \theta_B) + 83.33$

$M_{CD} = 2EK(2\theta_C + \theta_D) = 2EK(-2\theta_B - \theta_A)$

$M_{DC} = 2EK(2\theta_D + \theta_C) = 2EK(-2\theta_A - \theta_B)$

4) 절점방정식

$M_{AB} = 0 \ \rightarrow\ 2\theta_A + \theta_B = 0,$

$\theta_A = -\dfrac{1}{2}\theta_B$ (1)

$M_{EB} = 0 \ \rightarrow\ 2EK(2\theta_E + \theta_B) - 83.33 = 0,$

$2\theta_B + 4\theta_E = \dfrac{83.33}{EK}$ (2)

$+\curvearrowright \Sigma M_B = 0\ ;\ M_{BE} + M_{BC} + M_{BA} = 0,$

$2EK(2\theta_B + \theta_E) + 83.33 + 2EK\theta_B - 83.33 + 2EK(2\theta_B + \theta_A) = 0$

$2EK(2\theta_B + \theta_E + \theta_B + 2\theta_B + \theta_A) = 0,$

$\dfrac{9}{2}\theta_B + \theta_E = 0$ (3)

5) 위의 식 (2), (3)을 연립하여 풀면

$\theta_B =- 5.208/EK(\curvearrowleft),\ \theta_E = 23.437/EK(\curvearrowright),\ \theta_A =-\dfrac{1}{2}\theta_B = 2.604/EK(\curvearrowright)$

[참고로, 식 (1)을 식 (3)에 대입하면

$5(-2\theta_A)+\theta_A+\theta_E=0$

$\theta_E = 9\theta_A$ (4)

식 (1)과 (4)를 식 (2)에 대입

$2EK(2\times 9\theta_A - 2\theta_A) - 83.33 = 0$

$2EK(16\theta_A) = 83.33$

$\theta_A = \dfrac{2.604}{EK} =-\theta_D,\ \theta_B = \dfrac{-5.208}{EK} =-\theta_C,\ \theta_E = 9\theta_A = \dfrac{23.437}{EK} =-\theta_F$]

6) 부재단모멘트와 휨모멘트도

위에서 구한 θ_A, θ_B, θ_E를 처짐각방정식에 대입하면, 다음과 같은 부재단모멘트가 얻어진다.

$M_{AB} = 0$

$M_{BA} = 2\times(2\times(-5.208)+2.604) =- 15.624\text{kN}\cdot\text{m}$

$M_{EB} = 0$

$M_{BE} = 2\times(2\times(-5.208)+23.437)+83.33 = 109.372\text{kN}\cdot\text{m}$

$M_{BC} = 2\times(-5.208)-83.33 =- 93.746\text{kN}\cdot\text{m}$

$M_{CB} =- 2\times(-5.208)+83.33 = 93.746\text{kN}\cdot\text{m} =- M_{BC}$

$M_{CF} = 2\times(-2\times(-5.208)-23.437)-83.33 =- 109.372\text{kN}\cdot\text{m} =- M_{BE}$

$M_{CD} = 2\times(-2\times(-5.208)-2.604) = 15.624\text{kN}\cdot\text{m} =- M_{BA}$

이상에서 구한 부재단휨모멘트를 이용하여 휨모멘트도를 작도하면 그림 (b)와 같이 된다.

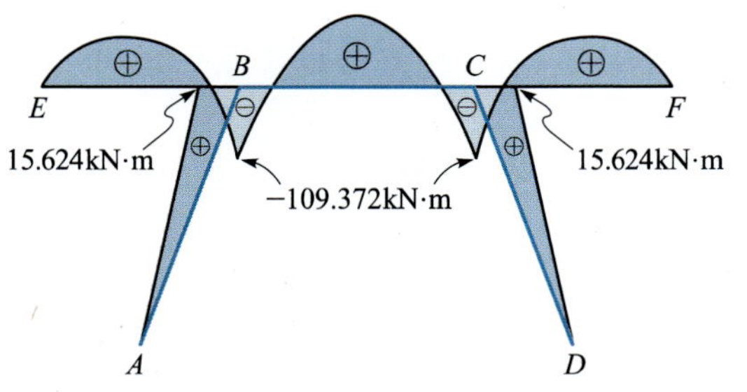

(b) 휨모멘트도(B.M.D)

9.2 횡변위가 있는 라멘의 해석

9.2.1 개설

횡변위(sidesway)는 구조물의 형상, 지점의 지지조건, 재료의 성질(E, I 등), 작용하는 하중 중에서 어느 하나라도 구조물의 중앙에 대해서 비대칭인 경우에 발생한다. 그림 9.6은 비대칭하중 P로 인해 절점 B와 C에 각각 그림 9.7과 같이 서로 다른 값의 휨모멘트 M_B와 M_C를 발생시킨다. M_B는 절점 B를 오른쪽으로 이동시키려 하므로 절점 B는 Δ_1만큼 움직이고, 반면에 M_C는 절점 C를 왼쪽으로 이동시키려 하므로 절점 C는 Δ_2만큼 움직인다. M_B가 M_C보다 크기 때문에 절점 B와 C가 모두 오른쪽으로 Δ만큼, 즉 그림 9.7과 같은 $\Delta(=\Delta_1=\Delta_2)$의 횡변위가 생긴다. 그림 9.7의 경우, 비대칭하중 P로 인해 모든 부재가 시계방향으로 회전하고 있으므로 모든 회전각은 양(+)의 값을 갖는다. 참고로, 만약 부재가 반시계방향으로 회전하고 있으면 회전각에 (−)부호를 붙여야 한다.

그림 9.7과 같은 횡변위가 있는 부재에 처짐각방정식을 적용할 때는 부재의 부재회전각($\psi_{AB}=R_{AB}=\dfrac{\Delta}{L_{AB}}=\dfrac{\Delta}{L}$, $\psi_{BC}=R_{BC}=\dfrac{0}{L_{AB}}=0$, $\psi_{DC}=R_{DC}=\dfrac{\Delta}{L_{DC}}=\dfrac{\Delta}{L}$)을 방정식의 미지수로 고려하고, 추가적인 평형방정식인 전단방정식(층방정식)을 이용해야 한다. 그리고 그림 9.8(a)와 같은 횡변위가 있는 부재에 처짐각방정식을 적용할 때는 부재의 부재회전각 $\psi_{AB}=\dfrac{\Delta_1}{L_{AB}}$, $\psi_{FE}=\dfrac{\Delta_1}{L_{FE}}$, $\psi_{BC}=\dfrac{\Delta_2}{L_{BC}}$, $\psi_{ED}=\dfrac{\Delta_2}{L_{ED}}$, $\psi_{BE}=\psi_{CD}=0$을 방정식의 미지수로 고려하고 전단방정식을 이용해야 한다.

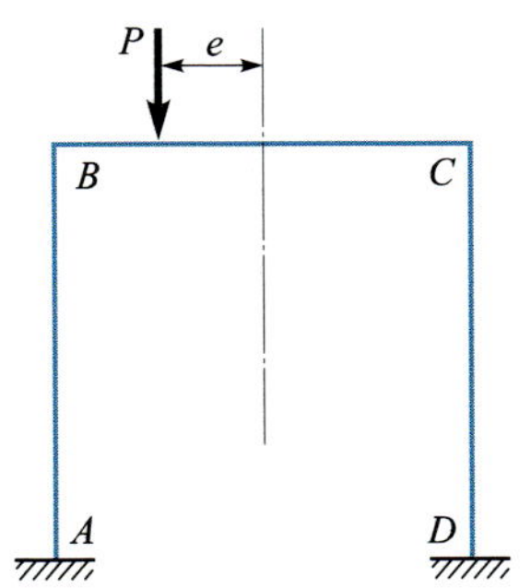

그림 9.6

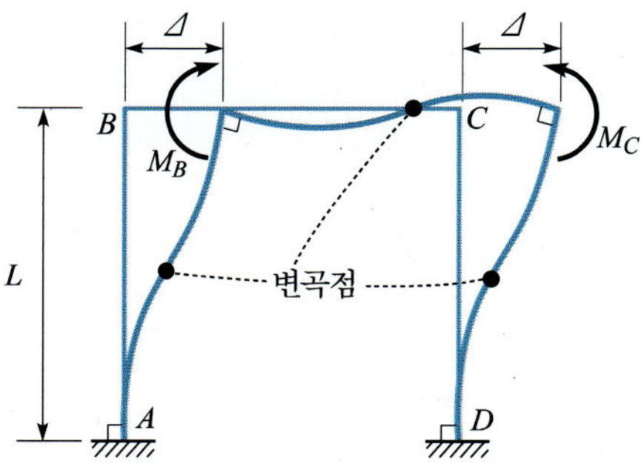

그림 9.7 변형된 형태

TIP 곡률과 휨모멘트의 부호가 바뀌는 점을 변곡점(point of inflection)이라 한다. 휨모멘트 M과 처짐의 2차도함수 d^2y/dx^2는 변곡점에서 항상 0이 된다. 그러나 M과 d^2y/dx^2가 0인 점이 반드시 변곡점인 것만은 아니다. 그 이유는 이들 값이 그 점에서 부호가 바뀌지 않고 0이 될 수도 있기 때문이다.

9.2.2 전단방정식(층방정식)

그림 9.8과 같이 기둥과 보로 구성된 라멘구조물에서는 층별 기둥부재만 횡변위를 발생시킨다. 이 경우 층별로 독립된 상대변위 Δ_1, Δ_2, 즉 Δ_i가 존재하게 되고 층수만큼 미지의 횡변위가 존재하므로, 추가의 평형방정식(전단방정식)도 층별로 수평전단력에 대한 평형조건의 자유물체도로부터 구할 수 있다. 즉, 그림 9.8의 2층 라멘구조물에서 전단방정식(층방정식)은 다음과 같이 된다.

1층 수평전단력의 자유물체도[그림 9.8(b)]에서,

$$+\rightarrow\sum F_x = 0 \; ; -(S_{AB}+S_{FE})+(P_1+P_2)=0 \tag{9.5a}$$

2층 수평전단력의 자유물체도[그림 9.8(c)]에서,

$$+\rightarrow\sum F_x = 0 \; ; -(S_{BC}+S_{ED})+(P_2)=0 \tag{9.5b}$$

다음으로 그림 9.8(d)와 같이 모든 기둥부재의 자유물체도에서 각 기둥의 전단력을 부재단모멘트의 함수로 나타낸다. 즉, 부재단 j에 대한 $\sum M_j = 0$으로부터

$$S_{ij} = -\frac{M_{ij}+M_{ji}}{L_{ij}} \tag{9.6}$$

식 (9.6)의 전단력을 식 (9.5)에 대입하고 각 부재단모멘트에 대한 처짐각방정식을

대입하면, 처짐각(θ_i)과 층별 횡변위(Δ_i)의 함수로 나타낸 필요한 전단방정식(층방정식)이 얻어진다.

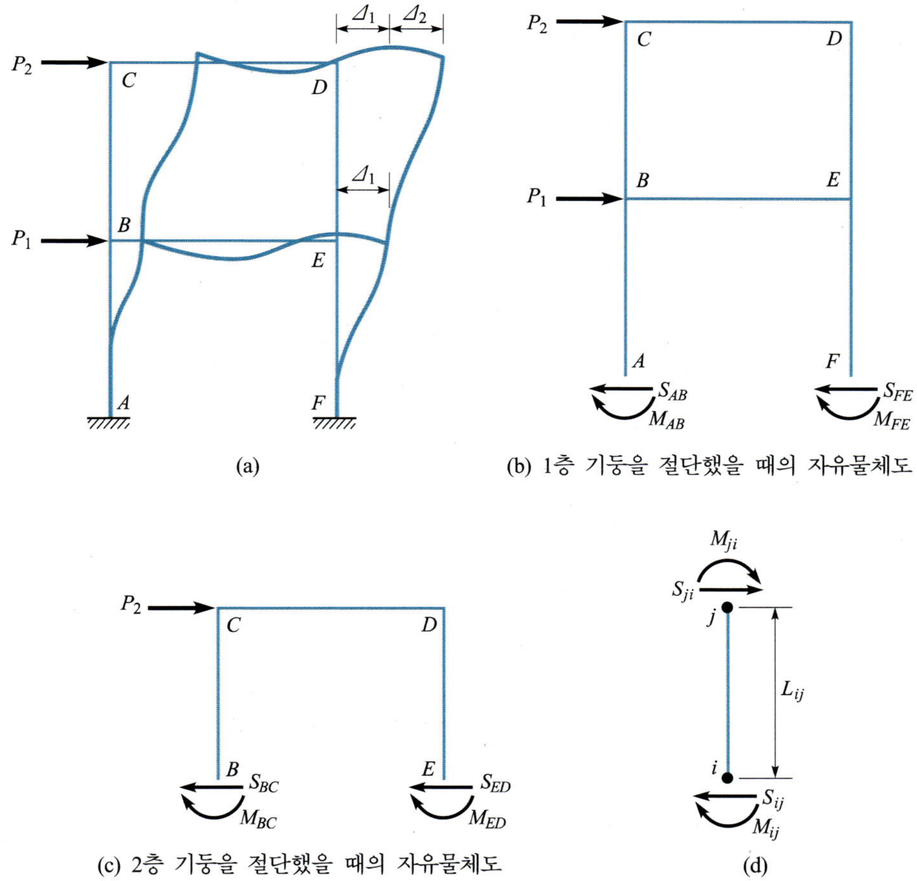

그림 9.8

9.3.2 불규칙라멘의 해석 시 처짐각법의 적용방안

부재들이 경사지고 불규칙하게 배열된 라멘구조물의 경우에는 부재의 기하학적 배치와 하중의 재하형태에 따라 이동변위나 횡변위가 달라지고 이에 따라 각 부재현의 회전각($\psi = R = \dfrac{\Delta}{L}$)도 변한다. 따라서 이와 같은 경우에는 회전변위가 억제된 상태에서 부재별 이동 후의 변위에 대한 폐합조건, 즉 폐합변위도를 작도하고 sine법칙을 적용하여 절점별 횡변위 사이의 관계를 유도한 후, 변위의 자유도만큼의 독립된 횡변위성분의 함수로 각 부재의 횡변위를 나타내는 것이 필요하다.

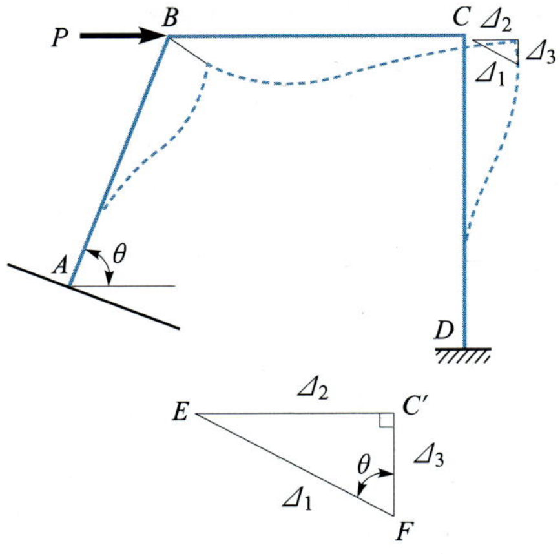

그림 9.9

그림 9.9는 AB부재가 θ만큼 경사져 있는 부정정라멘을 보여주고 있다. 그림 9.9에서 폐합변위도를 작도하고 삼각함수의 sine법칙을 적용하면 절점 B, C에서의 횡변위를 1개의 독립된 미지수인 횡변위자유도 Δ_1으로 나타낼 수 있다. 즉, 폐합변위도에서 sine법칙을 적용하면,

$$\frac{\Delta_1}{\sin 90°} = \frac{\Delta_2}{\sin\theta} = \frac{\Delta_3}{\sin(90° - \theta)}$$

$$\therefore \Delta_2 = \Delta_1 \sin\theta,\ \Delta_3 = \Delta_1 \sin(90° - \theta)$$

따라서

$$\psi_{AB} = R_{AB} = \frac{\Delta_1}{L_{AB}} \tag{9.7a}$$

$$\psi_{BC} = R_{BC} = \frac{\Delta_3}{L_{BC}} = \frac{\Delta_1 \sin(90° - \theta)}{L_{BC}} \tag{9.7b}$$

$$\psi_{CD} = R_{CD} = \frac{\Delta_2}{L_{CD}} = \frac{\Delta_1 \sin\theta}{L_{CD}} \tag{9.7c}$$

횡변위가 있는 불규칙라멘의 부재에 처짐각방정식을 적용할 때도 독립된 횡변위의 함수로 식 (9.7)과 같은 부재현의 상대회전각을 구하고, 독립된 횡변위 수만큼의 추가적인 평형방정식을 구해야 한다. 불규칙 라멘에서 추가의 전단평형방정식을 구하기 위해서는 전단방정식(층방정식)이나 모멘트평형조건 $\sum M_o = 0$(불규칙 라멘의 기하학적

형상으로부터 축력이 방정식에 나타나지 못하도록 중심원점 '0'의 선택하여 모멘트를 취해야 함)으로부터 추가의 평형방정식을 구하고, 각 부재의 전단력을 부재단모멘트의 함수로 나타내는 것이 필요하다.

예제 9.4

다음과 같은 라멘구조물에서 B점 및 C점의 휨모멘트 M_b, M_c를 처짐각법으로 구하시오. 단, EI는 일정하다.

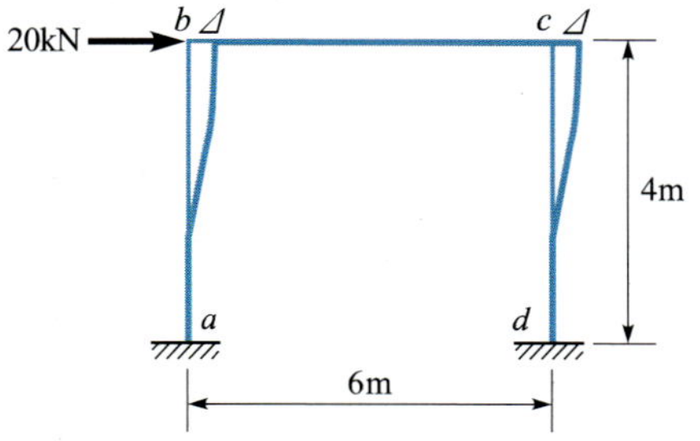

(a)

그림 예제 9.4

풀이

횡변위가 발생하는 3차부정정 구조물이다.

1) 경계조건, 현의 회전각 R, 강도계수 K

a, d 점은 고정단이므로, $\theta_a = \theta_d = 0$

현의 회전각, $R_{ab} = R_{cd} = \dfrac{\Delta}{4} = R$ 또한 $R_{bc} = \dfrac{0}{6} = 0$

강도계수, $K_{ab} = K_{cd} = \dfrac{I}{4} = 3K$, $K_{bc} = \dfrac{I}{6} = 2K$

2) 고정단모멘트

고정단모멘트는 하중이 절점 b에만 작용하므로 모두 0이다.

3) 처짐각방정식

$$M_{ab} = 2E(3K)(\theta_b - 3R) = 6EK\theta_b - 18EKR$$

$$M_{ba} = 2E(3K)(2\theta_b - 3R) = 12EK\theta_b - 18EKR$$

$$M_{bc} = 2E(2K)(2\theta_b + \theta_c) = 8EK\theta_b + 4EK\theta_c$$

$$M_{cb} = 2E(2K)(\theta_b + 2\theta_c) = 4EK\theta_b + 8EK\theta_c$$

$$M_{cd} = 2E(3K)(2\theta_c - 3R) = 12EK\theta_c - 18EKR$$

$$M_{dc} = 2E(3K)(\theta_c - 3R) = 6EK\theta_c - 18EKR$$

4) 절점방정식

$+\curvearrowright \Sigma M_b = 0\ ;\ M_{ba} + M_{bc} = 0,$

$(12EK\theta_b - 18EKR) + (8EK\theta_b + 4EK\theta_c) = 20EK\theta_b + 4EK\theta_c - 18EKR = 0$ (1)

$+\curvearrowright \Sigma M_c = 0\ ;\ M_{cb} + M_{cd} = 0,$

$(4EK\theta_b + 8EK\theta_c) + (12EK\theta_c - 18EKR) = 4EK\theta_b + 20EK\theta_c - 18EKR = 0$ (2)

5) 전단방정식(층방정식)

1층을 수평으로 절단 하였을 때의 자유물체도[그림 (b)]에 대해 평형방정식을 적용하면,

$+\rightarrow \Sigma F_x = 0\ ;\ S_a + S_d = -20$ (3)

각 기둥부재를 분리시킨 자유물체도[그림 (c)]에 대해 평형방정식을 적용하면,

$+\curvearrowright \sum M_b = 0\ ;\ (-S_a)(4) + M_{ab} + M_{ba} = 0 \rightarrow S_a = \frac{1}{4}(M_{ab} + M_{ba})$ (4)

$+\curvearrowright \sum M_c = 0\ ;\ (-S_d)(4) + M_{cd} + M_{dc} = 0 \rightarrow S_d = \frac{1}{4}(M_{cd} + M_{dc})$ (5)

식 (4), (5)를 식 (3)에 대입하면 다음과 같이 전단방정식이 얻어진다.

$$\frac{1}{4}(M_{ab} + M_{ba}) + \frac{1}{4}(M_{cd} + M_{dc}) = -20$$

$$\frac{1}{4}(18EK\theta_b - 36EKR) + \frac{1}{4}(18EK\theta_c - 36EKR) = -20$$

$$18EK\theta_b + 18EK\theta_c - 72EKR = -80$$

$EK\theta_b + EK\theta_c - 4EKR = -4.44$ (6)

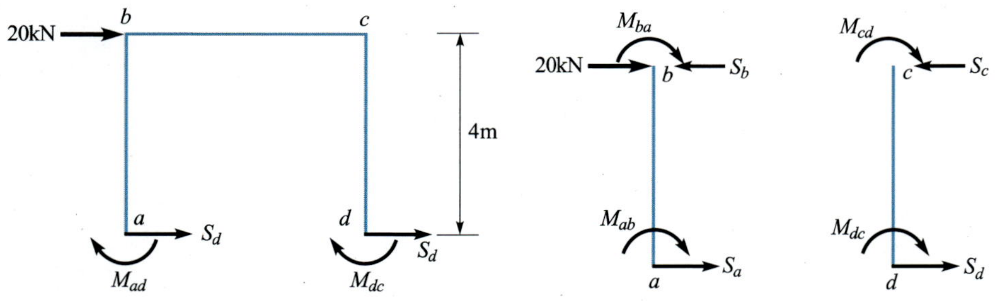

(b) (c)

5) 위의 식 (1), (2), (6)을 연립하여 풀면

$EKR = 1.776, \ EK\theta_b = EK\theta_c = 1.332$

[참고로, 식 (1)과 식 (2)에서 $\theta_b = \theta_c$이므로 식 (1)은 다음과 같이 된다.

$24EK\theta_b = 18EKR, \quad \therefore EK\theta_b = EK\theta_c = 0.75EKR$

위의 값을 식 (6)에 대입하면,

$2(0.75EKR) - 4EKR = -4.44 \rightarrow -2.5EKR = -4.44$

$\therefore EKR = 1.776, \ EK\theta_b = EK\theta_c = 1.332$]

6) 부재단모멘트와 B점 및 C점의 휨모멘트

위에서 구한 $EKR = 1.776, \ EK\theta_b = EK\theta_c = 1.332$를 처짐각방정식에 대입하면, 다음과 같은 부재단모멘트가 얻어진다.

$M_{ab} = 6 \times 1.332 - 18 \times 1.776 = -23.976\text{kN}\cdot\text{m}$

$M_{ba} = 12 \times 1.332 - 18 \times 1.776 = -15.984\text{kN}\cdot\text{m}$

$M_{bc} = 12 \times 1.332 = 15.984\text{kN}\cdot\text{m}, \ M_{cb} = 12 \times 1.332 = 15.984\text{kN}\cdot\text{m}$

$M_{cd} = -15.984\text{kN}\cdot\text{m}, \ M_{dc} = -23.976\text{kN}\cdot\text{m}$

따라서, B점 및 C점의 휨모멘트 M_b, M_c는 다음과 같이 된다.

$M_b = 15.984\text{kN}\cdot\text{m}(\curvearrowright), \ M_c = -15.984\text{kN}\cdot\text{m}(\curvearrowleft)$

연습문제

Structural Mechanics

9.1 다음과 같은 부정정보에서 고정단 A점의 휨모멘트 M_A를 처짐각법으로 구하시오. 단, EI는 일정하다.

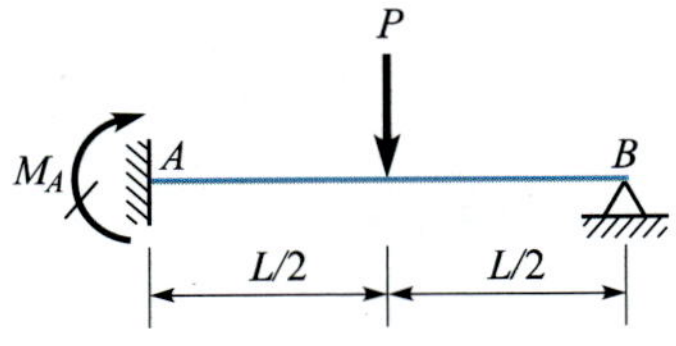

그림 문제 9.1

9.2 다음 그림과 같이 지점 B의 침하량이 Δ인 경우, B점에 휨모멘트 M을 작용시켜 B점의 회전각을 $\frac{\theta_B}{2}$로 줄이려고 한다. 이때 M과 지점반력을 구하시오. 단, EI는 일정하다.

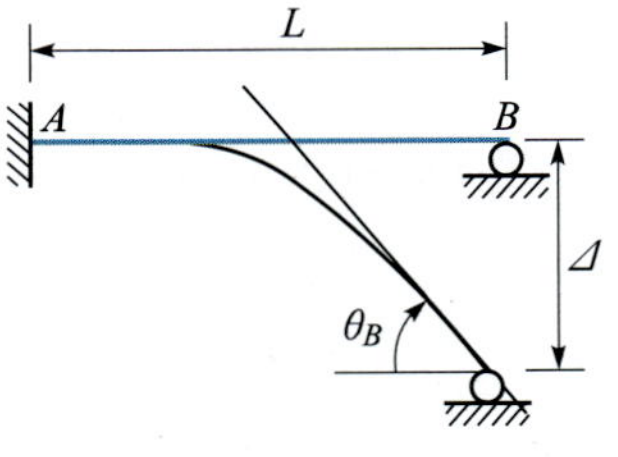

그림 문제 9.2

9.3 다음과 같은 라멘구조물에서 휨변위를 고려하여 변형도(deformed configuration, 처짐곡선)를 그리시오.

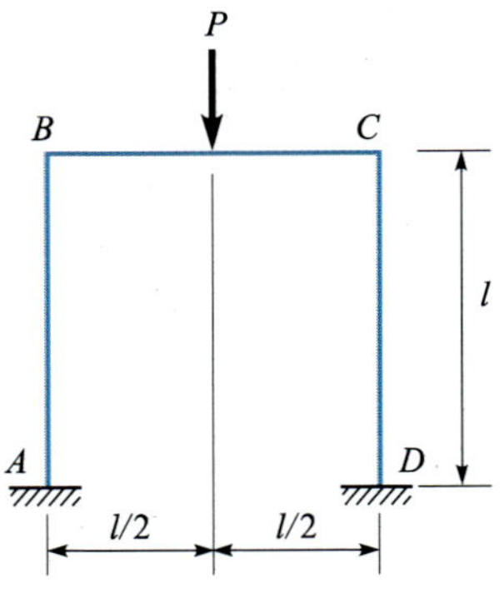

그림 문제 9.3

9.4 다음과 같은 라멘구조물에서 휨모멘트도와 전단력도를 처짐각법을 이용하여 구하시오. 단, EI는 일정하다.

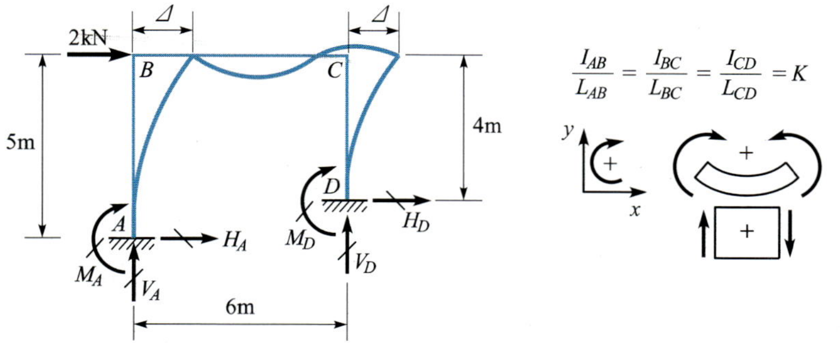

그림 문제 9.4

9.5 다음과 같이 횡하중 P kN을 받는 라멘에서 H형강이 견딜 수 있는 최대허용하중 $P_{\max}$를 계산하시오. 단, 라멘은 H−800×300×14×26의 형강으로 구성되어 있으며 단면계수가 $Z = 7,290 \times 10^3\,\text{mm}^3$이고, 강종은 SM490으로 허용응력이 $f_a = 190\,\text{MPa}$이다.

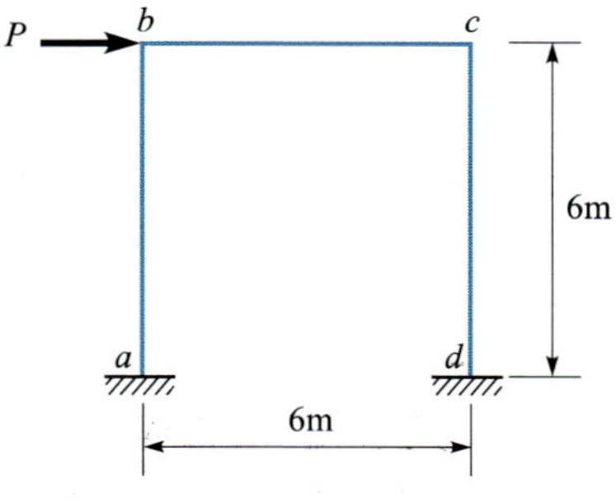

그림 문제 9.5

CHAPTER

10

모멘트분배법

10.1 모멘트분배법의 기본개념과 적용-보 및 횡변위가 없는 라멘의 해석

10.1.1 일반원칙과 정의

처짐각법은 고차 부정정구조물의 경우 미지수의 증가로 수 계산이 어렵다. 이러한 단점을 극복하기 위해서, 미국 일리노이대학교 토목공학과 Hardy Cross 교수는 1930년에 모멘트분배법(moment distribution method)을 발표했다. 모멘트분배법은 일종의 반복 근사해석법으로, 연립방정식의 해가 필요 없이 비교적 간단한 수 계산을 사용하여 부정정보나 라멘의 부재단모멘트를 얻을 수 있는 변위법이다. 모멘트분배법의 기본개념을 전개하기 위하여 사용하는 부호규약은 처짐각범의 부호규약을 똑같을 때 가정한다. 즉, **양(+)의 방향은 모멘트와 회전각**이 **시계방향**일 때이다.

(1) 기초개념

9장의 처짐각방정식을 보면 부재단모멘트 M_{AB}는 일반적으로 다음 식과 같이 4가지의 영향이 겹쳐진 것임을 알 수 있다.

$$\begin{aligned} M_{AB} &= 2E_{AB}K_{AB}(2\theta_A + \theta_B - 3R_{AB}) + FEM_{AB} \\ &= 4E_{AB}K_{AB}\theta_A + 2E_{AB}K_{AB}\theta_B - 6E_{AB}K_{AB}R_{AB} + FEM_{AB} \end{aligned} \quad 10.1$$

여기서 첫째 항 $4E_{AB}K_{AB}\theta_A$는 근단(近端) A의 회전각 θ_A로 인해 생긴 근단의 휨모멘트 성분이고, 둘째 항 $2E_{AB}K_{AB}\theta_B$는 원단(遠端) B의 회전각 θ_B로 인해 생긴 근단의 휨모멘트 성분이다. 그리고 셋째 항 $-6E_{AB}K_{AB}R_{AB}$는 현(弦) AB의 회전각 R_{AB}로 인해 생긴 근단의 휨모멘트 성분이고, 넷째 항 FEM_{AB}는 부재의 양단이 고정된 상태에서 근단(近端) A에 유발된 고정단모멘트이다. 식 (10.1)에서 θ_A, θ_B, R_{AB}의 회전각은 미지수이므로 처음에는 이들 회전각이 '0'인 상태(locked, 일시 구속된 상태)에서 외력에 의한 고정단모멘트를 계산한다. 그러나 이 고정단모멘트는 절점의 회전각을 구속된 상태에서의 불균형모멘트이므로 이 절점구속을 원래의 상태대로 풀어주면(unlocked)이 고정단모멘트는 불균형모멘트(unbalanced moment)로 작용하여 균형상태가 될 때까지 절점을 회전시킨다. 이러한 절점의 회전은 이 절점에 모이는 각 부재의 회전에 저항하는 부재별 저항모멘트의 합이 같아져서 평형을 유지할 때까지 회전할 것이다. 이와 같이 평형을 회복시키면서 부재의 강성에 따라 불균형모멘트, 즉 분배모멘트(distributed moment)를 원단으로 전달시키는 것이 모멘트분배법의 기초개념이다.

그림 10.1(a)의 라멘구조물을 예를 들어 좀 더 구체적으로 설명하면 다음과 같다. 즉, 그림 10.1(a)에서 절점 A만이 회전이 가능하며 절점 B, C, D는 고정단이다. 먼저, 만약 절점 A를 잠근다면(locked) 모든 절점이 고정되기 때문에 각 부재는 B단에 고정단모멘트 $FEM_{AB}=-\dfrac{wL_{AB}^2}{12}$, $FEM_{AC}=\dfrac{PL_{AC}}{8}$, $FEM_{AD}=\dfrac{PL_{AD}}{8}$를 갖게 된다. 다음으로, 절점 A를 푼다면(unlocked) 절점 A에 연결된 모든 부재의 A단에 일종의 저항모멘트가 생기고 이 저항모멘트의 합이 고정단모멘트의 합 $-\dfrac{wL_{AB}^2}{12}+\dfrac{PL_{AC}}{8}+\dfrac{PL_{AD}}{8}$와 같아질 때까지 절점 A는 θ_A만큼 회전할 것이다. 이 저항모멘트를 분배모멘트(불균형모멘트)라고 한다. 절점 A에 모이는 각 부재의 분배모멘트는 부재의 강도(stiffness)에 비례하고, A단의 분배모멘트는 B, C, D와 같이 고정된 원단에 전달된다. 이렇게 전달되는 것이 전달모멘트(carry-over moment)이며, 그것의 크기는 분배모멘트에 전달률을 곱한 값과 같게 된다.

그림 10.1(a)에서 절점 A처럼 회전이 가능한 절점이 여러 개 있는 구조물의 경우에는 먼저 모든 절점을 잠근 상태, 즉 각 부재단에 고정단모멘트가 생긴 것과 같은 상태에서 한 절점씩 차례로 풀어서 불균형모멘트를 분배하고 원단으로 전달한 후에 이 절점을 회전한 새 위치에서 잠근다. 그리고 원단으로 전달된 휨모멘트는 다음의 분배를 위한 불균형모멘트가 된다. 이러한 과정을 여러 번 반복하면 불균형모멘트의 값이 무시할 정도로 작아지게 되며, 이때 최종적으로 부재 AB에서 A단의 휨모멘트를 구하면 다음과 같이 된다.

$$M_{AB} = FEM_{AB}+\sum(\text{분배모멘트})+\sum(B\text{에서 }A\text{단으로 전달되는 모멘트}) \tag{10.2}$$

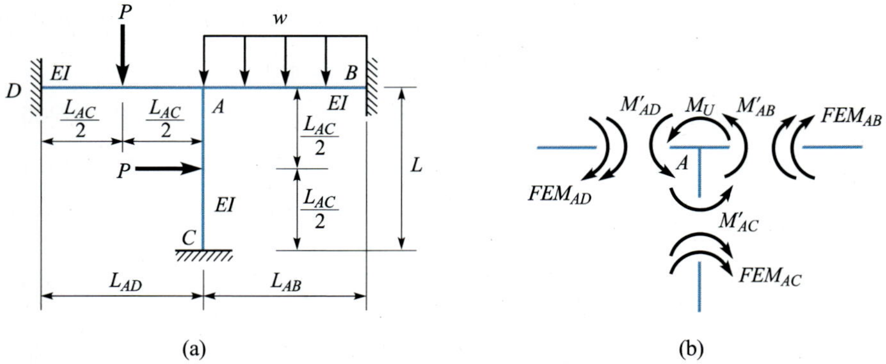

그림 10.1

(2) 부재강도(member stiffness)

그림 10.2에 처짐각방정식을 적용하면 다음과 같이 된다.

$$M_{AB} = 2E_{AB}K_{AB}(2\theta_A + \theta_B - 3R_{AB}) + FEM_{AB} = 2E\left(\frac{I}{L}\right)(2\theta_A - 0 - 0) + 0 = M$$

$$\therefore M = \left(\frac{4EI}{L}\right) \cdot \theta_A = K \cdot \theta_A$$

따라서

$$K = \frac{4EI}{L} \qquad 10.3$$

위 식에서 K는 A단을 $\theta_A = 1$라디안 회전시키는데 필요한 휨모멘트의 값으로, 부재 AB의 A단의 강도 또는 AB의 부재강도라고 정의한다.

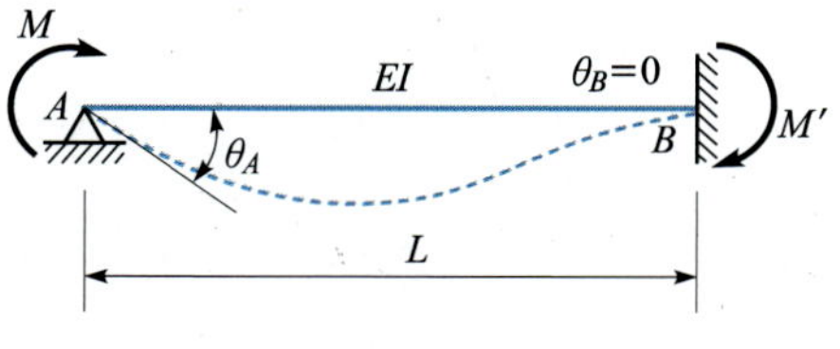

그림 10.2

(3) 절점강도(joint stiffness)

그림 10.3의 구조물의 경우, 각 부재강도 K_{AB}, K_{AC}, K_{AD}는 식 (10.3)에 의해 구할 수 있고, 이들 값을 합하여 절점 A에서의 전체강도 K_A를 구할 수 있다. 즉, $K_A =$

$\sum K_{Ai} = K_{AB} + K_{AC} + K_{AD}$이다. 따라서 여러 개의 부재가 한 절점에 모이는 경우에 각 부재의 원단이 고정되어 있으면, 부재가 모인 절점에서의 강도(절점강도 K_A)는 그 절점에서의 부재강도의 합($K_A = \sum K_{Ai}$)이 된다.

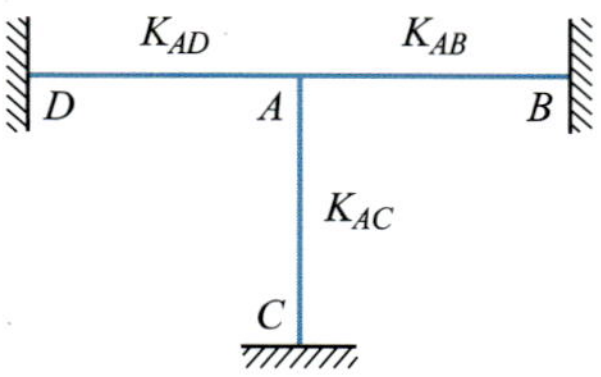

그림 10.3

(4) 분배모멘트

그림 10.1(a)와 같은 구조물의 경우, 불균형모멘트 M_U가 잠겨진 절점 A에 가력되었을 때 절점 A를 푸는 순간 절점 A가 회전하면서 연결된 부재들은 절점에서 이 불균형모멘트와 평형을 유지하는데 필요한 저항모멘트의 일부분씩을 부재강도에 비례해서 가져갈 것이다. 즉, 그림 10.1(b)의 자유물체도에 평형방정식을 적용하면

$$+\curvearrowright \sum M_A = 0 \; ; \; M_U + M'_{AB} + M'_{AC} + M'_{AD} = 0$$

따라서,

$$M_U = -M'_{AB} - M'_{AC} - M'_{AD} \qquad 10.4$$

그림 10.1(b)에서 $\theta_B = \theta_C = \theta_D = 0$이고 $R = 0$이므로, 처짐각방정식은 $M'_{AB} = 4EK_{AB}\theta_A$, $M'_{AC} = 4EK_{AC}\theta_A$, $M'_{AD} = 4EK_{AD}\theta_A$가 된다. 이들 처짐각방정식을 식 (10.4)에 대입하여 정리하면, $4E\theta_A = -\dfrac{M_U}{(K_{AB} + K_{AC} + K_{AD})}$가 얻어진다. 이 값을 처짐각방정식($M'_{AB} = 4EK_{AB}\theta_A$)에 대입하면 다음과 같은 분배모멘트를 구하는 식이 구해진다. 즉,

$$M'_{AB} = -\frac{K_{AB}}{(K_{AB} + K_{AC} + K_{AD})} M_U = -\left(\frac{K_{AB}}{\sum K_{Ai}}\right) M_U = (DF_{AB}) M_U \qquad 10.5$$

위 식에서, $DF_{AB} = -\left(\dfrac{K_{AB}}{\sum K_{Ai}}\right)$를 부재 AB의 B단에서의 분배율(distribution factor)이라고 부른다.

(5) 부재상대강도(member relative stiffness)

많은 경우의 보와 라멘구조물은 같은 재료로 만들어지기 때문에 각 부재의 탄성계수 E는 같은 값을 갖는다. 이러한 경우, 식 (10.3)의 부재강도 K를 $4E$로 나누고, 그것을 부재상대강도 k라 정의하면 분배율 DF계산 시 편리하다. 즉,

$$k = \frac{K}{4E} = \frac{I}{L} \tag{10.6}$$

(6) 전달모멘트

그림 10.2와 같이 원단이 고정지점(잠근지점)에 의해 구속된 보에 처짐각방정식을 적용하면 다음과 같이 된다.

$$M_{AB} = 2E_{AB}K_{AB}(2\theta_A + \theta_B - 3R_{AB}) + FEM_{AB} = 2EK_{AB}(2\theta_A - 0 - 0) + 0 = M$$
$$\therefore M_{AB} = 4EK_{AB}\theta_A = M$$

그리고

$$M_{BA} = 2EK_{AB}(\theta_A + 2\theta_B - 3R_{AB}) == 2EK_{AB}\theta_A = \frac{1}{2}M = \frac{1}{2}M_{AB}$$

따라서 A단에서 B단으로 전달되어온 전달모멘트는 다음과 같이 나타낼 수 있다.

$$M_{BA} = \frac{1}{2}M_{AB} \tag{10.7}$$

위 식에서 $\frac{1}{2}$이 전달률(carry-over factor) C_{AB}이다. 즉, 그림 10.2[또는 그림 10.4 (a)]는 EI가 일정한(constant) 균일단면에 대한 분배모멘트의 전달률은 $C_{AB} = \frac{1}{2}$이지만, 불균일단면은 다른 값을 갖는다.

따라서 전달률을 다음과 같이 일반화시킬 수 있다.

$$C_{AB} = \frac{M_{BA}}{M_{AB}} \qquad 10.8$$

10.1.2 수정부재강도

(1) 원단(遠端)이 힌지로 지지된 경우

어떤 경우에는 구조물의 지점조건과 변형의 기하학적 특성을 고려하여 부재강도를 수정하면, 즉 수정부재강도(modified member stiffness)를 사용하면 모멘트분배과정을 간단하게 할 수 있다. 먼저 그림 10.4(b)와 같이 원단이 힌지(또는 로울로)로 지지된 보에 대한 수정부재강도를 구해보자. 이 경우 부재 AB에서 모멘트 $M_{BA}=0$이므로 처짐각 방정식을 적용하면,

$$M_{AB} = 2EK_{AB}(2\theta_A + \theta_B) \qquad 10.9a$$

$$M_{BA} = 2EK_{AB}(\theta_A + 2\theta_B) = 0 \qquad 10.9b$$

식 (10.9b)로부터 $\theta_B = -\frac{1}{2}\theta_A$가 되고, 이것을 식 (10.9a)에 대입하면 M_{AB}는 다음과 같이 쓸 수 있다. 즉,

$$\begin{aligned} M_{AB} &= 2EK_{AB}(2\theta_A - \frac{1}{2}\theta_A) = 3EK_{AB}\theta_A \\ &= 4E\left(\frac{3}{4}K_{AB}\right)\theta_A = 4E(K_{AB}^R)\theta_A \end{aligned} \qquad 10.10$$

따라서, 원단(遠端)이 힌지로 지지된 경우의 수정부재강도 K_{AB}^R은 다음과 같이 된다.

$$K_{AB}^R = \frac{3}{4}K_{AB} \qquad 10.11$$

위 식의 수정부재강도의 값을 사용하면, 원단이 힌지로 지지된 경우에 대해 모멘트를 분배할 때 축차적으로 잠그고 풀고를 반복할 필요가 없으므로 모멘트의 분배과정이 간편해진다.

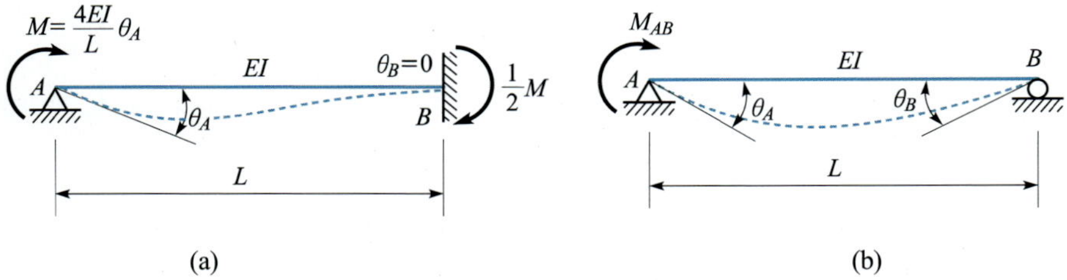

그림 10.4

(2) 대칭구조물에 대칭하중이 가력된 경우(대칭의 경우)

다음으로, 그림 10.5와 같이 대칭인 보에 대한 수정부재강도를 구해보자. 이 경우 부재 AB에서 양단모멘트가 크기가 같고 방향이 반대가 되므로 절점의 회전각은 $\theta_A = -\theta_B$가 된다. 따라서 처짐각방정식은 다음과 같이 된다.

$$
\begin{aligned}
M_{AB} &= 2EK_{AB}(2\theta_A + \theta_B) = 2EK_{AB}(2\theta_A - \theta_A) \\
&= 4E\left(\frac{1}{2}K_{AB}\right)\theta_A = 4EK_{AB}^R\theta_A
\end{aligned}
\quad (10.12)
$$

따라서, 절점회전각이 대칭인 경우의 수정부재강도 K_{AB}^R은 다음과 같이 된다.

$$K_{AB}^R = \frac{1}{2}K_{AB} \quad (10.13)$$

대칭하중을 받는 대칭구조물의 중앙지간에서 식 (10.13)의 수정부재강도의 값을 사용하면, 모멘트를 분배할 때 축차적으로 잠그고 풀고 하는 반복작업을 절반만 해도 된다.

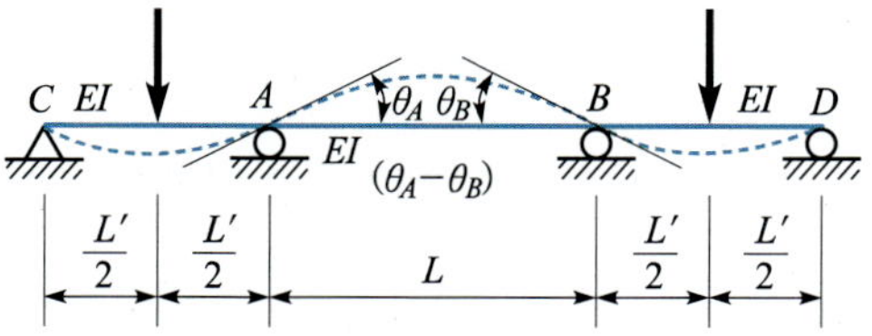

그림 10.5

(3) 대칭구조물에 역대칭하중이 가력된 경우(역대칭의 경우)

마지막으로, 그림 10.6과 같이 역대칭인 보에 대한 수정부재강도를 구해보자. 이 경우 부재 AB에서 양단모멘트가 크기 및 방향이 모두 같으므로 절점의 회전각은 $\theta_A = \theta_B$가 된다. 따라서 처짐각방정식은 다음과 같이 쓸 수 있다.

$$\begin{aligned} M_{AB} &= 2EK_{AB}(2\theta_A + \theta_B) = 2EK_{AB}(2\theta_A + \theta_A) \\ &= 4E\left(\frac{3}{2}K_{AB}\right)\theta_A = 4EK_{AB}^R\theta_A \end{aligned} \tag{10.14}$$

따라서, 절점회전각이 역대칭인 경우의 수정부재강도 K_{AB}^R은 다음과 같이 된다.

$$K_{AB}^R = \frac{3}{2}K_{AB} \tag{10.15}$$

역대칭하중을 받는 대칭구조물의 중앙지간에서 식 (10.15)의 수정부재강도의 값을 사용하면, 모멘트를 분배할 때 축차적으로 잠그고 풀고 하는 반복작업을 절반만 해도 된다.

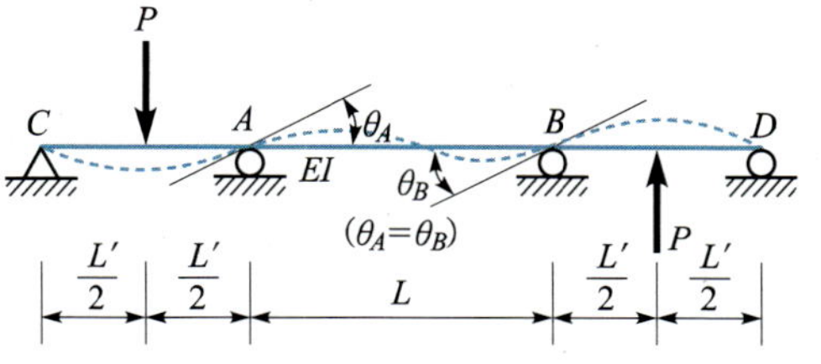

그림 10.6

10.1.3 모멘트분배법의 해석절차

연속보와 부정정라멘을 모멘트분배법으로 해석하는 절차를 요약하면 다음과 같다.

(1) 고정단모멘트(FEM, 그림 10.1 참조)을 계산한다.

(2) 분배율[DF, 식 (10.5)]을 계산한다.

(3) 각 절점에서의 분배율과 고정단모멘트를 계산도표에 기입하고, 불균형모멘트에 대한 축차적인 잠그고 풀고 하는 모멘트분배의 반복작업을 불균형모멘트의 값이 무시할 정도로 작아질 때까지 실시한다.

(4) 부재단모멘트는 계산도표에서 다음 식과 같이 합하여 구한다.

$$M_{AB} = FEM_{AB} + \sum(\text{분배모멘트}) + \sum(B\text{에서 }A\text{단으로 전달되는 모멘트})$$

(5) 처짐각법과 동일한 방법으로 부재단모멘트와 부재별 자유물체도로부터 부재력을 구하고, 부재단의 전단력을 이용하여 반력을 구한다.

예제 10.1

다음 2차 부정정보에서 연직반력 V_A, V_B, V_C와 휨모멘트 M_A, M_B, M_C를 구하시오.

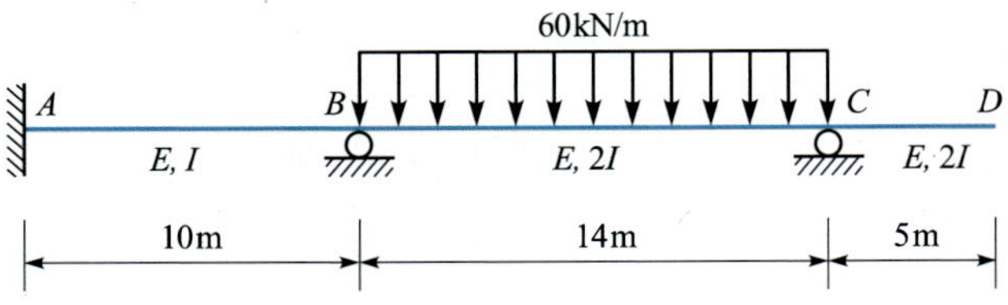

(a)

그림 예제 10.1

풀이

모멘트분배법을 적용하여 해를 구해보자. 내민부분 CD부재에는 모멘트가 분배되지 않으므로 이 부분의 분배율은 '0' 이다. 따라서 만약 내민부분 CD부재에 모멘트가 존재하여도 이 모멘트는 부재 BC쪽으로 전달되지는 않는다. 이것을 고려하여 부재상대강도와 분배율을 계산해야 한다. 즉,

1) 부재상대강도

식 (10.6)을 이용하여 각 지간의 부재상대강도를 구하면,

$$k_{AB} = \frac{I}{L} = \frac{I}{10},\ k_{BC} = \frac{2I}{L} = \frac{I}{7}$$

2) 분배율(DF)

절점 B에서 분배율 : $DF_{BA} = -\dfrac{\frac{I}{10}}{\frac{I}{10}+\frac{I}{7}} = -0.4$, $DF_{BC} = -\dfrac{\frac{I}{7}}{\frac{I}{10}+\frac{I}{7}} = -0.6$

고정단인 절점 A에서 분배율 : $DF_{AB} = -\dfrac{\frac{I}{10}}{\infty+\frac{I}{10}} = 0$

로울러단인 절점 C에서 분배율 : $DF_{CB} = -\dfrac{\frac{I}{7}}{\frac{I}{7}} = -1$

자유단인 절점 D에서 분배율 : $DF_{CD} = DF_{DC} = 0$

3) 고정단모멘트

$$FEM_{BC} = -\frac{wL^2}{12} = -\frac{60 \cdot 14^2}{12} = -980\text{kN·m},\ FEM_{CB} = \frac{wL^2}{12} = \frac{60 \cdot 14^2}{12} = 980\text{kN·m}$$

4) 계산도표와 모멘트분배

부호규약에 따라 시계방향이 양(+)모멘트이고 반시계방향이 음(-)모멘트이다. 균일강도 부재의 경우, 모멘트분배법에서 어느 잠궈진 절점을 풀면 그 절점에 연결된 부재의 원단이 고정단이거나 잠궈진 절점이면 전달모멘트가 유발되고 그 크기는 분배모멘트의 $\frac{1}{2}$이 된다. 이런 사항을 고려하여 모멘트분배를 수행하면 다음 표와 같다.

절점	A	B		C	
부재	AB	BA	BC	CB	CD
DF	0	−0.4	−0.6	−1	0
			-980	980	
			-490	← −980	
	294	← 588	882 →	441	
			-221	← −441	
	44.2	← 88.4	132.6 →	66.3	
			-33.15	← −66.3	
FEM	6.63	← 13.26	19.89 →	9.95	
			-4.78	← −9.95	
	1.00	←1.99	2.87 →	1.44	
			-0.72	← −1.44	
	0.15	←0.29	0.43 →	0.22	
			-0.11	←−0.22	
	0.02	←0.04	0.07 →	0.04	
$\sum M$	346	692	-692	0	0

5) 반력 계산

그림 (b)의 자유물체도에서

$$+\curvearrowright\sum M_B = 0\ ;\ (-V_A)(10) + 346 + 692 = 0, \quad \therefore V_A = 103.8\text{kN}\ (\downarrow)$$

$$+\uparrow\sum F_y = 0\ ;\ V_{BL} = V_A = 103.8\text{kN}\ (\uparrow)$$

$$M_A = M_{AB} = 346\text{kN·m}\ (\circlearrowright),\ M_B = M_{BA} = 692\text{kN·m}\ (\circlearrowright)$$

그림 (c)의 자유물체도에서

$$+\curvearrowright\sum M_C = 0\ ;\ (V_{BR})(14) - 692 - (60)(14)(\frac{14}{2}) = 0, \quad \therefore V_{BR} = 469.4\text{kN}\ (\uparrow)$$

$$+\uparrow\sum F_y = 0\ ;\ V_C = -V_{BR} + (60)(14) = -469.4 + 840 = 370.5\text{kN}\ (\uparrow)$$

그림 (c)의 자유물체도에서, B지점의 연직반력 V_B는 다음과 같이 구해진다.

$$+\uparrow \sum F_y = 0\ ;\ V_B - V_{BL} - V_{BR} = 0$$

$$\therefore\ V_B = V_{BL} + V_{BR} = 103.8 + 469.4 = 573.2\text{kN}\ (\uparrow)$$

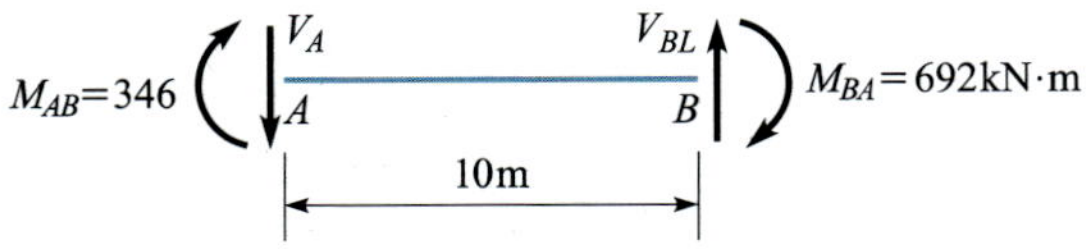

(b)

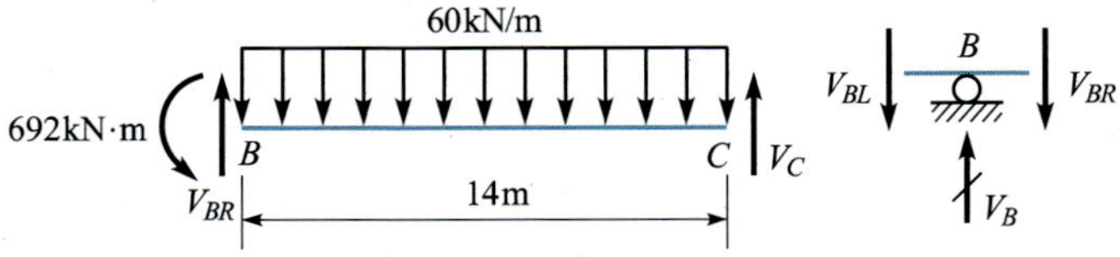

(c) (d)

검산을 위해 그림 예제 10.1(a)의 전체구조물에 평형방정식을 적용하면, 즉

$$+\uparrow \sum F_y = 0\ ;\ -V_A + V_B + V_C + (60 \times 14) = 0$$

$$-103.8 + V_B + 370.6 - (60 \times 14) = 0$$

$$\therefore\ V_B = 573.2\text{kN}\ (\uparrow)$$

$$+\curvearrowright \sum M_B = 0\ ;\ (-V_C)(14) + 346 + (60)(14)\left(\frac{14}{2}\right) - (V_A)(10) + M_C = 0, \quad \therefore M_C = 0$$

예제 10.2

다음과 같은 보 구조물에서 선형탄성거동 시 휨모멘트도를 구하시오. 단, EI는 일정하다. 단 EI는 일정하다.

[8점, 토목구조기술사 시험]

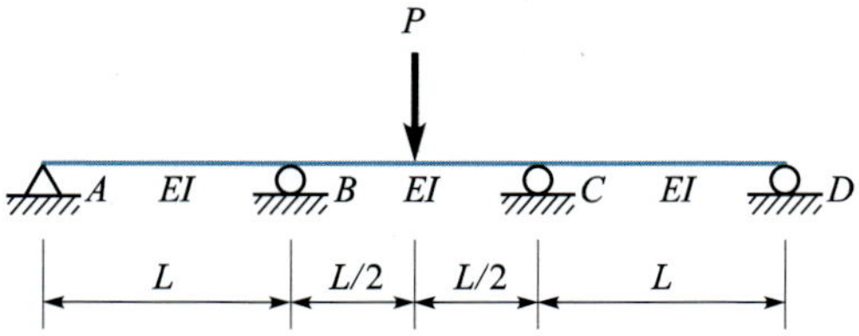

(a)

그림 예제 10.2

풀이

모멘트분배법을 사용하여 풀어보자.

1) 부재상대강도

식 (10.6)을 이용하여 각 지간의 부재상대강도를 구하면,

$$k_{AB}=k_{BC}=k_{CD}=\frac{I}{L}$$

2) 분배율(DF)

힌지와 로울러단인 절점 A와 D에서 분배율 : $DF_{AB}=DF_{DC}=-\dfrac{\frac{I}{L}}{\frac{I}{L}}=-1.0$

절점 B, C에서 분배율 : $DF_{BA}=DF_{BC}=DF_{CB}=DF_{CD}=-\dfrac{\frac{I}{L}}{\frac{I}{L}+\frac{I}{L}}=-0.5$

3) 고정단모멘트

$$FEM_{BC}=-\frac{PL}{8}=-0.125PL=-FEM_{CB}$$

4) 계산도표와 모멘트분배

절점	A	B		C		D
부재	AB	BA	BC	CB	CD	DC
DF	−1.0	−0.5	−0.5	−0.5	−0.5	−1.0
			-0.125	0.125		
	0.03125	← 0.0625	0.0625 →	0.03125		
	-0.03125→	-0.0156	-0.03906	← -0.07813	-0.07813 →	-0.03906
					0.0196	←0.03906
F			-0.005	← -0.01	-0.01 →	-0.005
E	0.015	← 0.03	0.03 →	0.015	0.0025	← 0.005
M	-0.015→	-0.0075	-0.0044	← -0.0088	-0.0088 →	-0.0044
					0.0022	←0.0044
			-0.0006	← -0.0011	-0.0011 →	0.00055
	0.003	← 0.006	0.006 →	0.003		-0.00055
	-0.003			-0.0015	-0.0015	
ΣM	0	0.075	-0.075	0.075	-0.075	0

$$\therefore M_B = -0.075PL = -\frac{3}{40}PL = M_C$$

$$M_{max} = -\frac{3}{40}PL + \frac{P}{2}\cdot\frac{L}{2} = \frac{7}{40}PL$$

따라서 휨모멘트도를 작도하면 그림 (b)과 같다.

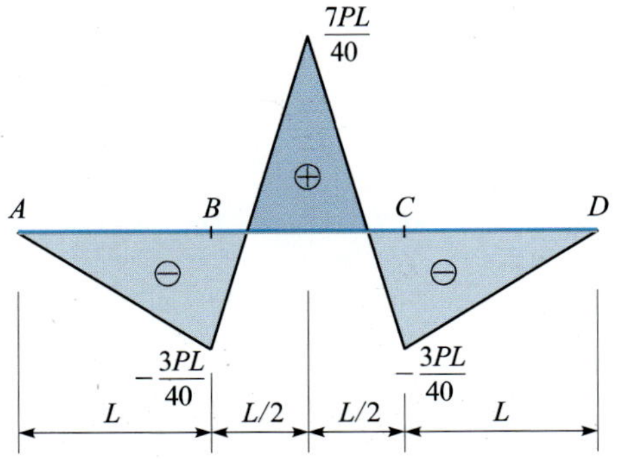

(b)

예제 10.3

다음과 같은 라멘구조물에서 부재단모멘트를 모멘트분배법으로 구하시오.

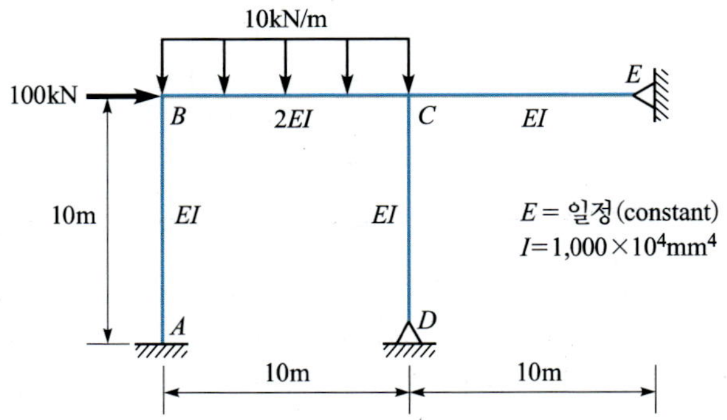

그림 예제 10.3

풀이

1) 부재강도

식 (10.3)의 부재강도와 식 (10.11)의 수정부재강도를 이용하면,

$$K_{AB}=\frac{4EI_{AB}}{L_{AB}}=\frac{4E(1\times10^{-5})}{10}=4E(10^{-6}),\ K_{BC}=\frac{4EI_{BC}}{L_{BC}}=\frac{4E(2\times10^{-5})}{10}=8E(10^{-6})$$

$$K^R_{CD}=\frac{3}{4}K_{CD}=\frac{3}{4}\left(\frac{4EI_{CD}}{L_{CD}}\right)=\frac{3EI_{CD}}{L_{CD}}=\frac{3E(1\times10^{-5})}{10}=3E(10^{-6})$$

$$K^R_{CE}=\frac{3}{4}K_{CE}=\frac{3}{4}\left(\frac{4EI_{CE}}{L_{CE}}\right)=\frac{3EI_{CE}}{L_{CE}}=\frac{3E(1\times10^{-5})}{10}=3E(10^{-6})$$

2) 분배율(DF)

힌지단인 절점 D와 E에서 분배율 : $DF_{DC}=DF_{EC}=-\dfrac{3E(10^{-6})}{3E(10^{-6})}=-1.0$

고정단인 절점 A에서 분배율 : $DF_{AB}=DF_{EC}=-\dfrac{4E(10^{-6})}{\infty+4E(10^{-6})}=0$

$$DF_{BA}=-\frac{4E(10^{-6})}{4E(10^{-6})+8E(10^{-6})}=-\frac{1}{3},\ DF_{BC}=-\frac{8E(10^{-6})}{4E(10^{-6})+8E(10^{-6})}=-\frac{2}{3}$$

$$DF_{CB}=-\frac{K_{BC}}{K_{BC}+K^R_{CD}+K^R_{CE}}=-\frac{8E(10^{-6})}{8E(10^{-6})+3E(10^{-6})+3E(10^{-6})}=-\frac{4}{7}$$

$$DF_{CD}=-\frac{K_{CD}}{K_{BC}+K^R_{CD}+K^R_{CE}}=-\frac{3E(10^{-6})}{8E(10^{-6})+3E(10^{-6})+3E(10^{-6})}=-\frac{3}{14}$$

$$DF_{CE}=-\frac{K_{CE}}{K_{BC}+K^R_{CD}+K^R_{CE}}=-\frac{3E(10^{-6})}{8E(10^{-6})+3E(10^{-6})+3E(10^{-6})}=-\frac{3}{14}$$

3) 고정단모멘트

수평하중 100kN은 절점 B에만 작용하므로 고정단모멘트를 발생시키지 않는다. 그러므로

$$FEM_{BC}=-\frac{wL^2_{BC}}{12}=-\frac{10(10^2)}{12}=-83.33\text{kN}\cdot\text{m}$$

$$FEM_{CB}=\frac{wL^2_{BC}}{12}=\frac{10(10^2)}{12}=83.33\text{kN}\cdot\text{m}$$

4) 계산도표와 모멘트분배

절점	A	B		C			D	E
부재	AB	BA	BC	CB	CD	CE	DC	EC
DF	0	$-\frac{1}{3}$	$-\frac{2}{3}$	$-\frac{4}{7}$	$-\frac{3}{14}$	$-\frac{3}{14}$	−1	−1
FEM			-83.33	83.33				
		27.78	55.55	-47.62	-17.86	-17.86		
	13.89		-23.81	27.78				
		7.94	15.87	-15.87	-5.95	-5.95		
	3.97		-7.94	7.94				
		2.65	5.29	-4.54	-1.70	-1.70		
	1.33		-2.27	2.65				
		0.76	1.51	-1.51	-0.57	-0.57		
	0.38		-0.76	0.76				
		0.25	0.51	-0.43	-0.17	-0.17		
ΣM	19.57 (kN · m)	39.38 (kN · m)	-39.38 (kN · m)	52.49 (kN · m)	-26.25 (kN · m)	-26.25 (kN · m)	0	0

5) 부재단모멘트

$M_{AB} = 19.57\text{kN}\cdot\text{m}$, $M_{BA} = 39.38\text{kN}\cdot\text{m}$, $M_{BC} = -39.38\text{kN}\cdot\text{m}$, $M_{CB} = 52.49\text{kN}\cdot\text{m}$,
$M_{CD} = -26.25\text{kN}\cdot\text{m}$, $M_{CE} = -26.25\text{kN}\cdot\text{m}$, $M_{DC} = M_{EC} = 0$

10.2 횡변위가 있는 라멘의 해석

그림 10.7(a)는 라멘에 비대칭하중 P가 작용하여 횡변위(sidesway, 가로흔들이) Δ가 생긴 예를 보여주고 있다. 그림 10.7(a)와 같이 횡변위가 있는 경우에는, 횡변위를 구속한 그림 10.7(b)의 상태에서 모멘트분배의 해석결과와 횡변위 구속을 해제하고 반대 방향으로 억제력을 가한 그림 10.7(c)의 상태에 대한 모멘트분배의 해석결과를 겹침의 원리에 의해 합하여 구할 수 있다.

단계적 해석절차를 요약하면 다음과 같다. 먼저, 횡변위가 생기지 않도록 그림 10.7(b)와 같이 C점에 임의의 지점을 만든다. 이 경우에 대해 모멘트분배를 실시하여 임의의 부재 ij의 부재단모멘트 $M_{ij}^{(0)}$을 계산하고, 정역학적 평형방정식을 적용하여 억제력 R을 구한다.

다음으로, 크기는 같으나 방향이 다른 하중을 그림 10.7(c)와 같이 작용시켜 모멘트분배를 실시한다. 이 계산을 수행하는 요령 중의 하나는 횡변위 Δ' 또는 불균형 고정단모멘트를 임의의 편리한 값으로 가정[$FEM_{ij} = \pm \dfrac{6EI\Delta'}{L^2}$, 그림 9.1(b) 참조]하고, 가정한 불균형 고정단모멘트로 모멘트분배를 실시하여 부재단모멘트 $M_{ij}^{(1)}$을 계산한다. 부재단모멘트를 사용하여 가정한 Δ'에 대응하는 가정억제력 R' 계산한다.

마지막으로, 위의 과정은 모두 탄성변형상태에서 실시한 것이므로 R'는 그림 10.7(b)의 R에 의해 생긴 모멘트에 비례하는 모멘트를 발생시킨다. 따라서 그림 10.7(a)의 실제라멘에서의 부재단모멘트 M_{ij}는 그림 10.7(b)의 부재단모멘트 $M_{ij}^{(0)}$과 그림 10.7(c)의 부재단모멘트 $M_{ij}^{(1)}$을 $(R/R')M_{ij}^{(1)}$만큼 수정한 후 합하면 구해진다. 즉, 수식으로 표시하면 다음 식과 같이 된다.

$$M_{ij} = M_{ij}^{(0)} + (R/R')M_{ij}^{(1)} \tag{10.16}$$

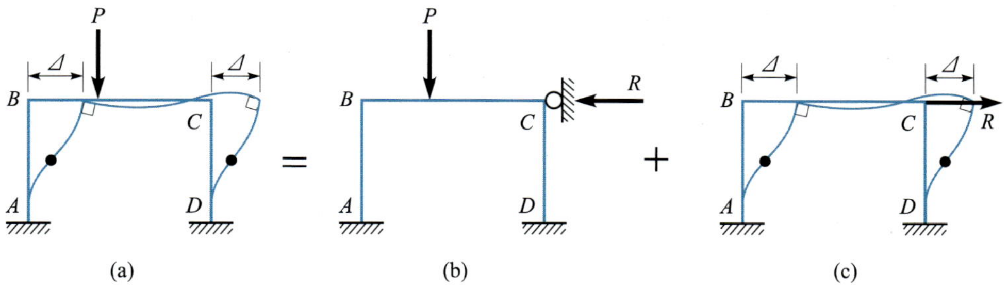

그림 10.7

위에서 설명한 라멘은 횡변위 자유도가 1인 경우였다. 고층건물의 라멘은 그 층수만큼의 독립적인 횡변위 자유도가 있을 수 있다. 모멘트분배법으로 이러한 경우를 해석하기 위해서 그림 10.8 (a)의 2층 라멘을 고려해 보자. 이 라멘은 그림 10.8 (a)에 나타낸 것처럼 횡변위 자유도가 2개의 독립적인 변위 Δ_1, Δ_2를 갖는다. 이들 변위 값은 처음에는 미지수이므로 위에서 설명한 겹침의 방법을 사용하여 해석해야 한다. 즉, $\Delta_1 =$

$\Delta_2 = 0$인 그림 10.8 (b)에 대한 모멘트분배를 수행한 경우(부재단모멘트 $M_{ij}^{(0)}$), 그림 10.8(c)와 같이 $\Delta_2 = 0$이고 Δ'_1만의 영향을 포함시켜 모멘트분배를 수행한 경우(부재단모멘트 $M_{ij}^{(1)}$), 그리고 그림 10.8(d)와 같이 $\Delta_1 = 0$이고 Δ'_2만의 영향을 포함시켜 모멘트분배를 수행한 경우(부재단모멘트 $M_{ij}^{(2)}$)으로 분해하여 고려할 수 있다. 그림 10.8의 절점 E, D에서는 다음의 관계가 성립된다. 즉,

$$R_1^0 - aR_1^1 + bR_1^2 = 0 \tag{10.17a}$$

$$R_2^0 + aR_2^1 - bR_2^2 = 0 \tag{10.17b}$$

여기서 R_1^0, R_2^0, R_1^1, R_2^1, R_1^2, R_2^2는 각 경우에 대한 모멘트분배를 수행하여 얻은 부재단모멘트에 대해 부재를 고립시킨 자유물체도와 전체구조물의 자유물체도 등으로부터 전단력을 구하고 평형방정식을 적용하면 구할 수 있다. 이들 값을 식 (10.17)에 대입하고 연립하여 풀면 수정계수 a, b 의 값이 구해진다.

그림 10.8(c), (d)의 모멘트분배에서 구한 절점의 부재단모멘트에 이 수정계수 a, b을 각각 곱하여, 최종적인 실제구조물인 그림 10.8 (a)의 부재단모멘트 M_{ij} 가 겹침의 원리에 의하여 다음 식과 같이 구해진다.

$$M_{ij} = M_{ij}^{(0)} + aM_{ij}^{(1)} + bM_{ij}^{(2)} \tag{10.18}$$

서로 독립인 횡변위 자유도가 n개인 n층의 건물 라멘구조물도 위에서 전개한 2층 라멘에 대한 방법을 같은 방법으로 자유도가 n개까지 확장시키면 임의의 부재 ij의 부재단모멘트 M_{ij} 를 구하는 식은 다음과 같이 된다.

$$M_{ij} = M_{ij}^{(0)} + \sum_{k=1}^{n} a_k M_{ij}^{(k)} \tag{10.19}$$

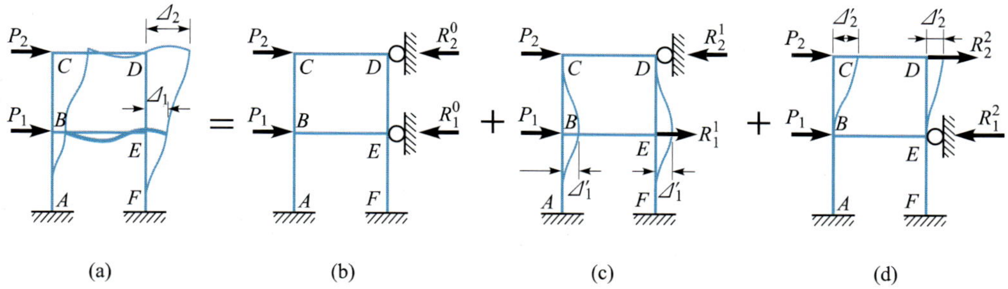

그림 10.8

예제 10.4

다음과 같은 라멘구조물에서 부재단모멘트를 구하시오. 단 EI는 일정하다.

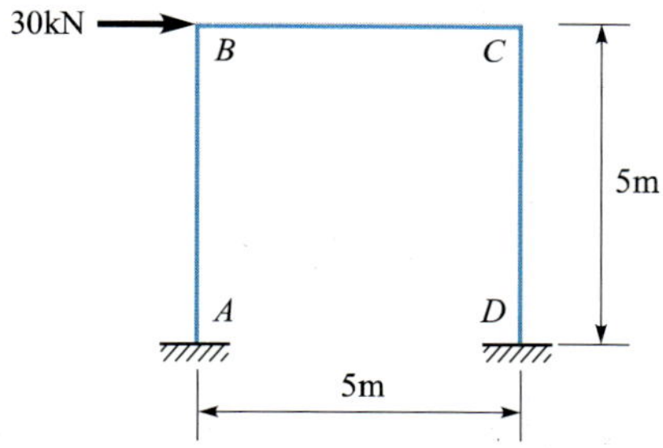

(a)

그림 예제 10.4

풀이

1) 부재강도

식 (10.3)의 부재강도를 이용하면,

$$K_{AB}=K_{BC}=K_{CD}=\frac{4EI}{5}$$

2) 분배율(DF)

고정단인 절점 A, D에서 분배율 : $DF_{AB}=DF_{DC}=-\dfrac{4EI/5}{\infty+4EI/5}=0$

$$DF_{BA}=DF_{BC}=DF_{CB}=DF_{CD}=-\frac{4EI/5}{4EI/5+4EI/5}=-0.5$$

3) 횡변위가 없는 경우[그림 (b)]의 해석

i) 고정단모멘트

수평하중 30kN은 그림 (b)의 절점 B에만 작용하므로 고정단모멘트를 발생시키지 않는다.

$FEM=0$

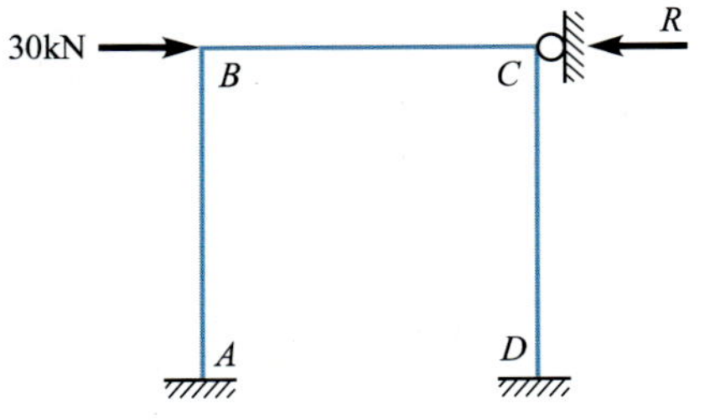

(b)

ii) 계산도표와 모멘트분배

$FEM=0$이므로, 계산도표를 만들 필요가 없고 모멘트분배를 수행하지 않아도 된다. 따라서 부재단모멘트 $M_{ij}^{(0)}$이 '0' 이다. 즉, $M_{ij}^{(0)}=0$이므로 횡변위가 없는 경우의 부재단모멘트는 다음과 같이 된다.

$$M_{AB}^{(0)}=M_{BA}^{(0)}=M_{BC}^{(0)}=M_{CB}^{(0)}=M_{CD}^{(0)}=M_{DC}^{(0)}=0$$

4) 횡변위를 고려한 경우의 해석

i) 횡변위가 없는 경우[그림 (b)]에서 횡변위 억제력(횡변위 구속반력) R 계산

그림 (b)에서 부재 BC만을 분리시켜 자유물체도를 작도하면 그림 (c)와 같이 된다. 그림 (c)의 자유물체도에 평형방정식을 적용하면 R이 다음과 같이 구해진다. 즉,

$$+\rightarrow\sum F_x=0\ ;\ 30-R=0,\quad \therefore R=30\text{kN}$$

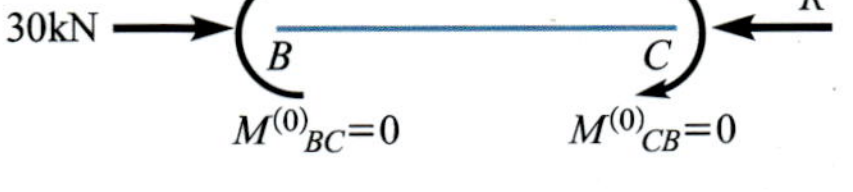

(c)

ii) 횡변위가 있는 경우의 고정단모멘트의 가정과 모멘트분배

그림 (d)에서 작용하는 R'(가정억제력)의 힘에 의해서 절점 B, C는 Δ' 만큼 변형한다. 이때 R'에 의한 고정단모멘트를 다음과 같이 가정하고 모멘트분배를 실시한다. 즉,

$FEM_{AB}=FEM_{BA}=FEM_{CD}=FEM_{DC}=-100\text{kN}\cdot\text{m}$라고 가정하면

$$FEM_{AB}=FEM_{BA}=FEM_{CD}=FEM_{DC}=-\frac{6EI\Delta'}{L^2}=-100\text{로부터, }\Delta'=\frac{100L^2}{6EI}$$

$$\therefore FEM_{BC} = FEM_{CB} = -\frac{6EI(0)}{L^2} = 0$$

절점	A	B		C		D
부재	AB	BA	BC	CB	CD	DC
DF	0	−0.5	−0.5	−0.5	−0.5	0
F E M	-100	-100			-100	-100
		50	50	50	50	
	25		25	25		25
		-12.5	-12.5	-12.5	-12.5	
	-6.25		-6.25	-6.25		-6.25
		3.125	3.125	3.125	3.125	
	1.56		1.56	1.56		1.56
		-0.78	-0.78	-0.78	-0.78	
	-0.39		-0.39	-0.39		0.39
		0.195	0.195	0.195	0.195	
	0.098		0.098	0.098		0.098
		-0.049	-0.049	-0.049	-0.049	
ΣM	-79.98 (kN · m)	-60.01 (kN · m)	60.01 (kN · m)	60.01 (kN · m)	-60.01 (kN · m)	-79.98 (kN · m)

iii) 횡변위가 있는 경우[그림 (d)]에서 R'(가정억제력) 계산

그림 (d)의 자유물체도에 평형방정식을 적용하면,

$$+\rightarrow \sum F_x = 0\ ;\ -H_A - H_D + R' = 0, \quad \therefore H_A + H_D = R'$$

그림 (d)에서 기둥부재 AB만을 분리시킨 그림 (e)의 자유물체도에 평형방정식을 적용하면 H_A가 다음과 같이 구해진다. 즉,

$$+\curvearrowright \sum M_B = 0\ ;\ M_{AB}^{(1)} + H_A(5) + M_{DC}^{(1)} = 0,$$

$$\therefore H_A = \frac{-M_{AB}^{(1)} - M_{DC}^{(1)}}{5} = \frac{79.98 + 60.01}{5} = 28\text{kN}$$

그림 (d)에서 기둥부재 CD만을 분리시킨 그림 (f)의 자유물체도에 평형방정식을 적용하면 H_D가 다음과 같이 구해진다. 즉,

$$+\curvearrowright \sum M_C = 0\ ;\ M_{DC}^{(1)} + H_A(5) + M_{CD}^{(1)} = 0,$$

$$\therefore H_D = \frac{-M_{DC}^{(1)} - M_{CD}^{(1)}}{5} = \frac{79.98 + 60.01}{5} = 28\text{kN}$$

따라서

$R' = H_A + H_D = 28 + 28 = 56\text{kN}$

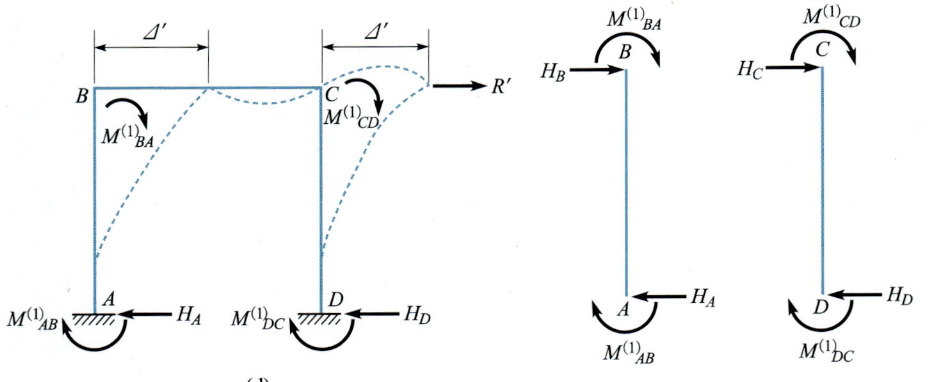

(d) (e) (f)

iv) 수정계수 $R/R^{'}$의 계산

위에서 구한 $R, R^{'}$로부터

$$R/R^{'} = \frac{30}{56} = \frac{15}{28}$$

5) 부재단모멘트

본 예제의 경우 $M_{ij} = M_{ij}^{(0)} + (R/R^{'})M_{ij}^{(1)}$ 에서 $M_{ij}^{(0)} = 0$ 이므로, $M_{ij} = (R/R^{'})M_{ij}^{(1)}$ 가 된다. 따라서 실제라멘에서 최종적으로 발생하는 부재단모멘트는 다음과 같다. 즉,

$$M_{AB} = M_{DC} = \left(\frac{15}{28}\right)(-79.98) = -64.21\text{kN} \cdot \text{m}$$

$$M_{BA} = M_{CD} = \left(\frac{15}{28}\right)(-60.01) = -32.15\text{kN} \cdot \text{m}$$

$$M_{BC} = M_{CB} = \left(\frac{15}{28}\right)(60.01) = 32.15\text{kN} \cdot \text{m}$$

연습문제

Structural Mechanics

10.1 다음과 같은 구조물에서 부재단모멘트를 모멘트분배법으로 구하시오. 단, E는 일정하고, $I = 1,000 \times 10^4 \mathrm{mm}^4$이다.

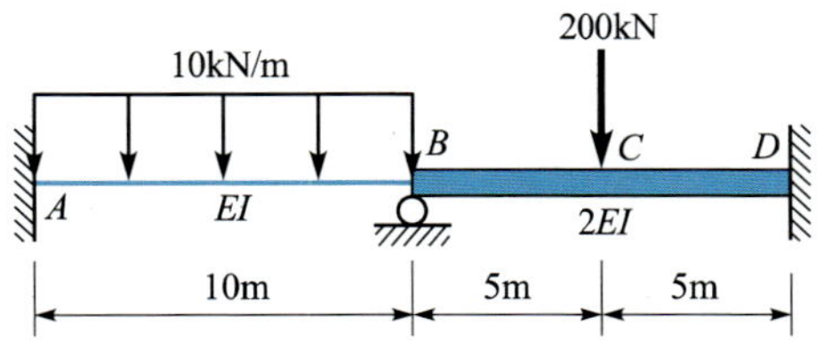

그림 문제 10.1

10.2 다음과 같은 구조물을 모멘트분배법으로 해석하시오.

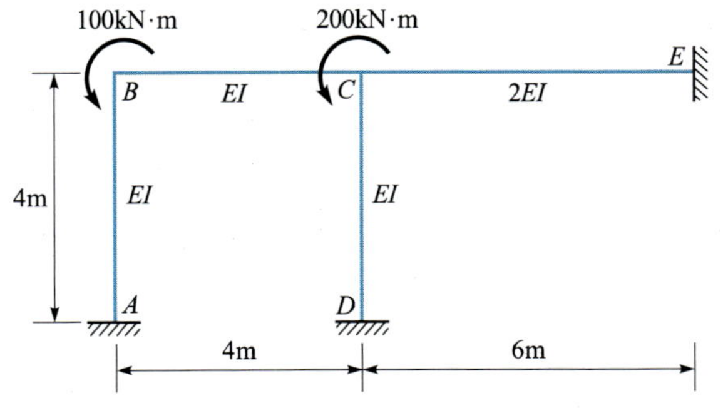

그림 문제 10.2

10.3 다음과 같은 구조물에서 부재단모멘트를 모멘트분배법으로 구하시오. 단, EI는 일정하다.

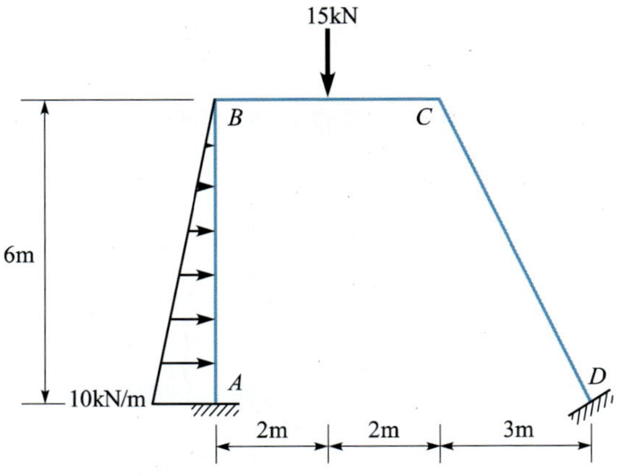

그림 문제 10.3

CHAPTER

11

부정정구조물의 영향선

11.1 부정정구조물의 영향선 작도요령

11.1 부정정구조물의 영향선 작도요령

부정정구조물의 어느 한 특정 구조응답(반력, 전단력, 휨모멘트 등)에 대한 영향선은 먼저 부정정력(여용력)에 대한 영향선을 결정해야 한다. 일단 이것을 구하고 나면, 임의의 어느 한 특정 구조응답(반력, 전단력, 휨모멘트 등)에 대한 영향선은 5장에서 다룬 정역학적 방법으로 결정할 수 있게 된다. 즉, 부정정구조물의 영향선도 5장의 정정구조물의 작도처럼, 어느 한 특정 구조응답(반력, 전단력, 휨모멘트 등)에 대한 영향선의 종거는 모든 점에 단위하중을 차례로 가력한 후 이들의 각 위치에서 특정 구조응답(반력, 전단력, 휨모멘트 등)의 값을 계산하면 그 단위하중 위치에서의 영향선의 종거가 된다.

그러나 부정정구조물의 영향선을 작도할 때, 이와 같이 단위하중을 순차적으로 가력시켜서 영향선을 작도하는 것은 매우 번거롭고 비실용적이다. 따라서 5장에서 이미 설명한 뮐러-브레슬로(Müller-Breslau)의 원리, 즉 "구조물의 어느 한 특정 구조응답(반력, 전단력, 휨모멘트 등)에 대한 영향선의 종거는 구조물에서 그 특정 구조응답에 대응하는 구속을 제거하고 그 점에 특정 구조응답에 대응하는 단위변위를 일으켰을 때의 처짐 곡선의 종거와 같다"는 원리를 이용하면 부정정구조물의 영향선을 더 쉽게 작도할 수 있게 된다.

정정구조물의 경우 구속조건을 제거하면 불안정한 구조물이 되어 결국은 부재가 하중을 받아 변형할 수 없게 되나, 부정정구조물의 경우는 한 지점의 구속조건을 제거한다 해도 구조물은 정정 또는 부정정이 된다. 따라서 정정구조물과 부정정구조물의 처짐 모양은 각각 직선과 곡선이 되어, 영향선의 형상이 정정구조물의 경우는 직선이 되고, 부정정구조물의 경우는 곡선이 됨을 알 수 있다.

한편, 뮐러-브레슬로의 원리를 적용할 수 없는 부정정트러스 등의 영향선은 영향선의 정의에 따라 주요 격점에 단위하중을 가력시켜 부정정력을 변위일치법 등으로 해석한 후 영향도표를 구하고, 다른 부재력의 영향선은 평형조건에 의해 부정정력의 함수로부터 구하면 된다.

뮐러-브레슬로의 원리를 사용하여 보의 어느 한 점에서의 특정 구조응답(반력, 전단력, 휨모멘트 등)에 대한 영향선을 구하는 일반적인 절차를 요약하면 다음과 같다.

(1) 뮐러 – 브레슬로의 원리를 사용하여 정성적인(qualitative) 영향선을 작도한다.

① 어느 한 특정 구조응답(반력, 전단력, 휨모멘트 등)에 대한 보의 영향선을 구하려는 위치에서 이들 특정 구조응답(반력, 전단력, 휨모멘트 등)에 대응하는 보의 구속이나 힘의 전달 능력을 제거하여 구조응답(반력, 전단력, 휨모멘트 등)을 해제시킨다.

② 보 위에 이 해제점에 그 해제된 특정 구조응답(반력, 전단력, 휨모멘트 등)의 양(+)의 방향으로 작용하는 해제된 특정 구조응답(반력, 전단력, 휨모멘트 등)에 의해 만들어지는 처짐곡선을 단위 값으로 하여 보의 영향선을 정성적으로 그린다.

(2) 정량적인(quantitative) 영향선을 작도한다.

① 영향선의 종거에 대한 정량적인 수치를 구하려면, 일반적으로는 위에서 기술된 해제된 위치가 해제에 대응하는 단위하중을 받고 있을 때 축차적으로 보의 주요 위치들에 대한 처짐을 구한다.

② 1차부정정 보인 경우에는 공액보법을 사용하여 계산하면 편리하다. 즉, 공액보법에 의해 주요 위치에서의 처짐을 계산한 후 각 처짐 값을 단위하중이 가해진 위치에서 구한 해제처짐값으로 나눈다. 이와 같이 나누어 스케일(scale)한 값이 영향선의 종거가 된다.

③ 2차부정정 이상의 보인 경우에는 정성적인 영향선을 그린 후, 모멘트분배법 등을 사용하여 영향선의 종거를 구하고자 하는 위치에 직접 단위하중을 가력시켜서 특정 구조응답(반력, 전단력, 휨모멘트 등)의 영향선의 종거 값을 구하는 것이 바람직하다.

예제 11.1

다음 부정정보의 A지점에 대한 반력 V_A의 영향선을 그리시오. 단, EI는 일정하다.

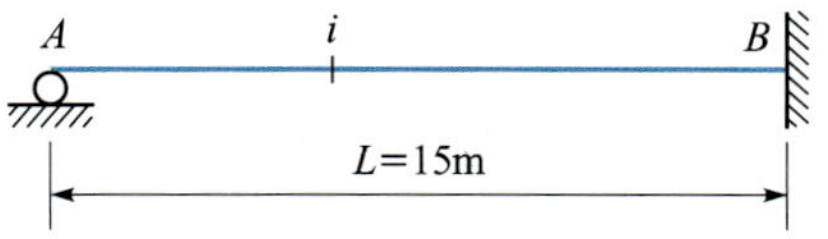

(a)

그림 예제 11.1

풀이

지점 A에 작용하는 반력 V_A를 부정정력(여용력)으로 하자.

뮐러-브레슬로(Müller – Breslau) 법칙과 공액보법을 사용하여 V_A의 영향선을 구하면 다음과 같다. 지점 A를 제거한 후, V_A에 대응하는 구속력 $V_A=1$을 가력하여 $\frac{M}{EI}$선도를 구하고 공액보에 $\frac{M}{EI}$선도 하중을 재하하면 그림 (b)와 같이 된다. 그림 (b)에서,

$$\delta_{AA}=M_A=\frac{1}{2}\cdot 15\cdot\frac{15}{EI}\cdot\left(\frac{2}{3}\cdot 15\right)=\frac{1125}{EI}$$

$$\delta_{iA}=M_x=\frac{1}{2}\cdot\frac{15-x}{EI}\cdot x\cdot\left(\frac{x}{3}\right)+\frac{1}{2}\cdot\frac{15}{EI}\cdot x\cdot\frac{2}{3}x=\frac{(45-x)x^2}{6EI}$$

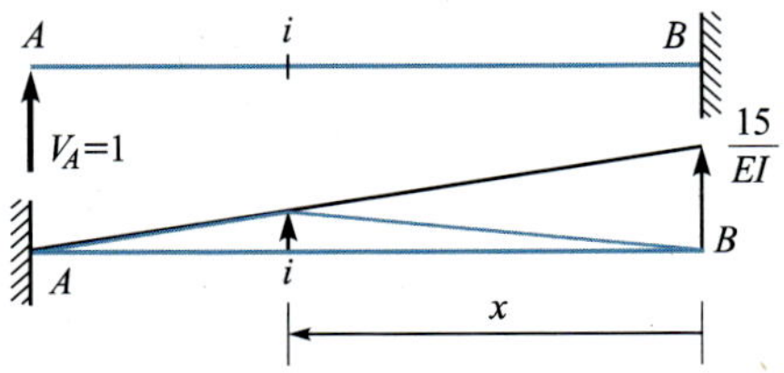

(b) $V_A=1$의 가력과 공액보에 $\frac{M}{EI}$선도 하중재하

뮐러-브레슬로의 원리에 의하면 $V_A=\frac{\delta_{iA}}{\delta_{AA}}$가 된다.

(참고로, 변위일치법에 의해 $-\delta_{Ai}+V_A\delta_{AA}=-\delta_{iA}+V_A\delta_{AA}=0$)

따라서, V_A 영향선함수

$$\therefore\ V_A=\frac{\delta_{iA}}{\delta_{AA}}=\frac{(45-x)x^2}{6750}$$

위 식을 그림으로 나타내면 그림 (c)와 같이 된다.

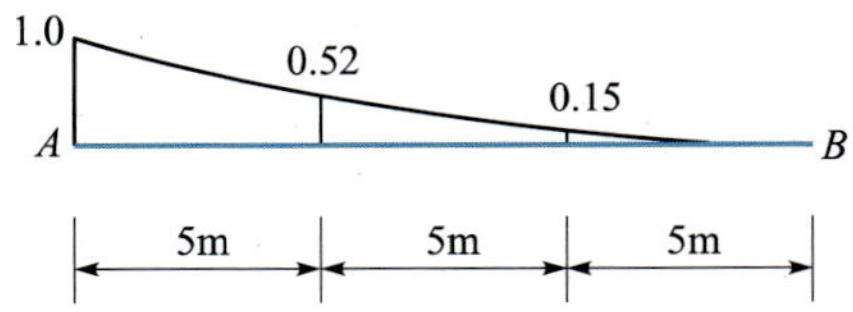

(c) V_A의 영향선

예제 11.2

다음 부정정보에서 지점 B의 수직반력 V_B와 휨모멘트 M_B의 영향선함수를 구하시오. 단 EI는 일정하다.

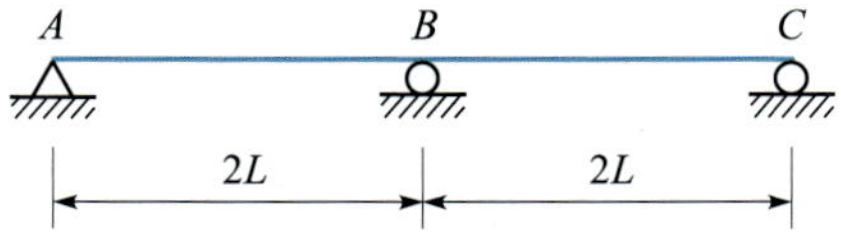

(a)

그림 예제 11.2

풀이

1) V_B의 영향선함수

지점 B에 작용하는 반력 V_B를 부정정력(여용력)으로 하자.

뮐러-브레슬로(Müller－Breslau) 법칙을 이용하자. 지점 B를 제거한 후, $V_B=1$에 대응하는 구속력을 가력하여 $\frac{M}{EI}$선도를 구하고 공액보에 $\frac{M}{EI}$선도 하중을 재하하면 그림 (b)와 같이 된다. 그림 (b)에서,

$$V_A=\frac{1}{2}\left(\frac{1}{2}\cdot 4L\cdot\frac{L}{EI}\right)=\frac{L^2}{EI}$$

$$V_C=V_A=\frac{L^2}{EI}$$

$$\delta_{BB}=V_A\cdot 2L-\frac{2L\cdot\frac{L}{EI}\cdot\frac{2L}{3}}{2}=\frac{2L^3}{EI}-\frac{2L^3}{3EI}=\frac{4L^3}{3EI}$$

$$\delta_{iB}=V_A\cdot x-\frac{1}{2}\cdot x\cdot\frac{x}{2EI}\cdot\frac{x}{3}=\frac{xL^2}{EI}-\frac{x^3}{12EI}$$

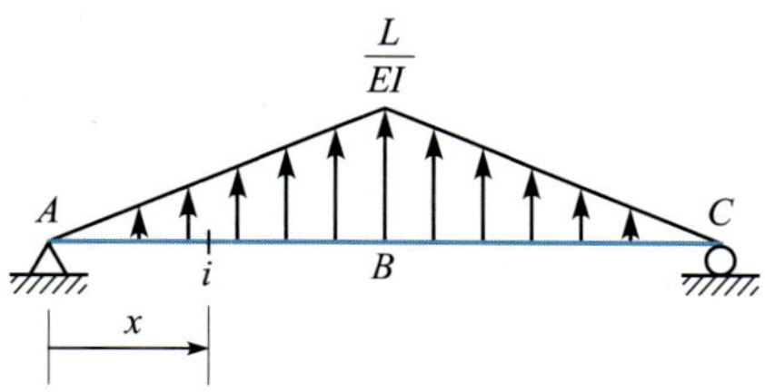

(b) 공액보와 $\frac{M}{EI}$선도 하중재하

뮐러-브레슬로의 원리에 의하면 $V_B=\frac{\delta_{iB}}{\delta_{BB}}$가 된다.

(참고로, 변위일치법에 의해 $-\delta_{Bi}\cdot(1)+V_B\cdot\delta_{BB}=-\delta_{iB}\cdot(1)+V_B\cdot\delta_{BB}=0$)

따라서, V_B의 영향선함수

$$\therefore V_B=\frac{\delta_{iB}}{\delta_{BB}}=\frac{\frac{12L^2\cdot x-x^3}{12EI}}{\frac{4L^3}{3EI}}=\frac{x\cdot(12L^2-x^2)}{16L^3}\quad(0\le x\le 2L)$$

2) M_B의 영향선함수

그림 (c)의 자유물체도에 평형방정식을 적용하면, 다음과 같이 영향선의 함수가 구해진다. 즉,

$$+\curvearrowright\sum M_C=0\ ;\ 4L\cdot V_A+V_B\cdot 2L-(4L-x)\cdot 1=0$$

$$\therefore V_A = \frac{4L-x}{4L} - \frac{V_B 2L}{4L} = \frac{4L-x}{4L} - \frac{V_B}{2} = 1 - \frac{x}{4L} - \frac{V_B}{2} = \frac{32L^3 - 20L^2x + x^3}{32L^3}$$

따라서, M_B의 영향선함수

$$\therefore M_B = V_A \cdot 2L - 1 \cdot (2L-x) = \frac{32L^3 - 20L^2 \cdot x + x^3}{16L^2} + (x-2L)$$

$$= \frac{1}{16L^2} \cdot x \cdot (x^2 - 4L^2) = \frac{x}{16L^2}(x+2L)(x-2L)\ (0 \le x \le 2L)$$

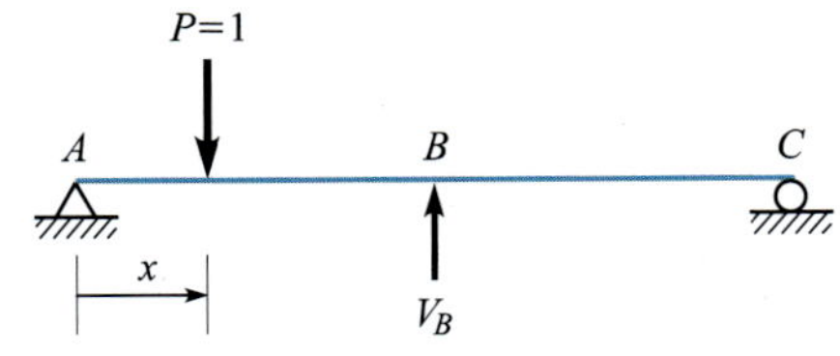

(c) 자유물체도

예제 11.3

다음 부정정보에서 점 1의 위치에서 휨모멘트 M_1 및 전단력 V_1의 영향선을 구하시오. 단 EI는 일정하다.

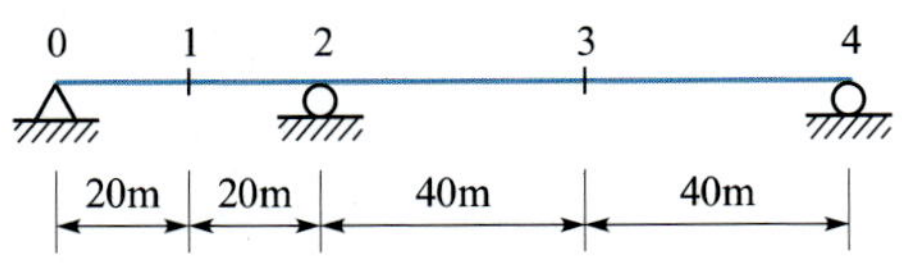

(a)

그림 예제 11.3

풀이

1) 휨모멘트 M_1의 영향선

그림 (b)와 같이 점 1을 내부힌지로 만든 후, 점 1에 $M_1 = 1$을 작용시키고 뮐러-브레슬로(Müller−Breslau) 방법을 적용하자. 즉, 그림 (c)의 자유물체도에 평형방정식을 적용하면

$$+\curvearrowright \sum M_1 = 0\ ;\ R' \cdot 20 - 1 = 0 \rightarrow R' = \frac{1}{20}$$

따라서, 점 2의 휨모멘트 $M_2 = R' \cdot 40 = \frac{1}{20} \cdot 40 = 2 \rightarrow \frac{M_2}{EI} = \frac{2}{EI}$

공액보와 $\frac{M}{EI}$선도 하중재하의 상태를 나타내면 그림 (d)와 다음과 같다.

그림 (d)의 공액보에서 지점 2가 내부힌지가 되어 공액보는 정정구조물이 된다.

그림 (d)의 왼쪽부분의 자유물체도에 평형방정식을 적용하면

$$+\curvearrowright \sum M_0 = 0\ ;\ R_1 \cdot 20 - \frac{1}{2} \cdot 40 \cdot \frac{2}{EI} \cdot \frac{2 \cdot 40}{3} - \frac{160}{3EI} \cdot 40 = 0$$

따라서,

$$R_1 = \frac{1}{20} \cdot \left(\frac{160}{3EI} \cdot 40 + \frac{1}{2} \cdot 40 \cdot \frac{2}{EI} \cdot \frac{2 \cdot 40}{3}\right) = \frac{160}{EI} = \theta_{11}$$

$$+\uparrow \sum F_y = 0\ ;\ -R_0 - R_1 + \frac{40}{EI} + \frac{160}{3EI} = 0 \rightarrow R_0 = \frac{40}{EI} + \frac{160}{3EI} - \frac{160}{EI} = -\frac{200}{3EI}$$

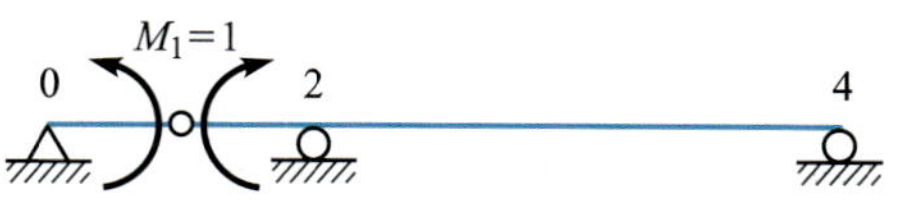

(b) 실제보와 같은 상태

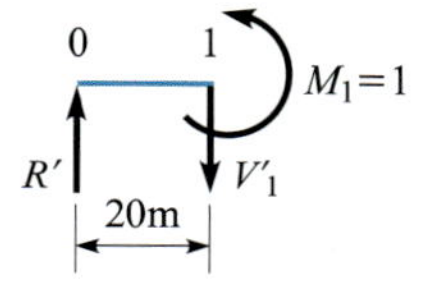

(c)

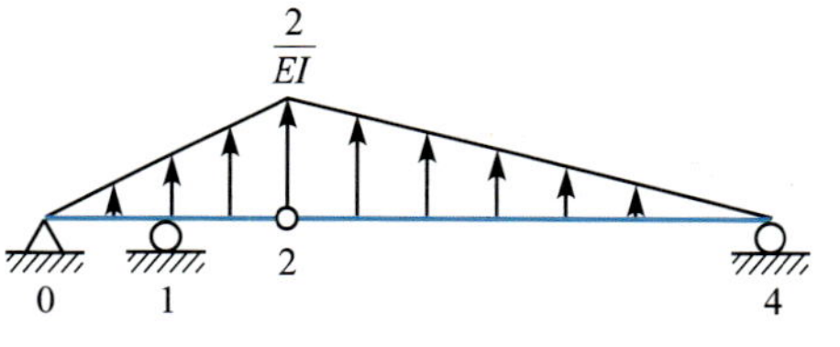

(d) 공액보와 $\frac{M}{EI}$선도 하중재하

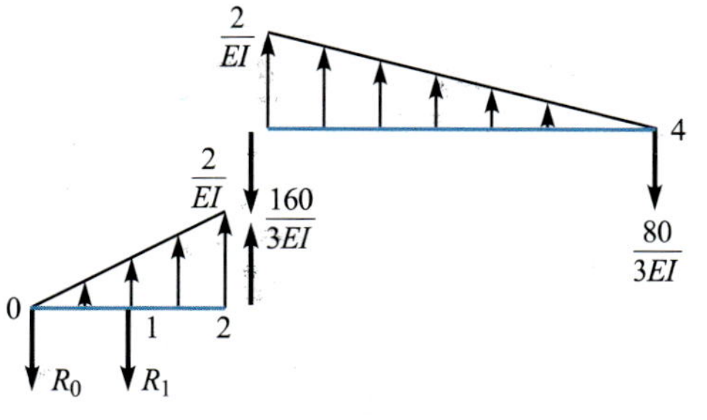

(e) 자유물체도

뮐러-브레슬로(Müller－Breslau)의 원리에 의하면 $M_1 = \frac{\delta_{i1}}{\theta_{11}}$ 이 되고, δ_{i1}의 값을 계산하면 다음과 같이 구해진다. 그림 (e)의 왼쪽부분의 자유물체도에서

$\delta_{11} = -R_0 \times 20 +$ 삼각형의 면적 $\times$ 도심까지의 거리

$= \frac{200}{3EI} \cdot 20 + (\frac{1}{2} \cdot \frac{1}{EI} \cdot 20) \cdot \frac{20}{3} = \frac{4,200}{3EI} = \frac{1400}{EI}$

$\therefore \frac{\delta_{11}}{\theta_{11}} = \frac{1400}{160} = 8.75$

$\delta_{21} = -R_0 \times 40 - R_1 \times 20 +$ 삼각형의 면적 $\times$ 도심까지의 거리

$= \frac{200}{3EI} \cdot 40 - \frac{160}{EI} \cdot 20 + (\frac{1}{2} \cdot 40 \cdot \frac{2}{EI}) \cdot \frac{40}{3} = 0$

$\therefore \frac{\delta_{21}}{\theta_{11}} = 0$

그림 (e)의 오른쪽부분의 자유물체도에서

$\delta_{31} = -\frac{80}{3EI} \cdot 40 + (\frac{1}{2} \cdot \frac{1}{EI} \cdot 40) \cdot \frac{40}{3} = -\frac{2,400}{3EI} = -\frac{800}{EI}$

$\therefore \frac{\delta_{31}}{\theta_{11}} = \frac{-800}{160} = -5$

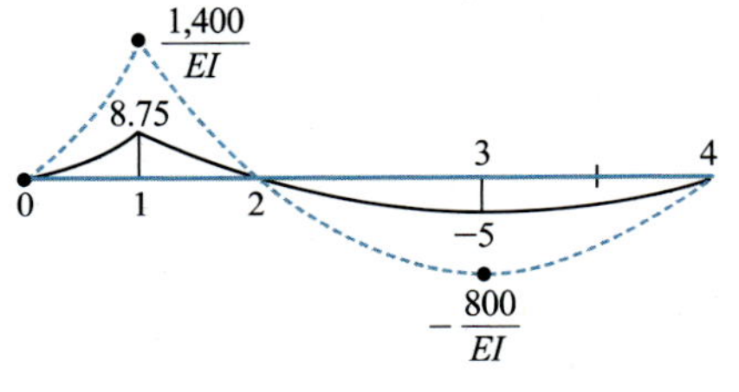

(f) M_1의 영향선도

2) 전단력 V_1의 영향선

우선 점 1에서 그림 (g)와 같은 내부로울러 미끄럼장치를 사용하여 점 1의 전단력을 해제시키고, 점 1에 $V_1 = 1$을 작용시키고 뮐러-브레슬로(Müller − Breslau) 방법을 적용하자. 이 경우 점 1의 전단력에 대한 정성적인 영향선은 그림 (h)와 같이 된다.

그림 (i)의 공액보에서 지점 2′가 내부힌지가 되고 점 1′에 $M_{1'}$ 및 삼각형 분포하중이 가해진 공액보는 정정구조물이 된다. 따라서 이 정정공액보에서 지점반력 $R_{0'}$, $R_{2'}$, $R_{3'}$ 그리고 $M_{1'}$를 구하면 그림 (j)와 같다.

따라서 그림 (j)의 왼쪽부분의 자유물체도에서

$\delta_{1'1'} = M_{1'} = \frac{64,013}{EI}$

그림 (j)의 왼쪽부분의 자유물체도에서, 점 1′의 바로 왼쪽점의 휨모멘트 $M_{1'}^{(-)}$는

$\delta_{1'1'}^{(-)} = M_{1'1'}^{(-)} = (\frac{1}{2} \cdot \frac{20}{EI} \cdot 20)(\frac{20}{3}) - \frac{1,867}{EI}(20) = \frac{200}{EI}(6.7) - \frac{1,867}{EI}(20) = -\frac{36,000}{EI}$

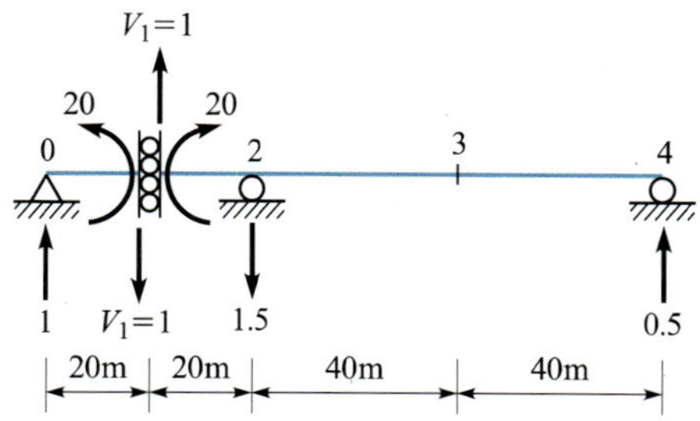

(g) 실제보와 같은 상태

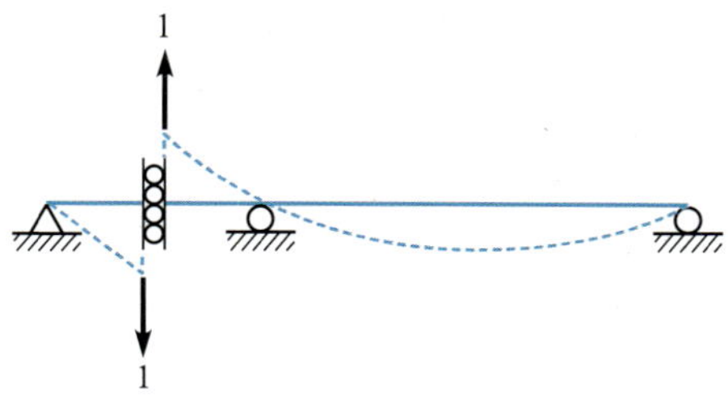

(h) 점 1의 전단력에 대한 정성적인 영향선

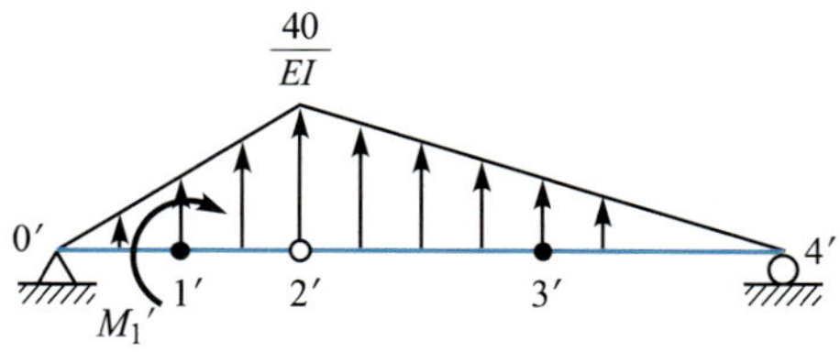

(i) 공액보와 $\dfrac{M}{EI}$선도 하중재하

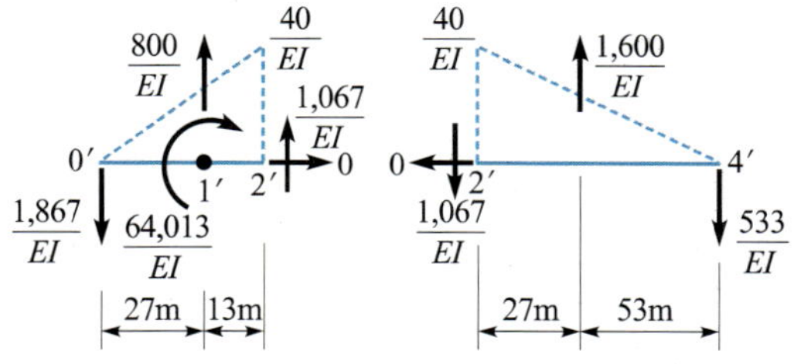

(j) 자유물체도

뮐러-브레슬로의 원리를 적용한다.

(참고로, 변위일치법에 의해 $-\delta_{1'i'}\cdot(1)+V_{1'}\cdot\delta_{1'1'}=-\delta_{i'1'}\cdot(1)+V_{1'}\cdot\delta_{1'1'}=0$)

따라서, $V_{1'}=\dfrac{\delta_{i'1'}}{\delta_{1'1'}}$

점 1′의 바로 왼쪽점의 전단력 영향선의 종거 $V_{1'}^{(-)}=\dfrac{\delta_{1'1'}^{(-)}}{\delta_{1'1'}}=\dfrac{-36,000}{64,103}=-0.562$

그림 (j)의 왼쪽부분의 자유물체도에서, 점 1′의 바로 오른쪽점의 휨모멘트 $M_{1'}^{(+)}$는

$$\delta_{1'1'}^{(+)}=M_{1'1'}^{(+)}=\frac{200}{EI}(6.7)-\frac{1,867}{EI}(20)+\frac{64,013}{EI}=\frac{28,013}{EI}$$

점 1′의 바로 오른쪽점의 전단력 영향선의 종거 $V_{1'}^{(+)}=\dfrac{\delta_{1'1'}^{(+)}}{\delta_{1'1'}}=\dfrac{28,013}{64,013}=0.438$

그림 (j)의 오른쪽부분의 자유물체도에서, 점 3′의 휨모멘트 $M_{3'}$는

$$\delta_{3'1'}=M_{3'1'}=\left(\frac{1}{2}\cdot\frac{20}{EI}\cdot 40\right)\left(\frac{40}{3}\right)-\frac{533}{EI}(40)=\frac{400}{EI}(13.3)-\frac{533}{EI}(40)=-\frac{16,000}{EI}$$

점 3′의 전단력 영향선의 종거 $V_{3'}=\dfrac{\delta_{3'1'}}{\delta_{1'1'}}=\dfrac{-16,000}{64,013}=-0.250$

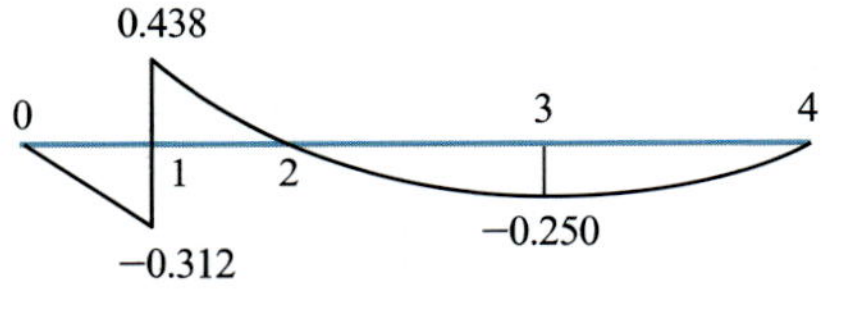

(k) V_1의 영향선도

TIP

1) 위의 내부로울러 미끄럼장치는 전단력을 제외한 휨모멘트와 축력을 저항한다.
2) 위의 내부힌지장치는 휨모멘트를 제외한 전단력과 축력을 저항한다.
3) 어떤 구간에서 최대 영향선 값은 그 구간의 영향선의 x 함수를 구하고, 그것을 한번 미분해서 '0'으로 놓으면 최대 영향선 값을 갖는 거리 x가 얻어진다. 이때 x를 영향선의 x 함수에 넣으면 그 구간에서 최대 영향선 값이 구해진다.

Structural Mechanics

for Students Construction Engineering Disciplines

PART 03

매트릭스구조해석

CHAPTER

12

직접강도법에 의한 매트릭스구조해석

12.1 개설

설계와 구조안전진단 등에 있어서 구조물의 수치해석법, 즉 구조해석법은 컴퓨터를 사용하여 수행하는 것이 보통이다. 유한요소법(finite element method, FEM)은 컴퓨터의 사용에 가장 최적인 구조해석법으로, 1950년대 중반에 비행기의 정밀한 응력해석을 위하여 미국 보잉사(Boeing)의 Turner 박사팀이 개발한 직접강도법에 의한 매트릭스 구조해석의 발표로부터 발단이 되었다. 그 이후, 21세기의 컴퓨터와 정보통신기술(IT)의 급속한 발전과 더불어 유한요소법은 토목, 건축, 기계, 조선, 항공 등의 구조공학 분야에 급속히 전파되어 사용되고 있다. 그러므로 구조기술자는 반드시 유한요소법의 프로그램(program)을 이용한 구조물의 수치해석을 수행할 수 있어야 한다. 유한요소법은 직접강도법에 의한 매트릭스구조해석법과 절차가 동일하고 이것으로부터 체계화되었으므로, 12.2절에서는 유한요소법의 이해를 위하여 직접강도법에 의한 매트릭스구조해석에 대해서만 소개했다.

구조해석의 기본 식에 나타나는 연립방정식을 매트릭스(matrix, 행렬)를 사용하여 표시하면 다음과 같이 2종류로 나누어진다.

$$\{p\} = [k]\{u\} \tag{12.1a}$$

$$\{u\} = [f]\{p\} \tag{12.1b}$$

여기서, $\{p\}$: 힘벡터(force vector)

$\{u\}$: 변위벡터(displacement vector)

$[k]$: 강도행렬(stiffness matrix)

$[f]$: 유연도행렬(flexibility matrix)

식 (11.1a)는 절점변위 u를 미지수로 택하여 구조해석을 수행하는 변위법(displacement method)이고, 식 (11.1b)는 절점력 p를 미지수로 택하여 구조해석을 수행하는 응력법(force method)을 보여주고 있다. 직접강도법에 의한 매트릭스구조해석이나 유한요소법은 일종의 변위법이다.

12.2 직접강도법에 의한 매트릭스구조해석

트러스나 보 등의 구조물을 직접강도법에 의한 매트릭스구조해석을 하기 위해서는 먼저 구조물을 일련의 유한요소(finite element), 즉 어느 정도의 작은 요소로 이산화되도록 분할해야 한다. 그 다음에 분할된 각 요소의 힘-변위간의 성질을 결정하고, 이들을 상호 연관시키는 적합행렬식(compatibility matrix equation)을 만든다. 이 관계식을 표현하는 매트릭스를 강도행렬(보통, $[k]$, $[K]$, k_{ij}, K_{ij} 등으로 표시함)이라 한다. 일단 이 관계식을 구하고 나면, 절점변위(부재변위)나 절점력(부재력)은 구조물에 주어진 경계조건(boundary condition)과 재하조건 등으로부터 결정된다. 직접강도법에 의한 매트릭스구조해석이나 유한요소법은 분할한 요소에 대해 강도행렬과 연립방정식을 세우고 단순 반복계산하여 해를 구하는 작업이 대부분이기 때문에, 다음에 기술한 해석절차의 내용과 컴퓨터에 관한 어느 정도의 지식이 필요하다.

(1) 요소와 절점

그림 12.1은 구조물의 요소(element)분할에 의한 모델링의 사례를 보여주고 있다. 이 구조물의 위 부분은 구조해석을 위해 어느 정도 작은 유한(finite)개의 트러스와 보요소를 사용해 구조모형화(structural modelling)한 것이고, 아래 부분의 벽체는 평판요소를 사용하여 모델링했다. 이들 분할된 요소와 요소는 절점(joint, node)에 의해서 서로 연결되어 있으며, 직접강도법에 의한 매트릭스구조해석이나 유한요소법에서 직접 구하는 것은 각 절점의 변위(엄밀히 말하면, 절점의 자유도에 해당하는 변위)이다.

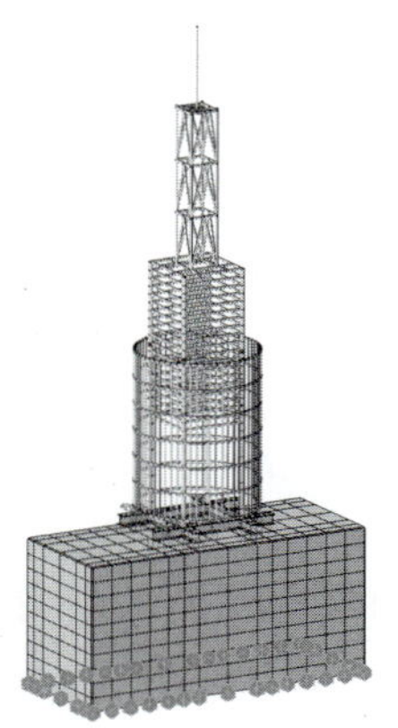

그림 12.1 구조물의 요소분할

(2) 자유도와 연립방정식의 규모

1개의 절점에서 고려한 변위성분의 수를 자유도(degree of freedom)라고 한다. 그러므로 구조물 전체의 절점의 수에 '1절점 당 자유도'를 곱한 것이 구조물의 총자유도 수가 되고, 구조해석 시 생성되는 연립방정식의 수는 총자유도 수와 같게 된다. 구조물의 총자유도 수는 적은 경우는 수십 개, 많은 경우는 수십만 개가 되므로 연립방정식도 총자유도 수만큼 상당히 크게 된다. 따라서 전체의 계산규모가 매우 커지므로 대용량의 컴퓨터와 프로그램의 개발이 필요하다. 컴퓨터 기술의 비약적인 발달과 더불어 오늘날에는 개인용 컴퓨터를 사용하면 웬만한 규모의 구조물에 대한 구조해석이 가능하게 되었고, 초대형 구조물일지라도 슈퍼컴퓨터를 사용하면 불가능한 해석이 없을 정도로 발전되었다.

(3) 강도행렬과 좌표변환

식 (12.1a)에서 각 요소의 절점에 걸리는 힘과 절점변위는 열벡터(column vector)의 형태 그리고 요소강도행렬(element stiffness matrix)은 정방행렬(square matrix)의 형태를 하고 있다. 모든 요소에 대해 국부좌표계(local coordinate system)에서 요소강성행렬 $[k]$을 구한다. 이것을 좌표변환(transformation of coordinate)하여 전체좌표계(global coordinate system)의 값, 즉 전체강도행렬(global stiffness matrix) $[K]$로 변환한 후 구조물 전체의 절점에 대해 조합(assemble)시켜 구조강도행렬(total structural stiffness matrix) $[K_T]$을 구한다.

국부좌표계에서 어떤 요소의 절점변위를 $\{u\}$라 하고, 전체좌표계에서 같은 요소의 절점변위를 $\{U\}$ 그리고 국부좌표계에서 전체좌표계로의 좌표변환행렬을 $[R]$이라고 하면 다음의 관계가 성립된다.

$$\{U\} = [R]\{u\} \tag{12.2}$$

여기서 $[R]$은 방향여현(direction cosine)으로 나타낼 수 있다. 그리고 절점력에 대해서도 식 (12.2)와 같은 관계가 성립한다.

한편, 국부좌표계에서 요소강성행렬 $[k]$와 전체좌표계에서 전체강도행렬 $[K]$의 관계를 유도해 보면 다음과 같이 된다.

$$[K] = [R][k][R]^T \tag{12.3}$$

(4) 구조강도행렬의 결정과 경계조건의 처리

각 요소(1, 2, ⋯, n)에 대한 전체강도행렬 $[K]$를 구조물 전체의 절점에 대해 조합(assemble)시켜 구하는 구조강도행렬 $[K_T]$를 수식으로 나타내면 다음과 같이 된다.

$$[K_T] = [K_1] + [K_2] + \cdots + [K_3] = \sum_{e=1}^{n} [K_e] \tag{12.4}$$

따라서 구조물 전체에 대해 식 (12.1a)를 다시 쓰면 다음과 같이 되다.

$$\{P_T\} = [K_T]\{U_T\} \tag{12.5}$$

위 식은 구조강도행렬 $[K_T]$가 특이행렬(singular matrix)이기 때문에 연립방정식의 해를 구할 수가 없다. 그러나 위 식에 경계조건을 도입하면, 즉 구속된 자유도에 대해 구조강도행렬의 행과 열을 빼면 축소된 힘–변위간의 행렬식이 된다. 이 축소된 행렬식을 풀면 절점변위가 구해지고, 절점변위를 이용하여 부재력과 반력을 구하면 된다.

예제 12.1

다음 그림과 같은 트러스의 강도행렬(stiffness matrix)을 구하시오. 단, 모든 부재의 탄성계수는 $E = 2.1 \times 10^5$ MPa이고 단면적은 $A = 72.16 \times 10^2$ mm^{2}이다.

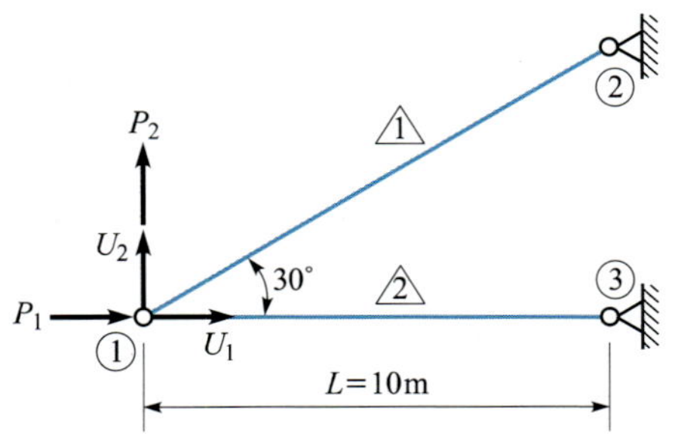

(a)

그림 예제 12.1

풀이

1) 좌표변환행렬 $[R]$ 계산

그림 (b)에서 P_1, P_2, U_1, U_2는 전체좌표계의 절점 1에서 각각 외력과 변위를 나타내고 있다. Q_1, Q_2는 국부좌표계에서 부재력이고, X_1과 Y_1은 Q_1을 전체좌표계의 값으로 좌표변환하여 나타낸 것이다. 그리고 X_2는 Q_2를 전체좌표계의 값으로 좌표변환하여 나타낸 것이다. 따라서 다음과 같은 평형관계가 성립된다.

$$X_1 = Q_1 \cos 30° = \frac{\sqrt{3}}{2} Q_1\,,\quad Y_1 = Q_1 \sin 30° = \frac{1}{2} Q_1$$

$$X_2 = Q_2$$

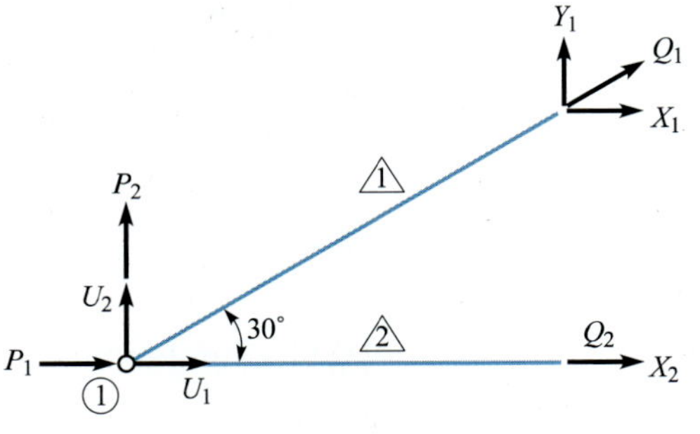

(b)

$$+\rightarrow \Sigma F_x = 0\ ;\ P_1 + X_1 + X_2 = 0,\quad \therefore P_1 = -\frac{\sqrt{3}}{2} Q_1 - Q_2$$

$$+\uparrow \Sigma F_y = 0;\ P_2 + Y_1 = 0,\qquad \therefore P_2 = -\frac{1}{2} Q_1$$

위의 평형방정식을 행렬식 $\{P\} = [R]\{Q\}$의 형태로 나타내면,

$$\begin{Bmatrix} P_1 \\ P_2 \end{Bmatrix} = \begin{bmatrix} -\frac{\sqrt{3}}{2} & -1 \\ -\frac{1}{2} & 0 \end{bmatrix} \begin{Bmatrix} Q_1 \\ Q_2 \end{Bmatrix}$$

위 식으로부터, 국부좌표계에서 전체좌표계로의 좌표변환행렬 $[R]$이 다음과 같이 된다. 즉,

$$[R] = \begin{bmatrix} -\frac{\sqrt{3}}{2} & -1 \\ -\frac{1}{2} & 0 \end{bmatrix}$$

2) 국부좌표계에서 부재의 요소강도행렬 $[k]$ 계산
축력을 받는 길이가 L인 부재에 대한 응력-변형률의 관계식을 이용하면 다음과 같이 요소강도 k를 구하는 식이 유도된다. 즉,

$$f = E\epsilon \rightarrow \frac{Q}{A} = E\frac{u}{L} \rightarrow Q = \frac{EA}{L} u = ku,\qquad \therefore k = \frac{EA}{L}$$

위의 트러스의 요소강도를 구하는 식을 이용하면, 각 부재에서 요소강도가 다음과 같이 구해진다.

부재 1 : $k_1 = \frac{\sqrt{3}\,EA}{2L}$

부재 2 : $k_2 = \frac{EA}{L}$

각 부재의 요소강도를 대각선상으로 나열하면 국부좌표계에서 요소강도행렬 $[k]$가 다음과 같이 구해진다.

$$[k] = \begin{bmatrix} k_1 & 0 \\ 0 & k_2 \end{bmatrix} = \frac{EA}{L}\begin{bmatrix} \frac{\sqrt{3}}{2} & 0 \\ 0 & 1 \end{bmatrix}$$

$$= \frac{(2.1\times10^5\times10^{-3})(72.16\times10^2)}{10\times10^3}\begin{bmatrix} \frac{\sqrt{3}}{2} & 0 \\ 0 & 1 \end{bmatrix} = \begin{bmatrix} 131.23 & 0 \\ 0 & 151.54 \end{bmatrix}\text{kN/mm}$$

3) 전체좌표계에서 구조물 전체강도행렬 $[K]$ 계산

$$[K] = [R]\,[k]\,[R]^T$$

$$[K] = \begin{bmatrix} -\frac{\sqrt{3}}{2} & -1 \\ -\frac{1}{2} & 0 \end{bmatrix}\frac{EA}{L}\begin{bmatrix} \frac{\sqrt{3}}{2} & 0 \\ 0 & 1 \end{bmatrix}\begin{bmatrix} -\frac{\sqrt{3}}{2} & -\frac{1}{2} \\ -1 & 0 \end{bmatrix} = \frac{EA}{L}\begin{bmatrix} 1.65 & 0.38 \\ 0.38 & 0.22 \end{bmatrix}$$

$$= \frac{(2.1\times10^5\times10^{-3})(72.16\times10^2)}{10\times10^3}\begin{bmatrix} 1.65 & 0.38 \\ 0.38 & 0.22 \end{bmatrix} = \begin{bmatrix} 250.03 & 57.58 \\ 57.58 & 33.34 \end{bmatrix}\text{kN/mm}$$

예제 12.2

다음과 같이 연직방향의 절점집중하중 $P = 100\,\text{kN}$과 모든 트러스부재가 균일한 온도증가 $\Delta T = 15°\text{C}$의 온도하중을 받고 있을 때, 매트릭스구조해석법으로 절점변위 구하시오. 단, 탄성계수는 $E = 2.1\times10^5\,\text{MPa}$이고, 열팽창계수는 $\alpha = 12\times10^{-6}/°\text{C}$, A_1, A_2, A_3는 각각 부재 1, 2, 3의 단면적이다.

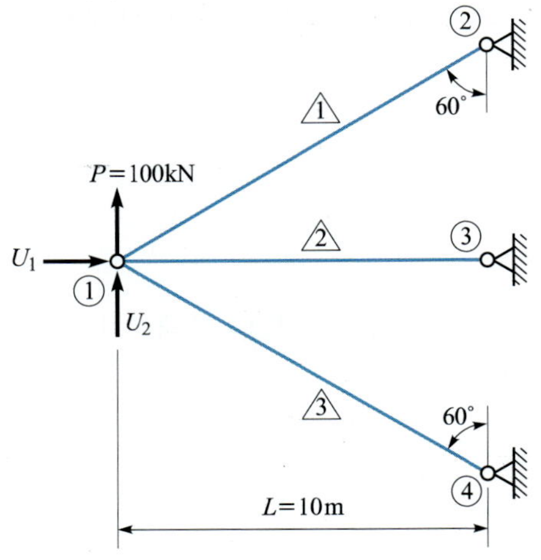

$$A_1 = \frac{2}{\sqrt{3}}A, \ \ A_2 = A, \ \ A_3 = \frac{4}{\sqrt{3}}A, \ \ A = 72.16 \times 10^2 \mathrm{mm}^2$$

(a)

그림 예제 12.2

풀이

1) 좌표변환행렬 $[R]$ 계산

그림 예제 12.2 (a)에서,

$$L_1 = \frac{2L}{\sqrt{3}}, \ L_2 = L, \ L_3 = \frac{2L}{\sqrt{3}}$$

그림 (b)에서 P_1, P_2, U_1, U_2는 전체좌표계의 절점 1에서 각각 외력과 변위를 나타내고 있다. Q_1, Q_2, Q_3은 국부좌표계에서 부재력이고, X_1과 Y_1은 Q_1을 전체좌표계의 값으로 좌표변환하여 나타낸 것이다. 그리고 X_2는 Q_2를 전체좌표계의 값으로, X_3과 Y_3은 Q_3을 전체좌표계의 값으로 좌표변환하여 나타낸 것이다. 따라서 다음과 같은 평형관계가 성립된다.

$$X_1 = Q_1 \cos 30° = \frac{\sqrt{3}}{2}Q_1, \ Y_1 = \frac{1}{2}Q_1$$

$$X_2 = Q_2$$

$$X_3 = \frac{\sqrt{3}}{2}Q_3, \ Y_3 = \frac{1}{2}Q_3$$

$$+\!\rightarrow \sum F_x = 0 \ ; P_1 + X_1 + X_2 + X_3 = 0, \ \therefore P_1 = -X_1 - X_2 - X_3 = -\frac{\sqrt{3}}{2}Q_1 - Q_2 - \frac{\sqrt{3}}{2}Q_3$$

$$+\!\uparrow \sum F_y = 0 \ ; P_2 + Y_1 - Y_3 = 0, \qquad \therefore P_2 = -Y + Y_3 = -\frac{1}{2}Q_1 + \frac{1}{2}Q_3$$

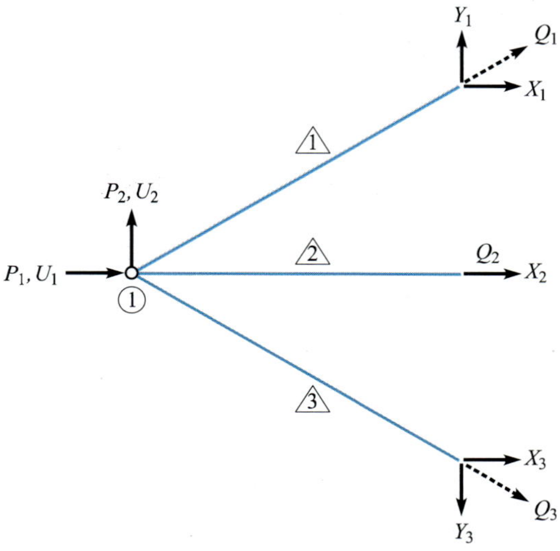

(b)

위의 평형방정식을 행렬식 $\{P\}=[R]\{Q\}$의 형태로 나타내면,

$$\begin{Bmatrix} P_1 \\ P_2 \end{Bmatrix} = \begin{bmatrix} -\frac{\sqrt{3}}{2} & -1 & -\frac{\sqrt{3}}{2} \\ -\frac{1}{2} & 0 & \frac{1}{2} \end{bmatrix} \begin{Bmatrix} Q_1 \\ Q_2 \\ Q_3 \end{Bmatrix}$$

위 식으로부터, 국부좌표계에서 전체좌표계로의 좌표변환행렬 $[R]$이 다음과 같이 된다. 즉,

$$[R] = \begin{bmatrix} -\frac{\sqrt{3}}{2} & -1 & -\frac{\sqrt{3}}{2} \\ -\frac{1}{2} & 0 & \frac{1}{2} \end{bmatrix}$$

2) 강도행렬 계산

트러스의 요소강도를 구하는 식을 이용하면, 각 부재에서 요소강도가 다음과 같이 구해진다.

부재 1 : $k_1 = \dfrac{\frac{2}{\sqrt{3}}AE}{\frac{2}{\sqrt{3}}L} = \dfrac{AE}{L}$

부재 2 : $k_2 = \dfrac{AE}{L}$

$$\text{부재 3} : k_3 = \frac{\frac{4}{\sqrt{3}}AE}{\frac{2}{\sqrt{3}}L} = \frac{2AE}{L}$$

각 부재의 요소강도를 대각선상으로 나열하면 국부좌표계에서 요소강도행렬 $[k]$ 가 다음과 같이 구해진다.

$$\therefore [k] = \begin{bmatrix} k_1 & 0 & 0 \\ 0 & k_2 & 0 \\ 0 & 0 & k_2 \end{bmatrix} = \begin{bmatrix} \frac{AE}{L} & 0 & 0 \\ 0 & \frac{AE}{L} & 0 \\ 0 & 0 & \frac{2AE}{L} \end{bmatrix}$$

전체좌표계에서 구조물 전체강도행렬 $[K]$ 를 구하면

$$[K] = [R]\,[k]\,[R]^T = \begin{bmatrix} -\frac{\sqrt{3}}{2} & -1 & -\frac{\sqrt{3}}{2} \\ -\frac{1}{2} & 0 & \frac{1}{2} \end{bmatrix} \frac{AE}{L} \begin{bmatrix} 1 & 0 & 0 \\ 0 & 1 & 0 \\ 0 & 0 & 2 \end{bmatrix} \begin{bmatrix} -\frac{\sqrt{3}}{2} & -\frac{1}{2} \\ -1 & 0 \\ -\frac{\sqrt{3}}{2} & \frac{1}{2} \end{bmatrix}$$

$$= \frac{AE}{L} \begin{bmatrix} -\frac{\sqrt{3}}{2} & -1 & -\sqrt{3} \\ -\frac{1}{2} & 0 & 1 \end{bmatrix} \begin{bmatrix} -\frac{\sqrt{3}}{2} & -\frac{1}{2} \\ -1 & 0 \\ -\frac{\sqrt{3}}{2} & \frac{1}{2} \end{bmatrix} = \frac{AE}{L} \begin{bmatrix} \frac{13}{4} & -\frac{\sqrt{3}}{4} \\ -\frac{\sqrt{3}}{4} & \frac{3}{4} \end{bmatrix}$$

$$= \frac{AE}{4L} \begin{bmatrix} 13 & -\sqrt{3} \\ -\sqrt{3} & 3 \end{bmatrix}$$

3) 부재의 온도변화 ΔT 에 의한 하중 계산

$$f = E\epsilon \rightarrow \frac{F}{A} = E\frac{u}{L} \rightarrow u = \frac{FL}{EA} = \alpha L \Delta T, \qquad \therefore F = AE\alpha\Delta T$$

따라서, 국부좌표계에서 온도변화 ΔT 에 의한 하중은 다음과 같이 된다.

$$\{F_T\} = AE\alpha\Delta T \begin{Bmatrix} \frac{2}{\sqrt{3}} \\ 1 \\ \frac{4}{\sqrt{3}} \end{Bmatrix} = \{Q_T\}$$

전체좌표계에서 집중절점하중 $\{P\}$ 와 온도변화 ΔT 에 의한 하중 $\{Q_T\}$ 를 합하면,

$$\{P\}+[R]\{Q_T\}=\{P\}+AE\alpha\Delta T\begin{bmatrix} -\dfrac{\sqrt{3}}{2} & -1 & -\dfrac{\sqrt{3}}{2} \\ -\dfrac{1}{2} & 0 & \dfrac{1}{2} \end{bmatrix}\begin{Bmatrix} \dfrac{2}{\sqrt{3}} \\ 1 \\ \dfrac{4}{\sqrt{3}} \end{Bmatrix}=\{P\}+AE\alpha\Delta T\begin{Bmatrix} -4 \\ \dfrac{1}{\sqrt{3}} \end{Bmatrix}$$

4) 집중절점하중 P와 온도변화 ΔT에 의한 절점변위 계산

$$\{P\}+\{Q_T\}=[K]\{U\}$$

$$\begin{Bmatrix} -4AE\alpha\Delta T \\ P+\dfrac{AE\alpha\Delta T}{\sqrt{3}} \end{Bmatrix}=\frac{AE}{4L}\begin{bmatrix} 13 & -\sqrt{3} \\ -\sqrt{3} & 3 \end{bmatrix}\begin{Bmatrix} U_1 \\ U_2 \end{Bmatrix}$$

위 식으로부터 절점변위 U_1, U_2는 다음과 같이 구해진다.

$$\begin{Bmatrix} U_1 \\ U_2 \end{Bmatrix}=\frac{4L}{AE}\frac{1}{13\times 3-3}\begin{bmatrix} 3 & \sqrt{3} \\ \sqrt{3} & 13 \end{bmatrix}\begin{Bmatrix} -4AE\alpha\Delta T \\ P+\dfrac{AE\alpha\Delta T}{\sqrt{3}} \end{Bmatrix}=\frac{4L}{36AE}\begin{bmatrix} 3 & \sqrt{3} \\ \sqrt{3} & 13 \end{bmatrix}\begin{Bmatrix} -4AE\alpha\Delta T \\ P+\dfrac{AE\alpha\Delta T}{\sqrt{3}} \end{Bmatrix}$$

$$=\frac{L}{9AE}\begin{Bmatrix} -12AE\alpha\Delta T+\sqrt{3}\left(P+\dfrac{AE\alpha\Delta T}{\sqrt{3}}\right) \\ -4\sqrt{3}\,AE\alpha\Delta T+13\left(P+\dfrac{AE\alpha\Delta T}{\sqrt{3}}\right) \end{Bmatrix}$$

$$=\frac{L}{9AE}\begin{Bmatrix} -11AE\alpha\Delta T+\sqrt{3}\,P \\ \dfrac{AE\alpha\Delta T}{\sqrt{3}}+13P \end{Bmatrix}$$

$$=\frac{10\times 10^3}{9(72.16\times 10^2)(2.1\times 10^5)}\begin{Bmatrix} -11(72.16\times 10^2)(2.1\times 10^5)(12\times 10^{-6})(15)+\sqrt{3}(100\times 10^3) \\ (72.16\times 10^2)(2.1\times 10^5)(12\times 10^{-6})(15)/\sqrt{3}+13(100\times 10^3) \end{Bmatrix}$$

$$=7.33\times 10^{-7}\begin{Bmatrix} -2{,}827{,}207.72 \\ 1{,}457{,}480.83 \end{Bmatrix}=\begin{Bmatrix} -2.07 \\ 1.07 \end{Bmatrix}\text{mm}$$

예제 12.3

다음과 같은 보요소의 강도행렬(stiffness matrix)을 구하시오. 단 EI는 일정하다.

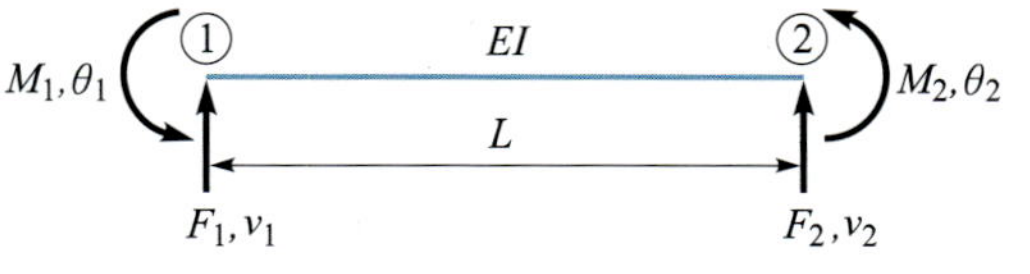

(a)

그림 예제 12.3

풀이

다음과 같은 힘－변형 관계식에서

$$\begin{Bmatrix} F_1 \\ M_1 \\ F_2 \\ M_2 \end{Bmatrix} = \begin{bmatrix} K_{11} & K_{12} \\ K_{21} & K_{22} \end{bmatrix} \begin{Bmatrix} v_1 \\ \theta_1 \\ v_1 \\ \theta_1 \end{Bmatrix}$$

K_{ij}는 $v_j = \theta_j = 1,\ v_i = \theta_i = 0$(고정)일 때의 F_i와 M_i의 값이다. 이 개념과 공액보법을 사용하여 그림 예제 12.3 (a)의 강도행렬을 구하면 다음과 같이 된다.

1) K_{11} : $v_1 = \theta_1 = 1,\ v_2 = \theta_2 = 0$일 때의 F_1, M_1의 값

그림 (b)의 공액보에서 처짐 v_1과 처짐각 θ_1을 구하면,

$$v_1 = \frac{1}{2} \times L \times \frac{F_1 L}{EI} \times \frac{2L}{3} - \frac{M_1}{EI} \times \frac{L^2}{2} = \frac{F_1 L^3}{3EI} - \frac{M_1 L^2}{2EI}$$

$$\theta_1 = -\frac{1}{2} \times \frac{F_1 L}{EI} \times L + \frac{M_1}{EI} \times L = -\frac{F_1 L^2}{2EI} + \frac{M_1 L}{EI}$$

위 식을 행렬식으로 나타내면 다음과 같이 된다.

$$\begin{Bmatrix} v_1 \\ \theta_1 \end{Bmatrix} = \begin{bmatrix} \dfrac{L^3}{3EI} & -\dfrac{L^2}{2EI} \\ -\dfrac{L^2}{2EI} & \dfrac{L}{EI} \end{bmatrix} \begin{Bmatrix} F_1 \\ M_1 \end{Bmatrix} = \frac{1}{6EI} \begin{bmatrix} 2L^3 & -3L^3 \\ -3L^2 & 6L \end{bmatrix} \begin{Bmatrix} F_1 \\ M_1 \end{Bmatrix}$$

따라서

$$\begin{Bmatrix} F_1 \\ M_1 \end{Bmatrix} = 6EI \frac{1}{3L^4} \begin{bmatrix} 6L & 3L^2 \\ 3L^2 & 2L^3 \end{bmatrix} \begin{Bmatrix} v_1 \\ \theta_1 \end{Bmatrix} = \frac{2EI}{L^4} \begin{bmatrix} 6L & 3L^2 \\ 3L^2 & 2L^3 \end{bmatrix} \begin{Bmatrix} v_1 \\ \theta_1 \end{Bmatrix} = EI \begin{bmatrix} \dfrac{12}{L^3} & \dfrac{6}{L^2} \\ \dfrac{6}{L^2} & \dfrac{4}{L} \end{bmatrix} \begin{Bmatrix} v_1 \\ \theta_1 \end{Bmatrix}$$

$$\therefore K_{11} = EI \begin{bmatrix} \dfrac{12}{L^3} & \dfrac{6}{L^2} \\ \dfrac{6}{L^2} & \dfrac{4}{L} \end{bmatrix}$$

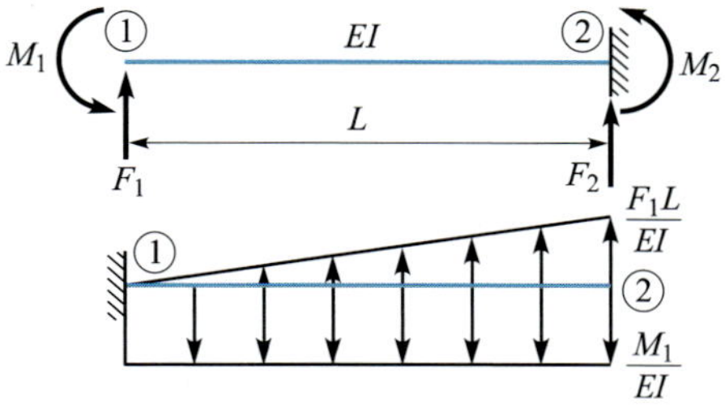

(b) 공액보와 $\frac{M}{EI}$선도 하중재하

2) K_{21} : $v_1=\theta_1=1$, $v_2=\theta_2=0$(고정)일 때의 F_2, M_2의 값

그림 (c)의 자유물체도에 평형방정식을 적용하면,

$$+\uparrow \Sigma F_y=0\ ;\ F_1+F_2=0, \qquad \therefore F_2=-F_1$$

$$+\curvearrowright \Sigma M_2=0\ ;\ -M_1-M_2+F_1L=0, \qquad \therefore M_2=F_1L-M_1$$

따라서, 위 식을 행렬식으로 나타내면 다음과 같이 된다.

$$\begin{Bmatrix} F_2 \\ M_2 \end{Bmatrix}=\begin{Bmatrix} -F_1 \\ F_1L-M_1 \end{Bmatrix}=\begin{bmatrix} -1 & 0 \\ L & -1 \end{bmatrix}\begin{Bmatrix} F_1 \\ M_1 \end{Bmatrix}=\begin{bmatrix} -1 & 0 \\ L & -1 \end{bmatrix}EI\begin{bmatrix} \frac{12}{L^3} & \frac{6}{L^2} \\ \frac{6}{L^2} & \frac{4}{L} \end{bmatrix}\begin{Bmatrix} v_1 \\ \theta_1 \end{Bmatrix}=EI\begin{bmatrix} -\frac{12}{L^3} & -\frac{6}{L^2} \\ \frac{6}{L^2} & \frac{2}{L} \end{bmatrix}\begin{Bmatrix} v_1 \\ \theta_1 \end{Bmatrix}$$

$$\therefore K_{21}=EI\begin{bmatrix} \frac{12}{L^3} & -\frac{6}{L^2} \\ \frac{6}{L^2} & \frac{2}{L} \end{bmatrix}$$

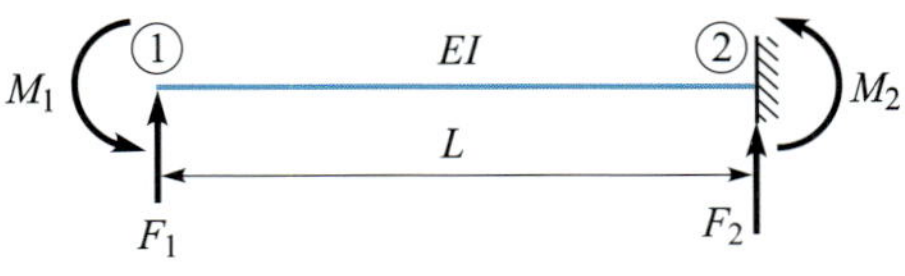

(c)

3) K_{22} : $v_2=\theta_2=1$, $v_1=\theta_1=0$(고정)일 때의 F_2, M_2의 값

그림 (d)의 공액보에서 처짐 v_2과 처짐각 θ_2을 구하면,

$$v_2=\frac{1}{2}\times\frac{F_2L}{EI}\times L\times\frac{2L}{3}+\frac{M_2}{EI}\times L\times\frac{L}{2}=\frac{F_2L^3}{3EI}+\frac{M_2L^2}{2EI}$$

$$\theta_2=\frac{M_2}{EI}\times L+\frac{1}{2}\times L\times\frac{F_2L}{EI}=\frac{F_2L^2}{2EI}+\frac{M_2L}{EI}$$

위 식을 행렬식으로 나타내면 다음과 같이 된다.

$$\begin{Bmatrix} v_2 \\ \theta_2 \end{Bmatrix} = \begin{bmatrix} \dfrac{L^3}{3EI} & \dfrac{L^2}{2EI} \\ \dfrac{L^2}{2EI} & \dfrac{L}{EI} \end{bmatrix} \begin{Bmatrix} F_2 \\ M_2 \end{Bmatrix} = \frac{1}{6EI}\begin{bmatrix} 2L^3 & 3L^2 \\ 3L^2 & 6L \end{bmatrix} \begin{Bmatrix} F_2 \\ M_2 \end{Bmatrix}$$

따라서,

$$\begin{Bmatrix} F_2 \\ M_2 \end{Bmatrix} = 6EI\frac{1}{3L^4}\begin{bmatrix} 6L & -3L^2 \\ -3L^2 & 2L^3 \end{bmatrix}\begin{Bmatrix} v_2 \\ \theta_2 \end{Bmatrix} = \frac{2EI}{L^4}\begin{bmatrix} 6L & -3L^2 \\ -3L^2 & 2L^3 \end{bmatrix}\begin{Bmatrix} v_2 \\ \theta_2 \end{Bmatrix} = EI\begin{bmatrix} \dfrac{12}{L^3} & -\dfrac{6}{L^2} \\ -\dfrac{6}{L^2} & \dfrac{4}{L} \end{bmatrix}\begin{Bmatrix} v_2 \\ \theta_2 \end{Bmatrix}$$

$$\therefore K_{22} = EI\begin{bmatrix} \dfrac{12}{L^3} & -\dfrac{6}{L^2} \\ -\dfrac{6}{L^2} & \dfrac{4}{L} \end{bmatrix}$$

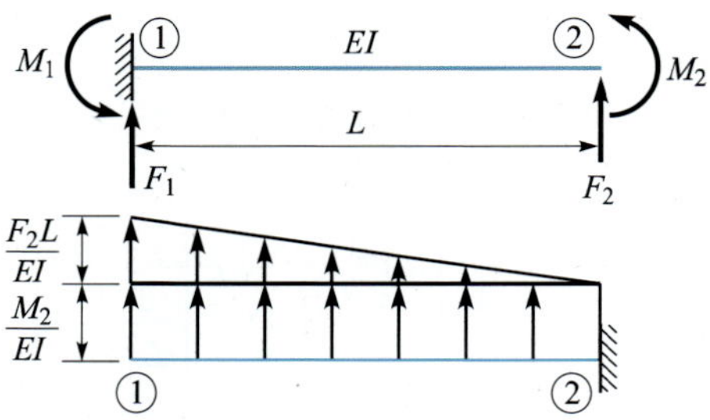

(d) 공액보와 $\dfrac{M}{EI}$ 선도 하중재하

4) K_{12} : $v_1 = \theta_1 = 0$(고정), $v_2 = \theta_2 = 1$일 때의 F_1, M_1의 값

그림 (e)의 자유물체도에 평형방정식을 적용하면,

$+\uparrow \Sigma F_y = 0$; $F_1 + F_2 = 0$, $\quad \therefore F_1 = -F_2$,

$+\curvearrowright \Sigma M_1 = 0$; $-M_1 - M_2 - F_2 L = 0$, $\quad \therefore M_1 = -F_2 L - M_2$

$$\begin{Bmatrix} F_1 \\ M_1 \end{Bmatrix} = \begin{Bmatrix} -F_2 \\ -F_2 L - M_2 \end{Bmatrix} = \begin{bmatrix} -1 & 0 \\ -L & -1 \end{bmatrix}\begin{Bmatrix} F_2 \\ M_2 \end{Bmatrix} =$$

$$\begin{bmatrix} -1 & 0 \\ -L & -1 \end{bmatrix} EI\begin{bmatrix} \dfrac{12}{L^3} & -\dfrac{6}{L^2} \\ -\dfrac{6}{L^2} & \dfrac{4}{L} \end{bmatrix}\begin{Bmatrix} v_2 \\ \theta_2 \end{Bmatrix} = EI\begin{bmatrix} -\dfrac{12}{L^3} & \dfrac{6}{L^2} \\ -\dfrac{6}{L^2} & \dfrac{2}{L} \end{bmatrix}\begin{Bmatrix} v_2 \\ \theta_2 \end{Bmatrix}$$

$$\therefore K_{12} = EI\begin{bmatrix} -\dfrac{12}{L^3} & \dfrac{6}{L^2} \\ -\dfrac{6}{L^2} & \dfrac{2}{L} \end{bmatrix}$$

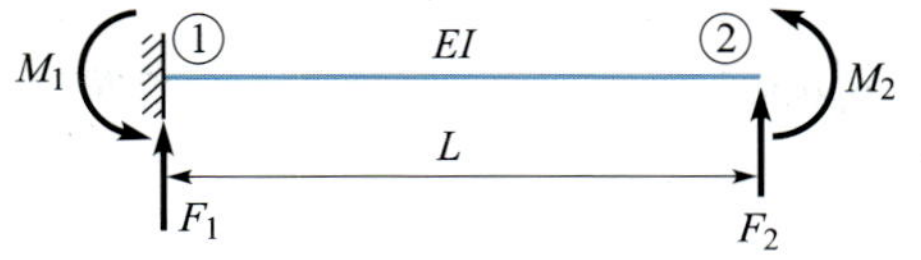

(e)

따라서, 부재의 요소강성행렬

$$[K] = \begin{bmatrix} K_{11} & K_{12} \\ K_{21} & K_{22} \end{bmatrix} = EI\begin{bmatrix} \frac{12}{L^3} & \frac{6}{L^2} & -\frac{12}{L^3} & \frac{6}{L^2} \\ \frac{6}{L^2} & \frac{4}{L} & -\frac{6}{L^2} & \frac{2}{L} \\ -\frac{12}{L^3} & -\frac{6}{L^2} & \frac{12}{L^3} & -\frac{6}{L^2} \\ \frac{6}{L^2} & \frac{2}{L} & -\frac{6}{L^2} & \frac{4}{L} \end{bmatrix}$$

[별해]

1) 요소 강도행렬

$$[K] = \int_L [\varepsilon(x)^{XY}]^T [\sigma(x)^Z] dx$$

$$= [A^{-1}]^T \int_L [B(x)]^T [D][B(x)] dx [A^{-1}]$$

2) 형상함수(shape function)

$$v = \alpha_1 + \alpha_2 x + \alpha_3 x^2 + \alpha_4 x^3$$

$$\theta = \frac{dv}{dx} = \alpha_2 + 2\alpha_3 x + 3\alpha_4 x^2$$

$$\begin{bmatrix} v \\ \theta \end{bmatrix} = \begin{bmatrix} 1 & x & x^2 & x^3 \\ 0 & 1 & 2x & 3x^2 \end{bmatrix} \begin{bmatrix} \alpha_1 \\ \alpha_2 \\ \alpha_3 \\ \alpha_4 \end{bmatrix} \quad [u(x)] = [N(x)][\alpha]$$

3) 절점변위 $[\Delta]$를 $[\alpha]$ 항(Term)으로 나타내면,

$$v_{x=0} = \alpha_1$$

$$\theta_{x=0} = \alpha_2$$

$$v_{x=L} = \alpha_1 + \alpha_2 L + \alpha_3 L^2 + \alpha_4 L^3$$

$$\theta_{x=L} = \alpha_2 + 2\alpha_3 L + 3\alpha_4 L^2$$

$$\begin{bmatrix} \Delta_1 \\ \Delta_2 \\ \Delta_3 \\ \Delta_4 \end{bmatrix} = \begin{bmatrix} 1 & 0 & 0 & 0 \\ 0 & 1 & 0 & 0 \\ 1 & L & L^2 & L^3 \\ 0 & 1 & 2L & 3L^2 \end{bmatrix} \begin{bmatrix} \alpha_1 \\ \alpha_2 \\ \alpha_3 \\ \alpha_4 \end{bmatrix} \rightarrow [\Delta] = [A][\alpha]$$

$[A]$는 절점좌표에 종속

$$[A]^{-1}=\begin{bmatrix} 1 & 0 & 0 & 0 \\ 0 & 1 & 0 & 0 \\ -\frac{3}{L^2} & -\frac{2}{L} & \frac{3}{L^2} & -\frac{1}{L} \\ \frac{2}{L^3} & \frac{1}{L^2} & -\frac{2}{L^3} & \frac{1}{L^2} \end{bmatrix}$$

$$[\alpha]=[A]^{-1}[\Delta]$$

$$[\Delta]=\begin{bmatrix} 1\,0\,0\,0 \\ 0\,1\,0\,0 \\ 0\,0\,1\,0 \\ 0\,0\,0\,1 \end{bmatrix}=[I]$$

$$[\alpha]=[A]^{-1}[I]=[A]^{-1}$$

4) internal distortions $[\varepsilon(x)]$ 와 $[\phi(x)]$

$$[\phi(x)]=\frac{d^2v}{dx^2}=[0\,0\,2\,6x]\,[\alpha]$$

$$[\varepsilon(x)]=[B(x)]\,[\alpha]$$

$$[\varepsilon(x)]=[B(x)]\,[A]^{-1}\rightarrow[\varepsilon(x)]^T=[A^{-1}]^T[B(x)]^T$$

5) $[\sigma(x)]=[D]\,[\varepsilon(x)]$

$$[D]=EI$$

$$[\sigma(x)]=[D]\,[B(x)]\,[A^{-1}]$$

6) $[K]=\int_L[\varepsilon(x)^{XY}]^T[\sigma(x)^Z]dx=\int_L[A^{-1}]^T[B(x)]^T[D]\,[B(x)]\,[A^{-1}]dx$

$$=[A^{-1}]\int_L[B(x)]\,[D]\,[B(x)]dx\cdot[A]$$

$$[B(x)]=[0\,0\,2\,6x]$$

$$[B(x)]^T=\begin{bmatrix} 0 \\ 0 \\ 2 \\ 6x \end{bmatrix}$$

$$\int_0^L\begin{bmatrix} 0 \\ 0 \\ 2 \\ 6x \end{bmatrix}EI[0\,0\,2\,6x]dx=EI\int_0^L\begin{bmatrix} 0\,0 & 0 & 0 \\ 0\,0 & 0 & 0 \\ 0\,0 & 4 & 12x \\ 0\,0 & 12x & 36x^2 \end{bmatrix}dx=EI\begin{bmatrix} 0\,0 & 0 & 0 \\ 0\,0 & 0 & 0 \\ 0\,0 & 4L & 6L^2 \\ 0\,0 & 6L^2 & 12L^3 \end{bmatrix}$$

$$\therefore\,[K]=[A^{-1}]^T\int_L[B(x)]^T[D]\,[B(x)]dx\,[A^{-1}]$$

$$
= \begin{bmatrix} 1 & 0 & -\frac{3}{L^2} & \frac{2}{L^3} \\ 0 & 1 & -\frac{2}{L} & \frac{1}{L^2} \\ 0 & 0 & \frac{3}{L^2} & -\frac{2}{L^3} \\ 0 & 0 & -\frac{1}{L} & \frac{1}{L^2} \end{bmatrix} EI \begin{bmatrix} 0 & 0 & 0 & 0 \\ 0 & 0 & 0 & 0 \\ 0 & 0 & 4L & 6L^2 \\ 0 & 0 & 6L^2 & 12L^3 \end{bmatrix} \begin{bmatrix} 1 & 0 & 0 & 0 \\ 0 & 1 & 0 & 0 \\ -\frac{3}{L^2} & -\frac{2}{L} & \frac{3}{L^2} & -\frac{1}{L} \\ \frac{2}{L^3} & \frac{1}{L^2} & -\frac{2}{L^3} & \frac{1}{L^2} \end{bmatrix}
$$

$$
= EI \begin{bmatrix} 0 & 0 & 0 & 6 \\ 0 & 0 & -2 & 0 \\ 0 & 0 & 0 & -6 \\ 0 & 0 & 2 & 6L \end{bmatrix} \begin{bmatrix} 1 & 0 & 0 & 0 \\ 0 & 1 & 0 & 0 \\ -\frac{3}{L^2} & -\frac{2}{L} & \frac{3}{L^2} & -\frac{1}{L} \\ \frac{2}{L^3} & \frac{1}{L^2} & -\frac{2}{L^3} & \frac{1}{L^2} \end{bmatrix} = EI \begin{bmatrix} \frac{12}{L^3} & \frac{6}{L^2} & -\frac{12}{L^3} & \frac{6}{L^2} \\ \frac{6}{L^2} & \frac{4}{L} & -\frac{6}{L^2} & \frac{2}{L} \\ -\frac{12}{L^3} & -\frac{6}{L^2} & \frac{12}{L^3} & -\frac{6}{L^2} \\ \frac{6}{L^2} & \frac{2}{L} & -\frac{6}{L^2} & \frac{4}{L} \end{bmatrix}
$$

예제 12.4

다음과 같이 연직하중 P를 받고 있는 보에서 절점변위와 지점반력을 매트릭스구조해석법으로 구하시오.

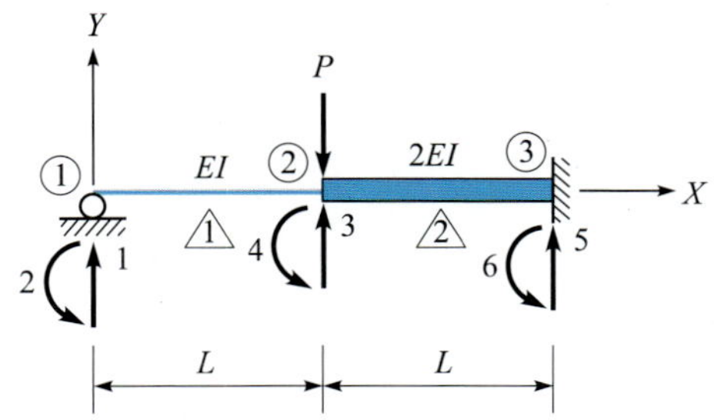

(a)

그림 예제 12.4

풀이

그림 예제 12.4(a)에서 X, Y축은 전체좌표계이고 1부터 6까지의 번호는 전체좌표계에서 6개의 힘과 변위 성분의 방향을 표시한다. 그림 (b)에서 x, y축은 국부좌표계이고, 1부터 4까지의 번호는 국부좌표계에서 4개의 힘과 변위 성분의 방향을 표시한다.

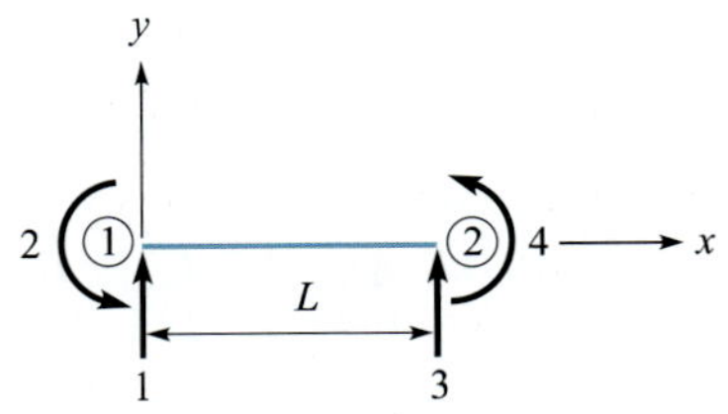

(b)

1) 좌표변환행렬 $[R]$ 계산

411쪽 TIP의 방향여현(direction cosine)의 유도를 참조하면, 국부좌표계에서 전체좌표계로의 좌표변환행렬 $[R]$이 다음과 같이 된다. 즉,

$$[R]=\begin{bmatrix}\cos\theta & \sin\theta \\ -\sin\theta & \cos\theta\end{bmatrix}=\begin{bmatrix}\cos 0° & \sin 0° \\ -\sin 0° & \cos 0°\end{bmatrix}=\begin{bmatrix}1\,0 \\ 0\,1\end{bmatrix}$$

위 식을 그림 (b)와 같이 자유도가 4인 경우로 확장하면, 요소 1과 2에서 $\theta=0°$ 이므로 좌표변환행렬 $[R]$은 다음과 같이 된다.

$$[R]=[R_1]=[R_2]=\left[\begin{array}{cc:cc}\cos\theta & \sin\theta & 0 & 0 \\ -\sin\theta & \cos\theta & 0 & 0 \\ \hdashline 0 & 0 & \cos\theta & \sin\theta \\ 0 & 0 & -\sin\theta & \cos\theta\end{array}\right]=\left[\begin{array}{cc:cc}1 & 0 & 0 & 0 \\ 0 & 1 & 0 & 0 \\ \hdashline 0 & 0 & 1 & 0 \\ 0 & 0 & 0 & 1\end{array}\right]$$

2) 국부좌표계에서 요소강성행렬 $[k]$ 계산

예제 10.3에서 구한 보의 요소강도행렬을 구하는 식을 이용하면, 요소강도행렬이 다음과 같이 구해진다. 즉,

$$\text{요소 1}:\ [K_1]=EI\begin{bmatrix}\frac{12}{L^3} & \frac{6}{L^2} & -\frac{12}{L^3} & \frac{6}{L^2} \\ \frac{6}{L^2} & \frac{4}{L} & -\frac{6}{L^2} & \frac{2}{L} \\ -\frac{12}{L^3} & -\frac{6}{L^2} & \frac{12}{L^3} & -\frac{6}{L^2} \\ \frac{6}{L^2} & \frac{2}{L} & -\frac{6}{L^2} & \frac{4}{L}\end{bmatrix}$$

$$\text{요소 2}:\ [K_2]=2EI\begin{bmatrix}\frac{12}{L^3} & \frac{6}{L^2} & -\frac{12}{L^3} & \frac{6}{L^2} \\ \frac{6}{L^2} & \frac{4}{L} & -\frac{6}{L^2} & \frac{2}{L} \\ -\frac{12}{L^3} & -\frac{6}{L^2} & \frac{12}{L^3} & -\frac{6}{L^2} \\ \frac{6}{L^2} & \frac{2}{L} & -\frac{6}{L^2} & \frac{4}{L}\end{bmatrix}$$

3) 전체좌표계에서 구조물 전체강도행렬 $[K_T]$ 계산

요소 1의 전체강도행렬 $[K_1]=[R_1][k_1][R_1]^T$를 구하면 다음과 같이 된다.

$$[K_1]=EI\begin{bmatrix} \frac{12}{L^3} & \frac{6}{L^2} & -\frac{12}{L^3} & \frac{6}{L^2} \\ \frac{6}{L^2} & \frac{4}{L} & -\frac{6}{L^2} & \frac{2}{L} \\ -\frac{12}{L^3} & -\frac{6}{L^2} & \frac{12}{L^3} & -\frac{6}{L^2} \\ \frac{6}{L^2} & \frac{2}{L} & -\frac{6}{L^2} & \frac{4}{L} \end{bmatrix}\begin{matrix}1\\2\\3\\4\end{matrix}$$
(열 번호: 1 2 3 4)

요소 2의 전체강도행렬 $[K_2]=[R_2][k_2][R_2]^T$를 구하면 다음과 같이 된다.

$$[K_2]=2EI\begin{bmatrix} \frac{12}{L^3} & \frac{6}{L^2} & -\frac{12}{L^3} & \frac{6}{L^2} \\ \frac{6}{L^2} & \frac{4}{L} & -\frac{6}{L^2} & \frac{2}{L} \\ -\frac{12}{L^3} & -\frac{6}{L^2} & \frac{12}{L^3} & -\frac{6}{L^2} \\ \frac{6}{L^2} & \frac{2}{L} & -\frac{6}{L^2} & \frac{4}{L} \end{bmatrix}\begin{matrix}3\\4\\5\\6\end{matrix}$$
(열 번호: 3 4 5 6)

위에서 얻은 요소의 전체강도행렬 $[K_1]$, $[K_2]$를 해당 자유도에 맞추어 모두 더하면 구조물 전체의 강도행렬(구조강도행렬) $[K_T]$가 다음과 같이 구해진다.

$$[K_T]=[K_1]+[K_2]=\frac{EI}{L^2}\begin{bmatrix} 12 & 6L & -12 & 6L & 0 & 0 \\ & 4L^2 & -6L & 2L^2 & 0 & 0 \\ & & 36 & 6L & -24 & 12L \\ & & & 12L^2 & -12L & 4L^2 \\ & sym. & & & 24 & -12L \\ & & & & & 8L^2 \end{bmatrix}\begin{matrix}1\\2\\3\\4\\5\\6\end{matrix}$$
(열 번호: 1 2 3 4 5 6)

위 행렬에서 열(column)과 행(row)을 나타내기 위해서 1부터 6까지의 번호를 사용하고 있는데, 이 숫자는 그림 예제 12.4(a)에서 나타낸 바와 같이 6개의 힘과 변위 성분의 방향을 표시한다.

4) 구조물 전체에 대한 힘－변위 관계식 $\{P_T\}=[K_T]\{U_T\}$

$$\begin{Bmatrix} P_1 \\ P_2 \\ P_3 \\ P_4 \\ P_5 \\ P_6 \end{Bmatrix} = \frac{EI}{L^2} \begin{bmatrix} 12 & 6L & -12 & 6L & 0 & 0 \\ & 4L^2 & -6L & 2L^2 & 0 & 0 \\ & & 36 & 6L & -24 & 12L \\ & & & 12L^2 & -12L & 4L^2 \\ & sym. & & & 24 & -12L \\ & & & & & 8L^2 \end{bmatrix} \begin{Bmatrix} U_1 \\ U_2 \\ U_3 \\ U_4 \\ U_5 \\ U_6 \end{Bmatrix} \quad (1)$$

(열 번호: 1, 2, 3, 4, 5, 6)

위에서 구한 구조강도행렬 $[K_T]$를 사용하면, 구조물 전체에 대한 힘－변위 연립방정식이 다음과 같이 얻어진다.

5) 절점변위와 지점반력 계산

위 행렬식 (1)은 구조강도행렬 $[K_T]$가 특이행렬(singular matrix)이기 때문에, 연립방정식의 해를 구할 수가 없다. 그러나 위 행렬식 (1)에 그림 예제 12.4 (a)의 경계조건($U_1 = U_5 = U_6 = 0$)을 도입하면, 즉 구속된 자유도에 대해 구조강도행렬의 행과 열을 빼면 축소된 다음과 같은 힘－변위간의 행렬식이 된다.

$$\begin{Bmatrix} P_2 \\ P_3 \\ P_4 \end{Bmatrix} = \begin{Bmatrix} 0 \\ P \\ 0 \end{Bmatrix} = \frac{EI}{L^3} \begin{bmatrix} 4L^2 & -6L & 2L^2 \\ -6L & 36 & 6L \\ 2L^2 & 6L & 12L^2 \end{bmatrix} \begin{Bmatrix} U_2 \\ U_3 \\ U_4 \end{Bmatrix}$$

위의 축소된 행렬식을 풀면 절점변위가 다음과 같이 구해진다.

$$\begin{Bmatrix} U_2 \\ U_3 \\ U_4 \end{Bmatrix} = \begin{Bmatrix} -\dfrac{7PL^2}{72EI} \\ -\dfrac{11PL^3}{216EI} \\ +\dfrac{PL^2}{24EI} \end{Bmatrix}$$

위에서 구한 절점변위와 $U_1 = U_5 = U_6 = 0$(경계조건)을 구조물 전체에 대한 힘－변위 관계식 $\{P_T\}=[K_T]\{U_T\}$의 행렬식 (1)에 대입하면, 부재력과 반력이 다음과 같이 얻어진다. 즉,

$$\begin{Bmatrix} P_1 \\ P_5 \\ P_6 \end{Bmatrix} = \frac{EI}{L^3} \begin{bmatrix} 6L & -12 & 6L \\ 0 & -24 & -12L \\ 0 & 12L & 4L^2 \end{bmatrix} \begin{Bmatrix} -\dfrac{7PL^2}{72EI} \\ -\dfrac{11PL^3}{216EI} \\ \dfrac{PL^2}{24EI} \end{Bmatrix} = \begin{Bmatrix} \dfrac{5}{18}P \\ \dfrac{13}{18}P \\ -\dfrac{4}{9}PL \end{Bmatrix}$$

예제 12.5

다음과 같은 구조물의 강도행렬을 구하시오. 단 EI는 일정하다.

[25점, 토목구조기술사 시험]

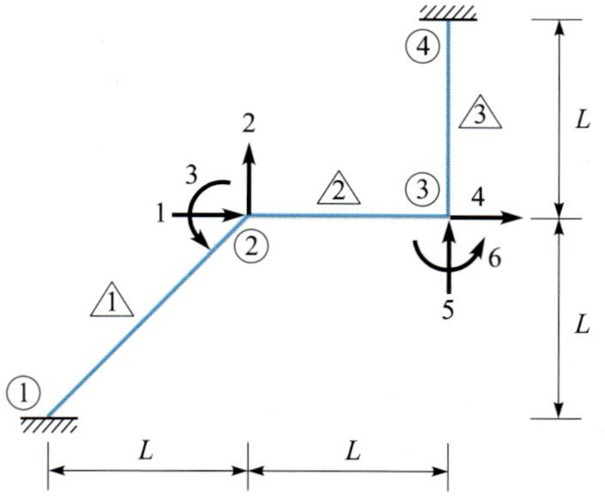

(a)

그림 예제 12.5

풀이

그림 (b)에서 x, y, z축은 국부좌표계이고 X, Y, Z축은 전체좌표계이다. 길이가 L인 그림 (b)와 같은 보부재의 요소강성행렬을 나타내면 다음과 같다(예제 11.3 참조).

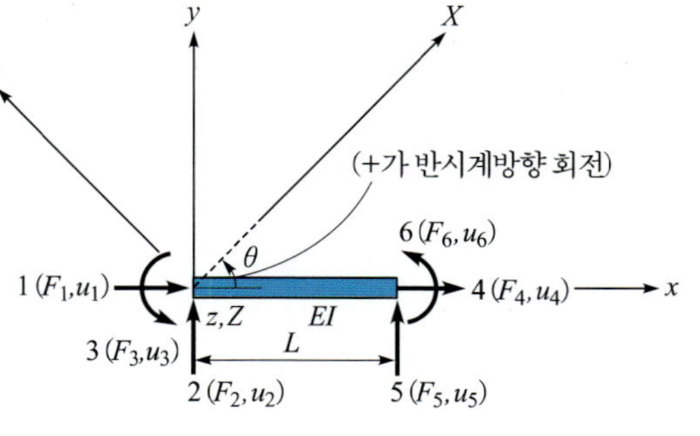

(b)

$$[k]=\begin{array}{c} \begin{matrix} \quad 1 & \quad 2 & \quad 3 & \quad 4 & \quad 5 & \quad 6 \end{matrix} \\ \begin{bmatrix} \frac{EA}{L} & 0 & 0 & -\frac{EA}{L} & 0 & 0 \\ 0 & \frac{12EI}{L^3} & \frac{6EI}{L^2} & 0 & \frac{-12EI}{L^3} & \frac{6EI}{L^2} \\ 0 & \frac{6EI}{L^2} & \frac{4EI}{L} & 0 & -\frac{6EI}{L^2} & \frac{2EI}{L} \\ \frac{-EA}{L} & 0 & 0 & \frac{EA}{L} & 0 & 0 \\ 0 & \frac{-12EI}{L^3} & -\frac{6EI}{L^2} & 0 & \frac{12EI}{L^3} & -\frac{6EI}{L^2} \\ 0 & \frac{6EI}{L^2} & \frac{2EI}{L} & 0 & -\frac{6EI}{L^2} & \frac{4EI}{L} \end{bmatrix} \end{array} \begin{matrix} 1 \\ 2 \\ 3 \\ 4 \\ 5 \\ 6 \end{matrix}$$

위 행렬에서 각 요소의 열(column)과 행(row)을 나타내기 위해서 1부터 6까지의 번호를 사용하고 있는데, 이 숫자는 그림 (b)에서 나타낸 바와 같이 6개의 힘과 변위 성분의 방향을 표시한다[참고로, 그림 예제 12.5 (a)의 절점 2와 3에 있는 1부터 6까지의 번호는 전체좌표계(X, Y, Z축)에서 6개의 힘과 변위 성분의 방향을 표시함].

자유도가 3인 경우, 국부좌표계에서 전체좌표계로의 좌표변환행렬 $[R]$은 다음과 같이 된다.

$$[R]=\begin{bmatrix} \cos\theta & \sin\theta & 0 \\ -\sin\theta & \cos\theta & 0 \\ 0 & 0 & 1 \end{bmatrix}$$

위 식을 자유도가 6인 경우로 확장하면, 좌표변환행렬 $[R]$은 다음과 같이 된다.

$$[R]=\left[\begin{array}{ccc:ccc} \cos\theta & \sin\theta & 0 & 0 & 0 & 0 \\ -\sin\theta & \cos\theta & 0 & 0 & 0 & 0 \\ 0 & 0 & 1 & 0 & 0 & 0 \\ \hdashline 0 & 0 & 0 & \cos\theta & \sin\theta & 0 \\ 0 & 0 & 0 & -\sin\theta & \cos\theta & 0 \\ 0 & 0 & 0 & 0 & 0 & 1 \end{array}\right]$$

그림 예제 12.5 (a)에서 요소 1의 경우에는 절점 1이 고정단이므로(변형되지 않으므로) 자유도가 '0'이다. 따라서 계산의 편의를 위해서, 전체강도행렬을 구할 때 절점 1을 빼고 절점 2의 자유도 3개만 고려해도 된다. 즉, 그림 (c)의 요소 1의 국부좌표계에서 전체좌표계로의 좌표변환관계에서

$$[R_1]=\begin{bmatrix} \cos(-45°) & \sin(-45°) & 0 \\ -\sin(-45) & \cos(-45°) & 0 \\ 0 & 0 & 1 \end{bmatrix}=\begin{bmatrix} \frac{\sqrt{2}}{2} & -\frac{\sqrt{2}}{2} & 0 \\ \frac{\sqrt{2}}{2} & \frac{\sqrt{2}}{2} & 0 \\ 0 & 0 & 1 \end{bmatrix}$$

따라서, 요소 1의 전체강도행렬 $[K_1]=[R_1][k_1][R_1]^T$를 구하면 다음과 같이 된다.

$$[K_1]=\begin{bmatrix}\frac{\sqrt{2}}{2} & -\frac{\sqrt{2}}{2} & 0\\ \frac{\sqrt{2}}{2} & \frac{\sqrt{2}}{2} & 0\\ 0 & 0 & 1\end{bmatrix}\times\overset{\quad 1 \qquad\qquad 2 \qquad\qquad 3}{\begin{bmatrix}\frac{EA}{(\sqrt{2}L)^3} & 0 & 0\\ 0 & \frac{12EI}{(\sqrt{2}L)^3} & \frac{-6EI}{(\sqrt{2}L)^2}\\ 0 & \frac{-6EI}{(\sqrt{2}L)^2} & \frac{4EI}{(\sqrt{2}L)}\end{bmatrix}}\times\begin{bmatrix}\frac{\sqrt{2}}{2} & \frac{\sqrt{2}}{2} & 0\\ -\frac{\sqrt{2}}{2} & \frac{\sqrt{2}}{2} & 0\\ 0 & 0 & 1\end{bmatrix}$$

$$=\overset{\qquad 1 \qquad\qquad\qquad\qquad 2 \qquad\qquad\qquad\qquad 3}{\begin{bmatrix}\frac{1}{4}E\sqrt{2}\frac{(AL^2+6I)}{L^3} & -\frac{1}{4}E\sqrt{2}\frac{(-AL^2+6I)}{L^3} & \frac{3}{2}\sqrt{2}E\frac{I}{L^2}\\ -\frac{1}{4}E\sqrt{2}\frac{(-AL^2+6I)}{L^3} & \frac{1}{4}E\sqrt{2}\frac{(AL^2+6I)}{L^3} & -\frac{3}{2}\sqrt{2}E\frac{I}{L^2}\\ \frac{3}{2}\sqrt{2}E\frac{I}{L^2} & \frac{-3}{2}\sqrt{2}E\frac{I}{L^2} & 2EI\frac{\sqrt{2}}{L}\end{bmatrix}}\begin{matrix}1\\2\\3\end{matrix}$$

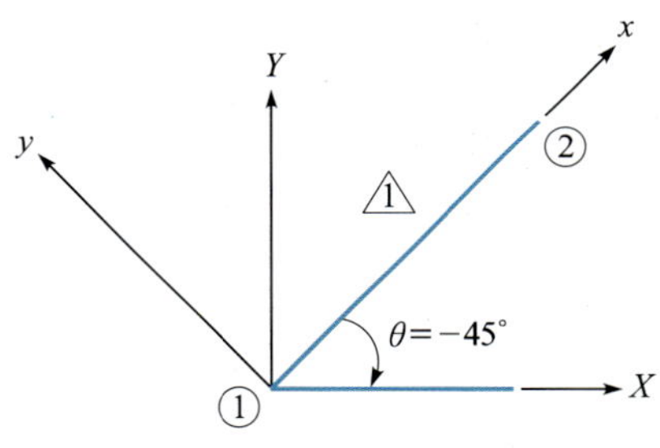

(c)

그림 예제 12.5 (a)에서 요소 2는 자유도가 6 개인 경우이다. 즉, 그림 (d)의 요소 2의 국부좌표계에서 전체좌표계로의 좌표변환관계에서

$$[R_2]=\left[\begin{array}{ccc:ccc}\cos\theta & \sin\theta & 0 & 0 & 0 & 0\\ -\sin\theta & \cos\theta & 0 & 0 & 0 & 0\\ 0 & 0 & 1 & 0 & 0 & 0\\ \hdashline 0 & 0 & 0 & \cos\theta & \sin\theta & 0\\ 0 & 0 & 0 & -\sin\theta & \cos\theta & 0\\ 0 & 0 & 0 & 0 & 0 & 1\end{array}\right]=\begin{bmatrix}1&0&0&0&0&0\\0&1&0&0&0&0\\0&0&1&0&0&0\\0&0&0&1&0&0\\0&0&0&0&1&0\\0&0&0&0&0&1\end{bmatrix}$$

따라서, 요소 2의 전체강도행렬 $[K_2]=[R_2][k_2][R_2]^T$를 구하면 다음과 같이 된다.

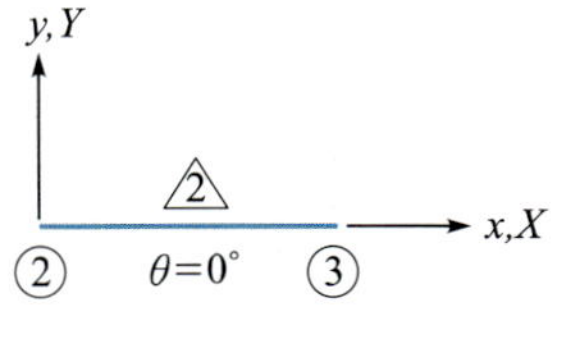

(d)

$$[K_2]=\begin{array}{c} \begin{matrix} 1 & 2 & 3 & 4 & 5 & 6 \end{matrix} \\ \begin{bmatrix} \frac{EA}{L} & 0 & 0 & -\frac{EA}{L} & 0 & 0 \\ 0 & \frac{12EI}{L^3} & \frac{6EI}{L^2} & 0 & \frac{-12EI}{L^3} & \frac{6EI}{L^2} \\ 0 & \frac{6EI}{L^2} & \frac{4EI}{L} & 0 & -\frac{6EI}{L^2} & \frac{2EI}{L} \\ -\frac{EA}{L} & 0 & 0 & \frac{EA}{L} & 0 & 0 \\ 0 & \frac{-12EI}{L^3} & -\frac{6EI}{L^2} & 0 & \frac{12EI}{L^3} & -\frac{6EI}{L^2} \\ 0 & \frac{6EI}{L^2} & \frac{2EI}{L} & 0 & -\frac{6EI}{L^2} & \frac{4EI}{L} \end{bmatrix} \begin{matrix} 1 \\ 2 \\ 3 \\ 4 \\ 5 \\ 6 \end{matrix} \end{array}$$

그림 예제 12.5 (a)에서 요소 3의 경우에는 절점 4가 고정단이므로 자유도가 '0' 이다. 따라서 계산의 편의를 위해서, 전체강도행렬을 구할 때 절점 4를 빼고 절점 3의 자유도 3개만 고려해도 된다. 즉, 그림 (e)의 요소 3의 국부좌표계에서 전체좌표계로의 좌표변환관계에서

$$[R_3]=\begin{bmatrix} \cos(-90°) & \sin(-90°) & 0 \\ -\sin(-90) & \cos(-90°) & 0 \\ 0 & 0 & 1 \end{bmatrix}=\begin{bmatrix} 0 & -1 & 0 \\ 1 & 0 & 0 \\ 0 & 0 & 1 \end{bmatrix}$$

따라서, 요소 1의 전체강도행렬 $[K_3]=[R_3][k_3][R_3]^T$를 구하면 다음과 같이 된다.

$$[K_3]=\begin{bmatrix} 0 & -1 & 0 \\ 1 & 0 & 0 \\ 0 & 0 & 1 \end{bmatrix}\begin{bmatrix} \frac{AE}{L} & 0 & 0 \\ 0 & \frac{12EI}{L^3} & \frac{6EI}{L^2} \\ 0 & \frac{6EI}{L^2} & \frac{4AE}{L} \end{bmatrix}\begin{bmatrix} 0 & 1 & 0 \\ -1 & 0 & 0 \\ 0 & 0 & 1 \end{bmatrix}$$

$$[K_3]=\begin{array}{c} \begin{matrix} 4 & 5 & 6 \end{matrix} \\ \begin{bmatrix} 12E\frac{I}{L^3} & 0 & -6E\frac{I}{L^2} \\ 0 & E\frac{A}{L} & 0 \\ -6E\frac{I}{L^2} & 0 & 4E\frac{I}{L} \end{bmatrix} \begin{matrix} 4 \\ 5 \\ 6 \end{matrix} \end{array}$$

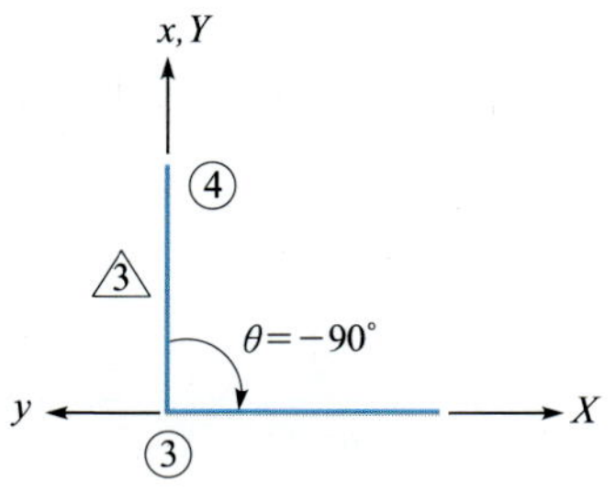

(e)

마지막으로, 이제까지 얻은 요소의 전체강도행렬 $[K_1]$, $[K_2]$, $[K_3]$를 해당 자유도에 맞추어 모두 더하면 구조물전체의 강도행렬(구조강도행렬) $[K_T]$가 다음과 같이 구해진다.

$$[K_T]=[K_1]+[K_2]+[K_3]=\begin{bmatrix} \frac{1}{4}E\sqrt{2}\frac{(AL^2+6I)}{L^3} & \frac{1}{4}E\sqrt{2}\frac{(AL^2-6I)}{L^3} & \frac{3}{2}EI\frac{\sqrt{2}}{L^2} & 0\,0\,0 \\ \frac{1}{4}E\sqrt{2}\frac{(AL^2-6I)}{L^3} & \frac{1}{4}E\sqrt{2}\frac{(AL^2+6I)}{L^3} & \frac{-3}{2}EI\frac{\sqrt{2}}{L^2} & 0\,0\,0 \\ \frac{3}{2}EI\frac{\sqrt{2}}{L^2} & \frac{-3}{2}EI\frac{\sqrt{2}}{L^2} & 2EI\frac{\sqrt{2}}{L} & 0\,0\,0 \\ 0 & 0 & 0 & 0\,0\,0 \\ 0 & 0 & 0 & 0\,0\,0 \\ 0 & 0 & 0 & 0\,0\,0 \end{bmatrix}$$

$$+\begin{bmatrix} \frac{EA}{L} & 0 & 0 & \frac{-EA}{L} & 0 & 0 \\ 0 & \frac{12EI}{L^3} & \frac{6EI}{L^2} & 0 & \frac{-12EI}{L^3} & \frac{6EI}{L^2} \\ 0 & \frac{6EI}{L^2} & \frac{4EI}{L} & 0 & -\frac{6EI}{L^2} & \frac{2EI}{L} \\ \frac{-EA}{L} & 0 & 0 & \frac{EA}{L} & 0 & 0 \\ 0 & \frac{-12EI}{L^3} & -\frac{6EI}{L^2} & 0 & \frac{12EI}{L^3} & -\frac{6EI}{L^2} \\ 0 & \frac{6EI}{L^2} & \frac{2EI}{L} & 0 & -\frac{6EI}{L^2} & \frac{4EI}{L} \end{bmatrix}+\begin{bmatrix} 0\,0\,0 & 0 & 0 & 0 \\ 0\,0\,0 & 0 & 0 & 0 \\ 0\,0\,0 & 0 & 0 & 0 \\ 0\,0\,0 & 12E\frac{I}{L^3} & 0 & -6E\frac{I}{L^2} \\ 0\,0\,0 & 0 & E\frac{A}{L} & 0 \\ 0\,0\,0 & -6E\frac{I}{L^2} & 0 & 4E\frac{I}{L} \end{bmatrix}$$

TIP 다음 그림을 사용하여 자유도가 3인 경우에 대한 국부좌표계(x, y, z축)에서 전체좌표계로(X, Y, Z축)의 좌표변환행렬[방향여현(direction cosine)] $[R]$을 유도하면 다음과 같다. 즉,

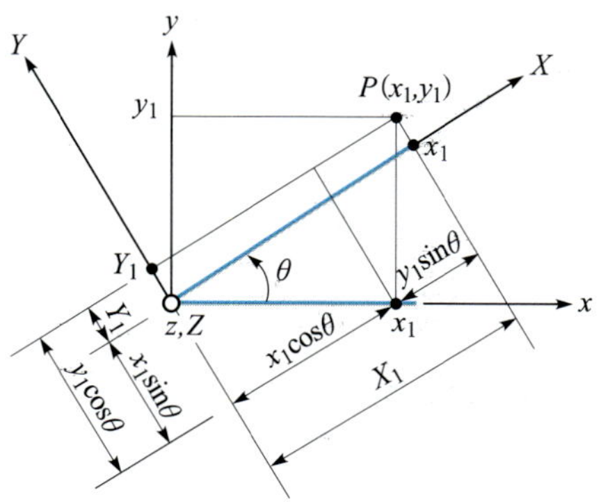

$$X_1 = x_1 \cos\theta + y_1 \sin\theta,\ \ Y_1 = -x_1 \sin\theta + y_1 \cos\theta,\ \ Z_1 = z_1$$

위 식을 행렬식으로 나타내면,

$$\begin{Bmatrix} X_1 \\ Y_1 \\ Z_1 \end{Bmatrix} = \begin{bmatrix} \cos\theta & \sin\theta & 0 \\ -\sin\theta & \cos\theta & 0 \\ 0 & 0 & 1 \end{bmatrix} \begin{Bmatrix} x_1 \\ y_1 \\ z_1 \end{Bmatrix} = [R] \begin{Bmatrix} x_1 \\ y_1 \\ z_1 \end{Bmatrix}$$

따라서

$$[R] = \begin{bmatrix} \cos\theta & \sin\theta & 0 \\ -\sin\theta & \cos\theta & 0 \\ 0 & 0 & 1 \end{bmatrix} = \begin{bmatrix} L_{Xx} & L_{Xy} & L_{Xz} \\ L_{Yx} & L_{Yy} & L_{Yz} \\ L_{Zx} & L_{Zy} & L_{Zz} \end{bmatrix}$$

여기서 L_{Xx}는 X축과 x축이 이루는 각도 θ_{Xx}의 방향여현, 즉 $L_{Xx} = \cos\theta_{Xx}$이다. 같은 방법으로, L_{Xy}는 X축과 y축이 이루는 각도 θ_{Xy}의 방향여현, 즉 $L_{Xy} = \cos\theta_{Xy}$이다.

참고로, $L_{Xz} = L_{Yz} = L_{Zx} = L_{Zy} = \cos 90° = 0$이고 $L_{Zz} = \cos\theta_{Zz} = \cos 0° = 1$이므로

$$[R] = \begin{bmatrix} L_{Xx} & L_{Xy} & L_{Xz} \\ L_{Yx} & L_{Yy} & L_{Yz} \\ L_{Zx} & L_{Zy} & L_{Zz} \end{bmatrix} = \begin{bmatrix} L_{Xx} & L_{Xy} & 0 \\ L_{Yx} & L_{Yy} & 0 \\ 0 & 0 & 1 \end{bmatrix}$$

최종적으로, 6×6자유도에서 좌표변환행렬 $[R]$을 나타내면 다음과 같이 된다.

$$[R] = \left[\begin{array}{ccc:ccc} L_{Xx} & L_{Xy} & 0 & 0 & 0 & 0 \\ L_{Yx} & L_{Yy} & 0 & 0 & 0 & 0 \\ 0 & 0 & 1 & 0 & 0 & 0 \\ \hdashline 0 & 0 & 0 & L_{Xx} & L_{Xy} & 0 \\ 0 & 0 & 0 & L_{Yx} & L_{Yy} & 0 \\ 0 & 0 & 0 & 0 & 0 & 1 \end{array}\right]$$

연습문제

Structural Mechanics

12.1 다음과 같이 절점 4가 로울러로 지지된 트러스에서 하중 $P=100\,\text{kN}$에 의한 부재력과 반력을 매트릭스구조해석법(변위법)으로 구하시오. 단, 모든 부재의 탄성계수는 $E=2.1\times10^5\,\text{MPa}$이고 단면적은 $A=72.16\times10^2\,\text{mm}^2$이다.

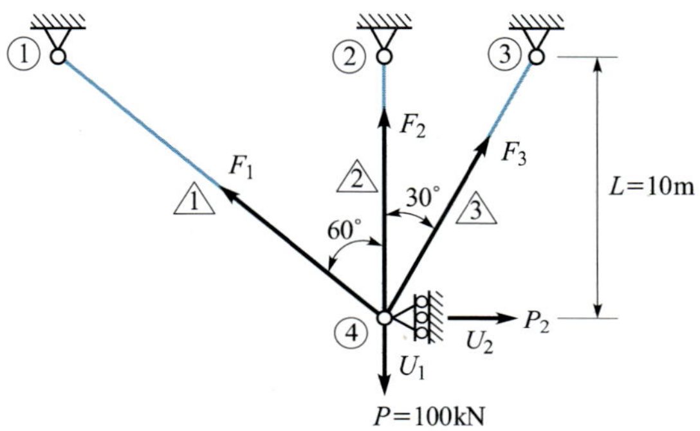

그림 문제 12.1

12.2 다음과 같은 라멘에서 연직하중 $P=96\,\text{kN}$에 의한 반력(H_1, M_1, H_5, M_5)을 매트릭스구조해석법(변위법)으로 구하고, 범용유한요소해석 프로그램(MIDAS 등)을 사용하여 그 값을 검증하시오. 단, 모든 부재의 탄성계수는 $E=2.1\times10^5\,\text{MPa}$이고 단면2차모멘트는 $I=6.7\times10^8\,\text{mm}^4$이다.

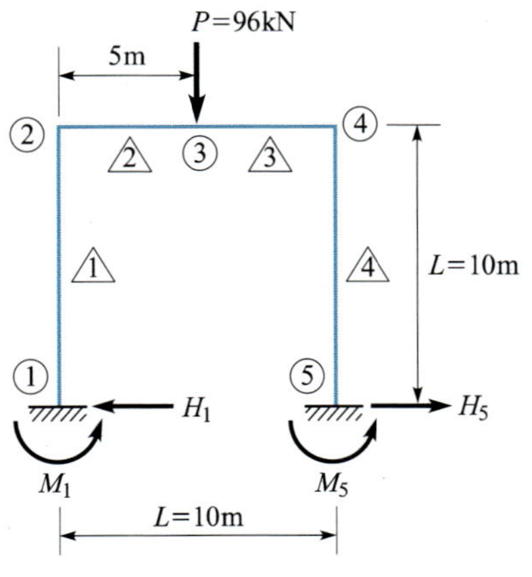

그림 문제 12.2

부록

연습문제 해답

찾아보기

연습문제 해답

Structural Mechanics

2장 정정보 및 라멘의 해석

2.1 해답

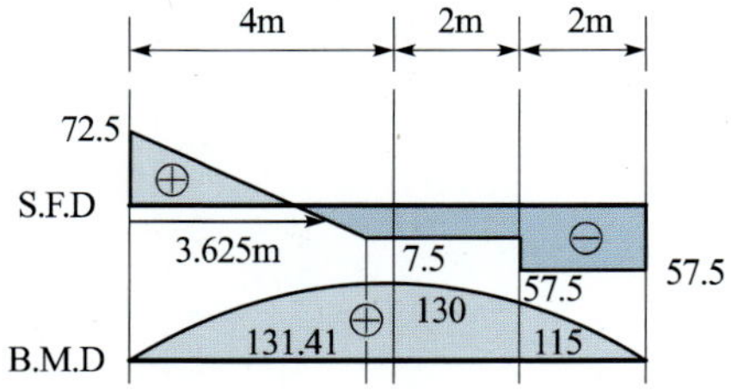

2.2 해답

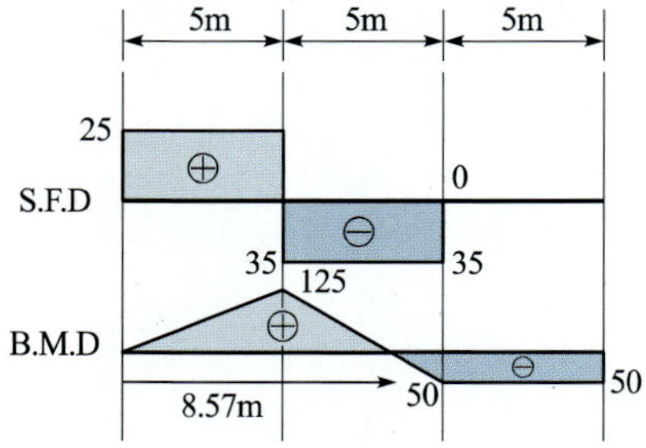

2.3 해답

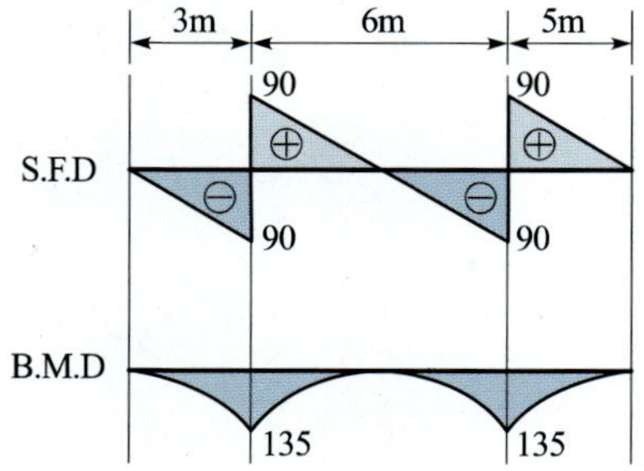

2.4 해답

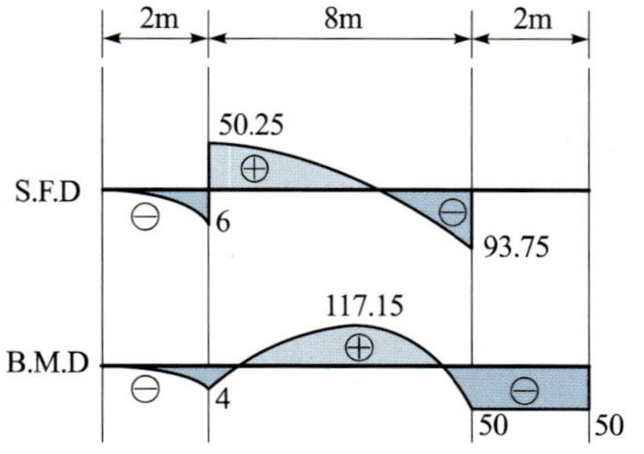

2.5 해답

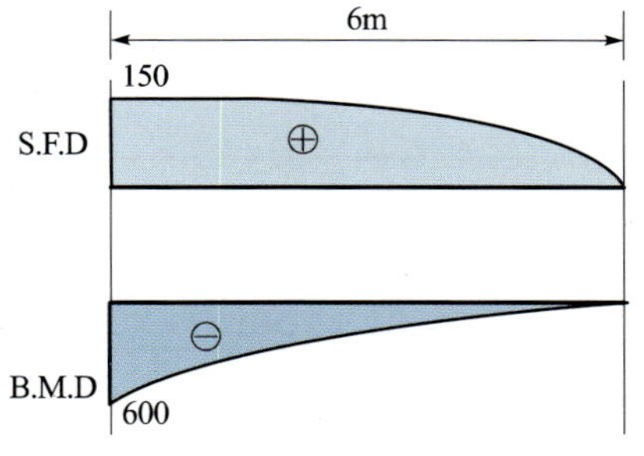

2.6 해답

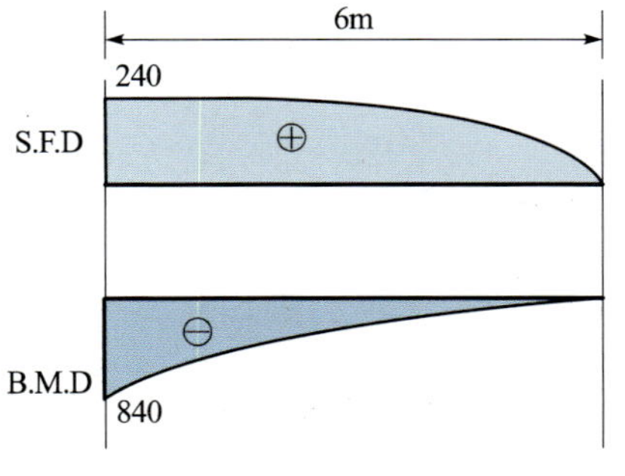

2.7 해답

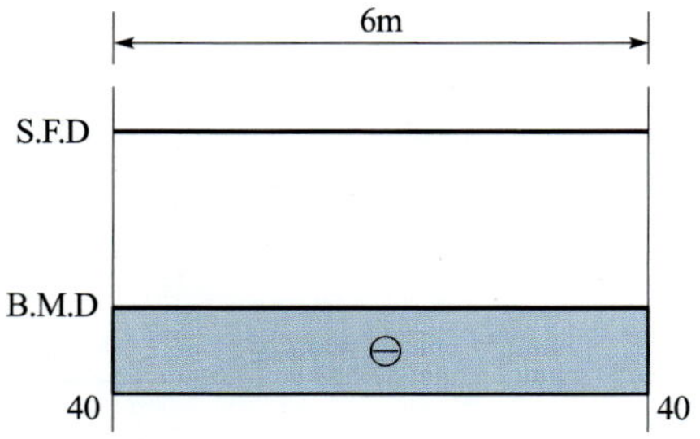

2.8 해답

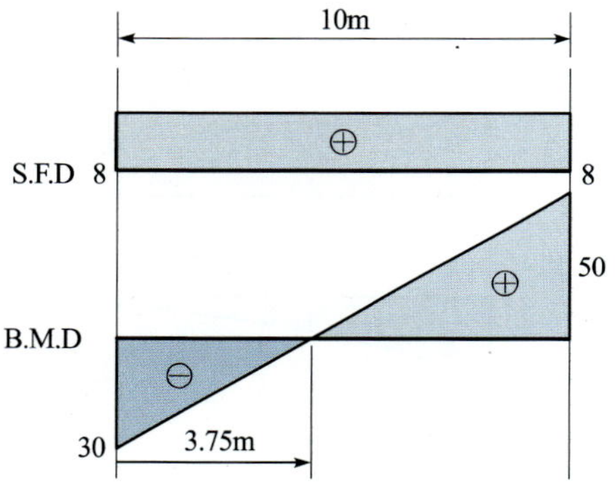

2.9 해답

$$V_C = P_E = 5\text{kN}(\uparrow)$$

$$V_A = \frac{1}{4}(-10 - 5 \cdot 6 + 5 \cdot 10) = 2.5\text{kN}(\uparrow)$$

$$V_B = -V_A + P_E - V_C = -2.5 + 5 - 5 = -2.5\text{kN}(\downarrow)$$

E점의 휨모멘트 $M_E = V_C \cdot 4 = 5 \cdot 4 = 20\text{kN} \cdot \text{m}(\curvearrowright)$

2.10 해답

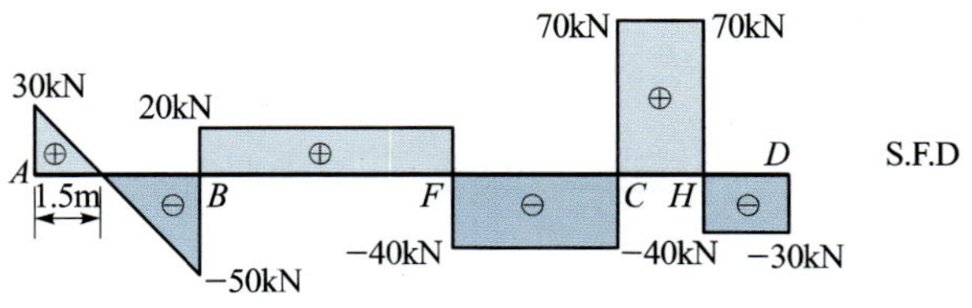

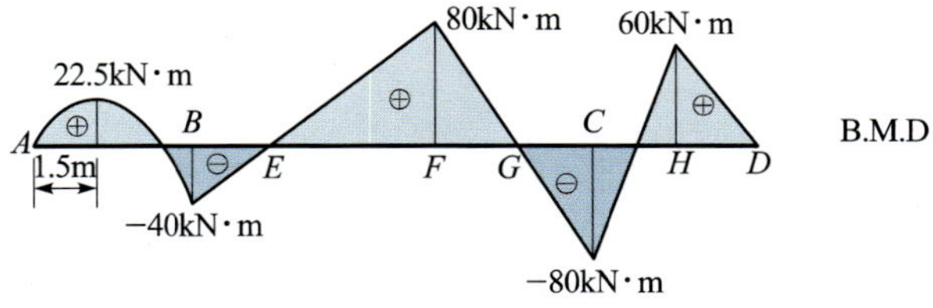

2.11 해답

1) 그림 문제 2.11(a)의 반력계산

$V_A = 29.86\text{kN}\,(\uparrow)$

$V_D = 24.78\text{kN}\,(\uparrow)$

$H_A = 20\text{kN}\,(\rightarrow)$

2) 그림 문제 2.11(b)의 반력계산

$R_D = 23.09\text{kN}\,(\nwarrow)$

$V_A = 40\text{kN}\,(\uparrow)$

$H_A = 11.55\text{kN}\,(\rightarrow)$

$R_A = 41.63\text{kN}\,(\nearrow)$, x축과 이루는 각도는 $\theta_x = \tan^{-1}\left(\dfrac{40}{11.55}\right) = 73.89°$

2.12 해답

최대휨모멘트 $M_{max} = M_E = 11.7 \times 5 = 58.5\text{kN}\cdot\text{m}$

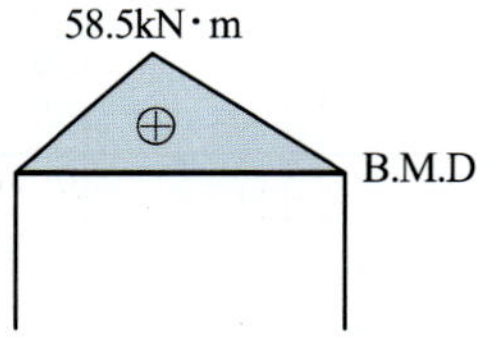

2.13 해답

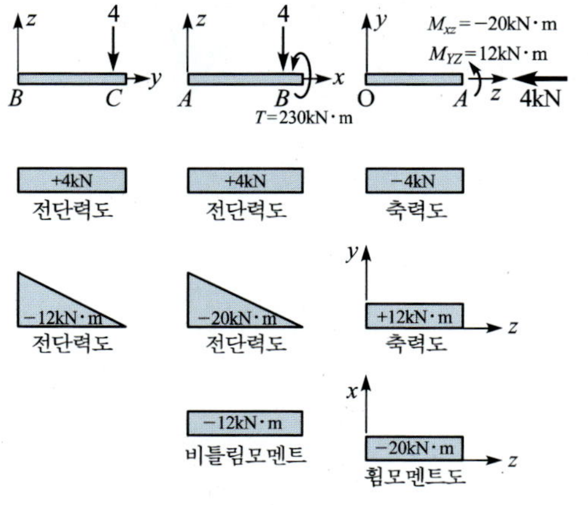

2.14 해답

1) 와이어에 걸리는 힘 F, 지점 A의 반력 V_A 및 H_A

$F_z = 2.625\text{kN}\,(\uparrow)$

$V_A = -0.125\text{ kN}\,(\downarrow)$

$H_A = F\cos\alpha = 5.87 \cdot \dfrac{2}{\sqrt{5}} = 5.25\text{kN}\,(\rightarrow)$

2) 휨모멘트도(BMD) 및 전단력도(SFD)

a) 전단력도

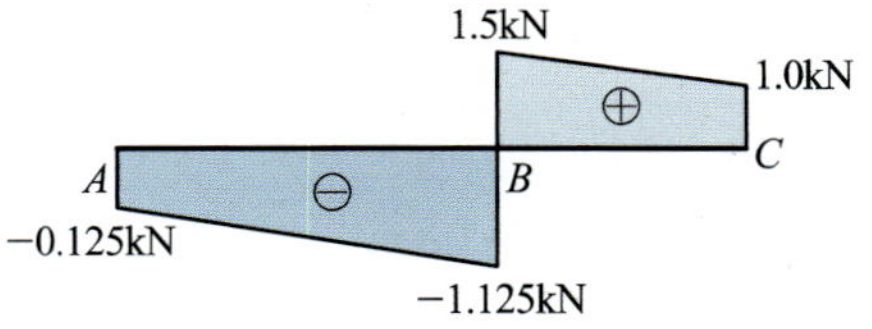

b) 휨모멘트도

$M_B = -0.125 \times 2 - 0.5 \times 2 \times 1 = -1.25$kN · m

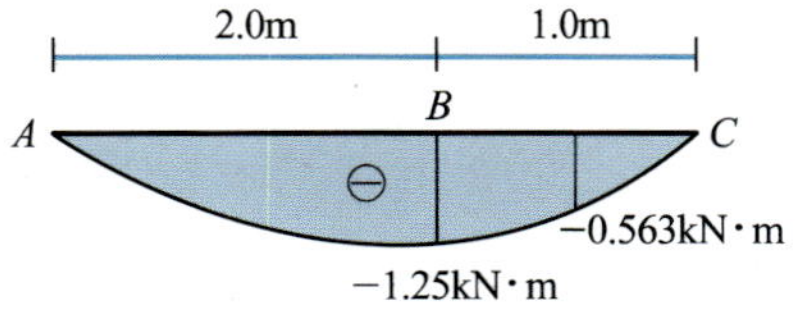

2.15 해답

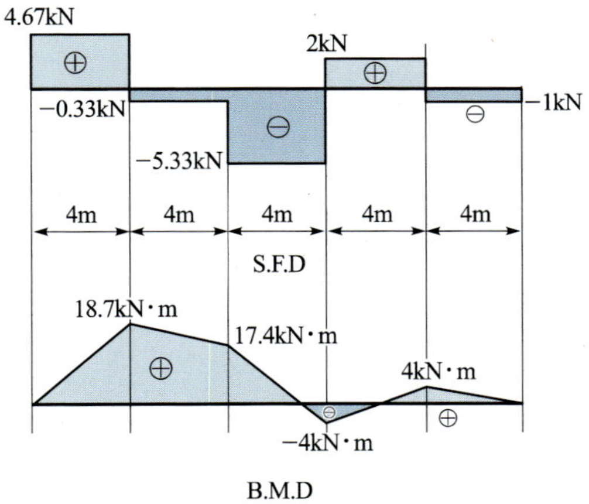

3장 정정트러스의 해석

3.1 해답

문항	반력성분의 수	조건방정식의 수	식 (2.10)	판정
	r	c	$n=r-3-c$	
(a)	6	0	$n=6-3-0=3$	3차부정정
(b)	5	1	$n=5-3-1=1$	1차부정정
(c)	4	1	$n=4-3-1=0$	정정
(d)	3	0	$n=3-3-0=0$	정정

3.2 해답

문항	반력 수	부재 수	강절 점수	절점 수	부정정차수		
					전체차수	외적(外的)차수	내적(內的)차수
	r	m	f	j	$n=(r+m+f)-2j$	$n=r-3$	$n=(3+m+f)-2j$
(a)	4	8	3	7	$n=(4+8+3)-2\times7$ $=1$	$n=4-3=1$	$n=(3+8+3)-2\times7$ $=0$
(b)	9	6	4	6	$n=(9+6+4)-2\times6$ $=7$	$n=9-3=6$	$n=(3+6+4)-2\times6$ $=1$
(c)	6	6	3	6	$n=(6+6+3)-2\times6$ $=3$	$n=6-3=3$	$n=(3+6+3)-2\times6$ $=0$
(d)	6	10	11	9	$n=(6+10+11)-2\times9$ $=9$	$n=6-3=3$	$n=(3+10+11)-2\times$ $=6$

3.3 해답

부재	길이 l(m)	부재력 F
AB	8	7kN (인장)
AD	8	7kN (인장)
BC	11.314	0
BD	11.314	-10kN (압축)
CD	16	5kN (인장)

3.4 해답

$$F_{GH}=\frac{-140\cdot 6+80\cdot 3}{\frac{3}{\sqrt{10}}\cdot 4+\frac{1}{\sqrt{10}}\cdot 3}=-126.49\text{kN}(\text{압축})$$

$$F_{CG}=\frac{-140\cdot 3+126.49\cdot\frac{3}{\sqrt{10}}\cdot 4}{\frac{3}{5}\cdot 4}=25\text{kN}(\text{인장})$$

$$F_{BC}=-25\cdot\frac{3}{5}+126.49\cdot\frac{3}{\sqrt{10}}=105\text{kN}(\text{인장})$$

3.5 해답

1) 반력계산

$V_A=35\text{kN}(\uparrow)$

$V_I=-V_A+70=35\text{kN}(\uparrow)$

2) 격점별 미지부재력

$F_{AJ}=-35\cdot\sqrt{2}=-50\text{kN}(\text{압축})$

$$F_{AB}=-(-50)\left(\frac{1}{\sqrt{2}}\right)=35\text{kN}(\text{인장})$$

$F_{BC}=35\text{kN}(\text{인장})$

$$F_{JP}=-\frac{-35\cdot 8+40}{4\sqrt{2}}=-42.43\text{kN}(\text{압축})$$

$F_{CJ}=-35\sqrt{2}+42.43=-7.07\text{kN}(\text{압축})$

$$F_{CD}=\frac{35\cdot 8-40}{8}=30\text{kN}(\text{인장})$$

$F_{PQ}=-F_{CD}=-30\text{kN}(\text{압축})$

$F_{KD}=10.61\text{kN}(\text{인장}),\ F_{KQ}=-10.61\text{kN}(\text{압축})$

$$F_{CK}=10-(-7.07)\cdot\frac{1}{\sqrt{2}}=15\text{kN}(\text{인장})$$

$$F_{KP}=-(-42.43)\cdot\frac{1}{\sqrt{2}}=30\text{kN (인장)}$$

$$F_{QR}=-F_{DE}=-37.5\text{kN (압축)}$$

$$F_{EL}=3.54\text{kN (인장)},\ F_{LR}=-3.54\text{kN (압축)}$$

$$F_{LQ}=-(-10.61)\cdot\frac{1}{\sqrt{2}}=7.5\text{kN (인장)}$$

$$F_{DL}=10-(10.61)\frac{1}{\sqrt{2}}=2.5\text{kN (인장)}$$

3.6 해답

1) 전체구조물의 자유물체도에서 반력계산

반력 $V_{A(z)}=25\text{kN}(\uparrow)$

반력 $V_{C(z)}=-35\text{kN}(\downarrow)$

반력 $V_{B(z)}=\dfrac{50\times6-(-35)\times12}{12}=60\text{kN}(\uparrow)$

반력 $H_{B(y)}=-30\text{kN}(\nearrow)$

반력 $H_{B(x)}=\dfrac{30\times6+(-30)\times12}{6}=-30\text{kN}(\leftarrow)$

반력 $H_{C(x)}=30\text{kN}(\rightarrow)$

2) 격점별 평형방정식에서 부재력의 계산

$F_{AE(z)}=-V_{A(z)}=-25\text{kN}$

부재력 $F_{AC}=F_{AC(y)}\times\dfrac{l_{AE}}{l_{y_{AE}}}=6.3\times\dfrac{13.7}{6}=14.4\text{kN}$ (인장)

부재력 $F_{AB}=F_{AB(x)}\times\dfrac{l_{x_{AB}}}{l_{AB}}=(0)\dfrac{12}{12}=0$

부재력 $F_{BE}=F_{BE(x)}\times\dfrac{l_{BE}}{l_{x_{BE}}}=(-30)\dfrac{13.7}{6}=-68.5\text{kN}$ (압축)

부재력 $F_{BC}=F_{BC(y)}\times\dfrac{l_{BC}}{l_{y_{BC}}}=-15\times\dfrac{6}{6}=-15\text{kN}$ (압축)

부재력 $F_{BE} = F_{BE(z)} \times \frac{l_{BE}}{l_{z_{BE}}} = -60 \times \frac{13.7}{12} = -68.5\text{kN}$ (압축) O.K.

부재력 $F_{CE} = F_{CE(z)} \times \frac{l_{CE}}{l_{z_{CE}}} = 35 \times \frac{13.7}{12} = 40\text{kN}$ (인장)

부재력 $F_{CD} = F_{CD(x)} \times \frac{l_{x_{CD}}}{l_{CD}} = (0)\frac{12}{12} = 0$

부재력 $F_{DE} = F_{DE(z)} \times \frac{l_{DE}}{l_{z_{DE}}} = 0 \times \frac{13.7}{12} = 0$

4장 정정아치 및 케이블의 해석

4.1 해답

휨모멘트 $M_D = 10 \times 5\sin 60^\circ = 43.30\text{kN} \cdot \text{m}$ (↶)
전단력 $V_D = 10\cos 60^\circ = 5\text{kN}$ (↘)
축력 $P_D = 10\sin 60^\circ = 8.66\text{kN}$ (↗)

4.2 해답

1) 반력계산

$V_A = \frac{8(40)}{2} = 160\text{kN}$ (↑)
$V_B = 320 - 160 = 160\text{kN}$ (↑)

$H_A = \frac{1}{20}[\frac{160(40)}{2} - \frac{8(40^2)}{8}] = 80\text{kN}$ (→)

반력 $H_B = H_A = H = 80\text{kN}$

2) D점의 단면력계산

i) 포물선 아치

휨모멘트 $M_D = V_A x - H_A y - \frac{\omega x^2}{2} = 160(10) - 80(15) - \frac{8(10^2)}{2} = 0$

전단력 $S_D = N_D\sin\theta_D + Q_D\cos\theta_D = (\frac{l}{f}\frac{\omega l}{8}) \cdot \sin\theta_D + (-\frac{\omega l}{2} + \omega x) \cdot \cos\theta_D$

$$= \frac{8(40^2)}{20(8)}\sin 45° - 80\cos 45° = 0$$

축력 $H_D = N_D\cos\theta_D - Q_D\sin\theta_D = (\frac{l}{f}\frac{\omega l}{8}) \cdot \cos\theta_D - (-\frac{\omega l}{2} + \omega x) \cdot \sin\theta_D$

$$= \frac{8(40^2)}{20(8)}\cos 45° + 80\sin 45° = 113.14\text{kN}(\swarrow)$$

ii) 원호 아치

휨모멘트 $M_D = V_A x - H_A y - \frac{\omega x^2}{2} = 160(10) - 80(17.32) - \frac{8(10^2)}{2} = -185.6\text{kN} \cdot \text{m}(\curvearrowright)$

전단력 $S_D = N_D\sin\theta_D + Q_D\cos\theta_D = (\frac{l}{f}\frac{\omega l}{8}) \cdot \sin\theta_D + (-\frac{\omega l}{2} + \omega x) \cdot \cos\theta_D$

$$= \frac{8(40^2)}{20(8)}\sin 30° - 80\cos 30° = -29.28\text{kN}(\searrow)$$

축력 $H_D = N_D\cos\theta_D - Q_D\sin\theta_D = (\frac{l}{f}\frac{\omega l}{8}) \cdot \cos\theta_D - (-\frac{\omega l}{2} + \omega x) \cdot \sin\theta_D$

$$= \frac{8(40^2)}{20(8)}\cos 30° + 80\sin 30° = 109.28\text{kN}(\swarrow)$$

4.3 해답

1) 반력 및 반력성분의 계산

$$R_A = \frac{16(4) + 6(2)}{[(3/5)(2) + (4/5)(5.5)]} = 13.57\text{kN}(\nwarrow)$$

$$H_A = R_A\left(\frac{3}{5}\right) = 13.57\left(\frac{3}{5}\right) = 8.14\text{kN}(\leftarrow)$$

$$V_A = R_A\left(\frac{4}{5}\right) = 13.57\left(\frac{4}{5}\right) = 10.86\text{kN}(\uparrow)$$

$$V_D = -10.86 + 16 + 6 = 11.14\text{kN}(\uparrow)$$

$$H_D = H_A = 8.14\text{kN}(\rightarrow)$$

$$R_D = \sqrt{H_D^2 + V_D^2} = \sqrt{8.14^2 + 11.14^2} = 13.80\text{kN}(\nearrow)$$

2) 장력 T와 길이 y_C의 계산

$$T_{AB} = R_A = 13.57\text{kN}(\text{인장})$$

$$T_{CD} = R_D = 13.80\text{kN}(\text{인장})$$

$T_{max} = T_{CD} = 13.80\text{kN}$ (인장)

$y_C = 2\tan\theta_{CD} = 2\tan 53.84° = 2.7\text{m}$

3) 케이블의 길이

$$s_{AB} = \sqrt{1.5^2 + 2^2} = 2.5\text{m}$$
$$s_{BC} = \sqrt{2^2 + (2+2-y_C)^2} = \sqrt{2^2 + 1.3^2} = 2.4\text{m}$$
$$s_{CD} = \sqrt{2^2 + 2.7^2} = 3.4\text{m}$$

따라서, 케이블의 총 길이 s_T

$$s_T = s_{AB} + s_{BC} + s_{CD} = 2.5 + 2.4 + 3.4 = 8.3\text{m}$$

4) 케이블의 신장량

$$\Delta s_{AB} = \frac{T_{AB}s_{AB}}{AE} = \frac{(13.57\times10^3)(2.5\times10^3)}{(100)(2.1\times10^5)} = 1.62\text{mm}$$
$$\Delta s_{BC} = \frac{T_{BC}s_{BC}}{AE} = \frac{(9.63\times10^3)(2.4\times10^3)}{(100)(2.1\times10^5)} = 1.10\text{mm}$$
$$\Delta s_{CD} = \frac{T_{CD}s_{CD}}{AE} = \frac{(13.80\times10^3)(3.4\times10^3)}{(100)(2.1\times10^5)} = 2.23\text{mm}$$

따라서, 케이블의 총 길이 Δs_T

$$\Delta s_T = \Delta s_{AB} + \Delta s_{BC} + \Delta s_{CD} = 1.62 + 1.10 + 2.23 = 4.95\text{mm}$$

4.4 해답

1) α, f 값

$$\alpha = \tan^{-1}\left(\frac{6}{30}\right) = 11.31°$$
$$f = 15\tan 11.31° = 3\text{m}$$

2) 반력성분의 계산

$$H = H_A = H_B = 450\text{kN}$$

$$V_A = 90\text{kN}\ (\uparrow)$$
$$V_B = 270\text{kN}\ (\uparrow)$$

3) 장력의 계산

$$T_A = \sqrt{H_A^2 + V_A^2} = \sqrt{450^2 + 90^2} = 458.91\text{kN (인장)}$$

$$T_C = H\left(\frac{ds}{dx}\right)_{x=15m} = H\left(\sqrt{1+\left(\frac{8fx}{l^2} - \frac{4f}{l} + \tan\alpha\right)}\right)_{x=15m}$$

$$= 450\sqrt{1+\left(\frac{8\cdot 3\cdot 15}{30^2} - \frac{4\cdot 3}{30} + \tan 11.31°\right)^2}$$

$$= 458.91\text{kN (인장)}$$

$$T_D = H\left(\frac{ds}{dx}\right)_{x=22.5m} = H\left(\sqrt{1+\left(\frac{8fx}{l^2} - \frac{4f}{l} + \tan\alpha\right)}\right)_{x=22.5m}$$

$$= 450\sqrt{1+\left(\frac{8\cdot 3\cdot 22.5}{30^2} - \frac{4\cdot 3}{30} + \tan 11.31°\right)^2}$$

$$= 484.67\text{kN (인장)}$$

$$T_B = \sqrt{H_B^2 + V_B^2} = \sqrt{450^2 + 270^2} = 524.79\text{kN (인장)}$$

$$T_{\max} = T_B = 524.79\text{kN (인장)}$$

5장 이동하중과 영향선

5.1 해답

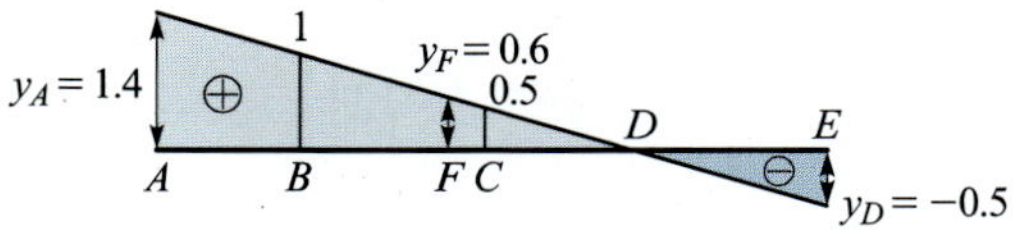

수직반력 V_B의 영향선

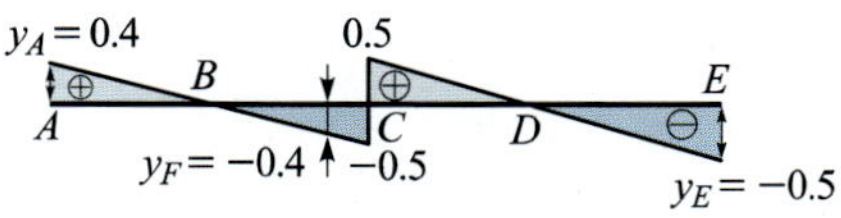

전단력 S_C의 영향선

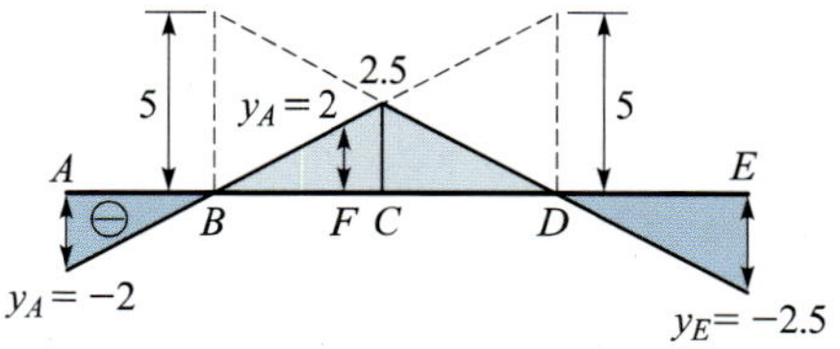

휨모멘트 M_C의 영향선

$$V_B = P_A \cdot y_A + P_F \cdot y_F + P_E \cdot y_E$$
$$= (80)(1.4) + (160)(0.6) + (60)(-0.5) = 178\text{kN}$$

$$S_C = P_A \cdot y_A + P_F \cdot y_F + P_E \cdot y_E = (80)(0.4) + (160)(-0.4) + (60)(-0.5) = -62\text{kN}$$

$$M_C = P_A \cdot y_A + P_F \cdot y_F + P_E \cdot y_E = (80)(-2) + (160)(2) + (60)(-2.5) = 10\text{kN} \cdot \text{m}$$

5.2 해답

1) 지점 B에서 양(+)의 최대반력 $V_{B,\max}^{(+)}$ 와 음(−)의 최대반력 $V_{B,\max}^{(-)}$

$$V_{B,\max}^{(+)} = (2)\left[\frac{1}{2}(1.5)(6+8+4)\right] = 27\text{kN}$$
$$V_{B,\max}^{(-)} = (2)\left[\frac{1}{2}(-0.5)(6)\right] = -3\text{kN}$$

2) C점에서 양(+)의 최대전단력 $S_{C,\max}^{(+)}$ 와 음(−)의 최대전단력 $S_{C,\max}^{(-)}$

$$S_{C,\max}^{(+)} = (2)\left[\frac{1}{2}(0.5)(6)\right] + (2)\left[\frac{1}{2}\left(\frac{1}{3}\right)(4)\right] = 4.33$$
$$S_{C,\max}^{(-)} = (2)\left[\frac{1}{2}\left(-\frac{2}{3}\right)(8)\right] + (2)\left[\frac{1}{2}(-0.5)(6)\right] = -8.33$$

3) C점에서 양(+)의 최대휨모멘트 $M_{C,\max}^{(+)}$ 와 음(−)의 최대휨모멘트 $M_{C,\max}^{(-)}$

$$M_{C,\max}^{(+)} = (2)\left[\frac{1}{2}\left(\frac{8}{3}\right)(8+4)\right] = 32\text{kN} \cdot \text{m}$$
$$M_{C,\max}^{(-)} = (2)\left[\frac{1}{2}(-2)(6)\right] + (2)\left[\frac{1}{2}(-4)(6)\right] = -36\text{kN} \cdot \text{m}$$

5.3 해답

1) 연행하중 및 합력의 크기와 작용위치의 계산

합력의 작용위치 $x = \dfrac{-P_1 \cdot c_1 + P_3 \cdot c_2}{P_1 + P_2 + P_3} = \dfrac{240 \times 4.2 + 60 \times (-4.2)}{60 + 240 + 240} = 1.4m$

2) 절대 최대휨모멘트의 계산

절대 최대휨모멘트$M_{\max} = M_2 = 3428.82\text{kN} \cdot \text{m}$

5.4 해답

i) 반력 V_A의 절대 최댓값 $V_{A,\max}$

$$V_{A,\max}^{(+)} = (120)(y_2) + (60)(y_1) = (120)(1) + (60)\left(\frac{7}{9}\right) = 166.67\text{kN}$$

$$V_{A,\max} = V_{A,\max}^{(+)} = 166.67\text{kN}$$

ii) 부재력 F_{CF}의 절대 최댓값 $F_{CF,\max}$

$$F_{CF,\max} = F_{CF,\max}^{(+)} = 133.33\text{kN}$$

iii) 부재력 F_{BC} 의 절대 최댓값 $F_{BC,\max}$

$$F_{BC,\max} = F_{BC,\max}^{(+)} = 102.5\text{kN}$$

iv) 부재력 F_{CG}의 절대 최댓값 $F_{CG,\max}$

$$F_{CG,\max} = \left|F_{CG,\max}^{(-)}\right| = 76.67\text{kN}$$

v) 부재력 F_{GH}의 절대 최댓값 $F_{GH,\max}$

$$F_{GH,\max} = \left|F_{GH,\max}^{(-)}\right| = 172.5\text{kN}$$

6장 처짐

6.1 해답

$$\delta_{AD} = 2\left[\int_0^{\frac{l}{2}} \frac{(x)(Px)}{EI}dx + \int_0^{\frac{\pi}{2}} \frac{\left(\frac{l}{2}+r\sin\theta\right)P\left(\frac{l}{2}+r\sin\theta\right)}{EI}rd\theta\right]$$
$$= \frac{P}{12EI}(l^3+3\pi l^2 r+6\pi r^3+24lr^2)$$

6.2 해답

1) 연직처짐 y_B

$$y_B = \int_0^l \frac{mM}{EI}dx = \int_0^l \frac{(-x)(-Px)}{EI}dx = \frac{P}{EI}\left[\frac{x^3}{3}\right]_0^l = \frac{Pl^3}{3EI}\ (\downarrow)$$

2) 처짐각 θ_B

$$\theta_B = \int_0^l \frac{mM}{EI}dx = \int_0^l \frac{(-1)(-Px)}{EI}dx = \frac{P}{EI}\left[\frac{-x^2}{2}\right]_0^l = -\frac{Pl^2}{2EI}\ (\curvearrowright)$$

6.3 해답

$$\delta_A = \frac{Pl^3}{EI_A}\left[\ln(l+x)+\frac{2l}{l+x}-\frac{l^2}{2(l+x)^2}\right]_0^l$$
$$= \frac{Pl^3}{EI_A}\left[\ln(2l)+1-\frac{1}{8}-\ln(l)-2+\frac{1}{2}\right] = \frac{Pl^3}{EI_A}\left(\ln 2-\frac{5}{8}\right)$$
$$= \frac{0.068Pl^3}{EI_A}\quad(\downarrow)$$

6.4 해답

$$\Delta_B = \Delta_{B/A} = -21.8\text{mm}\ (\downarrow)$$

6.5 해답

$$\Delta_D = \Delta_{D/B} - \Delta_{DD'}$$

$$=-\frac{1}{EI}(1984.375-1031.25)=-\frac{953.125}{EI}$$

$$=-\frac{953.125\times10^{12}}{(2.04\times10^5)(1.25\times10^8)}=-37.4\text{mm}(\downarrow)$$

6.6 해답

$$\delta_E=-\frac{5PL^3}{EI}=-\frac{5(50\times10^3)(10,000^3)}{(2.1\times10^5)(5\times10^9)}=-238.1\text{mm }(\downarrow)$$

6.7 해답

1) x 위치에서의 처짐 δ_x와 처짐각 θ_x

$$\delta_x=-\left(\frac{M_0}{EI}\right)(x)\left(\frac{x}{2}\right)=-\frac{M_0x^2}{2EI}\ (\downarrow)$$

$$\theta_x=-\frac{M_0x}{EI}\ (\curvearrowright)$$

2) 자유단 B점의 처짐 δ_B와 처짐각 θ_B

$$\delta_B=-\frac{M_0l^2}{2EI}\ (\downarrow)$$

$$\theta_B=-\frac{M_0l}{EI}\ (\curvearrowright)$$

6.8 해답

$$y_A=0$$

$$\theta_A=\frac{wl^3}{24EL}\ (\curvearrowright)$$

$$y_B=0$$

$$\theta_B=-\frac{wl^3}{24EL}\ (\curvearrowleft)$$

$$y_C=\frac{5wl^4}{384EI}\ (\downarrow)$$

$$\theta_C=0$$

6.9 해답

$$y_A = 0$$

$$\theta_A = \frac{M_0 l}{24EL} \ (\curvearrowright)$$

$$y_B = 0$$

$$\theta_B = \frac{M_0 l}{24EL} \ (\curvearrowright)$$

$$y_C = 0$$

$$\theta_C = -\frac{M_0 l}{12EL} \ (\curvearrowleft)$$

6.10 해답

$$y_B = \frac{w_0 l^4}{30EI} \ (\downarrow)$$

$$\theta_B = \frac{w_0 l^3}{24EI} \ (\curvearrowright)$$

6.11 해답

$$\theta_A = \frac{M_0 l}{3EI} \ (\curvearrowright)$$

$$\theta_B = -\frac{M_0 l}{6EI} \ (\curvearrowleft)$$

$$y_{\max} = \left| \frac{M_0 (l/\sqrt{3})}{6lEI} \{-l^2 + (l/\sqrt{3})^2\} \right| = \frac{\sqrt{3}\, M_o l^2}{27EI} \ (\downarrow)$$

7장 부정정구조물의 해석원리와 변위일치법

7.1 해답

$$\Delta=-\frac{X_1 l^3}{48EI}=-\frac{(33.33\times10^3)(10{,}000)^3}{(48)(2\times10^5)(5.35\times10^9)}=-7.1\,\text{mm}\,(\downarrow)$$

7.2 해답

$$M_A=-\frac{Pab^2}{l^2}\,(\curvearrowleft),\ M_B=-\frac{Pa^2b}{l^2}\,(\curvearrowright)$$

$$V_A=\frac{1}{l}(-M_A+Pb+M_B)=\frac{1}{l}\left(\frac{Pab^2}{l^2}+Pb-\frac{Pa^2b}{l^2}\right)=\frac{Pb}{l^3}(ab-a^2+l^2)=\frac{Pb^2}{l^3}(l+2a)\ (\uparrow)$$

$$V_B=P-V_A=P-\frac{Pb^2}{l^3}(l+2a)=\frac{Pa}{l^3}(l^3-bl^2-2ab^2)=\frac{Pa^2}{l^3}(l+2b)\ (\uparrow)$$

7.3 해답

$$M_A=-\frac{wl^2}{12}\,(\curvearrowleft),\ M_B=-\frac{wa^2}{12}\,(\curvearrowright)$$

$$V_A=\frac{1}{l}\left(-M_A+\frac{wl}{2}+M_B\right)=\frac{1}{l}\left(\frac{wl^2}{12}+\frac{wl^2}{2}-\frac{wl^2}{12}\right)=\frac{wl}{2}\ (\uparrow)$$

$$V_B=wl-\frac{wl}{2}=\frac{wl}{2}\ (\uparrow)$$

7.4 해답

$$\Delta_A=\sum\frac{Ffl}{EA}=\frac{1}{E}\times8{,}799{,}900=\frac{8{,}799{,}900}{2.0\times10^5}=44\,\text{mm}\,(\downarrow)$$

7.5 해답

1) 각 부재의 부재력

$V_B = -P \ (\downarrow)$

$V_E = -V_B = P \ (\uparrow)$

$F_{DE} = V_E = P$ (압축)

수평반력 $H_E = 0$

수평반력 $H_B = -P (\leftarrow)$

$F_{BD} = \sqrt{2}P$ (인장)

$F_{CD} = 0$

$F_{BC} = 0$

$F_{CD} = 0$

2) 격점 D의 수평변위 δ_D

$$(1) \cdot \delta_D = \frac{1}{EA}\Sigma fFL = \frac{1}{EA}\Sigma(1+2\sqrt{2})PL = \frac{3.828}{EA}PL$$

7.6 해답

1) 그림 문제 7.6 (a)에서 작용력 P를 C점에 작용시켰을 때 B점에 처짐 Δ_{bc}

$\Delta_{bc} = \Delta_{cb} = 0.75$

2) 그림 문제 7.6 (c)와 같이 작용력 P와 스프링 k가 위치할 때 C점의 처짐

$$\Delta_c = 0.75\left(\frac{P-0.5k}{P}\right) = 0.75\left(1-\frac{0.5k}{P}\right) \ (\downarrow)$$

7.7 해답

$V_A = wl \ (\uparrow)$

$$M_A = \frac{wl^2}{2} - \frac{wl^2}{12} = \frac{5wl^2}{12} \ (\curvearrowleft)$$

$V_x = V_A - wx = wl - wx = -w(x-l)$

$$M_x = V_A x - M_A - \frac{w x^2}{2} = w l x - \frac{5 w l^2}{12} - \frac{w x^2}{2} = -w\left(\frac{x^2}{2} - l x + \frac{5 l^2}{12}\right)$$

8장 최소일의 방법과 3연모멘트법

8.1 해답

$$V_D = -\frac{w l}{7} = -\frac{10 \times 5}{7} = -7.14\text{kN}\,(\downarrow)$$

$$M_D = -\frac{59 w l^2}{252} = -\frac{59 \times 10 \times 5^2}{252} = -58.53\text{kN}\cdot\text{m}\,(\curvearrowright)$$

$$V_A = -V_D = 7.14\,\text{kN}\,(\uparrow)(\uparrow)$$

$$M_A = M_D + V_D l + \frac{w l^2}{2} = -58.53 + (-7.14) \times 5 + \frac{10 \times 5^2}{2} = 30.77\,\text{kN}\cdot\text{m}\,(\curvearrowright)$$

8.2 해답

$$V_B = \frac{w l}{10}\,(\uparrow)$$

8.3 해답

$$V_A = \frac{3(l^2 - a^2) M_1}{2 l^3}\,(\uparrow)$$

8.4 해답

1) 대칭, 역대칭

대칭 : 그림 (a)와 같이 한 축에 대해 좌표값이 대칭일 때를 말한다.

역대칭 : 그림 (b)와 같이 두 축에 대해 좌표값이 대칭일 때를 말한다.

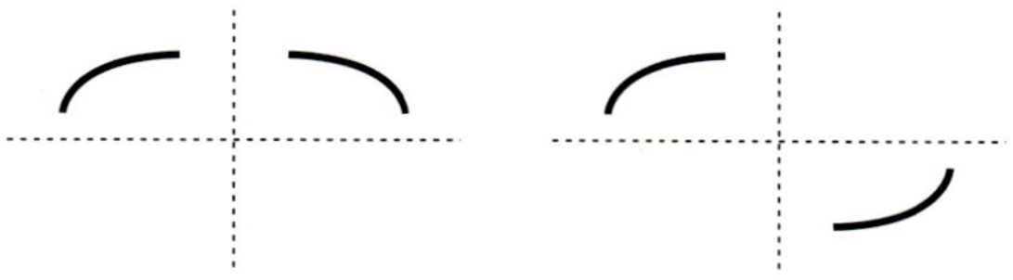

그림 (a) 그림 (b)

대칭인 구조물에 작용하는 하중이 대칭이면 대칭이 되고 하중이 역대칭이면 역대칭이 된다.

※ 대칭

반력, M_x ,N_x → 대칭, y방향의 처짐 → 대칭, Q_x → 역대칭

대칭선[그림 (c) 참조]과 만나는 지점에서는 $Q_x = 0$, $y' = 0$, $G_v = 0$

※ 역대칭

반력, M_x ,N_x → 역대칭, y방향의 처짐 → 역대칭, Q_x → 대칭

대칭선과 만나는 지점에서는$M_x = 0$ (힌지가 있다고 생각함), $G_h = 0$ (x 방향 힌지의 힘),

y방향의 처짐$=0$

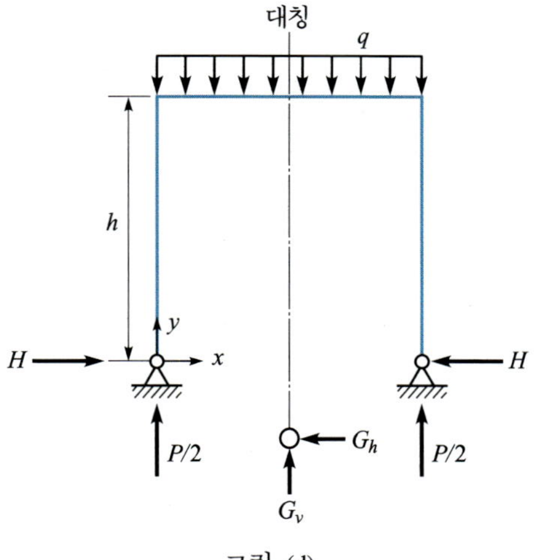

그림 (d)

2) 정정구조물로의 모델링

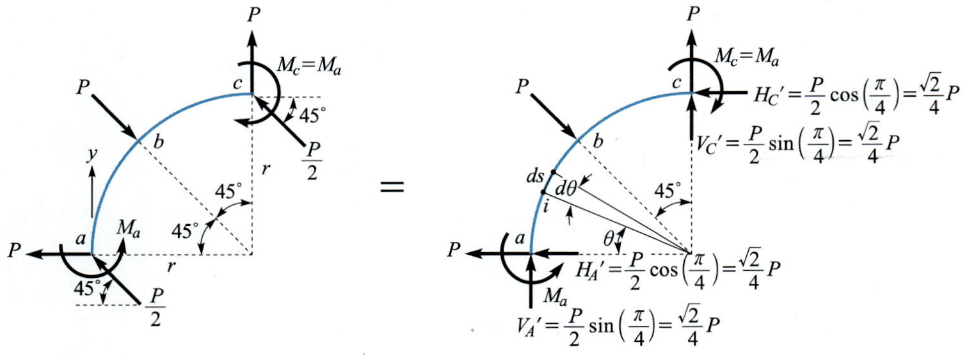

그림 (e)

3) 축력도, 전단력도, 휨모멘트도를 구하시오.

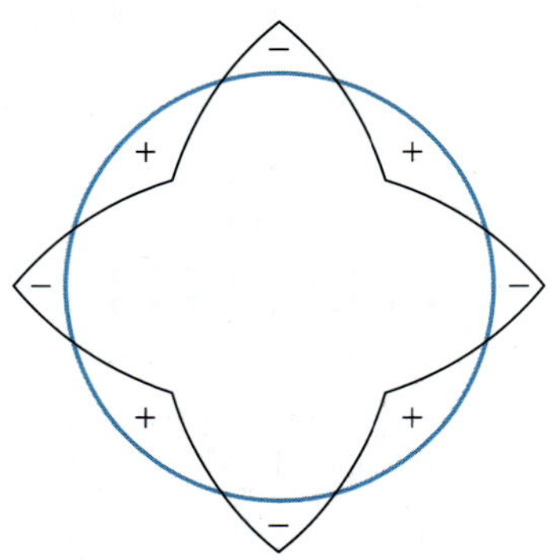

휨모멘트도

그림 (f)

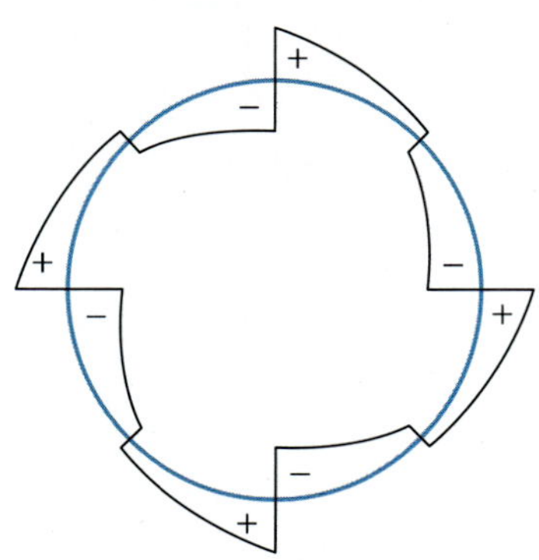

전단력도

그림 (g)

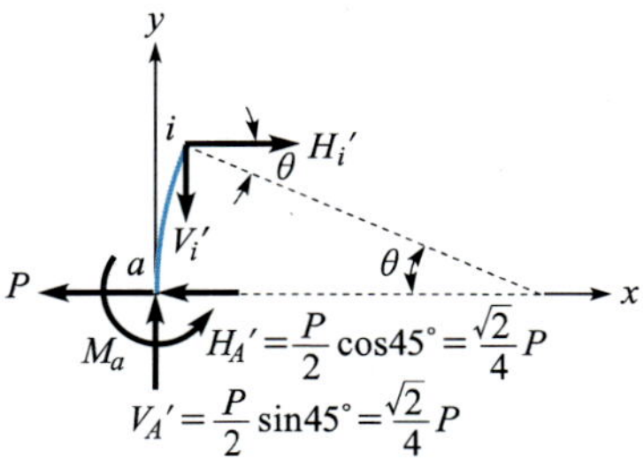

그림 (g)

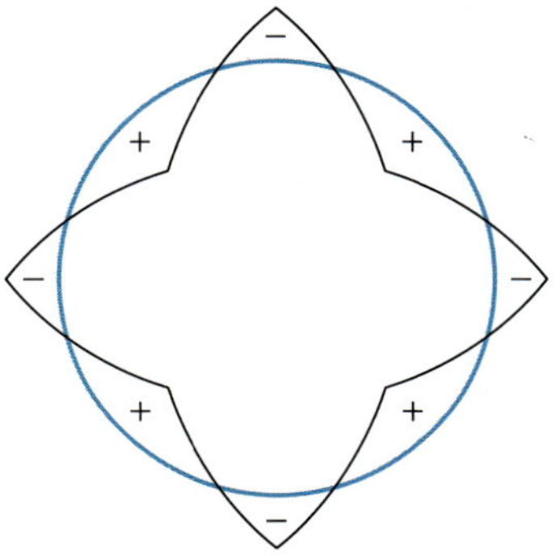

축력도

그림 (h)

4) 변곡점을 표시하고 변형곡선을 그리시오.

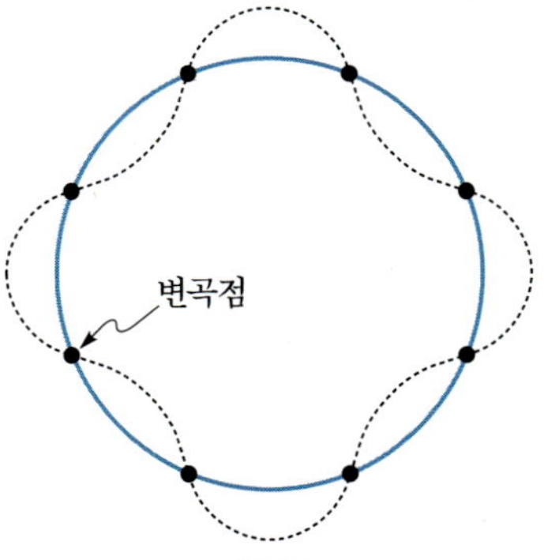

변형도

그림 (i)

8.5 해답

$$M_A = -\frac{wL^2}{20} (\curvearrowleft),\ M_B = -\frac{wL^2}{30} (\curvearrowright)$$

$$V_A = \frac{wL^2}{3} + \frac{wL^2}{20} - \frac{wL^2}{30} = \frac{7wL}{20}\text{kN}(\uparrow)$$

$$V_B = -\frac{7wL}{20} + \frac{wL}{2} = \frac{3wL}{20}\text{kN}(\uparrow)$$

8.6 해답

$$M_{A'} = M_B = 0$$

$$V_B = -\frac{M_A + 200}{8}$$

$$V_B = -\frac{M_C}{4}$$

$$M_B = M_D = 0$$

$$M_A = -89.67\text{kN}\cdot\text{m}$$

$$M_C = -55.17\text{kN}\cdot\text{m}$$

$$\Delta_B = -\frac{312.96}{EI}$$

9장 처짐각법

9.1 해답

$$M_A = M_{AB} = -\frac{3PL}{16} (\curvearrowleft)$$

9.2 해답

$$M = M_{BA} = \frac{2EI}{L}\left(\frac{3\Delta}{2L} - \frac{3\Delta}{L}\right) = -\frac{3EI\Delta}{L^2}$$

$$V_A = \frac{15EI\Delta}{2L^3} \ (\uparrow)$$

$$V_B = -V_B = -\frac{15EI\Delta}{2L^3} \ (\downarrow)$$

$$M_B = -\frac{3EI\Delta}{L^2} \ (\circlearrowleft)$$

$$M_A = M_{AB} = -\frac{9EI\Delta}{2L^2} \ (\circlearrowleft)$$

9.3 해답

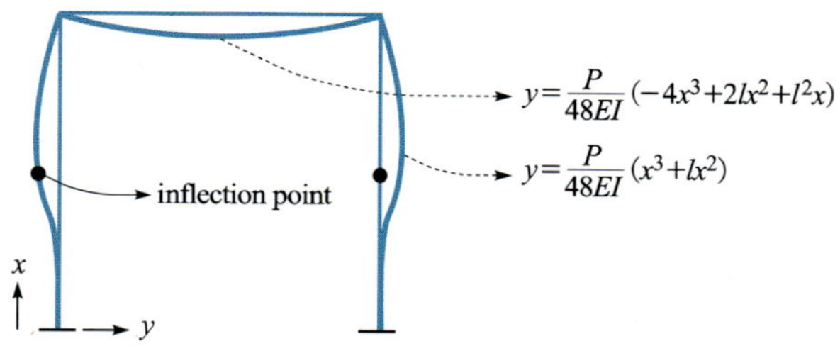

9.4 해답

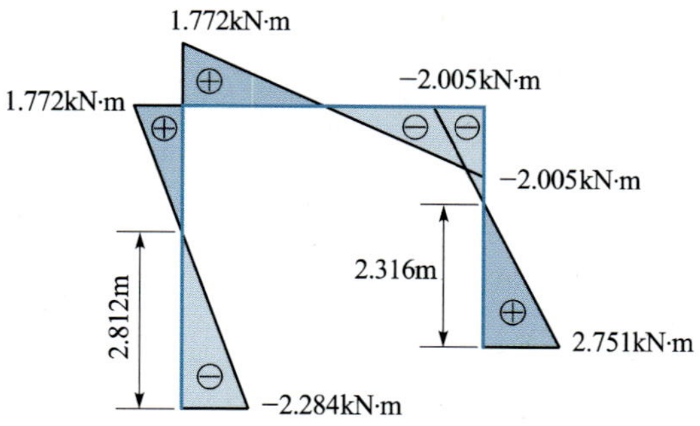

휨모멘트(B.M.D)

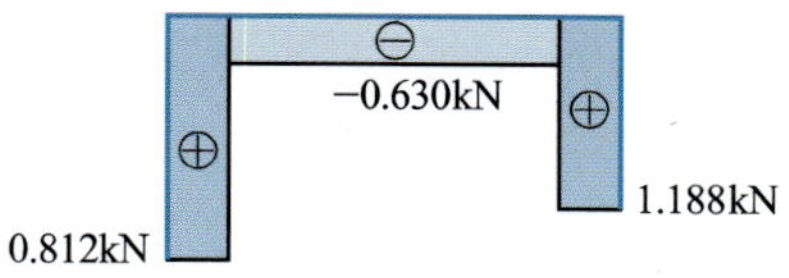

전단력도(S.F.D)

9.5 해답

$$P_{\max} = \frac{190 \times 7{,}290 \times 10^3 \times 7}{12 \times 10^3} = 807{,}975\text{N} = 807.975\text{kN}$$

10장 모멘트분배법

10.1 해답

$M_{AB} = -55.55\text{kN} \cdot \text{m}$, $M_{BA} = 138.89\text{kN} \cdot \text{m}$, $M_{BD} = -138.89\text{kN} \cdot \text{m}$, $M_{DB} = 305.56\text{kN} \cdot \text{m}$

10.2 해답

절점	*A*	*B*		*C*			*D*	*E*
부재	*AB*	*BA*	*BC*	*CB*	*CD*	*CE*	*DC*	*EC*
DF	0	−0.5	−0.5	−0.3	−0.3	−0.4	−0	−0
FEM		100		200				
		-50	-50	-60	-60	-80		
	-25		-30	-25			-30	-40
		15	15	7.5	7.5	10		
	7.5		3.75	7.5			3.75	5
		-1.875	-1.875	-2.25	-2.25	-3		
	-0.938		-1.125	-0.938			-1.125	-1.5
		0.563	0.563	0.281	0.281	0.376		
	0.282		0.141	0.282			0.141	0.188
		-0.071	-0.071	-0.085	-0.085	-0.112		
$\sum M$	-18.17 (kN · m)	-36.38 (kN · m)	-63.62 (kN · m)	-72.71 (kN · m)	-54.55 (kN · m)	-72.74 (kN · m)	-27.23 (kN · m)	-36.31 (kN · m)

10.3 해답

$$M_{AB}=-18.515+1.351(-113.247)=-171.512\text{kN}\cdot\text{m}$$
$$M_{BA}=11.058+1.351(-114.387)=-143.479\text{kN}\cdot\text{m}$$
$$M_{BC}=-11.058+1.351(114.387)=143.479\text{kN}\cdot\text{m}$$
$$M_{CB}=2.517+1.351(108.831)=149.546\text{kN}\cdot\text{m}$$
$$M_{CD}=-2.517+1.351(-108.831)=-149.546\text{kN}\cdot\text{m}$$
$$M_{DC}=-1.282+1.351(-104.49)=-142.448\text{kN}\cdot\text{m}$$

12장 직접강도법에 의한 매트릭스구조해석

12.1 해답

부재력 F_1, F_2, F_3 계산

$$\{F\}=[k]\{u\}=[k][R]^T\{U\}=\frac{EA}{L}\begin{bmatrix}\frac{1}{2} & 0 & 0\\ 0 & 1 & 0\\ 0 & 0 & \frac{\sqrt{3}}{2}\end{bmatrix}\begin{bmatrix}\frac{1}{2} & \frac{\sqrt{3}}{2}\\ 1 & 0\\ \frac{\sqrt{3}}{2} & -\frac{1}{2}\end{bmatrix}\begin{bmatrix}\frac{0.5635PL}{EA}\\ 0\end{bmatrix}$$
$$=\begin{bmatrix}0.141P\\ 0.564P\\ 0.423P\end{bmatrix}=\begin{bmatrix}14.1\\ 56.4\\ 42.3\end{bmatrix}\text{kN}$$

반력 P_2 계산

$$P_2=\frac{EA}{L}\left[\frac{\sqrt{3}-3}{8}\ \ -\frac{\sqrt{3}+3}{4}\right]\begin{Bmatrix}\frac{0.5635PL}{EA}\\ 0\end{Bmatrix}=-0.089P=-8.9\text{kN}\,(\leftarrow)$$

12.2 해답

$$H_1=H_5=-\frac{PL}{8}=-\frac{96}{8}=-48\text{kN},\ M_1=-M_5=\frac{PL}{24}=\frac{96(10)}{24}=40\text{kN}\cdot\text{m}$$

찾아보기

ㅋ

ㅌ

ㅍ

ㅎ

구조역학 정가 20,000원

저자 : 박연수 · 박선준 · 강대흥

발행인 : 임해진
발행처 : 도서출판 구미서관

발행 : 2017년 7월 28일 초판 1쇄
2018년 8월 13일 초판 2쇄

등록 : 1979년 6월 29일 No.9-6호
주소 : 서울시 마포구 신촌로 2길 5-15 구미빌딩
전화 : 02-333-1101
팩스 : 02-335-2201
http://www.goomibook.com

ISBN 978-89-8225-192-4 (93530)